Verfasser der einzelnen Kapitel bzw. Abschnitte

1	Bedeutung der Nebenerwerbslandwirtschaft	KURT RIEDER
2	Produktionsgrundlagen	KURT RIEDER
3	Organisation und Planung	KURT RIEDER
4	Zwischenbetriebliche Zusammenarbeit	Dr. WERNER PFADLER
5	Grundlagen der pflanzlichen Produktion	RICHARD JANDA
6	Marktfrüchte im Nebenerwerbsbetrieb	Dr. WILLIBALD NIKLAS
7	Der Futterbau im Nebenerwerbsbetrieb	Dr. ALFRED GRIMM,
7.6	Ökologischer Landbau	RICHARD JANDA
8	Grundlagen der tierischen Erzeugung	THERESE FRENTZ
9	Milchkuhhaltung im Nebenerwerb	Dr. SIEGFRIED KALCHREUTER
10	Färsenaufzucht im Nebenerwerb	Dr. SIEGFRIED KALCHREUTER
11	Rindermast im Nebenerwerb	Dr. REINHARD SPÖRL
12	Ferkelerzeugung im Nebenerwerb	EDGAR LITTMANN
13	Schweinemast im Nebenerwerb	KARIN RAINER
14	Schafhaltung im Nebenerwerb	Dr. PETER BACH
15	Pferdehaltung im Nebenerwerb	Dr. PETER BACH
16	Dam- und Rotwildhaltung in Gehegen	Dr. PETER BACH
17	Kleintierhaltung im Nebenerwerb	Dr. PETER BACH
18	Direktvermarktung im Nebenerwerb	DIETER MOHR
19	Einkommensalternative »ländlicher Fremdenverkehr«	OTTO BERNER
20	Familie und Haushalt im Nebenerwerbsbetrieb	ANNA MARIA KRINNER-RÖSSLE
21	Buchführung im Nebenerwerbsbetrieb	JOHANN GRILL
22	Steuertips für den Nebenerwerbslandwirt	JOHANN GRILL
23	Soziale Absicherung und Versicherungen im Nebenerwerbsbetrieb	ALOIS RAUSCHER, KURT RIEDER, WOLFGANG SEYFERT
24	Ausbildung, Fortbildung und Förderung der Nebenerwerbslandwirte	KURT RIEDER

Weitere Mitarbeit: Dr. ULRICH MEYER-ÖTTING, Lübbecke

Kurt Rieder

Ratgeber für den Nebenerwerbslandwirt

Organisation, Produktion, alternative Betriebszweige, Förderung

VERLAGSUNION AGRAR

BLV Verlagsgesellschaft München
DLG-Verlag Frankfurt (Main)
Landwirtschaftsverlag Münster-Hiltrup
Österreichischer Agrarverlag Wien
BUGRA SUISSE Wabern-Bern

CIP-Titelaufnahme der Deutschen Bibliothek

Ratgeber für den Nebenerwerbslandwirt:
Organisation, Produktion, alternative Betriebszweige, Förderung / Kurt Rieder. –
München; Wien; Zürich: BLV Verl.-Ges.;
Frankfurt (Main): DLG-Verl.;
Münster-Hiltrup: Landwirtschaftsverl.;
Wien: Österreichischer Agrarverl.;
Wabern–Bern: Bugra Suisse, 1991
ISBN 3-405-14124-9
NE: Rieder, Kurt

BLV Verlagsgesellschaft
München Wien Zürich
8000 München 40

Bildnachweis

Grafiken:
A. Drews; M. Froehlicher; M. Gemke; H. Hoffmann; Inst. f. Landtechnik, Weihenstephan; Kartographie Huber; Koller, Hammer, Mittrach, Süß: Schweineställe, BLV; Satz + Grafik, Planegg.

Fotos:
LBP (37,42); Dr. Kolesch (41); Dr. König (43); Dr. Rainer (89).

Nicht erwähnte Abb. stammen von den Mitarbeitern oder aus dem Verlagsarchiv.

Tabellen:
AID: 5, 67, 102, 107;
BLT Grub: 4, 61, 78–81, 114;
BMELF: 3, 124;
Burgkart, Praktische Schafhaltung, BLV: 118;
Burgstaller, Schweinefütterung, Ulmer: 108;
»Die Landwirtschaft«, Bd. I: 35; Bd. II: 68–70, 74–76;
FAL: 12;
Göbbel, Landpost: 86;
»Hauswirtschaft«, Wirtschaft–Landwirtschaft, BLV: 2;
Kirchgeßner, Tierernährung, DLG-Verlag: 109;
Koller, Hammer, Mittrach, Süß: Schweineställe, BLV: 104, 115;
KTBL: 7, 122;
Landesanst. f. Betriebswirtschaft: 21, 22;
LBP: 15–17, 19–22, 25, 26, 28, 48, 50;
LK Rheinland: 127;
LKV: 65;
LVA Futterkamp: 36;
Verb. Schwarz- und Rotbundzüchter, Baden-Württemberg: 62;
Wenk, ETH Zürich: 101.

Umschlaggestaltung:
Hubert Patscheider Design, Augsburg
Umschlagfoto: hapo-naturfotografie, Rielasingen
Lektorat: Dr. Wolfgert Alsing
Layout: Friderun Thiel, München
Satz: Fotosatz Wirth, Ober-Ramstadt
Druck: Manz AG, Dillingen/Donau
Bindung: Ludwig Auer, Donauwörth

Printed in Germany · ISBN 3-405-14124-9

Vorwort

Die Nebenerwerbslandwirtschaft hat an Bedeutung zugenommen. Wurden 1949 ca. 22% aller Betriebe im Nebenerwerb geführt, so sind es heute ca. 54% und für das Jahr 2000 werden 66% vorausgeschätzt.
Der Übergang vom Vollerwerbsbetrieb zum Nebenerwerbsbetrieb hat es vielen Familien ermöglicht, durch Einkommenskombination ihren Lebensstandard zu steigern, Vermögensverluste zu vermindern und ihr Eigentum wirtschaftlicher zu nutzen.
Neben dem eigentlichen Einkommensbeitrag bietet die nebenberufliche Landbewirtschaftung die Möglichkeit, weiterhin im ländlichen Raum zu leben, durch Bewirtschaftung des Hofes unternehmerisch tätig zu bleiben und die Erhaltung eines, wenn auch meist kleinen Eigentums an Fläche.
Landwirtschaft im Nebenberuf wird auf verschiedene Weise abgegrenzt. Nach offizieller Definition sind Nebenerwerbsbetriebe solche, in denen der Betriebsinhaber überwiegend außerhalb des Betriebes tätig ist und/oder das Erwerbseinkommen des Inhaberehepaares überwiegend aus außerlandwirtschaftlichen Quellen stammt.
Gemeinsames Merkmal ist eine Erwerbskombination, die zu einem Haushaltseinkommen aus zwei oder mehreren unterschiedlichen Erwerbsquellen führt.
Nebenerwerb heißt: »Auf dem Hof leben – aber nicht vom Hof leben zu müssen.« Beispiele zeigen, daß der Nebenerwerbsbetrieb seit langem eine eigenständige Betriebsform ist und über mehrere Generationen hinweg aufrechterhalten wird. Entscheidend wird sein, welchen Beitrag der Nebenerwerb zur gesamten Einkommensentstehung leistet. Wesentlich wird auch sein, welchen Stellenwert die Politik und die Gesellschaft der Nebenerwerbslandwirtschaft zumißt.
Nebenerwerbslandwirte leisten durch – in der Regel – extensivere Bewirtschaftung einen wichtigen Beitrag zur Entlastung der Agrarmärkte, sichern die Bewirtschaftung von Flächen und tragen zur Erhaltung der Bevölkerungsdichte auf den Lande bei.
Die Nebenerwerbslandwirtschaft ist wichtig und unverzichtbar zur Erhaltung der ländlichen Struktur und der Pflege unserer Kulturlandschaft. Nebenerwerbslandwirtschaft ist daher auch aus regional politischer sowie landesplanerischer Sicht eine erstrebenswerte Form der Landbewirtschaftung.
Der Schritt in die Teilzeit-Landwirtschaft bringt für die Familie schwerwiegende menschliche, rechtliche und organisatorische Probleme. Aufgeben der Landwirtschaft im Haupterwerb bedeutet nicht das totale Aus, sondern einen anderen Weg, das Einkommen und die Existenz der Familie zu sichern. Viele Familien haben es geschafft, ihre Betriebe so zu organisieren und zu führen, daß Landwirtschaft im Nebenerwerb nicht Last, sondern Chance ist. So gesehen ist der Nebenerwerbsbetrieb keine »Kleinausgabe« des Haupterwerbsbetriebes, sondern ein, bei entsprechender Betriebsorganisation sinnvoller und notwendiger Bestandteil bäuerlicher Betriebsstruktur.
Das Buch richtet sich an Nebenerwerbslandwirte und an Familien, die zukünftig den Weg in den Nebenerwerb gehen. Diese Nebenerwerbslandwirte der zweiten Generation (»geborene« Nebenerwerbslandwirte) bewirtschaften ihre Höfe ohne ein fundiertes Grundlagenwissen, das für erfolgreiche, fachgerechte Landbewirtschaftung erforderlich ist. Dieses Wissen ist aber im gleichen Maße Voraussetzung für die erfolgreiche Bewirtschaftung eines Nebenerwerbsbetriebes. Wenn Nebenerwerbslandwirtschaft langfristig mit dem Ziel der Einkommensverbesserung betrieben wird, gelten in der Betriebsführung die gleichen Voraussetzungen wie im Haupterwerbsbetrieb. Eine gezielte Schulung und Weiterbildung ist deshalb unbedingt notwendig.
Der Inhalt dieses Buches vermittelt ein landwirtschaftliches Grundwissen, das die Leser in die Lage versetzt, ihren Nebenerwerbsbetrieb ordnungsgemäß zu bewirtschaften. Im Vordergrund steht dabei die Absicht, sie zu befähigen, ihre Betriebsführung bzw. Organisation den familiären, natürlichen und betrieblichen Voraussetzungen anzupassen.
Verlag und Schriftleitung danken allen Autoren, die aus ihren Erfahrungen in Beratung, Ausund Fortbildung von Nebenerwerbslandwirten heraus Beiträge zu diesem Buch beisteuerten.
Da nichts vollkommen ist, sind wir für Anregungen und Verbesserungen jederzeit dankbar.

K. Rieder

Inhaltsverzeichnis

7 Der Futterbau im Nebenerwerbsbetrieb

8 Grundlagen der tierischen Erzeugung

9 Milchkuhhaltung im Nebenerwerb

10 Färsenaufzucht im Nebenerwerb

11 Rindermast im Nebenerwerb

1 Bedeutung der Nebenerwerbslandwirtschaft

Die Nebenerwerbslandwirtschaft hat eine alte Tradition. Ihre Bedeutung und die Zukunftsentwicklung ist in der Agrarpolitik nicht unumstritten. Manche sehen in ihr eine »Durchgangsstation«.

Neu an der Nebenerwerbslandwirtschaft ist, daß diese Form der Landbewirtschaftung in Betriebsgrößen hineinwächst, die früher eindeutig als Haupterwerbslandwirtschaft galten und daß die Nebenerwerbslandwirtschaft als gestaltendes Element einer neuen ländlichen Gesellschaft gesehen wird.

Landwirtschaft im Nebenerwerb zu betreiben bedeutet, *auf dem Hof leben, aber nicht vom Hof leben zu müssen.* Nebenerwerbslandwirtschaft ist daher auch Ausdruck einer bestimmten Art der Lebensführung.

Stand die Nebenerwerbslandwirtschaft früher vor allem im Zeichen der Selbstversorgung und der Absicherung der Familie, bestimmen heute wirtschaftliche und ideelle Motive – vielfältig verflochten –, warum und wie Landwirtschaft im Nebenerwerb betrieben wird.

1 Bedeutung für die Gesellschaft

Die Nebenerwerbslandwirtschaft hat auf vielen, z. T. sehr verschiedenen Ebenen Bedeutung für unsere Gesellschaft:

- Familieneigener Teilzeitarbeitsplatz,
- breite Vermögensstreuung,
- Sicherung der Bevölkerungs- und Dorfstrukturen in den ländlichen Gebieten (Bei Abwanderung der Nebenerwerbslandwirte aus den Dörfern würden die verbleibenden Haupterwerbslandwirte nicht ausreichen, um die notwendigen infrastrukturellen Einrichtungen auf dem Lande aufrecht erhalten zu können),
- Erhaltung der Wohn- und Erholungswerte ländlicher Räume,
- Beitrag zur Erhaltung der Kulturlandschaft, insbesondere in den Mittelgebirgslagen durch Sicherung der Bewirtschaftung,
- Beitrag zur Entlastung der Agrarmärkte bei Erhaltung der Produktionsbereitschaft der Böden.

2 Bedeutung für die Familie

Nicht nur für unsere Gesellschaft, sondern auch für den Bereich der einzelnen Familie bedeutet die Nebenerwerbslandwirtschaft vieles:

- Zusätzliches Einkommen,
- familiennaher Teilzeitarbeitsplatz,
- Nutzung und Erhaltung des vorhandenen Betriebsvermögens (Gebäude),
- teilweise Selbstversorgung mit Lebensmitteln,
- höhere soziale Sicherheit,
- Ausgleich zum außerlandwirtschaftlichen Beruf, Naturnähe,
- Verbleiben im vertrauten Kreis des Dorfes,
- Selbständigkeit,
- persönliche Entfaltungsmöglichkeit, Freiraum für selbstbestimmte Tätigkeit,
- Alternative zum »Wachsen«,
- Aufrechterhaltung der Familientradition.

Der Nebenerwerbslandwirt entscheidet sich für zwei Berufe und damit für zwei Lebensformen, die er miteinander in Einklang bringen muß. Dies ist eine tiefgreifende Entscheidung. Dazu gehören möglichst genaue Kenntnisse des neuen Lebensbereiches mit all seinen Vor- und Nachteilen und der Wille, durch die Verbindung zweier Berufe das Einkommen zu erhöhen.

Die Arbeit stellt im Nebenerwerbsbetrieb den begrenzenden Faktor dar. Die Planung von Nebenerwerbsbetrieben muß darauf ausgerichtet sein, daß der wünschenswerte und der nötige Arbeitseinsatz übereinstimmen. Nur unter diesen Voraussetzungen ist der Nebenerwerb eine dauerhafte Lebensform, die den Bedürfnissen der Familie gerecht wird.

2 Produktionsgrundlagen

1 Kräfte, die auf den landwirtschaftlichen Betrieb einwirken

Der landwirtschaftliche Betrieb muß außerbetriebliche Einwirkungen mit innerbetrieblichen Notwendigkeiten in Einklang bringen und miteinander koppeln. Bei praktisch jedem Betrieb wird eine andere Kombination vorliegen, da natürliche, wirtschaftliche oder persönliche Voraussetzungen ebenso bestimmend und gestaltend mitwirken wie verfügbare Arbeitskräfte oder politische Rahmenbedingungen.
Diese Kräfte der Betriebsgestaltung erklären die Mannigfaltigkeit landwirtschaftlicher Betriebe und ihre unterschiedliche Bewirtschaftungsform. Damit sind Produktionsrichtung und Aufwandshöhe landwirtschaftlicher Betriebe das Spiegelbild verschiedener betriebsgestaltender Kräfte. Aus diesem Grund muß man die wirksamen Kräftegruppen kennen, um in der Anpassung erfolgreich wirtschaften zu können.

Abb. 1 Kräfte, die auf die Ausrichtung eines landwirtschaftlichen Betriebes einwirken.

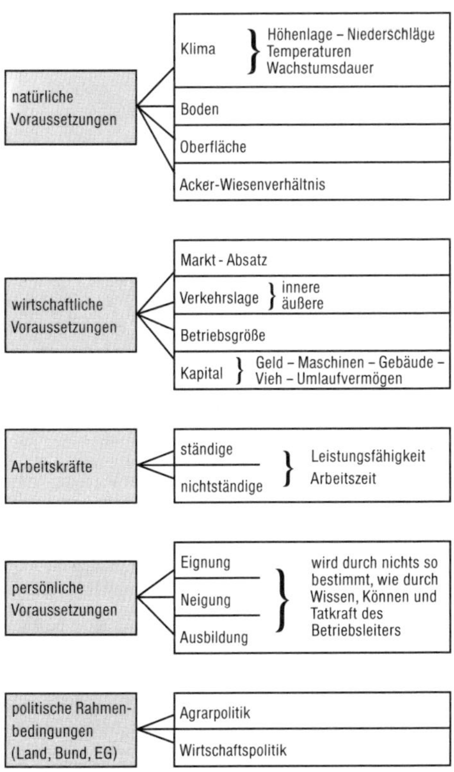

2 Der Boden

Der Boden ist *Standort* und *Hauptproduktionsmittel.* Schon seit den Anfängen der Agrarwissenschaften gilt die Anpassung des Anbaues an den Boden als erste Voraussetzung für den Erfolg des landwirtschaftlichen Betriebes. Ökonomierat SCHWERZ bezeichnet die Auswahl der Früchte, die jeder Bodenart am meisten angemessen sind, als die erste Bedingung eines guten Ackerbaues:

> ***»Die Natur läßt sich wohl leiten, wohl unterstützen, aber nicht irreführen, nicht meistern. Nichts ist also verkehrter, als durch hohen Aufwand den Anbau von Pflanzen erzwingen zu wollen, die in die gegebenen Verhältnisse nicht passen.«***

2.1 Die Bodennutzung

Die Abbildung 2 erläutert wichtige Begriffe der landwirtschaftlichen Bodennutzung und zeigt ihre Abhängigkeit zueinander auf (Seite 12).

2.2 Bodenbewertung – Einheitsbewertung

Man unterscheidet die Bewertung des Bodens
- nach dem Ertrag *(Ertragswert),*
- nach dem durch Angebot und Nachfrage zu erzielenden Preis *(Verkaufswert).*

Einheitswert – Der Bodenbewertung liegt die *Bodenschätzung* zugrunde (1934, »Gesetz über die Schätzung des Kulturbodens«). Auf den Er-

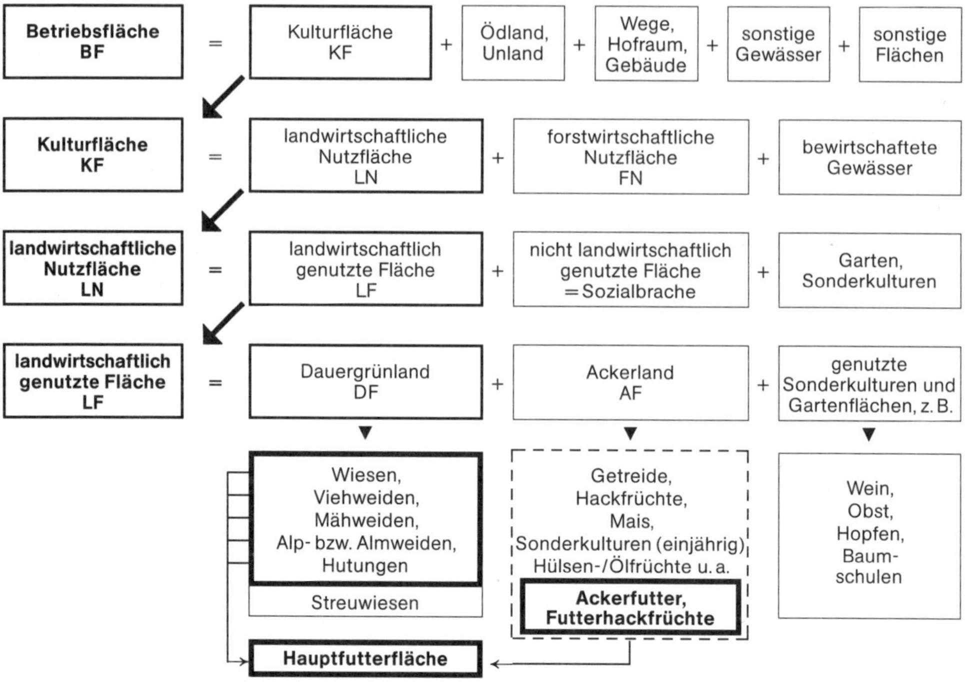

Abb. 2 Begriffe zur landwirtschaftlichen Bodennutzung.

gebnissen der Bodenschätzung basiert die Einheitsbewertung. Der **Einheitswert** stellt den sog. Ertragswert eines Betriebes dar. Der **Ertragswert** ist gewissermaßen der Wert der in Zukunft eingehenden (oder zu erwartenden) Erträge eines Betriebes, einer Bodenfläche oder eines Grundstückes. Man errechnet den Ertragswert, indem der Reinertrag einer Unternehmung mit dem derzeitigen Zinssatz kapitalisiert wird. Teilt man 100 durch den Zinssatz (z. B. 5,5%), erhält man den Kapitalisierungsfaktor (18). Multipliziert man diesen mit dem Reinertrag, dann erhält man den Ertragswert.
In der *Einheitsbewertung* (siehe Abb. 3) spricht man nicht vom Ertragswert/ha, sondern vom Hektarwert.
Der Einheitswert wird vom zuständigen Finanzamt berechnet und in Form eines Bescheides zugestellt (vgl. Tabelle 1). Er ist die Grundlage für die Berechnung von Steuern und Abgaben.
Landwirtschaftliche Vergleichszahl (LVZ) – Die LVZ gilt als Maßstab der *steuerlichen Einheitsbewertung*. Die LVZ berücksichtigt alle wichtigen Kriterien für die Bewertung und den unmittelbaren Vergleich von landwirtschaftlichen Betrieben bezüglich der Bodengüte, des örtlichen Klimas, der Hangneigung, den Erschwernissen bei der Technisierung der Außenwirtschaft, der Betriebsgröße, des Gebäudebesatzes und der Entfernung zum Markt.
Ein LVZ-Punkt hat einen **Ertragswert** von 37,26 DM. Bei einer Betriebs-LVZ von 20 hätte demnach ein Hektar den Ertragswert oder den Hektarwert von 747,20 DM. Multipliziert man den Hektarwert mit den vorhandenen Hektar landwirtschaftlicher Nutzfläche (LN), so erhält man den *Vergleichswert*. Durch entsprechende Korrekturen kommt man zum *Wirtschaftswert*. Wirtschaftswert und Wohnungswert zusammen ergeben den **Einheitswert.**

2.3 Liegenschaftskataster und Grundbuch

Liegenschaftskataster – Er wird beim zuständigen Vermessungsamt geführt und besteht aus dem **Flurbuch** sowie dem **Liegenschaftsbuch.**
Das **Flurbuch** enthält die in Tabelle 1 als Beispiel gezeigten Angaben.
Im **Liegenschaftsbuch** sind alle Flächen eines Besitzers auf Bestandsblättern aufgeführt. Außer den in Spalte 5 gemachten Angaben enthält es die gleichen Angaben wie das Flurbuch.

Tabelle 1 Einheitswert-Bescheid des Finanzamtes (Beispiel)

Name | Finanzamt
Adresse | Einheitswertbescheid
Hauptfeststellung auf den 1. 1. 1964

A. Berechnung des Einheitswertes

I. Aufteilung der Flächen

	ohne Hof- u. Gebäude-Fl.			anteilige Hof- u. Gebäude-Fl.			Insgesamt		
	ha	a	m²	ha	a	m²	ha	a	m²
Eigentumsfläche									
Landwirtschaft	13	61	00		5	00	13	66	00
Forstwirtschaft							2	29	00
Gesamtfläche							15	95	00

II. Wirtschaftswert

Landwirtschaft		Grünland		
Ertragsmeßzahlen		412,—		
Überprüfung der Bodenschätzung	−16%	65,92		
bereinigte Ertragsmeßzahlen		346,08		
wirtschaftl. Ertragsbedingungen	−32%	110,74		
Zwischensumme		235,34		
Preis- und Lohnverhältnisse	+2%	4,70		
Betriebsmeßzahlen		240,04		
240,04 durch 13,66 ergibt Betriebszahl		17,57		
Grundsteuer – Hebesatz 250–3%		0,57		
Vergleichszahlen		17,—		
17,00 × 37,26 DM × 13,66 ergibt Vergleichswert			8 652,—	DM 8 652,—
Forstwirtschaft				
Kleinwaldgebiet 8209 B				
übrige Fläche	2,29 Hektar zu DM 50,–		114,—	
	2,29 Hektar Vergleichswert		114,—	DM 114,—
Wirtschaftswert				DM 8 766,—

III. Wohnungswert

Fläche der Kernwohnräume		62 m²		
Anteil der Nebenräume + 50%		31 m²		
Gesamt-Wohnfläche		93 m²		
Gegendübliche Monatsmiete je m²		DM 0,70		
93 × 0,70 × 12, gegendübl. Jahresmiete		DM 781,—		
Besonderheiten n. PAR-47 BEWG	−19%	DM 148,—		
übliche Jahresmiete		DM 633,—		
außergewöhnliche Grundsteuerbel.	−5%	DM 31,—		
Jahresrohmiete		DM 602,—		
Baujahr 1800, Bauausführung C, Gemeindegröße 1, Vervielfältiger nach Anl. 3 BEWG 5,7, 602 × 5,7 ergibt			DM 3 431,—	
		Verminderung um 15%	DM 514,—	
		ergibt Wohnungswert		DM 2 917,—

IV. Summe Wirtschafts- und Wohnungswert — DM 11 683,—

B. Feststellung des Einheitswertes

Zum 1. 1. 64 werden festgestellt – Einheitswert DM 11 600.
Art – Betrieb der Land- und Forstwirtschaft.

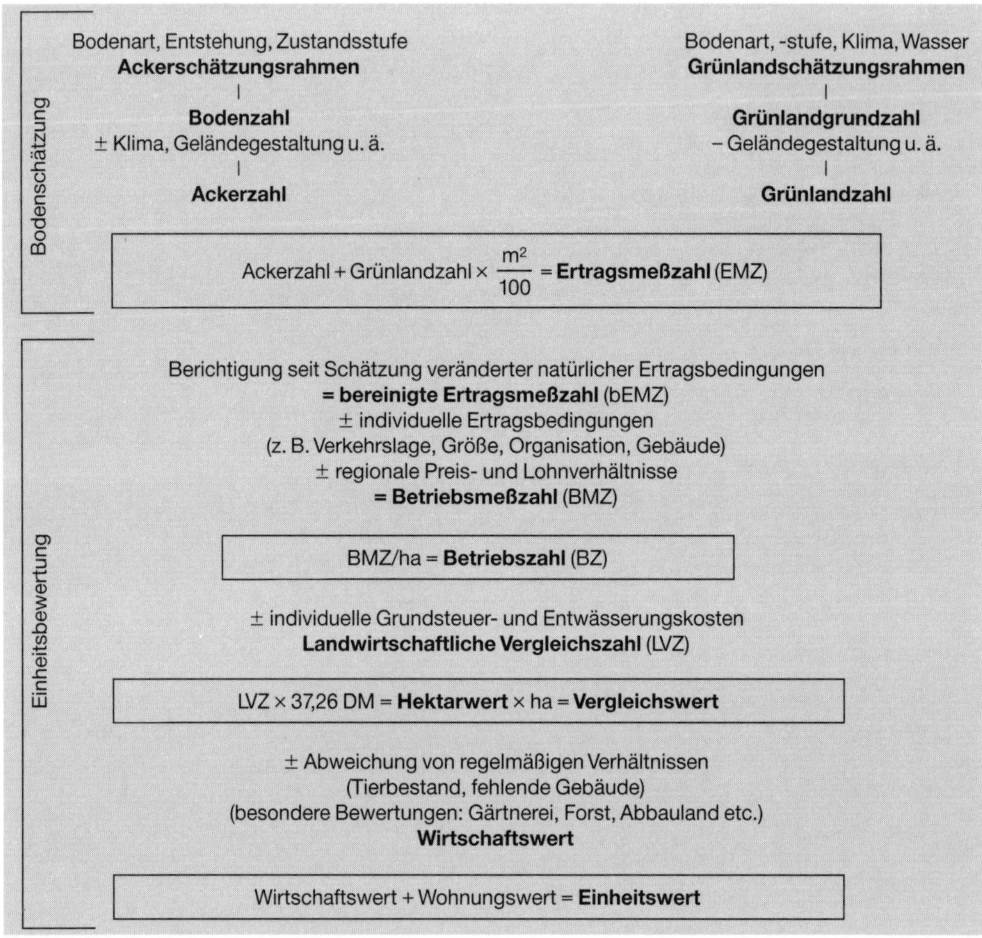

Abb. 3 Schema der Einheitsbewertung.

Tabelle 2 Beispiel eines Flurbuch-Eintrags

Nummer des FlSt	Lage Gebäudebesitz	Nutzungs-art	Fläche ha	a	m^2	Klasse	Wert-zahlen	EMZ	gesamte Fläche ha	a	m^2
1	2	3	4			5		6	7		
2312	Altstädten Wohnhaus, Nebengebäude, Hofraum	Hf		10	60					10	60
2352	Haldenwiesen	Gr		51	80	LIIIb1	60/54	2797		51	80
2366	Metzenwiesen	Gr		63	57	LIIb2	53/45	2861		63	57
2400	Metzenwiesen	Gr	1	09	00	LIIb1	62/52	5668	1	55	40
		U		46	40						
4940	Kälberacker	A		58	30	sL2D	75/68	3964		58	30
usw.											

Grundbuch – Es wird am zuständigen Grundbuchamt beim Amtsgericht geführt. Es enthält 3 Abteilungen:

I. Abteilung: *Eigentumsrecht* und seine Entstehung (z. B. durch Erbe, Kauf, Auflassung), Name des Eigentümers;
II. Abteilung: *Verfügungsbeschränkungen* (Vorkaufsrecht), *Reallasten* (Nutzungsrechte), *Dienstbarkeiten* (Geh- und Fahrtrechte, Leitungsmastenrecht usw.);
III. Abteilung: *Grundpfandrechte* (Hypotheken, Grund- und Rentenschulden) und Rangfolge der Gläubiger.

2.4 Boden verkaufen – Boden kaufen

Bodenverkauf bedeutet auch die Mobilisierung von Landvermögen. Über Verkauf, Verrentung oder Verpachtung kann auch Startkapital für eine anderweitige Existenz oder Zusatzeinkommen erzielt werden.

Bei Kauf oder Verkauf richtet sich der erzielbare Preis nach Angebot und Nachfrage. Außerdem wirken verschiedene weitere Faktoren bestimmend auf den Bodenpreis.

Preissteigernd wirken:
- Flächengebundene Milchreferenzmengen,
- flächengebundene Lieferrechte,
- gute Bodenqualität,
- hohe Ertragssicherheit,
- Übernahme von im Grundbuch abgesicherten Rechten (z. B. Wege-, Wasser-, Waldrechte),
- langfristig keine Gefahr von Anbaubeschränkungen durch Wasser- oder Naturschutz,
- Höherwertigkeit durch Bauleitplanung,
- regionale und betriebliche Viehdichte.

Preissenkend wirken sich dagegen aus:
- Bewirtschaftungsauflagen (z. B. keine Gülleausbringung),
- Lage der Fläche in Wasser- oder Naturschutzgebieten,
- Versorgungsleitungen (z. B. Strom, Gas),
- Durchschneidungen (z. B. durch Fernstraßen, Bahnlinien),

Tabelle 3 Kaufwerte für landwirtschaftlichen Grundbesitz ohne Gebäude und ohne Inventar (Agrarbericht 1990)

	1975	1980	1985	1986	1987	1988
Ertragsmeßzahl in 100 von ... bis unter ... je ha FdlN						
unter 30	10709	27613	25860	23864	22346	21503
30–40	12539	28417	27061	25779	24842	23482
40–50	16312	33825	36103	34250	33674	31181
50–60	20155	43125	45798	44266	39407	38006
60 und mehr	28192	53432	58013	53159	51434	47916
nach Bundesländern						
Schleswig-Holstein	11775	27851	22176	20701	19607	18369
Niedersachsen	12335	31853	29165	27065	24959	24348
Nordrhein-Westfalen	25646	60190	59565	54819	48702	45658
Hessen	23479	30109	32849	31921	30671	27102
Rheinland-Pfalz	16902	22358	27046	26143	24036	23433
Baden-Württemberg	24084	38115	50519	50542	46794	42471
Bayern	20838	40071	63759	61842	64854	58839
Saarland	13739	16718	22734	23631	23177	24734
Bundesgebiet [2]	17193	36036	36864	34825	32700	31511

[1]) Die FdlN umfaßt nur Flächen von Veräußerungsfällen, die nach den Rechtsvorschriften für die Einheitsbewertung zur landwirtschaftlichen Nutzung gehören und deckt sich demnach nicht voll mit der LF aus der Agrarstatistik.
[2]) Ohne Länder Berlin, Bremen, Hamburg und die 1990 neu dazu gekommenen 5 Bundesländer.

- Übernahme von Verpflichtungen aus der Abteilung II des Grundbuches (z. B. Vorkaufsrecht, Geh- und Fahrrechte),
- Hanglage,
- ungünstige Agrarstruktur (z. B. schlechte innere und äußere Verkehrslage, keine Flurbereinigung).

Die Nachfrage nach landwirtschaftlich genutztem Boden ist in den letzten Jahren zurückgegangen. Der Bodenmarkt hat sich somit vom Anbieter- zum Käufermarkt gewandelt.

In der Bundesrepublik Deutschland greift der **Staat** über das landwirtschaftliche *Erbrecht,* das *Grundstücksverkehrsgesetz* und das *Landpachtrecht* regulierend auf den landwirtschaftlichen Bodenmarkt ein, wobei er das Ziel verfolgt, Landwirte gegenüber Nichtlandwirten bei der Übertragung, dem Erwerb oder der Nutzung landwirtschaftlicher Grundstücke zu privilegieren, um so existenzfähige Betriebe zu erhalten bzw. zu schaffen.

Der **Grundstückserwerb** durch einen Haupterwerbslandwirt (Voll- oder Zuerwerbslandwirt) ist grundsätzlich nicht zu versagen.

Die Genehmigung kann aber versagt werden, wenn ein Nebenerwerbs- oder ein Nichtlandwirt ein landwirtschaftliches Grundstück erwerben will, ein Haupterwerbslandwirt aber dieses Grundstück zur Aufstockung seines Betriebes dringend benötigt. Er muß auch bereit und in der Lage sein, den ausgehandelten Preis zu entrichten, soweit dieser nicht in einem groben Mißverhältnis zum Grundstückswert steht.

Weiterhin können die **Bundesländer** bestimmen, daß die Veräußerung von Grundstücken bis zu einer bestimmten Größe keiner Genehmigung bedarf. Von dieser Möglichkeit haben die Länder Gebrauch gemacht. Die *Freigrenzen* im land- und forstwirtschaftlichen Grundstücksverkehr nach dem Stand vom 1. März 1983 schwanken zwischen 0,10 ha und 1,0 ha.

3 Das Kapital

Begriffsbestimmung – Güter- und Produktionsmittel werden allgemein zu »Kapital« oder »Vermögen« zusammengefaßt, wenn sie dem Unternehmer oder seinem Unternehmen zur Verfügung stehen. Die Begriffe stammen aus dem Rechnungswesen. Gliedert man die Mittel nach ihrer Herkunft, spricht man von »Kapital«, gliedert man sie nach ihrer Verwendung, spricht man von »Vermögen«.

3.1 Formen des Kapitals

Man unterscheidet Anlagekapital und Umlaufkapital.

- Zum **Anlagekapital** gehören:
  Boden, Grundverbesserungen, Gebäude, Maschinen, Dauerkulturen, Zuchtvieh.
- Zum **Umlaufkapital** gehören:
  Bargeld, Forderungen, Guthaben, Feld- und Hofvorräte, eventuell Mastvieh.

3.2 Kosten des Kapitals

Kosten beinhalten nicht nur Ausgaben, sondern u. a. auch den sog. *Nutzungsentgang.* Dieser wird durch den Zinsansatz in die Kalkulation einbezogen. Weitere Kosten sind Abschreibung und Versicherungsbeiträge.

Kapitalkosten → Abschreibung (AfA), Zinsansatz, Versicherungsbeiträge.

3.2.1 Abschreibung (AfA)

Die Mehrzahl der Gebrauchsgüter unterliegt einer Wertminderung und Abnutzung. Überall, wo Vermögensteile laufend an Wert verlieren – z. B. bei Maschinen und Gebäuden –, ist die Abschreibung notwendig. Sie kann dabei zeit- oder leistungsabhängig sein.

Die übliche Abkürzung »AfA« steht für »Abschreibung für Abnutzung«. Abschreibung ist keine Ausgabe in dem Sinn, daß sie jährlich bar aufgebracht werden müßte. Sie ist vielmehr eine rechnerische Kapitalrücklage zu dem Zweck, nach Ablauf der Lebensdauer eines Produktionsmittels seinen ehemaligen Neuwert zur Beschaffung eines gleichartigen Produktionsmittels parat zu haben. Dabei wird allerdings eine Kostensteigerung durch eine Inflationsrate oder durch technische Neuerungen nicht berücksichtigt.

Die Höhe der jährlichen AfA richtet sich nach Neuwert und geschätzter Lebensdauer des Gebrauchsgegenstandes. Dabei muß man berücksichtigen, ob es am Ende der Laufzeit einen Restwert geben wird oder nicht. Nicht alle Vermögensteile müssen abgeschrieben werden. So ist z. B. eine AfA für Boden oder einmalige Grundverbesserungen überflüssig, da beide nicht an Wert verlieren.

Beispiele für AfA:

1. Ohne Restwert:
Traktor-Neupreis DM 42 000,–; Nutzungsdauer 12 Jahre

AfA = Neuwert geteilt durch Nutzungsdauer

$$\text{jährliche AfA} = \frac{42\,000}{12} = \text{DM } 3500,–$$

2. Mit Restwert:
Ladewagen-Neupreis DM 14 000,–, Restwert bei Verkauf DM 3000,–, Nutzungsdauer 6 Jahre.

AfA = (Neuwert minus Restwert) geteilt durch Nutzungsdauer

$$\text{jährliche AfA} = \frac{14\,000 - 3000}{6} = \text{DM } 1833,–$$

Nach der **Abschreibungsquote** und ihrem Verlauf unterscheidet man:

- *Konstante AfA:* Jedes Jahr wird der gleiche AfA-Satz berechnet.
- *Degressive AfA:* Im 1. Jahr gibt es die höchste Rate, danach wird sie stets kleiner. Diese Art entspricht dem tatsächlichen Wertverlauf bei z. B. Maschinen, Autos.
- *Progressive AfA:* Im 1. Jahr gibt es die kleinste Rate, danach wird sie ständig größer. Diese Art entspricht dem tatsächlichen Wertverlauf bei Gebäuden, ohne allerdings deren Verkehrswertzuwachs zu berücksichtigen.

In der Landwirtschaft wird in der Regel mit der *konstanten Abschreibung,* auch *lineare Abschreibung* genannt, gerechnet.

3.2.2 Zinssatz

Über die Höhe des Zinsansatzes im Rahmen der Kapitalkosten besteht keine einheitliche Meinung. Die Vergleichsrechnung im Agrarbericht der Bundesregierung geht z. B. von 3,5% aus. Heute rechnet man mit 6%, berechnet diese aber nur vom durchschnittlichen Zeitwert, was dem halben Neuwert entspricht, da die Kosten der Kapitalentwertung schon in der Abschreibung stecken.
Zur Vereinfachung setzt man bei der Berechnung des Zinsansatzes aber nicht den durchschnittlichen Zeitwert und den vollen Zinsfuß von 6% an, sondern rechnet den vollen Neuwert und den halben Zinsfuß.

$$\text{Zinsansatz} = \text{Neuwert} \times 3\%$$

3.2.3 Versicherungsbeiträge

Versicherungskosten sind die dritte Art der Kapitalkosten. Versicherungen dienen zum Schutz des Vermögens.
Bekannte *freiwillige Versicherungen* sind z. B. Brandversicherung, Ernte-, Tier-, Hagelversicherungen. *Pflichtversicherungen* sind u. a. die vom Gesetz vorgeschriebenen Kranken-, Unfall- oder Rentenversicherungen.
Weiteres siehe Kapitel 23.

3.2.4 Bewertung des Kapitals

Je genauer das Kapital eines Betriebes bewertet wird, desto besser werden Buchführung und Betriebsplanungen stimmen. Je nach Zweck einer Bewertung spricht man von:

- **Anschaffungs-** oder **Neuwert** (A): Er kann auch Kaufpreis oder Erstellungskosten genannt werden und ist allgemeiner Ausgangswert für die AfA.
- **Wiederbeschaffungswert:** Wie der Name schon sagt, handelt es sich um jenen Wert, den man ansetzen muß, wenn man Vermögensgüter wiederbeschafft. Hier vom Neuwert getätigter Investitionen auszugehen, wäre verkehrt, weil erfahrungsgemäß jedes Jahr mit einer Verteuerung der Kapitalgüter zu rechnen ist. So muß ein fiktiver Zuschlag für die Inflationsrate, technische Neuerungen, größere Kapazitäten usw. vorgenommen werden.
- **Zeitwert** (Z): Ihn berechnet man aus dem Anschaffungswert durch Abzug der bis dahin angefallenen Abschreibungsraten:

$$Z = A - \frac{A \times \text{bisherige Nutzjahre}}{\text{geplante Nutzungsdauer}}$$

3.3 Wichtige Kapitalgüter

Gebäude und bauliche Anlagen – Die Kosten belaufen sich je nach Bauausführung auf 2–6% AfA (bei Massivgebäuden im Durchschnitt 2,5%). Der Zinssatz wird mit 3%, die Unterhaltskosten mit 1–2% des Neuwertes angenommen.
Maschinen und Geräte – Sie werden als »Arbeitshilfsmittel« in jedem Betrieb benötigt.

Ihre Aufgaben sind:
- Arbeitserleichterung,
- Arbeitsersparnis,
- Arbeitsbeschleunigung,
- Arbeitsverbesserung.

Die Kosten werden in bewegliche und feste Kosten eingeteilt und betragen im Durchschnitt 8–12% AfA und 4–6% Unterhalt und Unterbringung. Der Zinssatz beläuft sich wieder auf 3%.

Dauerkulturen – Dazu gehören z. B. Hopfen-, Obst- und Rebenanlagen, mehrjährige Beerenkulturen, Korbweideanlagen, Spargel.

Vieh – Der durchschnittliche Bestand errechnet sich nach folgender Formel:

$$\text{durchschnittlicher Bestand} = \frac{\text{Gesamtzahl jährlich erzeugter Tiere} \times \text{Zahl der Monate Haltungsdauer}}{\text{12 Monate}}$$

Gemeinsamer Nenner bei Berechnungen ist die Großvieheinheit (GV), die 500 kg Lebendgewicht entspricht. Sie wird auf den Durchschnittsbestand bezogen.

Tabelle 4 Ermittlung der Großvieheinheiten (GV)

Viehart	GV
Kühe	1,1–1,3
weibliche Rinder über 2 Jahre	1,0
weibliche Rinder 1–2 Jahre	0,7
weibliche Rinder unter 1 Jahr	0,3
Kälber bis ca. 4 Wochen	0,1
Mastkalb bis 100 kg LG	0,15
Mastkalb bis 180 kg LG	0,23
Mastbullen bis 350 kg LG	0,5
Mastbullen 350–550 kg LG	0,9
Zuchteber	0,3
Zuchtsauen	0,3
Zuchtsauen mit Ferkeln	0,5
Mastschweine 20–110 kg LG	0,13
100 Legehennen	0,4
100 Jungmasthühner	0,17
Pferde (mittel)	1,0

Die Berechnung der GV erfolgt nach der Formel:

$$\frac{\text{Anfangsgewicht (kg)} + \text{Endgewicht (kg)}}{2} : 500\text{ kg} \times \frac{\text{Lebenstage im Haltungsabschnitt}}{\text{365 Tage}}$$

Beispiel:
Mastbulle, 90–600 kg; Haltungsdauer 480 Tage.

GV-Berechnung:

$$\frac{90 + 600}{2} : 500 \times \frac{480}{365} = 0{,}90\text{ GV/ erzeugte Einheit}$$

Die Rückrechnung von den *vorhandenen Stallplätzen* zur Jahresproduktion geschieht gegenüber der oben genannten Formel entgegengesetzt: z. B. 30 Schweineplätze sind vorhanden, Belegungszeit 11 Monate.

$$\text{Jahresproduktion} = \frac{30 \times 11}{5} = 66\text{ Stück}$$

Dabei wird davon ausgegangen, daß ein Umtrieb 5 Monate dauert. Stallplätze sind auf den Durchschnittsbestand zu berechnen.

4 Arbeit

Der knappste Faktor im Nebenerwerb ist in der Regel die Arbeitskraft.

Begriffe der Arbeitswirtschaft – Arbeit umfaßt »die selbständige, auf einen Wirtschaftszweck ausgerichtete geistige und körperliche Tätigkeit des Unternehmers und seiner Familie«. Maßeinheiten sind die Arbeitskrafteinheit (AK) und die Arbeitsstunde (AKh).

Eine **Arbeitskrafteinheit** (AK) entspricht einer vollarbeitsfähigen männlichen oder weiblichen Person, die während einer bestimmten Zeit voll im Betrieb arbeitet.

Die AK werden wie folgt umgerechnet:

Nach dem *Alter:*
- 14–15 Jahre = 0,5 AK,
- 16–65 Jahre = 1,0 AK,
- über 65 Jahre = 0,3 AK;

nach *Familienzugehörigkeit:*
- familienfremde AK:
  - Basis 2200 entlohnte Stunden bzw. 2000 geleistete Stunden
- familieneigene AK: Basis 2300 AKh.

Eine weitere Einteilung geschieht nach folgenden Gesichtspunkten:

Nach der *Entlohnung:* entlohnte und nicht entlohnte AK,
nach *Anwesenheit im Betrieb:* ständige und nicht ständige AK,
nach der *Familienzugehörigkeit:* Familienarbeitskräfte und familienfremde Arbeitskräfte,
nach dem *Beschäftigungsausmaß:* voll- und teilzeitbeschäftigte AK,
nach der *Regelmäßigkeit der Beschäftigung:* regelmäßig und unregelmäßig beschäftigte AK,
nach *Ausbildung* und *Tätigkeit:* Betriebsleiter – ausgebildete AK – angelernte AK – ungelernte AK.

3 Organisation und Planung

1 Betriebsführung

Wer seinen Betriebsablauf gut organisieren will, muß viele Einzelpunkte bedenken und beachten. Bei einem Nebenerwerbsbetrieb gilt dies in besonderem Maße, da auch der nichtlandwirtschaftliche Beruf voll in die Planung der Organisation mit einbezogen werden muß. So muß die Betriebsplanung u. a. beachten:

- Ziele setzen und formulieren nach
  - Inhalt,
  - zeitlichem Bezug,
  - Ausmaß.
- Planen:
  - Betriebsorganisation,
  - Arbeitsplanung,
  - Anbauplanung,
  - Einkauf – Verkauf,
  - Düngeplanung,
  - Investitionen.
- Entscheiden nach begrenzten Kapazitäten:
  - Fläche,
  - Kapital,
  - Zeit.

  Risiko!
- Ausführen nach Reihenfolge:
  - Zeit,
  - Geld.
- Kontrollieren:
  - Buchführung,
  - Schlagkartei,
  - Betriebszweigabrechnung.
- Wirtschaften bedeutet dauernder Vergleich von Aufwand und Ertrag oder von Kosten und Preisen.

2 Vom Vollerwerb zum Nebenerwerb

Bevor ein Betriebsleiter diese Entscheidung trifft, kommt es wesentlich auf die richtigen Schritte bei den vorausgehenden Überlegungen an, um Betrieb und Familie vor Nachteilen zu bewahren.

2.1 Bestandsaufnahme

Wo steht unser Betrieb, unsere Familie?

Als Grundlage aller Überlegungen muß eine realistische, unverfälschte Bestandsaufnahme erfolgen:

- Welche Produktionskapazität steht zur Verfügung an
  - Arbeitskräften,
  - Fläche,
  - Stallplätzen,
  - Kontingenten;
- Welche Organisation existiert:
  - Schwerpunkte,
  - Betriebszweige;
- Welche Belastungen sind zu tragen:
  - Zins und Tilgung;
- Welcher Gewinn – welche Gewinnrate – welche Eigenkapitalbildung liegen vor?
- Welche Schwachstellen weist der Betrieb auf:
  - zu geringe Produktion,
  - hohe Festkosten, Zinsen, Pacht,
  - hohe Privatentnahmen,
  - unterdurchschnittliche Produktion.

2.2 Analyse der Entwicklungstendenzen

Als nächsten Schritt gilt es, möglichst genau die künftigen Entwicklungsmöglichkeiten des jetzigen Betriebes abzuschätzen.

Was kommt noch auf uns zu?

Wichtige Aspekte für diese Überlegungen sind: Wie entwickeln sich

- Markt und Absatz,
- die Agrarpreise,
- die Preise für Betriebsmittel,
- Bodenmarkt und Pachtpreise,
- mögliche Auflagen im Umweltbereich,
- die finanziellen Ansprüche, die Lebenshaltung, das Altenteil, Einnahmen für außerbetriebliche Zwecke oder Erbabfindungen.

Wie wirkt sich das auf Betrieb und Familie aus?

In diese Überlegungen müssen außerdem folgende allgemeine Grundsätze einbezogen werden:

- Preissenkung → Gewinnreduzierung;
- Preissteigerung für Betriebsmittel → Gewinnreduzierung;
- Auflagen → Stagnation in der Weiterentwicklung → Gewinnreduzierung;
- erhöhte Privatentnahmen → geringere Eigenkapitalbildung → weniger Investitionen → höhere Fremdkapitalaufnahme.

2.3 Prüfen der eigenen Entwicklungsmöglichkeiten

Welche Wege* könnten *wir gehen?

Dabei kommen folgende Möglichkeiten in Betracht:

- Senkung des Aufwandes (Düngemittel, Pflanzenschutz, Festkosten [Maschinen]);
- Verbesserung der Produktion in Qualität und Quantität (»Besser sein als andere«);
- Wachsen in der Fläche (Pacht);
- Wachsen in den Beständen (Kontingente);
- Wachsen in Marktnischen (z. B. Sonderkulturen);
- Mehr Zusammenarbeit in Produktion – Vermarktung – Einkauf;
- **Zuerwerb** im Dienstleistungsbereich:
  - in Landschaftspflege,
  - in Kommunalarbeiten,
  - im Freizeitbereich,
  - in Direktvermarktung,
  - in selbständiger Tätigkeit,
  - in der zwischenbetrieblichen Zusammenarbeit (Maschinenring).
- Mehrfachbeschäftigung;
- Nebenerwerb oder Teilexistenz.

Es genügt nicht, sich nur die theoretischen Möglichkeiten zu überlegen. Jeder Betriebsleiter, der vor der Frage steht, Vollerwerb oder Nebenerwerb, muß vielmehr sich selber oder seine Familie nachdrücklich fragen:

Welche Schritte* wollen *wir gehen?

Für die Betriebsentwicklung ergeben sich dann folgende Wege:

- Bleiben im **Haupterwerb** *mit* Konsequenzen im Wachsen.
- Bleiben im **Haupterwerb** *mit* **Zuerwerb.**
- Übergang zum **Nebenerwerb** oder **Mehrfachbeschäftigung** mit der Konsequenz, daß die Organisation des Betriebes an die vorhandene Arbeitsmacht (Schwerpunktbildung, überbetriebliche Zusammenarbeit) angepaßt werden muß.
- Aus- und Fortbildung – Information – Umschulung.

Handeln – nicht nur hoffen.

2.4 Merkmale eines entwicklungsfähigen Betriebes

- Der **Betriebsleiter** muß über sehr gute produktionstechnische, betriebswirtschaftliche und kaufmännische Fähigkeiten und Kenntnisse verfügen.
- Der **Betrieb** muß *rentabel* sein bzw. durch die geplanten Investitionen rentabel werden. Das geeignete Kriterium zur Beurteilung der privatwirtschaftlichen Rentabilität ist der Gewinn. Je höher der Gewinn ist, desto günstiger sind die Wachstumschancen.
- Der Betrieb muß *liquide* sein.
- Der Betrieb muß *Eigenkapital* bilden.
- Der Betrieb darf *nicht zu hoch verschuldet* sein. Zu hoher Fremdkapitalanteil verringert seine Stabilität, d. h. seine Fähigkeit, z. B. Preiseinbrüche auf dem Agrarmarkt aufzufangen.
- Der Betrieb muß ein günstiges Verhältnis von Gewinn : Ertrag *(Gewinnrate)* erreichen. Bei gleichen Preis : Kosten-Verhältnissen werden sehr unterschiedliche Gewinnraten erwirtschaftet.
- Die durch Nettoinvestitionen finanzierten Maßnahmen müssen *wirtschaftlich* sein, d. h. sie müssen sich auf lange Sicht durch ein verbessertes Betriebsergebnis bezahlt machen.

2.5 Umstellung auf Nebenerwerb

Dieser sehr weitreichende Entschluß sollte nicht ohne die Hilfe staatlicher oder anderer beruflicher Fachberater an Ämtern, in Kammern oder in Berufsorganisationen vorbereitet wer-

Abb. 4 Vom Haupt- zum Nebenerwerb.

den. Die folgende Liste zählt wichtige Punkte für diese Umstellung vom Haupt- zum Nebenerwerb auf.

3 Einkommensberechnung im Nebenerwerbsbetrieb

Auch ein Nebenerwerbsbetrieb soll Einkommen aus der Landwirtschaft erbringen. Langfristig wird ein Nebenerwerbsbetrieb nur Bestand haben, wenn die in der Landwirtschaft eingesetzte Arbeitszeit einen eigenen Verdienst abwirft.

Als **Erfolgsmaßstab** kann der Gewinn oder das Betriebseinkommen herangezogen werden. Beim **Gewinn** werden von den gesamten Betriebseinnahmen alle Betriebsausgaben abgezogen.

Beim **Betriebseinkommen** bleiben Zinsen, Mieten und Pachten unberücksichtigt. Es stellt rein die Leistung des Betriebes heraus und ermög-

- Gemeinsam mit der Familie die Vorstellungen zur künftigen Entwicklung von Betrieb, Familie und Beruf besprechen.
- Prüfen Sie mit der Beratung, ob auf der Basis der jetzigen Produktionsleistungen sich ein weiteres Bewirtschaften des Betriebes überhaupt lohnt.
- Erarbeiten Sie mit der land- und hauswirtschaftlichen Beratung in der Familie ein Konzept, das den landwirtschaftlichen Nebenerwerb einschließt.
- Prüfen Sie, ob die gegenwärtige Fremdkapitalleistung für den Betrieb tragbar ist. Andernfalls erstellen Sie mit der Beratung einen Plan zur Konsolidierung und leiten diese ein.
- Prüfen Sie, ob bei der Umstellung auf Nebenerwerb ein Zusammenarbeiten mit Nachbarbetrieben möglich ist, um Festkosten Ihres Betriebes zu senken.
- Prüfen Sie genau, welche außerlandwirtschaftlichen Arbeitsplätze für Sie in zumutbarer Entfernung vorhanden sind.
- Prüfen Sie mit Ihrem Berater bei Umschulungsmaßnahmen die Förderungsmöglichkeiten.
- Erstellen Sie ein Ausbildungskonzept, wenn sich Ihr Hofnachfolger schon in der landwirtschaftlichen Ausbildung befindet, und prüfen Sie, ob wegen der neuen Situation bestehende Erbregelungen geändert werden müssen.
- Prüfen Sie Ihre soziale und private Absicherung. Beachten Sie dabei besonders:
  - **Landwirtschaftliche Krankenkasse:** Wechseln Sie zur Pflichtversicherung.
  - **Private Krankenversicherung:** Prüfen Sie, ob sie nötig ist.
  - **Berufsgenossenschaft:** Bei einer Flächenreduzierung den Beitrag neu festlegen lassen.
  - **Private Unfallversicherung:** Eventuell nehmen Sie eine Einstufung in eine andere Gefahrenklasse nur für den Betriebsleiter vor.
  - **Versicherung der Berufsunfähigkeit:** Verringern Sie hier unter Umständen Ihre Einstufung.
  - **Kapitallebensversicherung:** Kaufen Sie diese zurück, verkürzen Sie die Laufzeit, führen Sie eine Beitragsfreistellung herbei.
  - **Risikolebensversicherung:** Prüfen Sie die Höhe der Versicherungssumme.
  - **Alterskasse:** Prüfen Sie, ob Befreiung oder Zuschuß zur Nachentrichtung möglich sind.
  - **Gesetzliche Rentenversicherung:** Prüfen Sie bei einem Einstieg in die gesetzliche Rentenversicherung, ob eine Nachentrichtungsmöglichkeit besteht.
- Prüfen Sie die betriebliche Absicherung und ändern Sie diese bei Bedarf bei:
  - **Betriebshaftpflicht:** Prüfen Sie Beitrag und Risiken nochmals.
  - **Private Haftpflicht:** Überprüfen Sie, ob diese in der Betriebshaftpflicht mit enthalten ist.
  - **Feuerversicherung Gebäude:** Versichern Sie bei Bedarf die Gebäude zum Zeitwert.
  - **Feuerversicherung Inventar:** Passen Sie Summen und Positionen dem jetzigen Neuwert an.

Abb. 5 Berechnung des landwirtschaftlichen Einkommens (Schema).

licht so einen Vergleich mit anderen Betrieben. Es läßt Rückschlüsse auf die Effizienz der Produktionsverfahren zu.

4 Betriebsplanung

4.1 Organisieren, Wirtschaften, Produzieren

Betriebsorganisation – Entscheidend für die Organisation eines Betriebes ist:

- ***Was?***
- ***Wieviel?*** } ***erzeugt wird***
- ***Wie?***

Was erzeugen heißt:
Die *Auswahl* der Betriebszweige und Produktionsverfahren *treffen,* z. B.: Ferkelerzeugung – Schweineproduktion – Marktfruchtproduktion.
Wieviel erzeugen heißt:
Den Umfang der Betriebszweige *festlegen,* z. B.: wieviel Zuchtsauen, wieviel ha Getreide.
Wie erzeugen heißt:
Die *Intensität,* d. h. die Höhe des Aufwandes und die Art des Produktionsverfahrens *bestimmen,* z. B. Dinkelanbau statt Sommerweizen.
Ein wichtiger Grundsatz im Nebenerwerbsbetrieb wird sein:

Extensiv organisieren, aber intensiv wirtschaften!

In der Intensität, d. h. in der Wahl des Aufwandes, bezogen auf ein einzelnes Produktionsverfahren, wird sich der Nebenerwerbsbetrieb vom Haupterwerbsbetrieb nicht unterscheiden. Um einen Einkommensbeitrag erzielen zu können, ist er gezwungen, eine optimale Intensität anzustreben.
Wirtschaften – Die zwei Wege des Wirtschaftens sind:

- Der 1. Weg: Mehr einnehmen, als man ausgibt.
- Der 2. Weg: Weniger ausgeben, als man einnimmt.

Abb. 6 Wirtschaften ist der stete Vergleich von Aufwand und Ertrag.

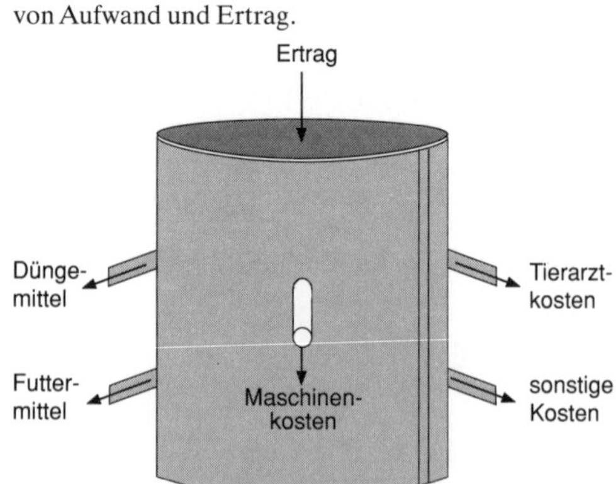

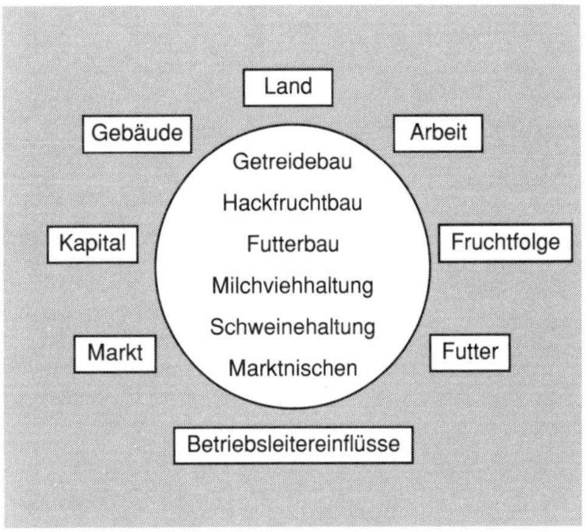

Abb. 7 Produktionsraum-Kapazitäten.

variable (veränderliche) Kosten

Bodennutzung	**Viehhaltung**
- Saatgut, - Düngemittel, - Pflanzenschutz, - variable Maschinenkosten, - Lohnmaschinen, - Löhne nicht ständiger AK, - sonstige variable Kosten, - (Vermarktungskosten), - (Zinssatz des Umlaufvermögens)	- Bestandsergänzung, - Kraftfutter, - Mineralfutter, - Deckgeld, - Tierarzt, Medikamente, - sonstige Unkosten der Viehhaltung, - variable Maschinenkosten, - (Vermarktungskosten), - (Zinssatz des Umlaufvermögens)

Abb. 8 Zusammensetzung der variablen Kosten.

Wirtschaften ist ein dauernder Vergleich von Aufwand und Ertrag. »Die Kunst der Ökonomie besteht in der Aufgabe, mit wenig – viel auszurichten«. (Ökonomierat SCHWERZ, 1818–1828).

Ein bäuerlicher Betrieb ist zu vergleichen mit einem Behälter, der Löcher hat. Was oben hineinfließt, das sind die Einnahmen. Was bei den Löchern hinausrinnt, das sind die Ausgaben für Betriebsmittel. Was drinnen bleibt, von dem kann der Landwirt und seine Familie leben.
Grenzen der Produktion – Jeder Betrieb hat einen begrenzten Produktionsraum bzw. begrenzende Kapazitäten zur Verfügung.

Im Nebenerwerbsbetrieb ist die Arbeit der knappste Faktor.

4.2 Der Deckungsbeitrag (DB)

Für die Beurteilung der Wirtschaftlichkeit eines Betriebszweiges oder eines Produktionsverfahrens im Einzelbetrieb ist die Höhe des Deckungsbeitrages, bezogen auf den knappsten Produktionsfaktor, maßgebend.
Dabei wird grob unterschieden in
- Flächenverwertung (DB/ha),
- Arbeitsverwertung (DB/AKh).

Bezieht sich der Deckungsbeitrag auf die Fläche, sprechen wir von der **Flächenverwertung.** Wird der Deckungsbeitrag durch die jeweils für das Verfahren aufzuwendenden Arbeitsstunden geteilt, ist das Ergebnis die **Verwertung der Arbeitszeit.**
Vergleichsmaßstab – Der Deckungsbeitrag als betriebsinterner **Wettbewerbsmaßstab** ergibt sich dadurch, daß von den Leistungen die tatsächlichen zuteilbaren Kosten abgezogen werden. Die gesamte Leistung eines Produktionsverfahrens ergibt sich aus der Summe von marktfähigen Haupt- und Nebenleistungen mit Erzeugerpreisen bewertet (Marktleistung). Von den Marktleistungen werden die variablen (veränderlichen) Kosten abgesetzt.

Deckungsbeitrag ist der Beitrag, den der einzelne Betriebszweig bzw. das einzelne Produktionsverfahren zur Deckung der Festkosten des Betriebes liefert.

Gesamtdeckungsbeitrag – Er ist die Summe der Deckungsbeiträge aller Produktionsverfahren. Es werden die einzelnen Deckungsbeiträge mit der Zahl der vorhandenen Einheiten multipliziert und dann zusammengezählt.
Neben den erwähnten variablen Kosten gibt es im landwirtschaftlichen Betrieb noch die **Festkosten.** Diese entstehen bereits bei der Produktionsbereitschaft und bleiben in ihrer Höhe gleich, unabhängig davon, ob der Produktionsumfang größer oder kleiner ist. Zu ihnen zählen die in Abb. 9 zur Berechnung der Festkosten genannten Punkte.
Werden vom Gesamtdeckungsbeitrag die Festkosten des Betriebes abgezogen, ergibt sich das

Betriebsplanung

Betrieb Mustermann

19 ha LF; AF: 10 ha; DF: 9 ha; | Wald: 4 ha

11 Kühe mit Nachzucht

Berechnung der Festkosten

		DM	Summe DM
1	**Löhne und Sozialversicherungen**		
2			
3			
4	**Wirtschaftsgebäude**		
5	Abschreibung	5385	
6	Unterhalt	1621	
7	Sonderkulturen	–	7006
8	**Maschinen**		
9	Abschreibung (Ø 8%)	10976	
10	Betriebskosten für allgemeine Arbeiten: 150 Sh x 7,50 DM/Sh	1125	
11			
12	Maschinenmiete (soweit nicht zugeteilt)	–	
13	PKW: für Betrieb 5000 km x 0,40 DM/km	2000	14101
14	**Betriebssteuern und -versicherungen**		
15	Grundsteuer	1072	
16	Berufsgenossenschaft	768	
17	Betriebshaftpflichtversicherung	460	
18	Haftpflichtversicherung für: Traktor	482	
19			
20			
21	Gebäudebrandversicherung	435	
22	Inventarversicherung	235	
23	Hundesteuer	20	3472
24	**Allgemeiner Betriebsaufwand**		
25	Beitrag: Wasser- und Bodenverband DM; Flurbereinigung DM		
26	Wasser DM; Strom DM (soweit nicht zugeteilt)	700	
27	Telefon (Anteil für Betrieb)	360	
28	Zeitung 150 DM; Fachliteratur 156 DM	306	
29	Fernseher (50 %) — DM; Porto 30 DM	30	
30	Verbände: BBV/Kammer 150 DM; VLF 10 DM	160	
31	Maschinenring	50	
32	Buchführung	–	
33	Meliorationen, Kalkung ha x DM/ha	–	
34	Drainage AfA ha x DM/ha	–	
35			
36			1606
37	**Festkosten insgesamt**		26185

Abb. 9 Berechnung der Festkosten.

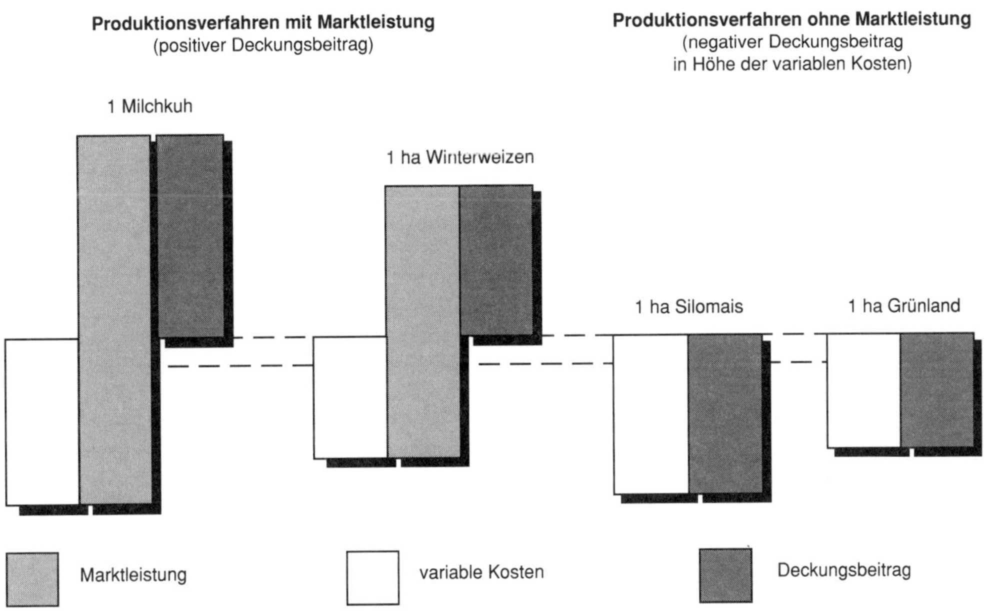

Abb. 10 Beispiele für positive und negative Deckungsbeiträge.

Abb. 11 Deckungsbeitrag Winterweizen (Beispiel).

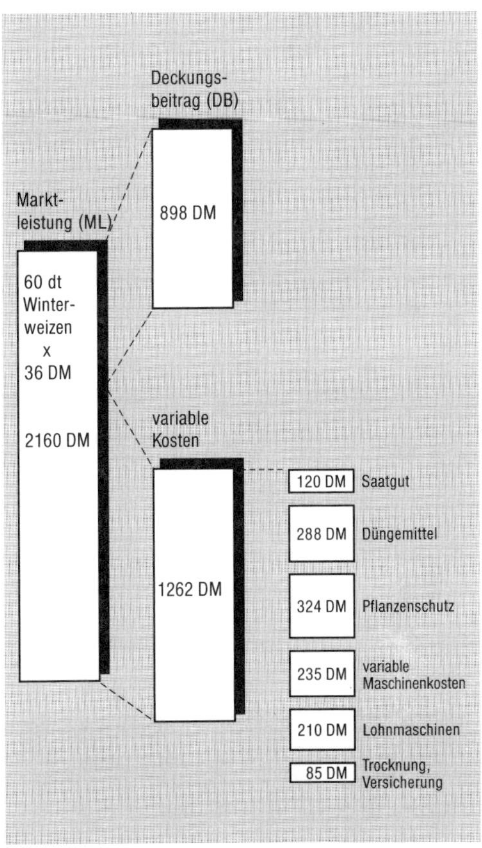

Abb. 12 Deckungsbeitrag Ferkelerzeugung (Beispiel).

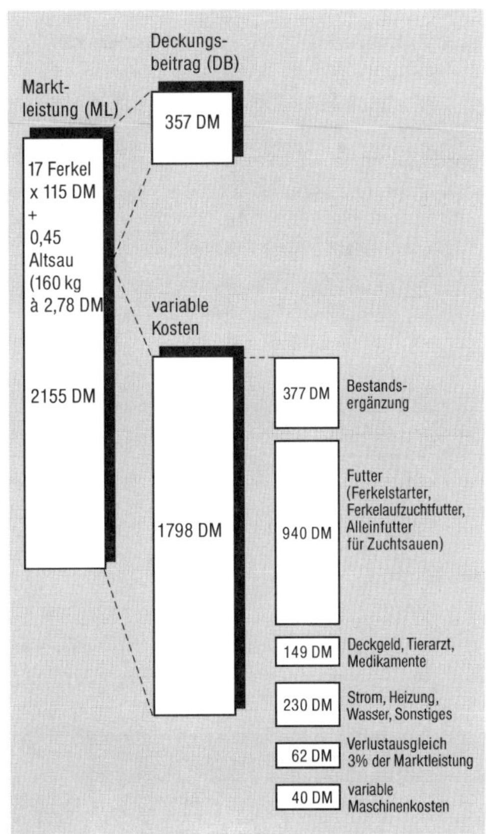

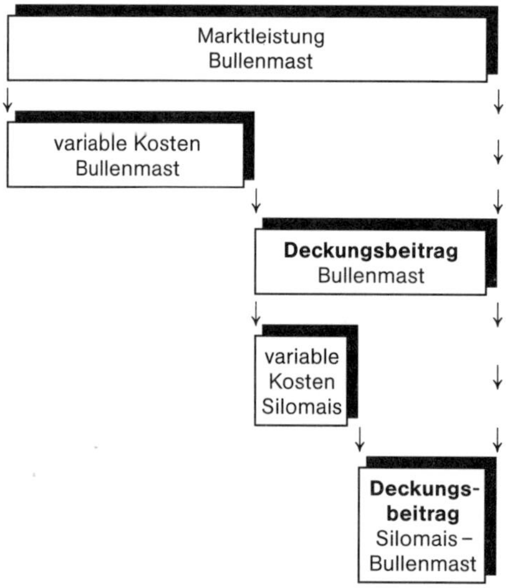

Abb. 13 Beispiel für den Deckungsbeitrag eines aggregierten Produktionsverfahrens.

Roheinkommen bzw. bei Berücksichtigung von Zinsen und Pachten der **Gewinn.**

4.3 Spezialisierung (Schwerpunktbildung) und Wettbewerb der Produktionsverfahren

Spezialisierung – Bei einer begrenzten Arbeitskapazität des Nebenerwerbsbetriebes ist die konsequente Organisation des Betriebes in der Regel mit einer Schwerpunktbildung oder Spezialisierung verbunden.

Für eine Spezialisierung im Nebenerwerbsbetrieb sprechen:

- Geringerer Bedarf für Maschinen und Gebäude,
- höhere Erträge und Leistungen, weil bei beschränkter Arbeitskapazität und begrenztem Fachwissen der Nebenerwerbslandwirt nur in wenigen Betriebszweigen optimale Leistungen erbringen kann,
- verbesserte Arbeitsproduktivität durch größere Einheiten,
- Erleichterung und Verbilligung des überbetrieblichen Maschineneinsatzes durch größere Einheiten,
- Verbesserung der Marktchancen bei größeren Einheiten.

Der Spezialisierung sind aber auch *Grenzen* gesetzt:

- Durch das Auftreten von Arbeitsspitzen (fristgebundene Arbeiten),
- in der Bodennutzung zur Erhaltung und Verbesserung der Bodenfruchtbarkeit über eine angemessene Fruchtfolge.

Wettbewerb der einzelnen Produktionsverfahren – Der direkte Vergleich von einzelnen Produktionsverfahren ist meistens nicht möglich. Dies gilt vor allem für die Viehhaltungszweige, denn diese benötigen völlig verschiedene Futterflächen. Auf diesen Futterflächen können wieder verschiedene Futterpflanzen angebaut werden.

Ein Vergleich der einzelnen Produktionsverfahren ist dann möglich, wenn z. B. Viehhaltung und Futterbau kombiniert werden. Man spricht hier in der Planungssprache von *»Aggregieren«*.

Abb. 14 Deckungsbeitrag und Gewinn.

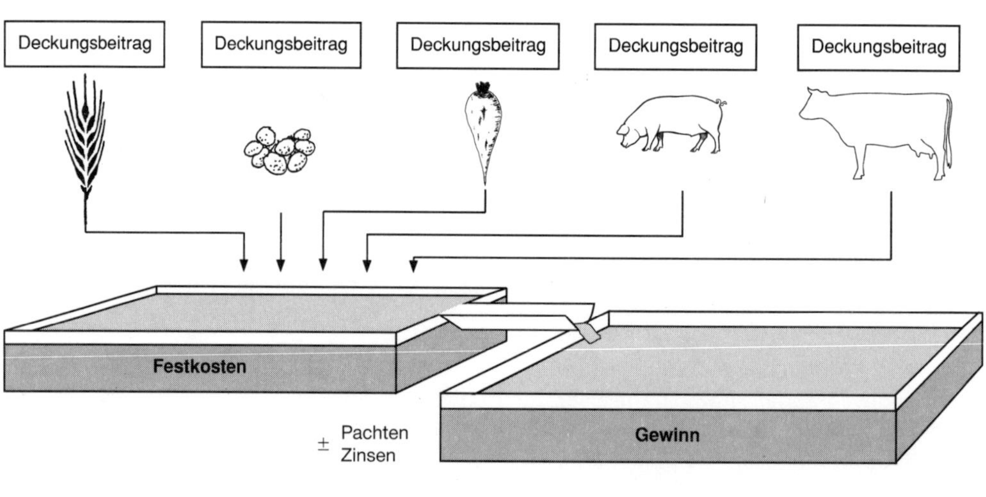

Beispiel:

1 ha LF bringt über Weizen einen DB von DM 1400,–
1 ha LF bringt über Milchkühe einen DB von DM 4256,–
Berechnung: Vorausgesetzt wurden 2 Kühe/ha, je Kuh 0,2 ha Sommerfutterfläche und 0,3 ha Winterfutterfläche (0,14 ha Silage, 0,16 ha Heu).

variable Kosten bei 1 ha:		anteilige Kosten:
Sommerfutter	DM 450,–	0,2 ha × DM 450,– = DM 90,–
Silage	DM 1100,–	0,14 ha × DM 1100,– = DM 154,–
Heu	DM 800,–	0,16 ha × DM 800,– = DM 128,–
		DM 372,–

variable Kosten für 0,5 ha = DM 372,–
für 1,0 ha = DM 744,–

Auf 1 ha können 2 Kühe gehalten werden, die einen DB von 2 × DM 2500,– bringen
= DM 5000,–
– DM 744,–
aggregierter DB DM 4256,–/ha Kuh.

5 Grundsätze für die Organisation von Nebenerwerbsbetrieben

Voraussetzung für das Funktionieren eines landwirtschaftlichen Nebenerwerbsbetriebes ist, daß für jeden Betrieb, bezogen auf die Arbeitsverfassung der Familie und die wirtschaftlichen Verhältnisse, die richtige Betriebsorganisation gefunden wird. Besonders wichtig ist die Ausrichtung des notwendigen Arbeitsbedarfes auf die Restarbeitszeit der Familienmitglieder.

Oberste Richtschnur aller Überlegungen zur Organisation muß die Familie und die Sicherung ihrer Existenz sein.

Der landwirtschaftliche Betrieb ist dabei so zu gestalten, daß er den Anforderungen des außerlandwirtschaftlichen Haupterwerbes nicht im Wege steht, andererseits aber auch das notwendige Zusatzeinkommen erwirtschaftet, ohne die Familie über Gebühr zu belasten.
Daraus ergeben sich folgende Grundsätze:

- Der Nebenerwerbsbetrieb ist dem außerlandwirtschaftlichen Haupterwerb unterzuordnen.
- Auch ein Nebenerwerbsbetrieb soll Einkommen aus der Landwirtschaft erbringen (Nebenerwerbsbetrieb als Geldquelle, nicht nur als Hobby!).
- Die Organisation des Betriebes muß an die vorhandene Familiensituation angepaßt werden. Kein Familienmitglied darf über seine Leistungsfähigkeit belastet werden.
- Den Betrieb vereinfacht organisieren und intensiv führen. Schwerpunkte bilden; diese Schwerpunkte aber optimal gestalten: extensiv organisieren – intensiv produzieren.
- Sparsam und überlegt investieren. Das außerlandwirtschaftliche Einkommen darf nicht dauernd in den Betrieb fließen.
- Der Nebenerwerbsbetrieb verträgt keine hohen Festkosten an Maschinen und Gebäuden.
- Vorhandene Gebäude sind zu nutzen.
- Zwischenbetrieblich zusammenarbeiten spart Kosten – verringert Arbeit – bringt Schlagkraft – bringt Fortschritt.

Der Nebenerwerbsbetrieb ist dem außerlandwirtschaftlichen Haupterwerb unterzuordnen.

Bei der Planung des Betriebes ist darauf zu achten, daß die Bindungen mit den Anforderungen des außerlandwirtschaftlichen Erwerbs vereinbar sind. Ein qualifizierter außerlandwirtschaftlicher Arbeitsplatz erfordert heute ein hohes zeitliches und fachliches Engagement sowie eine laufende Weiterbildung. Falls einvernehmliche Regelungen mit dem Arbeitgeber nicht gefunden werden, ist der landwirtschaftliche Betrieb anzupassen.

Auch ein Nebenerwerbsbetrieb soll Einkommen aus der Landwirtschaft erbringen.

Die Höhe dieses Zusatzeinkommens hängt ab vom Verdienst außerhalb der Landwirtschaft und der Sicherheit des Arbeitsplatzes. Wer bei vertretbarem Arbeitsaufwand ein Zu-

satzeinkommen aus der Landwirtschaft erwirtschaften will, muß die Feinheiten der Produktionstechnik beherrschen, Leistungs- und Kostenreserven nützen, d. h. eine optimale Intensität anstreben.
Das wichtigste Kriterium bei der Auswahl der Betriebszweige ist der *Deckungsbeitrag je Arbeitsstunde.*

Die Organisation des Betriebes muß an die vorhandene Familiensituation angepaßt werden. Kein Familienmitglied darf über seine Leistungsfähigkeit belastet werden.

Der Übergang zum Nebenerwerbsbetrieb beinhaltet, daß eine Hauptarbeitskraft überwiegend außerbetrieblich tätig wird. Sie ist damit in aller Regel werktags vom Hof abwesend. Die im Betrieb anfallenden Arbeiten verlagern sich auf die Familienangehörigen sowie auf die Morgen- oder Abendstunden sowie die Wochenenden. Es ist daher unbedingt der Grundsatz zu beachten, daß als durchschnittliche Arbeitskapazität nicht mehr als die Hälfte der Freizeit an Werktagen und Wochenenden für den Betrieb verplant werden darf.

Beispiel:

Der Betriebsleiter ist außerbetrieblich tätig.

Arbeitszeit im Hauptberuf:	8	Stunden/Werktag
An- und Abfahrtszeit:	1	Stunde/Werktag
Essen, Waschen, Kleiden usw.:	2	Stunden
Schlafen:	8–9	Stunden
gesamt	19–20	Stunden/Werktag
verbleiben als Freizeit:	5–4	Stunden/Werktag
davon für den landwirtschaftlichen Betrieb verfügbar:	2–2,5	Stunden/Werktag

Die verfügbare betriebliche **Arbeitszeit der Frau** hängt sehr stark von der familiären Situation (Klein- oder Schulkinder, pflegebedürftige oder mithelfende Personen, Altenteiler usw.) ab. Neben der verfügbaren Arbeitskraft spielt die körperliche Belastbarkeit der vorhandenen Arbeitskräfte eine wesentliche Rolle.
Arbeitserleichterungen durch weitere Technisierung sind wegen der geringen Flächen- und Bestandsgrößen nur begrenzt sinnvoll. Wo wenig Arbeitszeit zur Verfügung steht, muß der Betrieb vereinfacht und sehr stark die überbetriebliche Zusammenarbeit genützt werden. Solche Lösungen der Betriebsorganisation und der festen Einbindung der Möglichkeiten der überbetrieblichen Zusammenarbeit sind wesentlich preiswerter und rentabler als Investitionen für Arbeitserledigung.
Die Kooperation mit landwirtschaftlichen Haupterwerbsbetrieben ist ein weiterer Weg, den Arbeitsaufwand zu reduzieren und flexibel in der Organisation des Betriebes zu sein.

Den Betrieb vereinfacht organisieren und intensiv führen.

Um einen ausreichenden Betriebserfolg mit guter Produktionstechnik sowie der erforderlichen Qualität der Produkte zu erzielen, ist die Umstellung des Betriebes auf wenige Betriebszweige erforderlich. Der notwendige Kenntnisstand in der Produktionstechnik ist bei einer Spezialisierung der Produktion wesentlich einfacher zu erreichen, als im vielseitigen Betrieb. Der ackerbaulich orientierte Nebenerwerbsbetrieb ist wesentlich leichter arbeitsextensiv zu organisieren, als ein Grünlandbetrieb. Aber auch auf Grünlandstandorten gibt es gewinnbringende arbeitsextensive Organisationen.

Sparsam und überlegt investieren.

Im Nebenerwerbsbetrieb sind Investitionen sehr kritisch auf ihre unabdingbare Notwendigkeit zu überprüfen. Die Notwendigkeit hängt stark von der überschaubaren Entwicklung des Betriebes ab! Investitionen bei Wirtschaftsgebäuden, Maschinen, Vieh und Umlaufvermögen müssen mehr Geld einbringen als sie kosten. Maschineninvestitionen sind unter Einbeziehung des möglichen zwischenbetrieblichen Maschineneinsatzes zu prüfen.
In der Regel genügt im Maschinenbereich die Grundmechanisierung und diese eventuell mit Gebrauchtmaschinen. Zu bedenken ist, daß für neue Leitmaschinen, z. B. den Traktor, meist auch eine passende Folgemechanisierung benötigt wird. In der Regel ist der überbetriebliche Maschineneinsatz, sei es Maschinenring, Lohnunternehmer oder Nachbarschaftshilfe, billiger als die eigene Maschine.

Der Nebenerwerbsbetrieb verträgt keine hohen Festkosten an Maschinen und Gebäuden.

Geringere, produktionstechnische Leistungen im Nebenerwerbsbetrieb, kleinere Bestandsgrößen und eine geringere Betriebsgröße bedingen in der Regel höhere Festkosten. Möglichst geringe Maschinenneuwerte tragen dazu bei, die Festkostenbelastung des Betriebes zu verringern.

Vorhandene Gebäude sind zu nutzen.

Da meist Verkaufsmöglichkeiten oder andere Nutzungsformen für Gebäude nicht bestehen, sollten sie möglichst lange weiter genutzt werden. Die Produktion in vorhandenen Gebäuden lohnt auch dann noch, wenn keine Zinsen und Abschreibungen erwirtschaftet werden.
Auf jeden Fall sind Umbaulösungen in vorhandenen Gebäuden dem Neubau vorzuziehen. Dadurch wird unnötige Kapitalfestlegung vermieden. Für nahezu alle Betriebszweige lassen sich arbeitswirtschaftlich günstige Lösungen auch mit Umbauten erzielen.
Investieren ins Wohnhaus oder in die Ausbildung der Kinder ist besser als Investieren in Gebäude!

Zwischenbetrieblich zusammenarbeiten.

Partnerschaftliche Zusammenarbeit
- senkt Kosten,
- verbessert die Liquidität des Betriebes,
- macht Vollmechanisierung möglich ohne Übermechanisierung,
- bringt Schlagkraft in den Betrieb,
- nutzt den technischen Fortschritt,
- ermöglicht eine optimale und flexible Organisation des Betriebes,
- verbessert die Qualität der Arbeit,
- entlastet von Arbeit, setzt Arbeitskapazität frei,
- vermindert das Unternehmerrisiko.

Freiheit und Unabhängigkeit haben ihren Preis. Jeder muß selbst entscheiden, welchen Preis er dafür bezahlen möchte, aber letzten Endes darf die Familie nicht Sklave der Unabhängigkeit werden. Partnerschaft heißt Leistungs-, Kosten- und Risikogemeinschaft.

6 Wahl der richtigen Betriebsorganisation

Bei der Umstellung zur nebenberuflichen Bewirtschaftung muß eine neue Organisation gesucht werden, die davon bestimmt wird,
- welche Einkommensbeiträge aus dem Nebenerwerb erwirtschaftet werden sollen; geringere oder unsichere außerlandwirtschaftliche Einkommen bedingen höhere Einkommensansprüche aus der Landwirtschaft;
- welche Neigungen und besondere Interessen die Familie hat;
- welche Arbeitskapazität noch da ist;
- ob und inwieweit vorhandene Gebäude genützt werden können und sollen;
- welche Flächen verfügbar sind;
- welche Investitionen notwendig sind;
- welche Arbeiten zu bestimmten Zeiten anfallen;
- welcher Art die Arbeit ist;
- welches Grundfutter anfällt;
- welche produktionstechnische Anforderungen gefordert sind;
- welche Marktverhältnisse gegeben sind.

Das wichtigste Kriterium, das bei der Auswahl der Betriebszweige beachtet werden sollte, ist der Deckungsbeitrag/Arbeitsstunde. Nur in sehr flächenarmen Nebenerwerbsbetrieben spielt der Deckungsbeitrag/ha landwirtschaftlich genutzter Fläche eine ähnlich wichtige Rolle. Letztlich entscheidend ist immer das bei gegebener Fläche und Arbeitskraft maximale landwirtschaftliche Einkommen.

Der **ackerbaulich orientierte Nebenerwerbsbetrieb** ist wesentlich leichter arbeitsextensiv zu organisieren, als ein Betrieb mit hohem Anteil von absolutem Grünland. Auch die zeitliche Bindung, die Schwere der körperlichen Arbeit sind wesentlich geringer.
Auf **Grünlandstandorten** ist es wesentlich schwieriger, einkommensträchtige, arbeitsextensive Organisationen für Nebenerwerbsbetriebe zu finden. Die Grünlandbewirtschaftung zwingt mit Ausnahme des Heuverkaufes und der Pensionsviehhaltung zur Nutzung von Stallgebäuden. Baumaßnahmen legen die Betriebsorganisation auf längere Zeit fest.

Eine sinnvolle Organisation von Nebenerwerbsbetrieben kann nicht nach schematischen Rezepten erfolgen. Entsprechend der unterschiedlich gegebenen Kombinationen der Produktionsfaktoren – Boden – Arbeit – Kapital, der Verschiedenheit der natürlichen Ertragsvoraussetzungen, der Art der hauptberuflichen Tätigkeit, werden sich verschiedene Schwerpunkte als zweckmäßig erweisen.

Auch bei einer gewählten Organisation muß der Nebenerwerbsbetrieb beweglich in der Wirtschaftsweise bleiben. Eine Veränderung der Arbeitskapazität kann jederzeit erfolgen und bedingt eine flexible Anpassung. Auch aus diesen Gründen ist die überbetriebliche Zusammenarbeit ein wichtiges Instrument für den Nebenerwerbslandwirt. Hier läßt sich am leichtesten eine Anpassung ermöglichen.

4 Zwischenbetriebliche Zusammenarbeit

1 Problemstellung

Die richtige Erledigung der Feldarbeiten führt in vielen Nebenerwerbsbetrieben zu drei Problemen:

- **Maschinenauslastung:** Auf den meist flächenärmeren Betrieben sind die Maschinen oft nicht so auszulasten, daß sich ihre Anschaffung für den Betrieb auszahlt, so daß die Betriebe unverhältnismäßig viel für ihre Technik ausgeben.
- **Schlagkraft:** Viele Arbeiten (z. B. Pflanzenschutzmaßnahmen oder Gras silieren) müssen zu einem bestimmten Zeitpunkt und sehr rasch mit hoher Schlagkraft erledigt werden, um Verluste zu vermeiden. Wegen der beschränkt verfügbaren Zeit kommt es daher immer wieder zu unvertretbaren Überlastungen der ganzen Familie.
- **Spezialwissen:** Die moderne Landwirtschaft stellt z. B. beim Einsatz von Agrochemikalien wie Mineraldünger oder Pflanzenschutzmitteln hohe Ansprüche an das produktionstechnische Wissen, das sich gar nicht mehr jeder einzelne Nebenerwerbslandwirt wegen seines außerlandwirtschaftlichen Berufes aneignen kann!

Der Einzelbetrieb stößt deshalb bei der Arbeitserledigung an drei wichtige Grenzen:

- Die Maschinenkosten sind zu hoch,
- die verfügbare Zeit zum erforderlichen Arbeitszeitpunkt ist zu knapp,
- letztes produktionstechnisches Know-how fehlt.

Diese Grenzen können durch die zwischenbetriebliche Zusammenarbeit leichter überwunden werden. Die Zusammenarbeit zwischen Betrieben ist keine ideologische Träumerei, sondern meist der Beweis für eine wirtschaftlich und menschlich vernünftige Führung eines landwirtschaftlichen Betriebes im Voll-, Zu- oder Nebenerwerb durch die Nutzung der Produktionsfaktoren Arbeit, Kapital und Knowhow über die Grenzen des Einzelbetriebes hinaus.

2 Vorteile der zwischenbetrieblichen Zusammenarbeit

Die zwischenbetriebliche Zusammenarbeit bietet allen beteiligten Betrieben eine Reihe von Möglichkeiten:

- **Sie senkt die Kosten** für unausgelastete Maschinen, damit die Technik nicht zur Belastung wird, da Maschinen, wenn sie erst einmal gekauft sind, jedes Jahr bestimmte feste Kosten verursachen, auch dann, wenn sie nicht arbeiten (siehe Tabelle 5).
  - Die Höhe der jährlichen **Abschreibung** hängt von der kalkulierten Nutzungsdauer nach Jahren (N) ab und beträgt zwischen 7 und 10% des Anschaffungspreises (A)/Jahr.
  - Der **Zinsansatz** des eingesetzten Kapitals ist mindestens mit den erzielbaren Verzinsungen für langfristige Kapitalanlagen anzusetzen (6–8%). Da die abgeschriebenen Teilsummen nicht mehr zu verzinsen sind, ist im Mittel der halbe Anschaffungspreis zu verzinsen:

$$\frac{\text{6 bis 8\% von A}}{2} = \text{3 bis 4\% von A}$$

  - Die Kosten für **Unterbringung** und **Versicherung** liegen zwischen 1,5 und 2% vom Anschaffungspreis.

Die gesamten jährlichen Festkosten einer Landmaschine sind deshalb überschlagsmäßig mit ca. 11–16% vom Anschaffungspreis zu veranschlagen. Sie belasten die einzelne Einheit (Sh oder ha) um so weniger, je höher die jährliche Auslastung ist (siehe Abb. 15).

  - Relativ wenig fallen dagegen die sog. variablen Maschinenkosten ins Gewicht, die pro Leistungseinheit immer gleich hoch sind. Orientierungswerte für Treib- und Schmierstoffe, Reparatur und Wartung bei den verschiedenen Maschinen werden vom KTBL herausgegeben.

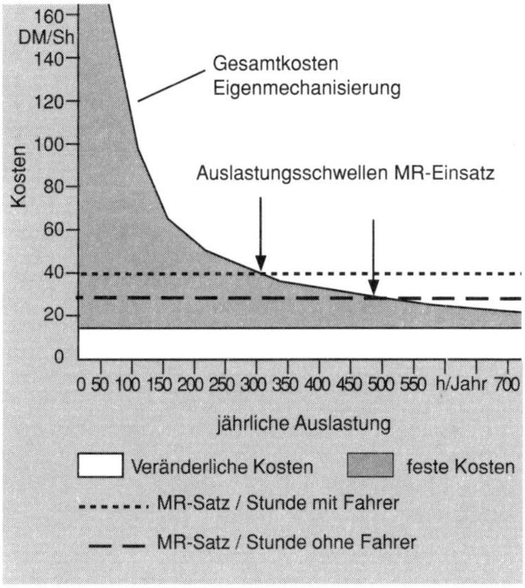

Abb. 15 Kostenvergleich für einen 50 kW-Allradtraktor bei Eigenmechanisierung bzw. im zwischenbetrieblichen Einsatz mit/ohne Fahrer.

Tabelle 5 Berechnung der Maschinenkosten für einen 65 kW (90 PS)-Allradtraktor

Datengrundlagen	
Anschaffungswert (A) einschließlich MwSt.	60 000,00
Nutzungsdauer (N)	12 Jahre
Restwert (R)	12 000,00
Zinssatz (i)	8%
feste Kosten	
Abschreibung $\left(\frac{A-R}{N}\right)$	4 000,00
+ Verzinsung $\frac{A+R}{2} \times i$	+2 880,00
+ Unterbringung (1% des Neuwertes)	+ 600,00
+ Versicherung (0,5% des Neuwertes)	+ 300,00
Summe feste Kosten	7 780,00
veränderliche Kosten	
Reparaturen (nach KTBL)	DM 7,58
+ Betriebsstoffe (nach KTBL)	DM +3,25
Summe veränderliche Kosten/ Traktorstunde	DM 10,83

Gesamtkosten

Einsatzumfang: notwendige Stunden im Jahr

	h/Jahr	50	100	200	300
feste Kosten	DM/Jahr	156	78	39	26
veränderliche Kosten	DM/h	10,83	10,83	10,83	10,83
Summe gesamte Maschinenkosten/ Traktorstunde	DM/h	166,83	88,83	49,83	36,83

- Zwischenbetriebliche Zusammenarbeit macht **Vollmechanisierung** möglich, ohne im eigenen Betrieb übermechanisiert zu sein. Jeder Betrieb kann die Maschine oder das Arbeitsverfahren, das er für richtig hält, kostengünstig auf Zeit einsetzen, ohne eine Maschine selbst kaufen zu müssen.
- Diese Zusammenarbeit verbessert die **Liquiditätslage** des Betriebes, weil das nicht für Maschinenkauf verwendete Geld für andere Investitionen oder für die private bzw. betriebliche Vermögensbildung verwendet werden kann.
- Sie bringt **hohe Schlagkraft** in den Betrieb: Bei der Bestellung und vor allem bei den Erntearbeiten (z. B. Silage-Gewinnung) ist dies entscheidend für die Senkung des Wetterrisikos und die Qualität des Produkts. Für Nebenerwerbsbetriebe ist die hohe Schlagkraft wegen der beschränkt für den Hof verfügbaren Zeit der Familien-AK besonders wichtig.
- Sie verbessert die **Qualität der Feldarbeiten,** weil immer die neue Technik zum Einsatz kommt und weil die Maschinen von Spezialisten gefahren werden, die mit der Technik vertraut sind und die notwendige Erfahrung besitzen;
- dadurch eröffnet sie jedem Betrieb den **technischen Fortschritt** ohne eigene Investitionen und jahrelange Festlegung der Betriebsorganisation auf bestimmte Arbeitsverfahren. Damit bleiben die Betriebe langfristig in ihrer Organisation flexibel und können kurzfristig, je nach freien Arbeitskapazitäten, ihre Arbeit ohne Überlastung sicher erledigen, während jede eigene Maschine den Betrieb bindet.
- Überbetriebliche Zusammenarbeit entlastet von Arbeit und erlaubt mehr Familienleben: Der Übergang zu schlagkräftigen überbetrieblichen Arbeitsverfahren, sowie die teilweise oder völlige Auslagerung von Arbeiten entlastet die ganze Familie. Vor allem wenn die Frau oder die Kinder die Hauptlast der Arbeit tragen müssen, kann hier wirkungsvoll Abhilfe geschaffen werden.
- Sie ermöglicht Urlaub und soziale Sicherheit: Durch die Inanspruchnahme des Betriebshilfsdienstes kann der notwendige und verdiente Urlaub auch wirklich zur Erholung

Tabelle 6 Formen der überbetrieblichen Zusammenarbeit

	Nachbarschaftshilfe	Maschinenring	Klein- oder Maschinen-gemeinschaft	Lohnunternehmen	Gemeinschafts-maschinen (GdBR)
technische Regelung, Organisation:					
Wer plant den Einsatz?	Absprache	Geschäftsführer oder Eigentümer	Absprache	Eigentümer	verantwortliche Einsatzleiter
Wer besorgt Service und Reparaturen?	Eigentümer	Eigentümer	Absprache Verantwortlicher Maschinenhalter	Eigentümer	Einsatzleitung
finanzielle Regelung:					
Wer ist der Eigentümer?	1 Landwirt	1 Landwirt	mehrere Landwirte (z. B. 3 × 1/3)	Lohnunternehmer	Gesellschaft
Wie wird abgerechnet?	häufig nicht	sofort entweder von Landwirt zu Landwirt oder über den Geschäftsführer anhand der Preisliste	jährlich durch Maschinenhalter	Rechnungs-stellung	sofort nach Einsatz gemäß vereinbarten Arbeitspreisen

genutzt werden. In Krankheitsfällen und familiären Notsituationen besteht daneben die Möglichkeit, Aushilfe durch geeignete Helferinnen und Helfer zu bekommen.

Auch der Nebenerwerbsbetrieb braucht leistungsfähige Landmaschinen für die Erledigung seiner Arbeiten. Wenn aber die Maschinenkosten nicht das gesamte Betriebsergebnis und oft noch einen Teil des außerlandwirtschaftlichen Einkommens aufbrauchen sollen, ist die Inanspruchnahme fremder Maschinen (mit oder ohne Fahrer) oft die bessere Lösung.

Die zwischenbetriebliche Zusammenarbeit ermöglicht oft auch den Vollerwerbsbetrieben nicht nur den Einsatz teuerer Spezialmaschinen, sondern ist in vielen Fällen das kostengünstigere Instrument einer guten und arbeitswirtschaftlich sinnvollen Erledigung der Arbeit. Daher ist diese Zusammenarbeit für den Nebenerwerbsbetrieb oft der einzige Weg, am technischen Fortschritt teilzunehmen, ohne dabei von untragbaren Maschinenkosten »aufgefressen« zu werden.

3 Formen des zwischenbetrieblichen Maschineneinsatzes

Zusammenarbeit unter Landwirten ist keine neue Idee! Der überbetrieblichen Zusammenarbeit in jeder Form liegt die Einsicht zugrunde, daß teure Maschinen überbetrieblich besser auszunutzen und damit ihre Anschaffungs- und Unterhaltskosten gemeinsam leichter zu tragen sind.

Die ursprüngliche Form des zwischenbetrieblichen Maschineneinsatzes ist die klassische *Nachbarschaftshilfe* als »Hilfe von Hof zu Hof«. Mit zunehmender Mechanisierung haben sich daraus in den letzten Jahrzehnten weitere Formen entwickelt wie Maschinengemeinschaften, Maschinenringe, Maschinengenossenschaften und Lohnunternehmen. Sie unterscheiden sich für den einzelnen Betrieb vor allem hinsichtlich der Organisation und der finanziellen Regelungen (Tabelle 6).

Welche Form vom Nebenerwerbs-Landwirt im Einzelfall in Anspruch genommen wird, hängt sowohl von der Verbreitung der jeweiligen Form vor Ort, als auch von den Neigungen und den bisher gemachten Erfahrungen des Betriebsleiters ab.

4 Hilfe für richtige Investitionsentscheidungen (eigene Maschine oder überbetriebliche Arbeitserledigung?)

Der Schlüssel zur zwischenbetrieblichen Zusammenarbeit liegt in der Abwägung des Betriebsleiters, eine neue oder leistungsfähigere Maschine selbst zu kaufen, oder die entsprechenden Arbeiten ganz oder teilweise überbetrieblich erledigen zu lassen.

Um langfristig betriebs- und arbeitswirtschaftlich falsche Entscheidungen zu vermeiden, sind unbedingt vor dem etwaigen Kaufabschluß die einzelnen Alternativen genau zu prüfen. Der Betrieb ist nämlich nach dem Kaufabschluß festgelegt, und hat für die nächsten 10–12 Jahre die jährlichen Festkosten aufzubringen, unabhängig davon, ob er die Maschine sinnvoll einsetzen kann oder nicht, bzw. ob Folgeinvestitionen für weitere Maschinen notwendig werden.
Für die **Entscheidungsfindung** sind verschiedene Kriterien zu hinterfragen:

- Welche Alternative verursacht die *geringsten Kosten?*
- Welche Alternative garantiert *langfristig beste Arbeitsqualität?*
- Welche Alternative ist *arbeitswirtschaftlich am günstigsten* für die Gesamtbetriebsorganisation und die Familie?
- Wieviel ist uns der *»Prestigeeffekt«* der eigenen Maschine wert?

4.1 Kostenvergleich zwischen eigener Maschine und überbetrieblichem Angebot

Die Kosten der Arbeitserledigung richten sich nach dem Umfang der beanspruchten Leistungen (z. B. Maschine im Soloverleih, d. h. ohne Fahrer, oder komplette Erledigung der Arbeit). Die Preise werden sowohl von den tatsächlichen Kosten als auch vom Markt (Angebot und Nachfrage nach überbetrieblichen Maschinenleistungen) bestimmt.
Die **Kosten einer Leistung** werden wie folgt ermittelt:

+ Kosten/AKh	× erforderliche h
+ Kosten/Traktorstunde	× erforderliche h
+ Maschinenkosten/ ha oder h	× erforderliche ha oder h
= Kosten des überbetrieblichen Maschineneinsatzes je ha bzw. je Betriebsstunde (h)	

Einige **Anhaltswerte** für ausgewählte überbetriebliche Leistungen bringt Tabelle 7.

Tabelle 7 Beispiele für Verrechnungssätze von Maschinen (nach KTBL, 1988)

Maschinen	Einheit	Verrechnungssatz DM
Arbeitskraft	h	10,00– 12,00
Traktor je kW	h	0,30– 0,40
Anhänger je t	h	0,50– 2,00
Pflug	ha	30,00– 40,00
Gerätekombination	ha	12,00– 20,00
Fräse	h	30,00– 47,00
Stallmiststreuer je t	h	2,30– 5,00
Güllewagen je m³	h	1,30– 3,00
Drillmaschine	ha	15,00– 30,00
Einzelkornsägerät	ha	30,00– 44,00
Kartoffellegemaschine	ha	42,00– 62,00
Feldspritze	ha	8,00– 18,00
Kreiselmähwerk	ha	19,00– 27,00
Hochdruckpresse	St.	0,20– 0,22
Feldhäcksler	h	25,00– 42,00
Kurzschnittladewagen	h	20,00– 42,00
Mähdrescher	ha	200,00–280,00 [1]
Maisdrescher	ha	320,00–360,00 [1]
Futterrübenernte	ha	590,00–620,00 [1]
Zuckerrübenernte	ha	510,00–720,00 [1]
Kartoffelernte	ha	560,00–742,00 [1]

[1]) Mit Fahrer.

Den Kosten für die überbetriebliche Lösung sind die **Kosten für die Eigenmechanisierung** (jährliche Festkosten ca. 15% des Anschaffungspreises + veränderliche Kosten/ha oder h) gegenüber zu stellen.
Für die Entscheidung muß der Landwirt wissen, ab welchem Arbeitsumfang, d. h. welcher Auslastung der eigenen Maschine, zwischen den beiden Alternativen Kostengleichheit besteht.
Die notwendige Auslastung für Kostengleichheit (d. h. die Mindestauslastung) errechnet sich nach der Formel:

$$\text{Mindestauslastung (in h oder ha/Jahr) für Kostengleichheit} = \frac{\text{jährliche Festkosten der eigenen Maschine (11 bis 16\% vom Anschaffungspreis)}}{\text{MR/LU-Preis}^{1)} \text{ für diese Maschine (MR/LU-Preisliste)} - \text{veränderliche Kosten der eigenen Maschine (KTBL)} - \text{Lohnansatz für eigene AK (bei kompletter Arbeitsleistung durch MR/LU)}}$$

[1]) Maschinenring/Lohnunternehmer.

Je weniger der Mindesteinsatzumfang erreicht wird, desto größer ist der finanzielle Verlust.

Beispiel:
Erforderliche jährliche Mindestleistung eines 55 kW-Allradtraktors mit einem Anschaffungspreis von 65 000 DM
a) Im Vergleich zum Soloverleih über Maschinenring oder Nachbar,
b) im Vergleich zur Inanspruchnahme des Traktors inclusive Fahrer

zu a)

$$\text{Mindestauslastung Sh/Jahr im Vergleich zum Soloverleih} = \frac{65\,000{,}00\ \text{DM} \times 14\%/\text{Jahr}}{\underset{\text{(MR-Preis + Zuschlag für erhöhtes Risiko)}}{30{,}00\ \text{DM/Sh}} - \underset{\text{(Treibstoff + Reparaturen)}}{13{,}00\ \text{DM/Sh}}} = \frac{9\,100{,}00\ \text{DM/Jahr}}{17{,}00\ \text{DM/Sh}} = 535\ \text{Sh/Jahr}$$

zu b)

$$\text{Mindestauslastung im Vergleich zur Inanspruchnahme mit Fahrer} = \frac{65\,000{,}00\ \text{DM} \times 14\%/\text{Jahr}}{\underset{\text{(MR-Preis Traktor}}{26\ \text{DM/Sh}} + \underset{\text{+ Fahrer)}}{14\ \text{DM/Sh}} - \underset{\text{(Treibstoff + Reparaturen)}}{13\ \text{DM/Sh}} - \underset{\text{(Lohnansatz)}}{15\ \text{DM/Sh}}} = \frac{9\,100{,}00\ \text{DM/Jahr}}{12{,}00\ \text{DM/Sh}} = 758\ \text{Sh/Jahr}$$

Der Kostenvergleich zwischen Eigenmechanisierung und überbetrieblicher Arbeitserledigung fällt bei teueren Maschinen wie Traktor, Maishäcksler, Kurzschnittladewagen oder Güllefaß im Nebenerwerbsbetrieb fast immer zu Gunsten der überbetrieblichen Lösung aus.

So muß z. B. ein 55 kW-Allradtraktor im Eigenbesitz, um mit dem überbetrieblichen Angebot (Soloverleih) kostengleich zu sein, im Eigenbetrieb über 500 Sh laufen. Steht der Traktor nur mit Fahrer zur Verfügung, muß der Lohnansatz für die eingesparte eigene AK auch angesetzt werden. In diesem Fall wäre erst bei einer Auslastung von über 750 Sh/Jahr die eigene Maschine konkurrenzfähig.
Bei den meisten Nebenerwerbsbetrieben liegt die überwiegende Zahl der Traktoren weit unter dieser Nutzungsdauer.
Als Anhaltswerte für den notwendigen jährlichen Mindesteinsatz von Neumaschinen für *Kostengleichheit mit dem überbetrieblichen Angebot* lassen sich **Verrechnungssätze** für den zwischenbetrieblichen Maschineneinsatz nach »KTBL – Taschenbuch Landwirtschaft« folgende Werte errechnen (Tabelle 8).
Entscheidet sich z. B. ein Landwirt für einen eigenen 55 kW-Allradtraktor, obwohl er ihn nur 200 Stunden im Jahr braucht, und obwohl ihm ein Nachbar für 40,00 DM/h den Traktor inclusive Fahrer zur Verfügung stellen würde, so schmälert er mit dieser Entscheidung den Betriebserfolg wie nachfolgend dargestellt:

   Kosten überbetriebliche Lösung
– Kosten eigene Maschine
   (Festkosten + veränderliche Kosten)
= Gewinnschmälerung (Verlust)

Beispiel:

$$\begin{aligned} & 200\ \text{Sh} \times (26 + 14) = 8000{,}00\ \text{DM} \\ - & \ 9100{,}00\ \text{DM} + (200\ \text{Sh} \times 13{,}7\ \text{DM/h}) \\ \hline = & \ 3700{,}00\ \text{DM/Jahr} \end{aligned}$$

Der Betriebsleiter nimmt also in diesem Beispiel jährlich einen *Verlust* von 3700,00 DM dafür in Kauf, daß er sich selbst die 200 Stunden auf seinen Traktor setzen darf.
Auf die 12-jährige Nutzungsdauer hochgerechnet, opfert der Landwirt in dieser Situation mit der Entscheidung für die unwirtschaftliche Eigenmaschine insgesamt also 44 400,00 DM an Betriebsvermögen dafür, daß er den eigenen Traktor selbst fahren darf. Er kauft sich also nur Arbeit mit seinem eigenen Vermögen!

Tabelle 8 Mindesteinsatz für Maschinen, um Kostengleichheit zwischen Eigenerwerb und Einsatz durch den Maschinenring zu erreichen

Maschine	Mindesteinsatz/Jahr
Allradtraktor 58 kW	535 Sh
Volldrehpflug, 3-furchig	46 ha
Kreiselegge, 3 m	110 ha
Pumpentankwagen, 8 m^3	843 m^3
Kurzschnittladewagen, 25 m^3	71 ha
Silomais-Häcksler, 1-reihig	14 ha

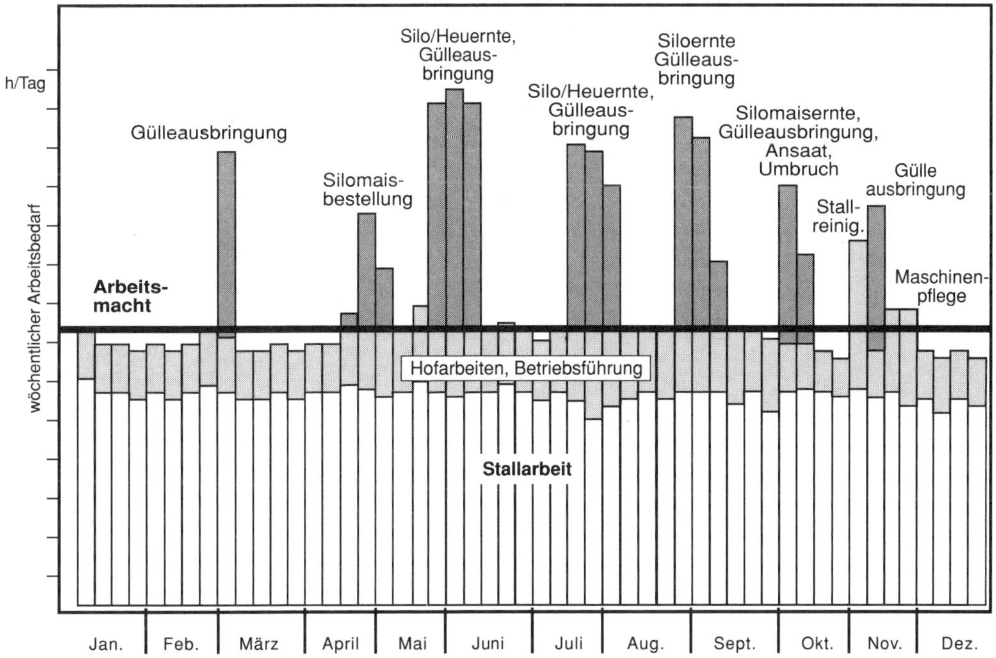

Abb. 16 Aufriß des wöchentlichen Arbeitszeitbedarfs in einem Nebenerwerbsbetrieb mit 15 ha LF und 18 Milchkühen (Arbeitsbesatz 0,7 AK, üblicher Mechanisierungsgrad).

Abb. 17 Aufriß des wöchentlichen Arbeitszeitbedarfs eines Nebenerwerbsbetriebes mit 21 ha LF und 64 Mastbullen im Jahresablauf (Arbeitsbesatz 0,5 AK, üblicher Mechanisierungsgrad).

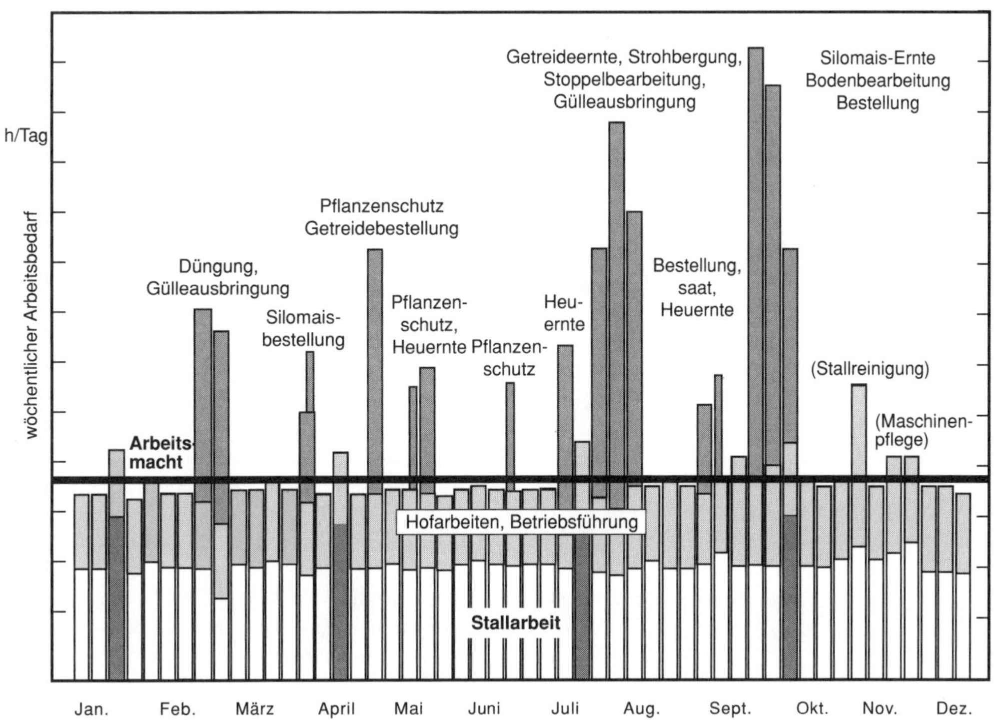

4.2 Die Arbeitsbelastung als Entscheidungskriterium

Die **Außenwirtschaft** in der Landwirtschaft ist auf Grund ihrer Witterungsabhängigkeit und der Anforderungen von Pflanzen und Boden nach termingerechter Arbeitserledigung durch eine Reihe von *Arbeitsspitzen* gekennzeichnet, die die Arbeitsmacht eines Nebenerwerbsbetriebes weit übersteigen (Abb. 16 und 17).

Aus beiden Abbildungen wird deutlich, daß die Arbeitsmacht eines Nebenerwerbsbetriebes in der Regel gut ausreicht, um die täglichen Stall- und die Routinearbeiten zu erledigen.

Engpässe entstehen in *Futterbaubetrieben* mit Milchviehhaltung vor allem in den Arbeitsspitzen der Heu- und Silageernte, beim Gülleausbringen und der Maisbestellung.

In Betrieben mit *stärkerem Ackerbau und Viehhaltung* zählen neben der Gülleausbringung vor allem der Pflanzenschutz, die Getreideernte mit Stoppelbearbeitung, die Silomaisernte und die Wintergetreidebestellung zu den Arbeitsspitzen.

In *Marktfruchtbetrieben* mit starkem Hackfruchtanteil stellt die Hackfruchternte in der Regel eine Hauptarbeitsspitze dar.

Für den Nebenerwerbs-Landwirt stellt sich vor dem Kauf einer betriebseigenen Technik für die jeweiligen Arbeiten neben der Überprüfung der Wirtschaftlichkeit vor allem die Frage, ob die jeweilige Arbeitsspitze mit betriebseigener Technik überhaupt in der zur Verfügung stehenden Zeit termingerecht und ohne erhöhtes Wetterrisiko zu bewältigen ist, oder ob nicht besser gleich schlagkräftige überbetriebliche Verfahrensketten zum Einsatz kommen sollen.

4.3 Qualität der Arbeitserledigung

Die Qualität der Arbeit in der Landwirtschaft wird von folgenden Faktoren bestimmt:

- Zeitpunkt der Arbeitserledigung (Pflanzenbau, Bodenstruktur),
- technische Leistung und technischer Zustand der Maschine (alt/neu),
- verfügbare Technologie (z. B. zapfwellengetriebene Bodenbearbeitungsgeräte oder gezogene),
- Schlagkraft des gewählten Verfahrens (einreihig-absätzige oder mehrreihige Häckslerkette),
- Know-how der Bedienungsperson (geübter Fahrer),
- produktionstechnisches Können,
- Sorgfalt des Ausführenden.

Obwohl jeder von sich glaubt, die beste Arbeit zu machen, sprechen im Nebenerwerbsbetrieb **objektive Gründe für** die überbetriebliche Alternative:

- Schlagkräftige Arbeitsverfahren mit relativ neuen, leistungsfähigen Maschinen,
- termingerechte Arbeitserledigung, auch wenn es einmal keinen Urlaub gibt,
- immer die erforderliche Technologie verfügbar,
- geringes Wetterrisiko wegen der hohen Schlagkraft (schnelle Feldräumung),
- Arbeit wird von Spezialisten erledigt.

Ein großes Problem bei der überbetrieblichen Arbeitserledigung im Nebenerwerbsbetrieb, gerade mit kleineren Parzellen, ist die relativ geringe ökonomische Attraktivität solcher Arbeiten für den Ausführenden. Hohe Rüstzeiten, lange Wegstrecken und ungünstige Parzellenzuschnitte beeinträchtigen die notwendigen Tages- und Kampagneleistung der überbetrieblich eingesetzten Maschine.

Erfolgversprechende Lösungen dieser Interessenkonflikte liegen in einer exakten Vorplanung, Zuschläge zu den Verrechnungssätzen nach Fläche oder in einer Abrechnung nach Zeit.

5 Menschliche Aspekte, Prestigeeffekte, andere persönliche Gesichtspunkte

»Was bin ich denn für ein Bauer, wenn ich diese Maschine nicht mehr selbst habe?« lautet die oft besorgt klingende Frage von Landwirten. Bei Nebenerwerbs-Landwirten kommt oft noch die Angst dazu, von den größeren Haupterwerbsbetrieben abhängig zu sein.

Die Vorstellung, daß man »kein richtiger Landwirt« mehr ist, wenn man nicht mehr alle Maschinen im Eigenbesitz hat, ist längst auch von größeren Haupterwerbsbetrieben in der Praxis widerlegt. Nach einer Situationsanalyse des Deutschen Bauernverbandes lassen die erfolgreichen Betriebe heute bereits mehr Arbeiten überbetrieblich erledigen, als die weniger erfolgreichen. Mehr überbetriebliche Zusammenarbeit ist demnach keinesfalls als langsame Betriebsaufgabe anzusehen, sondern als moderne, erfolgreiche Betriebsführung.

Nebenerwerbs-Landwirte sind auch keine Bittsteller, wenn sie sich nach Partnerbetrieben für die Arbeitserledigung umsehen, sondern als Kunde gleichberechtigte Partner, die eine feste, einkalkulierte Umsatzgröße (= Betriebseinnahme) für die ausführenden Betriebe darstellen.

Die Angst, nicht zum rechten Zeitpunkt bedient zu werden, ist in der Praxis, im Normalfall unbegründet. Selbstbewußtes Handeln und der Wechsel von unzuverlässigen Betrieben zu festen, zuverlässigen Partnern erweisen sich als besonders hilfreich. Sicher kann es auch bei der besten Planung einmal zu Verzögerungen kommen, aber auch bei eigenen Maschinen gibt es keine 100-prozentige Garantie (z. B. geringe Schlagkraft, Maschinenbruch, schlechtes Wetter am Wochenende).

Grundvoraussetzung für das gute Funktionieren der zwischenbetrieblichen Zusammenarbeit ist neben Ehrlichkeit und Zuverlässigkeit der Beteiligten die Einsicht, daß ein Landwirt in der Außenwirtschaft zunächst nicht unbedingt eigene Maschinen, sondern immer nur bestimmte Maschinenleistungen zu bestimmten Zeitpunkten mit entsprechender Qualität zuverlässig und zu vertretbaren Kosten benötigt.

Die Entscheidungssituation vor der Neuanschaffung einer Maschine stellt sich demnach für den Nebenerwerbs-Landwirt als **»Abwägungsproblem«** dar, das er mit seiner Familie klären muß.

Die Entscheidungsfindung hängt von mehreren Faktoren ab:
- Kostenbewußtsein,
- arbeitswirtschaftliche Situation,
- persönliche Wertvorstellungen,
- Betriebsleiter- und Managementfähigkeiten,
- Verfügbarkeit und Qualität des überbetrieblichen Angebots.

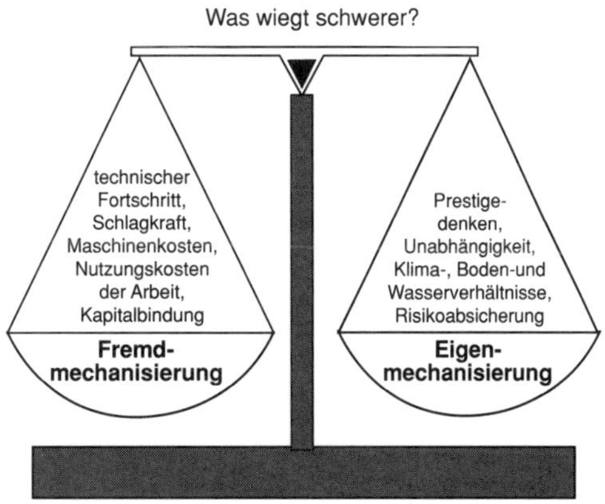

Abb. 18 Gesichtspunkte für das »Abwägen« der richtigen Mechanisierungsform.

6 Empfehlungen zur optimalen Organisation der Arbeitserledigung im Nebenerwerbsbetrieb

Es gibt kein allgemein gültiges Rezept für den Nebenerwerbsbetrieb, weil die Entscheidung immer von der jeweiligen Ausgangssituation (Betriebsgröße, Betriebstyp, Organisation, verfügbare Technik und Arbeitskräfte) abhängt.

Wichtig ist:
- Vor jeder Kaufentscheidung die Alternativen (Eigenmechanisierung oder Fremdmechanisierung) vorurteilsfrei prüfen und entsprechende Informationen bei Beratung, Maschinenring oder Lohnunternehmer einholen.
- Kosten für Maschinen dürfen nicht das Betriebsergebnis »auffressen«! Deshalb vor allem teuere Spezialmaschinen und einen eventuell größeren Traktor überbetrieblich nutzen und nur die einfache Grundmechanisierung selbst kaufen.
- Arbeitsverfahren, die viel Zeit binden, hohe Schlagkraft und hohen technischen Aufwand erfordern (z. B. Zuckerrübenernte, Gras- bzw. Maissilagegewinnung) langfristig überbetrieblich erledigen lassen.
- Die Arbeitsbelastung der ganzen Familie im Auge behalten, damit die Nebenerwerbs-Landwirtschaft nicht zur »Schinderei« wird, und die Kinder vorzeitig die Lust an der Weiterführung des Betriebes verlieren.

5 Grundlagen der pflanzlichen Produktion

1 Boden: Fruchtbarkeit, Bearbeitung und Schutz

1.1 Der Boden

- ***Der Boden ist Lebensraum und Lebensgrundlage für Pflanze, Tier und Mensch,***
- ***ist die Wirtschaftsgrundlage für den Landwirt (unvermehrbar, unwiederbringlich).***

Der Bodenkörper als Lebensraum ist ein gewachsenes, geordnetes Gefüge der Elemente *Erde – Luft – Wasser.* Dabei besteht die Erde zunächst aus anorganischen *Mineralien,* die bei der Bodenbildung durch Gesteinsverwitterung unter dem Einfluß von Klima, chemischen und physikalischen Vorgängen sowie Bewuchs und Bearbeitung entstehen. Sie ist vermischt mit toter *organischer Substanz* (ergibt Humus in verschiedenen Auf- und Abbaustufen), durchsetzt und durchwachsen von *Bodenleben* (Bodenfauna und -flora, das sind Mikroorganismen tierischer und pflanzlicher Art).

Das **Bodenleben** schafft die Verbindungen in dem an sich toten Gemisch von mineralischer und organischer Substanz, die sog. »Lebendverbauung« zu Bodenkrümeln als Idealzustand der Bodenstruktur: die *biologische Bodengare.* Diese ist, im Gegensatz zur mechanisch entstandenen »Frostgare« regenerierbar und als Ergebnis von Lebensvorgängen auch Kennzeichen und Ausdruck für **Bodenfruchtbarkeit** (Luft- und Wasserführung, Nährstofffluß).
Feuchte- und luftbedürftig, aber lichtempfindlich leben die Mikroorganismen vor allem in den obersten 10 cm; in der gesamten Krume bis 20 cm beträgt deren Gewicht bei humosen Böden schon um die 10 t/ha (das sind 20 GV Biomasse/ha)!
Die physikalischen Eigenschaften eines Bodens ergeben sich aus den Anteilen der verschiedenen Korngrößen der mineralischen Bestandteile. So wird die **Bodenart** nach den Anteilen an *Sand* (S) – *Schluff* (U) – *Ton* (T) benannt, mit zahlreichen Zwischenstufen, ergänzt mit dem Begriff *Lehm* (L – als gleichteiliges Gemenge von S – U –T) und erweitert durch die Nennung zusätzlicher Bestandteile wie *Moor* (Mo), *Humus* (hu) und *Kalk* ($CaCO_3$, Karbonat).

Abb. 19 Die Verteilung von fester Substanz, Luft und Wasser in einem Boden mit guter Struktur.

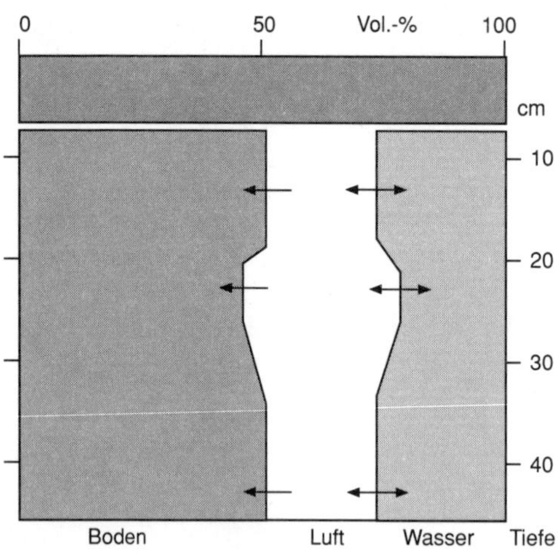

Abb. 20 Mittlere Zusammensetzung des Bodenlebens bis 20 cm Tiefe (in Gew.-%).

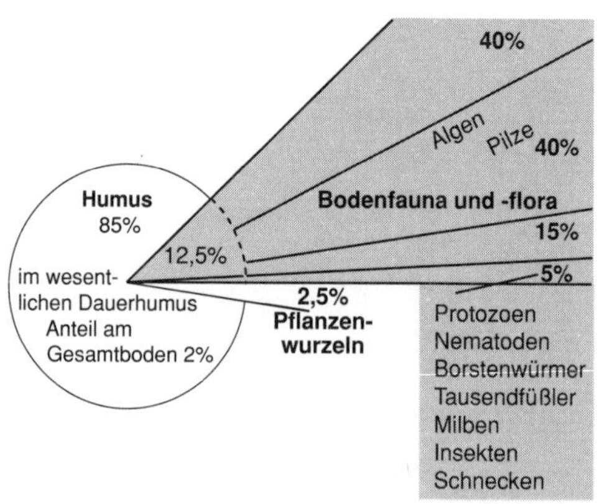

mit bloßem Auge nicht sichtbar:		
	Einzelwesen/m^2	Biomasse
Bakterien	10 000 000 000 000	160 g
Pilze	12 000 000 000	380 g
Algen	1 000 000 000	90 g
einzellige Tiere	600 000 000	115 g
Fadenwürmer	1 800 000	4 g
mit bloßem Auge sichtbar:		
Springschwänze	28 000	11 g
Milben	18 000	10 g
kleine Borstenwürmer	10 000	2 g
Käfer und Käferlarven	10 000	18 g
Ameisen	320	2 g
Asseln	300	4 g
Fliegenlarven	240	26 g
Spinnen	230	2 g
Regenwürmer	130	145 g
Schnecken	50	25 g
Tausendfüßler	550	20 g

Abb. 21 Unter 1 m^2 Wiesenboden leben mehr als 1 Billion Mikroorganismen (Bakterien, Pilze, Algen) und Bodentiere (Einzeller, Würmer, Gliederfüßler u. a.) mit einer Gesamtbiomasse von etwa 1 kg bzw. 10 t/ha. Die Biomasse des Bodenlebens besteht zu 80% aus den mit dem freien Auge nicht sichtbaren Mikroorganismen.

Tabelle 9 Korngrößen und Bodenbestimmung

Bezeichnung	Teilchengröße (Durchmesser in mm)	Eigenschaften
Sand	Einzelteilchen körnig, fühl- und gut sichtbar (0,06–2,0 mm)	nicht bindig oder formbar, haftet nicht an den Fingern (nicht abschlämmbar)
Schluff	Einzelteilchen mehlig, nicht oder kaum fühl- und sichtbar (0,002–0,06 mm)	nicht bindig, schlecht formbar, haftet deutlich in Fingerrillen (abschlämmbar)
Ton	Einzelteilchen schmierig, nicht fühl- oder sichtbar (kleiner als 0,002 mm)	bindig, plastisch, klebrig, gut form- und ausrollbar (abschlämmbar)

Von dieser **Körnung** hängen die bei den Bodenarten ganz unterschiedlichen Raumanteile für Erde – Luft – Wasser ab (optimal sind Anteile von 50 : 25 : 25).

Die geregelten Abläufe der
- *Entwässerung* (Bodendrainage),
- *kapillaren Wasserführung* (pflanzenverfügbares Wasser = nutzbare Feldkapazität/nFK, im Gegensatz zum nicht pflanzenverfügbaren Tot- oder Haftwasser),
- *Luft-* und *Temperaturführung* (Gasaustausch, $O_2 \longleftrightarrow CO_2$, aerob ⟷ anaerob)

sind physikalische Faktoren der Bodenfruchtbarkeit.

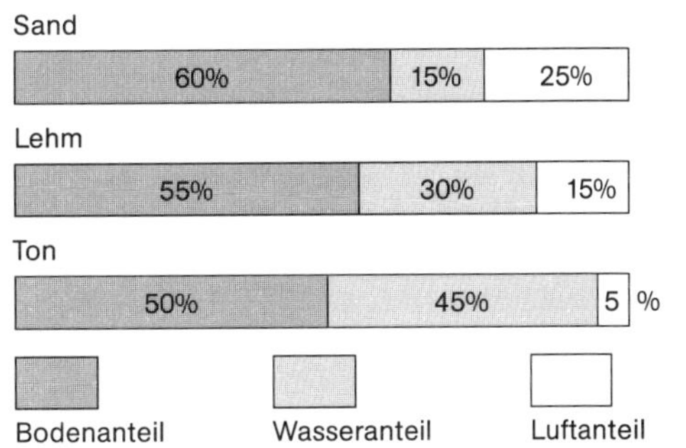

Abb. 22 Gehalt von Sand, Lehm und Ton an Festsubstanz, Wasser und Luft. Der stark schwankende Anteil an den drei Hauptbodenarten wird deutlich.

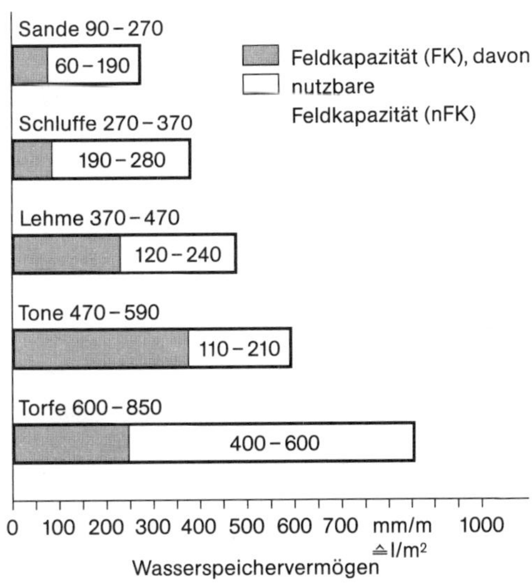

Abb. 23 Das Wasserspeichervermögen (in mm) von Sand, Lehm, Ton und Moor bis in 1 m Tiefe sowie der nicht pflanzenverfügbare Anteil des Wassers.

So wird verständlich, daß die **Bodenbearbeitung** nach Art, Intensität und Zeitpunkt immer zuerst auf die physikalischen Gegebenheiten und biologischen Bedürfnisse der Bodenstruktur

ausgerichtet werden muß, damit die Bodenfruchtbarkeit nicht Schaden leidet.
An der Nahtstelle von der *Bodenphysik* und *Bodenchemie* stehen die kleinsten Bausteine des Bodens, die **Kolloide.** Diese sind kleinste Teilchen, vor allem von Ton und Humus, in der Größenordnung von 1–100 Nanometer (nm = 1/1000 Mikrometer, μm = 1/1 000 000 Millimeter, mm). Durch ihre elektrisch negative Oberflächenspannung (⁻Ladung) tragen sie in chemo-elektrischer Bindung die *Nährstoffe* und sind so die Schaltstelle für die *Pflanzenernährung* (Nährstoffbindung, -lager und Nährstoffabgabe).
Unter den **Kationen** (das sind die elektrolytisch gespaltenen Elementarteilchen in der Bodenlösung mit elektrisch positiver ⁺Ladung, wie Na^+, K^+, Ca^{2+}, Mg^{2+}) befinden sich auch Wasserstoff-Ionen (H^+). Sie sind sowohl an den Kolloiden gebunden, als auch frei in der Bodenlösung vorhanden und dort verantwortlich für die **Bodenreaktion.** Die Menge der ungebundenen, in der Bodenlösung freien H^+-Ionen liefert den Maßstab für die Bodenreaktion (pH-Wert): *neutral* ist pH 7 (bedeutet 10^{-7} = 0,000 000 1 g freie H^+-Ionen), höhere Zahlen stehen für *alkalisch* (weniger freie H^+), niedrigere Zahlen für *sauere* Reaktion (mehr freie H^+-Ionen). Der *pH-Wert* (von pondus Hydrogenium) soll mög-

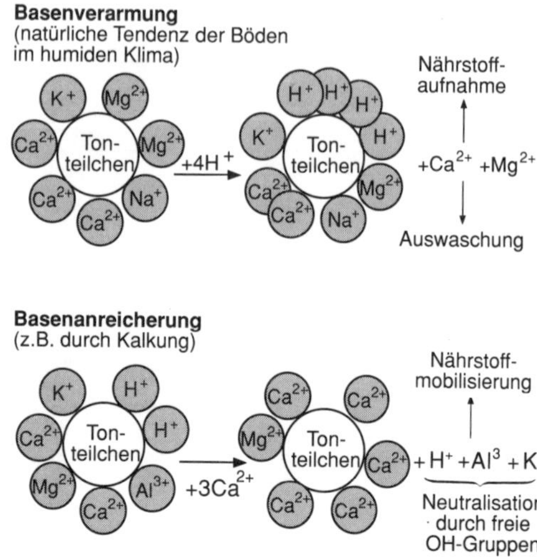

Abb. 24 Beispiele für den Kationenaustausch.

Tabelle 10 Anzustrebende pH-Werte in Abhängigkeit von der Bodenart

Bodenart	Ackerland pH-Bereich ($CaCl_2$)	Grünland pH-Bereich ($CaCl_2$)
Sand S (bis 5% Ton)	5,3–5,7	4,8–5,2
lehmiger Sand lS (5,1–12% Ton)	5,8–6,2	5,3–5,7
sandiger Lehm sL (12,1–17% Ton)	6,3–6,7	5,8–6,2
toniger Lehm tL (17,1–25% Ton)	6,5–7,0 mind. 0,2% freier Kalk	6,0–6,5
lehmiger Ton lT Ton T (über 25% Ton)	6,9–7,2 mind. 1,0% freier Kalk	6,0–6,5

Tabelle 11 Die wichtigsten Ursachen der Bodenversauerung (jährlicher Kalkverlust, kg CaO/ha)

Ursache	kg CaO/ha	Bemerkungen
Kalk-Auswaschung	350–500	abhängig von den Niederschlägen, der Wasserdurchlässigkeit des Bodens (Bodenart), deren Kalkvorrat und der Nutzung
saurer Regen	ca. 85	
sauer wirkende Düngemittel	60–100	je nach Sorte auch mehr, andere sogar mit positiver Kalkwirkung
Neutralisierung der bei Reduktionsprozessen gebildeten Säuren	ca. 50	abhängig vom Lufthaushalt im Boden
Entzug mit der Ernte	25–50	bei Leguminosen höher

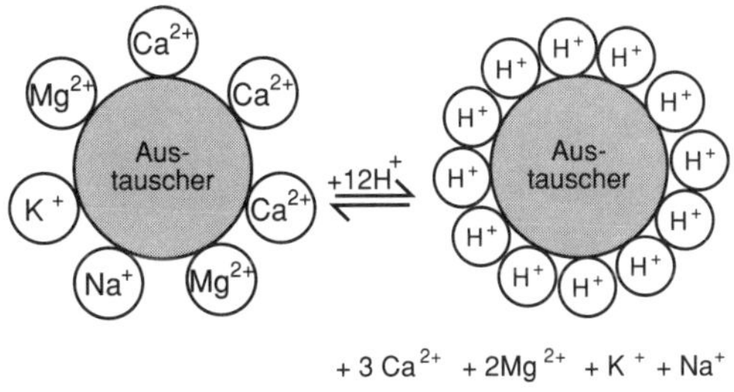

Abb. 25 Schema für den Kationenaustausch.

lichst nahe am Neutralpunkt liegen, um so mehr, je schwerer der Boden ist.
Die **Bodenbewertung** (Bodenschätzung) und die *Standortbeurteilung* stützen sich auf die Ansprache des *Bodenprofils* unter Einbeziehung der genannten bodenphysikalischen Kriterien.
Das Bodenprofil zeigt im Anschnitt die Schichtung der *Horizonte,* vom Oberboden (A-Horizont, Krume) über den Unterboden (B-Horizont) bis zum Untergrund (C-Horizont, Ausgangsgestein wie Stein, Sand, Ton oder Löß).
Anhand des Bodenprofils beschreibt die Bodenkunde die verschiedenen **Bodentypen** (Entwicklung und Zustand), z. B. »Schwarzerde/ Braunerde« als wertvollste, »Gley« und »Pseudogley« als grundwasserbeeinflußte und staunasse oder »Rendzina« und »Podsol« als arme Standorte.
Aus dieser Standortansprache werden die Grundsätze, Möglichkeiten und Grenzen der **Bodennutzung** (Acker-Grünland) – Fruchtartenwahl – Bodenbearbeitung – Düngung abgeleitet.

Standortbeurteilung steht am Anfang zum Integrierten Pflanzenbau!

Bodenfruchtbarkeit ist die auf bestimmten Eigenschaften basierende Fähigkeit des Bodens, Frucht zu tragen, d. h. in seiner natürlichen Umgebung Pflanzenerträge hervorzubringen (Ertragsfähigkeit, Bodenproduktivität).

1.2 Bodenbearbeitung

Die Aufgaben und Ziele der Bodenbearbeitung sind auch heute noch:
- Unkrautbekämpfung,

Tabelle 12 Merkmale und Kennzeichen von Bodenfruchtbarkeit (nach Fink)

Merkmal	Kennzeichnung eines fruchtbaren Bodens
Bodentiefe	große Profiltiefe; ausreichende Wurzelzone und großes Bodenvolumen für Nährstoffaufnahme
Körnung (Textur), Gefüge (Struktur)	mittlere Körnung und gutes Gefüge (räumliche Anordnung der Teilchen) als wichtige Faktoren für günstige Porenverteilung bestimmen Durchwurzelbarkeit, Wasserdurchlässigkeit und -speicherung sowie Durchlüftung; wichtig für Transformationsvermögen (Umformungskraft); Körnung auch Maß für Nährstoffreserven
Bodenreaktion	optimaler pH-Wert als Indikator (Anzeiger) guten Kalkzustandes; damit Einfluß auf Gefüge des Bodens und Verfügbarkeit vieler Nährstoffe
Nährstoffgehalt	hoher Gehalt an Nährstoffreserven und optimaler Gehalt an *mobilen* Nährstoffen bedingen gute Versorgung der Pflanze mit verfügbaren Nährstoffen
Humusgehalt und -zusammensetzung	relativ hoher Gehalt an nährelementreichen, sorptionsstarken Humusstoffen hat günstigen Einfluß auf Gefüge, Bindung der Nährstoffe, Nährstoffe, Bodenleben
Sorptionseigenschaften	hohe Sorptionsfähigkeit bedingt starke Speicherung von Nährstoffen in lockerer Bindung: Pufferung gegen Überangebot, Schutz vor Auswaschung
Gehalt an schädlichen Stoffen	Fehlen toxischer Stoffe

- Einarbeitung/Bodenvermischung der Ernterückstände und der organischen wie mineralischen Dünger,
- Saatbettbereitung,
- Lockern/Lüften des Oberbodens als Lebens- und Wurzelraum (im wahrsten Sinne: mechanische *Bodenpflege*).

Diese Anliegen mit den Bedürfnissen des jeweiligen Bodens und den unterschiedlichen Ansprüchen der Fruchtarten zu verbinden, ist der Auftrag an die **Bodenbearbeitung** als Glied im *Integrierten Pflanzenbau.* Die Grundwerkzeuge (Pflug – Egge/Grubber – Fräse/Rotor/Kreisel) sind die gleichen geblieben, haben aber im Zuge der technischen Entwicklung und der vervielfachten Spannkraft eine weite Variation und Kombination erfahren.

Tabelle 13 Definition und Einordnung von Systemen zur Bodenbearbeitung und -bestellung (nach FAL)

Arbeitsabschnitte	konventionelle Bodenbearbeitung/ Bestellung	konservierende Bodenbearbeitung/ Bestellung	Direktsaat
Grundbodenbearbeitung	+	bei Bedarf Lockern	–
Saatbettbereitung	+	+ –	–
Saat	+	Mulchsaat	+
Stoppelbearbeitung	+	+ –	–

Die klassische **konventionelle Bodenbearbeitung** hat den *Pflug* im Mittelpunkt. Um den Pflug herum hat die Technik viele kombinierte und zunehmend auch reduzierte Bearbeitungsverfahren entwickelt, ermöglicht durch die ständig steigenden Traktorstärken seit den 70er Jahren.

Als Extrem auf der anderen Seite hat sich in Ländern mit maritimem Klima (England, Schweden, teilweise auch Schleswig-Holstein) vor allem für den Getreidebau auf extrem schweren Böden die **Minimalbodenbearbeitung** mit *pflugloser Direktsaat* eingeführt. Bei niedrigeren Technik- und Energiekosten braucht sie aber zugleich einen sehr gezielten, erhöhten Herbizideinsatz gegen die dann verstärkt auftretenden Ungräser. Vorteilen im Erosionsschutz und bei der Nährstoffauswaschung stehen gewisse Nachteile in der Mineralisation und damit ein etwas erhöhter Düngerbedarf (insbesondere bei Stickstoff) gegenüber.

Unter unseren Anbau- und Klimaverhältnissen aussichtsreicher, hat sich in den 80er Jahren die sog. **konservierende Bodenbearbeitung** – weitgehend pfluglos und mit dem Prinzip »Lockern statt Wenden« (mit allen Übergängen von flachem Wenden bis tiefem Lockern) – entwikkelt. Grundsätzlich geht es dabei um mehr Bodenschutz in allen belasteten Bereichen, Erosion – Bodenleben – Bodengare – Bodenstruktur. Natürlich bestehen auch da Begrenzungen vom Standort (Nässe bis Staunässe), vom Unkrautdruck (Gräser, frühe Herbstsaaten) oder von den Fruchtarten her (im Zusammenhang mit Unkrauttendenzen, Saatbettansprüchen, Tiefwurzler u. a.).

Als Sonderform daraus wurde in den letzten Jahren das **Mulchsaatverfahren,** mit Sommer-Pflugfurche und Frühjahrs-Direktsaat, für Rüben und Mais praxisreif entwickelt. Den Anstoß dazu gaben die besonderen Erosions- und Gareprobleme in diesen Kulturen.

Im Mittelpunkt des Verfahrens steht deshalb eine kräftige Herbst-Zwischenfrucht (abfrierend oder abzutöten – besonders gut als Senf, Alexandrinerklee oder Phacelia). Der Erosions- und Gareschutz kann sich so vom Herbst über Winter bis in den nächsten Vorsommer (Mai–Juni) erstrecken; darüberhinaus ergibt sich ganz sicher ein hoher Schutz gegen Nährstoffauswaschung vom Herbst bis über Winter, durch Nährstoffbindung in der Zwischenfrucht und verringerten Wasserdurchfluß.

Natürlich sind darin auch die Schwächen des Verfahrens – spätere Bodenabtrocknung und -erwärmung mit etwas langsamerer Jugendentwicklung – enthalten. Dies kommt bei Rüben mehr als bei Mais zum Tragen, ist aber im Endeffekt nicht wesentlich ertragsbestimmend.

Auf jeden Fall bietet die konservierende Bodenbearbeitung, zu der als jüngste Spezialentwicklung auch die HORSCH-Sätechnik (Frässaat, genauere Tiefenlage als bisher durch Ablage mittels Säschiene auf den Fräshorizont) gehört, alle Möglichkeiten für den Integrierten Pflanzenbau. Das schließt auch weiterhin die Kombination von Verfahren mit und ohne Pflug – ganz nach den Erfordernissen von Standort, Fruchtfolge und Jahrgangsbedingungen – ein.

Nach einer Umfrage der Fachberater für Landtechnik in Bayern wurden von den Betriebsleitern folgende Aussagen zu den Vor- und Nachteilen der **konservierenden Verfahren der Bodenbearbeitung** und Bestellung gemacht:

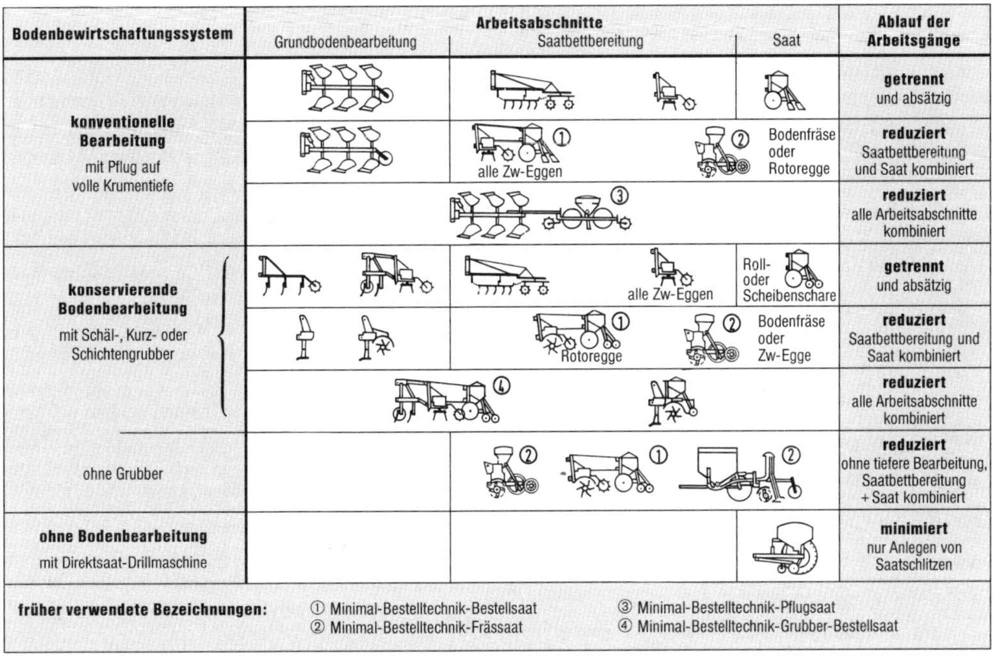

Abb. 26 Die 3 Grundsysteme der Bodenbearbeitung im Vergleich (nach ESTLER).

Vorteile sind:
- Reduzierung der Fahrspuren,
- Verbesserung der Tragfähigkeit des Bodens,
- Erhöhung des Regenwurmbesatzes,
- Verbesserung der Wasserführung und -nutzung,
- Verringerung der Verschlämmung und des Bodenabtrages,
- Verbesserung des Pflanzenstandraumes,
- Verringerung des Maschinenverschleißes bei hohem Steinbesatz,
- Einsparungen an Kraftstoff,
- Reduzierung der Kosten der Arbeitserledigung.

Als *Nachteile* wurden genannt:
- Späte Bodenerwärmung,
- verstärkter Durchwuchs in der Folgefrucht,
- verstärkte Beinigkeit bei Zuckerrüben,
- Verstopfungsgefahr bei maximaler Scharzahl und hohem Anfall an organischer Substanz,
- je nach Gerät ungünstige Verteilung des Saatgutes im Saathorizont,
- ungünstige Verteilung der Nährstoffe in der Krume,
- verstärktes Auftreten von Quecke und Trespe,
- erhöhter Befall mit *Helminthosprorium* und Fusarien bei Getreide, *Phoma* und *Alternaria* bei Raps,
- verstärktes Auftreten von Schnecken, Maiszünsler, Sattelmücke.

1.3 Bodenschutz

Das Zusammenspiel der vielen Faktoren zum Funktionieren des Lebensraumes Boden, das Wissen um seine Nichtvermehrbarkeit, ja sein Knappwerden unter den steigenden Nutzungsansprüchen, bedingen
- ein Allgemeininteresse und
- ein Privatinteresse

am Bodenschutz.

Die Landbauforschung hat die Einzelheiten zur Bodenkunde, Bodenbearbeitung und Pflanzenernährung immerhin in 150 Jahren zusammengetragen. Die Erkenntnis und das Allgemeininteresse am Bodenschutz ist aber erst ein Ergebnis der in den letzten 20 Jahren aufgenommenen »Problem-Diskussionen«:
- »Grenzen des Wachstums« (z. B. Club of Rom 1972),
- »Sachverständigenrat für Umweltfragen« (Umweltgutachten und -berichte der Bundesregierung seit 1972),

- »Bodenschutzkonzeption« der Bundesregierung vom 6. Februar 1985.

Dieses Allgemeininteresse gründet auf die Bedürfnisse aller für
- gesunde und reichliche Nahrung,
- gesundes und reichlich Wasser (Wasserschutz!),
- gesunde Natur – Umwelt – Lebensräume.

Daraus kann und muß die Bereitschaft der Allgemeinheit kommen, die Landwirtschaft in diesen ganz verschiedenen, einander sogar entgegenstehenden Aufgabenstellungen zu unterstützen (z. B. in Form der Agrarpolitik).

Der Landwirt steht vor der Aufgabe, den derzeit ökonomisch bedingten Widerspruch seiner Privatinteressen nach Ertrag und Verdienst mit den Forderungen von Natur- und Umweltschutz in Einklang zu bringen. Der Kompromiß ist langfristig notwendig und möglich, nachdem Ökologie und Ökonomie die Bodenfruchtbarkeit zum Ziel haben.

Selbst wenn die Definition dafür unterschiedliche Akzente hat, so verbinden hierbei doch wichtige, gemeinsame Kriterien:

- **Bodenstruktur** als Ergebnis auch des angepaßten Technikeinsatzes am jeweiligen Standort;
- **Bodenleben** als Ergebnis von Humus- und Nährstoffgehalt sowie Wasser- und Lufthaushalt, beeinflußt von Bodenbearbeitung und Düngung (Bodengare, biologische Bodenstruktur);
- **Bodenerosion** als Ergebnis ungenügender biologischer Bodenstruktur und von Bodenstrukturschäden; als Ergebnis auch von falscher Schlageinteilung (Flurordnung), Fruchtfolge und Technikeinsatz (Bodenverlust ist Substanzverlust, Nährstoffverlust bedeutet Gewässerbelastung, Eutrophierung);
- **Schadstofflast:** als Ergebnis der Anwendung im Übermaß werden auch nützliche Stoffe zum Schadstoff im Boden oder an anderer Stelle (Stickstoff und Pflanzenschutzmittel im Grundwasser); als Ergebnis des Fremdstoffeintrages aus der Luft oder über Industrie, Siedlung und Verkehr (Regen, Abwasser, Klärschlamm) kann der Boden Schaden nehmen und wird somit der Landwirt und dann auch der Verbraucher und der Bürger Leidtragender (Privatinteresse ⟷ Allgemeininteresse).

Das massiv geweckte Allgemeininteresse hat den Landwirt bereits in einen Ring von Ordnungs- und Verfahrensbestimmungen gestellt, deren Druck und Grenzen sicher in dem Maß noch zunehmen werden, als es der Landwirtschaft nicht gelingen sollte, Erfolge im Boden- und Wasserschutz, im Natur- und Umweltschutz (in ihrem Verantwortungsbereich) nachzuweisen:

- Das **Naturschutzgesetz** verlangt »Ordnungsgemäße Landwirtschaft«, »Umweltgerechten Pflanzenbau und Integrierten Pflanzenschutz« (Umweltverträglichkeitsprüfung!).
- Das **Wasserhaushaltsgesetz** fordert Oberflächen- und Grundwasserschutz in Wasserschutzgebieten, für Überschwemmungsgebiete legt es z. B. Umbruchverbote fest.
- Das **Abfallbeseitigungsgesetz** führte zu Gülle-Verordnungen in den Bundesländern.
- Das **Pflanzenschutzgesetz** regelt Prüfung/Zulassung (Gebrauchsanweisung/Anwendungsverbote, -beschränkungen) und verlangt Sachkunde der Vertreiber und der Anwender.
- Das **Lebensmittelgesetz** enthält die Trinkwasser-Verordnung (Grenzwerte für Nitrat, Pflanzenschutzmittel u. a.) sowie die Höchstmengen-Verordnung für Pflanzenschutzmittel im Erntegut/in Lebensmitteln.

2 Pflanzenernährung und Düngung

Der größte und bestfunktionierende Reaktor der Welt ist – der Boden! Sein energieliefernder (Brenn-)Stoff sind die *Mineralien*. Wie schon gesagt, sind die kleinsten Teilchen davon gelöst bzw. elektrolytisch gespalten als Atome und Moleküle in der Bodenlösung (Ionen, weil sie an ihrer Oberfläche eine elektrisch positive + oder negative – Ladung tragen). Eine vermittelnde (Katalysator) und ausgleichende (Puffer, Pufferung) Rolle dabei spielt der *Kalk* (pH-Wert). Daher auch die Einstufung, daß Kalk gleichermaßen Bodendünger wie Pflanzennährstoff und -baustein ist.

Aus der Bodenlösung, von den Kolloiden, übernehmen die Pflanzenwurzeln diese kleinstgespaltenen Mineralteilchen als Nährstoffe. Mineralien sind Bausteine aller Organismen, jeder Zelle von Pflanze und Tier. Am Ende liefern sie wieder die *Asche* aller organischen Substanzen. Dies berechtigt dazu, von »mineralisch« zu sprechen, trotz industrieller, »künstlicher« Herstellung der Dünger.

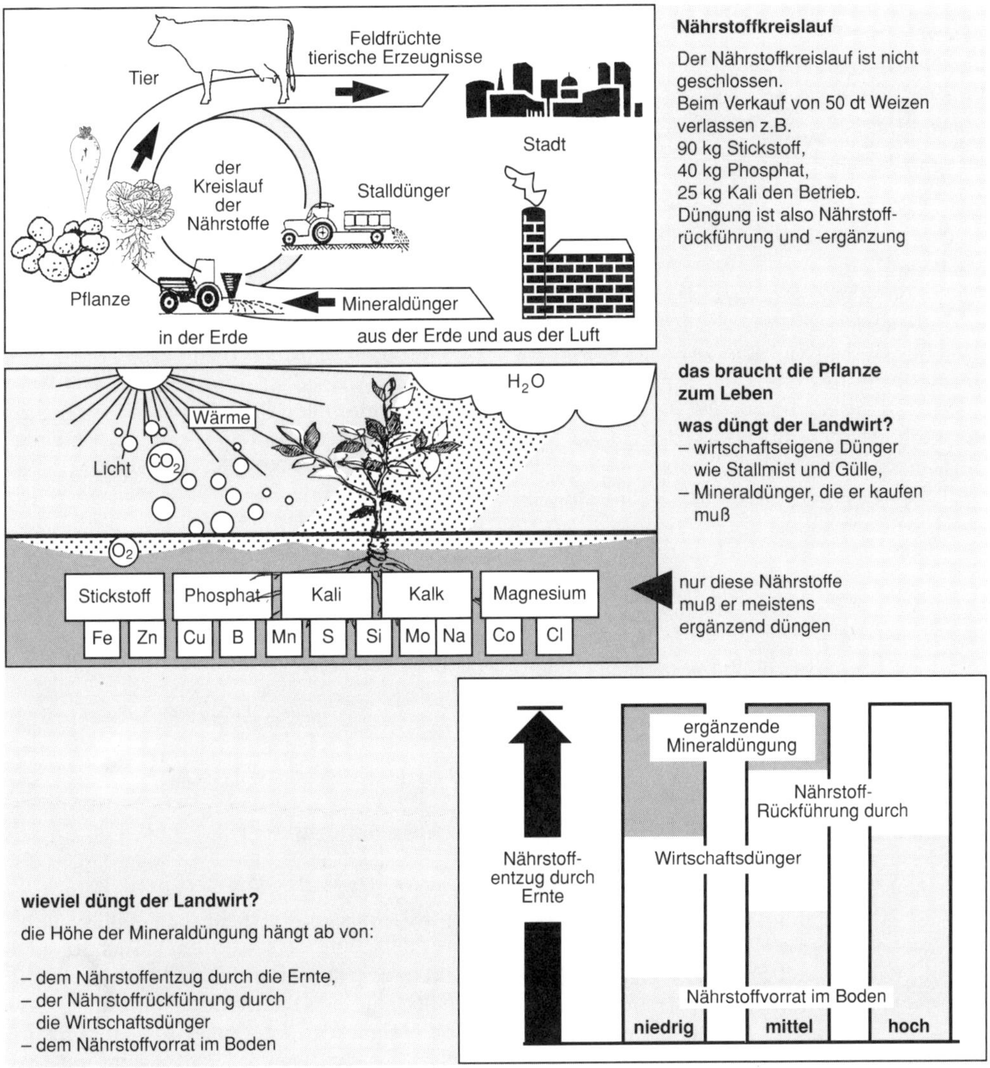

Abb. 27 Warum düngt der Landwirt?

2.1 Warum düngt der Landwirt?

Nach ihren Mengenanteilen unterteilt man die Nährstoffe in

- **Hauptnährstoffe** (Makronährstoffe), das sind Stickstoff (N), Phosphor (P), Kali (K), Kalk (Ca) und Magnesium (Mg),
- **Spurennährstoffe** (Mikronährstoffe, Spurenelemente), dazu gehören u. a. Schwefel (S), Bor (B), Mangan (Mn), Kupfer (Cu), Zink (Zn).

Daneben können im Boden Minerale aber auch als **Pflanzengifte** wirken, z. B. Aluminium (Al), Cadmium (Cd).

Durch die vielseitige Gesteinszusammensetzung ist die Versorgung mit Spurenelementen aus dem Boden meist gesichert.

Dagegen braucht es zu höheren Erträgen eine zusätzliche, gezielte Düngung der Hauptnährstoffe in pflanzenverfügbarer Form.

Die Verschiedenartigkeit der Gesteine bedingt dazu auch viele, oft bodentypische **Überschuß-** oder auch **Mangelsituationen,** z. B.

- allgemein nährstoffreich sind die Böden mit zunehmendem Ton- und Humusgehalt;
- allgemein nährstoffarm sind Sandböden, wegen hoher Verluste durch Auswaschung und schwacher Nährstoffbindung (weniger Kolloide = niedrige Sorptionskapazität);

- stickstoffreich sind humose und Moorböden,
- kalireich sind Tonkeuper, Gneis, Glimmer,
- kalkreich sind Löß, Jura,
- schwefelreich ist Gipskeuper,
- magnesiumreich sind Jura, Ton- und Gipskeuper,
- manganreich sind bestimmte Sandsteinkeuper,
- kalkarm sind Sande, Urgesteinverwitterungsböden.

Durch den sehr unterschiedlichen Chemismus der Bodenarten gibt es auch zahlreiche Beispiele für **sekundären Nährstoffmangel,** wie

- der hohe Kali-Bedarf der schweren Tonböden, u. a. die Aueböden und die Marschen,
- der hohe Magnesium-Bedarf der saueren und besonders der Sandböden,
- der Mangan-Mangel auf pH-reichen Standorten.

Aber nicht nur die *Verfügbarkeit* von Magnesium und Mangan, sondern aller Nährstoffe (besonders aber der Spurenelemente) steht in einer engen Beziehung zum *pH-Wert* des Bodens. Unter den Hauptnährstoffen ist dies beim Phosphat besonders ausgeprägt – optimal verfügbar ist Phosphor nur in dem engen Bereich von pH 6–7!

2.2 Bodenuntersuchung

Sachgerechte, ordnungsgemäße Düngung kann also nur in Kenntnis der Bodenversorgung (= pflanzenverfügbare Nährstoffe) und des Nährstoffbedarfs der Pflanzen (= Nährstoffentzug) gelingen. Die Bodenversorgung wird über **Bodenuntersuchungen** festgestellt. Sie kann in mehreren Stufen erfolgen:

- Die **Standarduntersuchung** beinhaltet die Feststellung des pH-Wertes und erfolgt in der Krume, bis 25 cm Tiefe auf Acker, 10 cm auf Grünland; untersucht werden der P_2O_5-, K_2O-, MgO-Gehalt in mg/100 g Boden.
- Eine **Zusatz-Untersuchung** (in den gleichen Schichttiefen) dient der Feststellung der verschiedenen Spurenelemente in mg bzw. ppm/100 g Boden.
- Die **Stickstoffuntersuchung** (in Schichttiefen von 0–30 cm, 30–60 cm, 60–90 cm) als sog. »N_{min}«-Untersuchung zur Feststellung des aktuell verfügbaren, mineralisierten Gehaltes an NO_3- und NH_4-Stickstoff (meist liegen dabei die NH_4-Anteile unter 10% vom NO_3-Anteil, so daß man sich vielfach auf die NO_3-Bestimmung beschränken kann).

Alle diese Untersuchungen liefern, bei aller Exaktheit der Probenahme und der Untersuchungsmethoden, nur annähernde *Hinweise* über das Ernährungsgeschehen an den Pflanzenwurzeln im Verlauf eines ganzen Vegetationsjahres. Dies gilt für Phosphat und Kali genauso wie für die Spurenelemente, am allermeisten aber für den absoluten Hauptnährstoff – den Stickstoff! Dennoch sind sie unerläßlich zur Einschätzung des momentanen und des Nachliefervermögens des Bodens.

Verantwortlich dafür sind eben alle einzelnen Kenngrößen der Bodenfruchtbarkeit (Bodenleben, -luft, -wasser, -struktur, Humus, pH-Wert u. a.), die hier dann die **Nährstoffdynamik** ausmachen. Da der Boden mit 3000–10 000 kg/ha organisch gebundenem N ein riesiger (wohl auch unerschöpflicher) Stickstoffspeicher ist, gilt das für N wieder in besonderem Maße. Bei P, K, Ca und Mg heißt das für die *Düngeplanung* zunächst nur, daß die Bodenversorgung laut Bodenuntersuchung auf eine mindestens mittlere bis hohe Stufe gebracht werden muß. Dann jedoch genügt

»Düngung nach Entzug«

2.3 Düngung nach Entzug

Zur **Nährstoffbilanz** im Düngeplan muß auf der Haben-Seite zur Bodenversorgung noch die *Nährstoffrücklieferung* in den *Wirtschaftsdüngern* (Stallmist und Jauche bzw. Gülle) möglichst genau eingesetzt werden. Unsicherheiten liegen in dem starken Schwankungsbereich der Gehaltszahlen (nach Tierart, Fütterung, Leistung, Jahreszeit, Lagerung und Trockensubstanzgehalt der Dünger) und in dem nur teilweise steuerbaren *Ausnutzungsgrad* des N-Anteils: überwiegend organisch gebundener Stickstoff, mineralisch nur in NH_4-Form mit verlustreichen Umwandlungsstufen $NH_3 \rightarrow NO_3 \rightarrow N_2O/NO/N_2$.

Während also P_2O_5, K_2O, MgO, CaO keine Verluste erleiden und in Formen vorliegen, die grundsätzlich zu 100% anrechenbar sind, schwankt die N-Verwertung aus den Wirtschaftsdüngern von unter 20 bis über 70% des Gesamt-N im Jahr der Anwendung und bis in die Folgejahre hinein!

In organischer Bindung ist Stickstoff verlustgeschützt, aber auch erst über Jahre verteilt verfügbar – im Stallmist zu 90%, in Gülle 50% als organischer N, in Jauche 100% NH_4!

Tabelle 14 Gehaltsstufen für P_2O_5 und K_2O in Ackerböden (mg/100 g Boden) und daraus abgeleitete Düngeempfehlungen (kg-Reinnährstoffe/ha) auf der Basis des Pflanzenentzuges (E)

	Nährstoff-Versorgung (mg/100 g)				Düngeempfehlung (kg/ha)		
Gehaltsstufe	P_2O_5	K_2O			P_2O_5	K_2O	
(Nährstoff-versorgung)	für alle Bodenarten 1)	leichte Böden 2) (S, l' S)	mittlere Böden 1) (l̄S, uL)	schwere Böden 1) (lT, T)	für alle Bodenarten	leichte Böden (S, l' S)	mittlere und schwere Böden (l̄S, T)
A niedrig	unter 8	unter 8	unter 8	unter 10	E + 90	E + 50	E + 100
B mittel	8–14	8–14	8–14	10–19	E + 40	E + 25	E + 50
C hoch	15–25	15–20	15–30	20–35	E	E	E
D sehr hoch	26–40	21–30	31–45	36–50	1/2 E	1/2 E	
					(bevorzugt zu Blattfrüchten)		
E extrem hoch	über 40	über 30	über 45	über 50	0	0	0

1) Untere Werte für günstige, obere Werte für ungünstige Standortverhältnisse.
2) Untere Werte für Sand, obere Werte für schwach lehmigen Sand (l̄S).

Tabelle 15 Gesamtnährstoffmengen in Wirtschaftsdüngern (kg/Einheit)

Dungart/Einheit	T %	N	davon NH_4	P_2O_5	K_2O	MgO	CaO	Anfall im Jahr m^3 bzw. dt/GV
Festmist/t								
Rind	25	5	0,4	2,5	6,5	1	3	100
Schwein	23	6	0,5	4	3	2	4	
Schaf	25	8	0,6	3	7	2	3,5	
Pferd	25	6,5	0,5	3	6	1	3	
Hühnertrockenkot	70	35	15	35	25	6	50	
Gülle/m^3								
Milchvieh								
Fütterung grasbetont	7,5	4	2,0	1,5	6	1	2	
Fütterung maisbetont	7,5	3	1,5	1,3	4	1	2	22
Rindermast	7,5	4,5	2,0	1,5	3,5	1	1	
Schweine	7,5	6	4,2	3,0	3	1	3	18
Geflügel	10	6,5	4,6	5,0	3	1	11	
Jauche/m^3								
Rind	—	2,0	1,9	—	8	—	—	4,5
Schwein	—	4,0	4,0	1	3	—	—	

Darin liegt nun auch der Hinweis, daß durch den sehr stark gewachsenen Viehbesatz/ha in den letzten 20 Jahren das *Nährstoff-Depot* im *Boden* (N, P, K) durch die Viehhaltung sehr viel mehr aufgefüllt worden ist, als dies nur durch die Mineraldüngung möglich gewesen wäre (Hinweise darauf geben die zunehmend hohen Werte in den Bodenuntersuchungen!).

So ist es wichtig, daß auch die EDV-programmierte Düngeplanung die variable Berücksichtigung aller Daten aus dem Bereich »Wirtschaftsdünger« enthält. Am Landwirt aber liegt es, in Kenntnis der Faktoren zu »Anrechenbarkeit« und »Verfügbarkeit« die optimale Steuerung auszuüben.

Aus der Tabelle 15 über den Nährstoffanfall ist schnell nachzurechnen, daß mit der Gülle von z. B. 2 Rinder-GV/ha mit 264 kg K_2O/ha schon ein oberer Bedarfswert (daneben auch 176 kg N-brutto/ha und 66 kg P_2O_5/ha), oder von 2 Schweine-GV/ha mit 216 kg N-brutto/ha bereits eine obere, vernünftige N-Menge aus

N-Bilanz (korrigiert)	=	N-Zufuhr (alle Quellen)	–	N-Entzug × Bedarfsfaktor (1,0–1,5 je nach Boden und Klima)	–	Ausbringungs-verluste der Wirtschafts-dünger (20–40%)

Abb. 28 Schema für eine korrigierte N-Bilanz.

schaftsdüngern überschritten wird und kein Bedarf bzw. Spielraum mehr für gezielten Mineraldüngereinsatz bei K_2O bzw. N besteht.
Aus den Vorgängen der Nährstoffdynamik (Mobilisierung und Festlegung, hohe Auswaschungsanfälligkeit von N, geringer bei K_2O und MgO und praktisch keine bei P_2O_5) folgt, daß die Nährstoffbilanz über den einzelnen Acker hinaus richtiger nur im größeren Rahmen – über die Fruchtfolge und für den Gesamtbetrieb – zu erfassen ist. Darin liegt auch die Möglichkeit der Vorratsdüngung begründet, die von der Praxis in Form der sog. »Schaukeldüngung« bei der P/K-Grunddüngung (2- bis 3-Jahresbedarf in einer Gabe voraus) mit Erfolg angewandt wird.
Für den Einzelfall sagt der N-Entzug zwar nichts aus, für die mehrjährige Betrachtung ist es aber unerläßlich, die Bilanz aus Zufuhr und Entzug/Verluste zu kontrollieren, da eine dauernde Überbilanz zu umweltschädlichen Nitrat-Verlusten führen muß!
Dazu die Tabellen 15 und 16 über die Nährstoffentzüge.

2.4 Stickstoffdüngung

Aufgrund aller genannten Faktoren stellen sich die größten Schwierigkeiten und so auch die dringendsten Aufgaben bei der Stickstoffdüngung. Die hier am stärksten wirksamen Abläufe bei den Verlusten (NO_3-Auswaschung in den Unterboden bis ins Grundwasser, gasförmiger Abgang in die Luft) und bei Bindung und Freisetzung im Boden (organische Bindung – Mineralisation – Nitrifikation – Denitrifikation) führen dazu, daß hier der Ertrag und der N-Entzug allein noch kein ausreichender Maßstab für die optimale N-Düngung sind.
Das bedeutet, die **N-Bilanz** ist sehr viel schwieriger zu erstellen, weil es hier auch den größten »Luxus-Konsum« (also unwirtschaftlichen N-Verbrauch der Pflanzen) gibt. Vergleiche dazu an anderer Stelle: Bestandesführung – Einfluß auf Ertragsstruktur (das sind Bestandesdichte – Kornzahl – Tausendkorngewicht) und Krankheitsdruck.
Die Düngeplanung bedient sich deshalb hier einer sog. »korrigierten N-Bilanz« (Abb. 28).

Tabelle 16 N-Entzug (kg/ha) der wichtigsten landwirtschaftlichen Kulturpflanzen

Fruchtart	Menge [1]	N-Entzug Körner, Rüben, Knollen	zugehöriges Stroh, Blatt	gesamt
Winterweizen	10 dt	18	5	23
Wintergerste	10 dt	15	5	20
Winterroggen	10 dt	15	7	22
Sommerweizen	10 dt	20	6	26
Sommergerste	10 dt	14	6	20
Hafer	10 dt	18	7	25
Körnermais	10 dt	15	13	28
Winterraps	10 dt	34	26	60
Zuckerrüben	100 dt	18	26	44
Futterrüben-Gehalt	100 dt	18	12	30
-Massen	100 dt	14	6	20
Kartoffeln	100 dt	33	7	40
Silomais	100 dt (=1700 kStE)	—	—	40

[1]) Getreide: 84% T, Raps: 91% T; Zuckerrüben, Futterrüben, Kartoffeln, Silomais: Frischmasse.

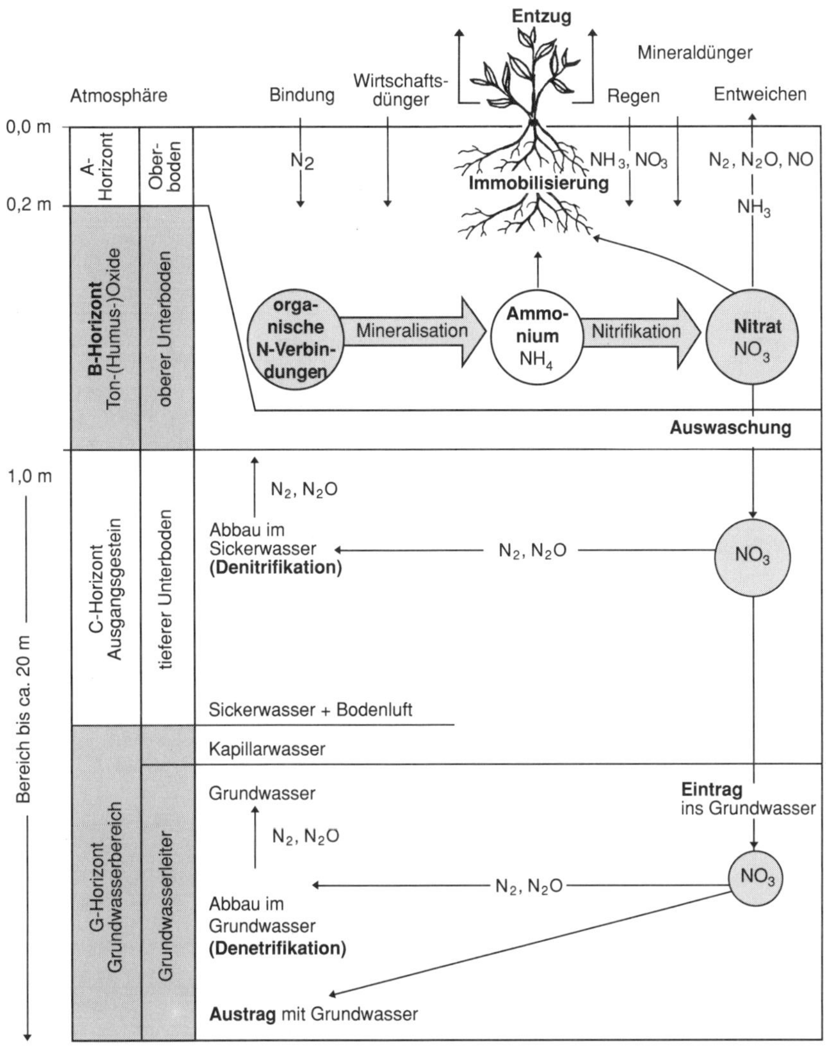

Abb. 29 Stickstoffumsatz im Boden und Grundwasserbereich.

Abb. 30 Phosphatdynamik im Boden.

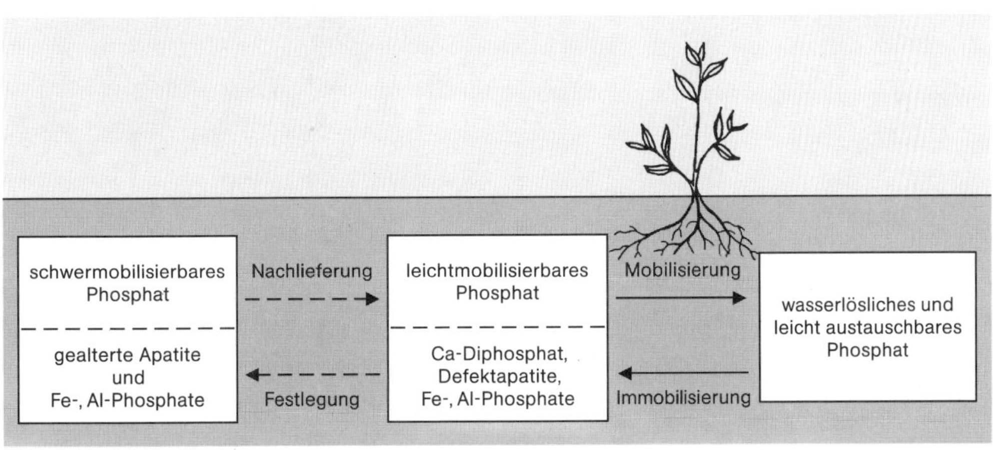

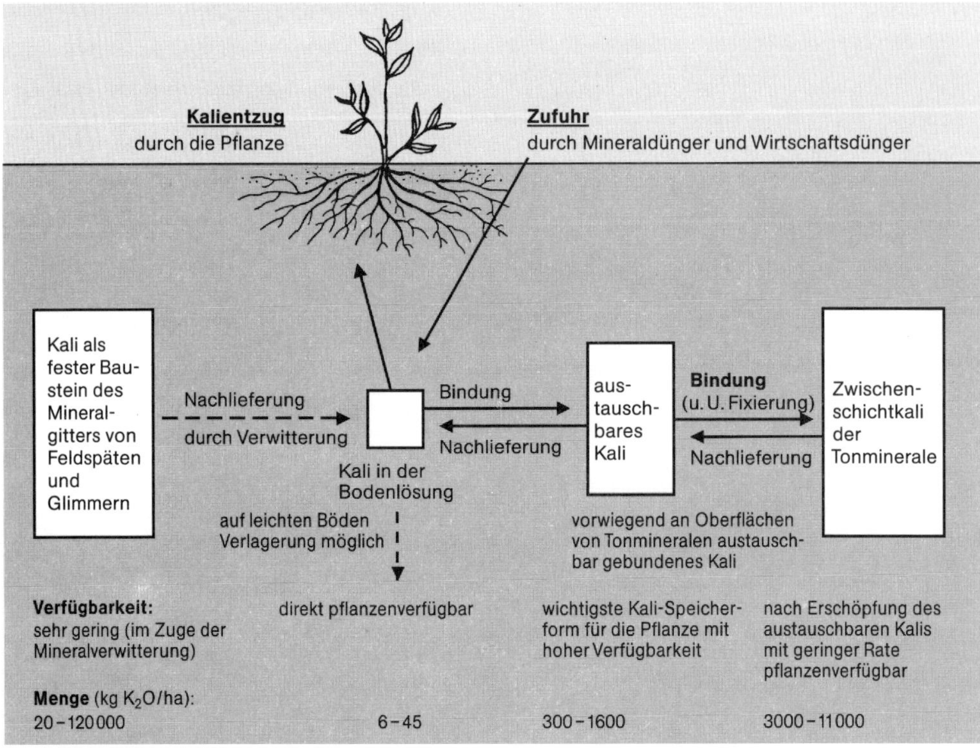

Abb. 31 Kaliumdynamik im Boden.

Tabelle 17 P_2O_5-, K_2O- und MgO-Entzüge (kg/ha) landwirtschaftlicher Kulturpflanzen

Fruchtart	Menge Körner, Rüben, Knollen	Menge dazugeh. Stroh, Blatt	T	Nährstoffentzug (kg/Einheit) P_2O_5			K_2O			MgO		
	I	II	%	I	II	ges.	I	II	ges.	I	II	ges.
Weizen	10 dt	13 dt	84	8	3	11	5	14	19	2	2	4
Gerste	10 dt	10 dt	84	8	2	10	5	15	20	2	1	3
Hafer	10 dt	15 dt	84	7	4	11	5	32	37	2	2	4
Roggen	10 dt	18 dt	84	7	3	10	6	20	26	1	2	3
Körnermais	10 dt	14 dt	86	7	5	12	4	26	30	2	4	6
Winterraps	10 dt	35 dt	91	18	10	28	10	50	60	5	7	12
Ackerbohnen	10 dt	10 dt	86	10	3	13	13	18	31	2	3	5
Zuckerrüben	100 dt	80 dt	23/18	10	8	18	25	45	70	8	7	15
Futterrüben-Gehalt	100 dt	40 dt	15/13	9	3	12	53	22	75	5	5	10
-Massen	100 dt	20 dt	11/13	7	2	9	45	15	60	5	3	8
Kartoffeln	100 dt	30 dt	23/15	13	3	16	60	10	70	4	8	12
Silomais [1]	100 dt Frischmasse (= ca. 1700 kStE)					15			44			9
Kleegras [1]	100 dt T					73			340			40
Welsches Weidelgras [1]	100 dt T					80			320			25
Rotklee [1]	100 dt T					67			330			55

[1] Nach DLG Futterwerttabelle:
Kleegras 50% Rotklee (19,3 % T) : 1 kg T = 597 StE
Welsches Weidelgras vor Blüte, 1. Schnitt (17,5% T) : 1 kg T = 651 StE
Rotklee vor Mitte Blüte (21 % T) : 1 kg T = 555 StE.

2.5 Nährstoffdynamik

Die Schemazeichnungen (Abb. 29–31) sollen die vielfachen, stets in beiden Richtungen wirksamen Abläufe bei der Nährstoffdynamik für Phosphat, Stickstoff und Kali zeigen.

2.6 Nitrat im Grundwasser

Tabelle 18 Maßnahmen zur Verminderung des Nitrateintrages ins Grundwasser

- **Gezielte Stickstoffdüngung:**
  - Höhe der N-Düngung nach dem jeweiligen N-Entzug durch die Pflanze bemessen;
  - N-Angebot aus dem Boden berücksichtigen (N_{min}-Messung, Schätzung der N-Nachlieferung);
  - Zeitpunkt der N-Düngung an den jeweiligen N-Bedarf der Pflanzen während der Vegetationsperiode anpassen (mehrere Teilgaben oder Einsatz von Nitrifikationshemmern).
- **Sachgerechte Gülledüngung:**
  - Gülle möglichst nur kurz vor Beginn oder während der Vegetationsperiode ausbringen;
  - Schaffen von ausreichendem Lagerraum für Gülle;
  - bei Herbstausbringung den Güllestickstoff durch Zwischenfrucht, Strohdüngung oder Nitrifikationshemmer im Boden über den Winter konservieren.
- **Kulturwahl und Gestaltung der Fruchtfolge:**
  - Erhalten ganzjähriger Vegetationsdecke (Grünland);
  - Anbau von Zwischenfrüchten zur Vermeidung von Brachezeiten (System Immergrün);
  - Untersaaten im Obst- und Weinbau;
  - Anbau von Pflanzen mit geringen Reststickstoffgehalten im Boden nach der Ernte.
- **Ergänzende Bewirtschaftungsmaßnahmen:**
  - Geringe N-Mobilisierung durch reduzierte Bodenbearbeitung;
  - gezielter Einsatz der Beregnung;
  - kein Umbruch von Grünland in Wasserschutzgebieten.

3 Pflanzenschutz

3.1 Betriebsmittel für Pflanzenschutz

An den enormen Ertragssteigerungen und am Produktionsfortschritt der Landwirtschaft nach dem Kriege ist auch der Pflanzenschutz maßgeblich beteiligt. Das heißt, das »Betriebsmittel Pflanzenschutz« half, die gestellten Aufgaben und Ziele zu lösen:

- Verluste an Ertrag und Qualität zu verringern;
- arbeitswirtschaftlich und qualitativ Ersatz für nicht mehr verfügbare bzw. gar nicht verfügbare Verfahren der Unkraut-, Schädlings- und Krankheitsbekämpfung zu sein.

Heute ist es ein fester Faktor in der Betriebsrechnung (Aufwand und Ertrag). Bei Ertrags- und Qualitätssicherung besteht auch ein unauflösbarer Zusammenhang dahingehend, daß mit steigender Intensität und Ertragserwartung der Schädlings- und Krankheitsdruck zunimmt, damit aber auch die Wirtschaftlichkeit der Pflanzenschutzmaßnahmen.
Dies gilt noch mehr im Falle der übersteigerten Einseitigkeit von Fruchtfolgen, der überzogenen Düngung (überzogene, falsch gesetzte Spezialisierung oder Intensität), wo dann statt Wirtschaftlichkeit bereits wesentliche Verluste eintreten!

3.2 Verfahrensgrundsätze für den Pflanzenschutz

»Ordnungsgemäß« heißt »nach guter fachlicher Praxis«, also unter Beachtung aller Anwendungsvorschriften und nur nach dem Prinzip des begründeten Bedarfs (Abschätzung der Schadschwellen: Wenn die Schadenshöhe gleich den Bekämpfungskosten ist, dann ist der Grenznutzen, die Schadschwelle erreicht, d. h. mit Überschreiten dieser Größe wird die Schadschwelle überschritten!

Nur so sind die Vorgaben

- *Verbraucherschutz* (keine Rückstände, gesunde und reichliche Nahrung),
- *Anwenderschutz* (Gefahren im Umgang mit Pflanzenschutzmitteln/Chemikalien),
- *Boden-* und *Gewässerschutz* (mögliche Rückstandsbelastung),
- *Naturschutz* (Eingriffe in Flora, Fauna)

einzuhalten. Wenn sich nun die kritische Dis-

kussion um den chemischen Pflanzenschutz so massiv verschärft hat, kann man dies nur mit der breiten Verantwortung der Landwirtschaft in ihrem Tätigkeitsfeld (Boden – Wasser – Pflanze – Tier), nicht aber konkret mit gegebenen Schadens- oder Gefahrzuständen begründen.
Aber leider sind in der Diskussion um »Grenzwerte – Höchstwerte« die Maßstäbe für Vorsorge und Gefahr, O-Wert und tragbare Belastung und der Blick für die Relationen zwischen den verschiedenen Gefahrstoffen und Gefährdungsbereichen völlig untergegangen.

3.3 Integrierter Pflanzenschutz

Richtig ist sicher, daß infolge der Intensivierung und Spezialisierung (also oft Einengung, Konzentration, Einseitigkeit) der Bedarf und die Wirtschaftlichkeit des Pflanzenschutzes steigt. Und deshalb ist der **Integrierte Pflanzenschutz** als ein Glied im *Integrierten Pflanzenbau* (d. h. umweltgerechter Pflanzenbau) für jeden Landwirt das Gebot der »guten fachlichen Praxis«. Das Pflanzenschutzgesetz vom 15. September 1986 nennt dazu im § 6 in Verbindung mit § 2 folgende Grundsätze:

- Anbausysteme entwickeln, in denen möglichst wenig Schadorganismen auftreten (Forschung – Beratung),
- Pflanzengesundheit durch pflanzenbauliche Maßnahmen fördern (z. B. Fruchtfolge, Bodenbearbeitung, Sortenwahl, Saat- und Pflanzzeit, Düngung),
- Wachstum der Kulturpflanzen und Ausbreitung der Schadorganismen sorgfältig beobachten (Forschung – Warndienst – Beratung),
- mechanische, biologische und biotechnische Pflanzenschutzmaßnahmen bevorzugen,
- chemische Pflanzenschutzmittel nur anwenden, wenn die Schadensschwelle überschritten wird,
- möglichst selektive, nützlingsschonende Mittel und Verfahren anwenden,
- sich ständig weiterbilden und die amtliche Beratung in Anspruch nehmen.

Auf dieser Basis ist dann – in dieser Einschränkung erstmals – in § 6 Absatz 2 auch festgelegt: »Pflanzenschutzmittel dürfen auf Freilandflächen nur angewandt werden, soweit diese landwirtschaftlich, forstwirtschaftlich oder gärtnerisch genutzt werden.« Das heißt, auf allen anderen Flächen – auch schon auf Feldrainen,

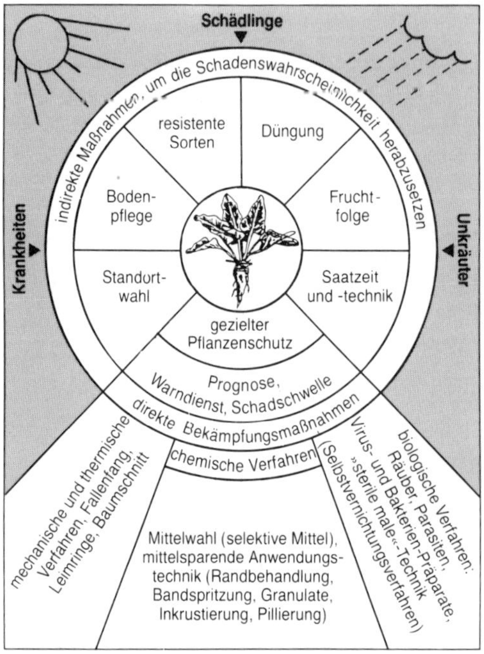

Abb. 32 Integrierter Pflanzenschutz (Schema nach König).

Böschungen – auf Straßen, Wegen und Plätzen (Sport-, Hofflächen) ist die Anwendung nur mit Ausnahmegenehmigung und unter Auflagen (Kreisverwaltungsbehörde) zulässig.
Und weiter: Die Pflanzenschutzmittel dürfen jedoch nicht oder unmittelbar an oberirdischen Gewässern (Seen, Teiche, Flüsse, Bäche, Gräben) und Küstengewässern angewandt werden. Wirkstoffe und Pflanzenschutzmittel mit besonderen Gefahren in diesem Bereich erhalten bei der **Zulassung** Verbote, Beschränkungen und Kennzeichnungsauflagen, wie etwa:

W: Darf nicht in Wasserschutz- und Heilquellenschutzgebieten eingesetzt werden.

230: Keine Anwendung auf stärker geneigten Flächen, von denen eindeutig die Gefahr einer Abschwemmung in Gewässer (insbesondere durch Regen oder Bewässerung) gegeben ist. In jedem Fall ist eine Anwendung in unmittelbarer Nähe von Gewässern (bis 10 m) auszuschließen – beachte die gleichsinnigen, aber verschärften, neuen Auflagen **630, 631** und **632.**

261: Das Mittel ist fischgiftig, **263** giftig für Fischnährtiere.

B 1: Bienengefährlich, das Mittel darf nicht auf blühende Pflanzen (auch Unkräuter!)

ausgebracht werden – abgemildert in **B 2** und **B 3,** frei in **B 4.**

Einschneidend neu ist auch die Festlegung in den §§ 10 und 22, daß *alle Anwender* und *Vertreiber* von Pflanzenschutzmitteln »die dazu erforderliche Zuverlässigkeit und die dafür erforderlichen fachlichen Kenntnisse und Fertigkeiten haben« müssen. Diese **Sachkunde** (nach Pflanzenschutzgesetz und Sachkunde-Verordnung) ist der zuständigen Behörde (Kreisverwaltung, Sachkunde-Nachweis) auf Verlangen nachzuweisen. Im Falle des Handels kann die Sachkunde auch über die *Sachkenntnis* (nach Gefahrstoff-Verordnung, Giftprüfung) nachgewiesen werden.

Neben der Zulassung, Kennzeichnung mit den Anwendungsvorschriften, -verboten und -beschränkungen der Pflanzenschutzmittel ist nun auch die Zulassung und Prüfung der **Pflanzenschutzgeräte** neu und schärfer geregelt. Die in der Öffentlichkeit geforderte regelmäßige Feldspritzenkontrolle (»Spritzen-TÜV«) wurde zwar nicht eingeführt, im Sinne der vorgenannten Grundsätze erhöht dies aber desto mehr die Eigenverantwortung und die Verpflichtung des Landwirts zur regelmäßigen (am besten jährlichen) *freiwilligen Feldspritzenkontrolle.*

Aus alledem wird die hohe Norm und Verantwortlichkeit beim Pflanzenschutz deutlich. Eben deshalb ist die Sachkunde gesetzlich verankert worden; sie kann aber nur durch Aus- und Fortbildung erworben und behalten werden. Dazu bietet eigentlich nur die fachliche und technische Spezialisierung und der Austausch im überbetrieblichen Einsatz für alle Betriebe den Anschluß an den wissenschaftlichen und technischen Fortschritt.

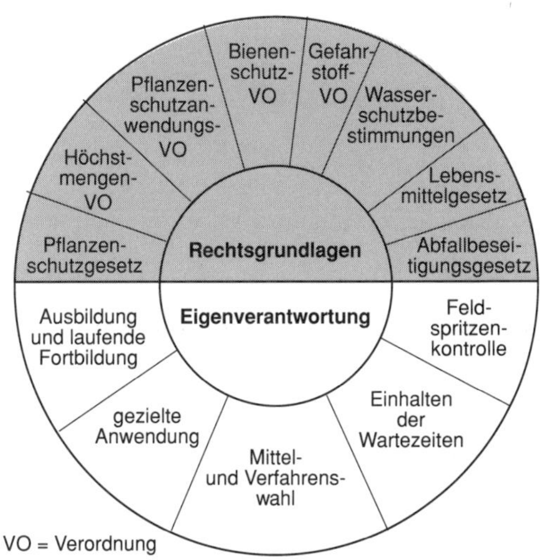

Abb. 33 Pflanzenschutz – Rechtsgrundlagen und Eigenverantwortung (nach König).

4 Fruchtfolge

Der Landbau begann überhaupt erst mit dem Anbau von Fruchtarten in *Reinkultur*-Beständen. Der natürliche Bestand entwickelt sich in Abhängigkeit vom Standort (Boden + Klima) zu *Pflanzengesellschaften,* wie sie der Landwirt heute nur noch auf dem Dauergrünland nutzen kann. Das macht auch den hohen ökologischen und futterwirtschaftlichen Wert des Grünlandes aus (Boden-, Wasserschutz, Flora/Fauna, Reichtum an Pflanzenarten und damit den Futterwert), wenngleich unter dem Einfluß der Nutzung die Artenvielfalt auch wieder eingeengt wird.

Damit die Reinkultur nicht zur *Monokultur* wird, haben alle Landbausysteme die *Fruchtfolge* der Arten entwickelt, wenn auch erst die jüngere Agrarforschung die **Gefahren und Schäden der Monokultur** für Boden und Pflanze in vielen Einzelheiten wissenschaftlich belegen konnte:

- Verminderung der *Bodenfruchtbarkeit,* durch
  - Zunahme von Krankheiten und Schädlingen,
  - Zunahme konkurrenzstarker und schwer bekämpfbarer Unkräuter/Ungräser,
  - Verlust an Bodenleben und damit der Bodengare, was zu schlechterer Bodenstruktur und einer negativen Nährstoffdynamik führt,
  - Erosion, je nach Fruchtart und Anbautechnik;
- *erhöhter Aufwand* an Düngung, Pflanzenschutz und Treibstoffbedarf bei der Bodenbearbeitung;
- *Ertragseinbußen* trotz höherem Aufwand bedeuten doppelten Verlust.

Dieser »Mängelkatalog« gilt mit einer großen Bandbreite von Einzelbeispielen über die Monokultur bis zu den einseitig verengten »Kurz«-Fruchtfolgen, wie sie die ökonomische und technische Entwicklung der letzten 20 Jahre hervorgebracht hat. In der Umkehrung dieser Punkte liegen aber auch die zahlreichen Pluspunkte einer vielseitigen, »langen« Fruchtfolge, die dank ihrer ökologischen Kräfte zunehmend auch wieder ökonomisch begründbar wird – um so mehr, je stärker der Preis- und Kostendruck wird.

Daran wird nun aber auch deutlich, daß die Fruchtfolge das Fundament, Ausgangs- und Bestimmungspunkt für den umweltgerechten Integrierten Pflanzenbau ist.

Das heißt, von den positiven und negativen Wirkungen der verschiedenen Fruchtfolgeglieder, ihrer Häufigkeit und Schwere, werden die Inhalte und die Möglichkeiten aller weiteren produktionstechnischen Maßnahmen bestimmt:

Gesunde Fruchtfolgen sind Voraussetzung für umweltgerechte Landbewirtschaftung!

4.1 Bodenfruchtbarkeit – Bodengesundheit

Die Selbstverträglichkeit der Fruchtarten ist unterschiedlich. Sie hängt vor allem vom Befallsaufbau der auf die Fruchtart spezialisierten Krankheiten und Schädlinge ab.
Die wichtigsten darunter sind die *Nematoden* (Älchen = Fadenwürmer, leben frei im Boden oder in den Pflanzen, besonders in den Wurzeln) bei Kartoffeln, Rüben, Klee, aber auch bei Getreide – besonders Hafer. *Bakterien* treten als Erreger z. B von Welkekrankheiten bei Luzerne und Hopfen oder Ringfäule bei Kartoffeln auf, *Pilze* als Erreger z. B. von Fußkrankheiten bei Getreide und Raps oder von Krebs bei Kartoffeln, Klee und Raps sowie schließlich *Viren* als Erreger von Virosen, wie Rizomania bei Rüben und Gelbmosaik bei Getreide (Wintergerste).

Abb. 34 Zusammenhang von Fruchtfolge und Nematodenvermehrung bei Kartoffeln (LBP).

1: Daueranbau Kartoffel,
2: Getreide – Kartoffel,
3: Getreide – Getreide – Kartoffel,
4: Zuckerrüben – Getreide – Getreide – Kartoffel.

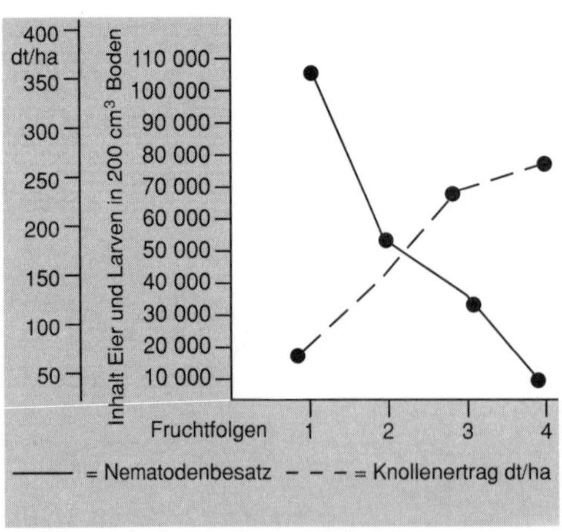

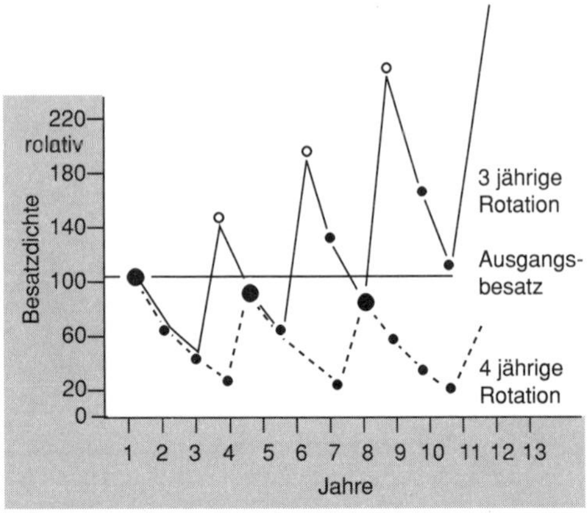

Abb. 35 Zusammenhang von Fruchtfolge und Nematodenvermehrung bei Zuckerrüben (LBP).

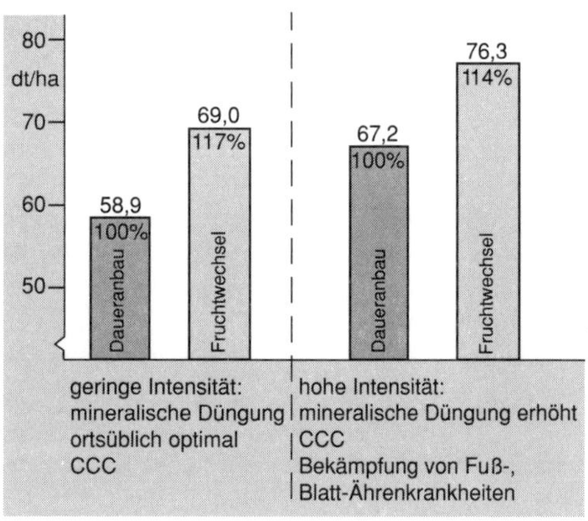

Abb. 36 Winterweizenerträge im Daueranbau und Fruchtwechsel (Ackerzahl 70, LBP).

4.2 Bodenstruktur – Bodenleben

Der Einfluß über die Fruchtfolge ergibt sich einerseits aus der sehr unterschiedlichen mechanischen Bodenbelastung, vor allem durch die Erntetechnik, und andererseits durch den ganz unterschiedlichen Beitrag der Fruchtarten zur Humusbilanz.

Tabelle 19 Veränderung der Bodenmikrobiologie (nach BECK)

Bodenmikro-biologie Eigenschaften	Schwarz-brache	Kartoffeln in			Getreide in		
		Monokultur ohne Stallmist	Monokultur mit Stallmist	Frucht-wechsel	Monokultur ohne Zwischenfrucht	Monokultur mit Zwischenfrucht	Frucht-wechsel
Humusgehalt (%)	1,29	1,98	2,15	2,39	2,49	2,56	2,77
Biomasse (mg Kohlenstoff/100 g Boden-T)	10,90	23,50	33,30	40,60	48,20	51,80	61,60

Tabelle 20 Veränderungen der Bodenstruktur durch organische Düngung (LBP)

organische Düngung	Gesamt-Porenvolumen %	Luft-Poren %	Luftdurchlässigkeit n^2	Lagerungsdichte g/cm³
ohne	41,6	6,0	7,0	1,72
Stroh	45,3	10,4	25,5	1,64
Stroh und Raps	45,6	10,8	28,5	1,64
Stroh abgebrannt und Raps	43,2	7,7	8,0	1,70

Bodenbelastung:
- Positiv: Feldfutterbau, Zwischenfruchtbau, Raps,
- neutral: Getreide, Kartoffeln,
- negativ: Zuckerrüben, Silomais.

Mit dem Zwischenfruchtbau – der »kleinen Fruchtfolge« – sind, im kleineren Maßstab, Fruchtfolgewirkungen zu erzielen für die Humusbilanz, für Bodenleben und Bodengare und Nährstoffdynamik. Deshalb ist dieser gerade bei eingeengter Fruchtfolge und im intensiven Ackerbau ein wichtiges Hilfsmittel.

4.3 Erosionsgefahr

Im Zusammenhang mit dem im allgemeinen negativen Einfluß auf die Bodenstruktur und der langsamen Jugendentwicklung/Reihenschluß (Bodengare) sind hier der Mais und die Zuckerrüben am stärksten betroffen. In stärker erosionsgefährdeten Lagen sollte deshalb der Anteil dieser beiden Kulturen, auch zusammen, 33% Anbau an der AF nicht überschreiten.
Allgemein sind Kulturen mit kurzer Zeit der Bodendeckung und vor allem Reihenkulturen mit weitem Abstand (Wein, Hopfen, Rüben, Mais und auch Kartoffeln) stärker gefährdet.

4.4 Humusbilanz

Über Wurzeln und Erntcrückstände leisten die einzelnen Fruchtarten unterschiedliche, aber größere Beiträge zur Humusbilanz, als im Durchschnitt die organische Düngung. Der Abbau an organischer Substanz – und damit der Humusverlust – steigt mit dem Hackfruchtanteil in einer Fruchtfolge bzw. allgemein mit der Intensität der Bodenbearbeitung (nach SCHEFFER, abgeändert):

Hackfrucht-Anteil der Fruchtfolge:	bis 15%	bis 25%	bis 35%
jährlicher Humusabbau:	20	30	40 dt/ha

Wenn also 100 dt/ha Stallmist nur ca. 20 dt organische Substanz/ha oder 10 m³ Rindergülle rund 6 dt/ha (bei 8,5% T) bzw. 10 m³ Schweinegülle rund 4,5 dt/ha (bei 6,8% T) an organischer Substanz liefern, so wird erkennbar, daß die organischen Dünger allein die Humusbilanz kaum ausgleichen können. Das aber zumindest ist die Aufgabe; das Ziel muß sein, durch einen Überschuß in der Zufuhr von organischer Substanz (o. S.) den Humusgehalt aufzubauen!

Tabelle 21 Anfall an organischer Masse (dt T organische Substanz) bei verschiedenen Haupt- und Zwischenfrüchten (nach Ruppert und Lerch)

Frucht	Wurzel + Stoppel	Stroh, Blatt, Kraut	Aufwuchs + Wurzel
Getreide	10–17	60–90	
Mais	12–18	45–80	
Raps	10–15	50–80	
Kartoffeln	6– 8	20–30	
Z-Rüben	8–10	30–60	
Ackerbohnen	10–20	30–50	
1jähriges Kleegras	30–40		
2jährige Luzerne	35–50		
Cruziferen-Stoppelsaat		—	40–50
Winterzwischenfrucht abgefüttert	15–30	—	

Tabelle 22 Humusbilanzen bei verschiedenen Fruchtarten und Fruchtfolgen (ohne Berücksichtigung der Wurzelrückstände) (nach Ruppert und Lerch)

<table>
<tr><th rowspan="3">Fruchtarten</th><th colspan="2">dt/ha organischer Substanz aus</th><th rowspan="3">Bedarf an organischer Substanz dt/ha auf SL 4/ Ls 3-Böden beim Anbau der Fruchtart</th><th colspan="2">Bilanz dt/ha</th></tr>
<tr><th rowspan="2">Stroh, Blatt</th><th rowspan="2">Stallmist nach Einstreu oder Verfütterung</th><th colspan="2">Stroh, Blatt</th></tr>
<tr><th>eingearbeitet</th><th>abgefahren</th></tr>
<tr><td>Getreide</td><td>48</td><td>38</td><td>15</td><td>+33</td><td>−15</td></tr>
<tr><td>Raps</td><td>63</td><td>50</td><td>15</td><td>+48</td><td>−15</td></tr>
<tr><td>Zuckerrübe</td><td>66</td><td>26</td><td>40</td><td>+26</td><td>−40</td></tr>
<tr><td>Silomais</td><td>—</td><td>—</td><td>30</td><td>−30</td><td>−30</td></tr>
<tr><td colspan="2" rowspan="3">Fruchtfolgen</td><td colspan="4">Bilanz dt/ha</td></tr>
<tr><td colspan="4">Stroh, Blatt</td></tr>
<tr><td colspan="2">eingearbeitet</td><td colspan="2">abgefahren</td></tr>
<tr><td colspan="2">Zuckerrüben, Getreide, Getreide</td><td colspan="2">+30</td><td colspan="2">−23</td></tr>
<tr><td colspan="2">Kartoffeln, Getreide, Getreide</td><td colspan="2">+22</td><td colspan="2">−23</td></tr>
<tr><td colspan="2">Raps, Getreide, Getreide, Getreide</td><td colspan="2">+37</td><td colspan="2">−15</td></tr>
<tr><td colspan="2">Silomais, Getreide, Getreide</td><td colspan="2">+12</td><td colspan="2">−20</td></tr>
<tr><td colspan="2">Kleegras, Getreide, Getreide, Getreide</td><td colspan="2">+35</td><td colspan="2">− 8</td></tr>
</table>

4.5 Richtwerte für die Fruchtfolgegestaltung

Während alle früheren acker- und pflanzenbaulichen Grundsätze zur Folge der Früchte – Fruchtfolge – empirisch aus den Erfahrungen der genannten Gesichtspunkte entwickelt worden sind, hat der ökonomische Druck der letzten Jahrzehnte – bis heute – diese Grundsätze an eine hintere Stelle in der Werteskala verdrängt, hinter Ertrag und Arbeitswirtschaft.
Der wissenschaftliche Fortschritt in Züchtung – Technik – Düngung – Pflanzenschutz hat die Möglichkeiten und Grenzen hier sicher erweitert, aber nicht aufgehoben. Dies wird bei den Bemühungen um umweltgerechte Produktion mit integriertem Pflanzenbau im konventionellen Landbau sehr schnell deutlich. Die verschiedenen Formen des alternativen Landbaues liefern hierfür sehr gute Belege. »Freie Fruchtfolge« führt sehr schnell zur Monokultur, die keine Basis für Integrierten Pflanzenbau ist.
Die genannten Richtwerte stellen die höchsten, noch zulässigen Anteile einzelner Fruchtarten in Fruchtfolgen auf gesunden Böden dar. Es ist aber ratsam, in ausgewogenen Fruchtfolgen diese Anteile zugunsten einer größeren Vielfalt niedriger zu halten.

Tabelle 23 Beispiele für Fruchtfolgesysteme

Fruchtwechsel	Doppelfruchtwechsel	Dreifelderwirtschaft
Halmfrucht	Halmfrucht	Halmfrucht
Blattfrucht	Halmfrucht	Halmfrucht
Halmfrucht	Blattfrucht	Blattfrucht
Blattfrucht	Blattfrucht	Halmfrucht
Halmfrucht		Halmfrucht
Blattfrucht		Blattfrucht

Der Mais ist in der Fruchtfolgeplanung als Blattfrucht zu behandeln.

Tabelle 24 Unverträglichkeit und Selbstverträglichkeit bei landwirtschaftlichen Kulturpflanzen (nach Kahnt)

mit sich selbst verträglich	mit sich selbst unverträglich	notwendige Anbaupausen in Jahren	
Roggen	Hafer	Sonnenblumen	7–8
Mais	Beta-Rüben	Klee, Luzerne	5–8
Sojabohnen	Klee, Luzerne	Zuckerrüben,	
	Sonnenblumen	Raps	5–6
	Erbsen	Erbsen,	
	Lein	Ackerbohnen	4–6
	Ackerbohnen	Lein	5–6
		Hafer	5–6

Tabelle 25 Möglichkeiten für Fruchtfolgeerweiterungen

Fruchtfolgeverbesserung mit	getreidereiche Fruchtfolgen	maisreiche Fruchtfolgen	hackfruchtreiche Fruchtfolgen
Hauptfrüchten	Winterraps, Ackerbohne, Erbse	Welsches Weidelgras Kleegras/Luzerne Leguminosen	Leguminosen —
Feldgemüse,	Einlegegurken, Rote Rüben, Kraut	— — —	Möhren Knollensellerie, Zwiebeln
Heil- und Gewürzpflanzen	Johanniskraut, Liebstöckel, Kamille	— — —	Bibernelle, Baldrian
Zwischenfrüchten	Leguminosen, Cruziferen	Leguminosen, Senf (nach Getreide)	Leguminosen, Phacelia, Ölrettich, Senf, Einjähriges Weidelgras

Tabelle 26 Richtwerte für Fruchtfolgeanteile wichtiger Feldfrüchte

Halmfrüchte		Blattfrüchte		Mais	
Winterweizen	33%	Kartoffel	33%	Silomais	50%
Wintergerste	67%	Betarübe	33%	Körnermais	66%
Winterroggen	[1]) 100%	Winterraps	25%		
Sommerweizen	33%	Rotklee	17%		
Sommergerste	50%	Kleegras	33%		
Hafer	25%	Grassamen	33%		
Weizen und Gerste	67%	Feldgemüse	33–50%		
Getreide mit Hafer bzw. Roggen	75%	Betarüben und Cruziferen	33%		
		Großkörnige Leguminosen	25%		

[1]) Gilt nur für leichte Böden in Verbindung mit Zwischenfruchtanbau.

6 Marktfrüchte im Nebenerwerbsbetrieb

1 Winterroggen

1.1 Forderungen des Marktes

Mahlroggen wird in der Regel über ein 2 mm-Sieb sortiert; Marktware soll weniger als 2% Siebabgang haben. Gute Kornausbildung und geringer Schmachtkornanteil sind Voraussetzung für eine hohe Mehlausbeute.
Das Backverhalten wird im wesentlichen durch die Stärkemenge und ihre Verkleisterungsfähigkeit bestimmt. Letztere hängt in hohem Maße von der Auswuchsfreiheit und der damit verbundenen Enzymaktivität ab. Über die Bestimmung der Fallzahl (indirekte Bestimmung des Auswuchses) oder die Erstellung eines Amylogrammes (Messung der Zähflüssigkeit eines Breies aus Roggenschrot und Wasser in Abhängigkeit von der Temperatur) wird die Verkleisterung der Stärke gemessen. Sie stellen die wichtigsten Qualitätskriterien für den Brotroggen dar.

Optimalwerte:	
Fallzahl	100–150 s
Amylogrammeinheiten (AE)	300–600

Fallzahlen unter 75 Sekunden zeigen Auswuchs, über 175 Sekunden Enzymarmut an. Durch zu hohe Trocknungstemperaturen und Pilzbefall im Lager kann die Backqualität des Roggens ebenfalls beeinträchtigt werden. Um Auswuchs zu vermeiden, kann es bei ungünstiger Erntewitterung oder Lager zweckmäßig sein, den Drusch vor der Totreife vorzunehmen und anschließend vorsichtig zu trocknen.

1.2 Standort – Fruchtfolge

Standort – Seit je gilt der Roggen als **anspruchsloses Getreide** in bezug auf *Standort* und *Fruchtfolge*. Auf den nährstoffarmen Sandböden mit niedrigem pH-Wert ist auch heute keine Getreideart leistungsfähiger. Unter Ausnutzung aller anbautechnischen Möglichkeiten sind auf Böden mit Ackerzahlen unter 30 Durchschnittserträge über der 45 dt-Grenze erzielbar. Unter den Wintergetreidearten besitzt Roggen die beste Winterhärte. Eine längere Vegetationsruhe, wie sie für Mittelgebirgslagen typisch ist, verkraftet er gut, wenn der Schnee nicht zu lange liegen bleibt. Staunässe im Frühjahr verträgt er aber nicht so gut wie der Weizen.
Fruchtfolge – Über die geringen Vorfruchtansprüche hinaus ist Roggen auch **selbstverträglich.** Von Fruchtfolgeengpässen und extremen Standorten abgesehen, ist es kaum sinnvoll, diese Eigenschaft zu nutzen.

1.3 Anbautechnik

Eine der wichtigsten, wenngleich schon alten Forderungen ist die **flache Saat** von 2–3 cm. Besonders auf den Sandböden wird durch den Einsatz des Pfluges ohne Packer oder Walze häufig die Voraussetzung für zu tiefe Saat geschaffen. Geschwächte Einzelpflanzen mit verzögerter und schlechter Bestockung sind die Folge. Der Versuch, dies über höhere Saatstärken auszu-

Abb. 37 Auswuchs bei Roggen (oben rechts) und seine Folgen für die Backqualität.

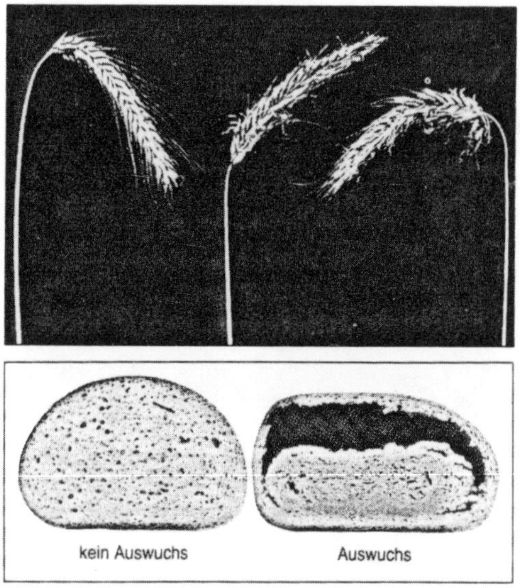

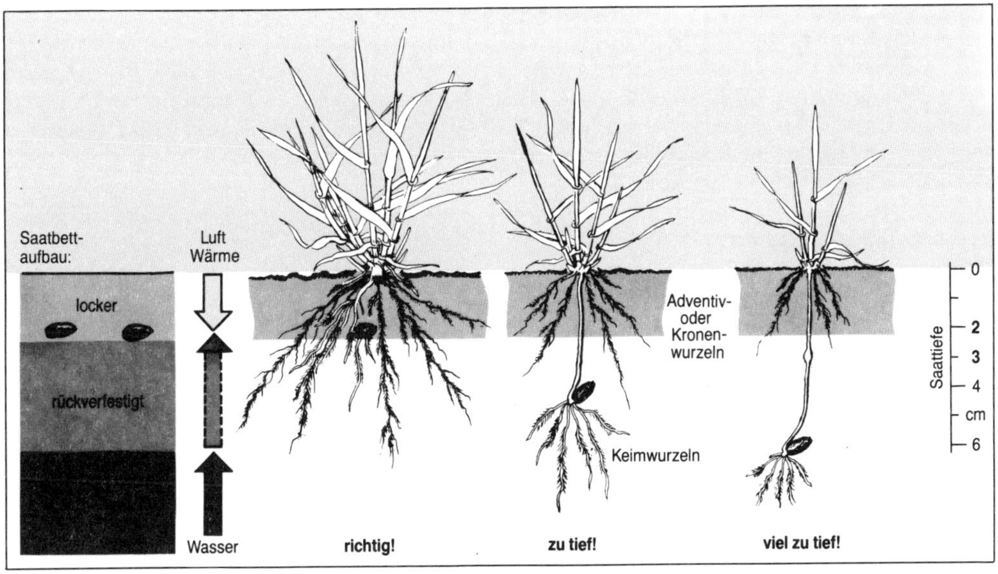

Abb. 38 Einfluß der Saattiefe auf die Entwicklung des Roggen.

gleichen, geht zu Lasten der Ährenausbildung und führt häufig zu Lager. Die heutigen Möglichkeiten der Bestelltechnik erlauben zumindest nach Blattfrüchten den Verzicht auf den Pflug.

Hinsichtlich der **Saatzeit** konnten mit der Vorverlegung zur Monatswende September/Oktober sehr gute Erfahrungen gesammelt werden. Gute Wurzelausbildung und Bestockung verbessern vor allem die Ertragssicherheit unter trockenen Bedingungen. Böden, die sich im Frühjahr rasch erwärmen, erlauben auch Saattermine bis in die zweite Oktoberhälfte.

Zur frühen Saat gehört die *dünne Saat.* Gerade im Hinblick auf die Lagergefahr sollten – anerkanntes Saatgut vorausgesetzt – nicht mehr als 300 keimfähige Körner/m^2 ausgesät werden. *Hybridsorten* (Kreuzung aus Inzuchtlinien) zeichnen sich durch eine erhöhte Bestockungsneigung aus. Deshalb sind für sie Saatstärken um 270 Körner/m^2 unter normalen Bedingungen ausreichend.

Wegen der beträchtlichen Unterschiede in der Korngröße ist es in jedem Fall zweckmäßig, die Saatmenge nach dem jeweiligen Tausendkorngewicht (TKG) zu berechnen.

Orientierungswerte für den Bestandsaufbau:	
Bestandesdichte:	400–500 Ähren/m^2
Saatdichte:	270–330 Körner/m^2
Tausendkorngewicht (TKG):	28– 35 g

100% **Saatgutzukauf** sollte wegen der Fremdbefruchtung des Roggens Selbstverständlichkeit sein. Erst recht gilt diese Forderung für Hybridsorten, deren Aufspaltung beim Nachbau zu empfindlichen Ertragseinbußen führt.

1.4 Düngung

Die PK-Düngung sollte auf der Bodenuntersuchung aufbauen und die ertragsabhängigen Nährstoffentzüge berücksichtigen.

Auf den typischen Roggenböden kann auch die **Magnesiumversorgung** zum ertragsbegrenzenden Faktor werden. Deshalb 6 mg MgO/100 g Boden und pH 5,5 nicht unterschreiten! Eine unmittelbare Kalkung zu Roggen ist nicht zu empfehlen.

Niedrige Saatstärken und die Möglichkeit, Wachstumsregler einzusetzen, schaffen die Voraussetzung für eine Anhebung der **Stickstoffdüngung.** Ihre Höhe sollte sich an den Ertragsvoraussetzungen des Standortes und der Sorte orientieren. Bei Blattvorfrüchten und auf weniger durchlässigen Böden kann auch die Bodenuntersuchung auf N_{min} (mineralisierter, pflanzenverfügbarer Stickstoff) eine wertvolle Hilfestellung geben.

Eine *Startgabe* zwischen 50 und 70 kg N/ha vor Vegetationsbeginn schafft in der Regel eine ausreichende Grundlage für die weitere Bestandesführung.

Die *2. N-Gabe* zum Schoßbeginn ist wegen der Lagergefährdung vorsichtig zu dosieren und kann bei starker Bestockung bzw. höheren Bodenstickstoffgehalten auch unterbleiben. Da aber die Ertragsüberlegenheit der Hybridsorten vor allem auf der Kornzahl/Ähre aufbaut, können diese eine Schossergabe um 30 kg N/ha nicht entbehren.

Für Erträge von 60 dt/ha und mehr ist eine *Spätdüngung* mit 30–50 kg N/ha zu Beginn des Ährenschiebens unerläßlich.

Je leichter der Boden, desto positiver ist der Einsatz von **organischen Düngern.** Der häufigsten Fruchtfolgestellung entsprechend, bietet sich die Strohdüngung an. Soweit sie nicht mit einer Gülledüngung kombiniert wird, sollte auf trockenen Standorten (langsame Rotte!) die N-Düngung im Frühjahr etwas angehoben werden. Wenn größere Güllemengen verwertet werden müssen, ist auch eine Kopfdüngung zu Roggen kurz vor Vegetationsbeginn (gefrorener Boden) oder nach Abtrocknung im April möglich. Mit maximal 25 m^3 Schweinegülle/ha können 40–50 kg mineralischer Stickstoff eingespart werden.

1.5 Pflanzenschutz

In der **Unkrautunterdrückung** ist Roggen den anderen Getreidearten überlegen. Auf den typischen Roggenstandorten kommt der Bekämpfung des **Windhalms** besondere Bedeutung zu. der Einsatz von Bodenherbiziden kann bei grobem, nicht abgesetztem Saatbett und auf humusarmen Sandböden auch die Kultur schädigen. Andererseits ist die Vorauflaufbehandlung bei exakter Saatbettbereitung und Saat und vorsichtiger Dosierung den Nachauflaufbehandlungen im Ertrag meistens überlegen. Beim Einsatz von Wuchsstoffen ist die Empfindlichkeit gegenüber dem Wirkstoff CMPP (»KV«) zu berücksichtigen.

Auf Herbizidbehandlungen nach der Bestokkung (Stadium 30) reagiert der Roggen mit z. T. deutlichen Mindererträgen!

Entgegen früherer Einschätzung kann Roggen durchaus auch stark von **Fußkrankheiten** betroffen sein. Der optimale Bekämpfungszeitpunkt richtet sich nach der Infektion, wobei Frühsaaten nach Wintergetreide am stärksten gefährdet sind und im Stadium 32 behandelt werden sollten.

Der örtliche Pflanzenschutzwarndienst gibt hierzu entsprechende Hinweise.

Zur Verbesserung der Standfestigkeit haben sich **Wachstumsregler** auf Ethephon-Basis (z. B. Terpal C im Stadium 49) besser bewährt als CCC. Um Schäden an der Kultur durch erhöhte Verdunstung zu vermeiden, muß eine ausreichende Wasserversorgung sichergestellt sein. Darüber hinaus ist zu berücksichtigen, daß Wachstumsregler häufig den Befall mit Pilzkrankheiten verschärfen, weshalb die Kombination mit einem Fungizid in Erwägung zu ziehen ist.

***Rhynchosporium*-Blattflecken** treten besonders nach feuchtkühler Witterung ab der Schoßphase in Erscheinung. Dies sollte bei der Mittelwahl zur Halmbruchbekämpfung Berücksichtigung finden.

Abb. 39 Entwicklungsstadien von Getreide (ohne Mais).

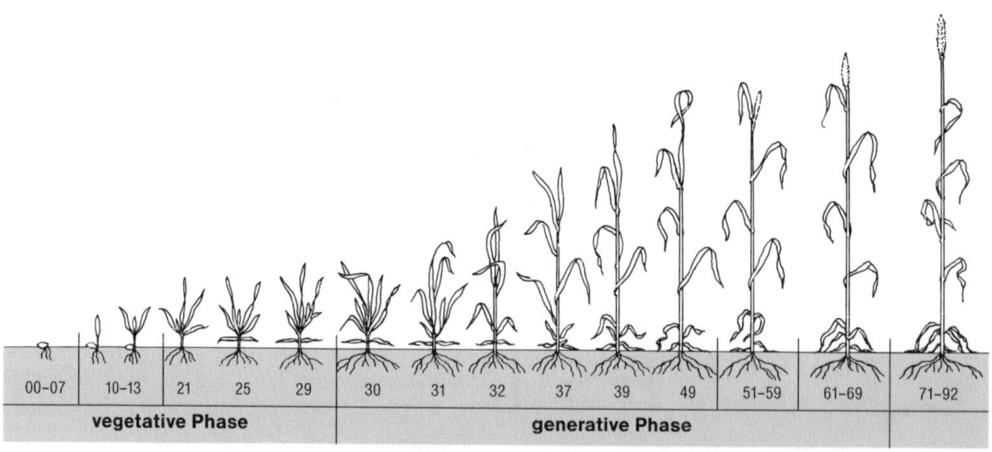

Frühe Saat und trockene Vegetationsbedingungen fördern die Infektion mit **Braunrost.** Die volle Ertragswirksamkeit einer Behandlung wird nur bei Bekämpfung sofort nach dem Sichtbarwerden erster Symptome (Stadium 39–51) erreicht.
Das **Saatgut** ist in jedem Fall mit einem sicheren Wirkstoff gegen *Fusarium*-Pilze zu beizen.
Eine erhebliche Qualitätsminderung geht vom Besatz mit **Mutterkorn** aus. Bei feucht-kühler Witterung während der Blüte und in ungleich entwickelten Beständen tritt es verstärkt auf. Als wirksame Vorbeuge bleibt nur die Verwendung von einwandfreiem Saatgut.

1.6 Sortenwahl

Standfestigkeit und Auswuchsneigung stehen nach wie vor bei der Sortenwahl im Vordergrund.

Sie beeinflussen den wirtschaftlichen Erfolg stärker als die Ertragsunterschiede zwischen den marktgängigen Sorten. Im reinen Marktfruchtanbau sollte auch der Einfluß der Sortierung (TKG) auf den Marktwarenertrag beachtet werden.
Im Gegensatz zu Weizen und Gerste sind die Unterschiede im Resistenzverhalten gegenüber den wichtigsten Fuß- und Blattkrankheiten gering. Mit zunehmender Intensität (Stickstoff, Wachstumsregler) treten sie aber stärker in den Vordergrund. Das sortentypische Bestockungsverhalten ist insofern von Bedeutung, als bei späteren Saatterminen, ungünstigen Saatbedingungen, Standorten mit längerer Winterruhe, die Sorten mit stärkerer Bestockung bevorzugt werden sollten.
Auch wenn mit den ersten Hybridsorten noch keine Verbesserung in allen wichtigen Werteigenschaften gelungen ist, läßt sich doch schon absehen, daß sich diese Zuchtrichtung durchsetzen wird. Positive Ansätze zeichnen sich vor allem in der Ertragsleistung und in der Standfestigkeit ab.

1.7 Wirtschaftlichkeit (Deckungsbeiträge)

Die Tabelle 27 ermöglicht das »Ablesen« von Marktleistung (ML) und Deckungsbeiträgen (DB) bei Erträgen von 30–70 dt/ha und Preisen von 30–46 DM/dt Winterroggen.
Ist ein eigener Mähdrescher vorhanden, so entfällt der Lohndrusch und die DB erhöhen sich um 220,– DM/ha. Bei Arbeitskraftstunden (AKh) ist je nach Größe der Grundstücke, Mechanisierung und Ertrag mit 15–25 AKh zu kalkulieren.

2 Wintergerste

2.1 Forderungen des Marktes

Von wenigen Ausnahmen abgesehen, wird die Wintergerste bei uns als Futtergetreide verwertet. Der Gehalt an *verdaulicher Energie* (MJ) und *Rohprotein* stehen deshalb im Vordergrund. Hohe Nährstoffgehalte setzen ein volles Korn mit möglichst feiner Spelze voraus.
Wichtigstes Qualitätskriterium bei der Vermarktung von Gerste ist das *Naturalgewicht.*
Als Untergrenze für die Intervention (Einlagerung durch EG-Behörden) gelten derzeit 63 kg/hl.

Der Grundstein für die Qualität wird bereits mit der Sortenwahl gelegt.

Unter vergleichbaren Produktionsbedingungen verfügen die zweizeiligen Sorten über die bessere Kornqualität. Allerdings wurden auch bei den sechszeiligen Sorten diesbezüglich erhebliche züchterische Erfolge erzielt. Die Entscheidung zwischen zwei- und sechszeiligen Sorten ist deshalb heute mehr eine Frage des Standortes und der Produktionstechnik als der Verwertung. Dennoch gilt der Grundsatz, daß bei sechszeiligen Sorten eine ausgefeiltere Produktionstechnik notwendig ist um zu hoher Qualität zu gelangen.

2.2 Standort – Fruchtfolge

Standort – Durch ihre frühe Reife nutzt die Wintergerste die Winterfeuchte sehr gut. Auf Standorten mit häufiger Vorsommertrockenheit kann sie daher bis herunter zu Ackerzahlen um 30 mit dem Roggen erfolgreich konkurrieren, wenn ihre höheren Ansprüche an die *Kalkversorgung* erfüllt werden. Schlecht verträgt sie, im Gegensatz zu Weizen, Staunässe im Frühjahr. Aber auch ausgesprochene Tonböden sind wegen der unsicheren Herbstentwicklung problematisch. Einer Verminderung des Auflaufrisikos auf diesen Standorten mittels Minimalbestelltechnik steht häufig der Weizendurchwuchs entgegen.

Tabelle 27 Deckungsbeitrag Winterroggen

Ertrag	dt	30	35	40	45	50	55	60	65	70
Preis	DM/dt	36	36	36	36	36	36	36	36	36
Marktleistung	DM/ha	1080	1260	1440	1620	1800	1980	2160	2340	2520
Saatgut	DM	100	100	100	100	100	100	100	100	100
Düngemittel	DM	129	151	172	194	214	236	258	278	300
Pflanzenschutz	DM	70	70	70	70	213	213	213	213	213
Versicherung	DM	22	25	29	32	36	40	43	47	50
Lohndrusch	DM	220	220	220	220	220	220	220	220	220
Lohntrocknung	DM	19	22	26	29	32	35	38	42	45
variable Maschinenkosten	DM	250	250	250	250	250	250	250	250	250
variable Kosten	DM	810	838	867	895	1065	1094	1122	1150	1178

Deckungsbeitrag	DM	210		422		573		725		735		886		1038		1190		1342	
		ML	DB	ML	DB	ML	DB	ML	DB	ML	DB	ML	DB	ML	DB	ML	DB	ML	DB
bei 30	DM/dt	900	90	1050	212	1200	333	1350	455	1500	435	1650	556	1800	678	1950	800	2100	922
32	DM/dt	900	150	1120	282	1280	413	1440	545	1600	535	1760	666	1920	798	2080	930	2240	1062
34	DM/dt	1020	210	1190	352	1360	493	1530	635	1700	635	1870	776	2040	918	2210	1060	2380	1202
38	DM/dt	1140	330	1330	492	1520	653	1710	815	1900	835	2090	996	2280	1158	2470	1320	2660	1482
40	DM/dt	1200	390	1400	562	1600	733	1800	905	2000	935	2200	1106	2400	1278	2600	1450	2800	1622
42	DM/dt	1260	450	1470	632	1680	813	1890	995	2100	1035	2310	1216	2520	1398	2730	1580	2940	1762
44	DM/dt	1320	510	1540	702	1760	893	1980	1085	2200	1135	2420	1326	2640	1518	2860	1710	3080	1902
46	DM/dt	1380	570	1610	772	1840	973	2070	1175	2300	1235	2530	1436	2760	1638	2990	1840	3220	2042

Eine wichtige Standortbegrenzung stellt auch die *Auswinterung* dar. Dabei kommt es weniger auf das absolute Temperaturminimum an als auf die kurzfristigen Temperaturschwankungen am Ausgang des Winters ohne Schneedecke. Das krankheitsbedingte Auswinterungsrisiko kann heute durch Beizung oder Fungizidspritzungen abgemildert werden.

Fruchtfolge – In der Fruchtfolge steht die Wintergerste, meistens als 2. oder 3. Getreide, am häufigsten nach Weizen. Um den lästigen Durchwuchs bei Weizen- oder Roggenvorfrucht zu verhindern, ist sofortige, flache Stoppelbearbeitung und eine saubere Saatfurche – eventuell mit Untergrundpacker zur Saatbettfestigung – unerläßlich.

Wintergerste ist *nicht* selbstverträglich! Bei unmittelbarem Nachbau können neben Halmbruch Netzfleckenkrankheit und Typhulafäule verstärkt auftreten. Die vollständige Unterbringung der Ernterückstände ist in dieser Situation besonders wichtig.

Die Wintergerste ermöglicht nicht nur einen sicheren Zwischenfruchtanbau, sondern bietet auch die günstigsten Voraussetzungen für eine sorgfältige Bodenbearbeitung und Bestellung des Rapses.

2.3 Anbautechnik

Obgleich im Herbst noch eine volle Bestockung erreicht werden soll, sind Saaten vor Mitte September selbst in Regionen mit häufiger Spätsommertrockenheit nicht zu empfehlen. Allzu oft resultiert daraus eine zu üppige Herbstentwicklung mit frühem Krankheitsbefall – Mehltau, Netzflecken, Halmbruch, Gelbverzwergung – und verstärkter Auswinterung durch *Fusarium* und *Typhula*. Umgekehrt ist bei ungünstigen Auflaufbedingungen und in Mittelgebirgslagen mit kurzer Herbstvegetation eine rechtzeitige Saat um den 20. September ratsam. Besonders bei den zweizeiligen Sorten ist die Vorwinterentwicklung für die Ertragsleistung von großer Bedeutung. Deshalb sind die sechszeiligen Sorten in der Spätsaatverträglichkeit – unabhängig von der Winterhärte – günstiger einzustufen.

Die **Saatstärke** ist nach Saatzeit, Saatbettzustand, TKG und Bestockungsvermögen der Sorte sowie nach Sortentyp zu variieren. Während der Ertrag bei sechszeiligen Sorten vorrangig über die Kornzahl/Ähre und das TKG beeinflußt wird, erfolgt dies bei den zweizeiligen Sorten mehr über die Bestandesdichte, so daß bei diesen höhere Saatdichten angesetzt werden müssen.

Orientierungswerte für die Saatstärke:
Sechszeilige Sorten: 320–380 Körner/m^2
(TKG 40–45 g)
Zweizeilige Sorten: 380–420 Körner/m^2
(TKG 50–55 g)

Tabelle 28 Ertragsstruktur zwei- und sechszeiliger Wintergersten (1985–1987)

Sortentyp	Ähren/ m^2	Kornzahl/ Ähre	TKG g	Kornertrag dt/ha
sechszeilig	485	37,3	41,8	73,1
zweizeilig	836	17,7	47,4	69,5

2.4 Düngung

Auf saure Bodenreaktion, die häufig mit geringer Magnesiumverfügbarkeit verbunden ist, reagiert die Gerste empfindlicher als alle anderen Getreidearten.

Die PK-Düngung sollte sich an der Bodenversorgung orientieren, wobei im Einzelfall die direkte Gabe durch eine Fruchtfolgedüngung ersetzt werden kann.

Im **Stickstoffbedarf** ist die Wintergerste relativ genügsam. Bei mittlerer N-Verfügbarkeit nach Getreidevorfrucht reichen 70–90 kg N/ha als Grunddüngung aus. Die *Teilung in 2 Gaben* – zu Vegetationsbeginn und Ende der Bestockung – vermindert das Verlustrisiko und ermöglicht eine bessere Anpassung an die Bestandesentwicklung. Dazu sollte kurz vor oder zu Beginn des Ährenschiebens eine *Spätdüngung* von 30–40 kg N/ha kommen. Bei sechszeiligen Sorten ist diese Spätdüngung unerläßlich für eine gute Kornausbildung. Hingegen reagieren gut entwickelte Bestände zweizeiliger Sorten nicht so deutlich im Ertrag, wohl aber im Eiweißgehalt.

Herbst-N-Gaben sind allenfalls auf sehr nährstoffarmen Standorten, bei spätem Aufgang oder nach Stroheinarbeitung ohne N-Ausgleich empfehlenswert.

Zu Beginn der Hauptvegetation beeinflußt das Stickstoffangebot ganz entscheidend den Ertragsaufbau über die Bestockung und die Bildung der Ährenanlagen.

Tabelle 29 Deckungsbeitrag Wintergerste

Ertrag	dt	40		45		50		55		60		65		70		75		80	
Preis	DM/dt	32		32		32		32		32		32		32		32		32	
Marktleistung	DM/ha	1280		1440		1600		1760		1920		2080		2240		2400		2560	
Saatgut	DM	106		106		106		106		106		106		106		106		106	
Düngemittel	DM	170		191		212		233		254		276		297		318		339	
Pflanzenschutz	DM	214		214		284		284		284		284		372		372		372	
Versicherung	DM	38		43		48		53		58		62		67		72		77	
Lohndrusch	DM	220		220		220		220		220		220		220		220		220	
Lohntrocknung	DM	26		29		32		35		38		42		45		48		51	
variable Maschinenkosten	DM	250		250		250		250		250		250		250		250		250	
variable Kosten	DM	1024		1053		1152		1181		1210		1240		1357		1386		1415	
Deckungsbeitrag	DM	256		387		448		579		710		840		883		1014		1145	
		ML	DB	ML	DB	ML	DB	ML	DB	ML	DB	ML	DB	ML	DB	ML	DB	ML	DB
bei 30	DM/dt	1200	176	1350	297	1500	348	1650	469	1800	590	1950	710	2100	743	2250	864	2400	985
34	DM/dt	1360	336	1530	477	1700	548	1870	689	2040	830	2210	970	2380	1023	2550	1164	2720	1305
36	DM/dt	1440	416	1620	567	1800	648	1980	799	2160	950	2340	1100	2520	1163	2700	1314	2880	1465
40	DM/dt	1600	576	1800	747	2000	848	2200	1019	2400	1190	2600	1360	2800	1443	3000	1614	3200	1785
42	DM/dt	1680	656	1890	837	2100	948	2320	1139	2520	1310	2730	1490	2940	1583	3150	1764	3360	1945

Die rechtzeitige Andüngung ist daher sehr wichtig, doch sollten im Interesse einer guten Stickstoffausnutzung Düngezeitpunkt und Wachstumsbeginn möglichst nahe beeinander liegen.

Grundsatz: Bei den zweizeiligen Sorten die Bestockung ausdrücklich über die höhere, frühe erste N-Gabe fördern; im Gegensatz dazu die sechszeiligen Sorten in der Bestandesdichte knapp halten und durch verhaltene N-Grund-, aber höhere N-Spätgabe zu besserer Kornqualität führen!

Gülle kann auch bei Wintergerste als *Kopfdünger* eingesetzt werden. Mit Rücksicht auf mögliche Verätzungen sollte die Ausbringung nicht bei stärkerem Frost erfolgen. Auch bei Gülledüngung im Spätwinter kann die mineralische Startgabe nicht ersetzt werden. Am wirksamsten ist eine Güllegabe im April, wobei dann die Schossergabe entfallen kann.

2.5 Pflanzenschutz

Die **Saatgutbeizung** richtet sich gegen Fusarium, Flugbrand und Streifenkrankheit. Auf schneereichen Standorten sollten Präparate eingesetzt werden, die auch gegen die Typhula-Fäule eine Wirkung zeigen.

Eine wirtschaftliche **Unkrautbekämpfung** muß bis zum Ende der Bestockung abgeschlossen sein, weil einerseits die Ertragswirksamkeit mit fortschreitender Unkrautkonkurrenz abnimmt und andererseits ab Schoßbeginn mit Kulturschädigung gerechnet werden muß.

Auf stark verunkrauteten bzw. verungrasten Flächen empfiehlt sich die Vorauflaufbehandlung, die allerdings ein feinkrümeliges Saatbett und gleichmäßige Saattiefe voraussetzt. Nachauflaufbehandlungen im Herbst erlauben zwar eine gezieltere Bekämpfung *(Schadschwellenprinzip!)*, stellen aber von der Kulturverträglichkeit her eine Notlösung dar. Wo auf schweren Böden die Voraussetzungen für die Vorauflaufbekämpfung nicht gegeben und die Flächen im Frühjahr erst spät befahrbar sind, haben sich Spritzungen auf gefrorenen Boden (Startstickstofftermin!) bewährt.

Wegen ihrer Stellung in der Fruchtfolge und der frühen Saatzeit ist die Wintergerste praktisch immer durch die Halmbruchkrankheit gefährdet.

Bewährt hat sich die Bekämpfung im Stadium 29–32. Durch Wirkstoffwechsel kann einer Resistenzbildung vorgebeugt werden.

Der Befall durch **Blattkrankheiten** wie Mehltau, Zwergrost, Blatt- und Netzflecken darf nicht unterschätzt werden, weil bereits frühzeitig über die Wurzelbildung und Bestockungsrate ein großer Einfluß auf die Überwinterung und die gesamte Ertragsbildung gegeben ist. Daneben garantiert nur ein gesunder Blattapparat bis zur Einkörnung die Umwandlung der Nährstoffe in Ertrag mit guter Sortierung.

Durch den Einsatz von **Wachstumsreglern** im Stadium 32–49 kann frühes Lager vermieden werden. Für eine derartige Ertragssicherung kommen vornehmlich gut ernährte Bestände wenig standfester Sorten mit Ertragserwartungen über 60 dt/ha in Betracht. Voraussetzung ist allerdings eine ausreichende Wasserversorgung. Da bei alleiniger Anwendung eines Wachstumsreglers häufig ein erhöhter Krankheitsbefall zu beobachten ist, empfiehlt sich die Kombination mit einem breit wirksamen Fungizid.

2.6 Sortenwahl

Grundlegende Unterschiede zwischen zwei- und sechszeiligen Sorten bestehen in der Ertragsstruktur und der Kornqualität.

Was die Kornqualität betrifft, sind allerdings die Unterschiede innerhalb der beiden Formen beträchtlich. So erreichen neuere sechszeilige Sorten in Kornausbildung und Spelzenfeinheit durchaus das Niveau der schwächeren zweizeiligen. Im Kornrohertrag sind die zweizeiligen Sorten häufig unterlegen. Aufgrund ihrer niedrigen Kornzahl/Ähre benötigen sie hohe Bestandesdichten. Ihr Anbauschwerpunkt sind daher Standorte, die eine gute Vorwinter- und Jugendentwicklung erlauben. Sechszeilige Sorten reagieren auf ungünstige Wachstumsbedingungen in der Kornausbildungsphase (Trockenheit, Lager, Krankheitsdruck) empfindlicher.

Unter den übrigen Eigenschaften sollte der Standfestigkeit und den Krankheitsresistenzen besondere Beachtung geschenkt werden. In einigen Anbaugebieten kommt der Resistenz gegen das Gelbmosaikvirus eine grundlegende Bedeutung zu.

Neue Aussichten eröffnen sich mit den jüngsten Fortschritten in der Züchtung von sehr leistungsstarken 2-zeiligen Sorten mit guter Braugualität.

2.7 Wirtschaftlichkeit (Deckungsbeiträge)

Die Tabelle 29 ermöglicht das »Ablesen« von Marktleistung (ML) und Deckungsbeiträgen (DB) bei Erträgen von 40–80 dt/ha und Preisen von 30–42 DM/dt für Wintergerste.
Ist ein eigener Mähdrescher vorhanden, so entfällt der Lohndrusch und die DB erhöhen sich um 220,– DM/ha.
Bei Arbeitskraftstunden (AKh) ist je nach Größe der Grundstücke, Mechanisierung und Ertrag mit 15–25 AKh zu kalkulieren.

3 Winterweizen

3.1 Forderungen des Marktes

Der Weichweizen ist unser wichtigstes Brotgetreide. Dem Verarbeitungsprozeß folgend, stehen zunächst *Mahlfähigkeit* und *Mehlausbeute* im Vordergrund der **Qualitätsbeurteilung.** Im einzelnen werden die Mahleigenschaften durch Kornform, Korngröße, Kornhärte und Aschegehalt bestimmt. Beim anschließenden Backvorgang kommt es in erster Linie auf ein hohes *Brotvolumen* mit gleichmäßiger Porung an. Menge, Quellfähigkeit und Elastizität des Klebers sowie die Enzymaktivität sind dafür verantwortlich.
In der **Qualitätsuntersuchung** gehören heute Rohproteingehalt (Klebermenge), Sedimentationswert (Kleberqualität) und Fallzahl (Auswuchs, Enzymkraft) zum Standardprogramm.

Tabelle 30 Qualitätsklassen für die Intervention von Brotweizen (1989/90)

Merkmal	Brotweizen	Qualitätsweizen
Rohprotein mind.	9,5% [1]	14%
Fallzahl mind.	220 s	240 s
Sedimentationswert mind.	20 cm³	35 cm³
Keimfähigkeit	85%	85%

[1]) Unter 11,5% Rohprotein werden gestaffelte Preisabschläge vorgenommen.

Ein wesentlicher Teil der Mahl- und Backqualität ist genetisch bedingt, d. h. sortenabhängig. Das Bundessortenamt stuft die zugelassenen Sorten nach ihrem Brotvolumen in Qualitätsgruppen von C1 bis A9 ein und beschreibt sie in den übrigen Qualitätsmerkmalen (siehe Abschnitt 3.6).

Weil der Kleber ausschließlich aus Eiweißbausteinen besteht, ist eine gute Stickstoffversorgung, insbesondere in der Kornfüllungsphase, für die Backqualität von herausragender Bedeutung. Ebenso wichtig sind aber auch alle Anbaumaßnahmen, die eine gute Kornausbildung sicherstellen. Dazu gehört neben der Vermeidung von Lager und Bekämpfung von Krankheiten auch ein vernünftiger, d. h. nicht zu dichter Bestandsaufbau. Schließlich sollte nicht übersehen werden, daß durch unsachgemäße Trocknung und Lagerung die Qualität auch zerstört werden kann.
In den letzten Jahren ist die Nachfrage nach **Brauweizen** beträchtlich angestiegen. Wichtigstes Qualitätskriterium ist dabei – neben einer guten Kornausbildung – der Rohproteingehalt. Weil die Extraktausbeute mit ansteigendem Rohproteingehalt sinkt, sollte dieser 12% nicht überschreiten. Dies setzt ein im Vergleich zu Brotweizen verringertes Stickstoffangebot während der Kornfüllung voraus. Extraktausbeute und Würzefarbe sind weitgehend sortenabhängig, so daß nur über eine spezifische Sortenwahl ein Optimum an Brauqualität erreicht wird.

3.2 Standort – Fruchtfolge

Die höheren Ansprüche des Weizens kommen in seiner Einschätzung als intensivstes Getreide ebenso zum Ausdruck, wie in der bevorzugten Stellung in der Fruchtfolge, die ihm seit jeher eingeräumt wird.
Standort – Der Weizenanbau hat dort seine Grenze, wo die Wasserversorgung für die längere Vegetation nicht gesichert ist. Auf Böden mit Ackerzahlen unter 35 sind mit dem Roggen meistens bessere wirtschaftliche Ergebnisse zu erzielen. Im Vergleich zur Gerste ist allerdings festzustellen, daß der Weizen mit strukturgeschädigten Böden eher zurecht kommt.

Das hohe Ertragspotential des Weizens und seine Spätsaatverträglichkeit rechtfertigen die Stellung nach Blattfrüchten.

Fruchtfolge – Dem Anbau nach Getreide steht die hohe Anfälligkeit gegenüber Fußkrankheiten entgegen, so daß lediglich Hafer noch als geeignete Vorfrucht angesehen werden kann. In günstigen Lagen verleiten die hohen Erträge vereinzelt auch zum Anbau von Weizen nach Weizen. Dabei muß allerdings ein höherer

Pflanzenschutz- und Düngeaufwand in Kauf genommen werden, ohne jedoch den Ertragsabfall gänzlich verhindern zu können.

3.3 Anbautechnik

Weil die Blattvorfrüchte kaum Durchwuchsprobleme bereiten, kann der Weizen auf den verschiedensten Böden mit gutem Erfolg *pfluglos* bestellt werden. Mulchende Geräte wie Grubber oder Fräse lassen mehr belebten Boden an der Oberfläche, der sich der Erosion widersetzt und nicht so leicht verschlämmt. Ungünstige Witterung bei der Mais- oder Rübenernte kann allerdings den Pflug erforderlich machen.
Böden, die zur *Verschlämmung* neigen, sollten bei der Saatbettbereitung nicht zu intensiv bearbeitet und möglichst nicht gewalzt werden.
Die **Saatzeit** beeinflußt nicht nur den Bestandsaufbau, sondern schlägt sich auch im Krankheitsbefall nieder. Besonders auf den leichten Böden und in den Höhenlagen konnten mit der Vorverlegung der Saatzeit in die erste Oktoberhälfte die Erträge spürbar gesteigert werden. Der warme und meist auch trockenere Boden bietet bessere Voraussetzungen für eine gute Wurzelbildung. Die Kehrseite ist ein früherer und (je nach Witterung) verstärkter Befall mit Halmbruch, Mehltau und Braunrost, so daß der Vorteil der Frühsaat nur bei sorgfältiger Bestandskontrolle und gezieltem Pflanzenschutz genutzt werden kann.
In den besseren Lagen ergibt sich häufig das Problem, die Bestandesdichte in Grenzen zu halten. Hier besteht kein Anlaß, von der üblichen Saatzeit Ende Oktober abzuweichen, auch wenn die Vorfrucht dies zuließe. Spricht dennoch der Bodenzustand für eine frühere Saat, muß die Saatstärke reduziert und die Stickstoffdüngung vorsichtig gehandhabt werden.
Ertragsstrukturanalysen haben wiederholt belegt, daß **Bestandesdichten** über 550 Ähren/m^2 selten einen Ertragsgewinn bringen, häufiger aber durch Krankheitsbelastung und Wasserdefizit zu Ertragseinbußen führen. Daraus resultiert für die *Keimdichte* eine Zielgröße von 300 bis 350 Pflanzen/m^2.

Orientierungswerte für den Bestandsaufbau:

Bestandesdichte:	450–550 Ähren/m^2
Saatdichte:	330–400 Körner/m^2

3.4 Düngung

Die **Grunddüngung** muß, unter Einbeziehung der Bodenversorgung, dem hohen Ertragsniveau des Weizens Rechnung tragen. Damit auch die Verfügbarkeit gewährleistet ist, darf die Kalkversorgung nicht vernachlässigt werden, ganz besonders, wenn sich bei der Vorfruchternte oder Bodenbearbeitung Strukturschäden nicht vermeiden ließen.
Einen wesentlichen Anteil am Ertragsfortschritt der letzten Jahre hatte die verbesserte **N-Düngung.** Eine an den Vegetationsverlauf angepaßte Aufteilung der Stickstoffgaben, verbunden mit einem sorten- und standortgerechten Wachstumsreglereinsatz, sind die wichtigsten Garanten für eine bestmögliche Verwertung der N-Düngung.
In mindestens 2 Gaben insgesamt 80–120 kg/ha *N-Grunddüngung* von Ende Februar bis Mai, 40–60 kg N/ha *Ertragsspätdüngung* bei Beginn (Stadium 51) bzw. 50–80 kg N/ha *Qualitätsspätdüngung* Ende des Ährenschiebens (Stadium 59/61), sind heute Normen im Weizenanbau. Standort, Vorfrucht und organische Düngung verlangen eine entsprechende Differenzierung. In der Aufmischweizenerzeugung ist bei hohem Ertragsniveau eine Teilung der Spätstickstoffgabe sinnvoll.
Mit Hilfe verschiedener Bodenuntersuchungsmethoden ist es möglich, den *pflanzenverfügbaren Bodenstickstoff* vor Vegetationsbeginn zu ermitteln. Besonders auf den tiefgründigeren und bindigeren Böden, die in der Lage sind, größere N-Mengen festzuhalten, erlaubt diese Information eine bedarfsgerechtere Bemessung der ersten beiden Stickstoffgaben. Je nach Standort und Ertragserwartung sollte der Bodenvorrat bis zu einem »Sollwert« von 130–160 kg N/ha ergänzt werden.
Spätestens ab der 2. Gabe stellt die Bestandesentwicklung eine wichtige Bemessungsgrundlage dar, wobei Pflanzendichte und Bestokkungsgrad wichtiger sind als die Farbe.

Winterweizen verträgt Gülle-Kopfgaben bis zu 30 m^3 selbst in der Frostperiode gut.

Die damit erzielbaren Ertragswirkungen entsprechen 30–50 kg mineralischem Stickstoff/ha und sind vom Ausbringungstermin (Februar bis April) weitgehend unabhängig.

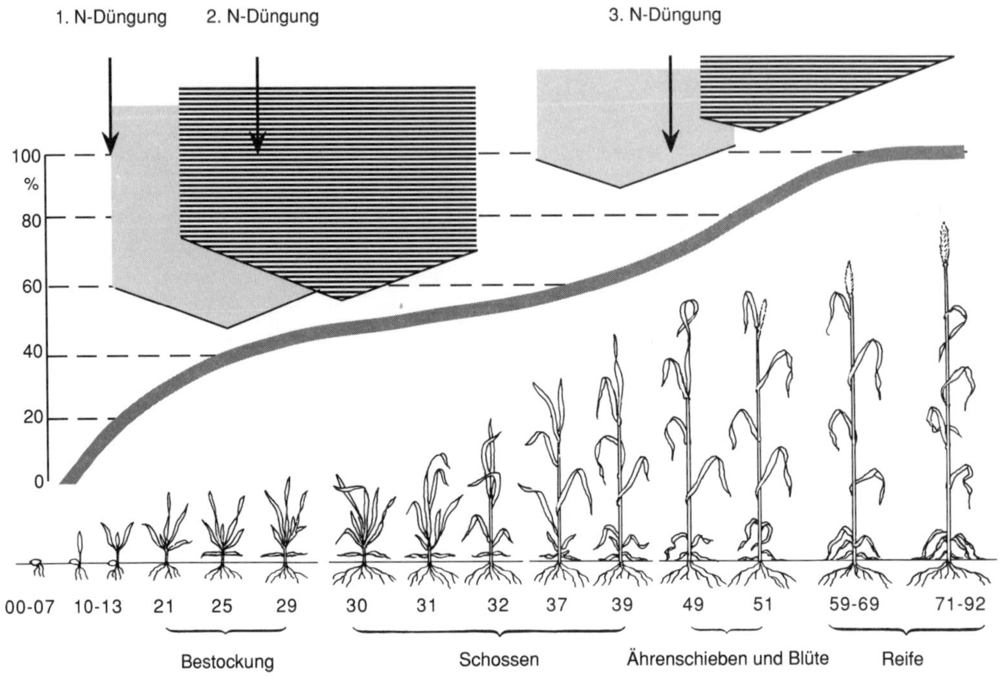

Abb. 40 Stickstoffentzug des Weizens und Düngeabschnitte.

3.5 Pflanzenschutz

Auch beim Winterweizen kann auf die **Saatgutbeizung** nicht verzichtet werden, wenngleich die billigeren Spezialbeizen ausreichen.

In der **Unkrautbekämpfung** empfiehlt sich die Frühjahrsbehandlung, weil gerade die Blattvorfrüchte häufig ein gezieltes Vorgehen nach Schadschwellen erlauben. Oft reichen Wuchsstoffe oder deren Mischungen aus. Gegen Ungräser ist eine Herbstbehandlung nur bei früher Saat und starkem Auftreten sinnvoll.

Mit zunehmendem Getreideanteil in der Fruchtfolge gewinnen **Fußkrankheiten,** insbesondere Halmbruch, an Bedeutung. Das Schadausmaß wird aber von einer Reihe weiterer Faktoren beeinflußt, so daß eine generelle Bekämpfung nicht zweckmäßig ist. Der amtliche Pflanzenschutzwarndienst erarbeitet zusammen mit dem Deutschen Wetterdienst regionale Schadensprognosen und gibt aktuelle Hinweise für Bekämpfungsmaßnahmen.

Durch **Blatt-** und **Ährenkrankheiten** auftretende Mindererträge sind im hohen Maße witterungsabhängig. Nur in den seltensten Fällen kann unter Ausnutzung der im Sortenspektrum vorhandenen Resistenzeigenschaften auf eine chemische Bekämpfung völlig verzichtet werden.

Mehltau tritt bei den anfälligen Sorten ab dem Stadium 31 auf. Ab Ende der Bestockung empfiehlt sich eine regelmäßige Bestandskontrolle. Die Bekämpfungsschwelle ist erreicht, wenn 60% der Pflanzen erste Befallssymptome aufweisen. Bei starkem Befallsdruck ist der Einsatz von Präparaten mit mehreren Wirkstoffen vorteilhaft. Sie bringen auch bei extremen Temperaturen eine höhere Wirkungssicherheit und beugen einer möglichen Resistenzbildung vor.

Die **Spelzenbräune** *(Septoria)* baut sich im Blattapparat auf, bevor sie bei günstiger Witterung – Niederschläge während des Ährenschiebens – auf die Ähre übergeht. Zuverlässige Schadensprognosen für eine gezielte Bekämpfung befinden sich noch im Entwicklungsstadium.

Beim Anbau von Weizen nach Weizen in Verbindung mit Minimalbodenbearbeitung kann die **Blattdürre** stärker in Erscheinung treten. In diesen Fällen sollten zur Mehltau- bzw. Septoriabekämpfung Mittel mit entsprechender Wirkungsbreite eingesetzt werden.

Eine Fungizidbehandlung zum Ährenschieben dient der Gesunderhaltung der Ähre und der obersten Blätter, die für die Kornfüllung von großer Bedeutung sind. Unter allen Pflanzenschutzmaßnahmen weist sie häufig die höchste Ertragswirksamkeit auf. Je nach Sorte, Standort und Witterung richtet sie sich gegen **Ährenmehltau, Spelzenbräune** und **Braunrost.** In Späterntegebieten bzw. bei längeren Niederschlägen nach der Vollreife besteht erhöhte Gefahr durch Befall mit **Ährenfusarium.** Dem kann nur durch die Auswahl widerstandsfähiger Sorten begegnet werden.

3.6 Sortenwahl

Als erstes entscheidet die vorgesehene Verwertung darüber, welche Sortengruppe in Frage kommt.

Tabelle 31 Einteilung der Weizensorten nach Qualitätsgruppen

Backqualitätsgruppe	Volumenausbeute	Verwendung
A9 A8	sehr hoch hoch bis sehr hoch	Aufmischweizen
A7 A6	hoch mittel bis hoch	Backweizen ohne Aufmischen
B5 B4 B3	mittel niedrig bis mittel niedrig	Backweizen, bedarf der Aufmischung
C2 C1	sehr niedrig bis niedrig sehr niedrig	Biskuit- oder Futterweizen

Dabei ist zu beachten, daß mit zunehmender Qualität die Sorten anspruchsvoller, d. h., im Ertrag unsicherer werden.
Aufgrund der geringen Kosten für den Wachstumsregler wird die Standfestigkeit derzeit weniger beachtet. Auf trockeneren Standorten, wo die Strohrotte häufiger Probleme bereitet, sollten Sorten mit geringerer Strohmenge (Wuchshöhe, Bestockung) bevorzugt werden.
Für höhere Lagen stellt die Reife ein wichtiges Kriterium dar und in Kahlfrostlagen kann die Winterhärte zum enscheidenden Faktor für die Anbauwürdigkeit einer Sorte werden.
Die Bedeutung der Ertragsstruktur für die Standorteignung wird vielfach zu wenig beachtet. So besitzen Sorten, die hohe Einzelährenerträge bringen können, stets eine größere Streubreite als Sorten, die eine hohe Bestandesdichte benötigen. Letztere lassen sich schlechter »führen« und haben ihre Berechtigung auf guten Standorten. Für Spätsaaten nach Zuckerrüben ist neben einer guten Winterhärte ein hoher Einzelährenertrag (Kornzahl/Ähre + TKG) zum Ausgleich der geringeren Bestockung vorteilhaft.

Weil die Krankheitsbekämpfung einen hohen Kontrollaufwand und sehr viel Detailwissen verlangt, sind die Resistenzeigenschaften für den Nebenerwerbslandwirt oft von herausragender Bedeutung, auch wenn damit nicht in allen Fällen Fungizidmaßnahmen eingespart werden können.

3.7 Wirtschaftlichkeit (Deckungsbeiträge)

Die Tabelle 32 ermöglicht das »Ablesen« von Marktleistung (ML) und Deckungsbeiträgen (DB) bei Erträgen von 40–80 dt/ha und Preisen von 30–44 DM/dt für Winterweizen.
Ist ein eigener Mähdrescher vorhanden, so entfällt der Lohndrusch und die DB erhöhen sich um 220,– DM/ha.
Bei Arbeitskraftstunden (AKh) ist je nach Größe der Grundstücke, Mechanisierung und Ertrag mit 15–25 AKh zu kalkulieren.

4 Sommerweizen

4.1 Forderungen des Marktes

An **Sommerweichweizen** werden die gleichen Qualitätsansprüche gestellt wie an Winterweizen. Ursprünglich galt der Sommerweizen generell als Qualitätsweizen. Durch die intensive züchterische Bearbeitung des Winterweizens wurde der Rückstand in der Backqualität jedoch wesentlich verkleinert. In der Mehlausbeute sind die meisten Sommerweizensorten dagegen unterlegen.
Ganz andere Anforderungen werden an den **Sommerhartweizen** (Durum) gestellt, der zu Grieß bzw. Teigwaren verarbeitet wird. Im Vordergrund steht der Anteil *glasiger Körner.* Daneben sind aber auch die Höchstnormen für Auswuchs und *Kornbesatz,* insbesondere Keimverfärbungen und fleckige Körner nicht immer leicht zu erfüllen. Der *Rohproteingehalt* steht in engem Zusammenhang mit der Glasigkeit und muß mindestens 14,5% betragen.

Tabelle 32 Deckungsbeitrag Winterweizen

Ertrag	dt	40	45	50	55	60	65	70	75	80
Preis	DM/dt	36	36	36	36	36	36	36	36	36
Marktleistung	DM/ha	1440	1620	1800	1980	2160	2340	2520	2700	2880
Saatgut	DM	122	122	122	122	122	122	122	122	122
Düngemittel	DM	185	208	231	254	278	301	324	347	370
Pflanzenschutz	DM	77	77	186	186	186	186	186	307	307
Versicherung	DM	36	40	45	49	54	58	63	67	72
Lohndrusch	DM	220	220	220	220	220	220	220	220	220
Lohntrocknung	DM	26	29	32	35	38	42	45	48	51
variable Maschinenkosten	DM	250	250	250	250	250	250	250	250	250
variable Kosten	DM	916	946	1086	1116	1148	1179	1210	1361	1392

Deckungsbeitrag	DM	524		674		714		864		1012		1161		1310		1339		1488	
		ML	DB	ML	DB	ML	DB	ML	DB	ML	DB	ML	DB	ML	DB	ML	DB	M_	DB
bei 30	DM/dt	1200	284	1350	404	1500	414	1650	534	1800	652	1950	771	2100	890	2250	889	2400	1008
32	DM/dt	1280	364	1440	494	1600	514	1760	644	1920	772	2080	901	2240	1030	2400	1039	2560	1168
34	DM/dt	1360	444	1530	584	1700	614	1870	754	2040	892	2210	1031	2380	1170	2550	1189	2720	1328
38	DM/dt	1520	604	1710	764	1900	814	2090	974	2280	1132	2470	1291	2660	1310	2850	1489	3040	1648
40	DM/dt	1600	684	1800	854	2000	914	2200	1084	2400	1252	2600	1421	2800	1450	3000	1639	3200	1808
42	DM/dt	1680	764	1890	944	2100	1014	2310	1194	2520	1372	2730	1551	2940	1590	3150	1789	3360	1968
44	DM/dt	1760	844	1980	1034	2200	1114	2420	1304	2640	1492	2860	1681	3180	1730	3300	1939	3520	2128

Abb. 41 Ähren von Durum-Weizen.

4.2 Standort – Fruchtfolge

Standort – Die auffallend großen Ertragsschwankungen sind ein deutlicher Hinweis auf die hohen Ansprüche an eine möglichst lange Vegetationsdauer mit gleichmäßiger Wasserversorgung. Geeignet sind die klimatisch günstigen Lagen, welche einerseits eine frühe Saat erlauben, und deren Böden andererseits genug Wasser speichern können. Aber auch die Mittelgebirgslagen bieten aufgrund der höheren Sommerniederschläge und langsameren Abreife eine gewisse Ertragssicherheit, sofern sie sich rechtzeitig bestellen lassen.
Für den Anbau von Hartweizen sollten im Hinblick auf die spezifischen Qualitätsanforderungen sommertrockene, warme Standorte bevorzugt werden.
Fruchtfolge – Traditionelle Vorfrüchte für den Sommerweizen sind die späträumenden Hackfrüchte. Mit ihrer erhöhten Stickstoffnachlieferung bieten sie gute Voraussetzungen für hohe Erträge in einer relativ kurzen Vegetationszeit. Für Durum ist dies nicht immer vorteilhaft, weil damit die Standfestigkeit leicht überfordert und die Abreife zu Lasten der Qualität verzögert werden kann.
In guten Lagen steht der Sommerweizen häufig auch nach Winterweizen. Hierzu ist die Einschaltung einer Gründüngung vorteilhaft. In jedem Fall sollten aber für die Strohrotte optimale Voraussetzungen geschaffen werden. Um einen erhöhten Infektionsdruck mit Blattdürre, *Septoria* und *Fusarium* vorzubeugen, empfiehlt sich eine wendende Bodenbearbeitung im Spätherbst.

4.3 Anbautechnik

Möglichst frühe Saat ist eine generelle Voraussetzung, wenn annähernd das Ertragsniveau der Winterungen erreicht werden soll.

Einige Sorten sind so frosthart, daß sie unter günstigen Standortvoraussetzungen (wenig Kahlfröste) auch im Spätherbst gesät werden können. Moderne Gerätekombinationen ermöglichen die Saat in den noch gefrorenen Boden. Für Weichweizen ist dies dann vorteilhaft, wenn der Boden nach der Frostperiode längere Zeit nicht befahrbar ist. Hartweizen besitzt im allgemeinen eine schwächere Triebkraft, so daß dieses Verfahren mit hohem Risiko verbunden ist. Außerdem ist Durum in der Frosthärte mit Sommergerste vergleichbar. In jedem Fall sollte das Bemühen um eine Verlängerung der Vegetation nicht zu Lasten einer exakten Saat gehen.
Sofern es der Bodenzustand erlaubt, können durch eine Einebnung der Pflugfurche im Herbst auf tonreicheren Böden Arbeitsgänge im Frühjahr eingespart und die Saatbettqualität verbessert werden.
Mehr als beim Winterweizen ist das Optimum in der **Saatstärke** vom Standort, der Saatzeit und der Bestockungsneigung der Sorte abhängig. Je günstiger die Voraussetzungen für die Bestokkung, desto niedriger kann die Saatdichte sein.

Orientierungswerte für den Bestandesaufbau:
Weichweizen:

Bestandesdichte:	450–550 Ähren/m²
Saatdichte:	400–450 Körner/m²

Hartweizen:

Bestandesdichte:	400–500 Ähren/m²
Saatdichte:	380–420 Körner/m²

4.4 Düngung

Zur Versorgung mit N/P/K/Ca gelten die gleichen Grundsätze wie bei Winterweizen. Allerdings ist für die **N-Grunddüngung** in Anpassung an den Vegetationsrhythmus eine andere Aufteilung notwendig. Der Weichweizen sollte schon *zur Saat* eine N-Gabe von 70–90 kg N/ha erhalten. Die 2. Gabe vor dem Schossen von 20–40 kg N/ha richtet sich nach dem Wachstumsstand, der Standfestigkeit und der Ertragserwartung. Wo aufgrund der Vorfrucht und des Humusgehaltes mit einer erhöhten Nachlieferung aus dem Boden zu rechnen ist, muß sie vorsichtig dosiert werden.

Auf eine **N-Spätdüngung** zwischen 40 und 70 kg/ha in Abhängigkeit vom Qualitätsziel sollte in keinem Fall verzichtet werden.

Durumsorten haben zum Teil eine geringe Standfestigkeit und zeichnen sich durch hohe Einzelährenerträge aus. Deshalb ist für sie eine Stickstoffdüngung zur Saat von 50–70 kg N/ha meistens ausreichend.

Die zweite Gabe zum Ende der Bestockung mit 20–30 kg N/ha kann auf Böden mit guter Nachlieferung oder günstiger Vorfrucht unterbleiben. Bei der Beurteilung des Ernährungszustandes ist zu beachten, daß die Blattfärbung generell heller ist als beim Weichweizen. Eine Spätdüngung von mindestens 50 kg N/ha zum Ährenschieben ist notwendig, um den geforderten Rohproteingehalt zu erreichen. Höhere N-Gaben fördern die Glasigkeit, sofern Lager und ungleiche Abreife vermieden werden.

4.5 Pflanzenschutz

Insbesondere der triebschwächere Durum sollte nicht ohne **Beizung** ausgesät werden.

Während der Weichweizen in der **Unkrautbekämpfung** wie der Winterweizen behandelt werden kann, ergeben sich beim Durum einige Einschränkungen. Aus Gründen der Kulturverträglichkeit sollten Gräserherbizide nach Möglichkeit gemieden werden und beim Einsatz von Wuchsstoffen empfiehlt sich der Verzicht auf Estermittel.

Bei Frühjahrsaussaat wird Sommerweizen von **Fußkrankheiten** selten so stark befallen, daß sich eine chemische Bekämpfung lohnt.

Die Bekämpfung der **Blatt-** und **Ährenkrankheiten** ist wie beim Winterweizen zu handhaben. In den Mittelgebirgslagen muß auf den Schutz der Ähre besonderer Wert gelegt werden. Aufgrund der rascheren Abreife zeigt die Ährenbehandlung beim Durum häufig eine geringere Ertragswirkung.

Außerdem werden die besonderen Probleme des Durums – Keimverfärbung, fleckige Körner und Ährenfusarium – mit den bisher verfügbaren Wirkstoffen nicht oder unzureichend erfaßt.

Der Einsatz von **Wachstumsreglern** ist sortendifferenziert zu handhaben. Während bei Weichweizen in der Regel eine einmalige »CCC«-Behandlung ausreicht, hat sich bei den weniger standfesten Durumsorten die Nachbehandlung mit »Terpal C« am Ende des Schossens als vorteilhaft erwiesen.

4.6 Sortenwahl

Bei den **Weichweizensorten** steht zunächst die Backqualität im Vordergrund. Dabei sollte neben der Einstufung nach dem Backvolumen auch die Mehlausbeute beachtet werden. Auf Standorten mit späteren Aussaatterminen ist Sorten mit einem hohen Einzelährenertrag (Kornzahl/Ähre + TKG) der Vorzug zu geben. Wegen der späteren Abreife wird Sommerweizen stärker von Gelb- und Braunrost befallen. Gute Widerstandsfähigkeit gegen diese Krankheiten ist deshalb wichtig.

Beim **Durum** wird der endgültige Auszahlungspreis in hohem Maße von der Qualität beeinflußt. Im übrigen stehen nur die Sorten zur Auswahl, die von den Verarbeitern akzeptiert werden. Von den anbautechnischen Eigenschaften stehen Standfestigkeit und Fusariumresistenz im Vordergrund.

4.7 Wirtschaftlichkeit (Deckungsbeiträge)

Die Deckungsbeiträge für Sommerweizen können unter Berücksichtigung der in der Regel niedrigen Erträge aus der Tabelle 32 (Seite 70) »Deckungsbeitrag Winterweizen« entnommen werden.

Der Arbeitsbedarf schwankt ebenfalls je nach Schlaggröße und Mechanisierung und Ertrag zwischen 15–25 AKh/ha.

5 Sommergerste

5.1 Forderungen des Marktes

Beim derzeitigen Preisabstand zwischen Futter- und Braugerste ist der Anbau von Sommergerste als Futtergetreide wirtschaftlich uninteressant.
Wichtigstes Qualitätsmerkmal für die **Braugerste** ist der *Extraktgehalt.* Er ist um so höher, je niedriger der *Spelzenanteil* und der *Rohproteingehalt* sind. Vollbauchige Körner mit fein gekräuselter Spelze sind die äußeren Anzeichen für einen geringen Spelzenanteil. Deshalb wird heute bei Braugerste ein *Vollgerstenanteil* (Siebanteil über 2,5 mm) von mindestens 90% verlangt. Der Rohproteingehalt sollte möglichst bei 10% liegen, in keinem Fall aber 11,5% überschreiten.
Für die Vermälzung ist außerdem eine hohe *Keimfähigkeit* und Keimenergie notwendig. Nach einer Keimruhe von maximal 5 Wochen sollte eine Mindestkeimfähigkeit von 95% erreicht werden. Die Keimfähigkeit wird durch Auswuchs oder unsachgemäße Lagerung sehr leicht beeinträchtigt. Längere Lagerung ist deshalb nur bei einer maximalen Feuchte von 14% möglich. Darüber hinaus sollte die Gerste in regelmäßigen Abständen bewegt werden, um ein »Ersticken« zu verhindern.
Die Vermischung von Gersten mit unterschiedlichen Lösungseigenschaften erschwert die Verarbeitung und vermindert die Malzqualität. Deshalb wird von den Verarbeitern immer wieder die Beschränkung auf *eine Sorte* in *einer Anbauregion* gefordert. Dies hätte jedoch negative Konsequenzen für das Resistenzverhalten der Sorten. Das getrennte Erfassen von Sorten mit gleichen Lösungseigenschaften stellt einen für beide Seiten vertretbaren Kompromiß dar.
Vorverträge mit fixierten Preisen haben in den letzten Jahren wesentlich zur Stabilisierung der Braugerstenpreise beigetragen. Es empfiehlt sich, dieses Instrument auch weiterhin zu nutzen.

Abb. 42 Links: Gute Kornausbildung und feine Spelze; rechts: schlechte Braugerste.

5.2 Standort – Fruchtfolge

Standort – Die Sommergerste ist weniger anspruchsvoll, was die Bonität des Standortes anbelangt, stellt aber hohe Ansprüche an dessen Zustand. *Struktur, biologische Aktivität, Nährstoffversorgung* und *-mobilität* müssen in Ordnung sein. Am wenigsten eignen sich Böden, die schlecht entwässern und sich langsam erwärmen.
Auf Standorten, die zu häufiger Vorsommertrockenheit neigen, bringt die Sommergerste unbefriedigende Vollgerstenerträge und nicht selten überhöhte Eiweißgehalte.
Fruchtfolge – In der Fruchtfolge steht die Sommergerste mit wenigen Ausnahmen im zweiten Getreideglied. Mit Rücksicht auf den Krankheitsbefall sollte Wintergerste als Vorfrucht gemieden werden. Die hohen Ansprüche an die Nährstoffverfügbarkeit verlangen im Falle einer *Strohdüngung* die bestmögliche Unterstützung der Rotte. Bei Strohernte bietet sich eine gute Gelegenheit zur Zwischenfrucht-Gründüngung. Sofern Klee- oder Luzernegras in eine Körnerdeckfrucht gesät wird, ist die Sommergerste aus verschiedenen Gründen den anderen Getreidearten vorzuziehen.

5.3 Anbautechnik

Frühestmögliche Saat ist, wie bei allem Sommergetreide, ertragsentscheidend.

Noch wichtiger ist aber, daß unter keinen Umständen durch zu frühe Bearbeitung Schäden an der Bodenstruktur in Kauf genommen werden.

Deshalb den Boden gut abtrocknen lassen, so flach und so wenig wie möglich bearbeiten, Zwillingsreifen oder Gitterräder benutzen und möglichst keine Zapfwellengeräte einsetzen!

Tabelle 33 Deckungsbeitrag Sommergerste

Ertrag	dt	30		35		40		45		50		55		60		65	
Braugerste (80%) Preis	DM/dt	43		43		43		43		43		43		43		43	
Futtergerste (20%) Preis	DM/dt	32		32		32		32		32		32		32		32	
Marktleistung	DM/ha	1224		1428		1632		1836		2040		2244		2448		2652	
Saatgut	DM	93		93		93		93		93		93		93		93	
Düngemittel	DM	123		144		164		185		205		226		247		267	
Pflanzenschutz	DM	63		63		63		63		195		195		195		195	
Versicherung	DM	37		43		49		55		61		67		73		80	
Lohndrusch	DM	220		220		220		220		220		220		220		220	
Lohntrocknung	DM	19		22		26		29		32		35		38		41	
variable Maschinenkosten	DM	250		250		250		250		250		250		250		250	
variable Kosten	DM	805		835		865		895		1056		1086		1116		1146	
Deckungsbeitrag	DM	419		593		767		941		984		1158		1332		1506	
		ML	DB	ML	DB	ML	DB	ML	DB	ML	DB	ML	DB	ML	DB	ML	DB
bei 36/26 [1]	DM/dt	1020	215	1190	355	1360	495	1530	635	1700	644	1870	784	2040	924	2210	1064
38/28	DM/dt	1080	275	1260	425	1440	575	1620	725	1800	744	1980	894	2160	1044	2340	1194
40/30	DM/dt	1140	335	1330	495	1520	655	1710	815	1900	844	2090	1004	2280	1164	2470	1324
42/32	DM/dt	1200	395	1400	565	1600	735	1800	905	2000	944	2200	1114	2400	1284	2600	1454
44/34	DM/dt	1260	455	1470	635	1680	815	1890	995	2100	1044	2310	1224	2520	1404	2730	1584
46/36	DM/dt	1320	515	1540	705	1760	895	1980	1085	2200	1144	2420	1334	2640	1524	2860	1714
48/38	DM/dt	1380	575	1610	775	1840	975	2070	1175	2300	1244	2530	1444	2760	1644	2990	1844
50/40	DM/dt	1440	635	1680	845	1920	1055	2160	1265	2400	1344	2640	1554	2880	1764	3120	1974

[1]) Braugerstenpreis/Futtergerstenpreis.

Betriebseigenes Erntegut weist häufig ungenügende Saatguteigenschaften (Keimfähigkeit, Flughafer, Flugbrand) auf, weshalb sich der Zukauf von (Zertifiziertem) *»Z«-Saatgut* lohnt. Die Saatstärke muß der Saatzeit, dem Standort und der Bestockungsneigung der Sorte angepaßt werden. Bei schwach sortierenden Sorten sollte auf ungünstigeren Standorten die Saatstärke etwas reduziert werden, um den Vollgersten- bzw. Marktwarenanteil zu verbessern.

Orientierungswerte für den Bestandesaufbau:

Bestandesdichte:	650–800 Ähren/m^2
Saatdichte:	330–380 Körner/m^2

5.4 Düngung

Gute **PK-Versorgung** und ein pH-Wert über 6,0 sind für die Sommergerste, wegen ihres schwächeren Aneignungsvermögens im Vergleich zu anderen Getreidearten, eine Grundvoraussetzung.
Besondere Aufmerksamkeit verdient die **N-Düngung.** Bei verhältnismäßig niedrigem Gesamt-N-Bedarf lassen die Standfestigkeit (Sorten!) und die Eiweißgrenze für Braugerste wenig Spielraum für die Düngung. Besonders auf Böden mit hoher N-Nachlieferung oder mit unsicherer Wasserversorgung während der Kornfüllung bereitet es Probleme, das Ertragsvermögen auszuschöpfen, ohne die Brauqualität durch überhöhten Eiweißgehalt zu gefährden. Je nach Standort, Vorfrucht und Sorte liegt das Düngungsoptimum zwischen 50 und 90 kg N/ha. Auf besseren Böden ist eine Bodenuntersuchung hilfreich.
Im Braugerstenanbau kommt eine N-Spätdüngung natürlich nicht in Frage, aber Teilgaben von 20 kg N/ha bis zum Ende der Bestockung sind noch vertretbar. Insbesondere für die leichteren Lagen und die intensiveren, spätreiferen Sorten kann diese »Nachdüngung« ins Auge gefaßt werden.

5.5 Pflanzenschutz

Die **Saatgutbeizung** richtet sich gegen Flugbrand und Streifenkrankheit, wobei letztere kaum noch beobachtet wird.
In der sehr konkurrenzfähigen Sommergerste bringt die chemische **Unkrautbekämpfung** nicht immer kostendeckende Mehrerträge. Sofern Problemunkräuter fehlen und eine gute Bodenstruktur vorhanden ist, kann auch mit dem Striegeln nach dem 3-Blatt-Stadium eine ausreichende Wirkung erzielt werden. Zumindest sollte die chemische Bekämpfung nach dem Schadschwellenprinzip vorgenommen werden, denn häufig sind Wuchsstoffe oder deren Mischungen ausreichend. Die Flughaferbekämpfung kann sowohl vor der Saat (Wirkstoff einarbeiten!) wie auch nach dem Auflaufen durchgeführt werden.
Die unterschiedlichen Resistenzeigenschaften der Sorten erlauben bei der Bekämpfung der **Blattkrankheiten** ein differenziertes Vorgehen. **Mehltauanfällige Sorten** sollten schon während der Bestockung auf erste Symptome kontrolliert werden und benötigen eine Behandlung bei Befallsbeginn.
Liegt gleichzeitig eine Anfälligkeit gegen **Blattflecken, Netzflecken** oder **Zwergrost** vor, kann eine Zweitbehandlung in der Schoßphase erforderlich werden. Sorten, die sich durch eine gute Mehltauresistenz auszeichnen, aber gegen eine der übrigen Krankheiten Schwächen aufweisen, kommen meistens mit einer einmaligen, späteren Spritzung aus. Während Blatt- und Netzflecken bevorzugt bei feuchter Witterung auftreten, wird der Rost durch trocken-warme Bedingungen gefördert. Um einer Resistenzbildung vorzubeugen, sollten insbesondere für die Mehltaubekämpfung Kombinationspräparate mit verschiedenen Wirkstoffen bevorzugt werden.
Der Einsatz eines **Wachstumsreglers** läßt sich in den meisten Fällen durch standortgerechte Sortenwahl und sortenspezifische Düngung umgehen. Tritt dennoch akute Lagergefahr auf, sollte auf trockenen Standorten die Aufwandmenge vorsichtig dosiert werden.

5.6 Sortenwahl

Für die Produktion von Braugerste muß die Auswahl der Sorte in enger Abstimmung mit dem Abnehmer bzw. Verarbeiter erfolgen. Dank der intensiven züchterischen Bearbeitung der Sommergerste bleibt innerhalb der Braugerstensorten, ja sogar innerhalb der Sortengruppen mit gleichen Mälzungseigenschaften noch eine Auswahlmöglichkeit nach anbautechnischen Kriterien.
Neben dem Marktwarenertrag, der sehr stark durch die Sortierung beeinflußt wird, verdienen die Resistenzeigenschaften Beachtung. Standfestigkeit und Reife sollten zum Standort passen.
Auch bei der Auswahl von Futtergerstensorten

sollten Kornausbildung und Spelzenanteil im Interesse eines hohen Nährstoffertrages beachtet werden.

5.7 Wirtschaftlichkeit (Deckungsbeiträge)

Die Tabelle 33 ermöglicht das »Ablesen« von Marktleistung (ML) und Deckungsbeiträgen (DB) bei Erträgen von 30–65 dt/ha und Preisen von 26–50 DM/dt je nach dem, ob es sich um Futter- oder Braugerste handelt.
Ist ein eigener Mähdrescher vorhanden, so entfällt der Lohndrusch und die DB erhöhen sich um 220,– DM/ha.
Bei Arbeitskraftstunden (AKh) ist je nach Größe der Grundstücke, Mechanisierung und Ertrag mit 15–25 AKh zu kalkulieren.

6 Hafer

6.1 Forderungen des Marktes

Der weitaus überwiegende Teil der Haferernte dient als Futter. Dabei ist der *energetische Futterwert* qualitätsbestimmend. Der Energiegehalt des Hafers ist in erster Linie vom *Spelzenanteil* und vom Rohfasergehalt, die miteinander in enger Beziehung stehen, abhängig. Neben deutlichen Sortenunterschieden werden diese Merkmale auch von Standort und Witterung stark beeinflußt.
Als Maßstab für den Nährstoffertrag wird häufig der **Kernertrag** (Kornertrag minus Spelzenanteil) herangezogen. Die Wertschätzung des Hafers in der Fütterung basiert nicht zuletzt auf seinem relativ hohen **Rohfettgehalt.** Bei den heutigen Sorten besteht zwischen der Spelzenfarbe und dem Futterwert kein Zusammenhang mehr.
Schälhafer für die menschliche Ernährung muß folgende Qualitätskriterien erfüllen: Helle Kornfarbe, hohes TKG, hl-Gewicht mindestens 55 kg und Spelzenanteil maximal 26%.

Tabelle 34 Qualitätsmerkmale des Hafers

Kornmerkmale		Mittelwerte	Streubreite
äußere			
Spelzengehalt	%	34	26–42
Sortierung über 2,0 mm	%	90	86–94
Tausendkorngewicht	g	32	26–38
Hektolitergewicht	kg/100 l	52	46–58
innere			
Rohfaser	%	12	9–15
Rohprotein	%	12	10–14
Rohfett	%	6	5– 7
N-freie Extraktstoffe	%	67	65–70

6.2 Standort – Fruchtfolge

Standort – Auf schlechteren Böden ist der Hafer relativ leistungsfähig. Dennoch darf sein Anspruch an die Wasserversorgung nicht unterschätzt werden. Flachgründige oder sandige Böden bringen nur in Verbindung mit den höheren Niederschlägen der Mittelgebirgslagen sichere Hafererträge. Wenn trotzdem von der Anspruchslosigkeit des Hafers gesprochen wird, so bezieht sich dies in erster Linie auf die Nährstoffversorgung und den Kulturzustand des Bodens.

Das gute Nährstoffaneignungsvermögen ist auch verantwortlich für die Eingliederung als letztes, »abtragendes« Getreide vor einer Blattfrucht.

Fruchtfolge – In dieser Fruchtfolgestellung wird gleichzeitig auch die sanierende Wirkung im Hinblick auf Getreide-Fußkrankheiten bestmöglich genutzt. Die Anfälligkeit gegen Getreidenematoden spielt bei dem heute vorherrschenden Sommergetreideanteil eine untergeordnete Rolle.
In zahlreichen Fruchtfolgeversuchen erwies sich Hafer unter allen Getreidearten als beste Vorfrucht. Bei mäßiger Stickstoffdüngung hat er auch als Deckfrucht für Futterleguminosen seine Berechtigung.

6.3 Anbautechnik

Frühe Saat ist für die Ertragssicherheit des Hafers von elementarer Bedeutung. Bei **Saatterminen** nach Mitte April sollte besser auf andere Kulturen ausgewichen werden. Das bespelzte Korn verlangt einen festen Saathorizont mit Feuchtigkeitsanschluß und nicht zu flache Saat, um rasch und gleichmäßig keimen zu können.
Häufige Keimfähigkeitsprobleme und Flughaferbesatz sprechen gegen die Verwendung von betriebseigenem Erntegut zur Aussaat. Von

allen Getreidearten weist Hafer die geringste Bestockungsrate auf. Saatstärkeversuche belegen allerdings auch seine Fähigkeit, dünne Bestände über die Kornzahl/Rispe und das TKG im Ertrag auszugleichen.
Normale Saatzeit und einwandfreies Saatgut vorausgesetzt, kann die **Saatstärke** bis auf 300 Körner/m^2 reduziert werden. In ungünstigeren Mittelgebirgslagen empfiehlt es sich, 350 Körner/m^2 nicht zu unterschreiten. Verhaltene Saatstärken sind auch im Hinblick auf die Standfestigkeit von Vorteil.

6.4 Düngung

In bezug auf die Nährstoffversorgung ist der Hafer die genügsamste Getreideart. Seine Vorliebe für saure Bodenreaktion (pH 5,5–6,5) ist bekannt. Die Entzüge an P und K unterscheiden sich nicht wesentlich von denen der übrigen Getreidearten. Dank der besseren Wurzelausbildung ist er aber in der Lage, sich diese Nährstoffe auch bei schlechterer Bodenversorgung anzueignen. Nicht zuletzt deshalb ist Hafer die bevorzugte Kultur für den Anbau nach Umbruch von Grün- oder Ödland.
Der Einsatz von **Wirtschaftsdüngern** ist wegen der Lagergefahr problematisch. Bei Strohdüngung sollte auf gute Zerkleinerung und gleichmäßige Verteilung in der Krume geachtet werden, damit der Wassernachschub aus dem Unterboden nicht beeinträchtigt wird.
Mit der **Stickstoffdüngung** sollte der Vorrat an verfügbarem Bodenstickstoff auf maximal 110 kg N/ha aufgefüllt werden. Damit liegt das Optimum für die Düngung zur Saat je nach Standort, Fruchtfolge und Wirtschaftsdüngereinsatz zwischen 40 und 80 kg N/ha. Die Standfestigkeit der jeweiligen Sorte sollte ebenfalls berücksichtigt werden.
Eine Aufteilung der Stickstoffdüngung in 2 oder 3 Teilgaben bringt in den meisten Fällen keine Ertragssteigerung, erhöht aber das Lagerrisiko und die Gefahr des Zwiewuchses. Nur bei sehr ungünstigen Bedingungen für den Aufgang und die Anfangsentwicklung kann eine Nachdüngung von 20–30 kg N/ha in der Bestockung vorteilhaft sein.

6.5 Pflanzenschutz

Der **Haferflugbrand** wird mit allen am Markt befindlichen Beizmitteln erfaßt. Gegen die **Streifenkrankheit** sind nur bestimmte Universalbeizen wirksam.
In der chemischen **Unkrautbekämpfung** sind einige Einschränkungen zu beachten. Bodenherbizide und Spezialherbizide gegen Flughafer scheiden grundsätzlich aus. Aus der Gruppe der Wuchsstoffe sollten 2,4-D-haltige Mittel wegen mangelnder Kulturverträglichkeit gemieden werden.
Gegen **Mehltau, Kronenrost** und **Virosen** sind Bekämpfungsmaßnahmen nicht notwendig bzw. möglich.
Der wichtigste Schädling des Hafers ist der **Getreidenematode.** In gefährdeten Fruchtfolgen mit hohem Sommergetreideanteil sollten deshalb nematodenresistente Sorten angebaut werden.
Die Behandlung mit **Wachstumsregler** (CCC) kurz vor dem Rispenschieben ist keine generell notwendige Maßnahme im Haferanbau. Das Lagerrisiko kann damit nur in den seltensten Fällen ausgeschaltet werden. Vielfach gelingt aber eine Verzögerung und Verringerung. Die Anwendung sollte sich auf Sorten mit geringer Standfestigkeit oder zu üppig geratene Bestände zur Ertrags- und Qualitätssicherung und Ernteerleichterung beschränken.

6.6 Sortenwahl

Von herausragender Bedeutung sind beim Hafer neben dem Kornertrag die Merkmale Standfestigkeit, Reife und Kornqualität. Davon ist die frühe Reife besonders für trockene Lagen oder Spätsaatgebiete wichtig.
Wünschenswert ist vor allem die gleichzeitige Abreife von Korn und Stroh als Voraussetzung für einen problemlosen Drusch. Rasche Strohabreife ist meistens mit einer stärkeren Neigung zum Halmknicken verbunden, so daß diese Sorten termingerecht geerntet werden sollten. Die Spelzenfarbe verdient als Auswahlkriterium keine Beachtung.
Für die Produktion von Schälhafer kommen nur Sorten mit hohem TKG und geringem Spelzenanteil in Frage.

6.7 Wirtschaftlichkeit (Deckungsbeiträge)

Die Tabelle 35 ermöglicht das »Ablesen« von Marktleistung (ML) und Deckungsbeiträgen (DB) bei Erträgen von 30–70 dt/ha und Preisen von 30–46 DM/dt.

Tabelle 35 Deckungsbeitrag Hafer

Ertrag	dt	30	35	40	45	50	55	60	65	70
Preis	DM/dt	32	32	32	32	32	32	32	32	32
Marktleistung	DM/ha	960	1120	1280	1440	1600	1760	1920	2080	2240
Saatgut	DM	95	95	95	95	95	95	95	95	95
Düngemittel	DM	143	166	190	214	237	262	286	309	333
Pflanzenschutz	DM	80	80	80	80	95	95	95	95	95
Versicherung	DM	38	45	51	58	64	70	77	83	90
Lohndrusch	DM	220	220	220	220	220	220	220	220	220
Lohntrocknung	DM	19	22	26	29	32	35	38	42	45
variable Maschinenkosten	DM	250	250	250	250	250	250	250	250	250
variable Kosten	DM	845	878	912	946	993	1027	1061	1094	1128
Deckungsbeitrag	DM	115	242	368	494	607	733	859	986	1112

		30 ML	30 DB	35 ML	35 DB	40 ML	40 DB	45 ML	45 DB	50 ML	50 DB	55 ML	55 DB	60 ML	60 DB	65 ML	65 DB	70 ML	70 DB
bei 30	DM/dt	900	55	1050	172	1200	288	1350	404	1500	507	1650	623	1800	739	1950	856	2100	972
34	DM/dt	1020	175	1090	312	1360	448	1530	584	1700	707	1870	843	2040	979	2210	1116	2380	1252
36	DM/dt	1080	235	1260	382	1440	528	1620	674	1800	807	1980	953	2160	1099	2340	1246	2520	1392
38	DM/dt	1140	295	1330	452	1520	608	1710	764	1900	907	2090	1063	2280	1219	2470	1376	2660	1532
40	DM/dt	1200	355	1400	522	1600	688	1800	854	2000	1007	2200	1173	2400	1339	2600	1506	2800	1672
42	DM/dt	1260	415	1470	592	1680	768	1890	944	2100	1107	2310	1283	2520	1459	2730	1636	2940	1812
44	DM/dt	1320	475	1540	662	1760	848	1980	1034	2200	1207	2420	1393	2640	1579	2860	1766	3080	1952
46	DM/dt	1380	535	1610	732	1840	928	2070	1124	2300	1307	1530	1503	2760	1699	2990	1896	3220	2092

Ist ein eigener Mähdrescher vorhanden, so entfällt der Lohndrusch und die DB erhöhen sich um 220,– DM/ha.
Bei Arbeitskraftstunden (AKh) ist je nach Größe der Grundstücke, Mechanisierung und Ertrag mit 15–25 AKh zu kalkulieren.

7 Raps

7.1 Forderungen des Marktes

Für die Herstellung von Pflanzenöl zur **menschlichen Ernährung** darf nur *erucasäurefreier Raps* verwendet werden. Der Erucasäuregehalt der sog. »0«-Sorten muß im Öl unter 5% liegen.
Die Verwertung des Rapsschrotes in der **Mischfutterherstellung** wird durch seinen Gehalt an Glucosinolaten, die bei höheren Anteilen Futteraufnahme und Wachstum der Tiere hemmen, begrenzt. Dies veranlaßte die Umstellung auf sog. »00«-Sorten, welche nicht nur erucasäurefrei, sondern auch glucosinolatarm sind. Derzeit erhalten Rapspartien mit einem Glucosinolatgehalt unter 35 μmol/100 g Saat einen Qualitätszuschlag. Die EG-Kommission beabsichtigt, künftig nur noch für »00«-Raps die Verarbeitungsbeihilfe zu gewähren. Desgleichen ist die Absenkung des Grenzwertes für den Glucosinolatgehalt von 35 auf 20 μmol/100 g Saat vorgesehen.
Im übrigen gilt als **Standardqualität** 9% Feuchte, 2% Besatz und 40% Ölgehalt. Diese Normen bilden die Grundlage für die Rapsabrechnung, Zu- und Abschläge werden zum jeweiligen Weltmarktpreis vorgenommen.

7.2 Standort – Fruchtfolge

Standort – Weil die besten Böden meistens den Zuckerrüben vorbehalten bleiben, muß der Raps häufig auf mittlere und gelegentlich auch auf Problemstandorte ausweichen.
Sofern die Böden einen guten Kulturzustand sowie eine optimale Kalk- und Nährstoffversorgung aufweisen, ist auch bei Ackerzahlen um 40 noch eine befriedigende Ertragssicherheit gegeben.
Vorteilhaft sind Lehmböden mit überdurchschnittlicher Gründigkeit und einem pH-Wert um 6,5. Problematisch wird der Anbau auf Sandböden mit AZ unter 35 und auf staunassen Böden. Auch die tonreichen Böden – vielfach typische Rapsstandorte – sind in Trockenlagen wegen der schwierigen Bestellung und unsicheren Vorwinterentwicklung riskant.
Bei schneefreiem Boden reicht die Frosthärte des Winterrapses bis zu –15° C. Spätfröste vor und in der Blüte können gelegentlich durch Aufplatzen der Stengel Schäden verursachen.
Fruchtfolge – Einige Pilzkrankheiten nehmen mit steigendem Rapsanteil in der Fruchtfolge zu, so daß nach Möglichkeit eine Anbaupause von 3 Jahren eingehalten werden sollte. Wegen der Weißstengeligkeit *(Sklerotinia)* muß vom Anbau von Raps und Sonnenblumen in einer Fruchtfolge dringend abgeraten werden. Nimmt der Anteil von Raps und Rüben in einer Fruchtfolge mehr als 25% ein, steigt das Risiko der Nematodenverseuchung.
Die günstigste Vorfrucht für den Raps ist die Wintergerste. Sie läßt genügend Zeit für eine sorgfältige Stoppelbearbeitung und Saatbettbereitung. Von Späterntegebieten abgesehen, ist auch nach Sommergerste oder Roggen der Anbau noch möglich.

7.3 Anbautechnik

Saatbettbereitung, Saatzeit und Saatstärke sind so auszurichten, daß zu Beginn der Winterruhe ein Bestand mit 40–60 kräftigen Pflanzen/m^2 im Rosettenstadium erreicht wird.

Je dichter der Ausgangsbestand, desto ungleichmäßiger und schwächer die Einzelpflanzen und desto größer die Pflanzenverluste über Winter.

Die Steuerung des Bestandes auf das vorgegebene Ziel hin setzt zunächst optimale Bedingungen für den Feldaufgang voraus. Dazu gehört ein feinkrümeliges, gut abgesetztes Saatbett und eine gleichmäßige, flache Saatgutablage. Auf dieser Grundlage kann – je nach Standort – in der zweiten Augusthälfte die Aussaat mit 3,0 bis maximal 4,5 kg Saatgut/ha erfolgen.
Enger Reihenabstand, wie bei Getreide, führt zu gleichmäßigen Beständen mit besserer Einzelpflanzenentwicklung, fördert aber auch bei ungünstigem Herbstwetter den frühzeiten Reihenschluß und das »Überwachsen«. Auch lassen sich diese niedrigen Saatmengen nicht mit allen Sämaschinen auf Getreideabstand ausbringen.

Tabelle 36 Einfluß verschiedener Saatstärken auf die Bestands- und Ertragsbildung des Rapses (FUTTERKAMP 1980–82)

theoretische Saatmenge [1])	Pflanzen/m²		Pflanzen-verluste	Ertrag		Öl	Lager	Phoma
	im Herbst	zur Ernte						
kg/ha			%	dt/ha	relativ	%	1–9 [2])	1–9 [2])
1,5	30	29,5	2	40,7	102	37,4	1,5	4,5
3,0	60	40,0	33	40,7	102	37,2	2,9	4,7
6,0	120	50,0	58	37,7	95	37,2	4,5	5,0

[1]) Bei 100% Feldaufgang und 5 g TKG.
[2]) Boniturnote, 1: ohne Lager bzw. Befall.

Tabelle 37 Einfluß des Saatgut-TKG und des Feldaufganges auf die notwendige Saatstärke

Saatmenge kg/ha	TKG g	Feldaufgang %	Keimpflanzen/ m²
3	5,5	50	27
		80	44
	4,5	50	33
		80	53
4	5,5	50	36
		80	58
	4,5	50	44
		80	71
5	5,5	50	45
		80	73
	4,5	50	56
		80	89

Bei schlecht abgesetztem Saatbett kann das Walzen vor der Saat zweckmäßig sein. Mit Ausnahme von Böden, die zur Verschlämmung neigen, empfiehlt sich das Walzen nach der Saat.

7.4 Düngung

Mit 110 kg P_2O_5, 240 kg K_2O und 50 kg MgO je ha ist der Nährstoffbedarf für eine Rapsernte von 40 dt im Vergleich zum Getreide relativ hoch. Ein beträchtlicher Teil davon bleibt jedoch mit den Ernterückständen auf dem Feld, so daß bei guter Bodenversorgung nur der Entzug über die Körner ergänzt werden muß. Insbesondere das Kali wird für den Aufbau der Grünmasse in einer kurzen Zeitspanne benötigt, weshalb auch bei guter Bodenversorgung das Unterlassen der **Grunddüngung** nicht zu empfehlen ist. Der Magnesiumbedarf kann über entsprechende Kalk- oder Kalidünger gedeckt werden.

Für die **Stickstoffdüngung** kann von einem Gesamtbedarf zwischen 200 und 220 kg N/ha ausgegangen werden. Nur auf Böden bzw. Fruchtfolgesituationen mit sehr geringer Stickstoffnachlieferung hat sich eine *Herbst-N-Gabe* als sinnvoll erwiesen. Weil zu üppige Bestände in der Überwinterung gefährdet sind, sollten im Herbst keinesfalls 40 kg N/ha überschritten werden.

Das Optimum für die *Düngung in der Hauptvegetation* liegt – je nach Bestand und Bodennachlieferung – zwischen 140 und 180 kg N/ha. Davon sollten ⅔, das heißt, 90–120 kg N/ha, schon zum Vegetationsbeginn verabreicht werden. Der Rest wird noch vor Beginn des Längenwachstums gedüngt. Ein zu hohes oder zu spätes Stickstoffangebot führt zu Blühverzögerung, vorzeitigem Lager und Zwiewuchs. Daraus resultieren Ertragsminderungen und ein geringerer Ölgehalt.

Auch **Wirtschaftsdünger** lassen sich sinnvoll einsetzen. Mittlere Stallmistgaben oder 30 m^3 Gülle vor der Grundbodenverarbeitung fördern die Verrottung der Ernterückstände und unterstützen die Vorwinterentwicklung. Ab Ende Februar/Anfang März sind Güllekopfgaben mit 20–30 m^3/ha ohne Kulturschädigung möglich. Bei tätigem Boden und günstiger Frühjahrswitterung kann damit die zweite mineralische Stickstoffgabe eingespart werden.

Von den **Spurenelementen** sind für den Raps *Bor* und *Schwefel* besonders bedeutsam. Die Notwendigkeit einer Bordüngung sollte über die Bodenuntersuchung ermittelt werden. Dabei ist zu beachten, daß hoher pH-Wert bzw. unmittelbare Kalkdüngung die Borverfügbarkeit herabsetzen. Schwefel ist im Boden sehr beweglich, so daß keine Vorräte vorhanden sind. Eine Zufuhr erfolgt nur über schwefelhaltige Mineralien (z. B. Gips), Niederschläge sowie organische und mineralische Dünger.

Soweit nicht schon Mangelsymptome (rot-violett gefärbte, löffelförmige Blätter und weißliche Blütenblätter) sichtbar sind, gibt eine Pflanzenuntersuchung zu Beginn des Längenwachstums Auskunft über die Düngebedürftigkeit.

7.5 Pflanzenschutz

Das **Saatgut** wird generell gegen **Erdfloh** und **Auflaufkrankheiten** gepudert ausgeliefert. Damit es nicht zu Schäden an Vögeln kommt, muß es beim Säen vollständig mit Boden abgedeckt werden.
Im Herbst ist Raps gegen starke **Unkrautkonkurrenz** empfindlich. Späte Verunkrautung im Frühjahr schadet ihm dagegen – von Kamille und Klettenlabkraut abgesehen – weniger.
Die Auswahl der Herbizide richtet sich deshalb vorzugsweise nach dem Auftreten dieser beiden Arten. Wenn Ausfallgetreide und Ungräser im Zuge der Bodenvorbereitung nicht ausreichend ausgeschaltet werden können, stehen eine Palette gut wirksamer und verträglicher Gräserherbizide für die Nachauflaufbehandlung zur Verfügung.
Lange Feuchteperioden (Niederschläge, Nebel, Tau), nicht wendende Bodenbearbeitung und grobscholliges Saatbett fördern das Auftreten von **Schnecken,** die in der Auflaufphase großen Schaden anrichten können. Durch Auslegen von schattenspendenden Gegenständen, unter denen sich die Schnecken tagsüber aufhalten, läßt sich die Gefahr rechtzeitig erkennen.
Besonderes Augenmerk ist auf die Bekämpfung des **Stengel-** und des **Kohltriebrüsslers** zu richten. An den ersten warmen Märztagen ist mit ihrem Auftreten zu rechnen. Die Gelbschalen zur Befallskontrolle sollten schon vorher im Bestand stehen. Werden mehr als 10–15 Käfer in 3 Tagen gefangen, ist eine sofortige Bekämpfung (vor der Eiablage) notwendig. Abgesehen von den Fraßschäden der Larven sind die Bohrlöcher häufig Eintrittspforten für Krankheiten.
Der Beginn des Fluges des **Rapsglanzkäfers** läßt sich ebenfalls über die Gelbschale ermitteln. Eine chemische Bekämpfung ist nur bis zum Beginn der Blüte (Fraßschäden an Knospen) bei mehr als 5 Käfer/Blütenstand am Feldrand erforderlich.
Der **Kohlschotenrüßler** tritt in der Regel erst kurz vor Blühbeginn auf. Größere Schäden entstehen meist in Verbindung mit der **Kohlschotenmücke**, welche die Fraßlöcher an den jungen Schoten zur Eiablage benutzt. Die Bekämpfungsschwelle liegt bei 1 Käfer/Pflanze.

Abb. 43 Die Gelbschale sollte immer auf Bestandeshöhe stehen.

Bei allen Insektizidmaßnahmen ist der Bienenschutz zu beachten.

Mit zunehmender Anbaudichte können, besonders unter feuchten Vegetationsbedingungen, eine Reihe von Pilzkrankheiten auftreten. Unter ihnen haben bislang die **Wurzelhals-** und **Stengelfäule** *(Phoma),* die **Weißstengeligkeit** *(Sklerotinia)* und die **Rapsschwärze** *(Alternaria)* die größte wirtschaftliche Bedeutung.
Gegen *Phoma* werden mit Fungizidmaßnahmen im Herbst vereinzelt schon Bekämpfungserfolge erzielt. Derzeit fehlen aber noch konkrete Anhaltspunkte, unter welchen Bedingungen eine Bekämpfung wirtschaftlich sinnvoll ist.
In Anbaulagen, in denen Weißstengeligkeit und/oder *Alternaria* mit größerer Häufigkeit auftreten, ist eine Fungizidspritzung in der Blüte erfolgversprechend. Dabei müssen allerdings Verluste in den Fahrspuren in Kauf genommen werden.

7.6 Sortenwahl

Der gesamte Rapsanbau in der Bundesrepublik Deutschland ist, von begrenztem Vertragsanbau für technische Verwertung abgesehen, auf »00«-Qualität umgestellt. Im Gegensatz zum Kornertrag und Ölgehalt haben Reife und Winterhärte nur eine regionale Bedeutung für die Anbauwürdigkeit einer Sorte.
Mit dem ständig steigenden Ertragsniveau gewinnt die Standfestigkeit an Bedeutung. Kurze,

Tabelle 38 Deckungsbeitrag Winterraps

Ertrag		dt	22		25		28		30		32		35		38		40	
Preis		DM/dt	94		94		94		94		94		94		94		94	
Marktleistung		DM/ha	2068		2350		2632		2820		3008		3290		3572		3760	
Saatgut		DM	75		75		75		75		75		75		75		75	
Düngemittel		DM	233		264		296		317		338		370		402		423	
Pflanzenschutz		DM	220		220		220		220		220		220		220		220	
Versicherung		DM	165		188		211		226		241		263		286		301	
Lohndrusch		DM	270		270		270		270		270		270		270		270	
Lohntrocknung		DM	77		87		98		105		112		122		133		140	
variable Maschinenkosten		DM	250		250		250		250		250		250		250		250	
variable Kosten		DM	1290		1354		1420		1463		1506		1570		1636		1679	
Deckungsbeitrag		DM	778		996		1212		1357		1502		1720		1936		2081	
			ML	DB	ML	DB	ML	DB	ML	DB	ML	DB	ML	DB	ML	DB	ML	DB
bei	85	DM/dt	1870	580	2125	771	2380	960	2550	1087	2720	1214	2975	1405	3230	1594	3400	1721
	90	DM/dt	1980	690	2250	896	2520	1100	2700	1237	2880	1374	3150	1580	3420	1784	3600	1921
	92	DM/dt	2024	734	2300	946	2576	1156	2760	1297	2944	1438	3220	1650	3496	1860	3680	2001
	96	DM/dt	2112	822	2400	1046	2688	1268	2880	1417	3072	1566	3360	1790	3648	2012	3840	2161
	98	DM/dt	2156	866	2450	1096	2744	1324	2940	1477	3136	1630	3430	1860	3724	2088	3920	2241
	100	DM/dt	2200	910	2500	1146	2800	1380	3000	1537	3201	1694	3500	1930	3800	2164	4000	2321

Tabelle 39 Deckungsbeitrag Ackerbohnen

Ertrag	dt	25	30	35	40	45	50	55	60
Preis	DM/dt	60	60	60	60	60	60	60	60
Marktleistung	DM/ha	1500	1800	2100	2400	2700	3000	3300	3600
Saatgut	DM	221	221	221	221	221	221	221	221
Düngemittel	DM	53	64	75	85	96	106	117	128
Pflanzenschutz	DM	129	129	129	129	129	129	129	129
Versicherung	DM	45	54	63	72	81	90	99	108
Lohndrusch [1])	DM	240	240	240	240	240	240	240	240
Lohntrocknung	DM	150	180	210	240	270	300	330	360
variable Maschinenkosten	DM	200	200	200	200	200	200	200	200
variable Kosten	DM	1038	1088	1138	1187	1237	1286	1336	1386

Fortsetzung Tabelle 39

Deckungsbeitrag	DM	462		712		962		1213		1463		1714		1964		2214	
		ML	DB	ML	DB	ML	DB	ML	DB	ML	DB	ML	DB	ML	DB	ML	DB
bei 54	DM/dt	1350	312	1620	532	1890	752	2160	973	2430	1193	2700	1414	2970	1634	3240	1854
56	DM/dt	1400	362	1680	592	1960	822	2240	1053	2520	1283	2800	1514	3080	1744	3360	1974
58	DM/dt	1450	412	1740	652	2030	892	2320	1133	2610	1373	2900	1614	3190	1854	3480	2094
62	DM/dt	1550	512	1860	772	2170	1032	2480	1293	2790	1553	3100	1814	3410	2074	3720	2334
64	DM/dt	1600	562	1920	832	2240	1102	2560	1373	2880	1643	3200	1914	3520	2184	3840	2454
66	DM/dt	1650	612	1980	892	2310	1172	2640	1453	2970	1733	3300	2014	3630	2294	3960	2574

[1]) Ist ein eigener Mähdrescher vorhanden, so entfällt der Lohndrusch und der DB erhöht sich um 240 DM/ha.

Tabelle 40 Deckungsbeitrag Futtererbsen

Ertrag	dt	25	30	35	40	45	50	55	60
Preis	DM/dt	60	60	60	60	60	60	60	60
Marktleistung	DM/ha	1500	1800	2100	2400	2700	3000	3300	3600
Saatgut	DM	310	310	310	310	310	310	310	310
Düngemittel	DM	45	54	64	73	82	91	100	109
Pflanzenschutz	DM	229	229	229	229	229	229	229	229
Versicherung	DM	90	108	126	144	162	180	198	216
Lohndrusch [1])	DM	270	270	270	270	270	270	270	270
Lohntrocknung	DM	150	180	210	240	270	300	330	360
variable Maschinenkosten	DM	200	200	200	200	200	200	200	200
variable Kosten	DM	1294	1351	1409	1466	1523	1580	1637	1694

Deckungsbeitrag	DM	206		449		691		934		1177		1420		1663		1906	
		ML	DB	ML	DB	ML	DB	ML	DB	ML	DB	ML	DB	ML	DB	ML	DB
bei 54	DM/dt	1350	56	1620	269	1890	481	2160	694	2430	907	2700	1120	2970	1333	3240	1546
56	DM/dt	1400	106	1680	329	1960	551	2240	774	2520	997	2800	1220	3080	1443	3360	1666
58	DM/dt	1450	156	1740	389	2030	621	2320	854	2610	1087	2900	1320	3190	1553	3480	1786
62	DM/dt	1550	256	1860	509	2170	761	2480	1014	2790	1267	3100	1520	3410	1773	3720	2026
64	DM/dt	1600	306	1920	569	2240	831	2560	1094	2880	1357	3200	1620	3520	1883	3840	2146
66	DM/dt	1650	356	1980	629	2390	901	2640	1174	2970	1447	3300	1720	3630	1993	3960	2266

[1]) Ist ein eigener Mähdrescher vorhanden, so entfällt der Lohndrusch und der DB erhöht sich um 270 DM/ha.

standfeste Sorten erlauben einen höheren Stickstoffeinsatz und bringen weniger Probleme bei späten Fungizidbehandlungen. Besondere Beachtung gebührt der Widerstandsfähigkeit gegen die wichtigsten Krankheiten. Dies gilt um so mehr, als einerseits die Anbaudichte in vielen Gebieten drastisch zugenommen hat, und andererseits zuverlässige Krankheitsprognosen bzw. Bekämpfungsstrategien noch weitgehend fehlen.

7.7 Wirtschaftlichkeit (Deckungsbeiträge)

Die Tabelle 38 ermöglicht das »Ablesen« von Marktleistung (ML) und Deckungsbeiträgen (DB) bei Erträgen von 22–40 dt/ha und Preisen von 85–100 DM/dt Winterraps.
Ist ein eigener Mähdrescher vorhanden, so entfällt der Lohndrusch und die DB erhöhen sich um 270,– DM/ha.
Bei Arbeitskraftstunden (AKh) ist je nach Größe der Grundstücke, Mechanisierung und Ertrag mit 16–20 AKh zu kalkulieren.

8 Hülsenfrüchte

8.1 Ackerbohnen

Forderungen des Marktes – Ökonomisch vertretbar ist der Anbau von Ackerbohnen nur, wenn die engen Grenzen in der Standortauswahl respektiert werden. Dabei kommt es besonders auf die Ansprüche hinsichtlich Saatzeit, Wasserversorgung und Abreife an.
Standort – Aufgrund des hohen Wasserbedarfes im Juni/Juli kommen hauptsächlich tiefgründige oder tonreiche Böden in Frage, die möglichst noch im März bestellt werden können. Gleichmäßige Niederschlagsverteilung und kühle Temperaturen während der Hauptwachstumszeit sind um so wichtiger, je geringer die Wasserhaltefähigkeit des Bodens ist. Trockene Witterung ab Ende August fördert die gleichmäßige Abreife und erleichtert somit den Drusch.
Fruchtfolge – In der Fruchtfolge sollten die Ackerbohnen frühestens nach vier Jahren wieder auf derselben Fläche stehen.
Anbautechnik – Mit möglichst wenig Arbeitsgängen sollte die Saat spätestens in der ersten Aprilwoche in den Boden kommen. Hoher Keimwasserbedarf und eine verbesserte Trockenresistenz sprechen für eine **tiefe Saat** zwischen 4 und 8 cm. 35–45 Körner/m² (bei 300–500 g TKG entspricht dies 140–200 kg/ha) sind als optimale **Saatstärke** zu betrachten. Wegen des besseren Feldaufganges und der gleichmäßigen Standraumverteilung hat sich die **Einzelkornsaat** in der Praxis mehr und mehr durchgesetzt. Der Reihenabstand ist davon abhängig, ob eine Maschinenhacke durchgeführt wird. In Versuchen konnten zwischen 30 und 50 cm Abstand keine bedeutsamen Ertragsunterschiede festgestellt werden. Auf trockenen Standorten hat sich das **Hacken** in Verbindung mit einem schwachen Anhäufeln gut bewährt.
Düngung – Leguminosen besitzen kein sehr fein verzweigtes Wurzelsystem und verfügen damit über ein schwächeres Aneignungsvermögen für Nährstoffe, insbesondere für Kali. Deshalb sollte eine gute **PK-Versorgung** sichergestellt sein. Wichtige Voraussetzungen für eine wirksame **Stickstoffbindung** der Knöllchenbakterien ist ein pH-Wert von möglichst über 6,5 und niedrige Nitratgehalte im Boden. Deshalb ist von einer Startstickstoffgabe abzuraten und auch **Wirtschaftsdünger** sollten nicht in hohen Mengen eingesetzt werden.
Pflanzenschutz – Weil nur wenige Herbizide in Ackerbohnen eingesetzt werden können und diese auch noch Wirkungslücken aufweisen, kommt der **mechanischen Unkrautbekämpfung** erhöhte Bedeutung zu. Während auf Böden mit guter Oberflächenstruktur und geringem Unkrautdruck mit dem Striegeln bis zu 10 cm Wuchshöhe gute Erfolge zu erzielen sind, sollte auf den typischen Ackerbohnenstandorten dem

Abb. 44 Wirkung von Aussaattermin und Saattiefe auf den Ertrag von Ackerbohnen (Göttingen 1983/84).

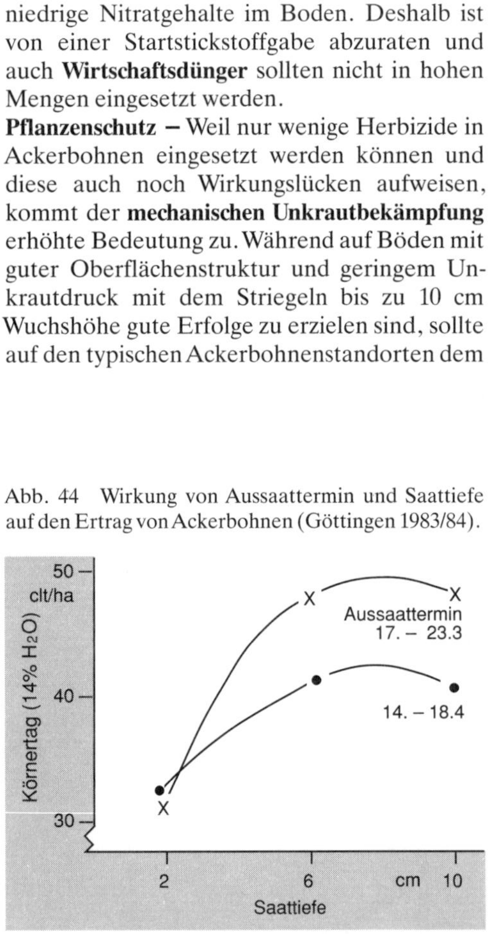

Hacken der Vorzug gegeben werden. Gegen Klettenlabkraut hat sich die Anwendung von jeweils 1 l Basagran/ha im Keimblattstadium und bei 5–10 cm Wuchshöhe bewährt.
Eine der wichtigsten Pflanzenschutzmaßnahmen ist die Bekämpfung der **Blattläuse.** Da Spritzungen in höheren Beständen technische Schwierigkeiten bereiten, ist auch bei schwachem Befall kurz vor der Blüte eine Behandlung mit einem systemischen Präparat zweckmäßig. Bei geringem Besatz reicht rechtzeitige Randbehandlung aus.
Ernte – Der Druschzeitpunkt ist erreicht, wenn auch die Wipfelblätter abgestorben und alle Hülsen braunschwarz gefärbt sind. Beim Drusch sollte die Trommeldrehzahl auf 50–60% reduziert, der Dreschkorb ganz geöffnet und der Wind auf volle Leistung gestellt werden. Bei Lager lassen sich die Ernteverluste mit einem Seitenschneidwerk reduzieren.
Sortenwahl – Die Züchtung hat in jüngster Zeit neue Sortentypen hervorgebracht. Dabei wird zwischen dem »Stabilo-Typ« (geringe Wuchshöhe, hohe Standfestigkeit) und dem »Topless-Typ« (endständige Blüten, gleichmäßige Abreife) unterschieden. In der Ertragsleistung haben diese Sorten bislang den »Standard-Typ« noch nicht erreicht.

Neben dem Kornertrag sind Standfestigkeit, frühe Reife und niedriges TKG die wichtigsten Kriterien in der Sortenwahl.

Wirtschaftlichkeit – Angaben zu den Deckungsbeiträgen sind Tabelle 39 zu entnehmen.

8.2 Erbsen

Standort – Erbsen verlangen warme, tätige Böden, ohne Staunässe, Strukturschäden und Steine, kommen dafür aber mit einem geringeren Wasserangebot zurecht als Ackerbohnen. Der Standort sollte die Aussaat bis Anfang April erlauben. Längere Trockenperioden können zu beträchtlichen Ertragseinbußen führen. Steine bringen beim Drusch der stark lagernden Erbsen Probleme. In höheren Lagen kann es vorkommen, daß der druschreife Bestand nicht mehr austrocknet und somit Ausfall- und Auswuchsverluste auftreten.
Fruchtfolge – Erbsen sind nicht selbstverträglich. Eine Anbaupause von mindestens 4 Jahren sollte eingehalten werden.
Die Ernterückstände der Erbsen werden rasch umgesetzt, so daß bereits im Herbst mineralisierter Stickstoff für die Nachfrucht zur Verfügung steht.

Zur Erbsensaat muß der Boden soweit abgetrocknet sein, daß keinerlei Strukturschäden riskiert werden.

Anbautechnik – Bei guten Bedingungen für den Feldaufgang ist eine **Saatstärke** zwischen 60 und 80 Körner/m² (bei 250–350 g TKG entspricht dies 190–240 kg/ha) ausreichend. Nur **anerkanntes Saatgut** besitzt die erforderliche Keimfähigkeit. In Getreidereihenabstand gesät, bilden die Erbsen rascher einen geschlossenen Bestand, der das Unkraut unterdrückt. Die **Saattiefe** sollte mindestens 3–4 cm betragen. Bei rauher oder unebener Bodenoberfläche empfiehlt sich das *Walzen nach der Saat,* um einen verlustarmen und störungsfreien Drusch zu gewährleisten.
Düngung – Hier gelten dieselben Grundsätze wie bei den Ackerbohnen.
Pflanzenschutz – Ein Komplex von samenbürtigen Krankheiten kann den Feldaufgang beeinträchtigen. Deshalb ist besonders bei niedrigen Saatstärken die **Saatgutbeizung** zu empfehlen. Mechanische **Unkrautbekämpfung** ohne Kulturschädigung ist mit dem Striegel nur bis 5 cm Wuchshöhe möglich und setzt gleichmäßige, tiefe Saat voraus. In der Regel wird man nicht ohne chemische Unkrautbekämpfung auskommen. Durch möglichst frühen Einsatz von Kontaktherbiziden (z. B. Basagran) kann die Aufwandmenge reduziert und gleichzeitig die Kulturverträglichkeit verbessert werden. Die Wirkungssicherheit von Bodenherbiziden ist in trockeneren Lagen nicht immer befriedigend.
Obgleich einige **Pilzkrankheiten** – Botrytis, Ascochyta u. a. – Blätter und Hülsen befallen können, brachten einmalige Fungizidbehandlungen in der Blüte meistens nicht den gewünschten Erfolg.
Die **Blattläuse** siedeln sich zunächst an den zusammengefalteten Triebspitzen oder Blütenanlagen an und sind dort schwer zu kontrollieren. Über ihre Schadwirkung in Abhängigkeit von Befallszeitpunkt und -stärke liegen bislang wenig Erfahrungen vor. Darüber hinaus treten durch die Fahrspuren spürbare Verluste auf. Bekämpfungswürdig ist vornehmlich der Befall zu Beginn der Blüte, welcher den Hülsenansatz beeinträchtigt.
Ernte – Der Druschzeitpunkt ist erreicht, wenn alle Hülsen braungefärbt und eingetrocknet sind. Wie bei den Ackerbohnen, muß der

Dreschkorb ganz geöffnet und die Trommeldrehzahl reduziert werden. Wichtigste Voraussetzung für die Verminderung der Ernteverluste ist die Ausrüstung des Schneidwerks mit *Ährenhebern,* mindestens an jedem dritten Finger.
Für die Lagerung ist eine Trocknung auf maximal 14% Feuchte notwendig.
Sortenwahl – Zur Sortenwahl sind 3 Sortentypen zu unterscheiden:

- **Futtererbsen:** Langstrohig, geringes TKG, meistens buntsamig;
  - besonders für Zwischenfrucht- und Futterbau geeignet;
- **Körnererbsen** (Blatt-Typ): kürzer, hohes TKG, gelb- oder grünsamig für die Kornnutzung;
- **Körnererbsen** (Ranken-Typ): wie Blatt-Typ, aber weniger Blätter und dafür mehr Ranken, bessere Standfestigkeit, leichterer Drusch.

Für die **Verwertung von Körnerleguminosen** sieht die EG-Marktordnung zwei Möglichkeiten vor. Bei der Vermarktung steht dem Erzeuger ein festgelegter Erzeugermindestpreis zu. Werden Ackerbohnen oder Erbsen im eigenen Betrieb verfüttert, erhält der Erzeuger unter bestimmten Voraussetzungen (z. B. Mitgliedschaft in einer anerkannten »Organisation«, Denaturierung) eine vom jeweiligen Soja-Weltmarktpreis abhängige Verarbeitungsbeihilfe.
Wirtschaftlichkeit – Die Deckungsbeiträge enthält Tabelle 40.

9 Hackfrüchte

9.1 Kartoffeln

Die Kartoffel hat in den letzten 30 Jahren einen drastischen Anbaurückgang hinnehmen müssen. Der Flächenumfang ging in der Bundesrepublik Deutschland von 1,07 Mio. ha im Jahre 1958 auf 203 728 ha im Jahre 1989 zurück. Die Gründe für diese Entwicklung sind im labilen Markt- und Preisgefüge, im rückläufigen Verbrauch von Speisekartoffeln und in der fast verschwundenen Verwertung von Futterkartoffeln zu suchen.

Im landwirtschaftlichen Betrieb kann die Kartoffel ihre Konkurrenzkraft gegenüber anderen Früchten nur behaupten, wenn es gelingt, mit dem Anbau hohe Erträge und gute Qualität zu verbinden.

Eine speziell auf die spätere Verwertung als Speise-, Stärke- oder Veredelungskartoffel ausgerichtete Produktionstechnik und eine Absatzsicherung durch Direktverkauf, Anbauverträge oder Erzeugerorganisationen sind weitere wichtige Voraussetzungen für die Wirtschaftlichkeit des Kartoffelanbaus.

9.1.1 Standort und Fruchtfolge

Standort – Obwohl die Kartoffel allgemein als Frucht der leichten Böden gilt, lassen sich die besten Erträge und Qualitäten auf lehmigen Sanden bis sandigen Lehmen erzeugen. Ideal für die Kartoffel ist ein lockerer, gut durchlüfteter und leicht *erwärmbarer Boden.*
Eine stabile Krümelstruktur bietet die beste Gewähr für eine gleichmäßige Wasserführung und geringe Erdbrockenbildung. Der Steinanteil sollte möglichst niedrig sein, da Steine, ähnlich wie Erdbrocken, zu erhöhten Beschädigungsanteilen bei der Ernte führen.
Fruchtfolge – Als *Vorfrucht* für die Kartoffel eignen sich alle Getreidearten. Zu beachten ist das zeitgemäße Einarbeiten von Ernterückständen und Zwischenfrüchten, da schlecht verrottetes Pflanzenmaterial im Frühjahr eine gestörte Wasserversorgung der Kartoffel und erhöhten Rhizoctoniabefall nach sich ziehen kann.
Im Kartoffelbau treten zwei gefährliche Fruchtfolgeschädlinge, der Kartoffelnematode und der Kartoffelkrebs, auf. Zur Vorbeuge eignet sich am besten eine dreijährige, mindestens zweijährige Anbaupause.

9.1.2 Sorten und Pflanzgut

Die **Kartoffelsorten** werden nach ihrer Reifezeit in sehr früh, früh, mittelfrüh und mittelspät bis spät eingeteilt. Jede Reifegruppe gliedert sich wieder nach dem Verwendungszweck in Speise-, Wirtschafts- und Veredelungssorten. Für die **Sortenwahl** muß die vorgesehene Verwendung als Speise-, Stärke- oder Veredelungskartoffel den Ausschlag geben.
Das deutsche Kartoffelsortiment (derzeit ca. 130 Sorten) ist so groß, daß innerhalb jeder Verwertungsgruppe genügend Spielraum bleibt, um bei der Sortenwahl auch anbautechnische Gesichtspunkte (Krankheits- und Schädlingsresistenz, Ertragskraft, Lagerfähigkeit) berücksichtigen zu können.
Gesundes **Pflanzgut** ist eine wesentliche Voraussetzung des Kartoffelbaus. So gehen mit jedem

Prozent viruskranker Pflanzen der Ertrag um durchschnittlich 0,64% und der Stärkegehalt um 0,023% zurück. Neben Viruskrankheiten können noch andere gefährliche Schaderreger wie Bakterienringfäule, Schwarzbeinigkeit, Rhizoctonia oder Kartoffelnematoden mit dem Pflanzgut übertragen werden.
Die Verwendung anerkannten Pflanzgutes ist das sicherste Mittel gegen diese Gefahren. Die hohen Pflanzgutkosten lassen sich in Grenzen halten, wenn jährlich ein Fünftel (20%) der benötigten Pflanzgutmenge zugekauft, vermehrt und im Folgejahr als Betriebspflanzgut verwendet wird. Bei sehr virusanfälligen Sorten lohnt sich allerdings ein jährlicher Pflanzgutwechsel.

9.1.3 Anbautechnik

Ziel der **Bodenbearbeitung** ist ein erdbrocken- und unkrautfreies, lockeres Pflanzbett. Im Frühjahr sollte eine Bearbeitungstiefe von 12–15 cm nicht überschritten werden, damit eine exakte und gleichmäßige tiefe Knollenablage auf einen gut abgesetzten Unterboden möglich ist.
Als **Bestandesdichte** sind 40 000–42 000 Pflanzen/ha anzustreben. Der sich davon ableitende Standraum erlaubt gleichermaßen hohe Ertragsleistungen bei Speise-, Stärke- und Veredelungskartoffeln, wenn das Pflanzgut auf 35/50 mm sortiert wird (Pflanzgutbedarf: 20–25 dt/ha). Kleiner fallendes Pflanzgut erfordert höhere Bestandesdichten und umgekehrt.
Erscheint die *Vorkeimung* zu aufwendig, sollte zumindest, wegen des schnelleren Auflaufens und der zeitigen Reife, die **Keimstimmung** des Pflanzgutes angestrebt werden. In Keimstimmung geraten Knollen, wenn sie vor dem Legen zwei Wochen lang Tagestemperaturen von über 10° C ausgesetzt werden.
Die **Pflanzung** der Knollen sollte flach, etwa 4–5 cm unter die Ackeroberfläche erfolgen. Ein zu feuchtes Pflanzbett verzögert ebenso wie zu tiefes Legen den Aufgang, fördert die Fußkrankheiten und kann zu Fehlstellen führen.
Pflanzenbauliche Fortschritte lassen sich bei Ausdehnung der **Reihenweite** von 62,5 cm oder 68 cm auf 75 cm erreichen. Das größere Erdvolumen und die bessere Stabilität der Dämme führen u. a. zu weniger grünen Knollen, weniger Beschädigungen bei der Ernte und zu höherer Vollernteleistung. Zwischen Reihenweite und Legeabstand in der Reihe besteht, bei 42 000 Pflanzstellen/ha, folgender Zusammenhang:

Reihenweite	Legeabstand
62,5 cm	39 cm
68 cm	36 cm
75 cm	32 cm

9.1.4 Düngung

Grundsätzlich wirkt sich der Einsatz **organischer Dünger** im Kartoffelbau sehr günstig aus, da schwerere Böden durch die entstehenden Humusstoffe gelockert, leichtere Böden in ihrem Wasserhaushalt verbessert werden. Die Ausbringung der organischen Dünger erfordert aber große Umsicht, um Stickstoffverluste durch Düngereintrag ins Grundwasser bzw. Qualitäts- und Ertragseinbußen bei den Kartoffeln bei verspäteter N-Freisetzung zu vermeiden. Gülle sollte allenfalls, mit höchstens 20–30 m³/ha auf befahrbaren Böden bei Frühjahrsbeginn (Februar/März) gegeben werden. Eine Stallmistdüngung mit höchstens 250 dt/ha ist wegen der langsameren Verrottung bereits im Herbst möglich.

Die mineralische Phosphat- und Kalidüngung ist unter Berücksichtigung von Ertragserwartung und der Nährstoffzufuhr über Wirtschaftsdünger nach der Bodenuntersuchung vorzunehmen. In der Grunddüngung ist der Entzug von ca. 50 kg P_2O_5 und 240 kg K_2O für eine mittlere Ernte zugrunde zu legen.

Chloridhaltige Kalidünger dürfen im Stärkekartoffelbau nur im Herbst eingesetzt werden, da Chlor den Stärkegehalt senkt. Die Kartoffel hat einen gegenüber anderen Früchten verstärkten Magnesiumbedarf.
Da überhöhte **Stickstoffdüngung** viele Nachteile nach sich zieht, u. a. erhöhte Krankheitsanfälligkeit, verzögerte Abreife, verminderte Lagerfähigkeit, müssen für die Bemessung des Düngeraufwandes das Stickstoffbedürfnis der Sorten, die ausgebrachten Wirtschaftsdünger und die Nährstoffnachlieferung des Standorts berücksichtigt werden. Unter Zugrundelegung dieser Größen wird die Stickstoffdüngung zwischen 70–150 kg N/ha schwanken.
Die schon früh abgeschlossene N-Aufnahme der Kartoffel erfordert die Stickstoffausbringung in der Regel in einer Gabe zum Legen. Nur auf sehr auswaschungsgefährdeten Böden (Schotterböden oder extrem leichte Sande) empfiehlt sich eine Aufteilung.

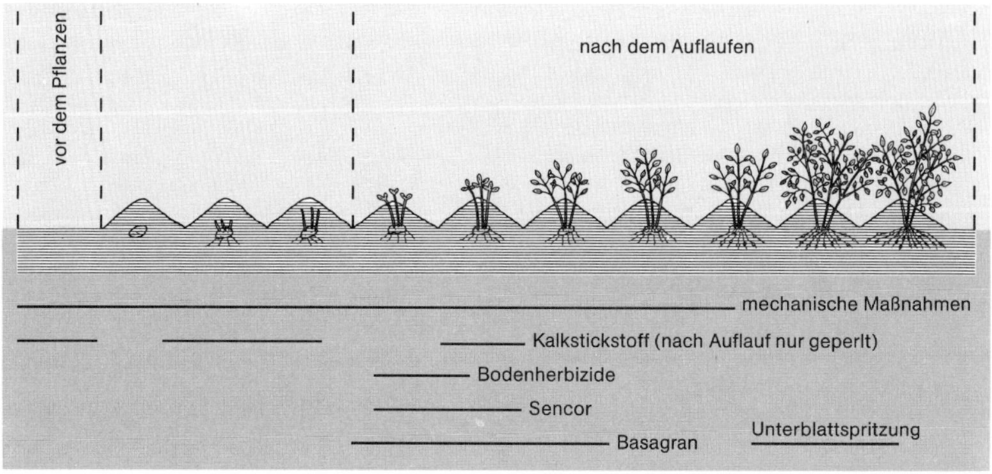

Abb. 45 Anwendung verschiedener Unkrautbekämpfungsverfahren bei Kartoffeln.

9.1.5 Pflege und Pflanzenschutz

Die **Unkrautbekämpfung** kann im Kartoffelbau durchaus ohne Einsatz chemischer Präparate erfolgen, wenn der Boden nach Niederschlägen eine rasche Befahrbarkeit der Schläge erlaubt, der Unkrautdruck nicht zu groß und keine Spätverunkrautung zu befürchten ist. Das mechanische Pflegeverfahren erfordert 3–4 Arbeitsgänge im Wechsel aus Striegeln und Häufeln.
Meist werden mechanische und chemische Unkrautbekämpfung oder Kalkstickstoff kombiniert. Vor dem Einsatz der chemischen Präparate bzw. des Kalkstickstoffes wird ein- bis zweimal gehäufelt und gestriegelt (Abb. 45).
Große Sorgfalt verlangt die Vorbeugung und **Bekämpfung der Krankheiten.** Insbesondere die **Kraut- und Knollenfäule** *(Phytophtora)* kann große wirtschaftliche Schäden verursachen. Noch vor dem Auftreten erster Symptome an Blättern oder Stengeln muß mit dem Einsatz systemischer oder Kontakt-Fungizide der Befall verhindert werden. Den **Fußkrankheiten** *(Rhizoctonia, Schwarzbeinigkeit)* kann durch nicht zu frühes und nicht zu tiefes Pflanzen vorgebeugt werden. Während aber gegen *Rhizoctonia* oder Weißhosigkeit noch mit chemischer Beizung eine Befallsminderung erreicht werden kann, bestehen gegen *Schwarzbeinigkeit* insgesamt nur indirekte Bekämpfungsmöglichkeiten. Neben der sachgemäßen Legearbeit ist dies vor allem die Verwendung gesunden Pflanzgutes.
Dem Ausbruch von **Naßfäule** im Lager, der durch den Erreger der Schwarzbeinigkeit hervorgerufen wird, kann durch schonende Erntearbeit und kühle, trockene Lagerhaltung entgegengewirkt werden. Die Einschleppung von **Kartoffelkrebs** und **Bakterienfäule** in einen kartoffelbauenden Betrieb läßt sich nur vorbeugend verhindern. Das bedeutet vor allem, daß kein fremdes, nichtanerkanntes Pflanzgut bezogen wird. Durch das Einhalten dieser Regel ist auch die Abwehr der Nematoden als wichtigste **Kartoffelschädlinge** möglich, wenn die erforderlichen Anbaupausen eingehalten werden. Engere Fruchtfolgen setzen unbedingt die Verwendung nematodenresistenter Sorten voraus.

9.1.6 Ernte und Lagerung

Die größte Gefahr für die Qualität der Kartoffeln und ihrer Haltbarkeit im Lager geht von Knollenbeschädigungen während der Ernte aus.

Ernte – Zwar lassen sich bei vollmechanisierter Ernte mit dem Rodesammler Verletzungen an Schale und Knolle nicht völlig ausschließen. Häufigkeit und Ausmaß der Beschädigungen werden durch die Erntebedingungen aber entscheidend bestimmt.
Wichtigste Voraussetzungen für eine beschädigungsarme Rodearbeit sind abgestorbenes Kraut, Schalenfestigkeit und trockener warmer Boden (Abb. 46). Daneben kann noch mit Sortenwahl und Fahrweise des Vollernters (hohe Fahrgeschwindigkeit, niedrige Zapfwellendreh-

Tabelle 41 Deckungsbeitrag Speisekartoffel

Ertrag	dt/ha netto	250	275	300	325	350	375	400
davon								
75% Speisekartoffeln	à 15,00 DM/dt	188	206	225	244	263	281	300
25% Futterkartoffeln	à 4,14 DM/dt	62	69	75	81	87	94	100
Marktleistung	DM/ha	3077	3376	3686	3995	4305	4604	4914
Pflanzgut	5 dt à 70,– DM							
Pflanzgut	21 dt à 15,– DM	665	665	665	665	665	665	665
Düngemittel	DM	320	352	384	416	447	480	512
Pflanzenschutz (ab 300 dt)	DM	201	201	201	255	255	255	255
+ 1 × Ridomil = 54 DM/ha	DM	500	550	600	650	700	750	800
Sortierkosten (2,– DM/dt)								
variable Maschinenkosten	DM	500	500	530	530	550	550	580
variable Kosten	DM/ha	2186	2268	2380	2536	2617	2700	2782
Deckungsbeitrag	DM/ha	891	1108	1306	1479	1688	1904	2102

	ML	DB	ML	DB	ML	DB	ML	DB	ML	DB	ML	DB	ML	DB
bei 11,– DM/dt Speisekartoffeln	2325	139	2552	284	2786	406	3019	503	3253	636	3480	780	3714	902
bei 13,– DM/dt Speisekartoffeln	2701	515	2964	696	3236	856	3507	993	3779	1162	4042	1342	4314	1502
bei 17,– DM/dt Speisekartoffeln	3453	1267	3788	1520	4136	1756	4483	1967	4831	2214	5166	2466	5514	2702
bei 19,– DM/dt Speisekartoffeln	3829	1643	4200	1932	4586	2206	4971	2455	5357	2740	5728	3028	6114	3332

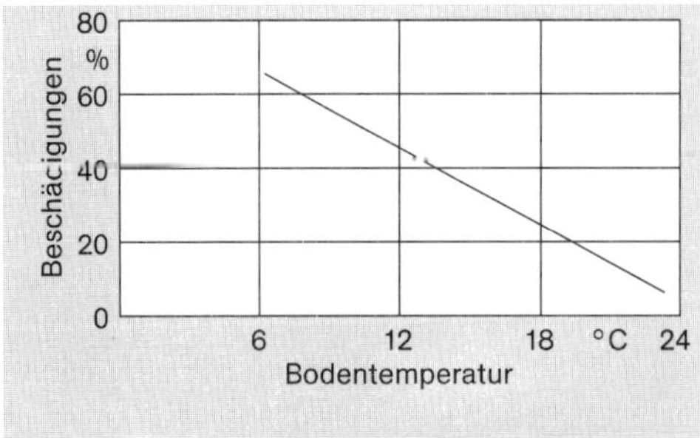

Abb. 46 Abhängigkeit der Beschädigungsempfindlichkeit von der Bodentemperatur beim Roden.

zahl) der Anteil beschädigter Knollen gesenkt werden.

Lagerung – Ebenfalls zu vermeiden sind Beschädigungen bei der Einlagerung (keine Fallhöhen über 20 cm). Die Lagerhaltung selbst sollte darauf abzielen, daß Fäulnis sowie Keimung unterbleiben und die Atmung auf ein Minimum reduziert wird. Am ehesten gelingt dies, wenn eine Partie nach Einlagerung mit kühlerer Luft trockengeblasen, anschließend 2 Wochen zur Wundheilung bei höheren Temperaturen (15° C) gehalten und schließlich auf die Temperatur der Dauerlagerung, die je nach Verwendungszweck zwischen 3 und 8° C liegt, abgekühlt wird.

9.1.7 Wirtschaftlichkeit (Deckungsbeiträge)

Die Wirtschaftlichkeit des Speisekartoffelanbaues kann aus den Deckungsbeiträgen (DB) der Tabelle 41 abgelesen werden.

Dabei sind Erträge von 250–400 dt/ha berücksichtigt. Bei der Marktleistung (ML) wurden 25% Futterkartoffeln zu einem Preis von 4,14 DM/dt unterstellt,

Die Preise für Speisekartoffeln sind mit 11 bis 19 DM/dt eingesetzt.

Der Arbeitsaufwand beträgt je nach Größe der Grundstücke und Mechanisierung 140 AKh bis 240 AKh/ha.

9.2 Zuckerrüben

Von den Hackfrüchten nimmt die Zuckerrübe die größte Anbaufläche, nämlich 400 000 ha, in der Bundesrepublik Deutschland ein. Der sichere Absatz im Rahmen des Vertragsanbaus und die vergleichsweise hohen Verwertungserlöse machen die Zuckerrübe zu einer wirtschaftlich interessanten Fruchtart, zumal die landtechnische Entwicklung und der chemische Pflanzenschutz den früher hohen Arbeitsaufwand stark reduziert haben.

9.2.1 Standort und Fruchtfolge

Standort – Relativ hoch sind die **Bodenansprüche.** Tiefgründigkeit und gute Wasserführung des Standorts sind wichtige Voraussetzungen für den erfolgreichen Zuckerrübenanbau. Eine ausreichende Wasserhaltefähigkeit gibt die Gewähr für eine nachhaltige Wasserversorgung während der Sommermonate.

Ein gut durchwurzelbarer Boden ohne Verdichtungshorizonte erlaubt zügiges Rübenwachstum ohne Störungen wie z. B. Beinigkeit. Vor allem auf schluffigen und lehmigen Böden ist eine stabile Bodenstruktur notwendig, damit die Ackeroberfläche nicht stark verschlämmen oder verkrusten kann (Feldaufgang).

Fruchtfolge – Im Rahmen der üblichen Fruchtfolgen steht Getreide vor Zuckerrüben. Weniger günstig müssen Ackerfutterarten als Vorfrüchte eingestuft werden, da sie, wie Rotklee oder Luzerne, wegen der nur teilweise verrotteten Wurzelrückstände zu verstärkter **Beinigkeit** führen oder, wie der Mais, den Boden häufig in schlechtem Garezustand zurücklassen.

Unbedingt sind, auch im Zwischenfruchtbau, Kreuzblütler wie Raps, Rübsen oder Senf als Vorfrüchte zu vermeiden. Sie sind, neben den Rüben, Wirtspflanzen des **Rübennematoden.** Um einer Bodenverseuchung mit diesem Schädling vorzubeugen, sollten Rüben möglichst nur alle 4 Jahre wiederkehren.

9.2.2 Bodenbearbeitung

Zunehmende Ablageweiten des Saatgutes bis hin zur *Endstandsaat* bedingen steigende Anforderungen an die **Qualität des Saatbettes.** Beim idealen Zuckerrübensaatbett befindet sich eine 2–4 cm umfassende lockere Oberkrume über einem gut abgesetzten, feuchten Saatunterbett. In der Übergangszone zwischen diesen beiden Schichten wird das Saatkorn abgelegt.

Mit dem guten Bodenschluß an den Unterboden ist eine genügende Wassernachlieferung sichergestellt; die durchlockerte Oberkrume erwärmt sich schnell und sichert die nötige Sauerstoffversorgung des keimenden Samens.

Die sachgemäße **Saatbettbereitung** beginnt bereits im Herbst mit der Stoppelbearbeitung. Nur eine flache, durchmischende Einarbeitung

von Stroh, Grün- und Wirtschaftsdüngung leitet die organische Rotte so frühzeitig ein, daß im Frühjahr Unregelmäßigkeiten der Bodenstruktur, die zur Beinigkeit der Rüben führen können, ausbleiben. Die Ausführung der Herbstpflugfurche sollte sich an der Strukturstabilität des Bodens orientieren. Böden, die zur Verschlämmung neigen, sollten grobscholliger überwintern. Das Ziel der Bodenbearbeitung im Frühjahr ist die Herrichtung des Saatbettes in möglichst wenigen Arbeitsgängen.
Der Boden sollte flach auf 2–4 cm bearbeitet werden. Es eignen sich dafür vor allem Gerätekombinationen aus Feineggen und Krümelwalzen bzw. Wälzeggen. Auf erosionsgefährdeten Böden kann mit Mulchsaat dem Bodenabtrag begegnet werden.

9.2.3 Sorten und Saat

Sortenwahl – Im Zuckerrübenbau wird praktisch nur noch genetisch einkeimiges Saatgut, d. h. **Monogermsaatgut,** verwendet. Als Grundlage der Sortenwahl sollten die von Anbauerverbänden und Beratung durchgeführten Anbauversuche herangezogen werden, da aus deren Ergebnissen nicht nur Ertrag und Wachstumsmerkmale der Sorten, sondern auch die für die Bezahlung entscheidenden Merkmale »Zuckergehalt«, »bereinigter Zucker«, »ausbeutbarer Zucker« hervorgehen. Auf rizomaniagefährdeten Standorten ist auf tolerante Sorten auszuweichen, um gravierende Ertragseinbrüche zu vermeiden. Diese Sorten können auch bei Nichtbefall einer Fläche in der Ertragsleistung noch befriedigen.
Saat – Die Saatzeit der Zuckerrüben bewegt sich zwischen Mitte März und Mitte April. Zur Saat sollte der Boden ausreichend abgetrocknet sein und sich die oberste Bodenschicht bereits zu erwärmen beginnen. Aus dem erwähnten Aufbau des Saatbettes ergibt sich eine Saattiefe von etwa 3 cm.
Die Ablageweite in der Reihe muß unter Berücksichtigung von angestrebter Bestandesdichte, Anbauverfahren (mit oder ohne Vereinzelung) und erwartetem Feldaufgang gewählt werden. Als **Bestandesdichte** haben sich 70 000–80 000 Pflanzen/ha im vereinzelungslosen Anbau bewährt. Wird noch vereinzelt, so genügen wegen der besseren Standraumverteilung 65 000–75 000 Pflanzen/ha. Aus den angegebenen Bestandesdichten errechnet sich bei einer Reihenweite von 50 cm und Feldaufgängen von mindestens 70% eine Ablage von 18–20 cm in der Reihe im vereinzelungslosen Anbau. Ist Vereinzelung vorgesehen, so wird meist auf 10–12 cm gesät.
Sehr kritisch sollten eventuell notwendig werdende Überlegungen zum Thema **»Umbruch«** angestellt werden. Stehen mehr als 30 000 Pflanzen/ha in einigermaßen gleichmäßiger Verteilung, so ist von einem Umbruch abzusehen.

9.2.4 Düngung

Zuckerrüben reagieren positiv auf die durch **organische Dünger** mögliche Gareverbesserung. Alle organischen Dünger (Stallmist, Strohdüngung, Jauche, Gülle) sind frühzeitig im Herbst auszubringen, so daß die Umsetzung der organischen Stoffe bis zur Zuckerrübensaat weitgehend abgeschlossen ist. Jauche und Gülle müssen bei Herbstausbringung unbedingt mit einem Nitrifikationshemmstoff (z. B. Didin) versetzt werden, um Stickstoffauswaschungen ins Grundwasser zu verhindern.
Die **mineralische Düngung** von Phosphat, Kali und Magnesium ist nach den Ergebnissen der Bodenuntersuchung unter Einbeziehung der Wirtschaftsdünger zu kalkulieren. Die Zuckerrübe hat besonderen Bedarf an **Bor.** Bei Mangel an diesem Spurenelement tritt Herz- und Trokkenfäule auf. Vor allem auf kalkreichen Böden ist daher ein Düngemittel einzusetzen, das Bor als Begleitnährstoff enthält.

Da eine überhöhte Stickstoffdüngung die Rübenqualität mindert, sollte der N-Aufwand aus dem verfügbaren Bodenstickstoff (Messung nach EUF bzw. N_{min}), den Stickstoffreserven aus Vorfrüchten sowie organischer Düngung und der Ertragserwartung errechnet werden.

Durchschnittlich bewegt sich die mineralische N-Düngung zwischen 120 und 180 kg N/ha. Stickstoffmengen über 120 kg N/ha sollten aufgeteilt werden; die 2. N-Gabe wird kurz nach Rübenaufgang oder Vereinzeln gestreut. Qualitätsverschlechterungen durch verspätete Stickstoffaufnahme werden dann vermieden.

9.2.5 Pflanzenschutz

Zuckerrüben sind vor allem in den ersten Wochen nach Auflaufen verhältnismäßig empfindlich gegenüber der Wachstumskonkurrenz von Unkräutern. Zur chemischen **Unkraut- und Ungrasbekämpfung** stehen eine Reihe von Präparaten zur Verfügung, die im Vorsaat-, Vorauflauf- oder Nachauflaufverfahren eingesetzt wer-

Tabelle 42 Deckungsbeitrag Zuckerrübe

Ertrag	dt/ha	400	425	450	475	500	525	550	575	600	625	650
Preis	DM/dt	12,60	12,60	12,60	12,60	12,60	12,60	12,60	12,60	12,60	12,60	12,60
Marktleistung	DM/ha	5040	5355	5670	5985	6300	6615	6930	7245	7560	7875	8190
Saatgut	DM/ha	306	306	306	306	306	306	306	306	306	306	306
Düngung nach Entzug	DM/ha	327	347	368	388	409	429	450	470	490	510	532
Pflanzenschutz	DM/ha	394	394	394	394	394	394	394	394	394	394	394
Hagelversicherung	DM/ha	151	161	170	180	189	198	208	217	227	236	246
variable Maschinenkosten	DM/ha	350	350	350	350	350	350	350	350	350	350	350
Maschinenring (Roden)	DM/ha	550	550	550	550	550	550	550	550	550	550	550
Summe variable Kosten	DM/ha	2078	2108	2138	2168	2198	2227	2258	2287	2317	2346	2378
Deckungsbeitrag	DM/ha	2962	3247	3532	3817	4102	4388	4672	4958	5243	5529	5812
Deckungsbeitrag bei einem Preis von ... DM/dt Rüben	7,50	922	1080	1237	1395	1552	1711	1867	2026	2183	2342	2497
	8,00	1122	1292	1462	1632	1802	1973	2142	2313	2483	2654	2822
	8,50	1322	1505	1687	1870	2052	2236	2417	2601	2783	2967	3147
	11,50	2522	2780	3037	3295	3552	3811	4067	4326	4583	4842	5097
	12,00	2722	2992	3262	3532	3802	4073	4342	4613	4883	5154	5422
	12,50	2922	3205	3487	3770	4052	4336	4617	4901	5183	5467	5747
	13,00	3122	3417	3712	4007	4302	4598	4892	5188	5483	5779	6072
	13,50	3322	3630	3937	4245	4552	4861	5167	5476	5783	6092	6397

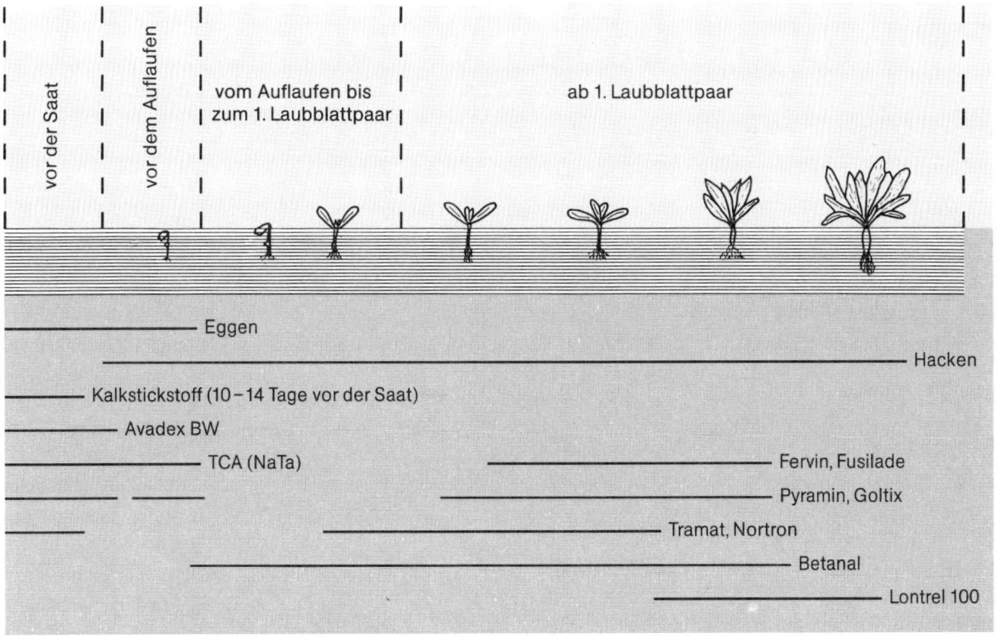

Abb. 47 Ungras- und Unkrautbekämpfung im Rübenbau.

den können (Abb. 47). Mit *Bandspritzung* lassen sich die Herbizidaufwendungen um mehr als die Hälfte reduzieren. Der Boden zwischen den Reihen wird dann mit mehrmaliger Maschinenhacke unkrautfrei gehalten.

Die beste Voraussetzung für einen hohen Feldaufgang und damit auch zur Abwehr von **Schaderregern** nach der Keimung ist das Schaffen möglichst günstiger Auflaufbedingungen. Die vorteilhaften Wachstumsbedingungen eines feinkrümeligen, gut durchlüfteten Saatbettes reichen in Verbindung mit den aus der Saatgutpille freiwerdenden insektiziden und fungiziden Wirkstoffen in der Regel aus, um größere Schäden durch *Wurzelbrand* oder *Moosknopfkäfer* zu verhindern. Eine genaue Beobachtung von Aufgang- und Bestandesentwicklung ist dabei unbedingt zu empfehlen.

Ebenfalls vorbeugende Maßnahmen wie die Fruchtfolge (Abschnitt 9.2.1) müssen zur Bekämpfung der zystenbildenden und freilebenden *Rübennematoden* im Vordergrund stehen.

Große Probleme im Zuckerrübenbau können die **Viruskrankheiten** bereiten. Die Gefahr der virösen Wurzelbärtigkeit oder *Rizomania* ist selbst durch entsprechende Fruchtfolgegestaltung nicht zu entschärfen. Nach Einschleppung des Virus kann der Schaden nur durch Anbau befallstoleranter Sorten gemildert werden. Weit verbreitet ist die *viröse Vergilbung* bei Zuckerrüben. Die fast regelmäßig zu beobachtenden Spätsymptome (ab Ende August) haben allerdings nur geringe Schadwirkung. Größere Ertrags- und Qualitätsausfälle sind nur bei Frühbefall (Juni) zu verzeichnen.

9.2.6 Ernte

Vorrangigen Einfluß auf die Wahl des Erntezeitpunktes hat, neben betriebsorganisatorischen Fragen wie Bestellung der Nachfrucht, vor allem der von der Fabrik gesetzte Liefertermin.

Die beim Roden entstehenden **Ernteverluste** können den wirtschaftlichen Erfolg des Zuckerrübenanbaus erheblich mindern. Im Durchschnitt belaufen sich die Ernteverluste auf 8–10% des Erntegewichtes.

9.2.7 Wirtschaftlichkeit (Deckungsbeiträge)

Die Deckungsbeiträge für Zuckerrüben können für Erträge von 400–650 dt/ha und bei Preisen von 7,50–13,50 DM/dt aus der Tabelle 42 abgelesen werden. Der Aufwand für die Blattbergung ist in diesen Zahlen nicht enthalten.

Der Arbeitsaufwand beträgt je nach Größe der Grundstücke und Mechanisierung 75 bis 100 AKh/ha.

7 Der Futterbau im NE-Betrieb

1 Grünland

Das Dauergrünland nimmt in der Bundesrepublik Deutschland ungefähr 38% der LN ein. Etwas mehr als die Hälfte davon werden als *Wiesen* genutzt. Der Rest setzt sich aus den verschiedenen Formen der *Weide* (Weide, Mähweide, Almen, Hutungen) zusammen.
Die Konkurrenzfähigkeit des Grünlandes gegenüber den Verkaufsfrüchten vom Acker hat sich zwar seit Einführung der Milchmengenregelung gebessert. Die Wirtschaftlichkeit der Milchviehhaltung setzt aber niedrige Produktionskosten voraus. Das bedeutet auch für den Nebenerwerbsbetrieb den Zwang, vorhandene Kosten- und Leistungsreserven im Grünland zu nutzen. Wichtigste Ansatzpunkte sind hohe Grundfutterleistung und hohe Grundfutterqualität, insbesondere hohe Energiekonzentration im Grundfutter.

1.1 Düngung und Nutzung der Wiesen

Die Ertragsfähigkeit und damit die mögliche Nutzungsintensität der Wiesen hängt stark von den natürlichen Standortgegebenheiten ab. So sind Niederschlagsmenge, Höhenlage, Bodentyp und Bodenart die ausschlaggebenden Faktoren für Zusammensetzung und Leistungsfähigkeit der Grünlandnarbe.

Düngung – An der durch die Standortfaktoren bestimmten Ertragsfähigkeit sollte sich die Düngung orientieren (Tabelle 43). Einer höheren Düngung muß aber immer eine intensivere Nutzung folgen.
Von den angegebenen mineralischen Düngermengen sind noch die mit den **Wirtschaftsdüngern** ausgebrachten Nährstoffmengen abzuziehen. Grundsätzlich gilt, daß gerade in der Grünlandwirtschaft eine nutzungsgerechte Grunddüngung (P, K, Mg) nur möglich ist, wenn die auszubringenden Nährstoffe nach einer Bodenuntersuchung über eine Nährstoffbilanzierung, in die die ertragsabhängigen Nährstoffentzüge und der Nährstoffrückfluß durch die Wirtschaftsdünger eingehen, errechnet wurden.

Tabelle 43 Ertragsfähigkeit und Düngung von Wiesen verschiedener Intensitätsstufen

Schnitt-häufigkeit	Ertrags-fähigkeit dt T/ha	Düngung N	P_2O_5	K_2O
		kg Reinnährstoff/ha		
2	50– 70	—	80	120
3	70–100	90–120	100	180
4–5	100–140	200–250	160	300

Nutzung – Auf trockenen oder sehr durchlässigen Böden können Wiesen nur zweimal geschnitten werden. **Zweischnittwiesen** sollen über den Stallmist hinaus keine N-Düngung erhalten. Ihr Stickstoffbedarf wird über den Leguminosenanteil abgedeckt. Eine zusätzliche N-Düngung würde hier die Leguminosen verdrängen und die Futterqualität verschlechtern.
Da Jauche und Gülle Leguminosen verdrängen, eignen sich diese Wirtschaftsdünger nicht zum Einsatz auf Zweischnittwiesen. Hingegen wirkt sich Ausbringung von Stallmist positiv aus. Im Gegensatz zum gesamten übrigen Grünland ist auf diesen *Extensivwiesen* ein zu früher Schnitt ungünstig, da damit die bestandsbildenden Obergräser (Glatthafer) verdrängt werden.
Abgesehen von den erwähnten Trockenstandorten können die übrigen Wiesen mindestens **dreimal geschnitten** werden. Eine zusätzliche Stickstoffdüngung von 90–120 kg N/ha ist dann nötig (Tabelle 43).

Von entscheidender Bedeutung für die Futterqualität ist der erste Schnittzeitpunkt.

Die anzustrebende Verdaulichkeit der organischen Substanz von etwa 70% ist im Stadium zwischen Schossen der Gräser und Beginn des Ähren- bzw. Rispenschiebens erreicht. Eine *Heuwerbung* zu diesen frühen Zeitpunkt ist nur möglich, wenn künstlich nachgetrocknet wird. Mit der *Silierung* gelingt die Erzeugung einer solchen Futterqualität, die wegen der hohen Energiekonzentration gute Grundfutterleistungen ermöglicht, leichter.
Ist allerdings aus pansenphysiologischen Gründen ein Grundfutter mit höherem Rohfasergehalt erwünscht, kann die herkömmliche Nut-

zungsregel »*Heuschnitt bei Beginn der Blüte*« beibehalten werden. Dreischnittwiesen, die bei mäßiger Stickstoffdüngung (80–90 kg N/ha) nachhaltig mehr als 90 dt T/ha bringen, können in eine viermalige Nutzung überführt werden.
Durch die **Mehrschnittnutzung** (4–5 Schnitte) verteilen sich die Anteile der einzelnen Schnitte am Gesamtertrag anders (Tabelle 44). Die Futterlieferung des 1. Schnittes geht zugunsten der nachfolgenden Nutzungen zurück. Dadurch wird der Futteranfall über die Vegetationsperiode ausgeglichen. Mehrschnittnutzung ist nur bei gleichmäßiger Wassernachlieferung des Standortes möglich.
Voraussetzungen für einen vier- bis fünfmaligen Schnitt sind daher entweder gleichmäßig verteilte, ausreichende *Niederschläge* (400 bis 500 mm von April bis September) oder eine sehr gute Wasserspeicherung im Boden. Standorte, die 4–5 Schnitte zulassen, erlauben auch eine Bewirtschaftung als Weide oder Mähweide.

Tabelle 44 Verteilung des relativen Ertragsanteils der einzelnen Schnitte bei unterschiedlicher Nutzungshäufigkeit

Nutzungshäufigkeit	Trockenmasseanteil der einzelnen Schnitte in %				
	1.	2.	3.	4.	5.
3	47	27	26	—	—
4	35	24	21	20	—
5	27	21	20	16	16

Auch die 4- bis 5-Schnittwiese kann nur dann nährstoffreiches Futter liefern, wenn der 1. Schnitt früh erfolgt. Mit dem Beginn des Ährenschiebens nimmt die Verdaulichkeit der Gräser täglich um ca. 0,5% ab.

Daher muß spätestens bei diesem Stadium geschnitten werden. Die Verdaulichkeit der organischen Substanz beträgt dann noch über 70%. Die Futterqualität bleibt wegen der häufigen Nutzung vom ersten bis zum letzten Aufwuchs weitgehend gleich. Da die Pflanzen früher als bei den extensiveren Wiesenformen geerntet werden, steigt nicht nur der Gesamtentzug an Nährstoffen, sondern auch der Entzug pro Schnitt. Als Folge der dann notwendig werdenden Düngungssteigerung (Tabelle 43) kann sich eine *Artenverarmung* mit erhöhter Anfälligkeit der Grünlandnarbe für Verunkrautung einstellen.

Positiv ist der höhere Phosphatgehalt des Futters bei vier- bis fünfmaliger Nutzung zu werten. Der Gehalt an den anderen Mineralstoffen ändert sich hingegen nach Übergang zur *intensiven Wirtschaftsweise* kaum. Lediglich bei sehr gräserreichen Pflanzenbeständen können im Futter niedrige Ca-Gehalte vorliegen.

1.2 Nutzung und Düngung von Weiden

Nutzung – Eine lohnende Weidewirtschaft setzt folgende Standorteigenschaften voraus:
- Geregelte Grundwasserverhältnisse,
- ausreichende und gut verteilte Niederschläge (450–500 mm von April bis September),
- ebene oder leicht hängige Flächen in hofnaher Lage.

Bezogen auf die vom Hektar erzeugte Trockenmasse kommt die vier- bis fünfmal genutzte Weide im Ertrag der intensiv genutzten Mehrschnittwiese gleich. Es sind etwa 100 bis 130 dt T/ha zu erwarten.
Die **Nährstofferträge** (als Produkt aus Trockenmasseertrag und Energiegehalt) werden vom Nutzungszeitpunkt beeinflußt, da der Energiegehalt in direkter Beziehung zum Pflanzenalter steht (Abb. 48). Weidereifes Futter weist eine Energiekonzentration von 6–7 MJ (NEL)/kg T auf. Es ist zu diesem Zeitpunkt 20–25 cm hoch und befindet sich kurz vor dem Rispen- bzw. Ährenschieben der Gräser.
Die Abnahme des Energiegehaltes verläuft in den auf den 2. Aufwuchs folgenden Nutzungen verzögerter als in Abb. 48 dargestellt, da sich die physiologische Reife der Grünlandpflanzen verlangsamt.
Von zentraler Bedeutung im Weidebetrieb ist die Wahl des **Beweidungszeitpunktes.** Neben der

Abb. 48 Einfluß des Pflanzenalters von Weidegras beim 1. und 2. Aufwuchs auf den Energiegehalt.

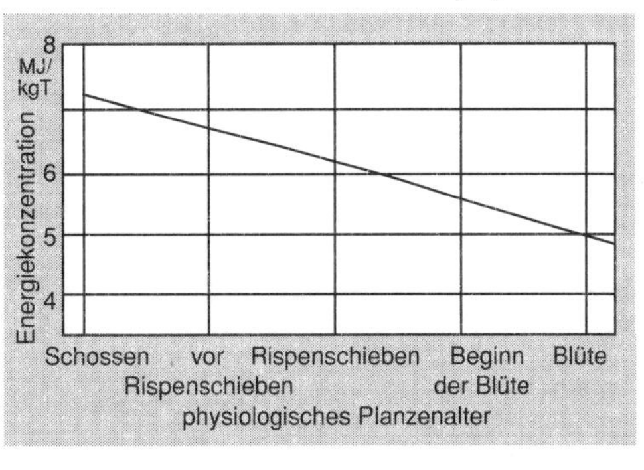

Energiekonzentration im Futter werden Höhe der Futteraufnahme und Weideverluste dadurch entscheidend beeinflußt. Bei *Weidereife,* das sind 20–25 cm Wuchshöhe des Grases, ist die Futteraufnahme am höchsten. Kühe fressen dann, bei günstiger Bestandszusammensetzung, bis 18 kg T/Tag.
Die Ursachen für eine solch hohe *Futteraufnahme* sind in den jeweiligen Anteilen von Trokkenmasse und Rohfaser, die zu diesem Zeitpunkt im Weidefutter vorliegen, zu suchen. Sowohl bei sehr jungem Gras (unter 18 cm) sowie bei zu altem Futter (über 30 cm) sinkt die Futteraufnahme. Durchschnittlich nimmt eine Kuh etwa 13,5 kg T/Tag als Weidefutter auf. Unter Einrechnung der Weideverluste müssen also 17 kg T angeboten werden. Die dafür nötige Futterfläche richtet sich nach der Futterhöhe (Tabelle 45).

Tabelle 45 Abhängigkeit des Futterflächenbedarfs/Kuh und Tag von der Bestandeshöhe

mittlere Bestandeshöhe in cm	erforderliche Weidefläche in m²
18	120
23	80
28	65
33	50

Die Beweidung zur Zeit der Weidereife des Futters und eine nach der Bestandeshöhe bemessene Weidefläche sind der richtige Weg, um die Weideverluste niedrig, d. h. bei 20–25%, zu halten.

Bei sehr ungünstigen Bedingungen, wie nasser Witterung, überständigem Futter oder unkontrollierter Flächenzuteilung, steigen die **Weideverluste** bis auf 70%. Nur noch 30% des Aufwuchses werden dann vom Vieh aufgenommen. Die Ausnutzung des Aufwuchses spielt also für den Grünlandbetrieb eine mindestens ebenso entscheidende Rolle wie die Futtererzeugung selbst.
Aus rechtzeitigem Auftrieb und passender Flächenbemessung ergibt sich zwangsläufig auch eine hohe **Nutzungshäufigkeit.** Zwar kann dann der Bruttoertrag der Fläche sinken. Dieser Ertragsrückgang wird aber mehr als wettgemacht durch die Verminderung der Weideverluste. (Abb. 49). Der Nettoertrag steigt damit an.

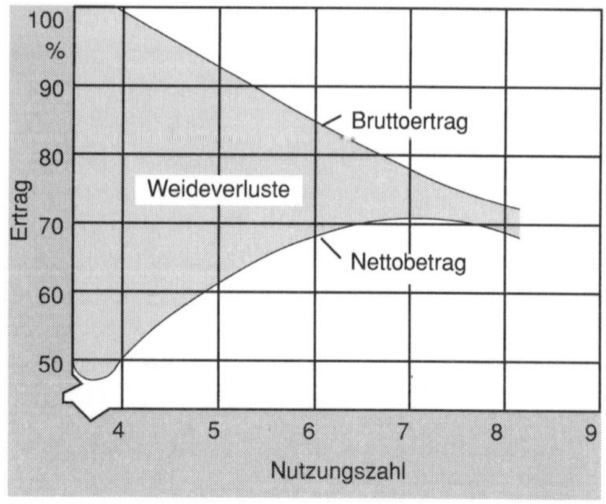

Abb. 49 Bruttoertrag, Weideverluste und Nettoertrag in Abhängigkeit von der Zahl der Weideumtriebe.

Wird eine Fläche nur beweidet, kommt der **Nachmahd** zur Beseitigung nicht abgefressener Stellen große Bedeutung zu.
Überflüssig ist diese Pflegemaßnahme bei der **Mähweide,** da sich bei dieser Bewirtschaftung Weideumtriebe und Schnittnutzung abwechseln. Die Mähweide bringt daneben eine Reihe weiterer Vorteile, wie höherer Nährstoffertrag, höhere Verdaulichkeit des Futters und höhere Futteraufnahme. Gleichzeitig bietet sie die Möglichkeit, Futterüberschüsse, wie sie aufgrund des natürlichen Wachstumsverlaufes anfallen (Abb. 50) durch Schnitt und anschließende Konservierung als Heu oder Silage zu verwerten.
Düngung – Für die Düngung der Weiden und Mähweiden mit **Phosphat** und **Kali** gelten die in Abschnitt 1.1 genannten Empfehlungen zur Erstellung einer Düngebilanz. Wegen des starken Nährstoffrückflusses durch Gülle, Kot und Harn der Weidetiere kann keine Richtschnur zur Düngeranwendung gegeben werden. Um die **Magnesium-** und **Natriumgehalte** im Futter dem Tierbedarf so weit als möglich anzupassen,

Abb. 50 Trockenmassezuwachs im Grünland während einer Vegetationsperiode.

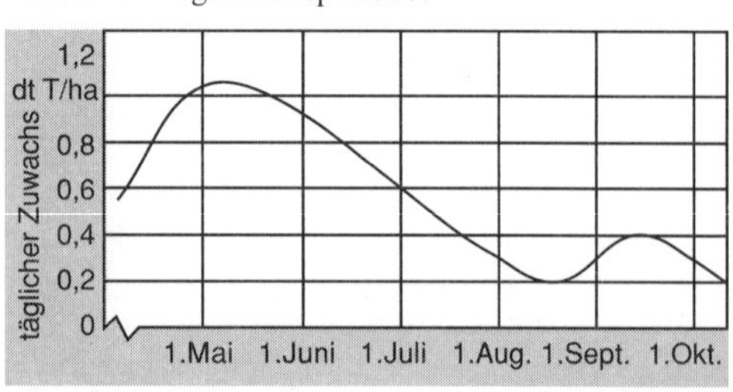

empfehlen sich eine regelmäßige Untersuchung des Bodens auf diese Nährstoffe und bei Bedarf geeignete Düngungsmaßnahmen.
Für die **Stickstoffdüngung** einer intensiv, d. h. vier- bis fünfmal genutzten Weide oder Mähweide ist von einem Entzug von 60 kg N/ha pro Nutzung auszugehen. Von dieser Bedarfszahl ist die Stickstoffrücklieferung über ausgebrachte Gülle oder Kot und Harn von den Weideumtrieben (30 kg N/ha und Umtrieb) abzuziehen.

Stickstoffüberdüngung ist wegen der hohen Verunkrautungsgefahr und der möglichen Auswaschung in Gewässer gerade bei intensiv bewirtschaftetem Grünland unbedingt zu vermeiden.

1.3 Gülleeinsatz beim Grünland

Wegen der starken Verbreitung der Güllewirtschaft in Grünlandbetrieben und der hohen Wirksamkeit dieses Wirtschaftsdüngers sollen einige Grundsätze zur Ausbringung in Erinnerung gerufen werden. Verschlechterungen der Grünlandbestände und Umweltbelastungen werden bei Beachtung folgender Punkte vermieden:

- Gülle nur kurz vor oder während der **Wachstumszeit** ausbringen (Mindestlagerraum: 10–12 m³/Rinder-GV).
- Ausbringen der Gülle bei kühlem, regnerischem Wetter.
- Die maximal pro Jahr einsetzbare Güllemenge hängt von der **Ertragsfähigkeit** des Grünlandes und der **Nutzungshäufigkeit** ab (3-Schnittwiese: 20–30 m³/ha; 4-Schnittwiese: 40 m³/ha; 5mal genutzte Weide bzw. Mähweide: 75 m³/ha).
- Auch die **Höchstmenge** je Einzelgabe muß sich an der Nutzungshäufigkeit ausrichten (3-Schnittwiese: 15 m³/ha; 4-Schnittwiese: 20 m³/ha; 5mal genutzte Weide bzw. Mähweide: 25 m³/ha).
- Gleichmäßige **Quer-** und **Längsverteilung** der Gülle.
- Um **Oberflächenabschwemmungen** vorzubeugen, darf Gülle keinesfalls auf Schnee oder auf gefrorenen bzw. wasserübersättigten Böden ausgebracht werden.
- **Mindestabstände** an Flußgewässern (Bäche) von 5 m und an stehenden Gewässern (Weihern, Seen) von 10 m sind einzuhalten.

2 Ackerfutterbau

2.1 Mais

Der Mais hat sich zur wichtigsten Stütze des Feldfutterbaus entwickelt. Zwei Drittel der Ackerfutterfläche werden von ihm eingenommen. Die Gründe sind in der relativ einfachen, arbeitssparenden Produktionstechnik, der problemlosen Konservierung und der hohen Flächenleistung zu suchen. Etwas kritischer ist der Maisanbau unter Berücksichtigung der Folgen überzogener Fruchtfolgeanteile oder des Anbaus auf ungeeigneten Standorten (Hanglagen, klimatisch ungünstige Lagen) für die Bodenfruchtbarkeit (Erosion, Bodenstrukturschäden) zu werten.
Mais wird als *Körnermais, Kolbenmais* und *Silomais* erzeugt. Während beim Silomais die gesamte Pflanze genutzt, beim Körnermais nur die Körner gedroschen werden, besteht das Erntegut des Kolbenmaises aus einem Gemisch von Körnern, Spindelanteilen und oberen Restpflanzenteilen. Je nach Anteil dieser Komponenten wird der Kolbenmais als Corn-Cob-mix oder Lieschkolbenschrotsilage verwertet.

2.1.1 Standort und Fruchtfolge

Standort – Die **Bodenansprüche** des Maises sind gering. Auch die **Klimabedingungen** Mitteleuropas sagen ihm im allgemeinen zu. Allerdings sollte sich der Maisanbau von Standorten zurückziehen, die keine Ertragssicherheit bieten oder auf denen der Maisanbau langfristig eine Schädigung für Bodenfruchtbarkeit oder Umwelt bedeutet. Auf den Maisanbau sollte z. B. verzichtet werden, wenn nicht sicher die Teigreife (28% T) für Silomais erreicht werden kann, wegen Trockenheit nach der Blüte öfter der Kolbenansatz ausbleibt oder bei hängigen oder strukturlabilen Feldern der Bodenabtrag (Erosion) auch mit Schutzmaßnahmen (Schaffung von Mulchdecken, Erosionsschutzstreifen, Einsaat von Getreideeinzelreihen) nicht zu stoppen ist.
Maisanbau an Gewässern erfordert die Anlage eines **Trennstreifens,** um Gewässerschäden durch Düngestoffe oder Pflanzenschutzmittel sicher auszuschließen.
Fruchtfolge – Mais gilt zwar als selbstverträglich. Da aber Mais den Boden lange Zeit unbedeckt läßt, erzwingt die Sicherung der Bodenfruchtbarkeit **Fruchtfolgebegrenzungen.** Bei

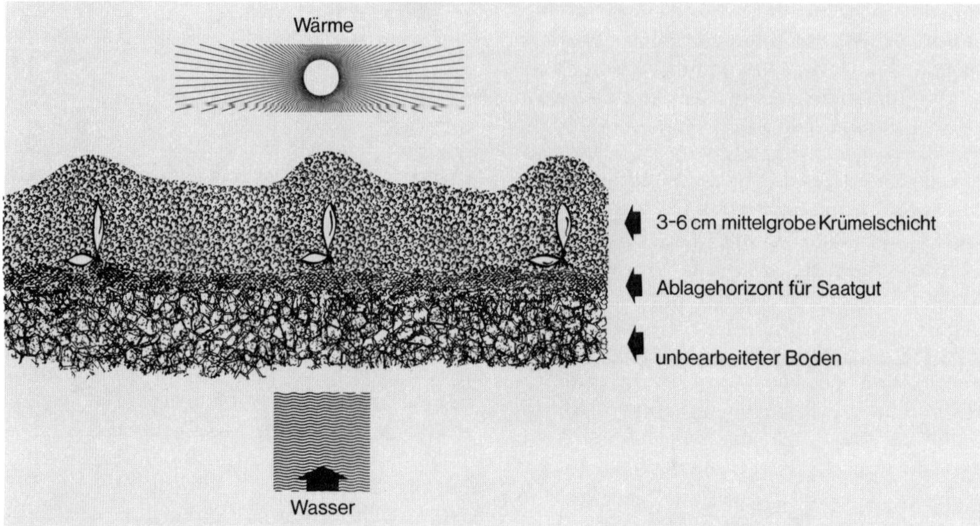

Abb. 51 Richtig vorbereitetes Saatbett für Mais.

Silomaiserzeugung sollte der Mais höchstens die halbe Ackerfläche einnehmen. Im Körner- und Kolbenmaisanbau beträgt die Obergrenze zwei Drittel der Ackerfläche. Je mehr ein Standort von Bodenerosion oder -verdichtung bedroht ist, desto mehr muß dieser Anteil gesenkt werden.

2.1.2 Bodenbearbeitung

Mit der Bodenbearbeitung soll ein Saatbett geschaffen werden, in dem auf eine 4–7 cm umfassende lockere Oberschicht der im Frühjahr unbearbeitete, gut abgesetzte Unterboden folgt. Der Übergang zwischen diesen beiden Bodenschichten bildet den Ablagehorizont für das Saatgut (Abb. 51)

Die *Pflugfurche* vor Mais sollte immer im Herbst gezogen werden. Zur Erhaltung der Winterfeuchte wird das abgetrocknete Feld im Frühjahr abgeschleppt oder flach geeggt. Die Vorbereitung des Saatbettes erfolgt kurz vor der Saat mit möglichst wenig Arbeitsgängen, um Fahrspuren und die oft damit verbundenen Krumenverdichtungen möglichst zu vermeiden.

2.1.3 Düngung

Organische Düngung ist wegen ihrer fördernden Wirkung auf Bodenstruktur, Wasserhaushalt und Bodenleben günstig für den Maisanbau. Die späte Aussaat des Maises gewährt einen breiten Spielraum für die Ausbringung von Gülle. Um Auflaufschäden beim Mais und Belastungen der Umwelt zu vermeiden, müssen einige Grundregeln bei der Gülleausbringung beachtet werden. So darf die Gesamtmenge von 60 m^3/ha Rindergülle oder 40 m^3/ha Schweinegülle keinesfalls überschritten werden. Davon sollte höchstens die Hälfte im Zeitabstand von 2 – 3 Wochen vor der Saat ausgebracht werden. Der Rest kann jeweils zur Hälfte im Spätherbst oder nach Maisaufgang als Unterblattdüngung gegeben werden. Vorraussetzung für eine Gülleausbringung im Spätherbst oder Winter ist die Beigabe eines Nitrifikationshemmstoffes (z.B. Didin), um einen Stickstoffeintrag ins Grundwasser zu verhindern.

Die mineralische Düngung ist nach der Bodenuntersuchung vorzunehmen. In die Düngerbedarfsrechnung für Kalk und die Grundnährstoffe P, K, Mg müssen neben dem Versorgungszustand des Bodens der zu erwartende Nährstoffentzug und die Nährstofflieferung durch organische Dünger einbezogen werden.

Die in der Gülle enthaltenen Nährstoffe können bei sachgemäßer Ausbringung ohne Abzug eingerechnet werden.

Guten Maisbeständen sollten über die Düngung in günstigen Lagen 180–220 kg N/ha und in ungünstigen Lagen 150–180 kg N/ha zur Verfügung gestellt werden. Diese Angaben enthalten organische *und* mineralische N-Düngung. Die Aufteilung der Stickstoffdüngung in eine

Gabe vor der Saat und eine Nachdüngung bis Kniehöhe der Pflanzen empfiehlt sich für leichte oder auswaschungsgefährdete Böden. Eine Düngung nach dem Auflaufen ist nur bei trockenen Pflanzen möglich.

2.1.4 Sorten und Saat

Sortenwahl – Hauptunterscheidungsmerkmal zwischen den Sorten ist die **Reifezeit.** Entsprechend ihrer Abreife werden die Sorten mit einer Relativzahl, der FAO-Zahl, gekennzeichnet und in Reifegruppen eingeteilt. In der Bundesrepublik Deutschland konzentriert sich der Anbau auf Sorten der Reifegruppen früh (bis FAO 220), mittelfrüh (FAO 230–250) und mittelspät (FAO 260–290).

Die **Sortenwahl** selbst ist nach den Empfehlungen der lokal zuständigen Beratungsorganisationen zu treffen. Allgemein gilt, daß für Silomais eine um etwa 10–30 FAO-Einheiten spätere Sorte gewählt werden kann als für Körnermais.

Aussaat – Für die Maissaat kommt nur **Zertifiziertes Saatgut** in Frage. Da sämtliche Sorten über Hybridzüchtung produziert werden, würde eigenerzeugtes oder nachgebautes Saatgut deutlich schlechtere Erträge (bis 30% weniger) bringen.

Der entscheidende Ertragsfaktor beim Maisanbau ist die passende Bestandesdichte.

Einige wichtige Grundsätze hierfür sind:

- frühreifere Sorten werden dichter gesät als spätere Sorten;
- je trockener die Standortverhältnisse, desto weniger Pflanzen sollten je Quadratmeter stehen;
- Silomais sollte um 1–2 Pflanzen/m² dichter gesät werden als Körnermais.

Die anzustrebenden *Pflanzenzahlen/m²* und die nach dieser Vorgabe auszusäenden *Kornzahlen/m²* sind für vier FAO-Gruppen zu Silo- und Körnermais in Tabelle 46 zusammengefaßt. Für Trockengebiete gelten jeweils um 1–2 Pflanzen niedrigere Zahlen.

Als **Reihenentfernung** haben sich Abstände zwischen 60 und 80 cm bewährt.

Ausschlaggebend für die **Saatzeit** ist die Erwärmung des Bodens. Die für den Aufgang erforderliche Temperatur in Saattiefe von 9–10° C erreicht der Boden in der Regel nach dem 20. April. Der Vorteil noch früherer Saat ist als sehr gering einzuschätzen. Die Bestellung des Körnermaises soll bis zum 1. Mai, die des Silomaises zum 5. Mai abgeschlossen sein.

Die **Saattiefe** ist durch die Bodenbearbeitung vorgegeben. Auf leichten Böden sollte 5–6 cm tief, auf schweren Böden 3–4 cm tief gesät werden.

2.1.5 Pflege und Pflanzenschutz

Mais ist im Jugendstadium sehr empfindlich gegenüber der Wachstumskonkurrenz durch **Unkräuter und Ungräser.** Zumindest während dieser Wachstumsphase muß der Acker weitgehend unkrautfrei gehalten werden.

Als Bekämpfungsmaßnahme steht seit Jahren der Einsatz chemischer Herbizide im Vordergrund. Der dafür meist verwendete Wirkstoff *Atrazin* besticht durch seine Breitenwirkung, seine Preiswürdigkeit und die nahezu unbegrenzte Maisverträglichkeit. Allerdings scheiden atrazinhaltige Präparate für die Anwendung in Wasserschutzgebieten (Zone 1 und 2) aus. Außerdem machen die zunehmende Verbreitung atrazinresistenter Unkräuter sowie die anstehende Beendigung der Zulassung von Atrazin die Suche nach Alternativen notwendig.

Mechanische **Pflegemaßnahmen,** wie z. B. Hakken, wären eine Lösung. Sie erlauben zudem eine Bodenlockerung oder das Brechen von Oberflächenverkrustungen aus verschlämmenden Böden. Bei Einsatz mechanischer Pflege-

Tabelle 46 Bestandesdichte bei Mais in Pflanzen/m² bzw. Körner/m²

FAO-Zahl	Silomais		Körnermais	
	angestrebte Pflanzenzahl	auszusäende Kornzahl	angestrebte Pflanzenzahl	auszusäende Kornzahl
bis 190	13–11	15,6–13,2	12–11	14,4–13,2
200–220	12–11	14,4–13,2	11–10	13,2–12,0
230–250	11–10	13,2–12,0	10– 9	12,0–10,8
260–290	9– 8	10,8– 9,6	9– 7	10,8– 8,4

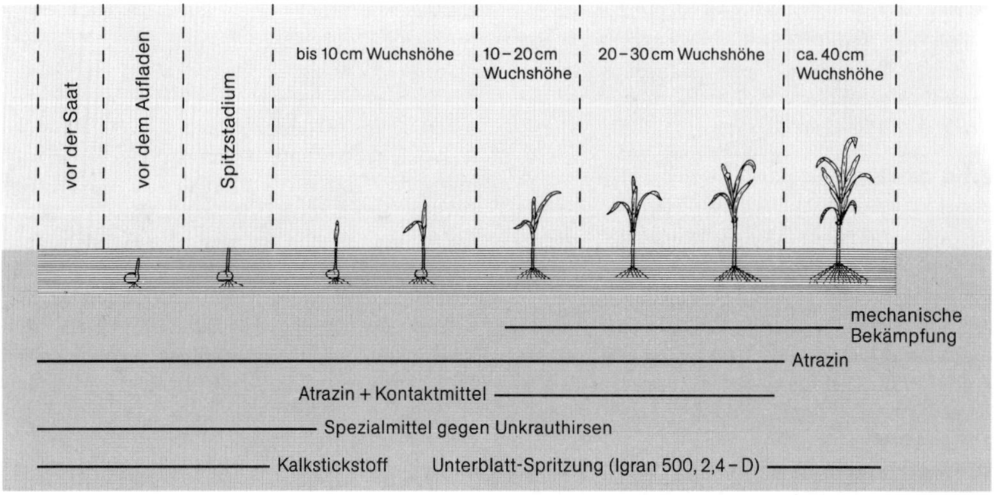

Abb. 52 Anwendungszeiten für verschiedene Unkrautbekämpfungsverfahren im Mais (Stand: Januar 1990).

gänge wäre nur noch in der Reihe eine *Bandspritzung* notwendig. Einen Überblick der möglichen Unkrautbekämpfungsverfahren gibt Abb. 52.

Die Bekämpfung von **Krankheiten und Schädlingen** kann sich fast immer auf die Inkrustierung des Saatgutes, z. B. mit *Mesurol,* beschränken. Damit läßt sich die **Fritfliege** abwehren und, als Folge geringerer Verletzungen durch Fritfliegenfraß, auch der Befall mit **Beulenbrand** eindämmen. In wärmeren Anbaulagen bereitet der **Maiszünsler** zunehmend Schwierigkeiten. Exakte Strohzerkleinerung im Körnermaisbau und vollständiges Unterpflügen der Ernterückstände beugen dem Befall vor. Zur direkten Bekämpfung eignen sich biologische Verfahren (Schlupfwespe). Praxiserfahrungen damit sind vielversprechend.

2.1.6 Ernte und Konservierung

Silomais – Die **Nährstoffkonzentration** steigt bis zu einem Trockensubstanzgehalt (T) von 34% (Abb. 53) an. Etwa zwei Drittel der verdaulichen Energie stammen dann vom entlieschten Kolben. Mais mit solch hohem Trockenmasseanteil erfordert aber exakte Häckselarbeit mit Häcksellängen von 0,6–0,7 cm und eine möglichst gute Verdichtung im Silo, um die Gefahr von Nachgärungen auszuschließen.

Aber auch bei niedrigeren T-Werten lassen sich sehr gute Silagequalitäten und Nährstofferträge erzielen. Allerdings sind T-Gehalte von zumindest 27–28% anzustreben. Unter 25% T treten bereits *Sickersaftverluste* auf.

Die Feststellung der **Siloreife** erfolgt mit der »Daumennagelprobe«: sind die Körner beim Eindrücken an der Spindelansatzstelle nicht mehr milchig, sondern teigig, kann siliert werden.

Körner- und Kolbenmais – **Körnermais** kann gedroschen werden, wenn der Wassergehalt im Korn unter 40% gesunken ist. Zumindest bis zum Eintritt der physiologischen Reife sollte mit der Ernte gewartet werden. Zu diesem Zeitpunkt ist häufig an der Spindelansatzstelle des Kornes ein schwarzer Punkt erkennbar. Die

Abb. 53 Abhängigkeit der Energiekonzentration (StE/kg T) vom T-Gehalt der Gesamtpflanze.

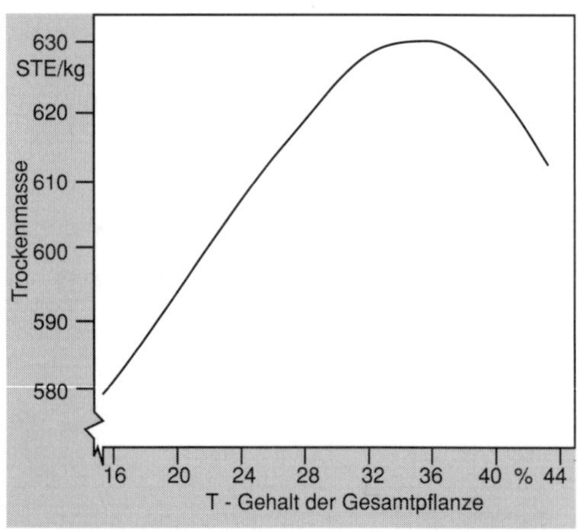

Konservierung des Körnermaises erfolgt über Trocknung oder über Silierung nach vorhergegangenem Schroten.
Lieschkolbenschrot und **Corn-Cob-mix** können geerntet werden, wenn der Wassergehalt im Kolben unter 50% gefallen ist. Die Körner sind dann an der Kornoberfläche nicht mehr einzudrücken, an der Spindelansatzstelle ist das Eindrücken nur schwer möglich. Konserviert wird über Silierung oder Lagerung in gasdichten Silos.

2.2 Feldsaaten

Rotklee, Luzerne und *Kleegras* bildeten früher das Rückgrat des Feldfutterbaus. Diese Funktion hat mittlerweile der Silomais übernommen. Trotzdem sind Luzerne, Klee und Kleegras immer noch von großer Anbaubedeutung, nicht zuletzt wegen ihrer unübertroffenen Vorzüge in der Fruchtfolge. Die Förderung des Bodenlebens über Wurzel- und Stoppelrückstände, der Bodenaufschluß durch ein tiefgreifendes Wurzelnetz, Gareförderung und Eindämmung von Wurzelunkräutern machen die kleeartigen Futterpflanzen und ihre Mischungen mit Gräsern zu Paradebeispielen für »tragende Fruchtfolgeglieder«.

2.2.1 Rotklee und Luzerne

Standort – Rotklee gedeiht am besten bei kühleren Klimabedingungen mit hoher Luftfeuchte. Lagen mit langen, schneereichen Wintern sind wegen der Auswinterungsgefahr wenig geeignet. Außer sehr leichten oder sauren Standorten eignen sich alle Böden für den Rotkleeanbau.
»Die **Luzerne** liebt einen warmen Kopf und verträgt keine nassen Füße«. In dieser alten Regel sind die wichtigsten Standortansprüche der Luzerne zusammengefaßt. Dem Wärmebedarf ist dabei weniger Bedeutung beizumessen als einer guten Wasserdurchlässigkeit des Bodens.
Fruchtfolge – An die Fruchtfolge stellen beide Leguminosenarten keine großen Ansprüche. Zu beachten ist lediglich ihre geringe Selbstverträglichkeit. Zwischen dem Anbau von Rotklee oder Luzerne auf demselben Feld sollte eine mindestens vierjährige Pause liegen.
Anbautechnik – Als **Aussaatverfahren** stehen zur Wahl:

- Aussaat unter Körnerdeckfrucht (Winter-, Sommergetreide),
- Aussaat unter Grünnutzungsdeckfrucht (Grünhafer),
- Blanksaat (ohne Überfrucht) im Frühjahr,
- Blanksaat im Spätsommer nach der Getreideernte.

Die Aussaat unter **Körnerdeckfrucht** bietet zwar den Vorteil, daß Rotklee- bzw. Luzerneaussaat und eine fast normale Getreideernte gleichzeitig erzielt werden können. Da aber die Untersaat den Mähdrusch der Deckfrucht erschwert und andererseits eine gut entwickelte Deckfrucht die Entwicklung der Untersaat gefährdet, sind Mißerfolge bei diesem Verfahren nicht selten.
Besser vereinbaren lassen sich Kleeinsaat und Anbau einer Deckfrucht, wenn diese als **Grünfutter** verwertet wird. Gut eignet sich Grünhafer. Eine dünnere Saat des Grünhafers, niedrigere N-Düngung sowie früherer Nutzungszeitpunkt der Deckfrucht (Beginn des Rispenschiebens) erlauben ein ungestörtes Wachstum der Untersaat.
Die **Blanksaat im Frühjahr** wird zur Zeit der Sommergetreidebestellung ausgesät. Wenn das Saatbett sorgfältig hergerichtet wurde und keine Spätfröste oder lange Trockenperioden zu einem »Abspringen« der Ansaat führten, hat dieses Verfahren neben der Ansaat unter Grünfutterdeckfrucht die besten Erfolgsaussichten.
Risikoreich hingegen ist die **Blanksaat im Spätsommer,** da sie meist nur gelingt, wenn ein feines Saatbett mit gutem Bodenschluß geschaffen werden kann und nach der Saat genügend Niederschläge fallen.
Die **Sortenwahl** sollte sich an den Empfehlungen der zuständigen Beratungsstellen orientieren. Beim Rotklee gibt es zwei verschiedene Sortengruppen: diploide und tetraploide Sorten. Tetraploide Sorten erweisen sich im Durchschnitt als etwas leistungsfähiger und widerstandsfähiger gegen Kleekrebs, das Saatgut ist aber teuerer.
Die **Saatstärken** betragen bei Rotklee 16 bis 20 kg/ha und bei Luzerne 25–30 kg/ha. Die höheren Werte gelten jeweils für ungünstige Voraussetzungen wie grobes Saatbett und verspätete Saat.
Rotklee und Luzerne sollten etwa 1–2 cm tief gesät werden. Als **Reihenentfernung** hat sich der im Getreidebau übliche Abstand bewährt. Unbedingte Voraussetzung für eine erfolgreiche Aussaat ist ein guter Bodenschluß, da Kleearten in der Anfangsentwicklung sehr empfindlich auf mangelnde Verbindung zur Untergrundfeuchtigkeit reagieren.

Düngung – Die Düngung mit den Grundnährstoffen P, K, Mg sollte nach den Ergebnissen der Bodenuntersuchung vorgenommen werden. Die Bodenuntersuchung gibt auch Aufschluß über den Kalkbedarf. Bei Klee und Luzerne ist ein pH-Wert von 6,2–6,8 anzustreben. **Stickstoffdüngung** ist höchstens in Form einer Startstickstoffgabe von 30 kg N/ha nötig, da Klee und Luzerne Stickstoffsammler sind. Eine *Impfung* mit Knöllchenbakterien ist in der Regel nicht notwendig.

Pflege – Bei Blanksaaten im Frühjahr ist ein rechtzeitiger **Schröpfschnitt** die wichtigste Pflegemaßnahme. Der Schröpfschnitt soll erfolgen, wenn sich der Rotklee oder die Luzerne genügend kräftig entwickelt haben und etwa 15 cm hoch sind. Auch bei Untersaat kann ein Schröpfschnitt im Herbst notwendig und vorteilhaft sein.

Sehr wichtig ist, daß der Rotklee kurz in den Winter geht. Zu üppiger Klee ist im Winter besonders stark durch Kleekrebsbefall gefährdet. Bei Luzerne hingegen überstehen handhohe Bestände am besten den Winter.

Nutzung – Um hohe Gehalte an Energie und verdaulichem Eiweiß im Futter zu erzielen, ist ein früher Nutzungstermin notwendig. Frühe Nutzung bedeutet auch niedrige Rohfasergehalte.

Aus den Abb. 54 und 55 ergeben sich folgende Empfehlungen zum **Nutzungszeitpunkt** von Rotklee und Luzerne:

- **Rotklee:**
  - *1. Schnitt* zwischen Knospenstadium und 35% des Bestandes in der Blüte;
  - *2. Schnitt* zwischen Blühbeginn und 50% des Bestandes in Blüte;
  - *3. Schnitt* (Blütenbildung gering) etwa 40–50 Tage später.

  Da im 2. Aufwuchs und in den nachfolgenden Schnitten die Entwicklung von Energie- und Rohfasergehalt beim Rotklee langsamer verläuft, können diese Nutzungen etwas später vorgenommen werden.
- **Luzerne:**
  Nutzung aller Schnitte zwischen Knospenstadium und Beginn der Blüte. Nur wenn beabsichtigt ist, die Luzerne noch ein nachfolgendes Jahr zu nutzen, sollte mit dem 2. Schnitt so lange gewartet werden, bis 35–50% der Pflanzen blühen.

Als **Nutzungsdauer** hat sich beim Rotklee die überjährige Nutzung (Ansaatjahr und 1 Nutzungsjahr) und bei der Luzerne die ein- bis zweijährige Hauptnutzung nach dem Ansaatjahr bewährt.

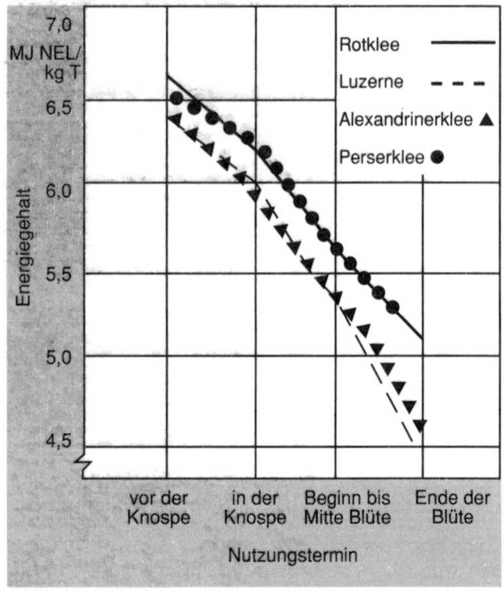

Abb. 54 Veränderung des Energiegehaltes von Luzerne und einigen Kleearten während des 1. Aufwuchses.

Abb. 55 Veränderung des Rohfasergehaltes von Luzerne und einigen Kleearten während des 1. Aufwuchses.

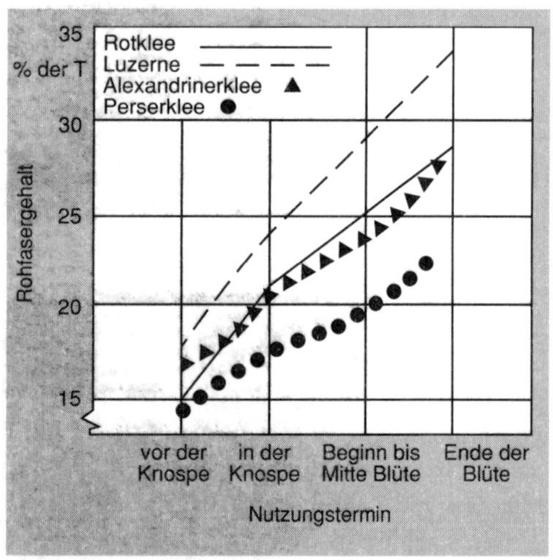

2.2.2 Weitere Kleearten

Neben Luzerne und Rotklee als überwiegend angebauten Formen gibt es noch andere wichtige Kleearten. Der **Inkarnatklee** findet im Winterzwischenfruchtbau (Landsberger Gemenge) Verwendung. **Weißklee** ist Bestandteil von Kleegrasmischungen, Wiesen- und Weideansaaten. Ebenfalls vorwiegend für die Beimischung zu Kleegras und Wiesenansaaten eignen sich **Bastardklee** und **Hornschotenklee.** Dabei sind aber die grundverschiedenen Standortansprüche beider Arten zu berücksichtigen: Bastardklee gehört auf feuchte, Hornschotenklee auf trokkene Lagen.

Alexandrinerklee und **Perserklee** werden im sommerjährigen Hauptfruchtbau verwendet, häufig in Mischung mit Einjährigem oder Welschem Weidelgras.

2.2.3 Kleegras

Zunehmende Bedeutung gewinnt in Futterbaubetrieben der Anbau von Kleegras. Gegenüber dem Reinanbau von Klee und Luzerne hat er folgende **Vorteile:**

- Höhere Erträge, nicht zuletzt wegen der Möglichkeit des Stickstoffeinsatzes,
- größere Ertragssicherheit und Ausdauer (geringere Ausfälle durch Schaderreger und Auswinterung),
- bessere Futtereignung (höherer T-Gehalt, ausgeglichenes Verhältnis von Eiweiß und Stärke),
- bessere Konservierbarkeit, insbesondere Silierbarkeit.

Sortenwahl – In den **Kleegrasmischungen** finden verschiedene Kleearten und eine Reihe von Gräsern Verwendung. Neben den Weidelgrasformen (Welsches-, Einjähriges-, Deutsches- und Bastardweidelgras) dienen vor allem Wiesenschwingel, Wiesenlieschgras, Knaulgras und Glatthafer als Mischungspartner. Den Ausschlag für Auswahl und Anteile der Mischungspartner geben Standortvoraussetzungen und vorgesehene Nutzungsdauer sowie Nutzungsweise (Schnitt, Weide).

Aus den vielfältigen Möglichkeiten zur Zusammenstellung von Kleegräsern wurden von der amtlichen Beratung Standard-Saatgutmischungen entwickelt und in Versuchen auf ihre Tauglichkeit erprobt. Beim Kauf der Standardmischungen ist für den Käufer ein nutzungsgerechter, standortangepaßter Mischungsaufbau und eine hohe Qualität der Mischungskomponenten gewährleistet.

Anbautechnik – In ihren Grundzügen deckt sich die Produktionstechnik von Kleegras mit der von Klee und Luzerne. Gesonderte Behandlung brauchen Mischungen hinsichtlich Saattechnik, Düngung und Nutzung.

Die **Saat,** zweckmäßigerweise mit der Drillmaschine vorgenommen, erfordert besondere Aufmerksamkeit, da sich die verschieden großen Samen entmischen können.

Düngung – Als **Stickstoffdüngung** im Aussaatjahr empfehlen sich 30–50 kg N/ha. Zur N-Düngung in den Hauptnutzungsjahren ist die Höhe des Kleeanteils zu berücksichtigen (Tabelle 47).

Tabelle 47 N-Düngung bei Kleegras (in kg N/ha)

Kleeanteil %	N-Düngung je Aufwuchs
über 75	0
50–75	40
unter 50	50

Wirtschaftsdünger wie Gülle kommen nur in Betracht, wenn der Grasanteil in der Mischung über 25% beträgt. Die einzelne Güllegabe ist auf 20 m³/ha zu begrenzen. Der enthaltene Stickstoff ist ohne Abzug zu berücksichtigen. Grundsätzlich kann jeder Aufwuchs, sofern er nicht zur Beweidung vorgesehen ist, begüllt werden.

Nutzung – Der **Nutzungszeitpunkt** richtet sich nach der im Gemisch überwiegend vertretenen Art, d. h. meist nach Rotklee oder Luzerne. Lediglich bei den *Sommerkleegrasmischungen* sollte die Entwicklung des Einjährigen Weidelgrases den Schnittzeitpunkt (Ährenschieben des Weidelgrases) bestimmen, da sich Perser- oder Alexandrinerklee deutlich langsamer entwickeln.

2.3 Futterrüben

Die Futterrübe war früher hochgeschätzt wegen ihres Ertragspotentials und wegen ihrer, insbesondere in der Milchviehfütterung, hervorragenden Futtereigenschaften. Diese *Qualitäten der Futterrübe* haben unverändert Bestand. Es ist auch gelungen, über Vollmechanisierung der Produktionstechnik und Weiterentwicklung von Anbaumaßnahmen den Arbeitszeitbedarf auf einen Bruchteil des früher nötigen Aufwandes zu reduzieren.

Trotzdem ist die Futterrübenfläche stark geschrumpft. Unter heutigen ökonomischen Bedingungen kann die Futterrübe gegenüber dem Mais konkurrieren, wenn ungünstige Klima-

Tabelle 48 Auswahl geeigneter Arten für den Zwischenfruchtbau und ihre Eigenschaften

Form des Zwischenfruchtbaues/Art	spezielle Eignung[1]	Wasserbedarf	Saatzeit	Winterhärte	Massenbildung in der Anfangsentwicklung	Unkrautunterdrükkung	Durchwuchs[2]	Saatmenge kg/ha	N-Bedarf kg/ha	Durchschnittserträge/ha bei Aussaat	Grünmasse dt	Trockenmasse dt	kStE
Stoppelsaat			Juli – Aug. – Sept.										
Einjähriges Weidelgras		hoch		gering	mäßig	mittel	möglich	30[3]	60–100	Juli	200	30	2010
Welsches Weidelgras		hoch		gut	mäßig	mittel	möglich	30[3]	60–100	Juli	160	26	1790
Alexandrinerklee													
einschnittig	E	mittel		fehlt	mittel	mittel	sehr gering	40	kein	Juli	190	24	1460
mehrschnittig	E	mittel		fehlt	mäßig	mittel	sehr gering	30	kein	Juli	180	22	1400
Futtererbsen	E	mittel		fehlt	gut	gut	kein	120	kein	Juli	300	30	1800
Ackerbohnen	E	hoch		fehlt	mittel	mittel	kein	250	kein	Juli	300	30	—
Sommerwicken	E	mittel		fehlt	gut	gut	kein	128	kein	Juli	250	25	1600
Sommerraps	(E)	mittel		gering	gut	gut	möglich	12	60–100	Juli	350	44	2860
										Aug.	240	25	1660
Winterraps	(E)	mittel		mittel	gut	gut	möglich	12	60–100	Juli	350	41	2700
										Aug.	270	28	1860
Winterrübsen	(E)	hoch		gut	sehr gut	gut	möglich	10	60–100	Juli	330	34	2380
										Aug.	300	28	2040
Sommerrübsen	(E)	hoch		fehlt	sehr gut	gut	möglich	10	60–100	Aug.	360	28	2040
Ölrettich	b. (E)	mittel		fehlt	sehr gut	gut	gering	28	60–100	Aug.	380	35	2310
Senf (weiß, gelb)	b. E	mittel		fehlt	gut	sehr gut	sehr gering	24	60–100	Aug.	290	37	2400
Phacelie	E	mittel		fehlt	mäßig	gut	kein	10	30– 60	Aug.	275	34	—
Sonnenblumen		gering		fehlt	mäßig	gut	gering	25	30– 60	Juli	500	50	3000
Winterzwischenfrucht			Aug. – Sept. – Okt.			Nutzungsbeginn							
Welsches Weidelgras				gut	mäßig	mittel	möglich	30[3]	60–100		270	38	2500
Winterroggen				sehr gut	gut	früh	möglich	110	30– 60		255	36	2300
Winterrübsen				gut	sehr gut	sehr früh	gering	8	30– 60		450	40	2400

Stoppelsaaten mit Arten, die im Saatjahr genutzt wurden und in der Winterhärte mit gut beurteilt sind, können ebenfalls zur Grünnutzung im Frühjahr dienen.

[1] E: Geeignet als Erosionsschutz,
(): nur mit zusätzlichem Herbizideinsatz,
b: geeignet für biologische Bekämpfung von Rübennematoden.

[2] Aus nicht gekeimten Samen, nicht abgefrorenen Pflanzenteilen.

[3] Bei tetraploiden Sorten Zuschlag 30%.

bedingungen nur unsichere Silomaiserträge zulassen.

Futterrüben werden nach **Trockensubstanzgehalt** (T) in *Massenrüben* (8–13% T), *Mittelrüben* (13–16% T) und *Gehaltsrüben* (16–19% T) eingeteilt. Mit steigendem T-Gehalt der Rübensorten nimmt der Massenertrag ab; außerdem ist der Bodensitz T-reicher Rüben tiefer.

Die **Anbautechnik** der Futterrübe entspricht weitgehend der der Zuckerrübe. Unterschiede bestehen in der Stickstoffdüngung und in der Bestellung. Für die **Stickstoffdüngung** sind 200–220 kg N/ha anzusetzen. Diese Menge ist in 2–3 Gaben (zur Saat und zum Vereinzeln) aufzuteilen. **Futterrübensaatgut** ist in verschiedenen Formen im Handel. Die einzelnen Sorten werden als pilliertes Präzisionssaatgut (technisch einkeimig) oder als pilliertes Monogermsaatgut (genetisch einkeimig) angeboten.

Aus der Saatgutform und dem erfahrungsgemäß anzunehmenden Feldaufgang ergibt sich das passende Anbauverfahren (Tab. 49). Es ist eine **Bestandesdichte** von 70 000–80 000 Pflanzen/ha bei der Ernte anzustreben, d. h. zur Zeit des Vereinzelns sollten etwa 80 000 Rüben/ha, möglichst gleichmäßig in den Reihen verteilt, vorhanden sein. Dieses Ziel läßt sich über Anbauverfahren mit Vereinzeln leichter erreichen als bei Saat auf Endabstand.

Die relativ hohe Bestandesdichte und die gleichmäßige Verteilung sind Voraussetzungen für die Entwicklung von Rüben ähnlicher Größe und damit für niedrige Verluste bei der Vollernte.

Tabelle 49 Anbauverfahren von Futterrüben in Abhängigkeit von Feldaufgang und Ablageweite

erwarteter Feldaufgang %	Ablageweite bei 50 cm Reihenabstand	Saatgutbedarf U/ha [1]	Arbeitszeitbedarf für Vereinzeln AKh/ha
Anbau mit Vereinzelung			
40-50	6 [2]	6,6	30-40
50-60	8 [2]	5,0	30-40
60	12 [3]	3,3	20-30
Anbau ohne Vereinzelung			
50-70	16 [3]	2,5	0
ab 70	18 [3]	2,2	0

[1] U für Unit, Saatguteinheiten von je 50 000 pillierten Körnern. [2] Pilliertes Präzisionssaatgut. [3] Pilliertes Monogermsaatgut.

3 Zwischenfrüchte

Zwischenfruchtbau ist für viele viehhaltende Betriebe ein wichtiger Bestandteil der Futtererzeugung. Daneben kann Zwischenfruchtbau wesentlich zur Erhaltung und Förderung der Bodenfruchtbarkeit beitragen.

3.1 Vorzüge des Zwischenfruchtbaus

Die hohe Futterqualität von Zwischenfrüchten kommt in der Viehhaltung positiv zur Auswirkung, wenn den besonderen Eigenschaften dieses Futters (hoher Wassergehalt, niedriger Rohfasergehalt) durch gezielte Beifütterung mit strukturreichem und mineralstoffhaltigem Futter Rechnung getragen wird. Ebenso hängt auch die Förderung der Bodenfruchtbarkeit durch Gründüngung von einer sachgerechten Behandlung der Zwischenfrucht, insbesondere zum Abschluß des Anbaus, ab. Nur durch gleichmäßige Verteilung und Vermischung der Gründüngung mit dem Boden bei der Einarbeitung sind guter Bodenschluß und schnelle Verrottung erreichbar.

Besondere Vorteile des Zwischenfruchtbaus sind:

- *Zusätzliche Futterfläche:* Im Durchschnitt lassen sich mit 2–4 ha Zwischenfruchtfläche etwa 1 ha Hauptfutterfläche ersetzen.
- Erzeugung von *hochwertigem Futter:* Zwischenfrüchte können hoch verdauliches und eiweißreiches Futter liefern.
- Erzeugung von *billigem Futter,* das auch konserviert werden kann (Silierung).
- *Verbesserung der Bodengare* durch Schattengare, Bodenaggregatbildung (Lebendverbauung) und biologische Lockerung.
- *Humuszufuhr:* Zwischenfrüchte, auch wenn sie als Futter genutzt werden, verbessern die Humusbilanz (Wurzeln!) und erhöhen die biologische Aktivität des Bodens.
- *Erosionsschutz:* In erosionsgefährdeten Lagen schützt Zwischenfrucht im Winter vor Erosion. Durch Mulchsaat oder Direktsaat der Folgefrucht (z. B. Mais) in die abgestorbene Zwischenfrucht wird der Erosion auch in der nächsten Vegetationsperiode entgegengewirkt.
- Herbst-Zwischenfrucht bindet Stickstoff biologisch und trägt so zur Senkung des Nitrataustrags im Grundwasser bei.

3.2 Formen des Zwischenfruchtbaus

Nach früher Getreideernte und genügend Niederschlägen ist die **Stoppelsaat** ein Anbauverfahren mit vielen Vorteilen. Die Stoppelsaat bietet vor allem die Möglichkeit einer breiten Auswahl von Pflanzenarten (Tabelle 48, Seite 104). Ihr Gelingen erfordert eine Entwicklungszeit von mindestens 7 Wochen nach der Getreideernte.
Bei zu kurzer Wachstumszeit und unzureichenden Niederschlagsverhältnissen sollte die Zwischenfrucht als **Untersaat** bestellt werden. Als Fruchtarten kommen dafür Weißklee bzw. Mischungen aus Weißklee und Weidelgräsern in Frage. Nachteilig wirkt sich dabei oft die erforderliche Rücksicht auf die Zwischenfrucht bei den Anbaumaßnahmen der jeweiligen Hauptfrucht (Stickstoffdüngung, Unkrautbekämpfung) aus.
Winterzwischenfruchtbau steht vor allem unter der Zielsetzung der Futtererzeugung und des Erosionsschutzes (Tabelle 48). Die Winterfütterungsperiode läßt sich dadurch abkürzen, der Bodenabtrag entscheidend mindern. Etwas beeinträchtigt wird aber meist der Anbau der nächsten Hauptfrucht (Silomais, Kartoffeln), da die Winterzwischenfrucht deren Bestellung verzögert und auch einen Teil der Winterfeuchte verbraucht.

3.3 Anbautechnik

Eine erfolgreiche Stoppelsaat setzt eine sorgfältige **Bodenbearbeitung,** möglichst wie zu einer Hauptfrucht, voraus. Das Stroh der Vorfrucht sollte gut zerkleinert und verteilt werden. Dann läßt es sich flach einarbeiten und gut mit dem Boden vermischen.
Für die **Saat** gilt: Das Saatgut exakt mit der Drillmaschine ausbringen und keinesfalls in zu feuchten Boden »einschmieren«.
Für Zwischenfrüchte, die zur Futternutzung vorgesehen sind, ist eine **Gründüngung** von 40 kg P_2O_5/ha und 130 kg K_2O/ha vorzusehen. Häufig werden diese Nährstoffmengen über Wirtschaftsdünger ausgebracht. Bei Zwischenfrüchten zur Gründüngung kann auf die P- und K-Düngung ganz verzichtet werden.
Der **Stickstoffbedarf** geht aus Tabelle 48 hervor. Werden Arten mit hohem N-Bedarf zur reinen Gründüngung verwendet, können die in der Tabelle 48 angegebenen Werte um 30% reduziert werden.

Eine **Auswahl geeigneter Arten** für den Zwischenfruchtbau enthält Tabelle 48. Die umfangreiche Palette an verwendbaren Fruchtarten erweitert sich noch durch die Möglichkeit, Mischungen oder Gemenge aus verschiedenen Arten herzustellen. Besondere Bedeutung haben Mischungen aus- bzw. mit Leguminosen (Tabelle 50).

Tabelle 50 Mischungen aus bzw. mit Leguminosen für den Zwischenfruchtanbau

Zusammensetzung von Gemengen bzw. Mischungen	kg/ha
Hafer, Erbsen, Sommerwicken	60/90/30
Ackerbohnen, Erbsen, Sommerwicken	20/107/25
Winterraps oder Ölrettich, Erbsen, Sommerwicken	4/107/25
Erbsen, Sonnenblumen	107/10
Einjähriges oder Welsches Weidelgras mit Alexandrinerklee	
kleebetont	10 [1])/24
grasbetont	20 [1])/10
Einjähriges Weidelgras, Sommerwicken	20 [1])/42

[1]) Bei tetraploiden Sorten ca. 30% Zuschlag.

4 Futterkonservierung

Für die Futterkonservierung sind vier verschiedene Verfahren im Gebrauch (Abb. 56). Heißlufttrocknung und chemische Konservierung verursachen die höchsten, die Gärfutterbereitung die niedrigsten Konservierungskosten. Die Kosten für die Heutrocknung liegen etwa in der Mitte. Die Konservierungsverluste lassen sich im günstigsten Fall bei Heuwerbung auf 20%, bei Heißlufttrocknung auf 5% verringern. Die Verbreitung der vier Verfahren in der landwirtschaftlichen Praxis entspricht in etwa ihrer umgekehrten Reihenfolge bei den Konservierungskosten.
Gärfutterbereitung – Bei der Gärfutterbereitung wird das Futter durch *Milchsäure* haltbar gemacht, die durch Gärungsvorgänge in einer Konzentration von 2–4% im Futter gebildet wird.
Die nennenswerte Entstehung anderer organischer Säuren wie *Essig-* oder *Buttersäure* sind Anzeichen von Fehlgärungen. *Schimmel* ist eine häufige Begleiterscheinung von Nachgä-

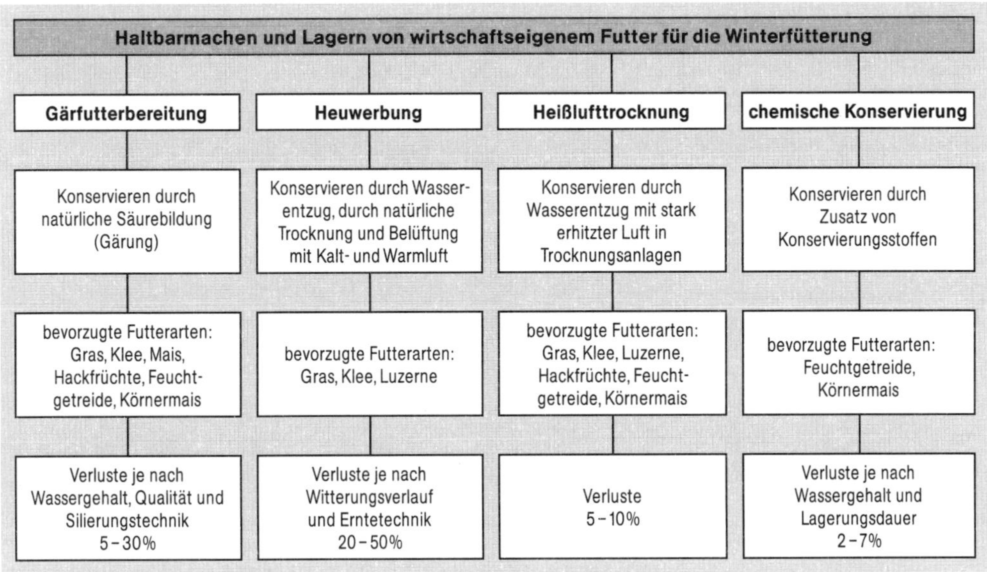

Abb. 56 Die wesentlichen Merkmale der Methoden zur Futterkonservierung.

rungen. Fehl- und Nachgärungen sind die wesentlichen Ursachen für die Silierverluste (Abb. 56).
Als Saftfutter enthält Silage Wassergehalte zwischen 85% (Naßsilagen) und weniger als 60% (Halbheusilagen).
Silierfähigkeit – Die Futterpflanzen unterscheiden sich in ihrer Silierfähigkeit. Ein wichtiges Kennzeichen der Silierfähigkeit ist das Rohprotein : Zucker-Verhältnis (Tabelle 51). Je weiter dieses Verhältnis ist, desto leichter läßt sich das Futter silieren und desto geringer sind Qualitätseinbußen. Ein enges Verhältnis von Rohprotein zu Zucker signalisiert hingegen schwere Vergärbarkeit und erzwingt eine möglichst perfekte Siliertechnik, um die Verluste niedrig zu halten.

Tabelle 51 Silierbarkeit von Futterpflanzen

Silierbarkeit	Rohprotein : Zucker-Verhältnis	Futterarten
leicht	1 : 4	Silomais, Sonnenblumen, Markstammkohl Rübenblatt
mittel	1 : 2,5–4	Wiesengras, Kleegras, Getreidegemenge, Wickgemenge
schwer	bis 1 : 2,5	Mähweidegras, Rotklee, Raps, Rübsen, Luzerne

Die wesentlichen Bestandteile der Siliertechnik sind Zerkleinern des Futters, Verdichten im Silo und, bei bestimmten Futterarten, das Vorwelken.

Siliertechnik – Mit dem Anwelken geht der Wassergehalt zurück. Schwer vergärbares Futter, vor allem gräserreiches Futter, läßt sich dann wesentlich besser silieren. Aber auch Rübenblatt oder Mais vergären um so besser, je trockener sie sind.

Eine große Rolle in der erfolgreichen Silagebereitung spielt das Zerkleinern des Futters durch Häckseln, Zerreißen oder Quetschen.

Nach dem Zerkleinern kommt die Milchsäuregärung schneller in Gang. Da zerkleinertes Futter dichter im Silo lagert, bleibt weniger schädliche Luft im Futter zurück. Da Luft im Futter zu Fehlgärungen führen kann, sollte sie aus dem Futter durch Verdichten, z. B. Festwalzen im Flachsilo, rasch ausgetrieben und über einen möglichst guten Siloabschluß ferngehalten werden.

Ein schnelles Befüllen des Gärfutterbehälters ist eine wichtige Voraussetzung für niedrige Verluste und gute Silagequalität.

5 Variable Kosten

Die variablen Kosten der wichtigsten Futterpflanzen können aus den Tabellen 52–56 abgelesen werden. Dabei sind unterschiedliche Erträge, Verluste und Konservierungsverfahren berücksichtigt.

Tabelle 52 Variable Kosten – Kleegras

		Kleegras grün 15% T			Kleegras – Anwelksilage 25% T			Kleegras – Heu 86% T		
Grünmasse	dt/ha	500	600	700	500	600	700	500	600	700
Trockenmasse brutto	dt/ha	75	90	105	75	90	105	75	90	105
Brutto-Ertrag kStE/ MJ NEL je ha		4600/ 47000	5520/ 56400	6440/ 65800	4600/ 47000	5520/ 56400	6440/ 65800	4600/ 47000	5520/ 56400	6440/ 65800
T-Verluste	%	10	10	10	13	13	13	14	14	14
Energieverluste	%	10	10	10	20	20	20	25	25	25
Trockenmasse netto	dt/ha	67,5	81	94,5	65,3	78,3	91,4	64,5	77,4	90,3
StE/MJ NEL je kg T		613/6,26	613/6,27	613/6,27	563/5,75	563/5,75	563/5,75	535/5,47	535/5,47	535/5,47
netto kStE/MJ NEL je ha		4140/ 42300	4968/ 50760	5796/ 59220	3680/ 37600	4416/ 45120	5152/ 52640	3450/ 35250	4140/ 42300	4830/ 49350
Saatgut	DM	103	103	103	103	103	103	103	103	103
Düngemittel	DM	385	462	539	385	462	539	385	462	539
Silierhilfsm. + var. Silierkosten	DM	–	–	–	143	171	200	–	–	–
variable Maschinenkosten	DM	220	220	220	330	330	330	300	300	300
variable Kosten	DM/ha	708	785	862	961	1066	1172	788	865	942
Brutto-Siloraum	m³/ha	–	–	–	63	75	88	–	–	–

Tabelle 53 Variable Kosten – Grünland

		Wiese grün					Wiese – Anwelksilage 35% T				
Grünmasse	dt/ha	400	450	500	550	600	400	450	500	550	600
Trockenmasse brutto	dt/ha	64	72	80	88	96	64	72	80	88	96
brutto kStE/MJ NEL je ha		3840/ 39600	4320/ 44550	5150/ 52000	5665/ 57200	6180/ 62400	3840/ 39600	4320/ 44550	5150/ 52000	5665/ 57200	6180/ 62400
T-Verluste	%	10	10	10	10	10	13	13	13	13	13
Energieverluste	%	10	10	10	10	10	20	20	20	20	20
Trockenmasse netto	dt/ha	58	65	72	79	86	56	63	70	77	84
StE/MJ je kg T		600/6,19	600/6,19	644/6,5	644/6,5	644/6,5	552/5,69	552/5,69	592/5,97	592/5,97	592/5,97
netto kStE/MJ NEL je ha		3456/ 35640	3888/ 40095	4635/ 46800	5099/ 51480	5562/ 56160	3072/ 31680	3456/ 35640	4120/ 41600	4532/ 45760	4944/ 49920
Düngemittel	DM	467	526	570	629	686	467	526	570	629	686
Silierhilfsmittel + variable Silierkosten	DM						114	128	142	157	171
variable Maschinenkosten	DM	160	160	160	160	160	300	300	300	300	300
variable Kosten	DM/ha	627	686	730	789	846	881	954	1012	1086	1157
Brutto-Silierraumbedarf	m³/ha	–	–	–	–	–	50	56	62	69	75

Tabelle 54 Variable Kosten – Futterrübe

		Massenrüben 6,3 kStE/83 MJ NEL je dt (1:13,2)					
Grünmasse	dt/ha	800	900	1000	1100	1200	1300
Trockenmasse brutto	dt/ha	90	101	112	123	134	146
Brutto kStE/MJ NEL je ha		5040/ 66400	5670/ 74700	6300/ 83000	6980/ 91300	7560/ 99600	8190/ 107900
T-Verluste	%	15	15	15	15	15	15
Energieverluste	%	15	15	15	15	15	15
Trockenmasse netto	dt/ha	77	86	95	105	114	124
StE/MJ NEL je kg/T		563/7,4	563/7,4	563/7,4	563/7,4	563/7,4	563/7,4
netto kStE/MJ NEL je ha		4284/ 56440	4819/ 63495	5355/ 70550	5890/ 77605	6426/ 84660	6962/ 91715
Saatgut	DM	376	376	376	376	376	376
Düngemittel	DM	432	488	541	595	652	705
Pflanzenschutz	DM	232	232	232	232	232	232
variable Maschinenkosten	DM	220	220	220	220	220	220
Lohnarbeit	DM	650	650	650	650	650	650
variable Kosten	DM/ha	1910	1966	2019	2073	2130	2183

Tabelle 55 Variable Kosten – Grünland

		Wiese – Heu				
Grünmasse	dt/ha	400	450	500	550	600
Trockenmasse brutto	dt/ha	64	72	80	88	96
Brutto kStE/MJ NEL je ha		3840/ 39600	4320/ 44550	5150/ 52000	5665/ 57200	6180/ 62400
T-Verluste						
– Bodentrocknung	%	15	15	15	15	15
– Unterdachtrocknung	%	14	14	14	14	14
Energieverluste						
– Bodentrocknung	%	35	35	35	35	35
– Unterdachtrocknung	%	25	25	25	25	25
Trockenmasse netto						
– Bodentrocknung	dt/ha	54	61	68	75	82
– Unterdachtrocknung	dt/ha	55	62	69	76	83
StE/MJ NEL je kg T						
– Bodentrocknung		459/4,73	459/4,73	492/4,97	492/4,97	492/4,97
– Unterdachtrocknung		523/5,4	523/5,4	561/5,67	561/5,67	561/5,67
Netto kStE/kg T						
– Bodentrocknung		2496/ 25740	2808/ 28958	3348/ 33800	3682/ 37180	4017/ 40560
– Unterdachtrocknung		2880/ 29700	3240/ 33413	3863/ 39000	4249/ 42900	4635/ 46800
Düngemittel		467	526	570	629	686
variable Maschinenkosten		270	270	270	270	270
variable Kosten	DM/ha	737	796	840	899	956

Tabelle 56 Variable Kosten – Silomais

Silomais		teigreif 27,5% T 7,0 dt/m³ 15,7 kStE/165 MJ NEL je dt (1:10,5)				teigreif 30% T 7,0 dt/m³ 17,3 kStE/183 MJ NEL je dt (1:10,6)			
Grünmasse/Trockenmasse	dt/ha	400/110	500/138	600/165	700/193	400/120	500/150	600/180	700/210
Brutto kStE/MJ NEL/ha		6280/66000	7850/82500	9420/99000	10990/115500	6920/73200	8650/91500	10380/109800	12110/128100
T-Verluste	%	15	15	15	15	15	15	15	15
Energieverluste	%	15	15	15	15	15	15	15	15
Trockenmasse netto	dt/ha	94	117	140	164	102	128	153	179
StE/MJ NEL kg T		570/6,0	570/6,0	570/6,0	570/6,0	577/6,1	577/6,1	577/6,1	577/6,1
Netto: kStE/MJ NEL je ha		5338/56100	6673/70125	8007/84150	9342/98175	5882/62220	7353/77775	8823/93330	10294/108885
Saatgut	DM	319	319	319	319	319	319	319	319
Düngemittel	DM	431	541	647	755	474	595	712	831
Pflanzenschutz	DM	93	93	93	93	93	93	93	93
variable Silierkosten	DM	57	71	86	100	57	71	86	100
Hagelversicherung	DM	46	46	46	46	46	46	46	46
variable Maschinenkosten	DM	250	250	250	250	250	250	250	250
variable Kosten	DM/ha	1196	1320	1441	1563	1239	1374	1506	1639
Brutto-Silierraumbedarf	m³	57	71	86	100	57	71	86	100

6 Ökologischer Landbau

6.1 Entwicklung zum Ökologischen Landbau

Seit 1950 haben sich in der deutschen Landwirtschaft gewaltige Veränderungen vollzogen. Diese waren zunächst politisch (verlorene Agrargebiete im Osten und Bevölkerungsdruck im Westen), dann aber wirtschaftlich und ökonomisch (Arbeitskräftewanderung, Einkommensentwicklung und Agrarpolitik EG- und weltweit) bedingt. Sie waren möglich durch enorme Fortschritte in der produktionstechnischen Forschung und Entwicklung (Züchtung, Düngung, Pflanzenschutz) und durch (bis heute andauernde) landtechnische Entwicklung und Energieeinsatz.

6.1.1 Formen des Landbaus

Die entstandene Form der **»konventionellen Landwirtschaft«** in der Bundesrepublik Deutschland unterscheidet sich in ihren Methoden und organisatorischen Grundlagen (Betriebsplanung) so deutlich von der Vorkriegslandwirtschaft, daß sich seither unter dem Begriff **»Alternativer Landbau«** all die verschiedenen Formen gesammelt haben, die bis heute die überkommenen Erfahrungswerte und Grundsätze des alten Landbaues zur Richtschnur der Betriebsorganisation und der Produktionstechnik nehmen.

Im Bereich der Düngung, des Pflanzenschutzes und der Tierhaltung wird auf die Anwendung der modernen Entwicklungen weitgehend verzichtet. Das ist von vornherein ökologisch verträglicher, weshalb neuerdings auch der Sammelbegriff **»Ökologischer Landbau«** verwendet wird. Unzutreffend ist aber, ausschließlich diesen Formen den Begriff »biologischer Erzeugung« zuzusprechen, da auch das Wachstum einer Pflanze im konventionellen Anbau nur biologisch abläuft.

So wird erkennbar, daß der moderne, konventionelle Landbau aus diesem überkommenen, alternativ-ökologischen Landbau hervorgegangen ist und sich dabei – bewußt oder unbewußt, gewollt oder ungewollt – auf dieselben natürlichen Grundlagen, ökologischen Gesetzmäßigkeiten stützt. Die Schwierigkeiten und Grenzen der Intensivierung und Spezialisierung in der modernen Landwirtschaft machen dies jetzt immer deutlicher. Wichtig zu sehen ist hier schließlich auch, daß eine derart starke Veränderung eigentlich nur in der Bundesrepublik Deutschland stattgefunden hat.

6.1.2 Gemeinsame Grundsätze im Ökologischen Landbau

Bei begrenzter Zufuhr von Betriebsmitteln und Energie von außen ist die Betriebsleistung auf die Leistungsfähigkeit der natürlichen Stoffkreisläufe begrenzt, die wiederum abhängen von Standortqualität, Viehbesatz, Futterbau/Grünland, kurz der »Mutter des Ackerlandes«:

- **Standortbeurteilung** hat Einfluß auf die Artenwahl – mit Rücksicht auf andere Faktoren treten »technische« Marktfrüchte, wie Zukkerrüben, Raps, Körnermais in den Hintergrund.
- Die **Fruchtfolge** hat eine zentrale Stellung im Hinblick auf Bodenfruchtbarkeit (Humusbilanz, Bodenleben, Unkraut, Krankheiten, Schädlinge, N-Lieferung durch Leguminosen), deshalb hohe Anteile für Futterbau und Leguminosen.
- **Bodenbearbeitung** dient zuvorderst Bodenpflege (Bodenleben) und Unkrautbekämpfung;
- **Düngung** nützt gleichrangig Boden und Pflanze, d. h. die *betriebseigenen organischen Dünger* haben einen hohen Stellenwert (Behandlung, Lagerung bzw. Kompostierung, Rotte, Reifung, Ausbringungsmengen und -zeiten);
  die Verwendung von *chemisch-synthetischen Düngersorten* ist untersagt, bei Stickstoff sind ausschließlich organische Dünger zugelassen;
  der N-Bilanz dienen betont höhere *Leguminosenanteile* in der Fruchtfolge bzw. im Futterbau für die Humusbilanz grundsätzlich starker Feldfutterbau (nützt auch zur Bodenverbesserung, Ungrasbekämpfung und Krankheitsvorbeuge).
- Im **Pflanzenschutz** sind sämtliche chemisch-synthetischen Pflanzenschutzmittel und Wachstumsregler verboten; zahlreiche präventive Maßnahmen müssen zur Reduzierung des Krankheits- und Schädlingsdruckes gezielt kombiniert werden (Bestandsführung, Fruchtfolge, Bodenpflege) – die zur direkten Anwendung verfügbaren natürlichen Präparate und Extrakte haben nur beschränkte Wirksamkeit; zur Unkrautbekämpfung stehen in Ergänzung zu mechanischen Arbeitsgängen auch Abflammtechniken zur Verfügung.
- Die **Viehhaltung** – dabei in erster Linie die

	biologisch-dynamisch	ANOG	organisch-biologisch	Biokreis Ostbayern	Naturland	BÖW
Gründungsjahr	1924	1962	1971	1979	1982	1985
Warenname und Schutzzeichen	demeter	ANOG Kontrollierte biologische Produkte	Bioland®	BIO KREIS OSTBAYERN	Naturland	Bundesverband Ökologischer Weinbau e.V.
bei Umstellungsware	Biodyn	aus dem Umstellungsbetrieb	»Bioland-Erzeugnisse aus dem Umstellungsbetrieb«	aus dem Umstellungsbetrieb	aus dem Umstellungsbetrieb	aus dem Umstellungsbetrieb
Zeitschrift	»Lebendige Erde«, mit »Gartenrundbrief«, »Demeterblätter«	»ANOG-Informationen«	»Bioland«	»Bio-Nachrichten«	»Naturland-Informationen«	Mitteilungen in »Ökologie und Landbau«
Adresse	Forschungsring für Biologisch-Dynamische Wirtschaftsweise e.V., Baumschulenweg 11 6100 Darmstadt	ANOG – AG für naturnahen Obst-, Gemüse- u. Feldfruchtanbau e.V., Anton-Reuter-Str. 18 5400 Koblenz	Bioland – Verband für organisch-biologischen Landbau e.V., Barbarossastraße 14 7336 Uhingen	Biokreis Ostbayern e.V., Rosensteig 13 8390 Passau	Naturland Verband für naturgemäßen Landbau e.V., Kleinhaderner Weg 1 8032 Gräfelfing	Bundesverband Ökologischer Weinbau e.V., Obergasse 9 6719 Ottersheim/Pfalz

Abb. 57 Anerkannte Verbände des ökologischen Landbaus (Stand: 1990). Die genannten 6 Verbände und die Stiftung Ökologischer Landbau haben sich 1988 in der AGÖL zusammengeschlossen (Arbeitsgemeinschaft Ökologischer Landbau, Koordinationsstelle Baumschulweg 11, D 6100 Darmstadt). Die AGÖL-Mitglieder bewirtschaften zusammen über 42 000 ha (0,35%) der landwirtschaftlichen Nutzfläche nach den Richtlinien des Ökologischen Landbaus.

Rinderhaltung – ist praktisch ein unerläßlicher Bestandteil im Aufbau eines alternativ/ökologisch bewirtschafteten Betriebes. Akkerbaubetriebe mit ca. 2,0 GV/ha erreichen eine Nährstoffversorgung, die bei guter Produktionstechnik mittlere bis gute Erträge ermöglicht. In den Rahmenrichtlinien der Verbände ist der Futtermittelzukauf aus fremden Betrieben (nach Möglichkeit von anderen, alternativ bewirtschafteten Betrieben) je nach Organisation auf 20% bzw. 10% begrenzt.

6.2 Organisationen – Verbände – Warenzeichen

Die anerkannten Verbände des ökologischen Landbaues in der Bundesrepublik Deutschland sind international in der **IFOAM** (**I**nternational **F**ederation of **O**rganic **A**griculture **M**ovements, Internationale Vereinigung Biologischer Landbaubewegungen) mit Sitz und Sekretariat in 3430 Witzenhausen, Nordbahnhofstr. 1a, vertreten. Im Herbst 1989 hat die IFOAM ihre gemeinsamen »Richtlinien für den biologischen Landbau für den internationalen Handel« von 1986 fortgeschrieben.

In der Bundesrepublik Deutschland gibt es bisher keine gesetzliche Regelung zur Bezeichnung und Abgrenzung von Lebensmitteln aus dem alternativen Landbau. Für 1990 ist hierzu aber eine EG-Richtlinie zu erwarten, so daß dann endlich ein allgemeingültiger Grundstandard, zumindest in der EG, gelten würde.

Der Hinweis »Ökologische Agrarwirtschaft – EWG-Kontrollsystem« soll den Verbrauchern garantieren, daß es sich um »Bioprodukte« handelt, die diesen Namen wirklich verdienen.

In der Warenkennzeichnung und Werbung darf nur noch dann auf den ökologischen Landbau verwiesen werden, wenn genau definierte Anbauvorschriften eingehalten wurden und der Betrieb sich entsprechenden Kontrollen unterzieht. Es dürfen nur noch solche Pflanzenschutz- und Düngemittel eingesetzt werden, die auf einer EG-Positivliste aufgeführt sind. Außerdem darf das Produkt bei den Zutaten keine »chemisch-synthetischen Stoffe« enthalten oder damit behandelt worden sein. Ebenso ist die Konservierung durch Strahlen verboten. Die Verordnung erstreckt sich sowohl auf nicht verarbeitete als auch auf solche verarbeiteten Produkte, die im wesentlichen aus einem oder mehreren pflanzlichen Bestandteilen bestehen.

Die landwirtschaftlichen Betriebe, die sich auf den ökologischen Landbau umstellen, müssen eine Wartezeit von normalerweise mindestens 3 Jahren einhalten, bevor ihre Erzeugnisse als Bioprodukte anerkannt werden.

In der Bundesrepublik Deutschland haben die Verbände bereits 1980 über die **»Stiftung Ökologischer Landbau«** (6750 Kaiserslautern, Postfach 30 48) nationale Rahmenrichtlinien vereinbart, nachdem jeder dieser Verbände eigene, ganz spezielle Erzeugungs- und Organisationsregeln hat. Im Jahr 1988 haben diese Verbände und die Stiftung zusammen die **»Arbeitsgemeinschaft Ökologischer Landbau«** (61 Darmstadt, Baumschulenweg 11) gegründet (AGÖL).

8 Grundlagen der tierischen Erzeugung

1 Tierernährung

Die tiergerechte und wirtschaftliche Fütterung der Nutztiere verlangt vom Landwirt Kenntnisse über die *Futtermittelqualität,* die *tierische Verdauung* und den *Futterbedarf.*

1.1 Qualität und Zusammensetzung des Futters

Farbe, Struktur und Geruch des Futters lassen allgemeine Rückschlüsse auf die Qualität zu. Für eine exakte Rationsberechnung muß aber die Futterzusammensetzung genau bekannt sein. Die Zahlen aus *Futterwerttabellen* reichen hierfür nicht aus, weil insbesondere bei Wirtschaftsfutter der Nährstoffgehalt stark schwankt.

Um sicherzugehen schickt der Landwirt deshalb eine Mischprobe an die nächstgelegene Landwirtschaftliche Untersuchungs- und Forschungsanstalt (LUFA): Hier wird mit Hilfe der sog. Weender Analyse, die vor 100 Jahren in Göttingen-Weende entwickelt wurde, die Futterzusammensetzung zuverlässig bestimmt.

Wasser – Eine ausreichende Wasserzufuhr ist für jedes Tier lebensnotwendig: Im Körper laufen alle chemischen Vorgänge in wäßriger Lösung ab; Wasser dient in Blut und Lymphe als Transportmittel, erhält den Zelldruck aufrecht und reguliert den Wärmehaushalt.

Faustregel: Pro Tag muß ein Schwein 2 bis 3 Liter, ein Rind 4–5 Liter Wasser pro Kilogramm Futter-Trockensubstanz aufnehmen, um gesund zu bleiben.

Trockensubstanz – Die Trockensubstanz (abgekürzt mit T) besteht größtenteils aus *organischer Substanz* (den Nährstoffen und der überwiegend unverdaulichen Rohfaser). Der Rest ist *anorganische Substanz,* also Sand, Erde und Mineralstoffe.

Der Trockensubstanzanteil des Futters beeinflußt die Futtermenge, die ein Tier aufnehmen kann, und die Lagerfähigkeit des Futters.

Organische Substanz – Dies ist der verbrennbare Teil der Trockensubstanz. Dazu zählen:

- *Eiweiß:* Das Tier benötigt Eiweiß (Protein) zum Aufbau aller Körperzellen, aber auch zur Bildung von Milch, Eiern und Wolle, sowie zur Enzymbildung. Bei der Verdauung wird das Futtereiweiß in seine Bausteine, die stickstoffhaltigen Aminosäuren, zerlegt und dann nach den Bedürfnissen des Tieres zu artspezifischem Eiweiß neu aufgebaut.
- *Kohlenhydrat:* Zu dieser Stoffgruppe gehören die Energieträger Zucker und Stärke, bestehend aus C (Kohlenstoff), H (Wasserstoff) und O (Sauerstoff).
  Die schwer verdauliche Rohfaser enthält Zellwandbestandteile (Cellulose) und Holzstoff (Lignin); sie lockert den Nahrungsbrei im Verdauungskanal auf und fördert so die Verwertung der anderen Nährstoffe.

Faustregel: Für einen gesunden Ablauf der Pansengärung muß die Futterration der Wiederkäuer mindestens 18% strukturierte Rohfaser enthalten.

- *Fett:* Futterfette und die aus überschüssigen Kohlenhydraten gebildeten Fettablagerungen liefern dem Körper Energie, und zwar etwa doppelt so viel wie Kohlenhydrate.

Anorganische Substanz – Dies ist der unverbrennbare Teil der Trockensubstanz. Er umfaßt:

- *Mineralstoffe:* Das Futter der Nutztiere soll 5–10% der Trockensubtanz an Mineralstoffen enthalten; dabei kommt es besonders auf eine ausgewogene und gleichmäßige Zufuhr an. Neben den Mengenelementen Calcium, Phosphor, Magnesium, Natrium, Kalium, Chlor und Schwefel braucht das Tier eine Reihe von Spurenelementen wie Eisen und Selen.
- *Schmutz, Sand:* Durch Sorgfalt bei der Futtergewinnung und -lagerung ist dieser Anteil niedrig zu halten. Stark verschmutztes Wirtschaftsfutter, z. B. Rübenblattsilage, kann zu Verdauungsstörungen führen.

Vitamine – Dies sind fett- und wasserlösliche Wirkstoffe, die Gesundheit und Leistung der Nutztiere fördern.

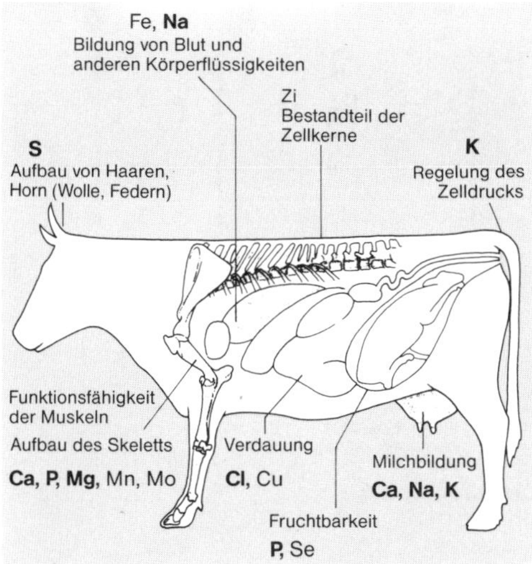

Abb. 58 Aufgaben der wichtigsten Mineralstoffe im Tierkörper.

Zusatzstoffe – Hierzu gehören Vitamine, Mineralstoffe, Leistungsförderer, Aromastoffe, Stabilisatoren, Verdickungs- und Geliermittel, Fließ- und Gerinnungsstoffe, Konservierungs- und Preßhilfsstoffe, die Handelsfuttermitteln zugemengt sein können.

1.2 Verdauung des Futters

Bei der Verdauung wird das Futter mechanisch und chemisch so zerlegt, daß die Bestandteile in das Blut bzw. in die Lymphe aufgenommen werden können und dann dem Aufbau körpereigener Stoffe oder der Energiegewinnung dienen. Aufbau des Verdauungskanals und Ablauf der Verdauung sind bei unseren Nutztieren verschieden.

Abb. 59 Wirkung der wichtigsten Vitamine im Tierkörper.

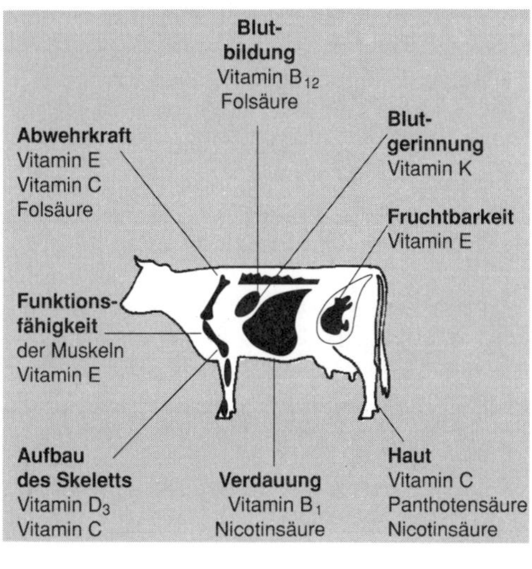

1.2.1 Verdauung beim Wiederkäuer

Der Wiederkäuer Rind ernährt sich von Pflanzen. Das Futter wird mit dem **Maul** aufgenommen, flüchtig durchgekaut, mit Speichel schlüpfrig gemacht und über die **Speiseröhre** abgeschluckt. Hieran schließt sich das **Magensystem** an: Es besteht aus drei Vormägen (Pansen, Netz- und Blättermagen) und dem eigentlichen Drüsenmagen, dem Labmagen.

Mechanische Verdauung – Der *Pansen* hat ein Fassungsvermögen von bis zu 180 Litern und füllt die ganze linke Bauchhöhle aus. Vor dem Pansen liegt der kugelförmige, muskulöse *Netzmagen.* Durch das rhythmische Zusammenziehen der Wandmuskulatur wird das Futter zwischen beiden Mägen hin- und hergeschleudert und dabei gemischt. In der kästchenförmigen Schleimhaut des Netzmagens wird der Futterbrei zusätzlich kleingerieben.

Auch das Wiederkauen dient der Zerkleinerung: Dabei werden Futterbissen durch die Speiseröhre in die Maulhöhle zurückbefördert, gründlich gekaut, eingespeichelt und abgeschluckt.

Chemische Verdauung – An die mechanische Verdauung schließt sich der **chemische Aufschluß** der Nährstoffe im *Pansen* an. Der Pflanzenbrei wird über die fingerförmigen Zotten der Pansenschleimhaut wie mit vielen kleinen Tauchsiedern erwärmt und dann durch eine riesige Zahl von Bakterien und anderen Einzellern vergoren.

Diese Mikroorganismen spalten die **Kohlenhydrate** in niedere Fettsäuren (Essig-, Propion- und Buttersäure) sowie CO_2. Um eine Pansenübersäuerung zu vermeiden, sollte man Kraftfutter in kleinen Mengen geben. Rationen mit viel strukturierter Rohfaser fördern die Bildung des alkalischen Speichels: Dieser neutralisiert die Säuren, die über die Pansenwand aufgenommen und zur Energiegewinnung genutzt werden. Die Einzeller bilden außerdem Reservekohlenhydrate.

Der größte Teil der **Eiweiße** im Futter wird durch die Pansenmikroben im wesentlichen in Ammoniak zerlegt und in eigenes Mikrobeneiweiß umgebaut. Das biologisch hochwertige Mikrobeneiweiß kann auch aus dem Stickstoff

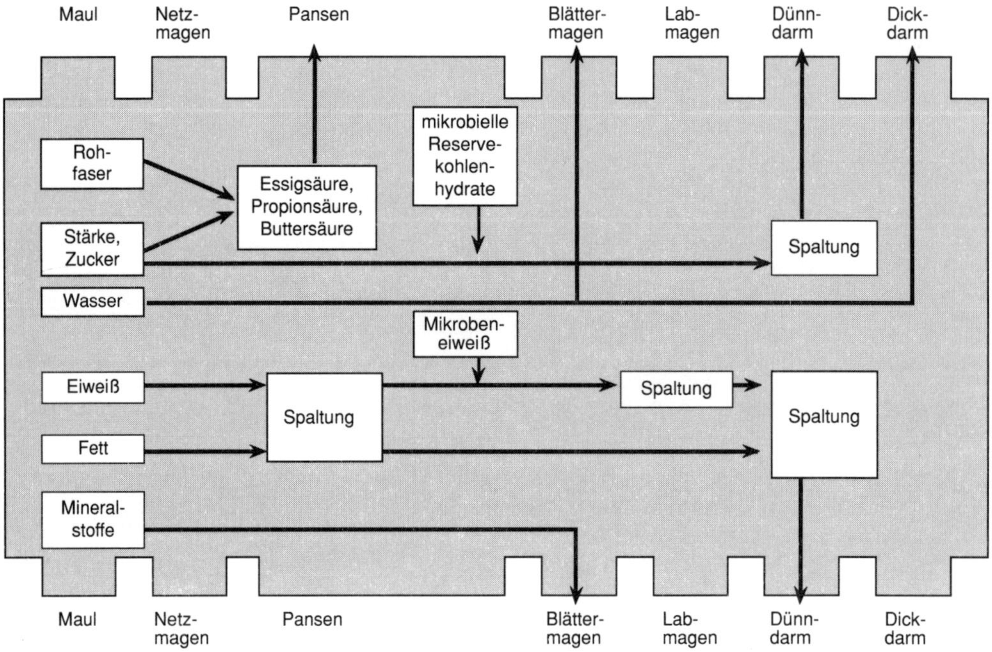

Abb. 60 Schematische Darstellung der Wiederkäuer-Verdauung.

nicht eiweißhaltiger Futtermittel, z. B. Harnstoff, gebildet werden.

Fette, die in geringer Menge in der Wiederkäuerration enthalten sind, werden zum Teil im Pansen verdaut; sie können allerdings in großen Mengen die Tätigkeit der Einzeller hemmen.

Schließlich werden im Pansen **B-Vitamine** und Vitamin K aufgebaut.

Die mondsichelförmigen Schleimhautfalten im **Blättermagen** verlangsamen den Durchtritt des Futterbreis und nehmen Wasser und Mineralstoffe auf.

Von hier aus gelangt das Futter in den **Labmagen,** wo die sauren Verdauungssäfte der Magendrüsen Futter- und Mikrobeneiweiß zerlegen. Beim *Kalb* wird die Milch über die sog. Schlundrinne vom Maul direkt in den Labmagen geleitet, durch das *Labferment* zur Gerinnung gebracht und verdaut.

Erst durch die Aufnahme von Kraftfutter und Heu wachsen die Vormägen zu ihrer späteren Größe heran.

An das Magensystem schließt sich der lange **Dünndarm** an. Der *Darmsaft* sowie die hier einmündende *Galle* und der *Bauchspeichel* spalten die Kohlenhydrate zu Zucker, Eiweiß zu Aminosäuren und Fett zu Glyzerin und Fettsäuren. Diese Bestandteile werden von den Darmzotten aufgenommen und über das Blut und die Lymphe abtransportiert.

Auch im **Dickdarm** leben Bakterien und Einzeller, die Rohfaser- und Eiweißreste abbauen. Die unverdaulichen Futterrückstände werden durch Wasserentzug eingedickt und als Kot ausgeschieden.

Bei Schaf und Ziege läuft die Verdauung ebenso ab.

Zusammenfassend ist festzuhalten: Der Wiederkäuer ist auf die enge Lebensgemeinschaft mit Bakterien und anderen Einzellern angewiesen:

- Sie ermöglichen die Verwertung von schwerverdaulichem, rohfaserreichem Futter,
- sie bauen aus Stickstoff hochwertiges Mikrobeneiweiß auf,
- sie machen den Wiederkäuer in der Regel von der Zufuhr der B- und K-Vitamine unabhängig.

Ein ungestörtes Zusammenspiel und damit eine gesunde Verdauung sind gewährleistet durch:

- ***Eine wiederkäuergerechte Futterration mit genügend strukturierter Rohfaser,***
- ***ausreichend Wasser für die Speichelbildung,***
- ***Vermeiden von plötzlichen Futterumstellungen,***
- ***einen tiergerechten Liegeplatz zum ungestörten Wiederkauen.***

1.2.2 Verdauung bei anderen Nutztierarten

Bei den anderen Nutztieren bestehen deutliche Unterschiede in der Verdauung im Vergleich zum Rind.

Schwein – Im Gegensatz zum Wiederkäuer ist das Schwein ein *Allesfresser* mit **einhöhligem Magen,** in dem die Eiweißspaltung stattfindet. Alle essentiellen (lebensnotwendigen) Aminosäuren (u. a. Lysin, Methionin, Tryptophan, Threanin) müssen über das Futter zugeführt werden. Die Kohlenhydratverdauung wird durch ein Enzym im Speichel eingeleitet und im Dünndarm zu Ende geführt. Das Schwein kann Rohfaser *schlecht* nutzen; nur im Dickdarm werden geringe Mengen bakteriell abgebaut.

Pferd – Auch das Pferd hat einen einhöhligen Magen, in dem hauptsächlich Stärke abgebaut wird. Als Gärkammer für die Rohfaserverdauung dient der Blinddarm.

Geflügel – Bei ihm gelangt die Nahrung unzerkaut, aber mit schleimigem Speichel versetzt in den Kropf, wo sie aufweicht und quillt. Im Muskelmagen wird das Futter mit Hilfe kleinster Steinchen (Grit) zerrieben.

Der chemische Aufschluß der Nährstoffe im Drüsenmagen und im Dünndarm verläuft ähnlich wie bei den Säugetieren. In den paarig angelegten Blinddärmen spalten Bakterien die Rohfaser.

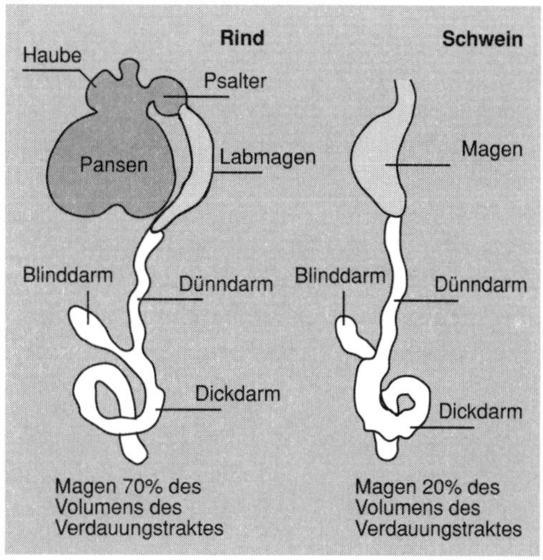

Abb. 61 Vergleich des Magen-Darm-Kanals bei Rind und Schwein.

2 Futtermittel

Für die Nutztierfütterung stehen dem Landwirt sehr verschiedene wirtschaftseigene und zugekaufte Futtermittel zur Verfügung (Abb. 62).

Abb. 62 Futtermittelübersicht.

	Grundfuttermittel	**Kraftfuttermittel**	
frisch	Grünfutter	Getreide, Hülsenfrüchte	
	Hackfrüchte		
behandelt konserviert	Silage, Rauhfutter, heißluftgetrocknetes Grünfutter		**Futtermittel aus** • Öl- und Fettgewinnung, • Zuckergewinnung, • Getränkeherstellung, • Stärkefabrikation, • Mehlgewinnung, Futtermittel tierischer Herkunft, Mischfuttermittel
	überwiegend im Betrieb produziert		**zugekauft**

2.1 Grundfuttermittel

Beim Grundfutter handelt es sich um frisches oder konserviertes Futter eigener Produktion. Meist sind der Markt- und Futterwert verhältnismäßig gering und die Transportfähigkeit schlecht.

2.1.1 Grünfutter

Junges Grünfutter ist eiweiß- und wasserreich; sein Futterwert verringert sich im Laufe des Wachstums, weil der Rohfasergehalt steigt und damit die Verdaulichkeit sinkt.
Beim **Dauergrünland** ist der Futterwert deshalb von der Weidetechnik bzw. vom Schnittzeitpunkt sowie von der Zusammensetzung des Pflanzenbestandes abhängig.
Als **Feldfutter** werden meist Weidelgräser angebaut, die sich zum Silieren oder zur Beweidung eignen, sowie Gemenge, z. B. Erbsen oder Wikken.
Zwischenfrüchte sind verhältnismäßig energie- und rohfaserarm; außerdem können sie hohe Nitratmengen enthalten, die den Stoffwechsel der Tiere belasten und zu Fruchtbarkeitsstörungen führen. Sie müssen daher als Teil einer vielseitigen Ration und nach einer Woche Angewöhnung frisch und sauber verfüttert werden. Der Nitratgehalt ist mit Teststäbchen meßbar und kann durch Silierung gesenkt werden.
Auch beim Verfüttern von frischem oder siliertem **Rübenblatt** ist eine saubere Gewinnung unerläßlich, um Verdauungsstörungen zu vermeiden.
Alle Kreuzblütler, z. B. **Stoppelrübe** und **Markstammkohl,** sollen wegen einer möglichen Geschmacksbeeinträchtigung der Milch durch Senföle erst *nach dem Melken* verfüttert werden und maximal die Hälfte der Ration ausmachen.

Abb. 63 Entwicklung des Nährstoffertrags beim Grünfutter.

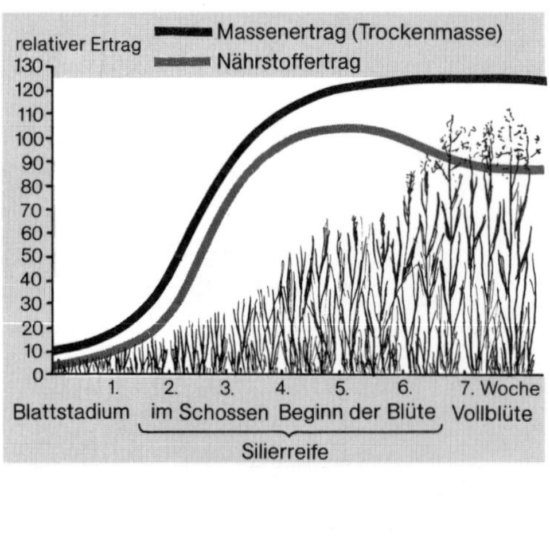

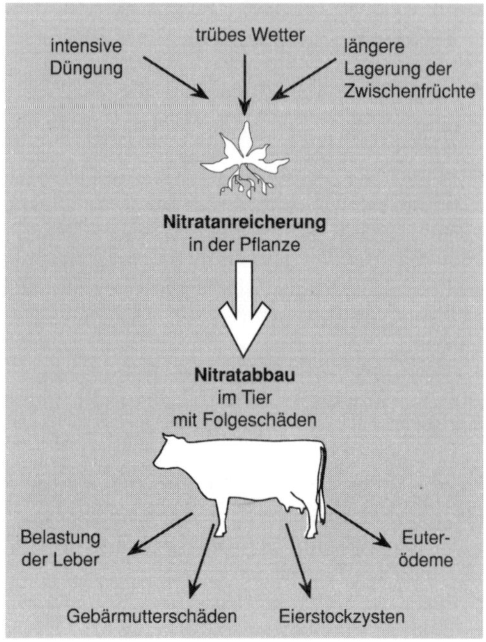

Abb. 64 Gesundheitsschäden durch Nitrat in Zwischenfrüchten.

2.1.2 Silagen

Der Futterwert der Silage ist abhängig vom Schnittzeitpunkt des Ausgangsmaterials, einer sauberen Ernte und einer sachgerechten Konservierung ohne Nährstoffverluste durch Fäulnis. Verschimmelte Silage darf nicht verfüttert werden: Sie enthält Giftstoffe, die beim Nutztier Durchfall, Leberschäden und Fruchtbarkeitsstörungen verursachen.
Mais – Er kann in verschiedenen Verfahren siliert werden (Tabelle 57).
Maissilage ist stärkereich und führt bei unbegrenzter Fütterung zur Verfettung und damit zu Fruchtbarkeitsstörungen und ungenügender Futteraufnahme. Sie muß daher als Teil einer vielseitigen Ration eingesetzt werden.
Corn-cob-mix und gesiebte **Lieschkolbenschrotsilage** eignen sich für die Schweinefütterung; der rohfaserreiche LKS-Rückstand kann von Rindern verwertet werden.
Gras – Bei Gras läßt sich durch Anwelken der Trockensubstanzgehalt in der Silage auf

Tabelle 57 Möglichkeiten der Maissilierung

Silageform	Ausgangsmaterial	Trockensubstanz %	Rohfaser % der T
Maissilage	ganze Pflanze, geerntet in der Teigreife	mind. 25	6– 7
Corn-cob-mix (CCM)	Körner mit Spindeln	45–65	4– 8
Lieschkolbensilage (LKS)	Körner mit Spindeln, Lieschblättern und Stengelteilen	35–55	10–16, nach Absieben 8–10
Körnermais	Körner	50–60	3– 4

35–40% erhöhen; dadurch vermeidet man bei der Silierung Nährstoffverluste durch Sickersaft und verbessert die Futteraufnahme. Ebenso wie *Heu* und frisches oder heißluftgetrocknetes *Grünfutter* enthält gute Grassilage β-Carotin, das sich günstig auf die Fruchtbarkeit auswirkt: Sie ist deshalb zur Fütterung aller Zuchttiere, auch von Sauen, geeignet.

Ganzpflanzensilage – Für ihre Gewinnung muß der Landwirt Getreidesorten mit gutem Kornertrag anbauen, zu Beginn der Teigreife schneiden und beim Silieren auf sorgfältiges Festfahren und Abdichten des Silos achten.

2.1.3 Rauhfutter

Heu – Gutes Heu ist in der Milchviehfütterung und Kälberaufzucht unentbehrlich. Ein rechtzeitiger Schnitt und eine Trocknung mit geringen Nährstoffverlusten sind die wichtigsten Voraussetzungen für einen hohen Futterwert.

Stroh – Es ist rohfaserreich und nährstoffarm; es wird in der Regel eingesetzt als Ersatz für andere Rauhfuttermittel oder als Sättigungsfutter, z. B. für Zuchtsauen. Die Futteraufnahme läßt sich durch Häckseln und Übergießen mit Melasse verbessern. Der unverdauliche Holzstoff im Stroh kann durch eine Behandlung mit Natronlauge oder Ammoniakgas aufgeschlossen werden; danach entspricht der Futterwert dem von Heu mittlerer Qualität.

Abb. 65 Vorwelken mindert die Verluste und verbessert die Qualität der Silage.

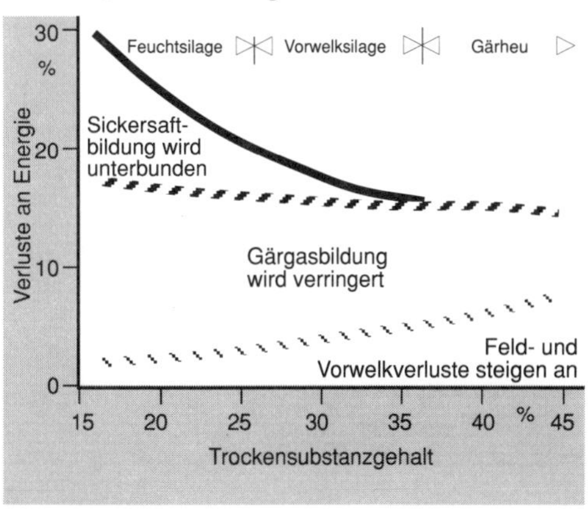

2.1.4 Heißluftgetrocknetes Grünfutter

Es wird nach der Trocknung unvermahlen zu sog. Cobs oder Briketts gepreßt und kommt im Nährstoffgehalt fast dem Grünfutter gleich.

2.1.5 Hackfrüchte

Futterrüben sind ein schmackhaftes und hochverdauliches Grundfutter für Rinder und in begrenztem Umfang für Zuchtschweine. Sie sollen ebenso wie **Kohlrüben (Steckrüben)** rasch verfüttert werden, damit die Nährstoffverluste bei der Lagerung nicht zu hoch werden.

Kartoffeln enthalten 12–22% Stärke und hochwertiges Eiweiß. Sie werden gedämpft, siliert oder getrocknet eingesetzt, überwiegend in der Schweinemast.

Angekeimte oder grün gewordene Kartoffeln bilden den *Giftstoff Solanin* und dürfen nur entkeimt und gedämpft verfüttert werden.

2.2 Kraftfuttermittel

Wirtschaftseigenes und zugekauftes Kraftfutter wird in steigendem Umfang eingesetzt. Für Zukauffutter wendet die Landwirtschaft in der Bundesrepublik Deutschland jährlich rund 35% der Betriebsausgaben auf. Die Kenntnis des Futterwertes und der Fütterungseigenschaften hat deshalb für den Landwirt große wirtschaftliche Bedeutung.

2.2.1 Getreide

Getreide gehört zu den stärkereichen Kraftfuttermitteln. Für die Schweinefütterung ist der begrenzte Gehalt an den essentiellen Aminosäuren Lysin, Methionin und Threonin zu beachten. Etwa ⅔ des Phosphors sind an Phytinsäure gebunden und damit für Schweine nur zu 30% verwertbar. Das Rind kann den Phytin-Phosphor mit Hilfe seiner Panseneinzeller voll nutzen. Wichtig ist auch die Ergänzung mit Calcium, Vitamin D und bei Zuchttieren mit β-Carotin.
Die verschiedenen Getreidearten sind in der Nutztierfütterung vielseitig einsetzbar.

2.2.2 Hülsenfrüchte

Die wichtigste Hülsenfrucht ist die **Ackerbohne,** die als Eiweißfutter für Geflügel, Schweine und Rinder eingesetzt wird. **Erbsen** sind hochverdaulich und werden gern gefressen.

2.2.3 Futtermittel aus der Ölgewinnung

Bei der Verarbeitung ölhaltiger Pflanzen, z. B. Sojabohnen, Raps, Lein und Erdnüssen, fallen folgende Futtermittel an:

- **Ölkuchen** bleibt beim Auspressen der Ölfrüchte übrig. Er enthält bis 12% Fett und darf nur in geringen Mengen verfüttert werden, weil sonst beim Wiederkäuer die Tätigkeit der Panseneinzeller gehemmt und der Stoffwechsel belastet wird, und sich beim Schwein die Speckqualität verschlechtert.
- Die hochverdaulichen und eiweißreichen **Extraktionsschrote** sind die Rückstände nach dem chemischen Fettentzug. Das bekannteste Futtermittel dieser Gruppe ist Sojaextraktionsschrot.

2.2.4 Futtermittel aus der Zuckergewinnung

Diese Futtermittel sind energiereich und eiweißarm.

- **Naßschnitzel** und **Preßschnitzel** können wegen des hohen Wassergehaltes leicht verderben und werden frisch oder siliert an Rinder oder Schweine verfüttert. Preßschnitzel enthalten keine strukturwirksame Rohfaser; dadurch sollte eine mengenmäßige Begrenzung eingehalten werden.
- **Trockenschnitzel** *(Melasseschnitzel)* werden meist in pelletierter Form in der Rinderfütterung eingesetzt.

2.2.5 Futtermittel aus der Getränkeherstellung

Schlempe aus Getreide, Kartoffeln und anderen stärkehaltigen Rohstoffen fällt in der Alkoholbrennerei an. Sie enthält viel Eiweiß und Vitamin B und muß wegen der leichten Verderblichkeit frisch verfüttert werden.
Rückstände aus der Bierherstellung sind

- der eiweiß- und rohfaserreiche **Biertreber,** der sich zum Silieren eignet,
- die appetitanregenden **Malzkeime,**
- frische oder getrocknete **Bierhefe,** ein ausgezeichnetes Eiweißfutter.

Trester entstehen bei der Obstsaftherstellung und werden frisch, siliert oder getrocknet an Wiederkäuer verfüttert.

2.2.6 Futtermittel aus der Stärkefabrikation

Hierzu gehören die stärkereiche **Kartoffelpülpe** sowie **Kartoffeleiweiß** und das ebenfalls eiweißreiche **Kleberfutter.**

2.2.7 Futtermittel aus der Mehlgewinnung

Als Mühlennachprodukte fallen die stärkereichen **Nachmehle** und **Futtermehle** an sowie die rohfaserreichen **Grießkleien** und **Kleien.** Kleie fördert eine gesunde Verdauung und wird daher in der Nutztierfütterung vielseitig eingesetzt.

2.2.8 Futtermittel tierischer Herkunft

Milch und **Molkereierzeugnisse** (z. B. Magermilch, Molke) sind hochwertige Futtermittel und werden frisch oder getrocknet verfüttert, besonders in der Kälberaufzucht, aber auch in der Mast von Rind und Schwein.
Fischmehle enthalten hochwertiges tierisches Eiweiß und werden in Schweine- und Geflügelrationen eingesetzt.
Als Produkte aus der Tierkörperverarbeitung fallen die eiweißreichen **Tiermehle, Fleischmehle, Knochen-** und **Blutmehle** an.

2.2.9 Mischfuttermittel

Die zugekauften Mischfuttermittel werden eingeteilt in

- Alleinfuttermittel,
- Ergänzungsfuttermittel,
- Mineralfuttermittel.

Während der Landwirt die Qualität des wirtschaftseigenen Grundfutters zum Teil selbst

beeinflussen kann, ist er beim Zukauf von Handelsfutter auf die Zuverlässigkeit des Herstellers angewiesen.
Die **futtermittelrechtlichen Bestimmungen** garantieren gute, gleichbleibende Futterqualität und dienen darüber hinaus folgenden Zielen:

- Sie sichern die Gesundheit der Nutztiere,
- sie gewährleisten die Produktion hochwertiger, rückstandsfreier Lebensmittel.

Im Rahmen der *amtlichen Futterkontrolle* werden die gesetzlichen Vorschriften überprüft und Verstöße bestraft. Futtermittel mit dem Gütezeichen der Deutschen Landwirtschaftsgesellschaft (DLG) unterliegen speziellen Kontrollen.

Abb. 66 Beispiel für ein Gütezeichen (hier: DLG).

3 Futterbewertung

Für die praktische Fütterung muß der Landwirt die Kenntnisse über Tierernährung und Futtermittel verknüpfen. Der Nährstoffgehalt des eingesetzten Futters muß dem Bedarf des Tieres entsprechen.
Jedes Futtermittel enthält eine bestimmte **Bruttoenergie,** die bei vollständiger Verbrennung als Wärme freigesetzt wird. Das Tier kann diese Bruttoenergie nicht ganz nutzen, weil ein Teil des Futters und damit auch Energie unverdaut ausgeschieden werden.
Zieht man die Kotenergie von der Bruttoenergie ab, bleibt die **verdauliche Energie** des Futters übrig. Auch hier geht Energie über Harn und Gärgase verloren. Abzüglich dieses Anteils von der verdaulichen Energie erhält man die **Umsetzbare (metabolische) Energie.**
Nach Abzug der Wärmeverluste ergibt sich die **Nettoenergie:** Damit deckt das Tier seinen Bedarf für die Erhaltung der Lebensvorgänge (z. B. Atmung, Verdauung, Wärmeregulation) und für die Leistungsprodukte wie Milch, Fleisch, Eier oder Trächtigkeit.
Für den Energiegehalt im Futter und den Energiebedarf unserer Nutztiere gelten zur Zeit verschiedene **Energiebewertungssysteme** (Tabelle 58).

Tabelle 58 Abkürzungen der verschiedenen Energiebewertungssysteme

Tierart	Energiebewertung	Abkürzung
Milchkuh, Jungrind	**N**etto**e**nergie-**L**aktation in der Einheit **M**ega-**J**oule	MJ NEL
Mastrind, Schaf	Nettoenergie in **St**ärke**e**inheiten	StE
Schwein, Geflügel	Umsetzbare (**m**etabolische) **E**nergie in der Einheit **M**ega-**J**oule	MJ ME
Pferd	**V**erdauliche **E**nergie in der Einheit **M**ega-**J**oule	MJ VE

4 Tiergesundheit, Tierschutz

Gesunde Tiere sind die Grundlage für eine erfolgreiche Tierhaltung. Ein umfassendes Gesundheitsprogramm hilft dem Landwirt, diese Grundlage zu sichern.
Der wichtigste Faktor für das Gesundheitsprogramm im landwirtschaftlichen Betrieb ist eine *regelmäßige Beobachtung* der Tiere. Nur so kann der Landwirt rechtzeitig kranke Tiere entdecken, absondern und gezielte Maßnahmen ergreifen. Besonders gut kann man die Tiere beim Füttern oder beim Melken beobachten.
Neben der Beachtung dieser äußerlich sichtbaren Merkmale kann der Landwirt prüfen, ob sich *Körpertemperatur, Atemzüge* und *Pulsschläge* des Tieres im normalen Bereich bewegen. Diese Werte sind aber von Stalltemperatur, Trächtigkeitsstadium, Tageszeit, Muskelarbeit und anderen Faktoren abhängig und unterliegen deshalb Schwankungen.
Der Landwirt trägt auch aus ethischen Gründen Verantwortung für seine Tiere. Das **Tierschutzgesetz** fordert daher:

- Jedes Tier muß seiner Art und seinen Bedürfnissen entsprechend angemessen ernährt und gepflegt werden; es muß verhaltensgerecht untergebracht sein.
- Man darf die Möglichkeit des Tieres zu artgemäßer Bewegung nicht so einschränken, daß ihm Schmerzen oder vermeidbare Leiden oder Schäden zugefügt werden.

Zweck des Gesetzes ist es, Leben und Wohlbefinden der Tiere zu schützen. Diese Forderung muß der Landwirt im täglichen Umgang mit seinen Tieren in die Tat umsetzen. Auch die Justiz ordnet Tiere juristisch jetzt den Lebewesen zu.

9 Milchkuhhaltung im Nebenerwerb

In der Bundesrepublik Deutschland hat sich der Durchschnittsmilchertrag/Kuh und Jahr seit 1950 von 2500 kg auf ca. 4800 kg nahezu verdoppelt. Fortschritte in der Biotechnik wie künstliche Besamung und Embryotransfer, Einkreuzung von ausländischem »Blut« wie Holstein Friesian bzw. Brown Swiss in die heimischen Rassen, ausgeklügelte Fütterungstechniken und tiergerechte Haltungsformen wie Boxenlaufställe haben die Leistungssteigerung ermöglicht. Bis zum Jahr 2000 werden der Rinderzucht noch beachtliche Zuchtfortschritte vorausgesagt.

Die *Zahl der Milchviehbetriebe* wird entscheidend abnehmen und die *Herdengröße* der verbleibenden Milchviehhalter aufgrund der Technisierbarkeit der Arbeiten im Rinderstall anwachsen. Unter dem künftigen EG-Binnenmarkt-Konkurrenzdruck gilt es, der Erzeugung von *Qualitätsmilch* besonderes Augenmerk zu schenken. Für schlechtere *Güteklassen* werden künftig die Milchgeldabzüge so hoch sein, daß die Milchproduktion unrentabel wird. Gerade Betriebe, die nicht an der Milchleistungsprüfung (MLP) teilnehmen, sind es, die weitaus höhere Zell- und Keimgehalte in der Milch aufweisen gegenüber den kontrollierten Herden.

Betriebswirtschaftliche Auswertungen machen deutlich, daß im Bereich der Milchviehhaltung zwischen gleichgelagerten Betrieben große Gewinndifferenzen im wesentlichen durch den Milchauszahlungspreis, Anzahl der verkauften Kälber, Futtermittelaufwand pro Kuh, Rinderverluste sowie durch den Milcherzeugungswert des Grundfutters bestehen.

Weiterhin macht die Statistik deutlich, daß mit abnehmender Bestandsgröße die mittlere Milchleistung in Menge, Fett- und Eiweißprozente rückläufig ist. Nach wie vor bleibt die *»Unfruchtbarkeit«* der Hauptabgangsgrund, der prozentual im unteren Herdenleistungsniveau wesentlich größer ist als in den höheren Leistungsklassen.

Für den Milchviehbetrieb im Nebenerwerb bedeutet dies, daß er sich Nachlässigkeit und Oberflächlichkeit nicht leisten kann, weil Ausfälle, Behandlungskosten, Ertragsverluste zu hoch werden und die Rentabilität dieses Betriebszweiges gefährden.

1 Forderungen des Marktes

1.1 EG-Milchrichtlinie

Die Qualitätsansprüche an das Produkt Milch werden laufend durch gesetzliche Auflagen der nationalen Behörden sowie der EG erhöht. So trat zum 1. Januar 1989 die sog. »EG-Hygienerichtlinie zur Regelung gesundheitlicher und tierseuchenrechtlicher Fragen im innergemeinschaftlichen Handel mit wärmebehandelter Milch« in Kraft. Die zweite Stufe wird am 1. Januar 1993 vollzogen (Tabelle 59).

Bewertung der Milch – Der gravierendste Einschnitt der neuen Richtlinie ist die Vorschrift, daß seit 1. Januar 1989 nur noch Milch von solchen Lieferanten für den Milchexport und die Herstellung von Frischmilcherzeugnissen verwendet werden darf, die die **Güteklasse I** erreichen. Milch der Güteklasse II–IV muß getrennt erfaßt werden, wobei die zusätzlich anfallenden Kosten der Erfassung den betreffenden Milcherzeugern in Rechnung gestellt werden.

Bei Inkrafttreten der zweiten Stufe zum 1. Januar 1993 müssen etwa ein Drittel aller deutschen Milcherzeuger größere Anstrengungen unternehmen, um sich unter der dann geforderten Grenze von 100 000 Keimen/ml Milch zu bleiben.

Der **Zellgehalt** ist ein Parameter zur Beurteilung der *Eutergesundheit* (Tabelle 60). Seine wirtschaftliche Aussagekraft wird sehr oft *unter*schätzt. Untersuchungen haben ergeben, daß jedes subklinisch erkrankte Euterviertel die Gesamtmilchleistung der Kuh um 10% verringert. Die neue EG-Richtlinie fordert erheblich niedrigere *Zellzahlgrenzwerte,* und zwar in der ersten Stufe 500 000/ml und in der zweiten Stufe 400 000/ml. Die Berechnung erfolgt anhand des geometrischen Mittelwertes aus 3 Monaten bei einem Untersuchungsergebnis/Monat.

Tabelle 59 Anforderungen der EG-Hygienerichtlinie an die Rohmilch

Mindestzahl der Untersuchungen pro Monat	EG-Hygienerichtlinie		Güteverordnung des Bundes
	Stufe 1 seit 1. 1. 1989	Stufe 2 ab 1. 1. 1993	
	Keime/ml Milch		Keime/ml Milch
2 × Keimgehalt [1])	300 000	100 000	bis 300 000 bei Pyruvat [3]) bis 1,4 mg/kg
1 × Zellgehalt [2])	500 000	400 000	bis 750 000 in 2 von 3 aufeinanderfolgenden Untersuchungen
1 × Gefrierpunkt	−0,520° C	−0,520° C	—
1 × Hemmstoffe	negativ	negativ	negativ

[1]) Über einen Zeitraum von 2 Monaten festgestellter Mittelwert bei mind. 2 Proben/Monat.
[2]) Über einen Zeitraum von 3 Monaten festgestellter Mittelwert bei mind. 1 Probe/Monat.
[3]) Zum Vergleich: 100 000 Keime/ml entsprechen etwa 1,2 mg/kg Pyruvat, 300 000 Keime/ml entsprechen etwa 1,4 mg/kg Pyruvat.

Tabelle 60 Bewertung der Eutergesundheit einer Milchkuhherde

mittlerer Zellgehalt der Anlieferungsmilch Keime/ml	Anmerkungen zum Gesundheitszustand des Euters		geschätzter Milchverlust %
unter 125 000 125 000–250 000	**sehr gut** **gut**	Euterkrankheiten als Bestandsproblem z. Z. nicht erkennbar	—
250 000–350 000	**noch befriedigend**	euterkranke Kühe vorhanden	unter 4
350 000–500 000	**Eutergesundheit des Bestandes gefährdet – vermehrt Kühe euterkrank** Durchführung von Untersuchungs-, Behandlungs- und Vorbeugemaßnahmen erforderlich; **Vorsicht!** bei zweimaliger Überschreitung von 500 000 Zellen/ml innerhalb von 3 Monaten Verlust des Milchgeldzuschlages für Klasse S		ca. 5
500 000–750 000	**Euterzustand des Bestandes gestört (Problembestand) viele Kühe euterkrank** Durchführung von Untersuchungs-, Behandlungs- und Vorbeugemaßnahmen dringend erforderlich (Sanierungsplan); Veränderung der technologischen Eigenschaften der Milch; bei zweimaliger Überschreitung von 750 000 Zellen/ml innerhalb von 3 Monaten Milchgeldabzug		über 5
über 750 000	**Mastitis-Problembestand** Eutergesundheit massiv gestört, sehr viele Kühe euterkrank; Durchführung von Untersuchungs-, Behandlungs- und Vorbeugemaßnahmen unerläßlich (Sanierungsplan); deutliche Veränderung der technologischen Eigenschaften der Milch		über 12

1.2 Voraussetzungen zur Gewinnung keim- und pyruvatarmer Milch

Die allgemein wichtigsten Voraussetzungen sind:

- Saubere Kühe und Sauberkeit im Stall bei guter Luftführung,
- regelmäßige Bekämpfung von Insekten und Ungeziefer,
- jährlich ein- bis zweimaliges Kalken der Stallwände und -decken,
- regelmäßiges Scheren von Euter, Bauch und Oberschenkel.

Um die geforderte Qualitätsmilch erzeugen zu können, muß der Landwirt beim Vorbereiten und Durchführen des Melkvorganges folgendes genau beachten:

- Zuerst vormelken: 2–3 Strahlen/Zitze in den Vormelkbecher melken und auf Farbveränderung und Flockenbildung achten. Veränderte Milch nicht abliefern (bakteriologische Milchprobenuntersuchung durchführen lassen und gegebenenfalls den Tierarzt zuziehen).
- Dann Zitzen reinigen und anrüsten, am besten mit Einwegeuterpapier. Stark verschmutzte Euter sind *vorher* mit lauwarmem Wasser zu waschen und mit Einwegeuterpapier nachzureinigen. Einen Euterlappen *nie* für mehrere Kühe verwenden (Übertragungsgefahr von Keimen)!
- Durch das Wegmelken der ersten Milchstrahlen und durch die Euterreinigung wird das Euter bereits stimuliert. Die Milch schießt ein, die Zitzen werden prall. Ein wirksames *Anrüsten* führt zu einem schnell einsetzenden, kräftigen und anhaltenden Milchfluß, geringem Nachgemelk und kürzerer Melkzeit.
- Bei melkbereiten Kühen soll unverzüglich das Melkzeug angesetzt werden. Lufteinbrüche und Wartezeiten sind zu vermeiden. Die Zitzen dürfen beim Ansetzen nicht verdreht sein, da dies den Milchfluß behindert.
- Der Melkvorgang ist zu überwachen. Auf Nachlassen des Milchflusses achten, Milchflußanzeige und milchflußgesteuerte Melkmaschinen erleichtern die Melkarbeit. *Blindmelken* ist unbedingt zu vermeiden.
- Bei deutlichem Nachlassen des Milchflusses wird mit dem Zisternengriff kontrolliert, ob das Euter leer ist. Wenn keine Milch mehr fließt, Vakuum absperren, kurz warten und dann alle 4 Melkbecher auf einmal abnehmen.
- Nach Abnahme des Melkzeuges ist die sofortige Zitzendesinfektion eine empfehlenswerte infektionsvorbeugende Maßnahme; doch sollten nur Mittel verwendet werden, die vom Bundesgesundheitsamt für die Anwendung zur Zitzendesinfektion registriert und zugelassen sind.
- Nach wie vor bleibt die tägliche *Euterkontrolle* eine unabdingbare Maßnahme, nämlich Betrachten und Durchtasten des Euters auf Vergrößerungen oder Verkleinerungen einzelner Viertel, Haut- und Zitzenveränderungen sowie Verletzungen, Verhärtungen, Verdickungen und Einlagerungen im Übergangsbereich der Drüsen- zur Zitzenzisterne, angeschwollene, gerötete, schmerzhafte und vermehrt warme Viertel. Bei offensichtlichen Eutererkrankungen sollte stets die Körpertemperatur ermittelt werden.
- Weitere wichtige Aufschlüsse über den Eutergesundheitszustand einer Kuh gibt die *Zellgehaltsbestimmung* der Milch.

Mit Hilfe eines Milchzelltests (Schalmtest, Friesotest, Eimü-Milchtest, Antigerm-Milchzelltest u. a.) ist für den Tierhalter eine Kontrolle der Eutergesundheit des Bestandes möglich.

Das Ergebnis des **Milchzelltests** kann wie folgt interpretiert werden:

- *Negativ (–):* Gemisch aus Milch und Testflüssigkeit bleibt unverändert flüssig und zeigt keine sichtbaren Veränderungen. Zellgehalt normal (bis 500 000 Zellen/ml).
- *Schwach positiv (+):* Gemisch wird schlierig. Zellgehalt leicht erhöht (400 000 bis 1,5 Mio. Zellen/ml). Milchertrag vermindert.
- *Positiv (++):* Deutliche Schleimbildung (Bewegung des Gemisches verlangsamt). Erhöhter Zellgehalt (800 000–5 Mio. Zellen/ml). Milchertrag deutlich vermindert.
- *Stark positiv (+++):* Gemisch zähschleimig bis gallertig, fließt nicht mehr auseinander, Klumpenbildung. Stark erhöhter Zellgehalt (meist über 5 Mio. Zellen/ml). Milchertrag stark vermindert.

Es empfiehlt sich, bereits 10–14 Tage *vor dem Trockenstellen* die erste Milchzelltest-Untersuchung durchzuführen. Bei positiven Tieren kann dann rechtzeitig vor dem Trockenstellen eine bakteriologische Milchuntersuchung vorgenommen werden. Dadurch ist gegebenenfalls eine gezielte Vorbehandlung sowie das Trockenstellen mit Langzeitmedikamenten möglich.

Die zunächst im Milchzelltest negativ reagierenden Tiere sollten kurz vor dem Trockenstellen – solange noch zweimal täglich gemolken wird – noch einmal geprüft werden.
Sobald sich die Milch nach dem Abkalben normalisiert, läßt sich mit Hilfe des Milchzelltestes frühzeitig feststellen, ob die Trockenstellzeit ohne Infektion überstanden wurde bzw. ob die Behandlung während des Trockenstellens erfolgreich war.
Mit dem Milchzelltest kann der Züchter vor dem Zuchtviehmarkt die Eutergesundheit der *Auktionskühe* prüfen. Im Test positiv reagierende Tiere sind vom Markt zurückzustellen. Um abklären zu können, weshalb ein erhöhter Zellgehalt vorliegt, ist eine Laboruntersuchung notwendig. Hierzu werden Viertelgemelkproben für die bakteriologische Untersuchung entnommen.
Wichtig ist dabei eine **korrekte Probennahme:**

- Zitzenkuppe mit 70–80%igem Alkohol (Brennspiritus, Desinfektionstüchlein u. ä.) desinfizieren,
- die ersten Milchstrahlen wegmelken,
- aus *jedem* Euterviertel eine Milchprobe in ein *gesondertes* Proberöhrchen melken, zu zwei Drittel füllen und sofort verschließen,
- Röhrchen beim Entstöpseln und Einmelken der Milch nahezu waagrecht halten, um zu vermeiden, daß Schmutzpartikel und -keime vom Tier und aus der Umgebung in das Proberöhrchen gelangen,
- Stopfenunterteil und oberen Röhrchenrand nicht berühren,
- Milchproben unmittelbar nach Entnahme kühlen,
- richtig und dauerhaft beschriften (Name der Kuh und Viertelbezeichnung),
- Proberöhrchen mit Untersuchungsantrag bruchfest verpackt an zuständiges Untersuchungslabor einsenden.

1.3 Reinigung und Desinfektion

Die Erzeugung von Qualitätsmilch setzt sachgerechte, regelmäßige Reinigung und Desinfektion der Melkanlagen und Melkzeuge voraus.

Drei Faktoren sind für die Reinigung und Desinfektion bei der Milchgewinnung zu bedenken:

- Verwenden von der DLG geprüfter und anerkannter Mittel, Einhalten der angegebenen Konzentration,
- für den Reinigungserfolg ist die Temperatur der Reinigungslösung wesentlich, nämlich mindestens 50° C im Rücklauf,
- der Hauptreinigungsvorgang sollte mindestens 15 Minuten andauern.

Die **sachgerechte Reinigung** beginnt mit der äußeren Reinigung der Melkzeuge, um groben Schmutz von den Melkbechern und Schläuchen zu entfernen. Vorspülen der Melkanlage sofort nach dem Melken mit klarem, handwarmem Wasser ist notwendig, um Milchreste zu entfernen, die sonst die Wirkung der Reinigungs- und Desinfektions-Lösung im Hauptreinigungsgang vermindern. Ein Wechsel zwischen alkalischer und saurer Lösung hat sich bewährt.
Nach der Reinigung und Desinfektion muß die gesamte Anlage mit sauberem Wasser von Trinkwasserqualität nachgespült werden, um zu vermeiden, daß Reste der Reinigungs- und Desinfektions-Lösung in die Milch gelangen (Verstoß gegen das Milchgesetz). Spülautomaten übernehmen die sog. drei Spülvorgänge (Vorspülen, Hauptreinigung, Nachspülen) selbsttätig.
Da mit Inkrafttreten der neuen Milch-Güteverordnung seit 1. Januar 1989 eine *Gefrierpunktbestimmung* pro Monat vorgeschrieben ist, müssen die milchführenden Leitungen einschließlich der Glasmeßzylinder peinlichst genau von Restwasser befreit werden, damit keinerlei Wasser in die Milch geraten kann.

1.4 Die Milchkammer

Eine vorbildliche **Milchkammer** ist eine unbedingte Voraussetzung für die Erzeugung von Qualitätsmilch. Die Milchkammer soll geräumig (12–18 m², je nach Kuhzahl), mit abwaschbaren Wänden und einem leicht zu reinigenden Fußboden ausgestattet sein. Die darf *keine* direkte Verbindung zum Viehstall haben.
Die Leistungsfähigkeit der **Kühlanlage** soll so bemessen sein, daß die Milch innerhalb 1 Stunde nach Beendigung des Melkens mindestens 8° C und nach einer weiteren Stunde 6° C Lagertemperatur erreicht hat. Hierdurch wird erreicht, daß die Zunahme der Keime wesentlich verlangsamt wird, denn bekanntlich vermehren sich die Bakterien in ungekühltem Zustand so schnell, daß sich ihre Anzahl in etwa 30 Minuten verdoppelt.
Wichtig ist ferner, daß beim Zufluß eines neuen Gemelkes zu der gekühlt gelagerten Milch die +8° C-Grenze nicht oder nur kurzfristig überschritten wird.

Unmittelbar nach dem Absaugen der Milch durch den Milchsammelwagen sind die Milchreste aus der Wanne mit klarem Wasser zu entfernen. Anschließend wird bei einer heißen Reinigungs- und Desinfektions-Lösung die Wanne gebürstet und danach mit klarem Wasser ausgespült.

1.5 Funktionsfähigkeit von Melkzeug und Melkanlage

Gefahrenquellen für die Milchqualität sind Melkzeug und Melkanlage. So sollten Milchschläuche, besonders Zitzengummis, aus hygienischen und melktechnischen Gründen halbjährlich ausgetauscht werden, da sie am stärksten beansprucht werden. Auf die Reinigung der Milchsammelstücke und Schaugläser ist besonders zu achten, da sich hier am ehesten Milchreste ablagern. Dasselbe betrifft Verbindungsstücke bzw. Dichtungen der milchführenden Rohre der Absauganlage, vor allem im Bereich der Bögen und Windungen der Milchleitung.

Eutergesundheit und Qualität der Milch stehen in direktem Zusammenhang mit der Funktionsfähigkeit der Melkanlage und der regelmäßigen Wartung durch Fachpersonal.

Bundesweit wiesen in den zurückliegenden Jahren 60–70% aller überprüften Melkanlagen **Mängel** auf; nachfolgend die wesentlichsten:

- Förderleistung und Vakuum unzureichend:
  - Ungenügende Leistung der Vakuumpumpe (z. B. zu niedrige Drehzahlen, zu geringer Luftdurchfluß, falsche Bemessung),
  - schlecht funktionierende Vakuumventile,
  - zu kleine Innendurchmesser für Luft- und Melkleitung,
  - Steigung in der Melkleitung,
  - stark verschmutzte Luftleitungen.
- Falsch arbeitende Pulsatoren:
  - Frequenz nicht verfahrensgerecht für Normal-, Kurzzeit- oder Schnellmelken eingestellt,
  - zeitenungleiche Taktausbildung für Arbeits- und Entlastungsphase.
- Milchstauungen infolge fehlerhafter bzw. unpassender Melkzeuge.
- Überalterte und dadurch spröde gewordene Gummiteile, die den Melkvorgang und die Reinigung behindern.
- Andere Ursachen waren:
  - Einmündungsstücke saßen falsch in der Melkleitung,
  - Innendurchmesser der Milchwege zu klein,
  - Sammelstücke zu klein (Rückspray-Effekt!),
  - Düsen im Sammelstück verstopft.

1.6 Ausmast von Schlachtkühen

Auf dem Rindfleischmarkt werden schwere, gut angefleischte Kühe mit mittlerer Fettabdeckung stark nachgefragt.

Vor allem schwere Hinterviertel sind exportfähig. Der Anteil der Kühe, die ein gewünschtes Schlachtgewicht von über 330 kg aufweisen, liegt in Bayern allerdings nur bei etwa 25%. Das mittlere Schlachtgewicht von abgehenden Fleckviehkühen ist mit 298 kg eindeutig zu niedrig. Über eine dem Schlachttermin vorgeschaltete kurze Mastphase läßt sich bei geeigneten Tieren eine deutliche Verbesserung erreichen.
Umfangreiche Untersuchungen der BLT Grub bestätigten, daß Kühe generell, insbesondere aber Fleckviehkühe, nicht unvorbereitet zum Schlachten gehen sollten (Abb. 67).
Die tägliche Grundration in der eigentlichen Mastphase von 14 Wochen bestand aus teigreifer Maissilage zur freien Aufnahme, 1 kg Heu als Strukturbeigabe und 1 kg Sojaextraktionsschrot zur Eiweißergänzung (Tabelle 61). Bei den Kühen der Gruppen II und III wurden der Tagesration 2,5 bzw. 5,0 kg eines pelletierten Milchleistungsfutters (13% Rohprotein, Energiestufe 3) zur Erhöhung der Energieversorgung zugelegt. Mit durchschnittlich 1 kg Zu-

Abb. 67 Verlauf der täglichen Zunahmen während einer Mastperiode.

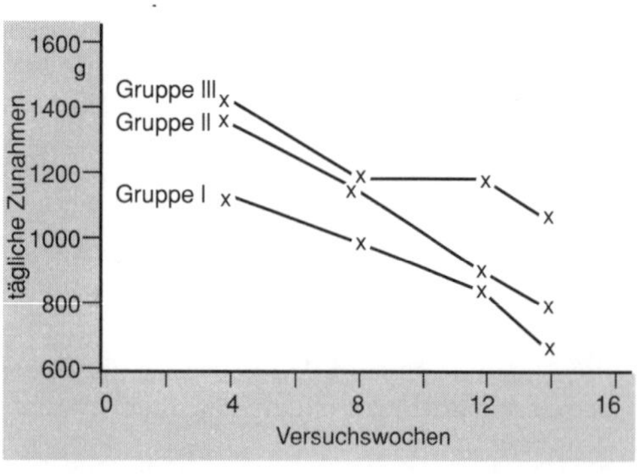

Tabelle 61 Ergebnisse der Schlachtleistungsprüfung bei Schlachtkühen (Mittelwerte, nach Röhrmoser)

Merkmal		Gesamtmaterial		Gruppe			Kontroll-gruppe
		Mittel	Abweichung	I	II	III	
Schlachthoflebendgewicht nüchtern	kg	637,1	43,9	619,0	638,4	656,0	528,4
Nüchterung	%	5,0	1,4	5,0	5,1	4,8	—
Zweihälftengewicht warm	kg	342,8	27,9	329,3	345,9	354,4	255,9
Ausschlachtung	%	53,8	1,7	53,2	54,2	54,0	48,4
Fett, Nieren	kg	10,2	3,3	9,0	10,3	11,7	2,3
Fett, Beckenhöhle	kg	2,5	0,8	2,2	2,6	2,8	1,0
Marmorierung [1]	Punkte	3,1	0,6	2,8	3,1	3,2	1,6
Fettgewebeklasse [1]	Punkte	3,0	0,4	3,0	3,0	3,1	1,9
Fleischigkeitsklasse [2]	Punkte	2,8	0,5	3,0	2,7	2,7	4,1
Nettopreis	DM/kg	6,01	0,27	5,94	6,03	6,08	—
Bruttoerlös [3]	DM	445	269	324,4	471,1	558,5	—

[1]) Punkteschema 1–5.
[2]) Klassifizierung nach EUROP; E = 1, U = 2, R = 3, O = 4, P = 5.
[3]) Einschließlich MwSt., abzüglich Vermarktungskosten.

wachs/Tag ist ein hohes Mastpotential vorhanden, wenn auch die Schwankungen zwischen den Tieren erheblich ist.
Eine gezielte Auswahl geeigneter Kühe ist daher der beste Garant für eine wirtschaftliche Mast. Die Kurzmast von maximal 100 Tagen mit hoher Energieversorgung hat sich als vorteilhaft erwiesen. Es ist eine Energiemenge erforderlich, die einer Milchleistung von etwa 15 bis 18 kg entspricht. Die dafür nötige Energiekonzentration der Gesamtration ist nur durch die Beifütterung von Kraftfutter möglich.
Mengen sollten anhand von Analysenwerten des Grundfutters exakt berechnet werden. Ziel bleibt eine hohe Energieaufnahme aus dem Grundfutter, z. B. aus einer sauber erzeugten, energiereichen Silage.

Abb. 68 Trockensubstanz-Aufnahme der Kühe aus Grund- bzw. Kraftfutter.

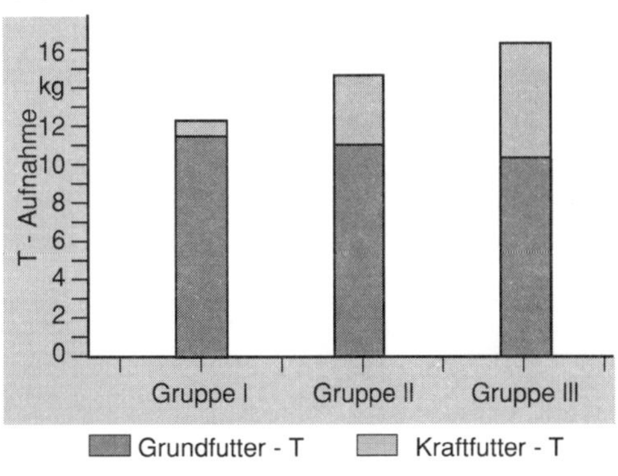

Durch die intensive Ausmast kann nicht nur das Zweihälftengewicht deutlich angehoben werden, sondern es tritt auch eine tendenzielle Verbesserung der Ausbeute um etwa 1% auf 54% ein. Gegenüber nicht ausgemästeten Kühen mit 48,4% bringt die Kurzmast sogar Steigerungen der Schlachtausbeute um 5–6%.

2 Produktionstechnik

2.1 Milchviehfütterung

Als optimal kann eine Fütterung von Milchvieh dann gelten, wenn sie ökonomisch ist und gleichzeitig die physiologischen Belange bezüglich Milchleistung, Gesundheit und Fruchtbarkeit berücksichtigt.

Wird diesem Grundsatz nicht entsprochen, werden bei den Kühen gewisse Zentren infolge von Stoffwechselstörungen in ihren Funktionen beeinträchtigt. Zwangsläufig reagieren die Tiere – oft individuell unterschiedlich – mit *Fruchtbarkeitsstörungen, Leberbelastungen, Euterentzündungen* und *Erkrankungen der Klauen.* Wenn es nicht gelingt, das Management des Landwirts, die Haltungsbedingungen und auch die Grundfutterqualitäten stets optimal zu gestalten, wird es immer schwierig sein, die Leistungsveranlagung der Kühe schadlos auszuschöpfen, denn der Zuchtfortschritt geht unvermindert weiter.

2.1.1 Energieversorgung

Folgen eines Energiemangels – Die Energieversorgung nimmt im gesamten Gesundheits- und Fruchtbarkeitsgeschehen eine *Schlüsselfunktion* ein, da das Rind nur über geringe schnell verfügbare Reserven im Verhältnis zur hohen Milchleistung verfügt. Folglich hat man es immer wieder mit Kühen zu tun, die in den ersten Wochen der Laktation mehr Energie über die Milch ausscheiden, als sie über die Fütterung aufnehmen (Abb. 69).

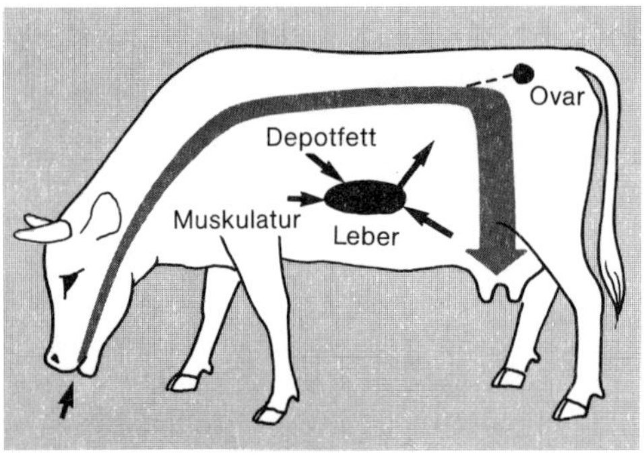

Abb. 69 Folge mangelnder Energieversorgung ist der Abbau von Depotfett.

Solche Kühe reagieren darauf mit:

- Niedrigem Milcheiweißgehalt beim 1., vor allem 2. Probemelken, bei gleichzeitig extrem hohen Fettgehalten als Folge des Abbaus von Depotfett,
- Belastung der Leber infolge Abmagerung (Gefahr der Acetonämie),
- Abfall des Blutzuckerspiegels,
- mangelhafte Produktion von eierstocksteuernden Hormonen,
- Entwicklung kleiner Gelbkörper.

Daraus erklären sich **Fruchtbarkeitsstörungen** (Fertilitätsstörungen), im wesentlichen als Funktionsstörungen der Eierstöcke, z. B. Brunstlosigkeit, stille Brunst, verzögerter Eisprung, zystische Degeneration der Follikel und krankhaft veränderter Brunstschleim (»Ausfluß«). Die Folge davon sind *unwirtschaftlich lange Zwischenkalbezeiten.*

Der Aufrechterhaltung des Energiestoffwechsels kommt also hinsichtlich des gesamten Gesundheits- und Fruchtbarkeitsgeschehens eine zentrale Bedeutung zu.

Glucose ist ein Kohlenhydrat im Blut, aus dem der Stoffwechsel u. a. den Milchzucker aufbaut. Sie ist unentbehrlich und hat funktionellen Vorrang vor Aminosäuren und Fettsäuren. So werden bei hoher Milchleistung an die Regulation des Glucosestoffwechsels größte Anforderungen gestellt. Für 30 kg Tagesgemelk müssen z. B. ca. 3000 g Glucose umgesetzt werden.
Daraus ergibt sich die unabdingbare Notwendigkeit, Futtermittel einzusetzen, die sich schnell und ohne größere Belastung der Leber zu Glucose umwandeln lassen, nämlich Stärketräger wie Silomais und Getreide.

Bedeutung des Milcheiweißgehaltes – Mit der Einführung der Untersuchung der Milch auf den **Eiweißgehalt** hat der Landwirt eine brauchbare Kontrollmöglichkeit über die Fütterung seines Milchviehs erhalten. Gerade der Eiweißgehalt ist für eine Interpretation der Versorgungslage ideal, da er im Vergleich zum Fettgehalt eine erstaunliche Konstanz aufweist und in *enger* Abhängigkeit zur Energieversorgung steht. Je leichter verdaulich und energiereicher die Gesamtfutterration ist, desto schneller können die Mikroorganismen in den Vormägen das Futter zersetzen und sich davon ernähren und vermehren. Folglich nimmt die Bakterienmasse zu. Mit dem Futterbrei werden dann mehr Mikroorganismen (sprich tierisches Eiweiß) von den Vormägen in Labmagen und Dünndarm zur endgültigen Verwertung transportiert. Die Versorgung mit hochwertigem Eiweiß für die Milcheiweiß- und Fleischproduktion ist gesichert, aber auch der Aminosäurenbedarf für einen normalen Ablauf an den Eierstöcken.
Die Zwischenberichte in Problembeständen zeigen immer wieder dasselbe Bild: Niedrige Milcheiweißwerte (2,7–3,0%) meist beim 2. und 3. Probemelkmonat. Doch gerade in

Abb. 70 Umsetzungsreaktion der Energie verschiedener Futtermittel.

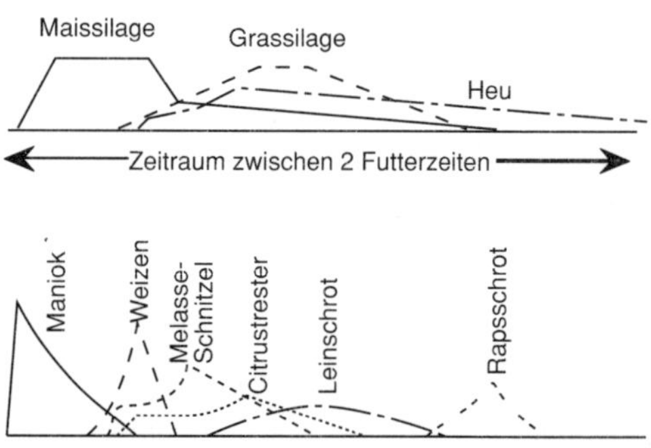

diese Zeit fällt der höchste Energiebedarf für die Kuh; scheidet sie doch 40–45% der Gesamtmilchleistung in den ersten 100 Tagen der Laktation aus. Andererseits spielen sich in diesem Zeitraum reproduktive Vorgänge in den Eierstöcken ab.
Die Antwort der Landwirte ist fast immer dieselbe: »Meine Kühe rindern nicht oder nur sehr schwach und manchmal über 3–4 Tage.« Kein Wunder, daß in solchen Ställen die Tierärzte und Besamungsbeauftragte klagen und immer wieder enttäuscht werden.

Der Zusammenhang läßt sich ganz einfach darstellen: Niedrige Milcheiweißwerte bedeuten Energieunterversorgung. Über die Milch (neumelkend) wird dem Organismus so viel an Nährstoffen entzogen, daß die Eierstöcke ungenügend versorgt sind und ihre Funktionsfähigkeit gestört ist. Die Folgen sind überdurchschnittlich lange Zwischenkalbezeiten.

Der in Abb. 72 gezeigte Zwischen- und Jahresbericht eines Betriebes veranschaulicht diesen Sachverhalt ganz konkret: Demnach waren die Kühe »Wonne«, »Sony«, »Nette« und »Annia« mangelhaft betreut und reagierten mit Zwischenkalbezeiten von über 400 Tagen.

Aufgrund langjähriger Erfahrung in der Fütterungsberatung unter Zuhilfenahme der Zwischenberichte kann als Orientierungswert für eine gute Energieversorgung ein Eiweißgehalt in der Milch von 3,30% bei Fleckvieh und 3,20% bei Schwarzbunt gelten.

Darunter liegende Werte würden bedeuten, daß die Tiere sich im *Energiedefizit* befinden.
Hingegen nehmen am Ende der Laktation die Eiweißprozente in der Milch z. T. enorm zu. Die Milch wird also »dicker«, weil die Energieaufnahme nun höher ist als die Nährstoffabgabe über die Milch (altmelkend). Nun besteht die Gefahr, daß das über den Bedarf für die Milchproduktion und Fruchtentwicklung hinausgehende Nährstoffangebot in Körperfett angelegt wird. Bei Eiweißgehalten der Milch von über 4,5% sollten die Tiere unbedingt auf Zuwachs beobachtet und gegebenenfalls die Futterration entsprechend gekürzt werden, um Schwergeburten und Stoffwechselstörungen vorzubeugen.
Untersuchungen in Betrieben mit brauchbaren bzw. ungenügenden Milcheiweißgehalten bestätigen den positiven Einfluß der Stärketräger auf eine ausgeglichene Energiebilanz (Tabelle 62).

Tabelle 62 Betriebsanalysen bezogen auf hohen bzw. niedrigen Milcheiweißgehalt

	Milcheiweißgehalt	
	hoch (Ø 3,40%)	niedrig (Ø 3,12%)
Ackerbaubetriebe	45,8%	6,2%
Gemischtbetriebe	54,2%	56,3%
Grünlandbetriebe	0,0%	37,3%
ganzjährige Stallhaltung	91,7%	37,5%
Weidegang	8,3%	62,5%
Silomaisverfütterung	95,8%	75,0%
Silagequalität Mais sehr gut	34,6%	7,1%
gut	42,3%	35,7%
mittel	23,1%	57,2%
Silagequalität Gras sehr gut	35,3%	0,0%
gut	41,2%	52,9%
mittel	23,5%	47,1%
Getreidefütterung	91,7%	62,5%
Beifütterung von Silomais zur Weide bzw. Grünfütterung	62,5%	18,8%
anderer Energieausgleich	33,3%	12,5%
	d. f. keine Ergänzung	68,7%
Harnstofftest normal	58,3%	25,0%
	zu hohe Harnstoffwerte	37,5%

Die Untersuchungsergebnisse lassen nachstehende **Schlußfolgerung** zu:

In Ackerbau- und Gemischtbetrieben ist es leichter, wiederkäuer- und leistungsgerechte Futterrationen zu erstellen als in reinen Grünlandbetrieben. Die ganzjährige Stallhaltung bietet mehr Ausgeglichenheit der Rationen. Vor allem sollte ganzjährig Silomais beigefüttert werden.

Hohen Stellenwert hat die Qualität der Silagen für eine bedarfsgerechte Versorgung. Getreidebeifütterung, möglichst gequetscht, bzw./und getreidereiches Milchleistungsfutter sind unbedingte Voraussetzung für hohe Milchinhaltsstoffe.

Bedeutung der Leber – Je nach Dauer und Stärke des Energiedefizits nach dem Abkalben ist die Leber als *zentrales Stoffwechselorgan* mehr oder weniger belastet und gestört, wobei eine individuelle Anfälligkeit für Leberstörungen bekannt ist. Ein Anstieg des Bilirubingehaltes im Blut signalisiert zuverlässig eine eingeschränkte Leberfunktionsfähigkeit. Da die Leber das Zentrallabor des gesamten Organismus darstellt, sollen nachstehend einige für die **Fruchtbarkeit** wichtigen Stoffwechselleistungen dieses Organs aufgeführt werden:

- Auf- und Abbau von Kohlenhydraten (z. B. Glycogen) zur Regulation des Blutzuckerspiegels,
- Fett- und Eiweißstoffwechsel,
- Abbau von eierstocksteuernden Hormonen der Hypophyse sowie der Keimdrüsenhormone (Östrogen, Progesteron) zur Regulation des Hormongleichgewichtes,
- Aufbau der Geschlechtshormone Östrogen und Progesteron,
- Bildung von Phosphatiden zum Abtransport der Fettsäuren in die Gewebe als Vorbeuge gegen eine Verfettung der Leber (Fettleber und/oder Leberzirrhose),
- Entgiftung des Organismus von toxischen oder nicht mehr verwertbaren Substanzen.

Weit verbreitet sind Leberschäden, die sich wohl am besten über den Bilirubingehalt im Blut feststellen lassen. Bei Tieren mit erhöhten Bilirubinwerten (über 0,25 mg/100 ml Blut) ist zwar die Milchleistung zunächst nicht beeinträchtigt, doch zeigen sie schon bei relativ geringen Abweichungen des Blutes von den Normalwerten eine erhöhte Anfälligkeit für Erkrankungen, z. B. Festliegen, Euterentzündungen, Störungen im Genitalbereich. Noch schlimmer ist, daß diese Tiere einer langwierigen und kostspieligen Behandlung bedürfen, da Widerstandskraft und Regenerationsvermögen infolge des Leberschadens vermindert sind.

Hohe **Bilirubinwerte im Blut** deuten also auf eine Belastung der Leber hin, sei es als Folge einer Eiweißüber- oder Energieunterversorgung, wenn NH_3-Überschüsse im Pansen in der Leber zu Harnstoff entgiftet bzw. Körperfett und Muskulatur zur Energiebedarfsdeckung bei hoher Milchleistung eingeschmolzen werden müssen. Nicht weniger belastend für die Leber ist jegliche Art von Pansenstörungen, wie grober Futterwechsel, Verfütterung angeschimmelter und buttersäurehaltiger Silagen, verdorbenes Heu, Bildung von Azidosen bzw. Alkolosen.

Eine gestörte Leber ist der Risikofaktor Nr. 1 für Gesundheit und Langlebigkeit.

Grundsatz muß sein, die Leber möglichst zu schonen. Dies sollte bereits in der trockenstehenden Zeit beachtet werden, damit die Leber dem Stoffwechselstreß des Abkalbens und der Laktation gewachsen ist. Die weithin verankerte Fütterungstradition, die Tiere in der laktationsfreien Zeit auffleischen zu lassen, muß der Vergangenheit angehören!

Die Krankheitssymptome einer geschädigten Leber sind um so stärker ausgeprägt, je größer der Körperverlust in den ersten Laktationswochen ist. Die Gewichtsabnahme wiederum ist um so höher, je mehr Energie über den Bedarf hinaus in der altmelkenden und besonders in der laktationsfreien Zeit verfüttert wurde und die daher in Depotfett umgewandelt werden muß (Abb. 71).

Ein Großteil der **Fruchtbarkeitsprobleme** beginnt bereits *vor dem Abkalben*. Wenn Kühe in

Abb. 71 Folge einer überschüssigen Energieversorgung ist der Aufbau von Depotfett.

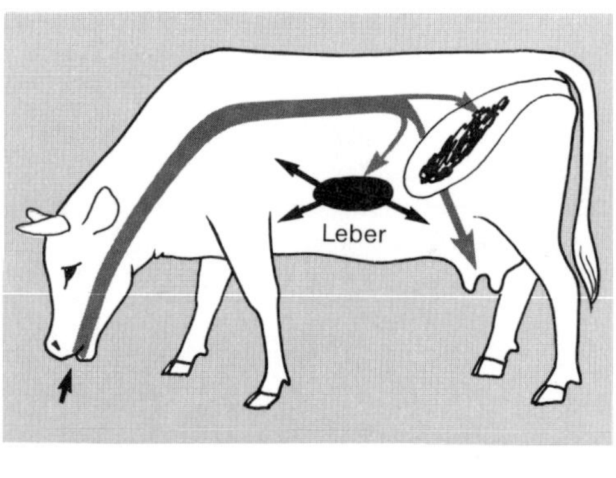

	Zwischenbericht				Jahresbericht								
		Tagesgemelk											
Name der Kuh	Rasse	Milch-kg	Fett-%	Eiweiß-%	Abschl. Nr.	Melk-tage	Trocken-tage	Milch-kg	Fett-kg	Fett-%	Eiw.-kg	Eiw.-%	ZWKZ
ALFA	01	13,0	4,79	3,61	06	319	46	5741	304	5,30	208	3,63	356
WONNE	01	9,2	4,25	3,16	05	323	42	5729	276	4,82	185	3,23	566
SONY	01	19,8	3,70	3,04	03	311	54	4998	231	4,62	167	3,33	446
BAERBEL	01	23,0	4,76	3,11	03	286	79	5339	281	5,26	180	3,36	392
NETTE	01	7,2	4,65	3,17	03	315	50	3773	175	4,62	122	3,24	419
ANNIA	01	21,4	3,81	2,87	02	303	62	5818	254	4,36	180	3,10	430
ANKE	01	10,9	4,23	2,77	01	263		4372	182	4,17	137	3,13	
SILONA	01	16,6	4,12	3,10	01	164		2474	104	4,22	75	3,02	

Abb. 72 Beispiel eines Zwischen- und Jahresberichtes der Milchleistungsprüfung.

der Laktation in jeder Beziehung »fit« sein sollen, dann dürfen sie in der Trockenperiode nicht »fett« gefüttert werden. Dasselbe gilt uneingeschränkt auch für die Färsenaufzucht.

Immer wieder bereiten die für die Auktion kurzfristig angemästeten Färsen nach dem Abkalben mit der Fruchtbarkeit enorme Probleme. Hierbei wird versucht, in einer kurzen Zeitperiode von z. B. vier Wochen in der Aufzuchtperiode Versäumtes nachzuholen, um Gewicht und mastiges Aussehen entsprechend der Käufermentalität zu erzielen. Blutuntersuchungen bei derartigen Färsen erbrachten durchweg erhöhte Bilirubinwerte als Folge von Leberbelastungen.

Die Probleme in den Käuferbetrieben bestanden dann in stiller Brunst, Eierstockzysten, Nachgeburtsverhaltung, Gebärmutterentzündungen, Kälbersterblichkeit, Euterentzündungen und Fundamenterkrankungen.

2.1.2 Rohproteinversorgung

Folgen einer Unterversorgung – In vielen Betrieben bereitet die bedarfsgerechte Rohproteinversorgung große Schwierigkeiten. Die einen verfüttern zuviel davon, die anderen geizen damit aufgrund der Milchmengenkontingentierung. In beiden Fällen werden typische Fruchtbarkeitsstörungen wie stille Brunst, unregelmäßige Brunstintervalle und eitrige Genitalkatarrhe bzw. unterentwickelte Eierstöcke mit Brunstlosigkeit und verzögerte Geschlechtsreife bei Jungrindern festgestellt.

Tabelle 63 Einfluß des Futterproteingehaltes auf die Besamung

Rohprotein % in der T	Zahl der Besamungen
19	2,5
16	1,9
13	1,5

Mit zunehmendem Rohproteingehalt in der Gesamtration erhöht sich die Zahl der Besamungen/Trächtigkeit (Tabelle 63).

Je nach Düngungsintensität und Schnittzeitpunkt kann das Grünfutter Werte von 19% Rohprotein in der Trockenmasse und mehr erreichen.

Ein **Eiweißmangel** führt zu einer Störung der Fruchtbarkeit, insbesondere bei gleichzeitigem Energiedefizit, da dann auch die Eigensynthese von Protein über die Pansenbakterien vermindert wird. Eiweißmangelsituationen (dicker Kot, rauhes und glanzloses Haarkleid, Harnsaufen) werden hauptsächlich bei Jungrindern als Folge der Verfütterung minderwertiger und nährstoffarmer Futtermittel oder auf Weideflächen mit sehr schlechtem Aufwuchs (Trockenheit, Verbleib der Tiere bis in den Spätherbst) beobachtet. Der Proteinmangel beeinträchtigt die Bildung von eierstocksteuernden Hormonen wie FSH und LH der Hypophyse, wodurch das Fruchtbarkeitsgeschehen erheblich gestört ist.

Folgen einer Überversorgung – Wird zuviel Eiweiß im Verhältnis zur Energie angeboten, so kann das freigesetzte Ammoniak nicht restlos von den Mikroben des Pansens genutzt werden. Der verbleibende Teil wird dann normalerweise über den Blutkreislauf der Leber zur Entgiftung in Form von Harnstoff zugeführt und über die Niere mit dem Harn ausgeschieden. Während der Zwischenfruchtperiode spitzt sich

dieses Stickstoffproblem zu, wenn Grünfutter möglichst rasch verwertet werden muß und die Kühe dann z. B. 40, ja sogar 50 kg Raps/Tag fressen müssen.
Die Tiere werden hierbei geradezu in einen Rohproteinüberschuß, verbunden mit einem extremen Energiemangel, hineingetrieben.
Rohprotein besteht aber nicht nur aus vollwertigem Pflanzeneiweiß, sondern auch aus **Nitrat.** Darin liegt das Problem bei der Verfütterung von Herbst- und Frühjahrszwischenfrüchten begründet, da diese Futtermittel stark nitrathaltig sein können. Nitrat sollte im Pansen normalerweise zu Ammoniak umgewandelt werden und dieses wiederum zu Mikrobeneiweiß. Damit aber die lebensnotwendigen Mikroorganismen den angebotenen Stickstoff verarbeiten können, muß gleichzeitig viel Energie in leicht verwertbarer Form gereicht werden, d. h. Stärke z. B. in Form von Silomais oder Getreide. Die Bakterienmasse im Pansen nimmt dann bei steigendem Eiweißgehalt in der Milch zu.
Unterbleibt diese Ergänzung, wird das Nitrat zu Nitrit reduziert und es kommt zu den Erscheinungen der **»Nitritvergiftung«.** Nitrit setzt sich anstelle des Sauerstoffes an die roten Blutkörperchen mit der Folge, daß die Frucht im Mutterleib erstickt; es ereignen sich also Verwerfensfälle sowie Ausflüsse, die bei solchen extremen Futterrationen immer wieder vorkommen. In so einem Fall ist es dann besser, das Futter zu silieren, anstelle frisch zu verfüttern, weil beim Siliervorgang doch einiges an »giftigem Nitrat« abgeht.
In vielen Fällen kommt es bei länger andauerndem Eiweißüberschuß zu Leberzellstörungen (erhöhte Bilirubinwerte).
Ein Zuviel an *Ammoniak* im Pansen bedingt auch eine Veränderung des pH-Wertes in den alkalischen Bereich. Es kommt vielfach zu Fäulnisgärung unter Absterben vieler nützlicher Kleinlebewesen im Magen. Die Nahrungsausbeute insgesamt wird dadurch beeinträchtigt. Zudem führt ein erhöhter **Harnstoffgehalt im Blut** zu Reizungen der Schleimhäute, z. B. der Gebärmutter und der Scheide. Folglich ist die Abwehrkraft dieser Schleimhäute gegen eindringende Keime vermindert; eitrige Genitalkatarrhe können entstehen.
Allgemein werden im Sommer immer wieder erhöhte Harnstoffwerte im Blut und damit auch in der Milch beobachtet. Die Tiere zeigen, wenn sie nicht energetisch ausgeglichen gefüttert werden, erhöhte Leberwerte im Blut und verringerte Blutzuckergehalte.

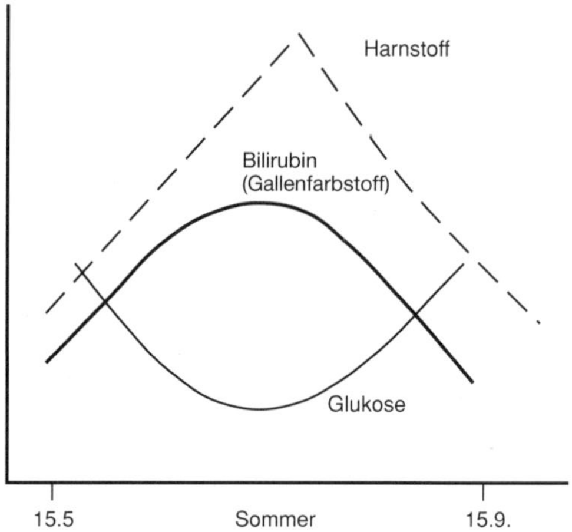

Abb. 73 Schematische Darstellung der Reaktionen verschiedener Blutparameter beim Milchvieh infolge einseitiger Grünfütterung.

Übermäßiges Eiweißangebot verursacht letztlich Mangelerscheinungen als Folge einer verminderten Nahrungsausbeute für Eiweiß, Energie, Mineralien und Vitamine, abgesehen von den eingangs aufgeführten Störungen im Fruchtbarkeitsgeschehen, wie eitriger Ausfluß, stille Brunst, Nachgeburtsverhaltung. Die Am-

Abb. 74 Rückbildung der Gebärmutter innerhalb 3 Wochen nach der Geburt.

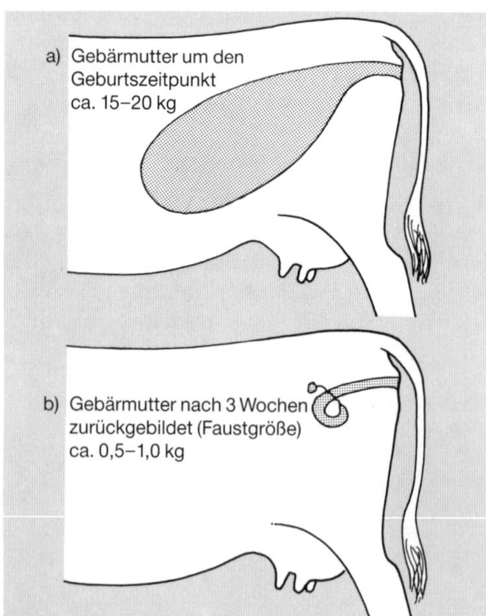

Tabelle 64 Zusammenhang der Eiweiß- und Proteinversorgung und ihre Auswirkungen auf das Tier

Eiweißgehalt im Blut %	Harnstoff mg/100 ml	Interpretation, Verdacht auf:	mögliche Krankheitsanzeichen beim Tier
niedrig unter 3,10	unter 15	Energiemangel und Rohproteinmangel	Leberbelastung (erhöhte Bilirubinwerte im Blut), subklinische Acetonämie, Fruchtbarkeitsstörungen: stille Brunst, verzögerte Ovulation, Verrindern, Eierstockanomalien (Zysten, kleine Gelbkörper), Hautstoffwechsel (glanzloses und struppiges Haarkleid), Klauenprobleme, erhöhte Anfälligkeit für Ektoparasiten, Harnsaufen, auffälliger Milchleistungsrückgang
	20–30	Energiemangel	Leberbelastung, Fruchtbarkeitsprobleme
	über 35	Energiemangel und Rohprotein-überschuß	starke Leberbelastung, stille Brunst, unregelmäßige Brunst-intervalle, eitrige Genitalkatarrhe (sog. Schmieren), Eierstockzysten, sehr weiche Kotkonsistenz, atypisches Festliegen, Klauenprobleme
mittel 3,30–3,60	unter 15	Rohproteinmangel	beeinträchtigte Eierstockfunktion, Milchleistungsabfall, Harnsaufen
	15–25	*Fütterung in Ordnung*	
	über 30	Rohprotein-überschuß	Leberbelastung, Eierstockzysten
hoch über 3,90	unter 15	Energie-überschuß und Rohproteinmangel	Gefahr der Verfettung bei altmelkenden Kühen unter der Haut, in der Bauchhöhle und in der Leber, dicker Kot, Milchleistungsrückgang, Schwergeburten, Acetonämien nach der Geburt und Fruchtbarkeitsprobleme
	15–25	Energieüberschuß	ähnlich wie oben
	über 30	Energieüberschuß und Rohprotein-überschuß	Situation bei altmelkenden Kühen bedingt nach der Geburt, verzögerte Gebärmutterrückbildung, Gebärmutter-entzündungen, Euterödeme, atypisches Festliegen, gestörte Eierstockfunktion (Zysten), Ketosen, Leberfunktions-störungen, verminderter Appetit

moniak- bzw. Harnstoffbelastung des Organismus läßt sich im Blut wie auch in der Milch nachweisen.

In den ersten 3 Wochen nach der Geburt muß sich die Gebärmutter von einem Gewicht von etwa 15–20 kg auf ca. 1 kg zurückbilden. Den größten Teil dieses Proteins resorbiert die Kuh. Liegt nach der Kalbung fütterungsbedingt bereits eine Eiweißüberversorgung vor, so ist die Kuh nicht in der Lage, die Gebärmutter zeitgerecht zurückzubilden. Es kommt zu Schleimhautreizungen, Gebärmutterentzündungen und Eierstockzysten.

Zusammenfassend zeigt Tabelle 64 eine Interpretationshilfe für den Eiweiß- und Harnstoffgehalt in der Milch und ihre Auswirkungen auf das Tier.

2.1.3 Der Pansen, ein lebenswichtiges Organ

Bedeutung des Pansen – Zentrales Verdauungsorgan beim Wiederkäuer ist der Pansen. Seine Bedeutung geht schon daraus hervor, daß er 15–16% des Körpervolumens darstellt. Sein Fassungsvermögen beträgt 120–170 l Inhalt.

Dem Pansen können grundsätzlich 4 Funktionen zugeordnet werden. Er ist:

- Lager- und Gärbehälter,
- Wiederkauregulator,
- Speichelaktivator,
- Träger der Pansenflora (Bakterien und Protozoen),
- Resorptionsorgan (Pansenschleimhautzotten).

Pro Gramm Pansensaft finden sich zwischen 5–100 Mrd. Bakterien und bis zu 3 Mio. Protozoen (einzellige Lebewesen). Fest steht, daß der Wiederkäuer nicht ohne die Pansenflora existieren kann; d. h. es besteht eine Schicksalsgemeinschaft zwischen den Mikroorganismen, der Pansenflora und dem Wiederkäuer.

Arbeitet der Pansen richtig, so ist das Tier gesund.

Als Folge dieser Gemeinschaft mit den Mikroben ergibt sich, daß eigentlich »nicht die Kuh, sondern die Mikroben des Pansens« gefüttert werden und erst deren Produkte dem Organismus der Kuh zur Verfügung stehen für Erhaltung und Leistung. Dies bedeutet, daß unser Milchvieh nur dann richtig ernährt werden kann, wenn der Pansen selbst sowie seine Kleinlebewesen physiologisch arbeiten. Die zu verabreichenden Futtermittel, Futterrationen sowie die Fütterungstechnik sind stets von neuem, insbesondere bei Leistungssteigerungen, darauf zu überprüfen und gegebenenfalls zu korrigieren.

Einfluß der Rohfaser – Hierbei nimmt die **strukturierte Rohfaser** eine zentrale Stellung ein. Sie regt die Pansenmuskulatur zur Tätigkeit an (Motorik). Dies ist besonders in den letzten Wochen der Trächtigkeit und zu Beginn der Laktation wichtig, damit die normale Verringerung der **Pansenmotorik** nicht bis in einen krankhaften Bereich abfällt. Gleichzeitig bietet genügend Strukturfutter als Faserschicht zwischen Pansensee und Gasblase die Voraussetzung für eine optimale Verwertung anderer Futterstoffe, z. B. Kraftfutter, Rüben, Zwischenfrüchte.

Bei Vorhandensein von genügend Heu-, Stroh- oder Anwelksilage verklumpen leicht verdauliche, wasserhaltige, strukturarme Futtermittel weniger, stellen also infolge der mit Strukturfutter aufgelockerten Mischung für die vorverdauende Mikroflora eine größere Angriffsfläche und damit eine bessere Ausbeute dar. Ferner regt Strukturfutter die **Speichelproduktion** an, da es solange wiedergekaut werden muß, bis es den daumenbreiten Durchgang zum Labmagen passieren kann. Es wird also genügend Speichel gebildet, der den pH-Wert im Pansen konstant hält.

Energieüberschuß bei nicht entsprechendem strukturiertem Rohfaserausgleich bedingt infolge pH-Verschiebung in den sauren Bereich einen Abfall der Essigsäurekonzentration im Pansen. Diese Säure ist jedoch ein wichtiger Baustein für die **Milchfettbildung** einerseits und für die Cholesterinsynthese andererseits. Da Cholesterin die Muttersubstanz für die körpereigene Steoridhormonbildung (Östrogene, Progesteron, Nebennierenrindenhormone) darstellt, werden infolge Rohfasermangels Brunstlosigkeit und Eierstockszysten, insgesamt schlechtere Trächtigkeitsraten festgestellt.

Übersäuerungen im Pansen führen ferner zu Störungen der Leberfunktion, die wiederum Genitalkatarrhe bedingen können. Bei gestörtem Pansenmilieu ist auch die Vitamin B-Syntheseleistung der Mikroben beeinträchtigt, was wiederum indirekt zu Sterilitäten beiträgt. Gerade diese Vitamingruppe wird laufend im Zwischenstoffwechsel beim Auf-, Ab- und Umbau von Nährstoffen, insbesondere zum Zeitpunkt der Laktationsspitze verbraucht.

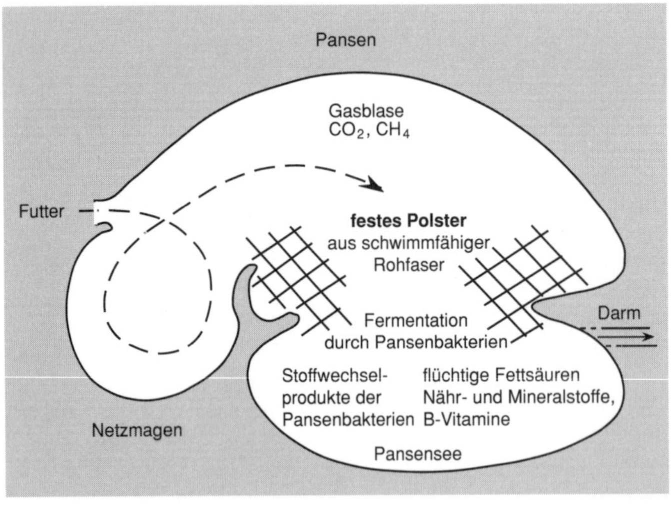

Abb. 75 Funktionsprinzipien der Vormägen beim Rind.

Stets wiederkehrende **Vormagenverstimmungen** bei raschem Futterwechsel im Frühjahr bzw. im Herbst äußern sich durch Durchfall, niedrige Milchfettprozente, verminderte Freßlust und Gewichtsverlust. Da die Mikroben des Pansens einen eigenen Stoffwechsel haben, müssen sie sich der jeweiligen Futterration anpassen und eingewöhnen. Die Anpassungszeit kann Wochen dauern.

Besonders nachteilig ist ein Futterwechsel zu Beginn der Laktation, da dann noch nicht genügend Bakterien gebildet sind zur optimalen Vergärung und Nutzung des Futters. Es muß zwangsläufig zu Energieunterversorgung und Stoffwechselstörungen kommen.

Eine Grundfutterart, z. B. Silomais oder Heu, ganzjährig verabreicht, stellt einen gewissen Puffer gegen unterschiedliche Qualitäten anderer Grundfutterkomponenten dar, so daß die Mikrobenflora und -fauna einigermaßen konstant bleiben kann. Eine bessere Futterausnutzung bei wesentlich geringeren Schwankungen in Milchmenge sowie Fett- und Eiweißgehalten ist dann gegeben.

Pansenstörungen – Sie entstehen durch zu rasche Futterumstellung, Mangel an strukturierter Rohfaser, verdorbene Silagen, verschimmeltes Heu, verschmutzte Rübenblätter, einseitige Eiweißgaben sowie Überschuß an leichtlöslichen Kohlenhydraten (Stärke, Zucker) und führen zur Anreicherung von giftigen oder nicht verwertbaren Stoffen in der Leber. Als Folge davon ist der **Leberstoffwechsel** wegen Leberzellstörung beeinträchtigt. Die Leber kann ihrer Aufgabe, die nachgeschalteten Organe bedarfsgerecht zu versorgen, nicht mehr gerecht werden. Stoffwechselstörungen wie Festliegen, Acetonämie werden beobachtet bei verminderter Fruchtbarkeit.

Jegliche Pansenstörung führt zu einer Unterversorgung mit Energie, zu Leistungsminderung, Stoffwechselstörungen, Leberschäden, verminderter Widerstandskraft und nicht zuletzt zu Störungen im Hormonhaushalt.

Vermeiden von Pansenstörungen – Je geringer die Trockensubstanz im Grundfutter (z. B. Naßsilagen), je leichter verdaulich und rohfaserarm (Rüben, Rübenblätter, junges Gras), je kürzer gehäckselt (gemuster Silomais) das Futter ist und je mehr Kraftfutter eingesetzt wird (Laktationsspitze), desto mehr sollte Strukturfutter gereicht werden. *Wiederkäuergerecht* füttern ist die Voraussetzung für Gesundheit und Fruchtbarkeit.

Durch verlängerte Futterzeiten bei mehrmaligen Gaben im Wechsel zwischen strukturiertem und strukturarmem Futter kann auch bei Kühen mit hohem Tagesgemelk den genannten Gefahren vorgebeugt werden. Ob die Fütterung wiederkäuer- und leistungsgerecht ist, kann der Landwirt aus dem Probemelkergebnis ablesen. Eine gewisse Konstanz in Milchmenge sowie Fett- und Eiweißgehalt ist Ausdruck einer bedarfsgerechten Versorgung und des Wohlbefindens der Tiere.

Die pansenphysiologischen Abläufe je nach Fütterungstechnik spiegeln sich in den Inhaltsstoffen der Milch wider, wie Tabelle 65 anhand von milchleistungsgeprüften Betrieben aufzeigt.

Tabelle 65 Einfluß der Fütterungstechnik auf die Milchinhaltsstoffe

Kuhzahl	Milch kg	Fett %	Eiweiß %
2 Futterzeiten und Häckselheu als Strukturfutter			
28	4665	3,49	3,29
9	4814	3,53	3,30
28	4893	3,58	3,37
3 und mehr Futterzeiten und langes Heu als Strukturfutter			
28	6803	4,09	3,56
14	5841	4,47	3,48
27	5329	4,47	3,45

Zufriedenstellende Leistungen können nur erbracht werden, wenn gewisse Grundregeln der Fütterung beachtet werden.

2.1.4 Mineralstoffversorgung

Mineralien im Boden – Entsprechen Nährstoffangebot und Futteraufnahme den ernährungsphysiologischen Bedürfnissen – leistungs- und wiederkäuergerecht – so muß nun der Mineralstoffversorgung Aufmerksamkeit geschenkt werden.

Dabei gilt es, Boden, Pflanze und Tier als Einheit zu betrachten. Ein großer Fehler bei allen Überlegungen und Anstrengungen in der Milchviehfütterung besteht darin, daß Maßnahmen fast nur am Tier selbst getroffen werden. Soll unser aller Bemühen um eine lei-

stungsgerechte Fütterung Erfolg haben, so müssen wir beim Boden beginnen. Was hier fehlt bzw. der Pflanze nicht zugänglich ist, kann auch nicht für das Tier über das Futter verfügbar sein.

Düngungsfehler (Unter- wie Überversorgung) können über die Futterpflanze auf die Tierfruchtbarkeit wirken. Regelmäßige **Bodenuntersuchungen,** insbesondere bei hinzugepachteten Flächen, sind unerläßlich. Dabei kommt dem pH-Wert die größte Bedeutung zu, der in Abhängigkeit der jeweiligen Bodenart in einem bestimmten Bereich liegen soll, damit die Mineralien, vor allem die Spurenelemente, für die Pflanze verfügbar sind. Daraus ergeben sich zwangsläufig Konsequenzen für die Düngung, nämlich Auswahl entsprechender Düngemittel sowie Höhe der Gaben.

Mineralien im Tier – Wie der pH-Wert im Boden die Zugänglichkeit der Mineralien für die Pflanze beeinflußt, so bestehen auch im Tier gewisse Abhängigkeiten hinsichtlich der Verwertung und Nutzbarkeit. Wie müssen also die Fütterungsbedingungen sein, damit möglichst viel von den über das Futter angebotenen Mineralien jenseits der Darmwand ankommt zur Versorgung verschiedenster Organe, nicht zuletzt der Eierstöcke?

Übersäuerung wie auch Alkalisierung im *Pansen* führen zur Festlegung von Mineralien in Chelatkomplexe, für den tierischen Organismus schlecht verfügbare Verbindungen. Eine Mangelsituation stellt sich ein, selbst wenn die empfohlene Mineralfuttermenge gefressen wird. Erschwerend kommt noch hinzu, daß die frischlaktierende Kuh gewöhnlich mehr Mineralien mit der Milch ausscheidet, als ihr mit dem Futter zugeführt wird. Die körpereigenen Reserven sind dann sehr schnell erschöpft.

Leider besteht in der Praxis noch viel Unklarheit über den **bedarfsgerechten Mineralstoffeinsatz.** Bedauerlich sind immer wieder die Feststellungen, daß über Jahre ein und derselbe Typ von Mineralfutter verwendet wird, ohne zwischen trockenstehenden und laktierenden Kühen einerseits und zwischen verschiedenen Grundfutterrationen andererseits zu unterscheiden. Auch ist die angebotene Mineralfuttermenge vielfach nicht bedarfsgerecht. Daraus ergeben sich unphysiologische Ca : P-Verhältnisse im Blut, die die Ursachen sind für verzögerte Uterusrückbildung, Brunstlosigkeit, eitrige Ausflüsse, unregelmäßige Zyklen, also schlechtere Erstbesamungsergebnisse.

Mit zunehmender Intensivierung der Futterflächen sowie Leistungssteigerung beim Milchvieh über hohe Silomais- und Kraftfuttergaben ist Calcium in vielen Betrieben zum Minimumfaktor geworden.

Die Mangelsymptome sprechen eine deutliche Sprache. Der **Calciumgehalt** der Kuh beträgt im Normalfall 9–11 mg/100 ml Blut, das sind etwa 5 g im gesamten Blutvolumen. Eine Kuh scheidet pro Liter Milch ca. 1,2 g Ca aus. Somit ist der Calciumumsatz einer hochleistenden Kuh sehr hoch. Hierbei muß die äußerst sensible Reaktion des Körpers auf Schwankungen des Ca-Gehaltes berücksichtigt werden. Schon ein Absinken des Ca-Spiegels auf 5–7 mg/100 ml Blut führt zu Lähmungserscheinungen, Festliegen, gestörte Magen-Darm-Tätigkeit, Euterentzündungen, Eierstocksfunktionsstörungen und Klauenleiden.

Im allgemeinen reichen für die *laktierende Kuh* täglich 150 g Mineralfutter (18% Phosphorsäure) zum Grundfutterausgleich. Bei Ca-reichem Grundfutter (wie Luzerne, Rotklee, Raps) muß zum Ausgleich ein P-reiches Mineralfutter (24–30% Phosphorsäure) gewählt werden.

> Eine optimale Kraftfutterration für die *laktierende Kuh* wäre z. B.: 2% Kohlensaurer Futterkalk, 2% 18er Mineralfutter (18% Phosphorsäure), 10–15% Sojaschrot und der jeweilige Rest mit Getreide aus Gerste und Weizen. Die *trockenstehenden Tiere* müssen hingegen täglich 150 g P-reiches Mineralfutter (z. B. 24% Phosphorsäure) erhalten.

Häufig tritt **Phosphormangel** in Verbindung mit verfetteten Kühen auf, die nach dem Kalben erst abspecken müssen. Hierbei ist die Nebennierenrinde so stark mit der Mobilisierung des Depotfettes beschäftigt, daß eine Regulierung des Mineralstoffhaushaltes nicht mehr möglich ist. Es kommt dann in der Regel zum Festliegen der Tiere, die zwar bei vollem Bewußtsein sind und fressen, aber in der Hinterhand nicht aufstehen können. Auch bei Färsen kann ein P-Mangel festgestellt werden, wenn sie nur altes Heu oder eine alte Grassilage, also weder Kraftfutter noch Maissilage, zu fressen bekommen. Im allgemeinen halten diese Tiere den Brunstzyklus ein, die Fruchtbarkeit ist jedoch schlecht, da die Brunstsymptome sehr schwach ausgeprägt sind.

Bei **Phosphorüberschuß** beobachtet man Zystenbildungen an den Eierstöcken, unregelmäßige Brunstintervalle, Nachgeburtsverhalten und vor allem Flocken im Brunstschleim.

Neben der angebotenen Menge ist das Verhältnis von Calcium : Phosphor in der Gesamtration für die Reproduktion entscheidend. Optimale Ergebnisse sind bei einer Ca : P-Relation zwischen 1 und 3,5 : 1 festzustellen. Engere bzw. weitere Verhältnisse bedeuten für den Organismus stets eine Belastung des Stoffwechsels, um den physiologisch ausgeglichenen Ionenhaushalt aufrechtzuerhalten.

Ähnliches gilt für das **K : Na-Verhältnis.** Ist dieses zu weit, so lassen sich immer wieder eitrige oder nicht eitrige Scheiden- und Gebärmutterentzündungen, mangelhafte Tätigkeit der Eierstöcke mit Brunstlosigkeit, unregelmäßigen Zyklen und Lecksucht als Folge von Na-Mangel beobachten. Selbst noch nicht geschlechtsreife Tiere zeigen derartige Veränderungen.
Zu hohe Jauche- oder Güllegaben auf Wiesen und Weiden führen zu K-Reichtum im Boden und zur Vermehrung der K-liebenden Futterpflanzen und Unkräuter, so daß die Na-, Ca- und Mg-Gehalte im Grünlandaufwuchs stark abnehmen. Wo wegen zu starker Viehdichte bei zu knapper Futterfläche Flüssigmist auf das Grünland ausgebracht werden muß, kann in der Regel auf mineralische Kaligaben verzichtet werden. Ein Zuviel an Kalium muß unter hormoneller Mitwirkung der Nebennierenrinde aus dem Organismus ausgeschieden werden bei gleichzeitiger verstärkter Rückresorption von Natrium in der Niere, um den Ionenhaushalt in Ordnung zu halten.
Ein K : Na-Verhältnis in der Gesamtration von kleiner als 20 : 1 wäre ideal. In Sterilitätsbetrieben konnte im Grünfutter und deren Konserven Werte bis über 700 : 1 festgestellt werden. Entzündliche Veränderungen an den Schleimhäuten der Gebärmutter mit langwierigem eitrigen Ausfluß waren die Folgen. Es dürfte einleuchtend sein, daß bei Ausweitung des K : Na-Verhältnisses mit einer Abnahme des Befruchtungsergebnisses zu rechnen ist.
Mittels *Harnuntersuchung* läßt sich die Na- und K-Versorgung am schnellsten feststellen. Eine Verbesserung der Na-Versorgung in Wiesen und Weiden kann durch die Anwendung von natriumhaltigen Düngemitteln erreicht werden. Die tägliche Zufütterung von Kochsalz oder anderen Natriumverbindungen wie Natur-Salz-Lecksteine ist empfehlenswert. Bei Futterrüben in der Ration erübrigt sich in der Regel diese Beifütterung.
Erhöhte Stoffwechselleistungen unseres Milchviehs einerseits und einseitiger Futterbau andererseits haben in den letzten Jahren erkennen lassen, daß auch gewisse **Spurenelemente** wie Mangan, Zink und Jod für normale Abläufe am Eierstock lebensnotwendig (essentiell) sind. Ein Mangel kann zu stiller Brunst, Brunstlosigkeit, verminderter Bildung eierstocksteuernder Hormone und schließlich zum Verwerfen führen. Insbesondere dort, wo aufgrund intensiver Bodenbewirtschaftung die pH-Werte im alkalischen Bereich liegen und folglich die Spurenelemente im Boden festgelegt und dadurch nicht mehr ausreichend pflanzenverfügbar sind, treten gehäuft Mangelsymptome bei Milchvieh auf.
Unzureichendes Angebot über das Futter wie auch die Bildung schwer verdaulicher *Komplexbindungen* im Magen-Darm-Kanal in Abhängigkeit der Ration und des jeweiligen Pansenmilieus sind die direkten und indirekten Ursachen. Ebenso haben für den Bereich von der Befruchtung über die fötale Entwicklung bis zur Geburt überwiegend Spurenelemente einen sexualaktiven Einfluß.
Bekanntlich besteht eine Beziehung zwischen der **Mangan** (Mn)-Versorgung und dem Mn-Gehalt in den Eierstöcken. Mn wird benötigt bei der Synthese des Cholesterins, das die Grundsubstanz für Steroidhormone ist. Damit dürften auch die höheren Mn-Gehalte der Gelbkörper im Blütestadium gegenüber den Anbildungs- und Rückbildungsformen zu erklären sein. Ferner ist Mn für die Sensibilisierung der Gebärmutter für Östrogene unentbehrlich.
Bei Mn-Mangel (unter 15 ppm in der Trockensubstanz) wird vermehrt beobachtet: Stillbrunst, Brunstlosigkeit, verminderte Kontraktionsbereitschaft der Gebärmutter und eitrige Genitalkatarrhe, schlechtere Trächtigkeitsraten.
Ursachen eines **Mn-Mangels** sind einseitig hohe Gaben von Futterrüben, Silomais, Treber und Getreide. Abhilfe bringt die Verwendung von Mineralfutter mit hohen Mn-Gehalten bzw. im Bedarfsfall Spurenelementkonzentrate.
Bei **Mn-Überschuß** kann die Fruchtbarkeit in Form von Dauerbrunst, klein- und großzystische Entartungen der Eierstöcke bzw. Follikel und schlechten Besamungsergebnissen beeinträchtigt sein.
Bei **Zink (Zn)-Mangel** wird beobachtet: Brunst-

losigkeit, eitrige Genitalkatarrhe, verringerte Befruchtungsraten, Frühaborte. Hohe Zn-Gehalte sind in den Eierstöcken. Auch Zn ist für die Sensibilisierung der Gebärmutter verantwortlich.

Auch eine **P-Überschuß** im Organismus beeinträchtigt die Verwertung von Mangan und Zink, deren Gehalte im Eierstock besonders hoch sind und die Ansprechbarkeit der Gebärmutter für das Brunsthormon Östrogen fördern. Eine Ergänzung mit Spurenelementkonzentraten hat vielfach sehr gut gewirkt. Insofern sind für eine bedarfsgerechte Mineralstoffversorgung der Kühe regelmäßige Bodenuntersuchungen mit entsprechenden Düngungsmaßnahmen erforderlich, zumal sich die Gebiete geologisch stark unterscheiden.

Da die Ausgeglichenheit der Mengen- und Spurenelementversorgung für die Reproduktion von entscheidender Bedeutung sind, muß sich die Wahl des Mineralfutters nach dem jeweiligen Futtersystem richten.

Die Mineralfutterindustrie wird dieser Forderung mit einem reichhaltigen Angebot gerecht. Für die **Mineralstoffversorgung der Tiere** sollte grundsätzlich Nachstehendes beherzigt werden:

- Mit Mineralien einseitig bzw. unterversorgtes Futter ist auf lange Sicht auch durch das beste Mineralfutter nicht aufzuwerten.
- Eine laufende Versorgung mit Mineralien ist über das wirtschaftseigene Futter besser gegeben. Organisch gebundene Mineralstoffe werden teilweise effektiver verwertet als anorganische.
- Mineralstoffreiches Futter schmeckt besser; die Tiere verzehren mehr wirtschaftseigenes Futter, dadurch steigt die Leistung bei günstiger Energieversorgung.
- Je mehr Nährstoffe aufgenommen werden, desto höher ist auch der Bedarf an Mineralien.
- Gezielte Düngungsmaßnahmen und kontinuierliche Mineralfuttergaben sind die beste Vorbeuge. Voraussetzung hierfür sind regelmäßige Bodenuntersuchungen.
- Ein Überschuß an gewissen Mineralien wird vom Tier meist ertragen, solange die physiologisch notwendigen Verhältniswerte der Mineralien zueinander eingehalten werden.
- Besonders wichtig ist die Versorgung während der ersten 100 Tage-Laktation. Im 2. Laktationsabschnitt sollten die Tiere nicht mehr gezwungen werden, Reserven anzugreifen. Nur so wird vermieden, daß in der Trockenzeit zu viel deponiert wird und die Regulationsmechanismen zu Beginn der Laktation stillgelegt sind, was als Ursache für manches Festliegen vor und nach dem Abkalben in Frage kommt.
- Da Ackerfutter wie Silomais, Klee, Luzerne, Zwischenfrüchte, Rübenblätter hinsichtlich ihres Mineralstoffgehaltes meist einseitig und somit unphysioloisch sind, sollte versucht werden, wenigstens das Grünland in »Ordnung« zu halten. Beispielsweise sind bei schlechten Heuqualitäten bzw. mengenmäßig dürftigen Heurationen infolge von Vitamin D-Mangel immer wieder Störungen im Calcium-Phosphor-Stoffwechsel zu beobachten. Folgen sind meist sog. Festliegen (typisches und atypisches).

2.1.5 Vitaminversorgung

Unter Vitaminen versteht man generell lebensnotwendige Wirkstoffe, die für die physiologischen Abläufe im Organismus vielfach unentbehrlich (essentiell) sind. Die Vitamine werden eingeteilt in *fettlösliche* (A, D, E, K) und *wasserlösliche* (B und C) Vitamine.

Vitamin A – Dem Rind als Pflanzenfresser steht, da die Pflanzen kein Vitamin A enthalten, nur das natürliche Provitamin β-Carotin zur Verfügung, das erst in der Darmschleimhaut und in der Leber zu Vitamin A umgewandelt wird. Vitamin A hat eine essentielle Bedeutung für die Erhaltung der Funktionsfähigkeit der Schleimhäute (Schleimhaut- oder Epithelschutzvitamin). Fälle von gravierenden Vitamin A-Mangel kommen kaum noch vor, da mit den täglichen vitaminierten Mineralfuttergaben ausreichende Mengen an Vitamin A, aber auch an den Vitaminen D und E zur Verfütterung kommen.

Latenter bzw. schleichender **Vitamin A-Mangel** zeigt sich in glanzlosem und struppigem Haarkleid, schlechterem Befruchtungsergebnis, lokkeren Eierstöcken z. B. als Folge von hohen Fettprozenten in der Milch, aber auch infolge langwieriger Durchfälle. In akuten Mangelsituationen kann es zu entzündlichen Veränderungen und degenerativen Prozessen wie Genitalkatarrhen, embryonalem Fruchttod, Mißbildungen bei Kälbern und lebensschwachen Kälbern kommen. Nicht zu vergessen ist die Anfälligkeit der Haut für alle möglichen Ektoparasiten wie Glatzflechte, Räudemilben, Läuse.

In Jahren mit schlechter Grundfutterqualität (altes Heu, verregnete Silagen, Schimmelbefall im Grundfutter) ist das β-Carotin-Angebot unzureichend, was sich negativ auf das Fruchtbarkeitsgeschehen auswirkt.

Stille Brunst, Follikelzysten, Verrindern, Ausflüsse, Verwerfensfälle werden dann vermehrt beobachtet.

β-Carotin – Es fördert die Steroidhormonsynthese und die Entwicklung der ovariellen Funktionsgebilde wie Follikel und Gelbkörper. Der Carotin-Bedarf beträgt ca. 100 mg für Erhaltung und 20 mg/kg Milch. Die β-Carotin-Versorgung läßt sich am schnellsten anhand der Blutserumfarbe (Farbskala) feststellen. Daraus läßt sich gegebenenfalls eine Ergänzung z. B. über Cobs bzw. synthetischem β-Carotin ableiten.

Das in Tabelle 66 genannte Untersuchungsergebnis ist in diesem Zusammenhang sehr aufschlußreich.

Tabelle 66 Zusammenhang zwischen dem Blutplasmagehalt an β-Carotin und der Trächtigkeitsrate

mittlerer Plasma-Carotin-Gehalt mcg/100 ml Blut	Trächtigkeit nach Zahl der Besamungen
500–650	1. Besamung
um 200	2.–3. Besamung
weniger als 150	kein Erfolg

Vitamin D – Im Gegensatz zu Vitamin A wirkt sich das Vitamin D indirekt, das heißt über den Ca- und P-Stoffwechsel auf die Fruchtbarkeit aus. Vermutlich besteht aber auch eine Wechselbeziehung zwischen dem Vitamin D und den Geschlechtshormonen, da nach Vitamin D-Zufuhr die Brunstintensität und die Trächtigkeitsraten verbessert werden konnten.

Vitamin E – Im Stoffwechsel übt es mehrere Funktionen aus. Es wirkt als biologisches Antioxidans, fördert die Zellatmung, wirkt mit bei der Biosynthese einiger für den Stoffumsatz sowie für das Fruchtbarkeitsgeschehen wichtiger Hormone, z. B. die der Nebennierenrinde sowie die des Hypophysenvorderlappens. Tatsächlich findet sich in diesen endokrinen Drüsen ein relativ hoher Gehalt an Vitamin E. Folglich kann sich ein Mangel an diesem Wirkstoff in erhöhter Streßanfälligkeit, also geringerer Belastbarkeit des Organismus, und in einem beeinträchtigten Reproduktionsgeschehen äußern.

Ferner fördert Vitamin E die spezifische Abwehrbereitschaft durch erhöhte Antikörperproduktion sowie die unspezifische Abwehr infolge rascher Bereitstellung von Freßzellen wie Leukozyten gegen krankheitserregende (pathogene) Keime.

Feldstudien in den USA und der Bundesrepublik Deutschland haben gezeigt, daß aufgrund der beschriebenen Funktionen Vitamin E in der Prophylaxe von Mastitiden eine entscheidende Rolle spielen kann. So verbesserten Vitamin E-Ergänzungen kombiniert mit Selen zur praxisüblichen Milchviehration auffällig die Eutergesundheit. Das Auftreten von Mastitiden zum Zeitpunkt der Kalbung wurde stark reduziert und auch der somatische Zellgehalt der Milch – Indikator für entzündliche Prozesse im Eutergewebe – war im Verlauf der gesamten Laktation eindeutig erniedrigt.

Über das Gras und Grünfutter ist im allgemeinen das Milchvieh mit Vitamin E ausreichend versorgt. Doch wirken Konservierung (Silage- bzw. Heubereitung) und Lagerdauer der Konserven negativ auf den Vitamin E-Gehalt. Das gleiche soll für die Haltbarmachung von Feuchtgetreide z. B. mit Konservierungsmitteln gelten. Betriebe mit ganzjähriger Winterfutterration haben also nicht nur das Beta-Carotin-Problem, sondern müssen auch eine bedarfsgerechte Versorgung mit Vitamin E bedenken.

Vitamin C, B-Vitamine – Für Vitamin C sowie für die Vitamine der B-Gruppe besteht beim Rind eine eigene Biosynthese, weshalb diesen Vitaminen in der Rinderfütterung nur wenig Bedeutung zugemessen wird. Die meisten Vitamine der B-Gruppe haben wichtige Funktionen im intermediären Energiestoffwechsel. Infolge der Beziehung zwischen dem Energieumsatz und der Fertilität führt ein Vitamin B-Mangel zu einer Hemmung der energetischen Verwertung von Fettstoffwechselprodukten mit der Anhäufung von Ketonkörpern im Blut (Acetonämie) und in der Milch.

Solche Stoffwechselsituationen ergeben sich z. B. zu Beginn der Laktation, wenn die Pansenmikrobenaktivität im Verhältnis zum Leistungsbedarf noch unzureichend ist oder auch infolge jeglicher Pansenstörungen. Die Beifütterung z. B. von getrockneter Bierhefe wirkt hierbei helfend. Neuerdings werden Zusatzfuttermittel mit Niacin-/Nikotinsäure als Laktationsstarter bzw. Mineralfuttermittel mit Niacinzusatz zur Prophylaxe gegen Ketose und zur besseren Energieverwertung im Landhandel angeboten.

2.1.6 Futterrationsberechnung

Voraussetzung für eine bedarfsgerechte Fütterung des Milchviehs ist einerseits die Kenntnis der Bedarfsnormen (Tabelle 67) und andererseits die richtige Einschätzung der Milcherzeugungswerte der angebotenen bzw. vorhandenen Futtermittel, die in Futterwerttabellen aufgeführt sind.

Für die **Berechnung** des täglichen Nährstoffangebotes müssen grundsätzlich die verwendeten Futtermengen bekannt sein. Das oberflächliche Einschätzen der Futterration ist zwar bequemer, aber ungenau. Nur ein *regelmäßiges Futterwiegen* – mit Feststellen des gefressenen Futters, nach Abzug des Futterrestes – ist als Grundlage für eine vernünftige Fütterung brauchbar. Futterwiegungen sind immer dann notwendig, wenn sich die Grundfutterration hinsichtlich der Zusammensetzung, der Menge oder Güte ändert. Es ist ratsam, alle 4 Wochen – z. B. auf der Basis der *MLP-Ergebnisse* – die Nährstoffberechnungen neu vorzunehmen.

Die gleichzeitige *Kontrolle* der **Trockensubstanzaufnahme** ist erforderlich, um zu ermessen, ob die Futtermenge ausreichend ist bzw. gefressen werden kann. Die Futteraufnahme hängt ab von der Qualität, Struktur und Verdaulichkeit des Futters sowie der Dauer bzw. Häufigkeit der Freßzeiten und kann deshalb stark schwanken. Maßstab für die Sättigung einer Milchkuh ist die über das Futter aufgenommene Trockensubstanz (T); in ihr sind die Nährstoffe enthalten. Erfahrungsgemäß nimmt eine Milchkuh täglich 1,8–2,2 kg T/100 kg Lebendgewicht (LG) aus dem Grundfutter auf. Zusammen mit dem Kraftfutter können von einer hochleistenden Kuh mit 600–650 kg LG ca. 18–20 kg T gefressen werden.

Die besonderen Verdauungsverhältnisse der Milchkuh verlangen, daß 18–22% der täglich aufgenommenen Trockensubstanz **Rohfaser** sind, davon sollen ⅔ *»strukturierte Rohfaser«* (Rauhfutter, Anwelksilage) sein. Dadurch werden Speichelproduktion, Wiederkauen und Pansentätigkeit angeregt und gesunde Verhältnisse im Vormagen (Zusammensetzung der Pansenmikroorganismen, Anteil der Fettsäuren im Pansen) geschaffen. Diese Maßnahmen verbessern die *Nährstoffverwertung* und sind maßgebend für einen guten Milchfettgehalt.

Beispiele von Rationsberechnungen sind in den Abb. 76 enthalten.

▷

Abb. 76 Beispiele für Futtertafeln für Milchvieh zur Sommer- bzw. Winterfütterung.

Tabelle 67 Richtzahlen für die tägliche Versorgung von Milchkühen (650 kg [1])

	NEL MJ	Rohprotein g	Ca g	P g	Na g	Mg g
Erhaltungsbedarf	37,7	480	26	26	9	13
Bedarf für 1 kg Milch (4% Fett) [2]	3,17	85	3,2	1,7	0,6	0,6
Erhaltung						
+ 5 kg Milch	53,5	900	42	34	12	16
+10 kg Milch	69,5	1330	58	43	15	19
+15 kg Milch	85,5	1760	74	51	18	22
+20 kg Milch	101,0	2180	90	59	22	25
+25 kg Milch	117,0	2610	106	68	25	29
+30 kg Milch	133,0	3030	122	76	28	32
+35 kg Milch	149,0	3460	138	84	31	35
+40 kg Milch	164,5	3880	154	93	34	38
trockenstehende Kühe 6.–4. Woche vor dem Kalben	50,5	790	45	35	10	14
trockenstehende Kühe 3. Woche bis zum Kalben	57,0	930	45	35	10	14

[1]) Je 50 kg Gewichtsdifferenz sind 2,2 MJ NEL und 20 g Rohprotein zu- bzw. abzurechnen.
[2]) Je 0,5% Differenz im Milchfettgehalt sind 0,2 MJ NEL/kg Milch zu- bzw. abzurechnen.

Je Kuh und Tag mindestens 250 mg Carotin und 50 000 I.E. Vitamin A, bei Hochleistungskühen 500 mg Carotin und 80 000 I.E. Vitamin A.

Sommerfütterung:

Gewicht der Kühe im Durchschnitt: 650 kg

Betrieb: Meyer in Bonnhof Kreis Ausbach

Futtertafel für Milchkühe

Gültig vom 10.6. bis Juli 1990

Datum: ______ 19____

Aufgestellt von: ______ (Unterschrift)

Basisration: (festgestellte Grundfutterration + Ausgleichskraftfutter tgl./Kuh)

Futterart	1000 g des Futtermittels enthalten: TS kg	Rohfaser g	v. Eiw. g	NEL (MJ)	insgesamt: TS kg	Rohfaser g	v. Eiw. g	NEL (MJ)
60 kg Gras, jung kleereich	0,150	35	20	1.01	9.0	2100	1200	60.60
kg	0,___							
10 kg Maissilage	0,300	68	14	1.90	3.0	680	140	19.00
1 kg Heu 1. Schn.	0,860	265	58	4.09	0,9	265	58	4.09
kg	0,___							
Nährstoffgehalt der Grundfutterration:					12.9	3045 *)	1398	83.69
reicht über den Erhaltungsbedarf hinaus für kg Milch ___ (u. Rohf. % i. d. TS):						23 %	18	14.5
Ausgleichskraftfutter:								
2.5 kg Melasseschnitzel	0,900	140	72	6.84	2.3	350	180	17.10
Nährstoffgehalt der Basisration:					15.2	3395 *)	1578	100,79
reicht einschl. Erhaltungsbedarf für kg Milch ___ (u. Rohf. % i. d. TS)						22 %	20	20

Leistungskraftfutter (Aufbaukraftfutter):

Anteil	Futtermittel	Preis DM/dt	1000 g d. Futtermittels enth.: Rohfaser g	v. Eiw g	NEL	Preis DM/dt	Gehalt des Kraftfutters: Rohfaser g	v. Eiw g	NEL
100 %	Milchleistungsfutter I energiereich						100	133	6.95
%									
%									
%									
1 kg Leistungskraftfutter kostet und enthält:							100 *)	133	6.95
1 kg Leistungskraftfutter reicht für kg Milch:								2.2	2.2

Kraftfutterzuteilung:

Milchmenge kg	Leistungskraftfutter kg
	Ausgleichskraftfutter:
14.5–18.0	1.5
18.0–20.0	2.5
	Leistungskraftfutter:
20.0–22.0	1
22.0–24.0	2
24.0–26.0	3
26.0–28.0	4
28.0–30.0	5
trockenstehend	

dazu geeignetes Mineralfutter:

Phosphorgehalt (P) 12,5 %
Calciumgehalt (Ca) 9,0 %
Natriumgehalt (Na) 9,5 %
Vit. A: 600.000 – 1 Mio. I.E./kg
Beta-Karotin ______ mg/kg
Verhältnis: Ca : P 0,7 : 1

Viehsalz je Kuh/Tag 30 g
Gesamt: ______ g

150 g × 20 = 3,0 kg
tägl. je Kuh × Kühe = Gesamt

*) Die Gesamtration muß 18–20 % Rohfaser in der Trockensubstanz enthalten: (Rohfaser kg × 100) / TS kg = % Rohfaser i. d. TS

Winterfütterung:

Gewicht der Kühe im Durchschnitt: 650 kg

Betrieb: Huber in Dietenhofen Kreis Ausbach

Futtertafel für Milchkühe

Gültig vom 1.12.89 bis März 1990

Datum: ______ 19____

Aufgestellt von: ______ (Unterschrift)

Basisration: (festgestellte Grundfutterration + Ausgleichskraftfutter tgl./Kuh)

Futterart	1000 g des Futtermittels enthalten: TS kg	Rohfaser g	v. Eiw. g	NEL (MJ)	insgesamt: TS kg	Rohfaser g	v. Eiw. g	NEL (MJ)
15 kg Grassilage	0,350	90	41	2,00	5,3	1350	615	30,00
10 kg Maissilage	0,280	68	13	1.77	2.8	680	130	17,70
15 kg Gehaltsrüben	0,144	10	7	1,11	2.2	150	105	16,65
3 kg Heu 1. u. 2. Schn.	0,860	255	65	4.20	2,6	765	195	12,60
kg	0,___							
Nährstoffgehalt der Grundfutterration:					12.9	2945 *)	1045	76,95
reicht über den Erhaltungsbedarf hinaus für kg Milch ___ (u. Rohf. % i. d. TS):						23 %	12	12
Ausgleichskraftfutter:								
kg	0,___							
Nährstoffgehalt der Basisration:						*)		
reicht einschl. Erhaltungsbedarf für kg Milch ___ (u. Rohf. % i. d. TS):						%		

Leistungskraftfutter (Aufbaukraftfutter):

Anteil	Futtermittel	Preis DM/dt	1000 g d. Futtermittels enth.: Rohfaser g	v. Eiw g	NEL	Preis DM/dt	Gehalt des Kraftfutters: Rohfaser g	v. Eiw g	NEL
77 %	Getreideschrot						40	63	5,62
20 %	Sojaextraktionsschrot						12	83	1,41
3 %	Mineralfutter								
%									
1 kg Leistungskraftfutter kostet und enthält:							*) 146	7.03	
1 kg Leistungskraftfutter reicht für kg Milch:								2,4	2,2

Kraftfutterzuteilung:

Milchmenge kg	Leistungskraftfutter kg
12–14	1
14–16	2
16–18	3
18–20	4
20–22	5
22–24	6
24–26	7
26–28	8
28 –	9
trockenstehend	1

dazu geeignetes Mineralfutter:

Phosphorgehalt (P) 10,5 %
Calciumgehalt (Ca) 12,0 %
Natriumgehalt (Na) 9,0 %
Vit. A: 600.000 – 1 Mio. I.E./kg
Beta-Karotin ______ mg/kg
Verhältnis: Ca : P 1,1 : 1

Viehsalz je Kuh/Tag ______ g
Gesamt: ______ g

120 g × 20 = 2,4 kg
tägl. je Kuh × Kühe = Gesamt

*) Die Gesamtration muß 18–20 % Rohfaser in der Trockensubstanz enthalten: (Rohfaser kg × 100) / TS kg = % Rohfaser i. d. TS

2.2 Brunst und Brunstbeobachtung

Brunstprobleme haben in den letzten Jahren aus den verschiedensten Gründen zugenommen. »Meine Kühe rindern nicht mehr, ich sehe keine Brunst mehr«, hört man immer wieder. Als Ursachen hierfür kommen neben Fütterungs- und Haltungsproblemen eine unzulängliche Brunstbeobachtung in Frage.

Nahezu jede 5. Kuh wird heute zum falschen Zeitpunkt besamt, weil die Brunst übersehen oder falsch beurteilt wurde.

Nachweislich liegt das *Problem der Stillbrünstigkeit* meistens nicht nur in Störungen bei den Tieren begründet, sondern ist zunehmend die Folge *mangelhafter Brunstbeobachtung* und falscher Interpretation des Tierhalters.
Die Entscheidung darüber, ob eine Kuh brünstig ist oder nicht, setzt die Kenntnis und die Erfahrung über die verschiedenen **Brunstsymptome** voraus. Grundsätzlich wird die Brunst in drei Abschnitte unterteilt, nämlich *Vorbrunst, Hauptbrunst* und *Nachbrunst.* Jeder Abschnitt ist durch spezifische äußere und innere Brunsterscheinungen gekennzeichnet.

Im Brunstschema der Abb. 77 sind als äußere Brunsterscheinungen das Sexualverhalten des Rindes und die Veränderungen an der Scham und in der Scheide dargestellt. Als Beispiel für innere Brunsterscheinungen sind die Veränderungen am Eierstock ebenfalls abgebildet.

2.3 Klauenpflege

Gliedmaßenschäden und Klauenerkrankungen können die Leistungsfähigkeit der Milchkuh wesentlich beeinträchtigen. Schmerzen in den Gliedern vermindern die Futteraufnahme und damit die Milchleistung, nicht weniger ist der Sexualzyklus gestört. Lange Liegepausen bedeuten für das Euter erhöhten Infektionsdruck und Gefahr von Trittverletzungen. Nicht zu vergessen ist ein zwangsläufiges Abmagern.
Gliedmaßenschäden entstehen unter dem Einfluß und Zusammenspiel verschiedener Ursachenkomplexe. Der Verlauf der Erkrankung wird erschwert, wenn die Ursachen nicht rechtzeitig abgestellt bzw. notwendige Behandlungsmaßnahmen vorgenommen werden.

Vernachlässigte Pflege ist eine Hauptursache für das Entstehen von Klauenschäden.

Abb. 77 Brunstschema und Brunsterscheinungen beim Rind.

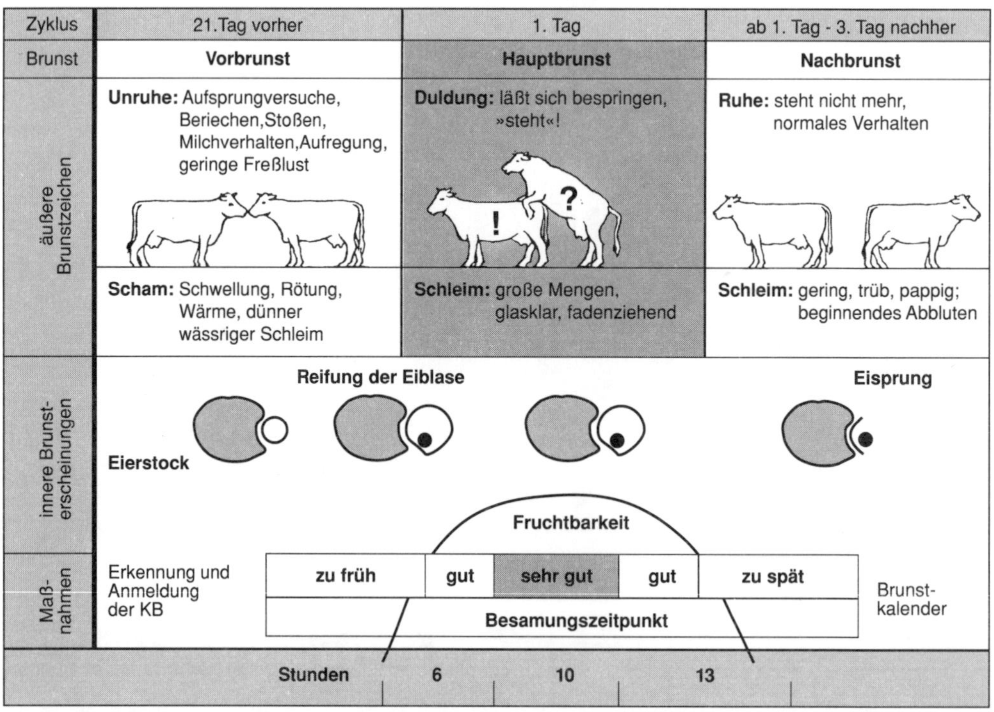

Haltungsmängel – Doch werden Klauenschäden provoziert, wenn das Haltungssystem Mängel aufweist. So bewirken zu geringe Standbreite und Standlänge bei Kurzstand mit Kotstufe Lederhautquetschung, Sehnenscheidenreizung, Hornaufweichung, Ballen- sowie Schleimbeutelquetschung. Im Kurzstand mit Mängel bei der Standfläche und falscher Wahl der Stegroste treten als Folge von Schürf- und Schleifwirkung, Punktbelastung, Stehen auf der Kante oder Druckbelastung auf der Außenfläche des Sprunggelenks Schäden in Form von Hornkapseldefekten sowie Lederhaut- und Schleimbeutelquetschungen auf. Eine Verlängerung der Standfläche ist unabdingbar.

Unter den Vorbeugemaßnahmen gegen Klauenschäden kommt der regelmäßigen Klauenpflege die größte Bedeutung zu. Bei allen Kühen sollte wenigstens zweimal im Jahr die Klauenbeschaffenheit kontrolliert bzw. gegebenenfalls korrigiert werden. Bei Färsen erstmals zum Zeitpunkt der Erstbesamung und 6–8 Wochen vor der vermuteten Kalbung.

Bei Tieren mit sehr weichem, schnell wachsendem Klauenhorn kann die Korrektur öfters als zweimal jährlich angebracht sein. Sicherheit und Entlastung für Mensch und Tier bringt der hydraulisch betriebene *Kippstand* mit sich, der z. B. über den Maschinenring bezogen werden kann.

2.4 Kälberaufzucht

In einer Zeit hoher Kälberpreise sind Aufzuchtverluste besonders schmerzlich. Laut Statistik verenden in der Bundesrepublik Deutschland jährlich etwa 10% der geborenen Kälber während der Aufzuchtperiode (Abb. 78). Für die Höhe der Verlustrate werden verschiedene Faktoren verantwortlich gemacht. Oft sind es nur scheinbar banale Ursachen, die jedoch in ihrem Zusammenwirken krankmachend bzw. tödlich wirken können.
Nicht zu Unrecht spricht man von Faktorenkrankheiten als der häufigsten Krankheitsursache in der heutigen Kälberaufzucht (Abb. 79). Deshalb soll nachstehender Katalog von Maßnahme bzw. Fehlerquellen eine *Hilfe zur Selbstkontrolle* sein. Viel zu leicht schleichen sich bei den täglich gleichbleibenden Handgriffen unbemerkt Fehler ein, die zu Verlusten führen können. Werden jedoch die eigenen Aufzuchtprak-

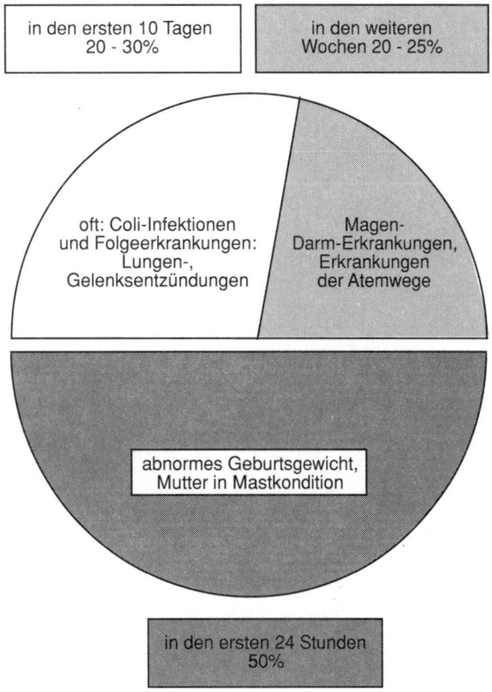

Abb. 78 Ursachen für Kälberverluste (insgesamt ca. 10% aller geborenen Kälber sterben in den ersten Wochen).

tiken von Zeit zu Zeit immer wieder neu überdacht, so kann kritischen Situationen vorbeugend entgegengewirkt werden.
Nachfolgend werden die einschlägigen Kapitel der Kälberaufzucht stichpunktartig behandelt.

2.4.1 Fütterung

Die wichtigsten Gesichtspunkte zur Fütterung von Kälbern sind im folgenden aufgelistet:

Kälberaufzucht beginnt im Mutterleib mit der Vorbereitungsfütterung.

- Trockenstellen der Kuh ca. 60 Tage vor dem Abkalbetermin.
- Fütterung »nach Auge« (körperliche Verfassung): Keine Mastkondition, sonst Gefahr der Acetonämie zu Beginn der Laktation, atypisches Festliegen, unphysiologisch hoher Fettgehalt der Milch.
- Kein einseitiges Nährstoffangebot wie z. B.: Eiweißüberschuß mit Zwischenfrüchten (z. B. Raps) und Milchleistungsfutter III bzw. Stärkeüberschuß mit Silomais und Getreideschrot, da sonst die Gefahr von Stoffwechselstörungen, Belastung der Leber, veränderte

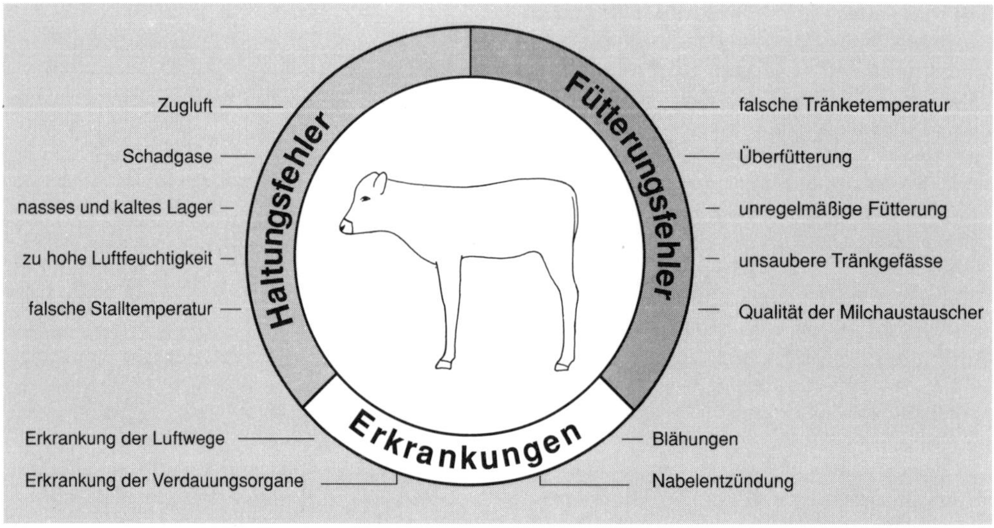

Abb. 79 Häufige Haltungs- und Fütterungsfehler beim Kalb.

Zusammensetzung der Kolostralmilch besteht.

- Vermeidung von Pansenstörungen um den Abkalbezeitpunkt, deshalb *reichliche Heugabe* je nach Trockensubstanzgehalt des übrigen Grundfutters. Denn die Verfütterung übermäßiger Mengen Silofutters führt aufgrund eines gestörten Elektrolythaushaltes im Blutserum beim Kalb zu verminderter Vitalität und zu Durchfällen.
- Ausreichende Mineralstoff- und Vitaminversorgung, besonders am Ende der Wintermonate und in Ergänzung zum jeweiligen Grundfutter:
  - Phosphorreiches Mineralfutter zu Zwischenfrüchten, da sonst die Gefahr des atypischen Festliegens besteht.
  - Zufütterung von Cobs oder Grünmehl (Beta-Carotin) zu reinen Heu-Rüben- bzw. Heu-Silomais-Rationen, da sonst die Gefahr von Durchfällen bei Kälbern, unter Umständen sogar von Totalverlusten droht, wegen eines zu niedrigen Carotinangebotes mit der Kolostralmilch.
  - Vitaminkonzentrat (besonders Vitamin A) übers Maul bzw. mittels Injektion durch den Hoftierarzt 6–4 Wochen vor dem Abkalben.
- In Problembeständen Impfung der Muttertiere mit stallspezifischen oder handelsüblichen Vaccinen zur Steigerung des Antikörpergehaltes im Kolostrum gegen bestimmte Krankheiten (Erfolg unterschiedlich).

Bei der **Vorbereitung auf die Geburt,** den Geburtshilfen und der Betreuung des neugeborenen Kalbes sind folgende Punkte wichtig:

- Standplatz der Kuh bzw. Färse z. B. mit Sand rutschfest machen und frisch einstreuen.
- Tieren, die schlecht stehen können, die Hinterfüße mit Fesseln so zusammenhalten, daß sie nicht grätschen können.
- Gereinigte und desinfizierte Geburtshilfsmittel sowie Gleitmittel bereitstellen.
- Das Muttertier um die Scheide herum reinigen und mit einem reizlosen Desinfektionsmittel abwaschen.
- Direkt vor der Geburt Reinigung und Desinfektion der Hände und Arme bzw. Anlegen von Folienhandschuhen.
- Geduld ist oberstes Gebot; keine vorzeitige, gewaltsame Öffnung der Fruchtblase, da sonst die Gefahr einer unvollständigen Erweiterung des Muttermundes mit möglichen Verletzungen für das Muttertier (Einreißen, Blutungen) sowie das Kalb beim Herausziehen besteht.
- Vor eventueller Geburtshilfe ist die Lage des Kalbes genau zu untersuchen, die Frucht in eine natürliche Lage zu bringen; jedoch im Zweifelsfall unbedingt den Tierarzt verständigen (Die eigenen Fähigkeiten und Fertigkeiten in der Geburtshilfe nicht überschätzen!).
- Richtige Zugrichtung verhindert ein Festklemmen des Kalbes im Geburtsrohr; zunächst in Verlängerung der Wirbelsäule, dann in Richtung des Euters ziehen, wobei das Muttertier auf der linken Seite (Pansen) liegend abkalben soll, besser jedoch im Stehen.

- Es muß stets im Rhythmus der Wehen gezogen werden, und zwar abwechselnd an den Füßen, damit das Kalb mit Schulter und Bekken leichter durch das Becken des Muttertieres gleiten kann.
- Eine Zugkraft von mehr als 2 Personen ist möglichst zu vermeiden, da sonst immer wieder Verletzungen an der Frucht sowie am Muttertier festzustellen sind.
- Bei spontan ausgesetzter Atmung des Kalbes, z. B. nach einer Schwergeburt, ist sofort die Atmungstätigkeit anzuregen. Folgende Möglichkeiten haben sich bewährt:
  - Hochheben des Kalbes an den Hinterbeinen, Fruchtwasser und Schleim entfernen.
  - Einen Eimer kalten Wassers über Brust und Kopf schütten.
  - Mit einem Strohhalm in den Nasenlöchern kitzeln.
  - Luft in die Nase oder ins Maul blasen.
  - Künstliche Beatmung.
  - Atmungsanregendes Präparat in die Nase oder ins Maul träufeln.
- Trockenreiben der Frucht mit sauberem Stroh oder Ablecken durch das Muttertier fördert den Blutkreislauf des Kalbes. Für die Kuh sind das aufgenommene Fruchtwasser und die Eihautreste mit ihrem Hormongehalt für die Fruchtbarkeit und den Milchfluß fördernd.
- Ideal wäre es, wenn Muttertier und Kalb einige Tage in einer Laufbox verbleiben könnten.

Da das Kalb ohne Abwehrstoffe (Antikörper) im Blut geboren wird, ist es als Neugeborenes gesundheitlich besonders gefährdet. Die Kolostralmilch ist also eine naturgegebene Voraussetzung für eine gesunde Entwicklung des Kalbes. Vor und während der **Kolostralmilchperiode** gilt es, die folgenden Regeln zu beachten:

- Die erste Gabe sofort nach der Geburt (innerhalb 3 Stunden), dreimal 1–1,5 l/Tag (Menge richtet sich nach dem Geburtsgewicht und Vitalität des Kalbes), nicht übersaufen lassen!
- Am Ende des Winters bei schlechterer Grundfutterqualität empfiehlt sich die Vergabe eines flüssigen Vitamin-Konzentrates (Vitamin A, D_3, E, C und Eisen) gleich nach der Geburt vor der Kolostralmilchgabe.
- Bei schwachen Frühjahrskälbern, bei Kälbern von neuzugekauften Färsen bzw. Kühen oder bei Ausfall des Muttertieres ist die Verwendung eingefrorener Kolostralmilch älterer Kühe lebensrettend.
- In Problembetrieben ist eine Injektion von Gammaglobulinen ratsam, wenn die angebotenen Antikörper des Kolostrums nicht resorbiert werden können.
- Bei Muttertieren mit genetisch bedingt hohem Fettgehalt der Milch ist das Kolostrum ab 2. Tag mit Wasser zu verdünnen (Verdünnungsverhältnis unterschiedlich), um fütterungsbedingte Durchfälle zu vermeiden.
- Auch bei Tieren, die während des Trockenstehens aufgefleischt und acetonämiegefährdet sind, ist die Verdünnung des Kolostrums ratsam.
- Tägliche Beobachtung der Kotbeschaffenheit zur rechtzeitigen Erkennung von Fütterungsfehlern und Magen-Darm-Erkrankungen.

Die Aufzucht mit »Milchaustauschern« hat sich bestens bewährt und ist das verbreitetste Aufzuchtverfahren geworden.

Wichtige Gesichtspunkte beim Einsatz von **Milchaustauschern** sind:

- Übergang zum Milchaustauschfuttermittel (MA) in der 2., spätestens 3. Lebenswoche (gleitender Übergang).
- Wahl des Milchaustauschfuttermittels nach:
  - Aufzuchtmethode: normale Aufzucht (12 Wochen Tränke), Frühentwöhnung (7–8 Wochen Tränke).
  - Milchaustauscher mit möglichst viel Trokkenmilchprodukten (z. B. Magermilchpulver) für die ersten Lebenswochen zur optimalen enzymatischen Verdauung in Labmagen und Dünndarm, da sonst die Gefahr von Diarrhode besteht.
  - Wechsel des Milchaustauschers bei großflächigem Haarausfall infolge einer Störung des Leberstoffwechsels als Folge von zu hohen Anteilen pflanzlicher und milchfremder tierischer Eiweiß- und Fettfuttermittel.
- Die Konzentration des Milchaustauschers je Liter Wasser streng nach Angaben des Herstellers vornehmen, da sonst ein Überangebot an Natrium mit der Folge von Kreislaufstörungen und Muskelzittern eintreten kann.
- Die Anrührtemperatur nach Empfehlung des Herstellers zur vollständigen, homogenen Lösung des Milchaustauschers (Thermometer, Schneebesen) genau einhalten.
- Verabreichen nach Abkühlen auf Körpertemperatur (Thermometer).
- Tränkemengen je Mahlzeit und Tränkeperiode genau gemäß Tränkeplan (Aufzuchtmethode), Vitalität und Gewichtsentwicklung (Krankheiten wie Grippe, Durchfälle), Kraft- und Grundfutteraufnahme. Vermei-

Tabelle 68 Fütterungsplan für die Kälberaufzucht mit Milchaustauschfutter

Lebenswoche	Kolostral/ Vollmilch l/Tag	Milchaustauschfuttermittel [1]) Tränke l/Tag	g/l	Ergänzungsfutter [2]) g/Tag	Kraftfutter [3]) g/Tag	Kälberheu	Wasser
1.	3–6	—	—	—	—	—	—
2.	6–0	0–7	80–125	beliebig	—	—	—
3.	—	8	125	(ca. 100 g)	—	unbegrenzt	—
4.– 7.	—	8	125	—	—	unbegrenzt	unbegrenzt
8.–10.	—	6	125	—	—	unbegrenzt	unbegrenzt
11.	—	5	125	—	—	unbegrenzt	unbegrenzt
12.	—	4–0	125	1500	—	unbegrenzt	unbegrenzt
13.	—	—	—	2000	—	unbegrenzt	unbegrenzt
14.	—	—	—	2000	beliebig	unbegrenzt	unbegrenzt
15.–16.	—	—	—	—	2000	unbegrenzt	unbegrenzt
insgesamt ca.	55	470–480	58–60 kg	100 kg	30 kg	80 kg	

[1]) Der eingesetzte Milchaustauscher sollte höchstens 15% Fett enthalten. Die Kälber nehmen sonst zu wenig Kraftfutter auf!
[2]) Für Aufzuchtkälber, pelletiert (ca. 20% Rohprotein). [3]) Eigenmischung.

Tabelle 69 Fütterungsplan für die Kälberaufzucht mit Übermilch (Vollmilch)

Lebenswoche	Kolostral/ Vollmilch l/Tag	heißes Wasser [1]) l	Ergänzungsfutter [2]) kg/Tag	Kälberheu	Wasser
1.	3–6	—	—	—	—
2.	6–8	(1,5)	unbegrenzt	—	—
3.– 6.	8	(1,5)	—	unbegrenzt	unbegrenzt
7.–10.	7–6	—	—	satt	unbegrenzt
11.–12.	5–0	—	1,5	satt	unbegrenzt
13.–16.	(4–0)	—	höchstens 2	satt	unbegrenzt
insgesamt ca.	500 l	—	ca. 130 kg	ca. 80 kg	—

[1]) Wasseranteil, nur wenn notwendig, um den Milchfettgehalt zu verringern. Kot beobachten, bei zu fetter Milch anfangs Durchfallgefahr.
[2]) Für Aufzuchtkälber, pelletiert (ca. 20% Rohprotein) oder Eigenmischung.

dung zu großer Tränkemengen während der ersten Lebenswochen, da sonst die Gefahr besteht von Verdauungsstörungen infolge zu kurzer Verweildauer der Tränke im Labmagen bei unvollständiger Gerinnung der Milch (Pansenfäule, Gärungen und Zersetzung im Dickdarm, beschleunigte Darmmotorik, Durchfälle mit Schwächung und Anfälligkeit der Tiere).

Feste Futterstoffe (Kraftfutter, Rauhfutter, Saftfutter):

- Frühzeitige Verfütterung von pelletiertem Fertigfutter (bei der Frühentwöhnung bereits von der 2. Lebenswoche an) regt die Aktivität der Pansenschleimhaut an und ermöglicht eine ausgeglichene, bedarfsgerechte Nährstoffversorgung bei vermindertem Milchaustauscherbedarf.
- Gleitender Übergang zu hofeigenen Aufzuchtmischungen etwa ab der 8. Lebenswoche.
- Keine hastige Tränkeaufnahme, sachgemäße Zubereitung der Tränke, keine Verwendung verdorbener Milchaustauscher, Vermeidung von Streßsituationen, kein Vermengen von Tränke mit Getreideschrot oder anderen festen Futterstoffen da sonst Labmagenentzündungen und -geschwüre möglich sind.
- Vermeidung eines plötzlichen Überganges von der Milchtränke zur zweimaligen Wasser-

Tabelle 70 Zweckmäßig zusammengestellte, eigene Aufzuchtmischung für Kälber

Futtermittel	Anteile		Anteile je kg Futtermischung			Kosten	
			Rohprotein	NEL			
	%		g	MJ	StE	DM/kg	Dpf/Anteil
Haferschrot	20	65%	22	1,25	123	0,40–0,45	8,0– 9,0
Gerstenschrot	20		21	1,45	139	0,42–0,45	8,4– 9,0
Weizenschrot	25		30	2,01	191	0,42–0,45	10,5–11,3
Sojaschrot (44% Rohprotein)	22		97	1,55	154	0,40–0,50	8,8–11,0
Leinkuchen/-expeller	10		34	0,68	69	0,50–0,55	5,0– 5,5
Mineralfutter (15–20% Ca, 4–5% P), vitaminiert	3		—	—	—	0,85	2,5
Summe je kg	100		204	6,94	676	—	43,2–48,3
+ Mahl- und Mischkosten	—		—	—	—	—	3,0 3,0
Gesamtsumme/kg	—		—	—	—	—	46,2 51,3

gabe, sonst Gefahr des Übersaufens mit Blähungen und Durchfall (Bei der Frühentwöhnung sollte von der 2. Woche an, beim milchreichen Aufzuchtverfahren ab der 4. Woche stets frisches Wasser mittels Tränker, Nuckel oder Plastikeimer zur freien Aufnahme bereitstehen).

In Ergänzung soll ein Fütterungsplan für die Aufzucht mit Übermilch (Vollmilch) aufgeführt werden (Tabelle 69).

- Möglichst kein mehlförmiges Futter, am besten gequetschte Getreideanteile (Hafer) zur besseren Einspeichelung und erhöhter Freßlust.
- Schimmelfreies, trockenes, täglich neu vorgelegtes Kraftfutter.
- Zartes, hochverdauliches, aromatisches Heu vom 1. Schnitt möglichst bald vorlegen zur Förderung des Pansenwachstums als Voraussetzung für die spätere Verdauung von Saftfutter.
- Keine einseitige Kraftfutter- bzw. Heugabe.
- Silomais mit hohem Trockensubstanzgehalt und ohne Schimmelbesatz kann ab der 6. Lebenswoche in kleinen Gaben beigefüttert werden, Grassilagen, Futterrüben erst ab einem späteren Zeitpunkt.

2.4.2 Hygiene in der Kälberaufzucht

Eine entscheidende Voraussetzung für die verlustarme Kälberaufzucht liegt nach wie vor im Bereich der Hygiene begründet. Hygiene im Kälberstall kann kaum übertrieben werden. Nicht nur bei der Geburt und der Haltung ist äußerste Hygiene nötig, auch bei der Fütterung und im Umgang mit zugekauften Kälbern ist sie lebensnotwendig.

Geburtshygiene:

- Abkalbestelle gut reinigen, desinfizieren und mit frischer Einstreu versehen.
- Säuberung der äußeren Geschlechtsteile und des Hinterteiles des Muttertieres mit einem Tierwaschmittel.
- Hände und Arme gründlich waschen und desinfizieren.
- Geburtshilfliche Instrumente reinigen und desinfizieren.
- Nach der Geburt des Kalbes Desinfektion des Nabels.

Haltungshygiene:

- Kontinuierliche Fliegenbekämpfung.
- Das trockengeriebene Kalb in eine gut gereinigte, frisch desinfizierte und eingestreute Einzelbox bringen, mit undurchlässigen Seitenwänden bei nebeneinanderstehenden Buchten (Ansteckungsgefahr).
- Der Boxenboden sollte etwa 25 cm über dem Stallboden liegen (trockenes Lager, leichte Reinigung unter der Box).
- Standort der Kälberbox nicht an der Außenwand (Wärmeentzug).
- Gruppenhaltung im Tieflaufstall ist ab der 5. Lebenswoche oder im beheizten Stall auf wärmegedämmten Betonbalken frühestens ab 70 kg Lebendgewicht möglich.
- Vermeidung von feuchtwarmer, stickiger, mit Schadgasen und Krankheitserregern angereicherter Luft, da sonst Erkrankungen der Atemwege eintreten. Für ein trockenes, wärmendes Lager mit großem Luftvolumen und genügend Bewegungsfreiheit sorgen.

- Enthornen des Kalbes im Alter von 4–6 Wochen nach der *Brennmethode.* Hierzu muß das Kalb fixiert werden, um Schädigungen mit dem Glühstab vorzubeugen.

Futtermittel und **Fütterungshygiene:**

- Lagerung der Futtermittelsäcke (Milchaustauscher, Kraftfutter) *nicht* im Stall, da sonst Abbau- und Zersetzungsvorgänge bei Nährstoffen und Vitaminen durch die feuchtwarme, oft schadgasangereicherte und keimhaltige Luft ablaufen. Die Folge davon sind Gärungs- und Fäulnisdiarrhoe (Durchfall) beim Kalb.
- Kein feuchtes, verpilztes, vermilbtes Kraftfutter verfüttern, da sonst unstillbare Durchfälle eintreten, die tödlich enden können.
- Rechtzeitige Reinigung und Desinfektion des Kraftfutterlagers.
- Jedes Kalb sollte einen eigenen gekennzeichneten Tränkeeimer mit Saugstutzen haben.
- Der Tränkeeimer muß so angebracht bzw. gehalten werden, daß das Kalb von oben her saufen kann und nicht von unten, sonst fließt ein Teil der Tränke in die Vormägen und kann chronisches Aufblähen verursachen.
- Die Eimer, insbesondere die Saugspitzen sind täglich zu reinigen.
- Die Kälber sind während der Tränke und noch etwa 20 Minuten danach fixiert zu halten (Freßgitter), damit sie sich infolge ihres nachwirkenden Saugreflexes nicht gegenseitig besaugen und belecken, denn sonst bilden sich Haarballen im Labmagen, die zu Blähungen führen. Um das Lecken und Saugen zu vermeiden, wird gleich nach der Tränke Kraftfutter vorgelegt bzw. ins Maul geschoben.
- Täglich frisches Kraftfutter und Heu geben.
- Schmierstellen im Kraftfuttertrog vermeiden, da sonst Vergärung des Futters auftreten mit Verdauungsstörungen.
- Nur qualitativ einwandfreies Heu und Silagen verfüttern, sonst sind langwierige Durchfälle die Folge.
- Die Fütterung muß regelmäßig, pünktlich, sauber und frisch sein.
- Während der Fütterungszeit die Tiere auf ihr Freßverhalten und Kotkonsistenz beobachten.
- Die Widerstandskraft sollte durch erhöhte Wirkstoffgaben (Vitamine A, C und B-Komplex) gegen Streßfaktoren wie Intensivhaltung, Transport, Unruhe, Verdauungsstörungen, Witterungswechsel (Barometer!) gestärkt werden, da sonst Infektionserreger in den Körper eindringen können, die zu Erkältungskrankheiten und Durchfällen führen.
- Vitamin-Mangel, Pansenstörungen, feuchtwarme und verschmutzte Ställe vermeiden, da sonst die Haut für Glatzflechte- und Räudebefall anfällig wird.
- Häufige Kontrollen vornehmen bei der Körpertemperatur, die Atmungstätigkeit beobachten, den Nasen- und Augenausfluß, das Ohrenspiel, die Futteraufnahme, insgesamt das Verhalten der Tiere.
- Bei den ersten Anzeichen einer Erkrankung sofort Gegenmaßnahmen und Mithilfe des Tierarztes einleiten.

Hygienemaßnahmen bei **Zukaufskälbern:**

- Kontrolle der Tiere auf Augen- und Nasensekret, Durchfall, Nabelschwellung, Körpertemperatur.
- Unterbringung der Neuzugänge im keimarmen Quarantänestall für 3 Wochen.
- Führung des Auffangstalles nach der Rein-Raus-Methode mit jeweils gründlicher Reinigung und Desinfektion.
- Am Tage des Zukaufs leichtverdauliche Tränke (Tee, Wasser) verabreichen mit etwas Traubenzucker und einem Vitaminstoß, gegebenenfalls Fütterungsarzneimittel einsetzen zur Stärkung und Beruhigung nach dem Transport und bezüglich anderer Streßfaktoren, zur aktiven Immunisierung gegen die Erreger von Kälberkrankheiten verschiedener Herkunft.
- Bei Verdacht Behandlung gegen Ektoparasiten noch im Quarantänestall, um im eigenen Bestand Probleme zu vermeiden.
- Bei Fresserzukauf aus dem Ausland (Weidehaltung) zusätzliche Entwurmung gegen Magen-Darm- und Lungenwürmer durchführen.

3 Wirtschaftlichkeit (Deckungsbeiträge)

Der **wirtschaftliche Erfolg** der Milchviehhaltung wird anhand der Deckungsbeitragsberechnung offensichtlich. Wesentliche Einflußfaktoren auf die Deckungsbeitragshöhe sind:

- Erhöhung der Grundfutterleistung durch Verbesserung der Grundfutterqualität und gezielter Kraftfuttergabe.
- Erzielung eines höheren Milchpreises durch Verbesserung der Milchqualität und ihrer Inhaltsstoffe, insbesondere des Eiweißgehaltes.

- Verbesserung der Kälber-, Schlachtkuh- und Färsenverkaufspreise.
- Volle Ausschöpfung der Milchreferenzmenge.
- Optimierung der Steigerung der Milchleistung je Kuh.
- Erhöhung der Abkalbequote durch eine verbesserte Fruchtbarkeit (verkürzte Zwischenkalbezeit).

Die **Ziele** in der Milchviehhaltung laufen zum Teil gleichsinnig, zum Teil gegensinnig:

- Hohe Dauerleistung setzt Gesundheit und gute Fruchtbarkeit voraus;
- je höher die Milchleistung ist, desto besser muß die Umwelt (insbesondere die Fütterung) gestaltet werden, um Störungen von Gesundheit und Fruchtbarkeit zu vermeiden;
- hohe Milchleistung senkt den Futteraufwand (MJ NEL) je kg Milch, erfordert aber einen höheren Kraftfutteraufwand;
- die Arbeitseinsparung bei Haltung und Melken kann übertrieben werden, so daß bei Mängeln in der Technik oder bei mangelnder Beherrschung der einzelnen Techniken durch den Menschen Nachteile für Gesundheit und Leistung der Tiere auftreten.

Deckungsbeitrag Milchkuh – Aus der Tabelle 72 können die Deckungsbeiträge (DB) für Milchkühe mit einer Grundfutterleistung von 2500 kg und einer Milchleistung von 3000–6500 kg/Kuh und Jahr sowie Milchpreisen von 0,75–0,85 DM/kg abgelesen werden.

Der Wert der Güllerücklieferung ist gesondert ausgewiesen.

Die Tabelle 72 zeigt die Deckungsbeiträge (DB) bei verschiedenen Grundfutterleistungen, und zwar von 1500–3500 kg Milch aus Grundfutter. Ausgerechnet sind die DB wieder für Milchleistungen zwischen 3000–6500 kg/Kuh und Jahr und einem Milchpreis von 0,75–0,85 DM/kg Milch.

Der **Arbeitsbedarf** (AKh) pro Kuh ohne Nachzucht ist in der Tabelle 71 zusammengestellt und schwankt je nach Bestandsgröße, Mechanisierung und Aufstallung von 45–120 AK/h Kuh und Jahr.

4 Wertung des Betriebszweiges Milchkuhhaltung

Für die Milchkuhhaltung im Nebenerwerbsbetrieb spricht:

- Hohe Flächenproduktivität (Deckungsbeitrag/ha),
- optimale Verwertung von absolutem Grünland,
- geringes Marktrisiko (Quoten),
- Nutzung von Gebäudekapital.

Gegen die Milchkuhhaltung spricht:

- Hoher Anteil termingebundener Arbeiten,
- vergleichsweise hoher Arbeitsaufwand,
- täglich wiederkehrende Arbeiten.

Tabelle 71 AKh-Bedarf/Kuh ohne Nachzucht einschließlich Stallmist bzw. Gülleausbringung (ganzjährige Stallhaltung) (bei Weide bis 6 AKh weniger)

Bestand in Stück	Anbindestall			Boxenlaufstall			
	2 Melkzeuge			2 Melkzeuge, Rohrmelkanlage		FG 4 [1])	FG 4/5 [2])
	Festmist, Hand	Festmist mechanisch	Schwemm-Mist	Festmist, mechanisch	Schwemm-Mist	Falt-schieber-Entmistung	Spaltenboden
10	120	110	100	—	—	—	—
20	110	105	90	95	92	—	—
30	—	—	—	88	82	60–70	—
40	—	—	—	83	75	50–60	45–55

1) 4er-Fischgrätenmelkstand.
2) 4/5er-Fischgrätenmelkstand.

Tabelle 72 Deckungsbeitrag (DB) Milchkuh (Grundfutterleistung 2500 kg, 0,75 DM/kg Milch bei 4% Fett, 600 kg LG)

Milchleistung kg/Jahr		3000		4000		4500		5000		5500		6000		6500
DM/Jahr		2250		3000		3375		3750		4125		4500		4875
Altkuh 600 kg × 0,25 Stück × 3,50 DM/kg [1]) DM		525		525		525		525		525		525		525
0,9 Kalb × 85 kg à 9,50 DM/kg DM		727		727		727		727		727		727		727
Marktleistung DM		3502		4252		4627		5002		5377		5752		6127
Bestandsergänzung DM	2300	575	2500	625	2600	650	2700	675	2800	700	2900	725	3000	750
4jähriger Umtrieb, MAT 285,– DM/dt	0,35	100	0,35	100	0,35	100	0,35	100	0,35	100	0,35	100	0,35	100
Kälberkorn 52,– DM/dt	0,25	13	0,25	13	0,25	13	0,25	13	0,25	13	0,25	13	0,25	13
Kraftfutter 41,– DM/dt	2,80	115	8,30	340	11,10	455	13,90	570	16,70	685	19,40	795	22,40	918
Mineralfutter 110 DM/dt	0,40	44	0,50	55	0,55	61	0,60	66	0,65	72	0,70	77	0,75	83
Deckgeld/Besamung DM		38		38		38		38		38		38		38
Tierarzt, Medikamente DM		80		94		116		128		144		168		186
Tierseuchenkasse DM		6		6		6		6		6		6		6
Milchleistungsprüf. DM		22		22		22		22		22		22		22
variable Maschinenkosten [2]) DM		232		232		232		232		232		232		232
Strom, Wasser, Klauenpflege DM		80		87		91		95		100		106		113
Verlustausgleich 3% der Marktleistung DM		105		128		139		150		161		173		184
ges. var. Kosten DM		1410		1740		1923		2095		2273		2455		2645
pro kg Milch DM		0,47		0,44		0,43		0,42		0,41		0,41		0,41
Grenzkosten pro kg Milch DM		0,33		0,37		0,34		0,36		0,36		0,38		0,38
DB bei einem Milchpreis von 0,75 DM		2092		2512		2704		2907		3104		3297		3482
0,80 DM		2242		2712		2929		3157		3379		3597		3807
0,85 DM		2392		2912		3154		3407		3654		3897		4132
DB-Vorteil für Vollmilchkalb bei Verfütterung von »Übermilch« [3])														
Milchaustauscher-Preis 230 DM		−5,31		4,07		6,31		8,59		10,22		11,43		12,18
270 DM		7,67		17,30		19,63		21,98		23,66		24,92		25,71
300 DM		17,41		27,22		29,62		32,02		33,74		35,04		35,86
Güllerücklieferung 22 m³ à 8 DM [4]) DM		176		176		176		176		176		176		176
DB inclusive Güllewert bei 0,75 DM Milchpreis DM		2268		2688		2880		3083		3280		3473		3658

[1]) Bei Ausmast der Altkuh ca. 0,5 DM/kg LG (ohne MwSt.) mehr. Höherer Markterlös einschließlich MwSt. 500,– DM bei Ausmast von 600 auf 650 kg LG. Höhere variable Kosten 198,– DM (einschließlich Grundfutterkosten für 720 kStE).

[2]) Rohrmelkanlage 75,– DM, Milchkühlung mit Wärmerückgewinnung 47,– DM, Lüftung 30,– DM, Gülleausbringung einschließlich Traktorkosten 45,– DM, Flachsilo/Blockschneider, einschließlich Traktorkosten 35,– DM.

[3]) Aufzuchtkosten Kalb abzüglich durchschnittlicher variabler Kosten (ohne Aufzuchtkosten Kalb) pro kg Milch für 220 kg Milch zuzüglich eingesparte Kosten (Wasser, Strom) für die Zubereitung des Milchaustauschers (220 kg × 0,05 DM).

[4]) Güllewert bei 7,5% T: 4,0 kg N × 0,5 (50% Ausnutzung) × 1,30 DM + 1,5 kg P × 1,35 DM/kg + 6,0 kg K × 0,60 DM/kg = 8,23 DM/m³ Gülle.

Tabelle 73 Milchkuh – Futterverbrauch – Marktleistung – Deckungsbeitrag bei verschiedener Grundfutterleistung

Grundfutterleistung 1500 kg		3000	4000	4500	5000	5500	6000	6500
Gesamtnährstoffverbrauch (MJ NEL)		24239	27409	28994	30579	32164	33749	35334
davon Kraftfutter		4755	7925	9510	11095	12680	14265	15850
Grundfutter (Norm + 10%)		19484	19484	19484	19484	19484	19484	19484
Marktleistung	0,75 DM	3502	4252	4627	5002	5377	5752	6127
Milchpreis/kg	0,80 DM	3652	4452	4852	5252	5652	6052	6452
	0,85 DM	3802	4652	5077	5502	5927	6352	6777
Deckungsbeitrag	0,75 DM	1864	2284	2476	2679	2876	3069	3254
Milchpreis/kg	0,80 DM	2014	2484	2701	2929	3151	3369	3579
	0,85 DM	2164	2684	2926	3179	3426	3669	3904
Grundfutterleistung 2500 kg		3000	4000	4500	5000	5500	6000	6500
Gesamtnährstoffverbrauch (MJ NEL)		24556	27726	29311	30896	32481	34066	35651
davon Kraftfutter		1585	4755	6340	7925	9510	11095	12680
Grundfutter (Norm + 10%)		22971	22971	22971	22971	22971	22971	22971
Marktleistung	0,75 DM	3502	4252	4627	5002	5377	5752	6127
Milchpreis/kg	0,80 DM	3652	4452	4852	5252	5652	6052	6452
	0,85 DM	3802	4652	5077	5502	5927	6352	6777
Deckungsbeitrag	0,75 DM	2092	2512	2704	2907	3104	3297	3482
Milchpreis/kg	0,80 DM	2242	2712	2929	3157	3379	3597	3807
	0,85 DM	2392	2912	3154	3407	3654	3897	4132
Grundfutterleistung 3500 kg		3000	4000	4500	5000	5500	6000	6500
Gesamtnährstoffverbrauch (MJ NEL)		26458	28043	29628	31213	32798	34383	35968
davon Kraftfutter		0	1585	3170	4755	6340	7925	9510
Grundfutter (Norm + 10%)		26458	26458	26458	26458	26458	26458	26458
Marktleistung	0,75 DM	3502	4252	4627	5002	5377	5752	6127
Milchpreis/kg	0,80 DM	3652	4452	4852	5252	5652	6052	6452
	0,85 DM	3802	4652	5077	5502	5927	6352	6777
Deckungsbeitrag	0,75 DM	2206	2740	2932	3135	3332	3525	3710
Milchpreis/kg	0,80 DM	2356	2940	3157	3385	3607	3825	4035
	0,85 DM	2506	3140	3382	3635	3882	4125	4360

10 Färsenaufzucht im Nebenerwerb

1 Forderungen des Marktes

Ziel der Aufzucht soll eine gleichmäßige und störungsfreie Entwicklung der Tiere sein, unter Berücksichtigung der zu erwartenden Leistungsfähigkeit und der Reifeveranlagung (frühreif bzw. spätreif).

So hängen Körperentwicklung, Fruchtbarkeit, Milchleistung und Nutzungsdauer der erwachsenen Kuh entscheidend von der Sorgfalt bei der Jungviehbetreuung ab.

Als Orientierung für **Gewichtsentwicklung** und **Tageszunahmen** können die im Rahmen von Rindermärkten erhobenen Marktdaten von

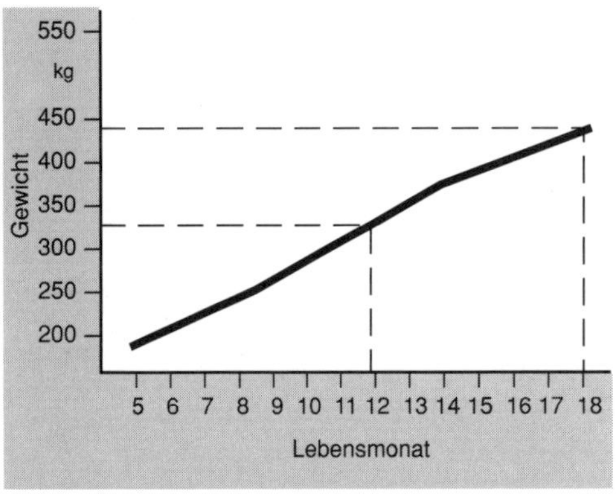

Abb. 80 Gewichtsentwicklung junger Rinder vom 5. bis zum 18. Lebensmonat.

Abb. 81 Tägliche Zunahmen junger Rinder vom 5. bis zum 18. Lebensmonat.

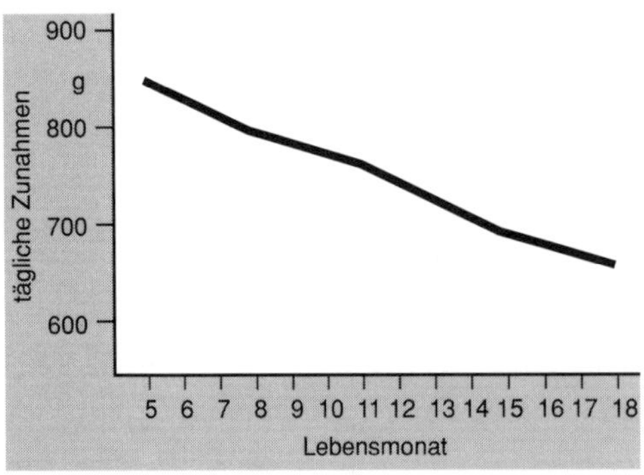

900 Fleckvieh-Jungrindern gelten. Abb. 80 läßt erkennen, daß Jährlinge ein Durchschnittsgewicht von 325 kg erzielten und 18 Monate alte Rinder 440 kg wogen. Immer wieder fällt in den Betrieben eine große Streubreite im Wachstum innerhalb einzelner Altersklassen auf. Jungrinder mit gut veranlagter Körperentwicklung, die unter günstigen Voraussetzungen gehalten werden, wiegen mit 12 Monaten über 100 kg mehr als vergleichsweise vernachlässigte Tiere.

2 Produktionstechnik

2.1 Erstes Lebensjahr

Aus dem Verlauf der Tageszunahmen (Abb. 81) ist deutlich ersichtlich, daß im Anschluß an die Tränkeperiode die Veranlagung zur relativ hohen Gewichtsentwicklung gegeben ist, die unbedingt genutzt werden sollte. Aufgrund des zügigen Wachstums kommt man im 1. Lebensjahr nicht ohne Kraftfutter aus (Tabelle 74 und 75). Nach der Tränkeperiode gleicht proteinreiches Kälberaufzuchtfutter (rund 20% Rohprotein), in täglichen Gaben von 1,5–2,0 kg, die Nährstofflücke infolge des noch unzureichenden Grundfutteraufnahmevermögens aus (Tabelle 74). Ab einem Alter von 6 Monaten kann auf proteinärmeres Kraftfutter bei gleichzeitig reduzierter Menge umgestellt werden. Rauhfutter (Heu 1. Schnitt) muß immer angeboten werden.

Tabelle 74 Fütterungsbeispiele im 5.–6. Lebensmonat (130–170 kg Gewicht)

Tagesration 1	Tagesration 2
2 kg Kälberheu 2 kg Maissilage	1,5 kg Kälberheu 2,0 kg Grassilage (35–40% T)
1 kg Kraftfutter (16–18% Rohprotein) + 50 g Mineralfutter vitaminiert, mit ca. 12% Ca, 8% P	1,5 kg Kraftfutter (16 bis 18% Rohprotein) + 50 g Mineralfutter vitaminiert, mit ca. 12% Ca, 8% P
Kraftfutterbedarf/Tier: 60–90 kg für 2 Monate	

Tabelle 75 Fütterungsbeispiele im 7.–12. Lebensmonat (170–300 kg Gewicht)

Tagesration 1	Tagesration 2
2 kg Heu, 1. Schnitt 6 kg saubere Grassilage (35–40% T) 5 kg Maissilage 0,5 kg Haferschrot [1]) + 80 g Mineralfutter vitaminiert, mit ca. 12% Ca, 8% P	3 kg Heu, 1. Schnitt 8 kg saubere, trockene Grassilage (35–40% T) 0,5 kg Haferschrot [1]) + 80 g Mineralfutter vitaminiert, mit ca. 12% Ca, 8% P

[1]) Oder Kraftfutter wie in den Beispielen der Tabelle 74.

Tabelle 76 Zweckmäßige Beispiele für Eigenmischungen

Beispiel 1	Beispiel 2	Beispiel 3
77% Getreide 20% Sojaschrot schrot 3% Mineralfutter Ca : P = 4 : 1	67% Getreide 30% Rapsschrot (DM 22,– dt) 3% Mineralfutter Ca : P = 4 : 1	50% Getreide 50% Milch-leistungsfutter III Beimischung von Mineralfutter nicht notwendig
Nährstoffgehalte:		
18% RP, 6,93 MJ NEL	18% RP, 7,08 MJ NEL	18% RP, 6,54 MJ NEL

Zur Mineralstoffergänzung sind mindestens 80 g vitaminiertes Mineralfutter notwendig. Das Zufüttern von Viehsalz bzw. Bereitstellen von Lecksteinen zur freien Aufnahme beugt manchem unliebsamen Haltungsproblem wie z. B. gegenseitiges Ansaufen vor.

Da die Fütterung im 1. Jahr bei Färsen auch entscheidend ist für die Entwicklung der Eierstöcke, deren Größe wiederum für die spätere Funktionsfähigkeit Voraussetzung ist, sollten Fütterungs- und Haltungsfehler tunlichst vermieden werden.

Leider ist immer wieder festzustellen, daß Jungrinder »stiefmütterlich« versorgt werden und nach dem Absetzen der Tränke in ihrer Entwicklung zunächst stehen bleiben. Futterausputz aus den Futterkrippen der Milchkühe oder Grundfutter minderwertiger Qualität (buttersäurehaltige Silagen, schimmelbefallenes Futter, verschmutzte Futterpartien) sind oft die Nährstoffgrundlage.
Folglich zeigen diese Tiere z. T. Durchfälle, struppiges und glanzloses Haarkleid, geringe Tageszunahmen, sog. Heubäuche, Leberschäden sowie kleine, funktionslose Eierstöcke mit stark verspätetem Einsetzen der Geschlechtsreife. Der eingetretene Wachstumsrückstand kann, wenn die Rinder zur Belegung stehen, nicht mehr aufgeholt werden.

2.2 Zweites Lebensjahr

Im 2. Lebensjahr verlangsamt sich das Wachstum. Nun ist der Verdauungsapparat des Rindes groß genug, genügend Saft- und Rauhfutter zur Bedarfsdeckung aufnehmen zu können. Die Beifütterung von Kraftfutter erübrigt sich in der Regel.
Das **Erstbelegen** sollte von der Entwicklung des Tieres, also von der körperlichen Verfassung (»Zuchtreife«) abhängig gemacht werden. Ein altermäßig zu frühes Belegen bedeutet einen zu harten internen Konkurrenzkampf um das Nährstoffangebot für Milchmenge, Milchinhaltsstoffe, Wachstum und geregelte Fruchtbarkeit.
Da junge, noch wachsende Färsen nur 60% ihres späteren Futteraufnahmevermögens besitzen, leiden sie bei hohen Leistungsvermögen unter Energiemangel. Tiere, die mehr Milch geben, als sie mit der Futteraufnahme synthetisieren können, müssen die Nährstoffe aus den Körperreserven mobilisieren und erkranken deshalb leichter, weil sie auf den inneren Leistungszwang mit Stoffwechselstörungen, Brunstschwäche, zystischer Mißbildung der Eierstöcke, Klauenerkrankungen und Schleimhautentzüdungen (Euter, Gebärmutter) reagieren.
Ein **Abkalbealter** von 27–30 Monaten darf als normal angesehen werden bei in der Regel normalem Geburtsverlauf und ausreichender körperlicher Entwicklung zur Realisierung des genetisch vorgegebenen Leistungsvermögens.
Verheerende Folgen für Stoffwechsel und Gesundheit sind festzustellen, wenn versucht wird, in der Aufzuchtperiode Versäumtes innerhalb weniger Wochen, z. B. für die Auktion, nachzuholen, um Gewicht und »mastiges« Aussehen entsprechend der Käufermentalität zu erzielen. Blutuntersuchungen bei derartigen Färsen erbrachten durchwegs erhöhte Bilirubinwerte als Folge von Leberbelastungen bzw. -Funktionsstörungen. Die Probleme in den Käuferbetrieben bestanden dann in Schwergeburten, Nachgeburtsverhaltung, stiller Brunst, Follikelzysten, Gebärmutterentzündungen, Kälbersterblichkeit, Euterentzündungen und Fundamentprobleme.

Tabelle 77 Deckungsbeitrag zur Färsenaufzucht (eigene Nachzucht, Frühentwöhnung)

Verfahren		Erstkalbealter 27 Monate		Erstkalbealter 30 Monate	
Kalb 80 kg, 8 DM/kg			640 DM		640 DM
Milchaustauscher	285 DM/dt	0,12 dt	34 DM	0,12 dt	34 DM
Kälberkorn	52 DM/dt	0,6 dt	31 DM	0,60 dt	31 DM
Aufzuchtmischung	48 DM/dt	0,55 dt	26 DM	0,55 dt	26 DM
Kraftfutter	41 DM/dt	4,8 dt	197 DM	2,60 dt	107 DM
Mineralstoffmischung	110 DM/dt	0,4 dt	44 DM	0,40 dt	44 DM
Deckgeld/KB			38 DM		38 DM
Tierarzt, Medikamente			70 DM		70 DM
Tierseuchenkasse			15 DM		15 DM
Strom, Wasser, Klauenpflege					
variable Maschinenkosten			90 DM		
Sonstiges			60 DM		60 DM
Verlustausgleich (3% der ML)			78 DM		78 DM
variable Kosten gesamt	DM	—	1324 DM	—	1143 DM
Verkaufspreis Färse (= Marktleistung)		**Deckungsbeitrag**		**Deckungsbeitrag**	
	2300 DM		976 DM		1157 DM
	2400 DM		1076 DM		1257 DM
	2500 DM		1176 DM		1357 DM
	2600 DM		1276 DM		1457 DM
	2700 DM		1376 DM		1557 DM
	2800 DM		1476 DM		1657 DM
	2900 DM		1576 DM		1757 DM
	3000 DM		1676 DM		1857 DM
Güllewert			220 DM		220 DM
22 m^3/GV à 8 DM/m^3		1,25 GV		1,5 GV	
Nährstoffverbrauch insgesamt		27690 MJ NEL		30220 MJ NEL	
davon Kraftfutter		3410 MJ NEL		1885 MJ NEL	
Grundfutter		24280 MJ NEL		28335 MJ NEL	

2.3 Vorbereitung auf die Laktation

Hochtragende Färsen müssen etwa 8 Wochen vor dem errechneten Kalbetermin auf die Laktation vorbereitet werden.

Mit einer entsprechenden vorbereitenden Fütterungsmaßnahme soll dem wachsenden Muttertier, der an Gewicht stark zunehmenden Frucht im Mutterleib, des durch die Trächtigkeit eingeschränkten Verdauungsapparates sowie der Pansenmotorik und der Erhaltung einer aktiven Pansenmikrobenwelt Rechnung getragen werden.

Zum **Grundfutter** (möglichst viel Rauhfutter) werden 8 Wochen vor dem Abkalben täglich 1 kg **Kraftfutter** (Zusammensetzung wie Milchleistungsfutter I, Energiestufe 3) und ab 4 Wochen bis zum Abkalben täglich 2 kg vom gleichen Kraftfutter gereicht.

Zur **Mineral-** und **Wirkstoffversorgung** wird ein P-reiches Mineralfutter (ca. 12–13%) mit einer täglichen Gabe von 150 g bis zum Abkalben verfüttert.

3 Wirtschaftlichkeit und Deckungsbeiträge

Die Tabelle 77 ermöglicht das Ablesen der variablen Kosten bei einem Erstkalbealter von 27–30 Monaten.

Wertung – Was spricht *für* die Färsenaufzucht?

- Insgesamt einfache Betriebsorganisation,
- wenig termingebundene Arbeiten.

Was spricht *gegen* die Färsenaufzucht?

- Geringe Flächenproduktivität (DB/ha).

11 Rindermast im Nebenerwerb

1 Bullenmast – Ochsenmast

1.1 Forderungen des Marktes

Der hohe Selbstversorgungsgrad bei Rindfleisch (deutlich über 100%) erfordert vom Erzeuger eine besondere Anpassung der Qualität an die Wünsche der Abnehmer und Verbraucher.

Marktwünsche in der Bullen- und Ochsenmast sind:

- Junges, zartes, gut marmoriertes (mit Fettadern durchzogenes) Fleisch,
- helles Fett,
- weder »blaue«, kaum mit Fett abgedeckte Schlachtkörper, noch zu fettreiche,
- besonders gute Ausbildung von Keule und Rücken.

Unerwünscht ist trockenes, dunkles, leimiges Fleisch. Jede Absatzregion stellt dazu auch eigene Anforderungen. Selbstverständlich wird außerdem erwartet, daß der Schlachtkörper frei von unerlaubten Masthilfsmitteln ist, wobei auch der Einsatz gesetzlich zugelassener Wachstumsförderer z. T. kritisch betrachtet wird.

Einige dieser Forderungen kann der Mäster selber durch gezielte Fütterung, Haltungsdauer und Rassenwahl erfüllen. Aber auch die Verarbeitungsseite muß z. B. durch Qualitätsbezahlung, Tierbehandlung vor und beim Schlachten und Ausreifenlassen des Fleisches eine hohe Fleischqualität anstreben.

1.2 Produktionstechnik

1.2.1 Kälberaufzucht

Das erhöhte **Krankheitsrisiko** durch laufenden Tierzukauf kann mit folgenden Maßnahmen verringert werden:

- Auswahl gesunder Kälber (keine »Milch-Mastkälber«),
- Zukaufstiere anfangs getrennt von übrigen Tieren halten (Quarantänestall),
- erster Tag ohne Milchtränke, nur Wasser oder Elektrolyttränke und Vitaminstoß,
- zugfreier Stall, 18–20° C, 60–80% relative Luftfeuchte,
- Stallreinigung, besonders wegen der Räudegefahr,
- absolute Sauberkeit der Tränkegefäße,
- einwandfreies Futter (trockener Lagerplatz für Milchaustauscher, Tränketemperatur ca. 40° C).

Kälber fleischreicher Rassen sind zwar teurer, erbringen aber zu Mastende deutlich höhere Preise. Zunehmend besteht auch die Möglichkeit, Nachkommen von Zuchtbullen auszuwählen, die auf gute Masteignung getestet sind.

Heubeifütterung zur Pansenförderung, ebenso Maissilage- und Kraftfutterfütterung (am besten vermischt) soll frühzeitig beginnen.

Auch schwere Kälber sollten nicht mehr Kraftfutter als in Tabelle 78 angegeben erhalten (Durchfallgefahr).

Die Menge der gefressenen Maissilage soll mindestens der halben Kraftfuttermenge entsprechen. Zum Beispiel: Bei 1,5 kg Kraftfutter ist mindestens 0,75 kg Mais notwendig.

Insgesamt erfordert die Kälberaufzucht viel Erfahrung und hohen Zeitaufwand. Ist dies – wie gerade im Nebenerwerbsbetrieb – nicht gegeben, so sollten zur weiteren Mast Fresser zugekauft werden.

1.2.2 Fresseraufzucht

Ziel der Fresseraufzucht ist es, männliche (zugekaufte) Kälber ab etwa 80 kg Gewicht auf rund 180 kg Lebendgewicht zu bringen und dann an Bullenmäster zu verkaufen, die die Tiere fertig ausmästen. In dieser Zeit müssen die Tiere entwöhnt, also auf Wiederkäuerfutter umgestellt und enthornt werden.

Zur Fresseraufzucht ist ein hohes Maß an Erfahrung nötig.

Ein Fütterungsplan geht aus Tabelle 79 hervor. Zu beachten ist, daß nach Möglichkeit nicht mehr als 8 l Tränke/Tier und Tag (maximal 100 g Milchaustauscher/l) verabreicht werden, um einen raschen Übergang zum Wiederkäuer herbeizuführen.

Tabelle 78 Tränke- und Futterplan (Futtermenge/Tier und Tag) für zugekaufte Kälber bei etwa 1100 g tägliche Zunahmen

Futterwochen	Lebendgewicht kg	Milchaustauschfutter Tränke l	Milchaustauschfutter g/l Wasser	Kälberaufzuchtfutter kg	Getreideschrot kg	Sojaschrot kg	Heu kg	Maissilage 30% T kg	Mineralfutter kg
1.	100/105	8	100	0,2	—	—	0,2	0,2	—
2.	105/110	8–10	100	0,5	—	—	0,2	0,4	—
3.	112/117	8–10	100	0,8	—	—	0,2	0,6	—
4.	119/124	8–10	100	1,0	—	—	0,3	0,8	—
5.	126/131	8	100	1,5	—	—	0,3	1,5	—
6.	134/140	6	100	1,5	—	—	0,3	2,5	—
7.	143/149	4	100	1,5	—	0,1	0,3	3,0	—
8.	152/158	2	100	1,5	0,1	0,2	0,3	4,0	0,05
9.	161/167	—	—	1,5	0,2	0,3	0,5	5,0	0,05
10.	170/176	—	—	1,2	0,3	0,5	0,3	6,0	0,10
11.	179/186	—	—	1,0	0,4	0,6	0,3	7,0	0,10
12.	188/196	—	—	0,7	0,5	0,8	0,3	8,0	0,10
13.	197/206	—	—	0,5	0,5	1,0	0,3	9,0	0,10
14.	207/216	—	—	0,2	0,8	1,0	0,3	10,0	0,10
gesamt	107/111 kg Zuwachs	ca. 40 kg		95	20	31	27	400	4,2

1.2.3 Bullenmast

Voraussetzungen für Erfolg sind das genaue Einhalten der unten angegebenen Fütterungspläne sowie eine Kontrolle der Mastergebnisse (z. B. Bullenmastring). Tageszunahmen von 1200 g sowie max. 450 Masttage ab Kalb (350 Tage ab Fresser) sind anzustreben.

In der Bullenmast haben sich vor allem 2 Verfahren behauptet:

- Intensivmast auf der Grundlage energiereicher Maissilage (Tab. 80),
- Wirtschaftsmast mit Maissilage und in größerem Umfang Grünfutter (-silagen), aber auch Nebenprodukte wie Schlempe oder Biertreber (Tab. 81).

Die Futtergrundlage hat neben der Masteignung der Rasse entscheidenden Einfluß auf das Mastergebnis wie Abb. 82 zeigt.

Maissilage – Für gleichbleibende Fütterung sind 10–12 m³ Maissilage/Tier innerhalb von 44 Futterwochen vorzusehen.

Das Futteraufnahmevermögen von Mastbullen ist stärker begrenzt als z. B. bei Kühen. Hohe Tageszunahmen setzen daher Futtermittel mit hoher Nährstoffkonzentration voraus. Dieser Forderung entspricht körnerreiche Maissilage.

Jeder Betrieb sollte an seinen Standort angepaßte Maissorten anbauen sowie den Erntetermin entsprechend der Erntetechnik wählen. Für die meisten Betriebe ist die Erntereife des Maises bei 30% T (Trockensubstanz) erreicht. Die »aktuelle Maisreife« in den Wochen kurz vor der Ernte wird vielfach von der Beratung ermittelt und veröffentlicht (Zeitung, Anrufbeantworter, Btx). In den Beratungsstellen kann der Maisanbauer auch die T-Werte seines Maises und der Silagen messen lassen und darauf aufbauend die Futterration zusammenstellen.

Bei **Maissilagen unter 30% T** wird auf Nährstoffertrag verzichtet. Je 100 kg Bullengewicht muß dann um 0,1 kg Getreideschrot zusätzlich gefüt-

Tabelle 79 Tränke- und Futterplan (Futtermenge/Tier und Tag) für die Fresseraufzucht bei täglich 1040–1170 g Zunahme

Futter-wochen	Lebendgewicht kg	Milchaustauschfutter Tränke l	Milchaustauschfutter g/l Wasser	Kälberaufzuchtfutter kg	Sojaschrot kg	Heu kg	Maissilage 30% T kg	Mineralfutter kg
1.	80/ 85	6–8	100	0,2	—	0,2	0,2	—
2.	85/ 90	8	100	0,5	—	0,2	0,2	—
3.	92/ 97	8	100	0,8	—	0,2	0,4	—
4.	99/104	8	100	1,0	—	0,3	0,6	—
5.	106/111	8	100	1,2	—	0,3	0,8	—
6.	114/119	6	100	1,5	—	0,3	1,0	—
7.	122/127	4	100	1,5	0,1	0,3	1,5	—
8.	130/135	4	100	1,5	0,2	0,3	2,0	—
9.	138/143	2	100	1,5	0,3	0,3	2,5	—
10.	146/151	—	—	1,4	0,4	0,3	3,0	0,05
11.	155/160	—	—	1,2	0,6	0,3	4,0	0,05
12.	164/170	—	—	1,0	0,8	0,3	5,0	0,10
13.	173/180	—	—	0,8	1,0	0,3	6,0	0,10
14.	182/190	—	—	0,8	1,0	0,3	7,0	0,10
gesamt	102/105 kg Zuwachs	33 kg		104	31	27	240	3,0

Abb. 82 Mittlere Tageszunahmen von Mastbullen bei verschiedenen Mastmethoden.

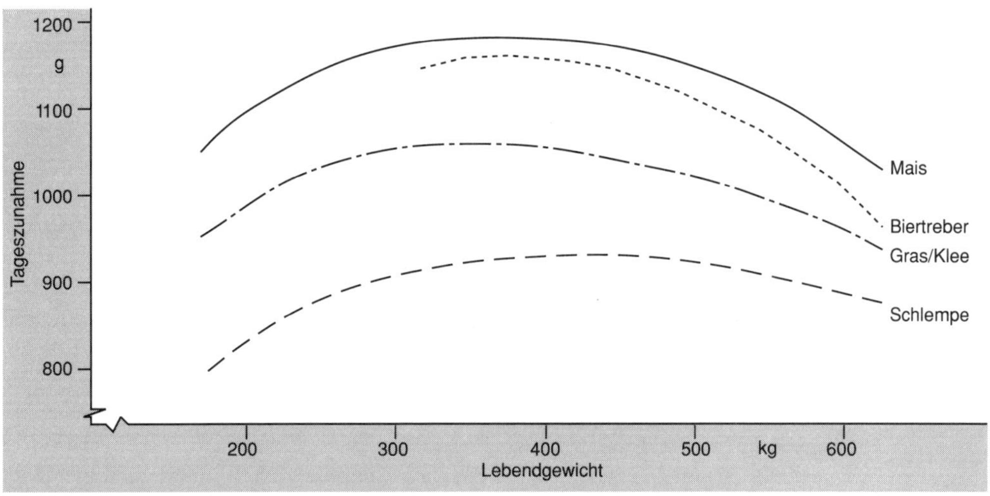

Tabelle 80 Futterplan für die Maismast (30% T, Futtermenge in kg/Tier und Tag) für tägliche Zunahmen von 1300–1350 g bei Mastbullen

Futter-wochen	Lebendgewicht kg	Maissilage 30% T	Heu/Stroh	Sojaschrot	Getreideschrot	Mineralfutter
15.–18.	180–216	9–10	0,3	1,0	0,8	0,12–0,15
19.–22.	216–252	12–13	0,3	1,0	0,8	0,12–0,15
23.–26.	252–288	15–16	0,3	1,0	0,8	0,12–0,15
27.–30.	288–325	16–17	0,3	1,0	0,8	0,12–0,15
31.–34.	325–365	17–18	0,3	1,0	1,2	0,12–0,15
35.–38.	365–405	18–19	0,3	1,0	1,4	0,12–0,15
39.–42.	405–445	20–21	0,3	1,0	1,6	0,12–0,15
43.–46.	445–485	21–22	0,3	1,0	1,8	0,12–0,15
47.–50.	485–520	22–23	0,3	1,0	2,0	0,12–0,15
51.–54.	520–555	22–23	0,3	1,0	2,2	0,12–0,15
55.–58.	555–590	22–23	0,3	1,0	2,4	0,12–0,15
59.–62.	590–625	20–21	0,3	1,0	2,6	0,12–0,15
Futterverbrauch in dt:		61–65 (10–12 m^3)	1,00	3,40	5,15	0,40–0,50

Tabelle 81 Futterplan für die Grassilage/Maissilagemast (Futtermenge in kg/Tier und Tag) für tägliche Zunahmen von 1200–1250 g bei Mastrindern

Futter-wochen	Lebendgewicht kg	Maissilage 30% T	Grassilage	Heu/Stroh	Sojaschrot	Getreideschrot	Mineralfutter
15.–18.	180–214	9–10	2	0,3	1,0	1,0	0,12–0,15
19.–22.	214–248	10–11	2	0,3	1,0	1,0	0,12–0,15
23.–26.	248–282	12–13	2	0,3	1,0	1,0	0,12–0,15
27.–30.	282–316	13–14	3	0,3	1,0	1,0	0,12–0,15
31.–34.	316–350	14–15	3	0,3	1,0	1,2	0,12–0,15
35.–38.	360–384	15–16	3	0,3	1,0	1,4	0,12–0,15
39.–42.	384–418	16–17	4	0,3	1,0	1,6	0,12–0,15
43.–46.	418–452	17–18	4	0,3	1,0	1,8	0,12–0,15
47.–50.	452–486	17–18	4	0,3	1,0	2,0	0,12–0,15
51.–54.	486–520	17–18	5	0,3	1,0	2,2	0,12–0,15
55.–58.	520–555	17–18	5	0,3	1,0	2,4	0,12–0,15
59.–62.	555–590	17–18	5	0,3	1,0	2,6	0,12–0,15
63.–66.	590–625	16–17	5	0,3	1,0	2,6	0,12–0,15
Futterverbrauch in dt:		55–58	13,5	1,0	3,6	6,1	0,40–0,50

tert werden (Tagesmenge auf mindestens 3 Gaben aufteilen).

Mais mit **deutlich mehr als 30% T** bereitet Schwierigkeiten beim Silieren (schlechte Verdichtung, Nachgärung) und wird schlechter verdaut (bei einfacher Erntetechnik vermehrt ganze Körner; hoher Rohfasergehalt bei kolbenarmem Mais).

Anstelle von Sojaextraktionsschrot können auch andere Eiweißträger wie Rapsextraktionsschrot (00-Sorten), Ackerbohnen, Erbsen oder »Ergänzungsfutter für Mastrinder« je nach deren Preiswürdigkeit eingesetzt werden.

Grassilage – Während Maissilage eine Energiekonzentration von 600–650 StE/kg T[1]) aufweist, kommt auch gute Silage aus jungem Gras nur auf max. 580 StE/kg T. Folge: niedrige Leistungen der Tiere. Grassilage kann eventuell einen Teil des Eiweißfutters (z. B. Sojaschrot) ersetzen, gleichzeitig wird aber auf dessen hohen Energiewert verzichtet. Außerdem wird durch den Carotin-Gehalt von Grassilage das Tierfett unerwünscht gelb.

Biertreber, Preßschnitzel – Biertreber haben etwa die gleiche Energiekonzentration in der T wie gute Grassilage, Preßschnitzel eine höhere. Beide führen dazu, daß weniger Maissilage gefressen wird. Deshalb sollten je Tier und Tag höchstens 5–6 kg Treber oder Preßschnitzel – beginnend bei 2 kg – verfüttert werden. Bei Biertreber kann die Sojamenge von anfangs 1 kg auf 0,5 kg gegen Ende der Mast verringert werden.

Bierhefe – Sie verdirbt leicht und ist deshalb kühl zu lagern, eventuell mindestens 0,5% Propionsäure zusetzen. Hefe vor dem Füttern aufrühren und am besten zuerst vorlegen. In Kombination mit Maissilage werden anfangs 2 l, am Ende der Mast 4 l/Tier und Tag eingesetzt.

Hefe kann den Geschlechtstrieb der Bullen und damit die Unruhe im Stall fördern.

Schlempe – Kartoffelschlempe wird warm verfüttert. Innerhalb einer Stunde sollte die Tagesmenge verzehrt sein, sonst wird Mais verdrängt. Zu Beginn der Mast sollte die Schlempemenge auf max. 10 l/Tier und Tag begrenzt werden, da sonst Durchfall auftritt.

Heu- oder Strohbeifütterung ist dringend zu empfehlen.

Zuckerrübenblatt-Silage – Sie wird anfangs mit 2 kg, gegen Ende der Mast mit 5 kg/Tier und Tag zusätzlich zur Maissilage eingesetzt. Heu- oder Strohbeifütterung sowie ein P-reiches Mineralfutter sind notwendig.

Mineralfutter – In der Bullenmast ist Mineralfutter wegen des schnellen Wachstums nötig. Es hat die Aufgabe, das Ca : P-Verhältnis der Gesamtration auf 1,5 : 1 bis 2 : 1 zu bringen.

Tabelle 82 Welches Mineralfutter zu welcher Ration?

Hauptbestandteile der Ration	Mineralfutter % Ca	% P	% Na
Maissilage Biertreber, -hefe Schlempe Ganzpflanzensilage	20–24	5	8
Gras, Grassilage Zuckerrübenblattsilage	16–18	8	8
Preßschnitzelsilage	12	5	8

Mineralfutter (und Ergänzungsfuttermittel) für die Bullenmast können nach dem Futtermittelgesetz mit zugelassenen »Zusatzstoffen, die die Futterverwertung verbessern« versehen sein. Obwohl die **Zusatzstoffe** gerade unter ungünstigen Stall- und Fütterungsbedingungen besonders gut wirken, ist doch die Optimierung der Umweltverhältnisse entscheidend für den Masterfolg.

Die beigemischten Zusatzstoffe sind auf den Futterbegleitpapieren anzugeben. Der Landwirt ist für den ordnungsgemäßen Einsatz verantwortlich.

Einsatz von Futterharnstoff – Bei Wiederkäuern stellt Harnstoff einen teilweisen Ersatz für Eiweißfutter (z. B. Sojaextraktionsschrot, Ackerbohnen) dar. Für einen erfolgreichen Einsatz sind folgende Bedingungen einzuhalten:

- Futterharnstoff als Silierzusatz nur in Mais mit mindestens 30% T exakt einmischen (Dosiergerät), sonst Sickerverluste. Es werden etwa 2,4 kg Harnstoff/m³ Frischgut benötigt.
- Harnstoffhaltige Kraft- oder Mineralfutter nur trocken verfüttern, keinesfalls an Tränkekälber.
- 75 g Harnstoff ersetzen vom Eiweiß her 0,5 kg Sojaschrot. Zum Energieausgleich müssen 0,5 kg Getreideschrot/Tier und Tag zugefüttert werden. Daher ist auch körnerreiche Maissilage wichtig.

[1]) Der Energiegehalt des Futters wird in der Rindermast in Stärkeeinheiten (StE bzw. kStE) angegeben.

Tabelle 83 Deckungsbeitrag Bullenmast (Abschnitt 90–650 kg, davon 40 Tage Aufzucht bis 125 kg Lebendgewicht ab Trog 684 kg – 5% Nüchterung = 650 kg Verkaufsgewicht)

tägliche Zunahmen g	850			950			1100			1200		
Anfangsgewicht kg	90			90			90			90		
Endgewicht kg	650			650			650			650		
Nährstoffbedarf kStE	3000			2710			2380			2335		
davon Grundfutter kStE	2175			2200			1940			1639		
Futtergrundlage	[1]			[2]			[3]			[4]		
Mastdauer Tage	659			589			509			467		
	DM/X	×	DM	DM/X	×	DM	DM/X	×	DM	DM/X	×	DM
Marktleistung	4,3	650 kg	2795	4,3	650 kg	2795	4,3	650 kg	2795	4,3	650 kg	2795
Kalb	11	90 kg	990	11	90 kg	990	11	90 kg	990	11	90 kg	990
Milchaustauscher	285	0,25 dt	71	285	0,25 dt	71	285	0,25 dt	71	285	0,25 dt	71
Kälberkorn	52	0,3 dt	16	52	0,3 dt	16	52	0,3 dt	16	52	0,3 dt	16
Eigenmischung	38	0,4 dt	15	38	0,4 dt	15	38	0,4 dt	15	38	0,4 dt	15
Sojaschrot	65	6,0 dt	392	65	3,7 dt	242	65	3,2 dt	209	65	5,1 dt	330
Getreide	38	6,6 dt	253	38	4,1 dt	156	38	3,5 dt	135	38	5,6 dt	213
Mineralfutter	110	0,4 dt	44	110	0,4 dt	44	110	0,4 dt	44	110	0,4 dt	44
variable Maschinenkosten [5]			90			90			90			90
Energie, Wasser, Tierseuchenkasse			53			50			46			43
Vermarktungskosten			60			60			60			60
Verlustausgleich (2% der Marktleistung)			56			56			56			56
variable Kosten gesamt DM			2039			1790			1732			1928
Deckungsbeitrag bei DM/kg LG	4,3		756	4,3		1005	4,3		1063	4,3		867
	3,8		431	3,8		680	3,8		738	3,8		542
m³/GV, Güllewert	16		151	12		101	12		87	12		80
DM/m³ % T	7	7,5		7	7,5		7	7,5		7	7,5	
GV	1,34			1,20			1,03			0,95		
DB/Standplatz	4,3		419	4,3		622	4,3		762	4,3		678
	3,8		239	3,8		421	3,8		529	3,8		424

[1] Silagen 20–25%, Sommer Grünfutter, 2 kg Kraftfutter (KF)/Tag.
[2] Silomais 25% T; 1,5 KF/Tag.
[3] Silomais 30% T, 1,5 kg KF/Tag.
[4] Silomais 30% T; 2,5 kg KF/Tag.
[5] Gülleausbringung einschließlich variable Traktorkosten (60,– DM), Lüftung (30,– DM).

- Die Tiere langsam (3 Wochen lang, steigende Dosen) an Harnstoff gewöhnen und die Beifütterung aufrecht erhalten, um Wachstumsrückgänge zu vermeiden. Bei Vergiftungserscheinungen sofort 3–4 l Essig/Tier geben.

1.2.4 Ochsenmast

Bei gleicher Fütterung wie Bullen weisen Ochsen etwa 15% niedrigere Tageszunahmen auf. Dies bedeutet: rund 2 Monate längere Mast, erhöhter Futteraufwand um etwa 15–20%. Ochsen neigen eher zur Verfettung und sollten spätestens mit 600 kg Lebendgewicht geschlachtet werden.

Je früher die Kastration der Bullenkälber erfolgt (3–6 Monate Alter), desto besser wird sie vertragen. Andererseits wird bei spätem Kastrieren (12 Monate) das Wachstumsvermögen der Tiere besser ausgenutzt. Diese Tiere zeigen dann mehr den erwünschten »Bullentyp«, der weniger hochbeinig und schmal wirkt.

Tabelle 84 Arbeitszeitbedarf je erzeugter Bulle (AKh)

erzeugte Bullen/Jahr Bestandsgröße	10	20	40	60
Anbindestall – Handentmistung	50–65	45–58	38–49	—
Anbindestall – Flüssigmist	44–57	34–46	29–38	—
Vollspaltenboden	39–51	29–39	22–30	19–26

Tabelle 85 Deckungsbeitrag Fresseraufzucht

Jahres-GV/produziertes Masttier 0,06	Anfangsgewicht 80 kg Endgewicht 182 kg Zuwachs 102 kg Mastdauer 90 Tage tägliche Zunahmen 1133 g		Gewichtsverlust 5,0 kg (Transport)	
			DM	DM
Vermarktung lebend	177,00 kg	7,90 DM/kg	1398,30	
Düngerrücklieferung	1,00 m³	9,50 DM/m³	9,50	
Marktleistung und Dungwert				1407,80
Vollmilch	0,00 dt	0,00 DM/dt		
Milchaustauscher	0,50 dt	285,00 DM/dt	142,50	
Kälberaufzuchtfutter	1,50 dt	60,00 DM/dt	90,00	
Getreide/Trockenschnitzel	0,00 dt	0,00 DM/dt		
Eiweißfutter	0,00 dt	0,00 DM/dt		
Mineralfutter	0,10 dt	80,00 DM/dt	8,00	
Schroten und Mischen	1,20 dt	3,00 DM/dt	3,50	
Futterkosten ohne Grundfutter				244,10
Kalb/Jungtier			980,00	
Tierarzt			30,00	
Medikamente				
Hygiene			15,00	
Wasser				
Strom			15,00	
Heizung				
Erzeugerring, Erzeugergemeinschaft			5,00	
Versicherung				
Vermarktung			15,00	
Verlustausgleich (2,0% von der Marktleistung)			28,16	
Sonstiges			15,00	
variable Maschinen-, Gebäudekosten			15,00	
sonstige variable Kosten				1118,16
Summe variable Kosten				1362,26
Deckungsbeitrag				45,54
		kStE		
Futter:	Grundfutter	270		
	Kraftfutter	+140		
	Bedarf	410		
Arbeitsbedarf				4 AKh

Ochsen sind erheblich ruhiger als Mastbullen. Dies hat Vorteile in der Weidehaltung, aber auch in Anbindeställen mit einfachen Einrichtungen. Sie können sogar zusammen mit Kühen und Färsen im Laufstall gehalten werden.
Im Nährstoffbedarf sind Mastochsen und Mastfärsen etwa gleichzusetzen.

1.3 Wirtschaftlichkeit und Deckungsbeiträge

Auf der Tabelle 83 sind die Deckungsbeiträge (DB) »Bullenmast« von 850–1200 g tägliche Zunahmen und Preisen von 3,80–4,30 DM/kg Lebendgewicht (LG) abzulesen.
Der Arbeitsbedarf (AKh) je erzeugter Bulle schwankt je nach Bestandsgröße, Fütterung und Aufstallung von 20–60 AKh/Jahr.
Tabelle 85 zeigt deutlich, daß in der **Fresseraufzucht** nur recht geringe Deckungsbeiträge zu erzielen sind. Um wenigstens diese zu erreichen, sind hohe Tageszunahmen nötig. Vor allem aber hängt die Wirtschaftlichkeit der Fresseraufzucht von den Einkaufspreisen der Kälber und von den Tierverlusten ab.

Die Wirtschaftlichkeit der **Bullenmast** (Tabelle 83) wird neben den Preisen für Kalb und Schlachttier insbesondere vom Futter beeinflußt. Bestes Futter führt zu kurzer Mastzeit. Die Basis hierzu stellt eine hohe Grundfutterqualität dar.

Futteruntersuchung, genaue Rationszusammenstellung und Futterzuteilung sowie Gewichtskontrolle der Tiere (Erzeugerring) sind daher unumgänglich.

Wie Abb. 83 zeigt, fällt die Wirtschaftlichkeit der **Ochsenmast** deutlich ab gegenüber Bullen- und Färsenmast. Die Preise müßten um 0,8 DM/kg Lebendgewicht höher liegen, denn es muß bei den Kälbern mit gleichen Preisen wie in der Bullenmast gerechnet werden. Hinzu kommen Kosten für die Kastration (15–80 DM/Tier).

1.4 Wertung der Bullenmast (Ochsenmast)

Was spricht dafür?
- Geeignete Stalleinrichtung oft schon vorhanden,

Tabelle 86 Deckungsbeitrag Ochsenmast

			Magerviehnutzung
		Ochsenmast vom Kalb bis 600 kg LG insgesamt 30 Monate	Ochsenmast 400–600 kg LG 12 Monate
Ausschlachtung	%	55	55
Schlachtgewicht	ca. kg	330	330
Preis R 3 pro kg Schlachtgewicht (inklusive 11 % MwSt.)	DM	7,10	7,10
Marktleistung (abzüglich 50 DM Vorkosten)	DM/Tier	2293,–	2260,–
Kalb und Aufzuchtkosten	DM	990,–	
Magerviehzukauf	DM		1570,–
Bedarf an Grundfutter insgesamt	kStE	2600	1300
sonstige variable Kosten (inklusive Zinsansatz)	DM	600,–	350,–
variable Spezialkosten insgesamt (ohne Grundfutterkosten)	DM	1590,–	1920,–
Deckungsbeitrag	DM/Tier	703,–	340,–
Tiere/ha (4000 kStE)		1,5	3,0
Deckungsbeitrag	DM/ha	1050,–	1020,–
Grundfutterkosten inklusive Anteil Winterfutter (ohne Pacht)	DM/ha	800,–	800,–
Überschuß DM/ha und Jahr	DM	250,–	220,–

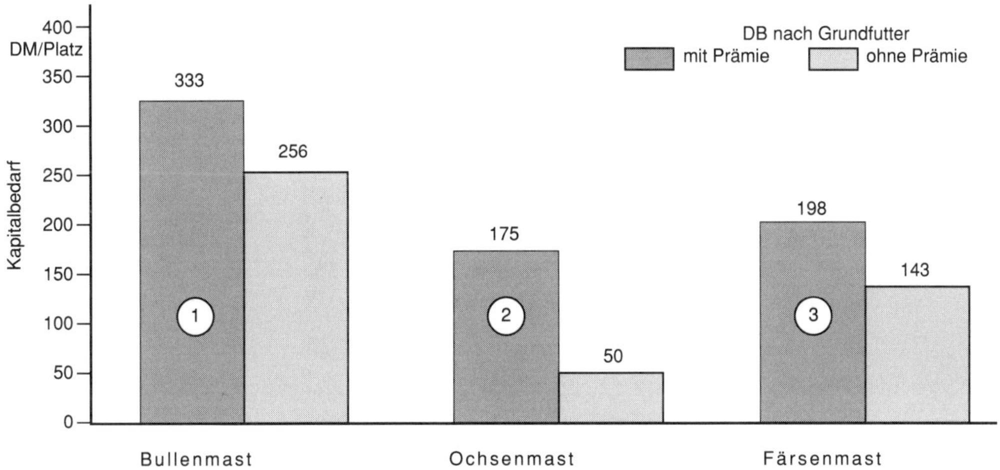

Abb. 83 Rindermastverfahren im Vergleich (Deckungsbeiträge).
① Bullenprämie, ② Bullen- und Extensivierungsprämie, ③ Extensivierungsprämie.

- Einsatz kostengünstiger Futtermittel (z. B. Schlempe, Treber) möglich,
- Förderprämie für Mastbullen und -ochsen,
- Ochsenmast auch auf der Weide möglich,
- arbeitsextensive Viehhaltung,
- weniger zeitliche Bindung als im Milchviehscktor, dadurch gut mit Nebenerwerb kombinierbar.

Was spricht dagegen?

- Geringeres Einkommen als bei arbeitsintensiver Viehhaltung,
- eventuell ist ein Umbau nötig,
- Erfolg nur bei hohem produktionstechnischen Können (gilt insbesondere für Fressererzeugung),
- Kälber zunehmend teurer,
- gesundheitliches Risiko wegen Tierzukauf,
- Bullenmast nur mit guter Maissilage oder besonders kostengünstigem Futter (z. B. Schlempe) erfolgreich,
- für Ochsenmast hohes Vermarktungsgeschick nötig,
- Marktsättigung bei Bullenfleisch erreicht.

2 Färsen-/Kalbinnenmast

2.1 Forderungen des Marktes

Färsen liefern 17% des Rindfleischaufkommens der Bundesrepublik Deutschland. Diesem bedeutenden Anteil wird das Erzeugungs- und Fütterungsniveau jedoch nicht immer gerecht. Schlachtfärsen gelten oft nur als »Abfallprodukt« aus der Aufzucht.

Dabei weist Fleisch junger weiblicher Rinder eine von Genießern besonders geschätzte Qualität auf. Der Export nach Frankreich unterstreicht das, die bezahlten Preise dagegen nicht.

An Färsenfleisch werden ähnliche Forderungen gestellt wie an Bullen- und Ochsenfleisch. Deshalb müssen Masttiere gezielt ausgewählt und gefüttert werden. Gleichzeitig sollte das Endgewicht von Färsen bei etwa 530 kg, von vorgenutzten Tieren bei 600 kg liegen, um Verfettung vorzubeugen.

2.2 Produktionstechnik

Die Färsenmast erfolgt nach 2 Methoden:

- Färsenvornutzung,
- Färsenmast.

Färsenvornutzung, in der die Tiere wenige Wochen nach dem Abkalben trockengestellt und etwa 3 Monate später zum Schlachten bei etwa 600 kg Gewicht verkauft werden.

Vorteil: Einnahmen durch Verkauf des Muttertieres und des Kalbes; milchreiche Tiere können für Milchviehbestände verwendet werden.

Risiko: Durch Trächtigkeit und Abkalbevorgang.

Färsenmast auf etwa 530 g Gewicht, ohne daß die Tiere trächtig werden.

Vorteil: Höhere Schlachtviehpreise durch bes-

Tabelle 87 Rationsbeispiele für die Färsenmast (kg/Tier und Tag)

Futtermittel	Gewichtsabschnitte 150 kg	250 kg	350 kg	450 kg	530 kg
Maissilage (30% T)	2	3	8	12	18
Grassilage (35% T)	5	8	10	12	10
oder					
Wiesengras/Weide	10	15	20	25	25
Heu	0,5	1	1	—	—
Getreideschrot	0,3	0,3	—	—	0,3
Sojaextraktionsschrot	0,1	0,1	0,3	0,3	0,3
Mineralfutter	0,08	0,08	0,08	0,1	0,1
T-Aufnahme kg	3,5	5,5	7,5	8,5	10

sere Handelsklasseneinstufung; geringe Arbeitsbelastung (günstig im Nebenerwerb).
Weibliche Rinder wachsen langsamer als männliche, verfetten leichter, können dafür aber mit energieärmerem Futter gemästet werden. Zunahmen von 700–800 g/Tag sind möglich, gegen Ende der Mast sogar bis 1 kg/Tag.
Kälberaufzucht und Hygienemaßnahmen erfolgen in Anlehnung an Abschnitt 1.2.1.
Zu Mastbeginn werden Masttiere ähnlich Aufzuchttieren gefüttert (Tabelle 87). Gegen Ende der Mast sollte die Gras(silage)gabe wegen des Carotins eingeschränkt werden, um voll ausgemästete Tiere mit hellem Fett zu erreichen. Reine Maissilagefütterung wäre dennoch ungünstig, da sich nur Rationen mit über 12% Rohprotein (RP) in der Trockensubstanz bewährten. Maissilage weist jedoch nur 8–10% RP auf.
Für die Ausmast von nach dem 1. Kalb trockengestellten Jungkühen eignen sich insbesondere die Fütterungsbeispiele von Tabelle 88. Für einen gut ausgeformten Schlachtkörper ist insbesondere die angegebene Getreidemenge nötig.

Tabelle 88 Rationsbeispiele (kg/Tier und Tag) für die Ausmast von Jungkühen (500–600 kg Lebendgewicht), T-Aufnahme: 10–11 kg/Tier und Tag

Futtermittel	Rationsbeispiele I	II	III
Maissilage (30% T)	15	10	—
Grassilage (35% T)	15	18	25
oder			
Wiesengras/Weide	25	35	50
Heu	1	1	1
Getreideschrot	1	1	1
Mineralfutter	0,1	0,1	0,1

Färsen beanspruchen weniger stabile Stalleinrichtungen als Mastbullen. Eventuell aus der Milchkuhhaltung vorhandene Stände sind weiterhin nutzbar. Färsen in Laufbuchten sollten enthornt werden. Zu beachten ist, daß rindernde Tiere für Unruhe sorgen. Ältere Färsen – insbesondere trächtige – werden am besten angehängt, um dem Ansaugen und Eutererkrankungen vorzubeugen.

2.3 Wirtschaftlichkeit und Deckungsbeiträge

Durch die wesentlich verlängerte Mast liegt der Deckungsbeitrag von Mastfärsen/Stallplatz deutlich niedriger als bei Mastbullen (Abb. 83 und Tabelle 89). Zudem fehlt eine Förderung ähnlich der Bullenprämie. Unter diesen Bedingungen hat Färsenmast nur Chancen bei kostengünstigem Futter und verbesserten Schlachtviehpreisen durch Vereinbarung mit dem Abnehmer.
Vornutzung (Tabelle 90) verbessert die Wirtschaftlichkeit. Voraussetzung ist allerdings, daß der Kälberpreis konstant bleibt und genügend weibliche Kälber verfügbar sind. Viele Milchviehhalter nutzen nämlich freigewordene Kuhplätze über Färsen. Dies verknappt die Anzahl der zum Verkauf angebotenen Kälber.

2.4 Wertung der Färsenmast

Was spricht dafür?
- Arbeitsextensiv (z. B. keine Melkarbeit),
- einfache, preisgünstige Stallgebäude nötig,
- Stalleinrichtung aus der Milchkuhhaltung nutzbar,

Tabelle 89 Deckungsbeitrag Färsenmast

750 g Tageszunahmen [1])	Anfangsgewicht 80 kg		Gewichtsverlust (Transport)	25,0 kg
	Endgewicht 535 kg		Anteil Lebend-vermarktung	50,0 %
	Zuwachs 455 kg		Ausschlachtung	56,0 %
	Mastdauer 600 Tage			
Jahres-GV/produziertes Masttier 1,01	tägliche Zunahmen 758 g			
			DM	**DM**
Vermarktung lebend	255,00 kg	4,00 DM/kg	1020,00	
Vermarktung geschlachtet	142,80 kg	7,10 DM/kg	1013,88	
Düngerrücklieferung	20,00 m³, dt	8,00 DM/m³, dt	160,00	
Marktleistung und Dungwert				2193,88
Vollmilch	0,00 dt	35,00 DM/dt		
Milchaustauscher	0,25 dt	285,00 DM/dt	71,25	
Kälberaufzuchtfutter	1,50 dt	60,00 DM/dt	90,00	
Getreide/Trockenschnitzel	4,00 dt	40,00 DM/dt	160,00	
Eiweißfutter	2,00 dt	65,00 DM/dt	130,00	
Mineralfutter	0,40 dt	80,00 DM/dt	32,00	
Schroten und Mischen	6,00 dt	3,00 DM/dt	18,00	
Futterkosten ohne Grundfutter				501,25
Kalb/Jungtier			650,00	
Tierarzt			20,00	
Medikamente			20,00	
Hygiene			5,00	
Wasser			10,00	
Strom			10,00	
Heizung				
Erzeugerring, Erzeugergemeinschaft			7,00	
Versicherung				
Vermarktung			60,00	
Verlustausgleich (1,5% von der Marktleistung)			32,91	
Sonstiges			20,00	
variable Maschinen-, Gebäudekosten			5,00	
sonstige variable Kosten				839,91
Summe variable Kosten				1341,16
Deckungsbeitrag				852,72

Futter:		kStE
	Grundfutter	1570
	Kraftfutter	+531
	Bedarf	2100

Arbeitszeitbedarf	30 AKh

[1]) Zunahmen	Masttage	kStE	Deckungsbeitrag
850 g/Tag	535	2000	922 DM
650 g/Tag	700	2250	833 DM.

Tabelle 90 Deckungsbeitrag Färse mit Vornutzung

Färse mit Vornutzung Erstkalbealter 26 Monate [1] Jahres-GV/produziertes Masttier 1,47	Anfangsgewicht 80 kg Endgewicht 610 kg Zuwachs 530 kg Mastdauer 780 Tage tägliche Zunahmen 679 g	Gewichtsverlust (Transport) 25,0 kg Anteil Lebendvermarktung 50,0 % Ausschlachtung 56,0 %

			DM	DM
Vermarktung lebend	292,50 kg	3,55 DM/kg	1038,38	
Vermarktung geschlachtet	163,80 kg	6,30 DM/kg	1031,94	
Düngerrücklieferung	22,00 m³, dt	8,00 DM/m³, dt	176,00	
Kalb	0,9 × 85 kg × 9,50 DM/kg		726,75	
Marktleistung und Dungwert				2973,06
Vollmilch	0,00 dt	00,00 DM/dt		
Milchaustauscher	0,25 dt	285,00 DM/dt	71,25	
Kälberaufzuchtfutter	1,50 dt	60,00 DM/dt	90,00	
Getreide/Trockenschnitzel	4,50 dt	40,00 DM/dt	180,00	
Eiweißfutter	2,00 dt	65,00 DM/dt	130,00	
Mineralfutter	0,40 dt	80,00 DM/dt	32,00	
Schroten und Mischen	6,50 dt	3,00 DM/dt	19,50	
Futterkosten ohne Grundfutter				522,75
Kalb/Jungtier			650,00	
Tierarzt			70,00	
Medikamente			20,00	
Hygiene			5,00	
Wasser			20,00	
Strom			15,00	
Heizung				
Erzeugerring, Erzeugergemeinschaft			10,00	
Versicherung			5,00	
Vermarktung			60,00	
Verlustausgleich (1,5% von der Marktleistung)			33,69	
Sonstiges			20,00	
variable Maschinen-, Gebäudekosten			10,00	
sonstige variable Kosten				918,69
Summe variable Kosten				1441,44
Deckungsbeitrag				1531,62

		kStE
Futter:	Grundfutter	2586
	Kraftfutter	+565
	Bedarf	3150

Arbeitszeitbedarf 35 AKh

[1]

Erstkalbealter	Zunahmen	Masttage	kStE	DM/kg lebend	Deckungsbeitrag
26 Monate	680 g	780	3150	3,40	1455 DM
30 Monate	620 g	880	3350	3,40	1437 DM
30 Monate	620 g	880	3350	3,25	1343 DM

Vollmilchertrag und -verbrauch gleichen sich aus.

- Verwertung vorhandenen Grünlandes,
- Kälber günstiger als bei Bullenmast,
- bei Vornutzung hochwertiges Schlachttier *und* zusätzlich Kalb,
- relativ geringe zeitliche Gebundenheit.

Was spricht dagegen?

- Gesundheitliches Risiko wegen Tierzukauf,
- geringeres Wachstumspotential als bei Mastbullen,
- keine »Sonderprämie für Rindfleischerzeuger«, lediglich »Extensivierungsprämie« möglich,
- Mast mit Vornutzung risikoreicher,
- bei Weidehaltung Investitionen für Zäune (Förderung in Bayern), zusätzliche Pflegearbeit für Weiden, mehr Aufsicht und hofnahe Flächen nötig,
- Erfolg nur bei gutem produktionstechnischen Können und Vermarktungsgeschick.

3 Mutterkuhhaltung

3.1 Forderungen des Marktes

Der Kunde erwartet vom Fleisch aus der Mutterkuhhaltung besondere Qualität:

- Feinfaserigkeit des Fleisches,
- Fleisch von jungen 8–10 Monate alten Tieren (baby-beef),
- Fleisch aus natürlicher Produktion (mit Milch und auf der Weide aufgezogene Tiere).
- Z. T. wird durch Mutterkuhhaltung auch Umweltpflege betrieben.
- Zusätzlich dient die Mutterkuhhaltung zur Erzeugung von Absetzern bzw. Fressern, die ausgemästet werden sowie zum Verkauf von Zuchtvieh.

3.2 Produktionstechnik

Mutterkuhhaltung bedeutet: Die Milch der Kühe dient fast ausschließlich zur Aufzucht der Kälber. **Mutterkühe** ziehen nur ihr eigenes Kalb auf, **Ammenkühe** daneben auch noch fremde.

Haltungsform – Betriebe, die unter Beibehaltung der bisherigen Aufstallungsform von Milchkuh- auf Mutterkuhhaltung umstellen, verzichten auf ein wesentliches Ziel: die Arbeitsentlastung, die gerade im Nebenerwerbsbetrieb wichtig ist. Es muß z. B. im allgemeinen weiterhin gemolken werden.

Mutterkuhhaltung bietet sich an bei reichlich Grünland und Weidebetrieb mit nur gelegentlicher Haltung der Tiere im Laufstall.

3.2.1 Tiermaterial

»Umsteiger« von Milch- auf Mutterkühe können bei der bisher gehaltenen Rasse bleiben, soweit die Basis Zweinutzungsrassen (vor allem Fleckvieh, Gelbvieh) sind. Diese Rassen sowie auch z. B. Deutsch-Angus, Limousin, Charolais haben ein hohes Fleischansatzvermögen und benötigen somit eine entsprechende Futtergrundlage. Wegen der guten Bemuskelung treten jedoch eher Abkalbeschwierigkeiten auf, so daß auch der Arbeitsaufwand erhöht ist.

Für den Nebenerwerbsbetrieb stellt sich daher oft die Frage nach leichtkalbigen, anspruchsloseren, harten, damit aber auch leistungsschwächeren Rassen wie Galloway, Schottisches Hochlandrind. Ein kompletter schneller Austausch der Tiere ist wegen der dabei entstehenden Kosten problematisch. Über künstliche Besamung oder zeitweises Halten eines Deckbullen kann jedoch auf diese Rassen umgezüchtet werden.

3.2.2 Fütterung

Viel billiges Grundfutter ist entscheidend für die Wirtschaftlichkeit der Mutterkuhhaltung (siehe Abschnitt 3.3). Damit kann weitgehend auf Kraftfutter verzichtet werden.

Man rechnet mit wenigstens 0,3 ha Weide für eine Kuh mit Kalb.

Ansonsten kommen besonders Silagen (Selbstfütterung) und Nebenprodukte wie Zwischenfrucht oder Schlempe in Frage. Gerade hier wie auch bei jungem Weidegras muß Stroh oder Heu für eine wiederkäuergerechte Ration angeboten werden, zusätzlich genügend Mineralstoffe – zweckmäßigerweise über Leckschalen oder -steine.

Um das **Wachstumsvermögen der Kälber** mit kostengünstigem Futter zu ermöglichen, dürfen sie auf der Weide vorausgrasen (Kälberschlupf) bzw. werden gesondert gefüttert.

3.2.3 Herdenführung

Der Herdenführung kommt bei der Mutterkuhhaltung besondere Bedeutung zu, da sie Wirtschaftlichkeit und Arbeitsbelastung wesentlich mitbestimmt. Ein Produktionsschema ist in

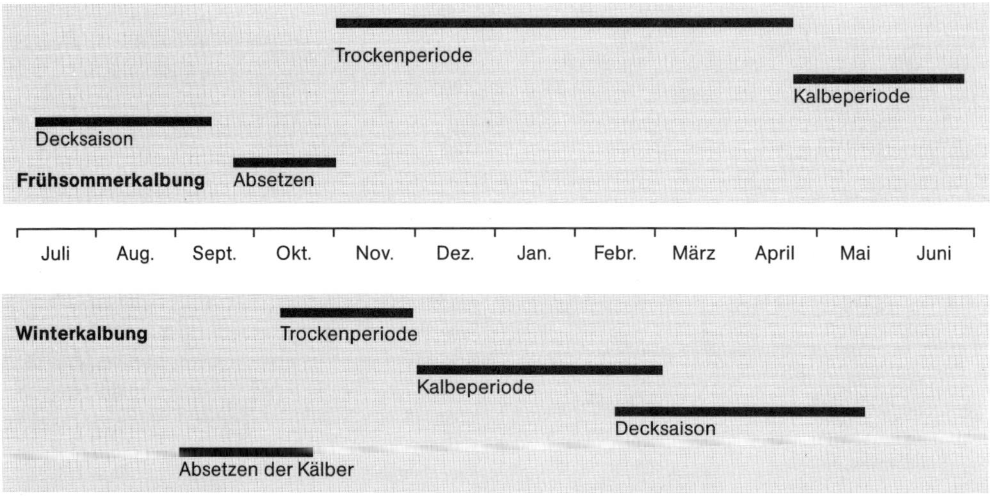

Abb. 84 Produktionsschema für Mutterkuhhaltung mit Frühsommer- bzw. Winterkalbung.

Abb. 84 wiedergegeben. Wichtig ist saisonale Abkalbung, bei Stallhaltung vor allem im Winter (bessere Überwachung; Hygiene im Stall muß gegeben sein). Im Frühjahr können die Kälber dann mit den Kühen auf die Weide und kostengünstig gemästet werden. Ab einem Alter der Kälber von 6 Monaten muß die Herde in Kühe mit weiblichen und solche mit männlichen Kälbern unterschieden werden.
In der Decksaison teilt man einem Altbullen 35 Kühe, einem Jungbullen 10 Kühe zu. Nichtträchtige Kühe sind unwirtschaftlich (Trächtigkeitsuntersuchung). Hierfür und z. B. auch für Parasitenbehandlung, Impfungen, Herdentrennung, Klauenpflege usw. ist eine Einfangvorrichtung günstig.
Für den nötigen Überblick über die Herde empfiehlt sich die Kennzeichnung der Kühe. Auch für die staatliche Mutterkuhprämie müssen die Tiere mit Ohrmarkennummern versehen sein.
Günstig erscheint vielfach eine Enthornung der Tiere bzw. das Halten hornloser Rassen (Aberdeen-Angus, Deutsch-Angus, Galloway). Tiere mit Hörnern (z. B. Schottisches Hochlandrind) sind nur bei großflächiger Haltung, in der sich die Tiere ausweichen können, angebracht.

3.3 Wirtschaftlichkeit und Deckungsbeiträge

Der Deckungsbeitrag aus der Mutterkuhhaltung liegt deutlich niedriger als bei der Milchkuh wegen der fehlenden Einnahmen aus dem Milchverkauf (Tabelle 91). Direktabsatz des Fleisches an Verbraucher wirkt sich günstig aus, da höhere Preise möglich sind. Um die Kraftfutterkosten zu senken und dennoch gute Tierleistungen zu erzielen, ist viel Grundfutter nötig.

3.4 Wertung der Mutterkuhhaltung

Was spricht dafür?
- Termingebundene Melkarbeit und Auflagen sowie Kosten Milchhygiene entfallen,
- eingeführte Betriebsorganisation (Arbeitsablauf) kann gegenüber Milchviehhaltung beibehalten bleiben (Psychologie), Stallumbau nicht zwingend notwendig,
- absolutes Grünland und schlechte Futterflächen können genutzt werden,
- staatliche Unterstützung durch Mutterkuhprämie,
- »Extensivierungsprämie« bei Umstellung von Mastbullen auf Mutterkuhhaltung,
- Beitrag zur Erhaltung der Kulturlandschaft,
- Entlastung des Milchmarktes.

Was spricht dagegen?
- Geringe Wirtschaftlichkeit, hoher Flächenbedarf,
- eventuelle Umstellung der Viehrasse nötig, besonders bei extrem extensiver Weidehaltung,
- hohes Vermarktungsgeschick muß vorhanden sein, obwohl die Schlachttiere gute Fleischqualität aufweisen,
- laufende Tierbetreuung ist für regelmäßige Abkalbungen unverzichtbar,
- Investitionen bei Weidehaltung nötig.

Tabelle 91 Deckungsbeitrag Mutterkuhhaltung (mit Bestandsergänzung)

	Absetzer[1]			**Baby-beef**[2]			**Ausmast**[3]		
	weiblich		männlich	weiblich		männlich	weiblich		männlich
tägliche Zunahmen	700		950	700		950	700		1000
Anfangsgewicht kg	45		45	45		45	45		45
Endgewicht kg	240		280	240		280	450		600
Nährstoffbedarf kStE			2285			2285			3400
davon Grundfutter kStE			2253			2253			3036
Mastdauer Tage	279		247	279		247	579		555
	DM/X	X	DM	DM/X	X	DM	DM/X	X	DM
Altkuh (0,2 Stück)	3,5	120 kg	420	3,5	120 kg	420	3,5	120 kg	420
Absetzer[4]	5,7	194 kg	1108	7,2	194 kg	1400	0	401 kg	0
Zuchtfärse[5]	2700	0,03 St	81	2700	0,03 St	81	2700	0,03 St	81
Mastfärse							4,1	113 kg	461
Mastbulle							4,3	288 kg	1238
Marktleistung gesamt (einschließlich MwSt.)			1609			1901			2201
Kraftfutter	41	1,2 dt	49	41	1,2 dt	49	41	5,6 dt	230
Mineralfutter	110	0,4 dt	44	110	0,4 dt	44	110	0,6 dt	66
Besamung, Deckgeld			30			30			30
variable Maschinenkosten[6]			110			110			110
Energie, Wasser, Tierseuchenkasse			80			80			80
Vermarktungskosten			40			90			90
Verlustausgleich (2% der Marktleistung)			32			38			44
variable Kosten gesamt			385			441			650
Deckungsbeitrag DM			1224			1459			1551
DB bei DM/kg LG	5,7		1224	7,2		1459	4,2		1551
	5,1		1107	6,0		1226	3,7		1351
	5,3		1146	6,5		1323	3,9		1431
	5,5		1185	7,0		1421	4,1		1511
	5,9		1263	7,5		1518	4,3		1591
	6,1		1301	8,0		1615	4,5		1671
m³/GV, Güllewert	22		265	22		265	22		373
DM/m³ T	7	7,5		7	7,5		7	7,5	
GV		1,71			1,71			2,41	
AKh-Bedarf									
Mutterkuhbestand	unter 10	20	über 50	unter 10	20	über 50	unter 10	20	über 50
Weide-/Stallhaltung	51	26	20	51	26	20	72	41	31
ganzjährige Stallhaltung	68	35	30	68	35	30	90	51	44

1) Rinderverkauf zur Weitermast.
2) Milchmastrinder zum Schlachten.
3) Gesamte Mast im Betrieb.
4) 0,48 Mastbullen + 0,25 Mastfärsen.
5) 0,2 Färsen zur Bestandsergänzung, 0,03 zum Verkauf.
6) Gülleausbringung einschließlich variabler Traktorkosten (45,– DM), Lüftung (30,– DM), Flachsilo/Blockschneider einschließlich Traktorkosten (35,– DM).

12 Ferkelerzeugung im Nebenerwerb

1 Forderungen des Marktes

Mäster wollen widerstandsfähige, wüchsige Mastferkel, die gute Schlachtkörperqualitäten liefern. Der Ferkelerzeuger muß diese Qualität mit robusten, fruchtbaren Sauen erzeugen. Die Merkmale Fruchtbarkeit, Widerstandsfähigkeit, Mast- und Schlachtleistung am selben Tier in hohem Maße zu vereinigen, ist am ehesten in der Kreuzungszucht zu erreichen. Grundgedanke dabei ist, die Mutter des Mastferkels bevorzugt auf Fruchtbarkeit, Widerstandsfähigkeit und Mastleistung zu selektieren (z. B. DL, DE) und den Vater des Mastferkels bevorzugt nach Fleischfülle auszuwählen (z. B. Pi, LB). Daraus leitet sich die Herkunft der Tiere (Rasse, Kreuzungssau, Hybridsau) und das Zuchtverfahren (Reinzucht, Gebrauchskreuzung, Hybridzucht) ab.

1.1 Absatzmöglichkeiten

Es ist die örtlich günstigste Lösung zu suchen, bei der langfristig die besten Ferkelpreise erzielbar sind.

- Lieferung an einen **Mäster:** Der Ferkelerzeuger hat zu klären, auf welcher Preisbasis er mit dem Mäster abrechnet. Er kann eine Bindung an aktuelle Ferkelpreisnotierungen vereinbaren. Die unterschiedliche Mehrwertsteuer beim Ferkelerzeuger (11%) und beim Mäster (7%) ist zu berücksichtigen.
- Versteigerung über **Auktionen:** In verschiedenen Gebieten der Bundesrepublik Deutschland werden die Ferkel über Auktionen wurf- oder partienweise versteigert. Der erzielte Preis für die Ferkel kann bei der gleichen Veranstaltung schwanken.
- Vermittlung durch **Erzeugergemeinschaften** oder **Genossenschaften:** Für den Ferkelerzeuger ist diese die bequemste Absatzmöglichkeit. Er braucht sich nicht um Absatz, Preisverhandlungen, Transport und korrekte Abwicklung der Bezahlung zu kümmern.
  Die Organisationen bemühen sich um gesicherten Absatz, legen wöchentlich den Ferkelpreis fest und versuchen, die Qualität den Bedürfnissen des Marktes anzupassen.
- Vermittlung über den **Händler:** Als vierte Möglichkeit bietet sich der Verkauf über den Händler an. Preisgrundlage sollte das Gewicht und die Qualität der Ferkel sein.

1.2 Preisvergleich

Notwendig ist ein exakter Preis- und Leistungsvergleich zwischen verschiedenen Abnehmern. In der Bundesrepublik Deutschland wird heute als Basis ein Grundpreis für das 20-kg-Ferkel ausgehandelt, zuzüglich eines Festpreises je kg Übergewicht über 20 kg, abzüglich der Kosten plus Mehrwertsteuer. Dennoch sind bei einem Preisvergleich bzw. bei Verhandlungen mit einem Abnehmer folgende Fragen zu klären:

Preisbasis:

- Auf welches Gewicht bezieht sich der Grundpreis? (Üblich sind 20 kg.)
- Wieviel wird für das Übergewicht (d. h. Gewicht über 20 kg) bezahlt? (Üblich sind 2,50 DM/kg.)
- Bis zu welchem Übergewicht (ab 20 kg) wird dieser Preis von z. B. 2,50 DM/kg bezahlt? (Üblicherweise werden 5–10 kg Übergewicht bezahlt.)
- Welcher Übergewichtspreis wird beim Überschreiten dieser Gewichtsgrenze bezahlt? (Z. B. ab 25 kg: nur noch 2 DM/kg, oder Gewichte über 30 kg werden nicht mehr bezahlt.)
- Wird die Mehrwertsteuer voll ausgezahlt oder ist sie im Preis schon enthalten? (Bei 100 DM sind dies z. Z. 11 DM/Ferkel.)

Gewichtsfeststellung:

- Wo werden die Ferkel gewogen: ab Hof, an der Sammelstelle oder beim Mäster? (Üblich ist ab Hof.)
- Ist die Waage geeicht, wird die Waage vor dem Vorwiegen auf Null tariert?
- Wird ein Gewichtsabzug (Nüchterungsabzug) vorgenommen? (Üblich sind 0,5 kg bis 3% des Gewichtes.)
- Kann sich der Landwirt als Verkäufer über das ordnungsgemäße Vorwiegen ohne Schwierigkeiten informieren und bekommt er einen Beleg über die Zahl der gelieferten Tiere und das ermittelte Gewicht?

Transport der Ferkel:
- Holt der Abnehmer die Ferkel vom Hof ab, oder müssen die Tiere zur Sammelstelle oder zum Vermarktungsort auf eigene Kosten transportiert werden? (Üblich ist Abholung mit Lkw.)
- Bemüht sich der Abnehmer durch die optimale Einrichtung der Lkws, die Transportverluste möglichst gering zu halten (Ventilatoren, griffiger Boden, Trennwände), werden die Ferkel schonend verladen und transportiert?
- Werden auch kleinere Ferkelpartien abgeholt, oder ist eine bestimmte Mindeststückzahl vorgeschrieben? (Üblich: Auch kleine Stückzahlen werden abgeholt.)
- Verendet ein Ferkel beim Verladen bzw. Transport: Wer trägt das Risiko? Sind die Ferkel versichert? (Üblich: versichert.)
- Wieviele Tage nach der Anmeldung werden die Ferkel abgeholt? (Üblich: 1 Woche.)
- Wird der Ferkelerzeuger vor der Abholung verständigt?

Qualitätsansprüche – Qualitätsbezahlung:
- Welche Qualitätsanforderungen stellt der Abnehmer? (Z. B. 25 kg mit 10 Wochen, Kreuzungsferkel.)
- Werden die Ferkel nach Qualität sortiert? (Üblich: ja.)
- Bei welchen Ferkeln muß generell mit Abschlägen gerechnet werden und in welcher Höhe? (Z. B.: DL-Reinzuchtferkel, Kastraten.)
- Wie ist die preisliche Abstufung zwischen diesen Qualitätsklassen? (Üblich 5–15 DM/Ferkel.)
- Gibt es für bestimmte Ferkel Zuschläge? (Z. B. BHZP-Ferkel, Ferkel bestimmter Kreuzungen.)
- Für welche Qualitätsmängel muß der Ferkelerzeuger haften? (Z. B.: Binneneber.)

Der Abnehmer als **Vermarktungspartner:**
- Bemüht sich der Abnehmer um einen kontinuierlichen, gesicherten Absatz? Kann sich der Landwirt darauf auch bei Ferkelüberschuß verlassen, oder bleiben Ferkel auf dem Betrieb stehen?
- Wie hoch sind die Vermarktungsgebühren je Ferkel? (Üblich 2–3 DM.)
- Sind zusätzliche Mitgliedsbeiträge zu zahlen? (Üblich: 0,50–1 DM/Ferkel.)

Wieviele Tage nach der Abholung der Ferkel erfolgt die Abrechnung und Überweisung des Erlöses?
- Werden auch Schlachtferkel abgenommen und vermarktet? Zu welchem Preis?
- Bemüht sich der Abnehmer, auf die Qualität der Ferkel Einfluß zu nehmen, sie zu verbessern? (Z. B. durch Vermittlung einer fachlichen Beratung, durch Zuschüsse beim Kauf von Ebern und Sauen.)
- Versucht der Abnehmer, Kontakt zu seinen Lieferanten zu halten? (Z. B. durch Gebietsversammlungen, Mitteilungsblätter, Lehrfahrten.)
- Sind die Abnehmer mit den Lieferanten (Ferkelerzeuger) zufrieden?
- Welche Bedingungen sind an eine Mitgliedschaft (Erzeugergemeinschaft, -genossenschaft) gebunden? (Z. B.: Andienungspflicht, Mindestdauer der Mitgliedschaft.)

Bei einem exakten Preisvergleich ist zusätzlich zu beachten, daß nur die Preise derselben Woche und der gleichen Region vergleichbar sind.

Berechnungsbeispiel für den Preis eines 25-kg-Ferkels:

Grundpreis für 20 kg	80,00 DM
5 kg Übergewicht × 2,50 DM	+12,50 DM
Vermarktungskosten je Ferkel	– 2,40 DM
eventuelle Zu- und Abschläge	–
	90,10 DM
Mehrwertsteuer (11 %)	+ 9,91 DM
Verkaufserlös	100,01 DM

2 Produktionstechnik

2.1 Zuchtverfahren

Hier ist zu unterscheiden zwischen
- Reinzucht,
- Gebrauchskreuzungen,
- Hybridzucht.

2.1.1 Reinzucht

Die Elterntiere gehören derselben Rasse an, z. B. beide DL. Dieses Zuchtverfahren war bis Anfang der siebziger Jahre führend. Seither werden in größerem Umfang auch Verfahren der Gebrauchskreuzung und Hybridzucht angewandt. Ohne Reinzuchtlinien sind jedoch weder Gebrauchskreuzungen noch Hybridzucht möglich.

2.1.2 Gebrauchskreuzungen

Für den Ferkelerzeuger sind vor allem zwei Gebrauchskreuzungsverfahren praktikabel und empfehlenswert:

- **Zweirassen-Kreuzung:** Dieses Verfahren ist im kleinen Sauenbestand anwendbar, da es organisatorisch leichter zu handhaben ist. Es werden jeweils zwei Reinzuchtlinien gekreuzt, z. B. PI- oder LB-Eber × DL- oder DE-Sau.

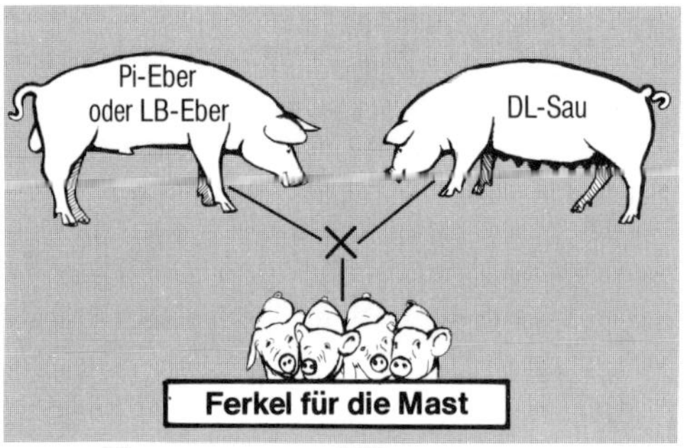

Abb. 85 Schema einer Zweirassenkreuzung.

- **Dreirassen-Kreuzung:** Dieses Verfahren erfordert für kleinere Betriebe den Zukauf deckfähiger Kreuzungs-Jungsauen, die dann mit einem Reinzucht-Eber gedeckt werden, z. B. PI- oder LB-Eber × Kreuzungssau (meistens DE × DL, gelegentlich auch DU × DL).

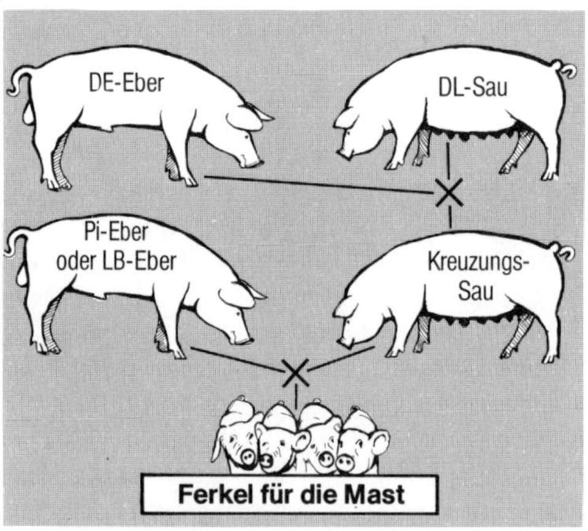

Abb. 86 Schema einer Dreirassenkreuzung.

2.1.3 Hybridzucht

Bei der Hybridzucht werden in der Regel mehrere Rassen, die sich jeweils in einer bestimmten Eigenschaft besonders auszeichnen, in Stationen auf ihre spezielle Kombinationseignung geprüft. Diejenige Kombination, die sich als Mehrfachkreuzung bei den Mastprodukten als die günstigste erweist, wird dann ständig aus den Elternlinien wiederholt.
Kleinere Betriebe können dies kaum selber durchführen und müssen daher Hybridtiere ständig zukaufen.

2.2 Auswahl des Ebers und der Sau

Eber – »Der Eber ist die halbe Herde«, ist eine alte züchterische Erfahrung. Er ist sorgfältig aufgrund seiner eigenen *Leistungsnachweise* und derjenigen seiner Vorfahren auszuwählen. Diese sind in Katalogen und Abstammungsnachweisen enthalten.
Über die künstliche Besamung (KB) kann vor allem der Ferkelerzeuger im Nebenerwerb den Zuchtfortschritt durch Einsatz bester Eber nutzen.
Sau – Der Ferkelerzeuger kann die Jungsauen kaufen oder selbst aufziehen. Beim Zukauf kann er wählen zwischen Reinzucht-, Kreuzungs- oder Hybridsauen. Eigene Jungsauen-Aufzucht setzt Können, Arbeitszeit und Stallraum voraus. Nebenerwerbsbetrieben ist daher eher der Zukauf aus Spezialbetrieben zu raten.
Wird die weibliche Nachzucht im eigenen Betrieb erstellt, dann kommen hauptsächlich solche Sauen als Mütter in Frage, die mehr als 3 Würfe erbracht haben und vor allem große Würfe, gute Aufzuchtleistungen und Muttereigenschaften nachweisen können.
Diese Muttertiere sollen über guten Wuchs, Rahmen, Länge, einwandfreies Gesäuge und gutes Fundament verfügen.

2.3 Brunst, Decken, Besamen

Die Brunst oder Rausche der Sauen läuft zeitlich in 3 Abschnitten ab:

- Vorbrunst,
- Hauptbrunst,
- Nachbrunst.

Jeder Abschnitt ist durch bestimmte Brunsterscheinungen gekennzeichnet (Abb. 87). Der günstigste Belegungszeitpunkt liegt etwa im mittleren Bereich der Duldungsphase.
Altsauen rauschen in der Regel 4–8 Tage nach dem Absetzen. Die Rausche kann durch »positiven Streß« angeregt werden (z. B. Gruppenhaltung, Deckzentrum, Flushing-Fütterung, Vitamin AD_3 E-Stoß, Lichtprogramm).

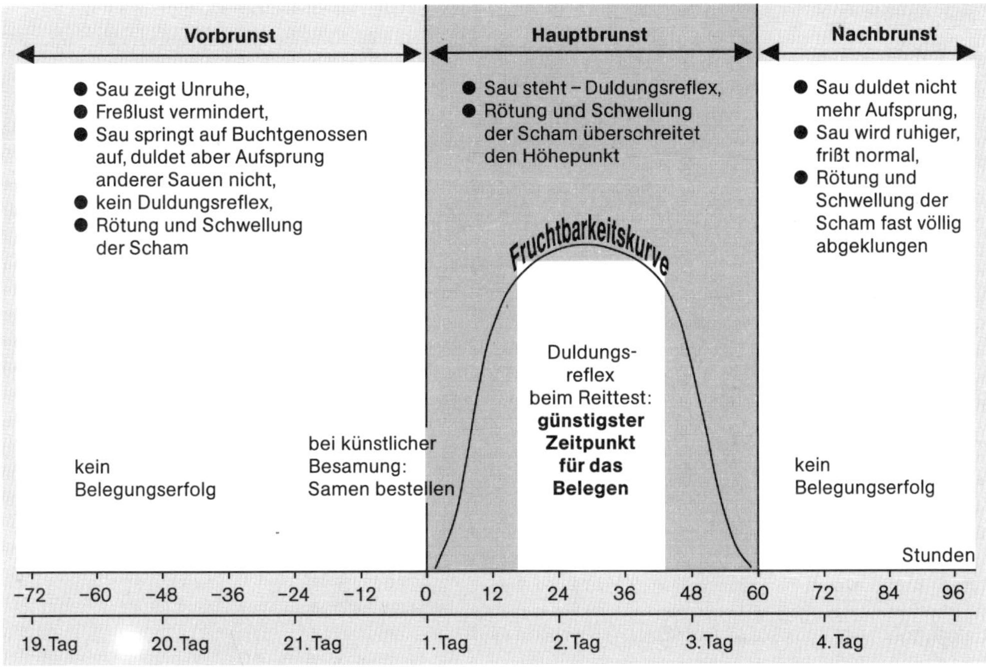

Abb. 87 Brunsterscheinungen und günstigster Belegungszeitpunkt bei Sauen.

Jungsauen sollten erstmals im Alter von 7 bis 8 Monaten und einem Gewicht von 110–120 kg belegt werden. Durch die Gruppenhaltung wird die Rausche auf natürliche Weise ausgelöst. Voraussetzung ist eine bedarfsgerechte Fütterung. Zugekaufte Jungsauen rauschen durch den Transport-Streß meist unmittelbar nach der Ankunft.

Bei eigener **Eberhaltung** ist ein *Deckzentrum* für die Brunstauslösung günstig. Die Anwesenheit von Ebern bewirkt die Stimulation der Sauen durch Sichtkontakt, Berührung, Geräusche und Geruch (»Schlüsselreize«).

Die **Brunstkontrolle** durch die Betreuungspersonen muß Bestandteil des täglichen Arbeitsprogrammes sein. Zur besseren Kontrolle sollte für jede Sau eine Stalltafel gefertigt werden. Die Tafeln der einzelnen Sauen werden beim Umstallen an der neuen Bucht angebracht. Sie enthalten jeweils Nummer der Sau, Absetzdatum, Belegdatum mit Angabe des Ebers und eventuell die Vermerke über Behandlungen. Die Bucht ist nach 3 Wochen sorgfältig auf Umrauscher zu kontrollieren.

2.4 Trächtigkeit, Geburt, Absetzen

Bleibt die Rausche 3 Wochen nach dem Belegen aus und wird die Sau ruhiger bzw. frißt sie besser, ist sie vermutlich trächtig (Umrauschkontrolle). Sicherer ist die Trächtigkeitsdiagnose mit einem Ultraschallgerät (ab der 4.–5. Trächtigkeitswoche).

Geburtsvorbereitungen:

- Abferkelstall gründlich mit einem Hochdruckreiniger säubern und desinfizieren.
- Sau im Wartestall entwurmen (mit einem breitwirkenden Wurmmittel) oder Bestandsentwurmung mindestens zweimal im Jahr bei allen Tieren durchführen.
- 3–4 Tage nach dem Entwurmen bzw. 1 Woche vor dem voraussichtlichen Abferkeltermin Sau in den Abferkelstall umstallen.
- Sau vor dem Umstallen gründlich waschen (möglichst heizbarer Sauenwaschplatz) und mit einem Räudemittel besprühen.
- Etwa 3 Tage vor der Geburt die Futtermenge stark verringern, Glaubersalz (2 Eßlöffel) oder gequollenen Leinsamen (3 Eßlöffel) geben, wenn möglich, suppig füttern, am Abferkeltag kein Futter vorlegen.
- Beim Rein-Raus-Verfahren das Abferkelabteil vorheizen.

- Kurz vor der Geburt eine Infrarotlampe oder einen Gasstrahler hinter der Sau aufhängen.

Geburt der Ferkel – Wichtige und leicht kontrollierbare **Geburtszeichen** sind:

- Gesäuge und Scham schwellen einige Tage vor der Geburt an, Schleim geht ab,
- die Beckenbänder fallen ein,
- Sau wird unruhig, zeigt Nestbautrieb,
- 3–5 Stunden vor der Geburt schießt Milch ins Gesäuge ein.

Geburtsablauf:

- Die ersten Ferkel kommen im Abstand von 10–20 Minuten zur Welt, die Abstände werden dann kürzer.
- Bei fehlerhafter Lage eines Ferkels, Mißbildungen oder zu großen Ferkeln ist Geburtshilfe zu leisten: mit gereinigter und mit speziellem Gleitmittel eingefetteter Hand oder mit Schlingen und Haken.
- Bei Wehenschwäche ist der Einsatz von Hormonpräparaten notwendig, z. B. Oxytocin (nicht bei Jungsauen).
- Normal dauert die gesamte Geburt 2–3 Stunden, bei Erstlingssauen meist länger.
- Die Nachgeburt geht etwa 1 Stunde nach dem letzten Ferkel ab.

2.4.1 Ferkelbehandlung

Bei allen Maßnahmen ist auf äußerste Sauberkeit der Instrumente und sorgfältige Desinfektion zu achten.

- Die Ferkel sofort trockenreiben und unter eine Wärmequelle legen.
- Die Temperaturansprüche der Ferkel unmittelbar nach der Geburt liegen bei 30–32° C. Während der ersten 10 Lebenstage darf die Temperatur im Liegebereich der Ferkel 30° C nicht *unter*schreiten. Deshalb Wärmequellen (Infrarotlampen, Gasstrahler, Fußbodenheizung) einschalten, Zugluft vermeiden. Die Wärmequellen nicht im Liegebereich der Sau anbringen (Erdrückungsgefahr für die Ferkel).
- Die Ferkel sollen sofort nach der Geburt Biestmilch aufnehmen. Diese Milch hat einen besonders hohen Gehalt an Schutzstoffen (Gammaglobuline), die für das Ferkel lebensnotwendig sind. Der Gehalt nimmt rasch ab. Deshalb sind schwache Ferkel sofort nach der Geburt an das Gesäuge zu legen und vor den stärkeren zu schützen.
- Die Ferkel müssen frisches Wasser über Selbsttränken aufnehmen können. Nippel- oder Zapfentränken sind aus hygienischen Gründen zu bevorzugen. Schalen- und Bekkentränken finden die Ferkel vielfach schneller, sie verschmutzen aber leicht.
- Am 3. Lebenstag ein Eisenpräparat spritzen (2 ml mit 200 mg verwertbarem Eisen), weil die Ferkel mit einem Eisenmangel geboren werden und über die Sauenmilch nur 15–20% ihres Bedarfes decken können. Die Eisenverabreichung über Präparate (z. B. Pasten) ist in der Regel nicht so wirksam wie die Spritze.
- Etwa 8–14 Tage nach der Geburt erhalten die Ferkel Beifutter.
- Weitere Maßnahmen, die in den ersten Lebenstagen in einem Arbeitsgang erledigt werden können: Kastrieren, Kupieren der Schwänze (bis 4. Lebenstag) sowie von Fall zu Fall Abkneifen der Eckzähne. Diese Maßnahme ist wegen der damit verbundenen Infektionsgefahr umstritten. Sie kann unterbleiben, wenn das Wohlbefinden der Sau nicht gestört ist.

2.4.2 Sauenkontrolle

Nach der Geburt 3 Tage lang die Temperatur der Sau messen und das Gesäuge abtasten. Die normale Körpertemperatur einer Sau beträgt 38,8° C. Bei Temperaturen über 39,3° C sowie bei Verhärtung oder starker Erwärmung des Gesäuges den Tierarzt hinzuziehen. Es besteht der Verdacht, daß die Sau an dem MMA-Syndrom erkrankt ist (M: Mastitis, Gesäugeentzündung; M: Metritis, Gebärmutterentzündung; A: Agalaktie, Milchmangel; Syndrom: Summe der typischen Krankheitserscheinungen).

2.4.3 Absetzen der Ferkel

Günstiger Absetzzeitpunkt ist die 4.–5. Lebenswoche. Zwei Möglichkeiten bestehen:

- Die Sau wird abgesetzt, und die Ferkel verbleiben in der Abferkelbucht (einphasige Aufzucht).
- Die Ferkel kommen in einen Ferkelaufzuchtstall (zweiphasige Aufzucht).

Bei der zweiten Methode ist der Streß für die Ferkel weitaus größer als beim ersten Verfahren, das allerdings die Abferkelbucht länger blockiert. Dadurch sind mehr Abferkelbuchten (die teuersten Stallplätze) notwendig.

2.5 Krankheitsvorsorge und Haltung

Krankheitsvorsorge – Mit zunehmender Spezialisierung und steigenden Bestandsgrößen nehmen die gesundheitlichen Probleme zu. Meistens handelt es sich um Bestandserkrankungen. Das erfordert eine Behandlung des gesamten Bestandes. Sie besteht größtenteils aus Routinemaßnahmen bzw. aus sich wiederholenden Eingriffen, die der Tierhalter zum großen Teil selbst unter Anleitung und Aufsicht des Tierarztes durchführen kann.
Als Grundlage einer umfassenden Bestandsbetreuung ist ein Betreuungsvertrag mit dem Hoftierarzt zu empfehlen.
Wichtige *vorbeugende Maßnahmen* zur Gesunderhaltung der Tiere sind Reinigung und Desinfektion der Ställe.
Haltung – Gute Hygiene und Gesundheit verlangen auch in kleineren Sauenbeständen getrennte Stallabteile:

- Abferkelstall,
- Deckzentrum,
- Leersauen- und Wartestall,
- Nachzuchtstall,
- Ferkelaufzuchtstall.

Diese einzelnen **Funktionsbereiche** verringern den Keimdruck (Unterbrechung der Infektionskette). Außerdem gelten in den einzelnen Funktionsbereichen unterschiedliche Temperaturansprüche, so daß auch aus Gründen der Energieersparnis eine Unterteilung sinnvoll ist. Aus arbeitswirtschaftlichen Gründen kann auch in Nebenerwerbsbetrieben die strohlose Aufstallung bedeutsam sein.
Voraussetzung für einen störungsfreien Produktionsablauf in strohlosen Ställen ist ein optimales Stallklima. Dafür sind gut gedämmte Außenmauern bei vorhandener Raumheizung notwendig. Außerdem ist auf eine exakt geregelte Zu- und Abluftführung bei angemessener Stallhöhe (mindestens 3 m) zu achten.
Nach der Schweinehaltungsverordnung darf in neuen Ställen (Fertigstellung nach dem 31. Dezember 1989) für Schweine, die zur Zucht verwendet werden, der Liegebereich nicht voll perforiert sein. Bei Einzelhaltung darf der Boden nur so weit perforiert sein, daß Kot oder Harn durchgetreten wird oder abfließen kann.
Raumprogramm – Das Raumprogramm beschreibt den Platzbedarf für die unterschiedlichen Funktionsbereiche. Je nach

- Bestandsgröße,
- Belegdauer der Abferkelbucht,
- Verkaufsgewicht der Ferkel

ergibt sich folgender Bedarf in %:

Abferkelplätze (je nach Säugezeit)	25–35,
Sauenplätze im Deckzentrum	15–25,
Nachzuchtplätze (je nach Selektionsschärfe)	35–50,
Sauenplätze im Wartestall	55–65.

Ferkelaufzuchtplätze:
- *Rein-Raus-Verfahren:* je Abferkelplatz 1 Aufzuchtbucht
- *kontinuierliches Verfahren:* 2,5–3,0 Ferkelplätze/Sau.

Eberplätze: Für 25 Sauen 1 Eber.

Auf der Grundlage dieser Faustzahlen kann der Betriebsleiter das Raumprogramm seinem Betrieb anpassen.

2.6 Fütterung

Sauenfütterung – Grundlage für gute Aufzuchtergebnisse ist die Fütterung der Tiere nach den Versorgungsempfehlungen in Tabelle 92.
Ernährungsphysiologisch richtig und kostengünstig sind 2 spezielle **Mischungen für tragende und säugende Sauen:** *»Alleinfutter für tragende Sauen«* und *»Alleinfutter für säugende Sauen«*. Zwei Mischungen herstellen bzw. kaufen und getrennt lagern kann nur der größere Ferkelerzeugerbetrieb.
Der kleinere Betrieb wird über die gesamte Trage- und Säugezeit der Sauen nur ein Alleinfutter einsetzen. Diese Fütterungsform ist aber ein schlechter Kompromiß für die leistungsgerechte Fütterung der Sauen, weil die Anforderungen in den einzelnen Leistungsphasen an den Nährstoffbedarf sich sehr stark unterscheiden. Daher sollte dieses Kompromißfutter so zusammengestellt sein, daß der Gehalt an Rohprotein, Aminosäuren, Mineralstoffen und Vitaminen dem höchsten Bedarf entspricht, d. h. dem der Laktation, während der Energiegehalt etwas niedriger als für das Laktationsfutter angesetzt werden kann, z. B. 12,2 MJ ME/kg.
Fütterung der tragenden Sau – Die Sauen sollen nicht zu mager und nicht zu fett sein. Die folgenden Empfehlungen gelten für Sauen im normalen Futterzustand. Zwei Fütterungssysteme sind zu unterscheiden: Die Alleinfütterung und die kombinierte Fütterung.

- Fütterung mit **Alleinfutter:** Die niedertragende Sau erhält täglich 2,2 kg »Alleinfutter für tragende Sauen«. Zur Sättigung und zum Rohfaserausgleich sind bei einstreuloser Hal-

Tabelle 92 Empfehlungen zur Energie-, Rohprotein- und Mineralstoffversorgung von Sauen je Tier und Tag

Produktionsabschnitt	Umsetzbare Energie (ME) MJ	Rohprotein g	Lysin g	Calcium g	Gesamt-Phosphor g	Natrium g
tragende Sauen						
niedertragend (1.–12. Woche)	25	250	11	14	9	3
hochtragend (13.–16. Woche)	29	300	13	20	13	4
säugende Sauen						
mit 10 Ferkeln	64	800	40	43	30	10
mit 12 Ferkeln	72	920	46	50	35	10
Absetzen bis Belegen	29	300	13	20	13	4

tung 200–500 g Heu oder Stroh (gehäckselt) je Sau und Tag zuzufüttern.

- **Kombinierte Fütterung:** Sie besteht aus Grundfutter und Kraftfutter (Getreide und/oder Ergänzungsfutter für Zuchtschweine). Beim Grundfutter auf einwandfreie Qualität achten! Besonders Silagen können ein Risikofutter sein. Bei den geringen Entnahmemengen ist ein Verderb (Schimmel) leicht möglich. Fütterungsbeispiele enthält Tabelle 97.

Fütterung der säugenden Sau – Etwa 1 Woche vor dem Abferkeln kommt die Sau in die Abferkelbucht. Folgende Punkte sind zu beachten:

- Grundfutter absetzen,
- Kraftfutter auf höchstens 2 kg/Tag beschränken (davon die Hälfte Weizenkleie),
- wenn arbeitstechnisch möglich, suppig füttern,
- auf ausreichende Wasserversorgung achten,
- etwa 3 Tage vor der Geburt täglich 2 Eßlöffel Glaubersalz (abführend) oder 3 Eßlöffel gequollenen Leinsamen (schleimbildend) zufüttern,
- am Abferkeltag kein Futter vorlegen.

Ziel der Futterumstellung ist es, einer Verstopfung vorzubeugen, die ein wichtiger Auslöser des MMA-Syndroms (Milchfieber) ist.

Nach dem Abferkeln, wenn die Sau fieberfrei, das Gesäuge nicht verhärtet und das Abkoten normal ist, steigert man innerhalb der 1. Säugewoche die Futtermenge täglich um ca. 0,75 kg bis zur Sattfütterung. Die tägliche Futterzuteilung orientiert sich dann an der Zahl der zu säugenden Ferkel: Je Ferkel 0,5 kg Kraftfutter täglich, mindestens 3,5 kg/Sau und Tag. Eine Sau mit 10 Ferkeln benötigt täglich 5 kg, eine Sau mit 12 Ferkeln 6 kg »Alleinfutter für säugende Sauen«.

Fütterung der abgesetzten Sau (Güstzeit) – Bis zum 3. Tag nach dem Absetzen erhält die Sau 2 kg Kraftfutter täglich. Anschließend füttert man sie wie eine hochtragende Sau (2,55 kg Alleinfutter für tragende Sauen), um die Gewichtsverluste während der Säugezeit auszugleichen, die höchstens 15 kg betragen sollten. Besonders bei stark abgesäugten Sauen hat sich eine sog. »Flushing-Fütterung« bewährt. Solche Sauen erhalten nach dem Absetzen bis kurz nach dem Belegen etwa 3 kg Kraftfutter/Tag. Dann ist die Futtermenge auf 2,2 kg täglich zu verringern.

Futterverbrauch je Sau und Jahr:
- Bei Alleinfütterung 10–11 dt,
- bei kombinierter Fütterung 8–10 dt.

Eberfütterung – Der Energie- und Nährstoffbedarf ist in der Regel mit täglich 2,5–3 kg eines Alleinfutters für säugende Sauen abgedeckt. Bei intensiver Zuchtbenutzung entsteht ein Fehlbetrag an Lysin, der mit 400 g Fischmehl oder 500 g Eiweißkonzentrat auszugleichen ist. Als Sättigungsfutter dienen Heu oder Stroh.

Zuchtläuferfütterung – Ziel der Aufzucht: Im Alter von 7–8 Monaten soll die Jungsau 110–120 kg wiegen. Zu diesem Zeitpunkt wird sie gedeckt.

Bei **Alleinfütterung** erhalten die Zuchtläufer ab 25–30 kg Lebendgewicht ein Kraftfutter, das in den Inhaltsstoffen einem »Alleinfutter für säugende Sauen« entspricht.

Tabelle 93 Alleinfutter für tragende Sauen (Beispiele; Angabe der Komponenten in %)

Mischung Nr.	1	2	3	4	5	6
Sojaextraktionsschrot Normtyp (44% Rp)	4	1,5	—	2	2,5	2,5
Fischmehl (60–64% Rohprotein)	—	1,5	—	—	—	—
Eiweißkonzentrat (50% Rohprotein)	—	—	5,5	—	—	—
Tiermehl (55% Rohprotein)	—	—	—	2,5	—	—
Ackerbohnen	—	—	—	—	3,5	—
Rapsextraktionsschrot	—	—	—	—	—	3
Weizen	10	—	16	—	—	10
Gerste	48	54	56	49	54	50
Hafer	17	30	13	35	26	14,5
Weizenkleie	18	10	—	9	11	17
Strohmehl	—	—	8	—	—	—
Mineralfutter	2,5	3	1,5	2,5	3	2,5
Kohlensaurer Futterkalk	0,5	—	—	—	—	0,5
Mineralfuttertyp (Ca in g/kg)	240	240	240	240	240	240
Mineralfuttertyp (P in g/kg)	50	50	65	50	50	50

Diese Mischungen enthalten je kg: 120–125 g Rohprotein; 5,1 g Lysin; 11,4 MJ ME; 64–69 g Rohfaser; 8,1–9,0 g Ca; 5,0–6,1 g P.

Tabelle 94 Alleinfutter für säugende Sauen (Beispiele; Angabe der Komponenten in %)

Mischung Nr.	1	2	3	4	5	6
Sojaextraktionsschrot Normtyp (44% Rp)	19	10	—	13	10	15
Fischmehl (60–64% Rohprotein)	—	4,5	—	—	—	—
Eiweißkonzentrat (50% Rohprotein)	—	—	14,5	—	—	—
Tiermehl (55% Rohprotein)	—	—	—	6	—	—
Ackerbohnen	—	—	—	—	17	—
Rapsextraktionsschrot	—	—	—	—	—	7
Weizen	45	37	37	30,5	48	59
Gerste	32	45	47	48	21	15
Mineralfutter	4	3,5	1,5	2,5	4	4
Mineralfuttertyp (Ca in g/kg)	225	225	215	240	225	225
Mineralfuttertyp (P in g/kg)	80	80	95	65	80	80

Diese Mischungen enthalten je kg: 165–175 g Rohprotein; 8,1 g Lysin; 12,6 MJ ME; 36–40 g Rohfaser; 10,0–11,3 g Ca; 6,8–7,3 g P.

Bei **kombinierter Fütterung** erhalten die Zuchtläufer bei energiereichen Futtermitteln (z. B. bis zu 6 kg Gehaltsrüben, bis 2 kg CCM mit 55% T) gleichbleibend 1,5 kg Ergänzungsfutter für Zuchtschweine und steigende Gaben an Grundfutter. Zu eiweißreichen Futtermitteln (z. B. bis 8 kg jungem Gras, bis 6 kg Grassilage, bis 2 kg Cobs) erhalten die Tiere von 30–90 kg je Tag 1,5 kg »Alleinfutter für säugende Sauen« und steigende Gaben Grundfutter. Ab 90 kg werden 2 kg dieses Kraftfutters zugefüttert.

Tabelle 95 Empfehlenswerte Alleinfuttermengen für Zuchtläufer (kg Futter/Tier und Tag)

Lebendgewicht kg	Futter kg
30	1,6
60	2,2
100/120	2,5

Futterverbrauch je Tier (25–116 kg):
- Bei *Alleinfütterung* ca. 3,5 dt,
- bei *kombinierter Fütterung* ca. 2,5 dt Kraftfutter und 5–6 dt Grundfutter.

Tabelle 96 Gehaltsempfehlungen für Spurenelemente und Vitamine je kg Futter (88% Trockenmasse)

Komponente		Alleinfutter für tragende und säugende Sauen	Ergänzungsfutter für Zuchtsauen
Eisen	mg/kg mind.	80	120
Jod	mg/kg mind.	0,5	1
Kupfer	mg/kg mind.	10	20
Mangan	mg/kg mind.	20	40
Selen	mg/kg mind.	0,2	0,4
Zink	mg/kg mind.	50	100
Vitamin A	I.E./kg mind.	4000 [1])–8000 [2])	8000
Vitamin D	I.E./kg mind.	500 [1])–1000 [2])	1000
Vitamin E	mg/kg mind.	11	22
Vitamin B_2	mg/kg mind.	3	6
Nikotinsäure	mg/kg mind.	11	22
Pantothensäure	mg/kg mind.	10	20
Vitamin B_6	mg/kg mind.	2	4
Vitamin B_{12}	µg/kg mind.	15	30
Biotin	µg/kg mind.	100	150
Cholin	g/kg mind.	1,2	1,4

[1]) Tragende Sauen.
[2]) Säugende Sauen.

Tabelle 97 Empfohlene Futtermengen je Sau und Tag bei der kombinierten Fütterung

Futtermittel		Grundfutter	Ergänzung durch						
			Gerste		Ergänzungsfutter [1])		Mineralfutter		
			nieder-tragend	hoch-tragend	nieder-tragend	hoch-tragend	Typ [2])	nieder-tragend	hoch-tragend
		kg	kg	kg	kg	kg		g/Tag	g/Tag
Wiesengras		4,0	1,55	1,90	—	—	1	50	70
Grassilage	30% T	2,5	1,45	1,75	—	—	2	50	50
Cobs, 1. Schnitt		1,0	1,45	1,75	—	—	2	50	50
Wiesenheu		1,5	1,10	1,45	0,25	0,25	2	35	40
Maissilage	30% T	4,0	0,65	0,60	0,50	0,60	1	25	35
Corn-Cob-Mix	55% T	1,5	0,45	0,60	0,60	0,75	1	30	35
Gehaltsrüben		6,0	0,30	0,55	0,80	0,90	—	—	—
Preßschnitzel		4,0	0,85	1,05	0,65	0,75	2	10	20
Trockenschnitzel		0,9	0,75	1,00	0,65	0,75	2	10	20
Zuckerrübenblattsilage (sauber)		7,0	0,65	0,85	0,70	0,80	—	—	—
Biertreber		3,0	1,45	1,75	—	—	1	35	50

[1]) 210 g Rohprotein; 12,2 MJ ME; 12,5 g Lysin; 17 g Ca; 10 g P je kg.
[2]) Mineralfutter: Typ 1: 200 g Ca; 50 g P je kg; Typ 2: 210 g Ca; 75 g P je kg.

Ferkelfütterung – Die Ferkel sollen ihr Geburtsgewicht bis zum Ende der 1. Lebenswoche verdoppeln und in den ersten 3 Lebenswochen vervierfachen. Bis zur 9. Lebenswoche sollen die täglichen Zunahmen im Durchschnitt bei 350 g liegen.

Bei der Fütterung sind mehrere Abschnitte zu unterscheiden.

Biestmilchphase:

- Sofort nach der Geburt müssen die Ferkel Biestmilch aufnehmen, damit sie die notwendigen Nähr- und Schutzstoffe (Gammaglobuline) erhalten.
- Ausreichende Temperatur ist Voraussetzung für eine optimale Milchaufnahme. Das Ziel von 30–32° C ist erreichbar durch eine Wärmequelle und/oder ein Ferkelnest.
- Ist die Sau krank (Milchfieber) oder die Ferkelzahl sehr hoch, können die Ferkel *mutterlos* aufgezogen werden. Hierfür hat sich eine spezielle Ferkelmilch gut bewährt. Voraussetzung: Die Gefäße – mit nicht zu hohem Rand – müssen peinlich sauber sein (Rundtröge). Die Milch ist täglich frisch anzurühren.

Umstellungsphase:

Spätestens in der 2. Lebenswoche müssen die Ferkel allmählich Trockenfutter aufnehmen, da ihr Verdauungssystem bis zum Absetzen auf die Kraftfutterverdauung trainiert sein muß. Empfehlenswert ist ein »Ergänzungsfutter für Saugferkel«, vielfach als *Prestarter* bezeichnet. Auf gute Qualität ist besonders bei diesem Futter zu achten. Der Preis je dt ist nicht so entscheidend, da die gefressene Menge gering ist.

Die Ferkel müssen ausreichend Wasser saufen können, da sie sonst kein Futter aufnehmen. Die Höhe des Tränkenippels bzw. der Tränkeschale muß der Größe der Ferkel angepaßt werden (verstellbare Tränke oder Stein als Podest vor die Tränke stellen).

Beim Absetzen mit 5 Wochen (9–10 kg Lebendgewicht) muß ein Ferkel täglich mindestens 250 g Trockenfutter aufnehmen. Beim Absetzen mit 4 Wochen muß die tägliche Futteraufnahme mindestens 200 g betragen.

Ferkel fressen diese Menge nur, wenn das Futter

- täglich frisch angeboten wird (sonst nimmt das Futter den Stallgeruch an),
- in kleinen Mengen, in flachen Trögen bzw. auf dem Stallfußboden in der Nähe des Liegebereiches angeboten wird (Ausnutzen des natürlichen Spiel- und Wühltriebes und der Neugier),
- möglichst wenig staubt bzw. wenn die Pellets im Trog noch nicht verbissen sind,
- gut schmeckt (Ferkel bevorzugen einen süßsauren bis süß-herben Geschmack).

Das zugekaufte »Ergänzungsfutter für Saugferkel« ist auf das Geschmacksempfinden und den Nährstoffbedarf der Ferkel optimal abgestimmt. Durch den hohen Milchpulveranteil sind die Pellets hell. Sie sollten möglichst weich sein. Ein Säurezusatz (Zitronen-, Propion-, Fumarsäure, 1–2%) kann regulierend auf das Verdauungssystem wirken und die Keimvermehrung im Futter bremsen. Das Futter sollte je kg mindestens 225 g Rohprotein, 14,5 g Lysin und 13 MJ ME enthalten.

Fütterung der Ferkel beim Absetzen:

Werden die Ferkel gegen Ende der 5. Woche abgesetzt, sollte man Ende der 4. Woche bis dahin verwendete »Ergänzungsfutter für Saugferkel« mit dem »Ferkelaufzuchtfutter I« vermischen (je kg mindestens 185 g Rohprotein, 11 g Lysin, 12,6 MJ ME). Wird mit 4 Wochen abgesetzt, erhalten die Ferkel erst in der 5. Woche »Ferkelaufzuchtfutter I«.

Was ist zu beachten?

- ***Nicht am Absetztag das Futter wechseln, sondern wie beschrieben vorgehen.***
- ***Einige Tage nach dem Absetzen rationiert füttern, die Ferkel dürfen etwas hungern. Dadurch beugt man der Ödemkrankheit vor.***
- ***Beim Wechsel vom Abferkelstall in den Aufzuchtstall ebenfalls einige Tage rationiert füttern bzw. am Umsetztag das Futter ganz entziehen. Solange rationiert gefüttert wird, ist ein Trog mit einem Freßplatz für jedes Ferkel in die Bucht zu geben (bei Vollspalten Gummimatte in die Bucht legen).***
- ***Den Rohfasergehalt in den ersten Tagen nach dem Absetzen erhöhen (Kleie, Haferflocken, Grünmehl, abgesiebte Maislieschen).***
- ***Unbedingt für reichliches Wasserangebot sorgen.***
- ***Bei Ödemkrankheit sofort das Futter entziehen, nicht aber das Wasser.***

Nach jedem rationierten Füttern bzw. nach einem Futterentzug sind die täglichen Futtergaben langsam zu steigern, bis nach 1 Woche Sattfütterung möglich ist. Bei Sattfütterung ist für höchstens 4 Ferkel ein Freßplatz vorzusehen. Bei Durchfallgefahr verwenden Praktiker reines Getreideschrot, das rohfaserreich sein darf, oder geben angefeuchteten Schwarztorf in die Bucht.

3 Wirtschaftlichkeit und Deckungsbeiträge

Oberstes Ziel muß es sein, die vorhandenen Stallplätze so gut wie möglich auszunutzen und so viele Ferkel wie möglich je Sau und Jahr aufzuziehen.

Leistungsreserven lassen sich durch folgende Maßnahmen ausschöpfen:

- Management verbessern,
- fruchtbare Sauen einsetzen,
- Kosten senken,
- Verkaufserlöse erhöhen.

Management verbessern heißt:

- Güstzeit verringern (10 Tage weniger = 1 Ferkel/Sau und Jahr mehr),
- Ferkelzahl/Wurf erhöhen (1–2 Ferkel mehr),
- Ferkelverluste senken (1% weniger = 0,2 Ferkel/Sau und Jahr mehr),
- Säugezeit verkürzen (4 statt 5 Wochen = 0,8 Ferkel/Sau und Jahr mehr).

Fruchtbare Sauen einsetzen heißt:

- Verwenden von
  - halothannegativen Sauen (0,2–0,5 Ferkel/Sau und Jahr mehr),
  - Kreuzungssauen (z. B. DE × DL) (1–1,5 Ferkel/Sau und Jahr mehr),
  - Hybridsauen (1–2 Ferkel/Sau und Jahr mehr).
- Auswahl von Sauen, die nach dem Absetzen schnell rauschen, viele Ferkel werfen (keine Geburtsschwierigkeiten) und sie mit niedrigen Verlusten aufziehen (normales Säugeverhalten).

Kosten senken heißt:

- Futterkosten um 10–20 DM/Sau und Jahr verringern durch Einsatz von 2 verschiedenen Mischungen für tragende und säugende Sauen anstelle einer Kombinationsmischung,
- Futter kontrolliert zuteilen, kein Futter vergeuden,
- Futtermischungen um 1–3 DM/dt verbilligen durch Futteroptimierung per Computer,
- innerbetrieblich aufstocken, ohne zu bauen, durch Ausgliedern der Jungsauenaufzucht.

Verkaufserlöse erhöhen heißt:

- Qualitätsferkel erzeugen, wie sie der Markt verlangt,
- schwere Ferkel (bis fast 30 kg LG) verkaufen, solange bei niedrigen Futtermittelpreisen jedes Kilogramm Übergewicht über 20 kg Lebendgewicht mit 2,50 DM bezahlt wird,
- Preise und Leistungen der Abnehmer kritisch vergleichen, dabei die Punkte im Abschnitt »Preisvergleich« beachten.

Deckungsbeiträge Zuchtsauen – Mit Hilfe der Tabelle 98 (Deckungsbeitrag **Zuchtsauen**) kann jeder Landwirt ablesen, in welcher Höhe sich die Marktleistung (ML) bzw. der Deckungsbeitrag (DB) bei den erzeugten Ferkeln und dem möglichen Preis einspielen wird.

Die Arbeitskraftstunden (AKh) pro Sau und Jahr schwanken je nach Bestandsgröße und Aufstallung von 30–60 Stunden.

Wertung – Entscheidend ist immer das Engagement des Betriebsleiters. Wer heute noch meint, er könne die Ferkelerzeugung nebenher betreiben und im Stall nachlässig sein, ist dem Konkurrenzdruck nicht mehr gewachsen. Wer dagegen Leistungsreserven ausschöpfen will, muß

- ein versierter Kaufmann sein,
- ständig sein Betriebsmanagement verbessern,
- seinen Betrieb ständig kritisch durchleuchten,
- sparsam und überlegt wirtschaften und handeln,
- auch Kleinigkeiten sehen, Tendenzen und Entwicklungen im Betrieb erkennen und geeignete Maßnahmen ergreifen.

Eine wertvolle Hilfestellung dazu bieten die Beratungs- bzw. Ferkelerzeugerringe.

Vor jeder Investition ist zu bedenken, daß

- die Schweineproduktion relativ starken Erlösschwankungen unterworfen ist,
- auch in Zeiten niedriger Ferkelpreise Zins und Tilgung finanziert werden müssen,
- zusätzlich der Lebensunterhalt der Familie gesichert bleiben muß.

Wer heute investiert, muß mindestens 17 bis 18 Ferkel/Sau und Jahr verkaufen.

Was spricht für die Ferkelerzeugung?

- Vergleichsweise hohe Arbeitsproduktivität (DB/AKh),
- gute Verwertung der Stallkapazitäten,
- flächenunabhängig.

Was spricht gegen die Ferkelerzeugung?

- Hohe Anforderung an Management und Fachkenntnisse,
- starke Bindung der Arbeitskraft.

Tabelle 98 Deckungsbeitrag Zuchtsauen ohne Nachzucht – Alleinfutter (Sauen gerechnet ab Deckdatum)

		Menge	Betrag	Menge	Betrag	Menge	Betrag	Menge	Betrag	Menge	Betrag	Menge	Betrag
Ferkel/Sau und Jahr			15		16		17		18		19		20
Ferkelpreis 115 DM/27 kg	DM		1725		1840		1955		2070		2185		2300
Altsau 150 kg SG à 2,80 = 420	DM	0,4	168	0,42	176	0,44	185	0,46	193	0,49	206	0,52	218
Marktleistung (ML)	DM		1893		2016		2140		2263		2391		2518
Bestandsergänzung 550 DM [1])	DM	0,4	220	0,42	231	0,44	242	0,46	253	0,49	270	0,52	286
Kraftfutter 11,5 dt à 44 DM	DM		506		506		506		506		506		506
Ferkelfutter 58 DM/dt	DM	6	348	6,4	371	6,8	394	7,2	418	7,6	441	8	464
Deckgeld/KB	DM		58		60		62		63		64		65
Tierarzt, Desinfektion, TSK	DM		71		76		81		86		91		96
Strom, Wasser, Sonstiges	DM		108		108		108		108		108		108
Erzeugerring und Erzeugergemeinschaft	DM		43		44		45		46		47		48
Verlustausgleich 2,5% der ML	DM		47		50		53		57		60		63
variable Kosten	DM		1401		1447		1492		1536		1586		1636
Deckungsbeitrag (DB) bei 115-DM-Ferkel	DM		492		570		648		727		805		882
DB einschließlich Güllewert 55 DM/Sau	DM		547		626		705		785		864		942
DB einschließlich Güllewert		ML	DB	ML	DB	ML	DB	ML	DB	ML	DB	ML	DB
bei einem Ferkelpreis von DM	95	1593	247	1696	306	1799	365	1903	425	2010	484	2118	542
	100	1668	322	1776	386	1884	450	1993	515	2105	579	2218	642
	105	1743	397	1856	466	1969	535	2083	605	2200	674	2318	742
	110	1818	472	1936	546	2054	620	2173	695	2295	769	2418	842
	115	1893	547	2016	626	2139	705	2263	785	2390	864	2518	942
	120	1968	622	2096	706	2224	790	2353	875	2485	959	2618	1042
	125	2043	697	2176	786	2309	875	2443	965	2580	1054	2718	1142
	130	2118	772	2256	866	2394	960	2533	1055	2675	1149	2818	1242

[1]) Deckfähige Jungsau 100 kg.

13 Schweinemast im Nebenerwerb

1 Forderungen des Marktes

1.1 Der Schweinemarkt in der Europäischen Gemeinschaft (EG) und in der Bundesrepublik Deutschland

Verglichen mit anderen wichtigen Produktionszweigen der Landwirtschaft war die bundesdeutsche Schlachtschweineproduktion schon immer relativ schutzlos dem Kräftespiel der freien Marktwirtschaft ausgesetzt, ohne sich auf regulierend-stützende Eingriffe von staatlicher Seite verlasssen zu können. Die aktuelle Entwicklung der Agrarpolitik zeigt, daß dies auch in absehbarer Zukunft so bleiben wird.

Besonders Schweinemäster sind deshalb gezwungen, sich nicht nur an regionalen, sondern an europäischen und letztlich weltmarktpolitischen **Rahmenbedingungen** zu orientieren:

- Der europäische Binnenmarkt wird den ohnehin harten Verdrängungswettbewerb um begehrte Absatzmärkte noch verschärfen,
- die Schweinefleischproduktion in der EG liegt seit Jahren um 2–3% über dem Verbrauch,
- der Fleischverbrauch nimmt nach stetigem Aufwärtstrend sowohl in der EG als auch in der Bundesrepublik Deutschland seit 1989 ab.

Die **Bundesrepublik Deutschland** nimmt in der EG eine wichtige, aber auch sehr schwierige Stellung ein:

- Sie ist zwar mit einem Anteil von fast 25% immer noch der größte Schweineproduzent der EG, stellt aber gleichzeitig mit einem Selbstversorgungsgrad von 85% einen besonders begehrten Absatzmarkt innerhalb der EG dar,
- die Produktion zeigt ein deutliches Nord-Süd-Gefälle; während in Norddeutschland Überschüsse produziert werden, ist Süddeutschland mit seinem enormen Zuschußbedarf der größte Schweinefleischimporteur in der EG,
- strukturelle und währungspolitische Wettbewerbsnachteile der bundesdeutschen Schweineproduzenten werden durch Umwelt- und Tierschutzauflagen verschärft.

Als **Konsequenzen** für den Nebenerwerbslandwirt ergeben sich daraus: Prinzipiell muß sich der Schweinemäster im Nebenerwerb dieser offenen und harten Marktsituation genauso stellen wie der Vollerwerbsbetrieb. Er kann wohl versuchen, seine zusätzliche Benachteiligung in Vorteile umzumünzen, etwa durch die Produktion von Markenfleisch. Die damit verbundenen Auflagen lassen sich zum Teil in kleineren Beständen leichter realisieren.

Unabhängig von der Beteiligung an Markenfleischprogrammen, deren Anteil am Markt begrenzt bleiben wird, muß aber besonders der Nebenerwerbsmäster alles daran setzen, Qualität, also hochwertige Schlachtkörper mit guter Fleischqualität zu produzieren.

Fette Schweinebäuche lassen sich mit den anspruchsvollen Marktbedingungen der Gegenwart und erst recht der Zukunft genausowenig vereinbaren wie wäßrige Koteletten!

1.2 Schlachtkörperqualität

Definition – Die Schlachtkörperqualität wird definiert durch

- das Zwei-Hälften-Gewicht,
- den Anteil und die Ausprägung wertvoller Teilstücke,
- den Verfettungsgrad.

Die Schlachtkörperqualität wird sowohl subjektiv geschätzt als auch mit genau definierten Meßmethoden beurteilt (Abb. 88). Die *indirekten Merkmale,* wie z. B. der Schinkenanteil, werden in der Zucht- und in der Produktionsstufe als Selektions- und teilweise als Bezahlungsgrundlage verwendet.

Marktwünsche – Die Forderungen des Marktes an die Schlachtkörperqualität zeigen regional deutliche Unterschiede:

In **Süddeutschland** mit seiner relativ starken Metzgervermarktung, muß sich die Schweineproduktion sehr stark an den Erfordernissen des *Frischfleischmarktes* orientieren, und zwar mit allen züchterischen und produktionstechnischen Konsequenzen. Hier wird nach wie vor das »Typschwein« mit starker Ausprägung der

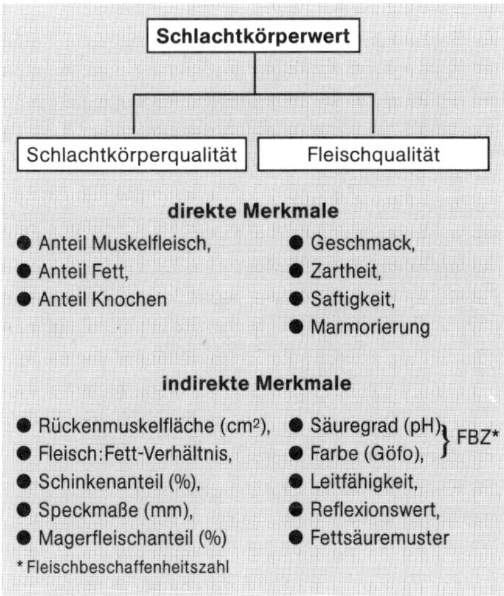

Abb. 88 Zusammensetzung des Schlachtkörperwertes beim Schwein.

fleischtragenden Partien verlangt und auch besser bezahlt.
In **Norddeutschland** drängen die in starker Konzentration Überschüsse produzierenden Mäster mit *Verarbeitungsware* auf den Markt und müssen dafür in der Regel niedrigere Erlöse in Kauf nehmen.

Für jeden Absatz gilt heute die Forderung: viel Fleisch – wenig Fett!

Gute Schlachtkörper haben folgende Eigenschaften:
- Zwei-Hälften-Gewicht 80–95 kg bei genügend Schlachtkörperlänge,
- Kamm und Schulter kräftig ausgebildet, mit geringer Fettauflage,
- Kotelettstrang mit großer Querschnittsfläche und mäßiger Speckauflage,
- Schinken lang, breit und voll bemuskelt,
- magerer, gut durchwachsener Bauch.

1.3 Fleischqualität

Definition – Während Schlachtkörperqualität Gewicht und äußeres Erscheinungsbild der Schweinehälfte meint, bezieht sich der Begriff Fleischqualität auf die »inneren Werte« des Rohstoffes Fleisch (Tab. 99).
Marktwünsche – Schweinefleisch bietet, verglichen mit anderen Fleischsorten, eine Vielzahl von Verarbeitungsmöglichkeiten. Andererseits ist die Preistoleranz des Verbrauchers gerade bei Schweinefleisch am geringsten. Die Forderungen des Marktes an die Beschaffenheit der Rohware können deshalb sehr unterschiedlich sein.
Der Schweinemäster sollte sich immer im Gespräch mit seinem Abnehmer an dessen individuellen Ansprüchen orientieren.

Grundsätzlich gilt: Wer sich bei Marktsättigung durchsetzen will, muß Qualität produzieren!

Mindestanforderungen an Qualitätsschweinefleisch:
- Frei von Fleischfehlern (PSE),
- hygienisch unbedenklich,
- frei von Rückständen,
- ausgewogenes Fleisch : Fett-Verhältnis (hoher Fleischanteil bei guter Marmorierung),
- gute Fettqualität (»kerniger Speck«).

Fleischfehler – Die beiden wichtigsten Maßstäbe für ein Qualitätsschwein, Schlachtkörperqualität und Fleischqualität, kennzeichnen die Zwangslage der modernen Schlachtschweineproduktion: Je näher der Schlachtkörper dem vom Abnehmer geforderten Ideal kommt – fleischreich und fettarm – desto größer wird die Gefahr, daß die Fleischqualität leidet.

Es besteht ein genetisch bedingter Zusammenhang zwischen extremer Fleischfülle und Entgleisungen des Muskelstoffwechsels.

Neben allgemeiner Streßanfälligkeit (Herztod, Bananenkrankheit) neigen sehr fleischbetonte

Tabelle 99 Merkmale der Fleischbeschaffenheit

Nährwert	Gehalt an Eiweiß, Energie, Fett, Mineralstoffen und Vitaminen
Genußwert	Farbe, Geruch, Geschmack, Aroma, Zartheit
Gebrauchswert	Wasserbindung, Gewichtsverlust, Salzaufnahme, Emulgierbarkeit, Festigkeit etc.
Gesundheitswert	Keimgehalt, Rückstände aus Futtermitteln, Tierbehandlung, Zubereitung
Zusatznutzen	ideelle Werte (z. B. Haltung, Herkunft der Futtermittel, Bestandsgröße)

Herkünfte (z. B. Piétrain) nach der Schlachtung zur Ausbildung von **PSE-Fleisch** (**p**ale: blaß; **s**oft: weich; **e**xsudative: wäßrig).
Unter Streß kommt es dabei in den Muskelzellen zu komplizierten biologischen und mechanischen Veränderungen:

- Die Energie wird zu schnell verbraucht,
- zuviel Milchsäure entsteht (schneller pH-Wert-Abfall),
- die Temperatur steigt an,
- Zellwandzerstörung führt zu Zellsaftaustritt,
- die Muskelfarbstoffe zersetzen sich.

Nachteile für Verarbeiter und Verbraucher daraus sind:

- Erhöhte Tropfsaftverluste,
- eingeschränkte Verarbeitungsmöglichkeiten,
- hohe Koch- und Bratverluste,
- zähes, trockenes Fleisch.

Meßmethoden – Qualitätsabweichungen wie PSE-Fleisch können mit verschiedenen Meßmethoden am Schlachtband festgestellt werden.
Die wichtigsten Meßmethoden erfassen den Säuregrad (pH-Wert), die elektrische Leitfähigkeit (LF-Wert) oder die Lichtabstrahlung (Reflexionswert).

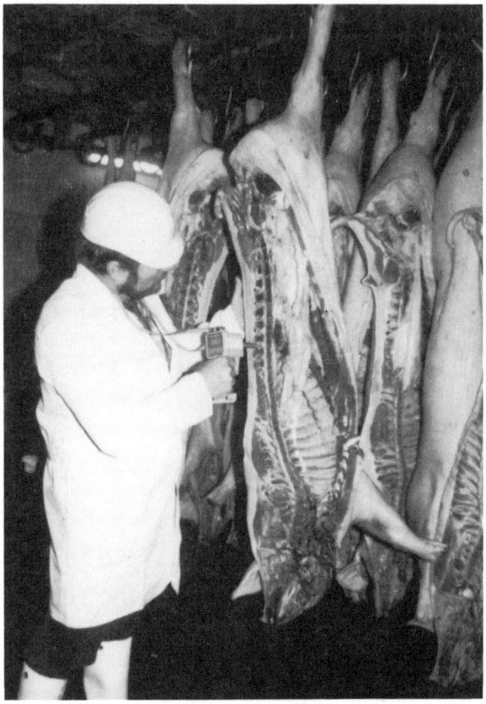

Abb. 89 pH-Wert-Messung am Schlachtkörper.

Tabelle 100 Meßwerte für Schweinefleischqualität

Meßmethoden	PSE-Fleisch	normales Fleisch
pH-Wert [1])	unter 5,6	über 5,8
Leitfähigkeit (LF)	über 8	unter 5
Reflexionswert	über 30	unter 25

[1]) 45 Minuten nach der Schlachtung gemessen.

Das Problem PSE-Fleisch ist **genetisch bedingt** und kann deshalb ursächlich nur durch züchterische Maßnahmen sicher verhindert werden. Da jedoch »typbetonte« Schweine, zumindest regional, immer Absatz finden werden, müssen bei solchen Tieren **Vorbeugemaßnahmen** zur Streßvermeidung getroffen werden:

- Schonende Verladung und Transport,
- angemessene Ruhezeit (2–3 Stunden),
- schonende Schlachtung.

Der Einfluß des Landwirts ist dabei sehr begrenzt, da Streßfaktoren um so schädlicher wirken, je mehr sie (zeitlich gesehen) mit der Betäubung und Entblutung zusammentreffen.
Einfluß der Fütterung – Es besteht kein direkter Zusammenhang zwischen Fütterung und PSE-Fleisch. Bei der Mast extrem typbetonter Fleischschweine (Pi oder Pi × DL) können spezielle Maßnahmen allenfalls unterstützend bei der Streßvorbeugung wirken:

- Erhöhung der Vitamin E-Selen-Zufuhr,
- Verteilung der Ration auf mehrere Mahlzeiten,
- Begrenzung sehr hoher Zunahmen im letzten Mastabschnitt durch Erhöhung des Rohfaseranteils,
- Nüchterung vor dem Schlachten (mindestens 12 h) bei reichlicher Wasserzufuhr.

Fettqualität – Im Gegensatz zur Fleischbeschaffenheit wird die Fettqualität sehr stark von der Fütterung beeinflußt.
Das moderne Mastschwein, auf hohe Zunahmen und wenig Fett gezüchtet, kann (verglichen mit dem früheren Fettschwein) auch Mängel in der Fettqualität aufweisen (Tabelle 101).
Einen *negativen Einfluß* auf die Fettqualität können haben:

- Verfütterung von Speiseabfällen,
- hohe Maisanteile (Körnermais, CCM),
- hohe Fischmehlanteile,
- Beimengung von Öl (besonders Sojaöl).

Da die Fettqualität derzeit nicht in die Bezahlung eingeht, kann nicht generell von solchen problematischen Komponenten abgeraten werden. Eine *Kombination der Faktoren* (z. B. Ölzusatz bei Soja-CCM-Ration) sollte aber ver-

Tabelle 101 Mängel in der Fettbeschaffenheit beim Schweinefleisch

Fehler	Ursachen
▶ zu wenig intramuskuläres Fett (Geschmacksträger!)	▶ genetisch bedingt, ▶ Schlachtalter(?)
▶ »leeres« Fettgewebe	▶ ungeklärt
▶ mangelnde Oxidationsstabilität	▶ zu hoher Gehalt an mehrfach ungesättigten Fettsäuren
▶ weiche Fettkonsistenz	▶ zu hoher Gehalt an einfach und mehrfach ungesättigten Fettsäuren

Tabelle 102 Handelsklassenschema für Schweinehälften

Handelsklasse	Muskelfleischanteil in % (Schlachtkörper von 50 bis unter 120 kg)
E	55 und mehr
U	50 und mehr, weniger als 55
R	45 und mehr, weniger als 50
O	40 und mehr, weniger als 45
P	weniger als 40
M 1	Schlachtkörper vollfleischiger Sauen
M 2	Schlachtkörper anderer Sauen
V	Schlachtkörper von Ebern und Altschneidern

mieden werden. Einen positiven Einfluß haben Gerste, Kartoffeln, Leguminosen.

1.4 Vermarktung

Handelsklasseneinteilung – Gesetzliche Grundlagen sind das Vieh- und Fleischgesetz (Lebendvieh), das Handelsklassengesetz (Schweinehälften) sowie die jeweils gültigen Durchführungsverordnungen (DVO).
Handelsklassen für **Lebendvieh:** Die Einteilung erfolgt im wesentlichen nach dem Gewicht. Die meisten Mastschweine fallen in die *Handelsklasse c* (80–119,5 kg LG).
Obwohl die *Preisnotierungen der Schlachtvieh-Großmärkte* wegen ihres stark rückläufigen Auftriebs nicht mehr repräsentativ für die gesamte Marktsituation sind, haben die *»c-Notierungen«* immer noch eine gewisse Bedeutung für die Preisfindung.
Handelsklassen für **Schweinehälften:** Das seit 1972 gültige EG-Handelsklassenschema wurde 1987 durch die *Verordnung über gesetzliche Handelsklassen für Schweinehälften* abgelöst.
Die wichtigsten **Vorschriften** sind:

- ▶ EG-weit gültige *Handelsklassen E-U-R-O-P,*
- ▶ Einstufung nach *Muskelfleischanteil,*
- ▶ Ermittlung des Muskelfleischanteils durch zugelassene *Klassifizierungsgeräte* oder durch das *Zwei-Punkt-Verfahren* (ZP-Verfahren).

Die für 1991 geplante Novellierung der Handelsklassenverordnung soll unter anderem eine Vereinheitlichung der Meßstellen und der zulassungsfähigen Klassifizierungsgeräte bringen. Auf eine Beschreibung der zur Zeit eingesetzten Geräte wird deshalb verzichtet.

Vermarktungswege und -formen – Durch den fortschreitenden Konzentrationsprozeß im Schlacht- und Verarbeitungsbereich haben sich Vermarktung und Absatz von Schlachtschweinen in den letzten Jahren deutlich verändert. Während 1976 noch fast zwei Drittel des Schweinefleisches über Metzger und Einzelhandel abgesetzt wurden, kommen mittlerweile mehr als 70% aller Fleisch- und Wurstwaren in großen Verbrauchermärkten und Ladenketten zum Verkauf.

Die **Absatzmöglichkeiten** für Mastschweine beschränken sich heute auf folgende Alternativen:

- ▶ *Geschlachtetvermarktung nach der 4 DVO* (Abrechnung nach Magerfleischanteil oder Preisklassen mittels Geräteklassifizierung),
- ▶ *Geschlachtetvermarktung zum Festpreis* ab Hof,
- ▶ *Lebendvermarktung zum Festpreis* ab Hof.

Es ist nicht möglich, eine allgemein gültige Bewertung der einzelnen Absatzwege und -formen (»Was ist besser?«) vorzunehmen.

Für den **Vergleich** verschiedener Vermarktungsformen muß der Schweinemäster im Einzelfall prüfen:

- ▶ Wie ist der Preis?
- ▶ Wie hoch sind die Vorkosten?
- ▶ Welches Gewicht wurde verrechnet?

Anhaltswerte	für Nüchterung und Ausschlachtung
Nüchterung:	12–24 Stunden, entsprechend ca. 5% Gewichtsverlust;
Transport:	bis 2 Stunden, entsprechend 1–2% Gewichtsverlust.

- Wie ist der normale Nüchterungsverlauf meiner Schweine?
- Wie hoch ist normalerweise die Ausschlachtung meiner Tiere?

Bei ad-libitum gefütterten Schweinen liegen die Verluste eher niedriger.

Ausschlachtung – Die Ausschlachtung (auch als Schlachtverlust bezeichnet) hängt von Gewicht, Rasse, Fütterung und Nüchterungsdauer ab. Die Ausschlachtung von Schweinen liegt im Durchschnitt bei 80–82% (die Schlachtverluste entsprechend bei 20–18%).

Nur wer konsequent und über längere Zeit **Aufzeichnungen** über Nüchterung und Ausschlachtung führt, kann verdächtige Abweichungen feststellen!

Voraussetzung für eine kontrollierte Vermarktung ist also immer die *Gewichtsfeststellung am Hof!*

Die entscheidende Vergleichszahl für den Mäster ist der Reinerlös je kg Lebendgewicht ab Hof, also Bruttogesamterlös (Scheckbetrag) geteilt durch das Gewicht ab Hof.

Mastkontrollringe bieten als Service die Endwiegung an und ersparen so dem kleinen Mäster die Anschaffung einer eigenen Waage.

Wann immer möglich, sollte der Mäster seine Tiere zur Schlachtung begleiten und bei der Klassifizierung dabei sein. Da dies für den Nebenerwerbsmäster oft nicht möglich ist, gewinnt gerade hier die ständige Kontrolle des erzielten Reinerlöses noch mehr an Bedeutung.

Die Vermarktung hat besonders in der Schweinemast einen entscheidenden Einfluß auf die Wirtschaftlichkeit. Das Motto muß heißen: *Verkaufen statt abliefern!*

Marktbeobachtung, Verhandlungsgeschick, sicheres Auftreten und ständige Kontrolle sollten dabei zur Gewohnheit werden.

2 Produktionstechnik

2.1 Haltung und Produktionsverfahren

2.1.1 Grundsätzliches

Haltung, Hygiene und Produktionsablauf sind neben Tiermaterial und Fütterung die wichtigsten Faktoren für langfristigen Masterfolg. Richtige Gestaltung und Steuerung der Umweltbedingungen haben deshalb einen maßgeblichen Einfluß auf die Wirtschaftlichkeit der Mast.

Bei der Haltung von Mastschweinen sind einige **gesetzliche Vorschriften** zu beachten. Die wichtigsten sind: das Baurecht, das Immissionsschutzgesetz, das Tierseuchenrecht und das Arzneimittelgesetz.

Auskunft über die geltenden Regelungen geben die örtlichen Landwirtschaftsbehörden und die Veterinärämter.

2.1.2 Stallbau und -klima

Ziele beim **Bau und Umbau** von Schweinemastställen:

- Möglichst niedrige Kostenbelastung pro Platz,
- rationeller Arbeitsplatz,
- möglichst artgerechte Haltungsbedingungen (Voraussetzung für Wohlbefinden und hohe Leistungen der Tiere).

Bauplanung – Im Nebenerwerbsbetrieb bieten sich häufig vorhandene Altgebäude zum Umbau an, so daß hier der Neubau aus Kostengründen im Hintergrund steht.

Tips für die **Umbauplanung:**

- Genehmigungsrechtliche Vorschriften und *Schweinehaltungsverordnung* beachten,
- Voraussetzungen für *staatliche Förderungsprogramme* prüfen lassen,
- anhand einer vorläufigen Planskizze *Kostenvoranschläge* verschiedener Baufirmen einholen, u. U. für verschiedene Umbauvarianten,
- frühzeitig *neutrale Bauberater* einschalten,
- ohne funktionierende *Lüftung* und *Klimagestaltung* geht es auch beim Umbau nicht! Hierzu ist neutrale Beratung inclusive *Wärmebilanzberechnung* unbedingt vor Baubeginn notwendig,
- bei allen Kaufentscheidungen im Zweifelsfall *Bewährtes* dem Unerprobten und *solide Qualität* dem Sonderangebot vorziehen.

Für vorhandene Gebäude die optimale Umbaulösung zu finden, die auch zur Gesamtkonzeption des Betriebes paßt, ist zwar finanziell weniger riskant, aber in der Sache wesentlich schwieriger als Neubauplanungen. Entscheidend ist deshalb: Sich Zeit nehmen für die Planungsphase, verschiedene Varianten mit Vor- und Nachteilen prüfen, langfristig denken.

Bei jedem Maststall sind folgende Punkte zu beachten:

- Stallhöhe: Ca. 3,00 m (Luftraum: ca. 3 m^3/Platz),

- Platzangebot:
  - Voll-Teilspaltenboden: mind. 0,7 m²/Tier,
  - Tieflaufstall: 1,0–1,2 m²/Tier,
- Gruppengröße: optimal: 10–12 Tiere/Bucht,
- Freßplatzbreite: Anfangsmast 27 cm, Endmast 33 cm/Tier,
- Freßplatz-Verhältnis: 1 : 1 (Trog), 1 : 10 bis 1 : 12 (Breiautomat), 1 : 4 (herkömmlicher Automat),
- Licht: Fensterfläche ca. 1/20 der Stallgrundfläche,
- Beschäftigung: laut Schweinehaltungsverordnung muß Gelegenheit zur Beschäftigung gegeben werden (Stroh, Spielzeug).

Stallklima – Die Klimatisierung von Schweinemastställen wird häufig unterschätzt, ist aber vor allem bei Umbaulösungen fast immer das Hauptproblem. Fehler, die bei der Planung und Installation von Lüftungsanlagen und Heizsystemen gemacht werden, äußern sich oft nur unterschwellig in nicht optimalen Tierleistungen und lassen sich später nur schwer korrigieren.

Die richtige Klimatisierung von Mastställen wird um so komplizierter, je »härter« das Haltungssystem ist (Vollspaltenboden) und verlangt bei jeder Stallplanung größtes Augenmerk!

Details zum »Klima in geschlossenen Ställen« beschreibt die DIN 18910. Hier können nur die wichtigsten Richtzahlen genannt werden (Tabelle 103).

Das Stallklima wird bestimmt durch das Zusammenwirken von
- Temperatur,
- Luftfeuchtigkeit,
- Gasgehalt der Luft,
- Luftbewegung,
- Licht,
- Staubgehalt der Luft.

Kontrolle des Stallklimas und der Lüftung ist ständig nötig:
- *Tägliche Kontrolle* der Lüftung kann lebenswichtig sein! (§ 11 der Schweinehaltungsverordnung schreibt Notstromaggregat und Alarmanlage in Ställen mit elektrisch betriebener Lüftung vor).
- *Messungen* (Temperatur, Luftbewegung etc.) müssen *in Tiernähe* vorgenommen werden.
- *Verdächtige Anzeichen:* Aufeinanderliegen der Tiere, rauhes Haarkleid, Schniefen, mäßige Mastleistung.

2.1.3 Haltungsverfahren

Bei der Haltung von Mastschweinen kommen im wesentlichen vier Möglichkeiten in Frage (Abb. 90).

Dänische Aufstallung – Die Bucht ist in Mistgang (Breite 110–120 cm) und eingestreuten oder wärmegedämmten Liege-Freßbereich (Tiefe 160–170 cm) getrennt. Die Entmistung erfolgt von Hand oder mechanisch (Schubstangen, Flachschieber). Die Fütterung (Längstrog) erfolgt in der Regel von Hand.
- *Vorteile:* Tiergerecht, leicht zu klimatisieren.
- *Nachteile:* Sehr hohe Arbeitsbelastung (Handarbeit!), hoher Platzbedarf.
- *Bewertung:* Vorhandene Ställe mit befriedi-

Tabelle 103 Richtwerte für das Stallklima in Schweinemastställen

Klimafaktor	Richtwert
Temperatur	mind. 24° C (Einstallen), 18–20° C (Teil-, Vollspalten), 15–18° C (Einstreu)
relative Luftfeuchtigkeit	60–80%
Schadgasgehalt	[1]
Kohlendioxid (CO_2)	max. 0,35 Vol.-% (0,20 Vol.-%)
Ammoniak (NH_3)	max. 0,005 Vol.-% (0,001 Vol.-%)
Schwefelwasserstoff (H_2S)	max. 0,001 Vol.-% (0 Vol.-%)
Luftbewegung	max. 0,2 m/s in Tierkörpernähe (max. 0,6 m/s im Sommer)
Licht	mind. 50 Lux (8 h/Tag) [2]
Staubgehalt	so niedrig wie möglich

[1] Werte nach DIN 18910, in Klammer Optimalwerte.
[2] Nach Schweinehaltungsverordnung.

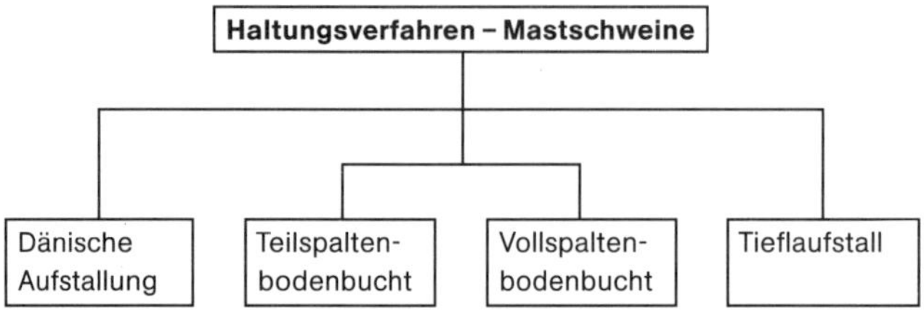

Abb. 90 Haltungsverfahren für Mastschweine.

gender Funktion solange nutzen, wie die Arbeitsbelastung tragbar ist; für Neu- und Umbauten kaum noch empfehlenswert.

Bucht mit Teilspaltenboden – Die Bucht ist hinter dem Trog planbefestigt (Tiefe 80–90 cm) und geht dann in Spaltenboden über (Tiefe ca. 140 cm).

- *Vorteile:* Feste Liegefläche (kein Zug von unten), keine Entmistungsarbeiten.
- *Nachteile:* Gefahr der Liegeflächenverschmutzung.
- *Bewertung:* Die Gefahr des »Umdrehens« (Koten auf die Liegefläche) ist so groß, daß der Teilspaltenboden für die Endmast nicht, für die Vormast mit Einschränkung empfohlen werden kann.

Aus Holland kommt eine Weiterentwicklung des Teilspaltenbodens, bei der die feste Fläche quer in der Mitte der Bucht liegt. Die restliche Fläche davor und dahinter ist perforiert. Der »Liegestreifen« ist leicht gewölbt und beheizbar und wird nach bisherigen Erfahrungen selten verkotet. Das System ist noch relativ aufwendig (Heizung), dürfte aber Zukunft haben, vor allem, wenn der Vollspaltenboden tierschutzrechtlich in Frage gestellt werden sollte.

Buchten mit Vollspaltenboden – Die gesamte Bucht steht als vollperforierte Fläche zum Liegen und Koten zur Verfügung (Buchtentiefe: 200 cm).

- *Vorteile:* Arbeitswirtschaftlich rationellstes Verfahren, geringster Platzbedarf.
- *Nachteile:* Anfällig gegen Bau-und Klimafehler, höherer Temperaturbedarf, keine Trennung der Funktionsbereiche (Reizarmut, Langeweile, Untugenden).
- *Bewertung:* Der Vollspaltenboden ist für größere Mastbestände trotz der genannten Nachteile aus heutiger Sicht das Mittel der Wahl. In kleineren Beständen und bei Umbaulösungen können der hohe bauliche Aufwand und die anspruchsvolle Klimatechnik die arbeitswirtschaftlichen Vorteile aufheben.

Tieflaufstall – Die Schweine werden in größeren Gruppen (Vormast 20–60, Hauptmast nicht über 40) auf einer Strohmatratze gehalten. Der Freßplatz ist bei Dauerlösungen angehoben und geht über Stufen in den Liegebereich über. Im Abstand von 2–4 Tagen wird eingestreut (Strohbedarf ca. 1,5 kg/Tier und Tag). Ausgemistet wird in der Regel nach dem Durchgang mit dem Frontlader. Die Fütterung erfolgt am Automaten

- *Vorteile:* Einfache, billige Umbaulösung, sehr tiergerecht, geringste Ansprüche an Lüftung und Stallklima, kaum Geruchsbelästigung.
- *Bewertung:* Der Tieflaufstall kommt wegen der aufwendigen Strohkette und wegen des hohen Platzbedarfs für große Mastbestände und für Neubauten kaum in Frage.

Für den Nebenerwerbsbetrieb kann dagegen der Tieflaufstall die beste Lösung sein, wenn

- ***die Schweinemast Übergangslösung ist (Generationswechsel),***
- ***wenig Investitionsspielraum gegeben ist,***
- ***geeignete Gebäude vorhanden sind (Maschinenhalle, Scheune),***
- ***Stroh- und Festmistkette vorhanden sind.***

Planungsdetails können aus Abb. 91 entnommen werden.

2.1.4 Produktionsablauf

Ferkelbeschaffung und Einstallung – Von den Möglichkeiten der Ferkelbeschaffung

- Erzeugung im eigenen Betrieb (geschlossenes System),
- Zukauf vom bekannten Ferkelerzeugerbetrieb (Direktbezug, »Ehe«),
- Zukauf von Erzeugergemeinschaften oder Ferkelhändler

sind die ersten beiden wegen *hygienischer Vorteile* vorzuziehen.

Beim **Ferkeleinkauf** ist folgendes zu beachten:

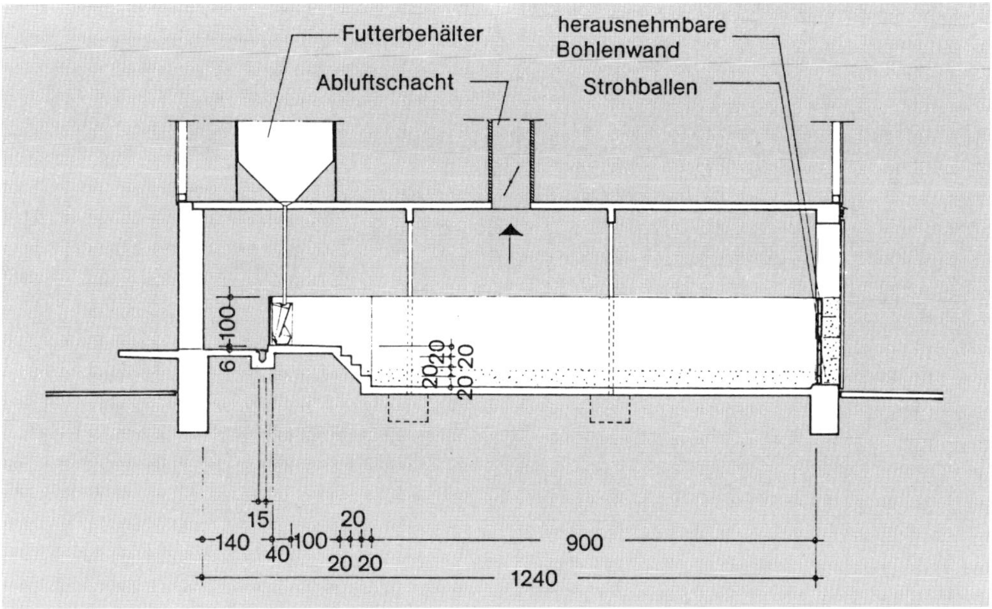

Abb. 91 Tieflaufstall mit angehobenem Freßplatz (Maße in cm).

- Nur *Qualitätsferkel* (möglichst aus kontrollierter Erzeugung) kaufen (ein Mehrpreis von 10–15 DM macht sich meistens durch bessere Mast- und Schlachtleistung bezahlt),
- *Einheitlichkeit* (Rasse, Gewicht) verlangen,
- *rechtzeitige Reklamation* bei Kümmerern, nicht kupierten/schlecht kastrierten Ferkeln,
- *Geschlechtsverteilung* überprüfen (bei gemischter Lieferung max. 50% Kastraten).

Siehe auch Kapitel 12, Seite 168.

Starthilfen für die Mast – Zu den Starthilfen gehören Maßnahmen der Krankheitsvorbeuge (vor allem bei unbekannter Herkunft der Ferkel aus mehreren Betrieben) und das richtige Anfüttern der Zukaufsferkel.

Zur **Krankheitsvorbeuge** gehören:

- Reinigung und Desinfektion (siehe Abschnitt 2.1.5),
- Vorwärmen (20–24° C, je nach Stallverhältnissen),
- sorgfältigste Beobachtung in den ersten Tagen nach dem Einstallen,
- Entwurmung (wenn noch nicht geschehen, erst nach der Eingewöhnung),
- Prophylaxe je nach Situation (Impfungen, Medizinalfutter) und in Absprache mit dem Hoftierarzt.

Richtiges **Anfüttern:**

- Am Ankunftstag hungern lassen, ausreichend Wasserzufuhr (wenn möglich, temperiert),
- am 2. Tag kleine Mengen (100–200 g/Tier) Vormastfutter geben (Ferkelaufzuchtfutter II, wenn bekannt in gewohnter Zusammensetzung),
- bis zum Ende der 1. Woche auf freie Futteraufnahme übergehen (ca. 100 g/Tag zusätzlich).

Umtriebsverfahren – In der Praxis sind die in Abb. 92 gezeigten Umbuchtverfahren möglich. Je häufiger umgebuchtet wird, desto geringer ist der Stallflächenbedarf. Die Nachteile (Umstellungsstreß, Leistungseinbußen, zusätzliche Arbeit) überwiegen jedoch, so daß je nach Stallverhältnissen *möglichst nur einmal* vom Vor- in den Hauptmaststall umgestellt werden sollte.

Der **Vormaststall** ist vor allem bei Ferkelzukauf aus mehreren Betrieben empfehlenswert. Das Stallverhältnis Vor- : Hauptmast kann von 1 : 4 bis 1 : 1 variieren.

Tabelle 104 zeigt ein Beispiel für das Verhältnis 1 : 2 (Vor- : Hauptmastplätze).

Die Gruppengröße in der Vormast (im Tieflaufstall max. 60 Tiere/Gruppe) muß auf jeden Fall durch die Tierzahl in den Hauptmastbuchten teilbar sein.

Belegungsverfahren – Beim **Rein-Raus-Verfahren** wird jeder Stall bzw. Abteil gleichzeitig belegt und vor jedem Neuaufstallen vollständig geräumt, gereinigt und desinfiziert. Dieses Verfahren ist wegen der hygienischen Vorteile vor

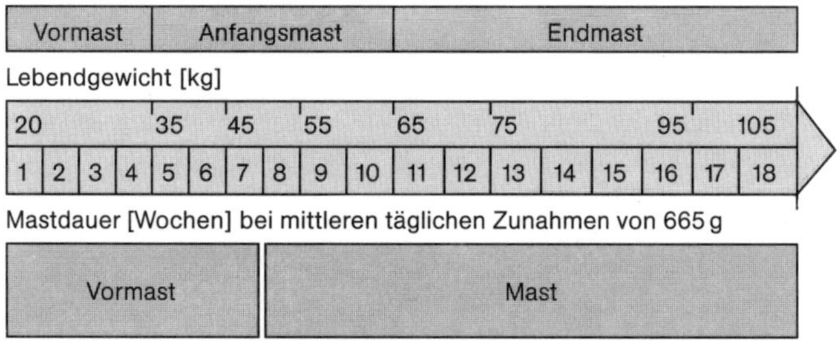

Abb. 92 Umtriebsverfahren in der Schweinemast.

allem in größeren Beständen (ab ca. 300 Plätzen) empfehlenswert.
Die **Nachteile** konsequenter Rein-Raus-Belegung sind organisatorische Schwierigkeiten, termingebundene Arbeitsspitzen und eingeschränkte Vermarktungsmöglichkeiten.
Der Nebenerwerbsmäster mit kleineren und mittleren Beständen sollte als Kompromiß zumindest im Vormastbereich das Rein-Raus-Verfahren anstreben.
Mastkontrolle – Ohne konsequente **Aufschreibungen** über die wichtigsten Kennzahlen (z. B. Futterverbrauch, Anfangs- und Endgewicht, Tierverluste) ist eine Kontrolle der Mastleistung und damit der Wirtschaftlichkeit nicht möglich.
Die Mitgliedschaft in **Erzeugerringen** ist vor allem dem Neuling dringendst zu empfehlen. Das Serviceangebot reicht von Wiegungen und Futterberatung über Datenerfassung bis hin zu landesweiten Auswertungen mit horizontalem Betriebsvergleich.
Tierbeobachtung – Regelmäßige Tierkontrollen (2 mal täglich) müssen zur Gewohnheit werden. Vor allem die Vorratsfütterung am Automaten kann zu Nachlässigkeit verführen, die schnell teuer wird!

2.1.5 Hygiene und Krankheitsvorbeuge

Besonders in der Schweinemast gilt: »Vorbeugen ist besser als Behandeln«.

Maßnahmen zur **Gesunderhaltung** des Bestandes:

- Regelmäßige *Reinigung* und Desinfektion,
- *Rein-Raus*-Belegung,
- Einschränkung des *Personenverkehrs* (betriebseigene Schutzkleidung),
- Vorbeugemaßnahmen in *Absprache mit dem Hoftierarzt* (Fütterungsarzneimittel, Impfungen).

Wenn trotzdem Krankheiten auftreten, wird das kranke Tier abgesondert und in Absprache mit dem betreuenden Tierarzt behandelt. Behandelte Mastschweine kennzeichnen – für die Einhaltung der **Wartezeiten** ist der Landwirt verantwortlich!
Grundsätzlich ist die *vertrauensvolle Zusammenarbeit* mit dem betreuenden Tierarzt unersetzlich.
Reinigung und Desinfektion – Gezielte regelmäßige Hygienemaßnahmen sollen das Ansteigen der Keimzahl im Stall verhindern und so der »Stallmüdigkeit« (Nachlassen der Tierlei-

Tabelle 104 Ablaufschema für die Schweinemast (Vor- : Hauptmast = 1 : 2)

Mastabschnitt	Belegzeit/Durchgang	
Vormaststall 21–42 kg (450 g tägliche Zunahmen)	Vormastperiode Reinigung und Desinfektion	6,5 Wochen 0,5 Wochen
	insgesamt	7 Wochen
Hauptmaststall 42–102 kg (650 g tägliche Zunahmen)	Hauptmastperiode Reinigung und Desinfektion	13 Wochen 1 Woche
	insgesamt	14 Wochen

stungen durch jahrelang aufgebauten Keimdruck) vorbeugen.
Auch bei kontinuierlicher Belegung muß jedes Stallabteil wenigstens einmal im Jahr gereinigt werden.
Ablauf der Reinigung und Desinfektion:

- Stall (inclusive Lüftungsschächte und Ventilatoren!) *besenrein* machen,
- gründliches *Einweichen* (mind. 1–3 h),
- sorgfältige *Reinigung* (Hochdruckreiniger),
- *Abtrocknen* lassen,
- *Desinfektion* (nur mit zugelassenen Mitteln),
- wenn möglich, Stall einige Tage *leerstehen* lassen.

Reinigung und Desinfektion müssen Bestandteil eines festen Hygieneprogramms sein, zu dem auch Parasiten- und Fliegenbekämpfung sowie das Ausmerzen von Kümmerern (Krankheitsträger) gehören.

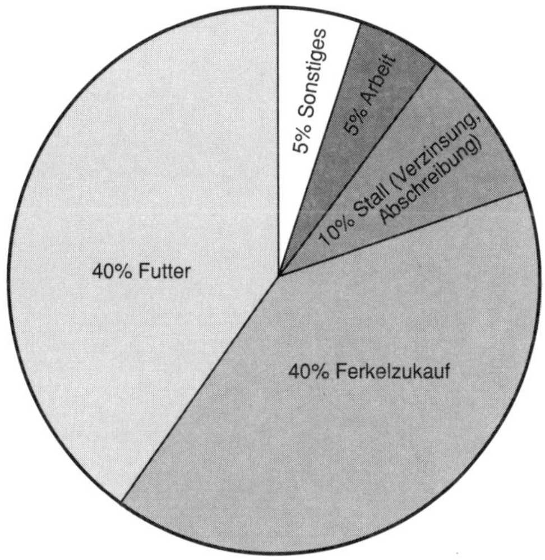

Abb. 93 Kostenstruktur in der Schweinemast.

2.2 Fütterung

2.2.1 Grundsätzliches

Etwa 40% der Kosten der Schweinemast entfallen auf die Fütterung. Kostengünstige und gleichzeitig bedarfsgerechte Rationsgestaltung ist die Grundlage für gute Mastleistungen und wirtschaftliche Produktion. Moderne Fleischschweine sollen in kurzer Zeit bei möglichst niedrigem Futterverbrauch viel Fleisch und wenig Fett ansetzen.

Abb. 94 zeigt, daß der Ansatz von Fleisch und Fett nicht gleichmäßig verläuft. Mit zunehmendem Alter und Mastdauer nimmt die energieaufwendigere Einlagerung von Fett zugunsten des Fleischansatzes zu: die Futterverwertung verschlechtert sich. Verlängerung der Mast durch Fütterung unter dem Bedarf heißt also Verteuerung der Produktion und Verschlechterung der Schlachtkörperqualität. Gleiches gilt für eine Mast über 110 kg Lebendgewicht hinaus.

Tabelle 106 Stoffeinlagerung und Zusammensetzung wachsender Schweine

Gewicht kg	Wasser %	Eiweiß %	Fett %	Asche %
20	69,6	16,4	10,1	3,6
40	65,7	16,5	14,1	3,5
60	61,8	16,2	18,5	3,3
80	58,0	15,6	23,2	3,1
100	54,2	14,9	27,9	2,9

Nährstoffbedarf – Die Ausschöpfung des genetisch möglichen Eiweißansatzes verlangt eine bedarfsgerechte Energiezufuhr, die im richtigen Verhältnis zu einer in Menge und Qualität optimalen Eiweißversorgung steht.
Energiebedarf – Der Energiebedarf der Schweine und der Energiegehalt der Futtermittel wird in Megajoule **Umsetzbare Energie** (MJ ME) angegeben. Eine ausreichende Energieversorgung setzt eine hohe *Verdaulichkeit* des Futters voraus. Im Regelfall darf die Verdau-

Tabelle 105 Merkmale guter Mastleistung

Leistungsmerkmal	Kennzahl	Ziel
hohe Zunahmen	g Zuwachs/Tag	650–750 g/Tag
gute Futterverwertung	kg Futter/kg Zuwachs	1 : 3,0
niedrige Futterkosten	Futterkosten/kg Zuwachs	[1])
Mastdauer	Futtertage	unter 120
Umtriebe	produzierte Tiere/Platz und Jahr	über 2,7

[1]) Regional und je nach Futtermittelmarkt unterschiedlich.

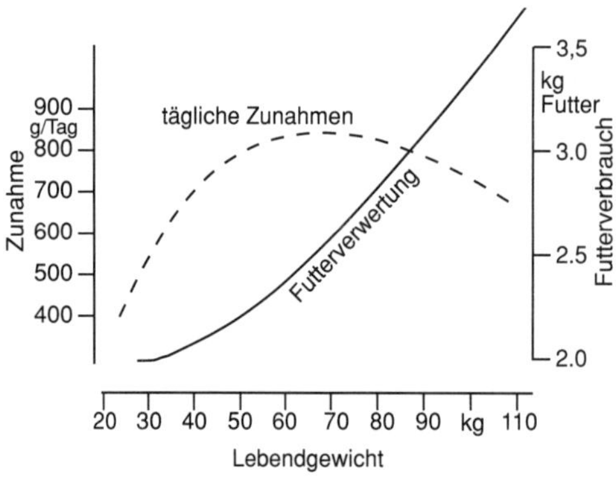

Abb. 94 Veränderung von Zunahmen und Futterverwertung während der Mast.

Tabelle 107 Tägliche Nährstoffversorgung von Mastschweinen bei durchschnittlich 700 g Zunahmen (nach DLG)

Gewichtsbereich kg	20–40	40–60	60–80	80–100
tägliche Zunahme g	570	740	800	750
Masttage	35	27	25	27
Umsetzbare Energie MJ	17,2	25,5	31,4	34,8
Rohprotein g	250	326	367	336
Lysin g	12,5	16,3	18,2	16,6

lichkeit der Gesamtration 80% nicht unterschreiten. Der Rohfasergehalt darf dazu 6% nicht überschreiten.

Proteinbedarf – Für das Schwein ist weniger eine bestimmte Eiweißmenge als vielmehr die tägliche Zufuhr *essentieller Aminosäuren* wichtig. In gebräuchlichen Mastrationen ist *Lysin* die zuerst begrenzende Aminosäure. Weitere wichtige Aminosäuren sind *Methionin/Cystin*, *Threonin* und *Tryptophan* (letztere besonders bei maisreichen Rationen, z. B. CCM).

Diese vier Eiweißbausteine sollen im Verhältnis 1 : 0,6 : 0,6 : 0,2 zueinander stehen.

Ein **Eiweißmangel** führt vor allem in der Phase des höchsten Proteinansatzes, also im ersten Mastabschnitt, zu niedrigen Zunahmen und schlechter Futterverwertung. Lücken in der Eiweißversorgung (Menge und Qualität!), die zu Beginn der Mast entstehen, können nicht mehr aufgeholt werden und führen neben unbefriedigender Mastleistung zu einer schlechten Schlachtkörperqualität (Verfettung).

Da im Verlauf der Mast der Energiebedarf ständig zunimmt, der Eiweißbedarf jedoch nur anfangs steigt und dann gleich bleibt, müßte das Verhältnis von Energie- zu Proteinversorgung weiter werden.

Eine ständige Anpassung der Mastmischung an den veränderten Bedarf während der Mast ist aber kaum praktizierbar, so daß sich zwei Möglichkeiten bieten:

- Zweigeteilte Mast mit einer proteinreicheren Anfangsmischung und einer eiweißärmeren Endmastmischung.
- durchgehende Mast mit einer »Kompromißmischung«.

Die **zweigeteilte Mast** ist zwar bedarfsgerechter und durch die Einsparung von Eiweiß in der Endmast kostengünstiger, fordert aber auch mehr Arbeitsaufwand und Lagerraum.

Besonders der Nebenerwerbsmäster wird deshalb die technisch einfachere **Universalfütterung** wählen. Da dies immer mit einem unvermeidlichen Luxuskonsum an Eiweiß in der Endmast verbunden ist, sollte besonders bei hohen Eiweißfutterkosten, die Mast später beginnen

Tabelle 108 Empfehlungen für Protein- und Energiegehalt von Alleinfutter für Mastschweine

Gewichtsabschnitt (Bezeichnung des Normtyps)	Rohprotein %	Lysin %	Energie ME MJ
Anfangsmast 20–50 kg (Alleinfutter I)	17	0,90–0,95	12,5–13,0
Endmast 50–100 kg (Alleinfutter II)	14	0,75–0,80	12,5–13,0
Vormast bis 35 kg (Ferkelaufzuchtfutter II)	18	0,95–1,00	12,5–13,0
Mast ab 35 kg (Alleinfutter ab 35 kg)	16	0,80–0,90	12,5–13,0

(30–40 kg LG) und gegebenenfalls eine Vormastperiode vorgeschaltet werden.

Versorgung mit Mineralstoffen, Spurenelementen und Vitaminen – Die ausgewogene Zufuhr von Mineralstoffen, Spurenelementen und Vitaminen ist für einen gut funktionierenden Stoffwechsel unerläßlich. Industriell hergestellte **Fertigfutter** enthalten in der Regel entsprechende Zusätze mit Sicherheitszuschlag.

Bei **Eigenmischungen** erfolgt die Mineralstoff- und Vitaminergänzung über zugekaufte Ergänzungsfutter für Mastschweine, Eiweißkonzentrate oder über 1,5–3% eines guten Mineralfuttermittels.

Flüssigkeitsbedarf – Der Flüssigkeitsbedarf von Mastschweinen kann bis auf 10 l/Tier und Tag steigen. Eine ausreichende Zufuhr von hygienisch einwandfreiem, nicht zu kaltem Wasser muß immer gewährleistet sein (besonders bei kranken Tieren, die die Futteraufnahme verweigern). *Wassermangel* führt zu einer verringerten Nährstoffaufnahme, zu Stoffwechselstörungen und Leistungsminderung.

Ein Mastschwein braucht 2,5–3 l Wasser/kg Trockenfutter.

Futterumstellung – Sie darf niemals abrupt erfolgen! Jeder Futterwechsel muß langsam vor sich gehen (Verschneiden mit dem neuen Futter, ca. 4–7 Tage).

Futterverderb – Schweine reagieren sehr empfindlich auf verdorbenes Futter! (Schimmelpilze, Milben, Fäulnis). Vorbeugemaßnahmen sind sorgfältige Ernte und Lagerung (Getreide max. 2 Wochen im voraus schroten), Kontrolle und Reinigung der Futterbehälter, eventuell Säurezusatz (z. B. Propionsäure) zum Getreide oder zum Futter in kritischen Situationen.

2.2.2 Mastmethoden

Bei der Mastschweinefütterung kann der Landwirt im wesentlichen zwischen den in Abb. 95 aufgeführten Methoden wählen.

Trockenfuttermast – Bei der Trockenfuttermast werden alle Nähr-, Mineral- und Wirkstoffe in einer Mischung (Alleinfutter für Mastschweine) verfüttert.

Zugekaufte Alleinfutter müssen nach *Normtyp* gesetzlich festgelegte Mindestanforderungen bei ihrem Gehalt an Inhaltsstoffen erfüllen. (Die in Tabelle 110 gegebenen Empfehlungen gelten für hohes Leistungsniveau und liegen über den gesetzlich garantierten Werten.)

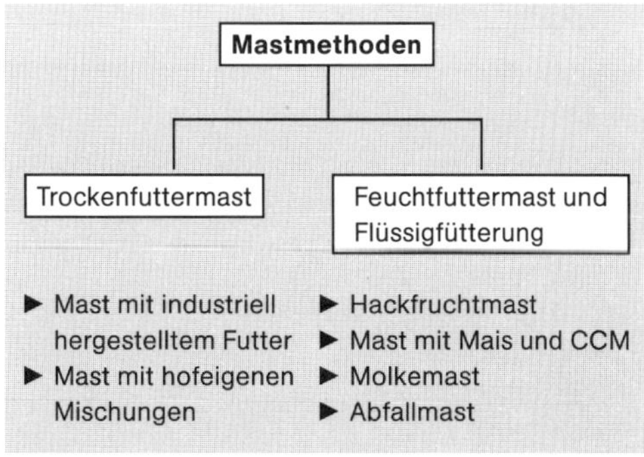

Abb. 95 Fütterungsmethoden in der Schweinemast (nach KIRCHGESSNER).

Tabelle 109 Grundmethoden der Trockenfuttermast

Mast mit industriell hergestelltem Futter (»Fertigfuttermast«)	
– Alleinfutter I	für Mastschweine bis 50 kg
– Alleinfutter II	für Mastschweine ab 50 kg
– Alleinfutter	für Mastschweine ab 35 kg
Mast mit hofeigenen Mischungen (»Getreidemast«)	
– Getreide + Eiweißfuttermittel + Mineralfutter	
– Getreide + Eiweißkonzentrat	
– Getreide + Ergänzungsfutter	

Hofeigene Mischungen mit Getreide sollten auf den in Tabelle 109 angegebenen Energie- und Proteingehalt abgestimmt werden. In Tabelle 110 sind *Mischungsbeispiele* für die Universalmast ab 35 kg mit verschiedenen Eiweißfuttermitteln aufgeführt.

Für den Nebenerwerbsbetrieb bietet sich als technisch und vom Arbeitsaufwand her einfachste Methode die Mast mit Ergänzungsfutter an (Beispiele siehe Tabelle 111).

Rationsberechnungen sind für eine exakte, auf die individuellen Betriebsverhältnisse abgestimmte Futtermischung nötig. Mastkontrollringe und Landwirtschaftsberatung bieten eine *Rationsberechnung per EDV* an, die es ermöglicht, einzelne Komponenten nach Preis und Inhaltsstoffen optimal zu kombinieren.

Begrenzungen müssen wegen spezieller Eigenschaften (z. B. hoher Energiegehalt, schlechte Eiweißqualität, geschmacksmindernde Substanzen) bei bestimmten Komponenten in der

Tabelle 110 Mischungsbeispiele für die »Universalmast« ab 35 kg (Anteil in %)

Futtermittel		Futtermischungen 1	2	3	4	5
Gerste		45	67	70,0	50,0	35,0
Weizen		30	15	7,0	22,5	40,0
Sojaschrot (42% RP)		22	11	13,5	7,5	10,0
Fischmehl (62% RP)		—	5	—	2,5	2,5
Tiermehl (53% RP)		—	—	8,0	—	—
Ackerbohnen (26% RP)		—	—	—	15,0	—
Rapsschrot (35% RP)		—	—	—	—	10,0
Mineralfutter		3	2	1,5	2,5	2,5
Gehaltswerte						
Rohprotein	%	17,4	16,4	18,0	16,4	17,6
Lysin	%	0,85	0,85	0,85	0,85	0,85
Energie	MJ ME/kg	12,5	12,5	12,5	12,5	12,5
Rohfaser	%	4,4	4,3	4,4	4,6	4,6

Tabelle 111 Mischungsbeispiele für die »Universalmast« ab 35 kg – Getreide mit Ergänzungsfutter (Anteile in %)

Futtermittel	Futtermischungen 1	2	3	4	5
Gerste	65	60	45	35	25
Weizen	20	20	25	25	25
Eiweißkonzentrat (46% RP)	15	—	—	—	—
Ergänzungsfutter					
mit 36% RP, 2,5% Lysin	—	20	—	—	—
mit 28% RP, 1,8% Lysin	—	—	30	—	—
mit 24% RP, 1,45% Lysin	—	—	—	40	—
mit 22% RP, 1,25% Lysin	—	—	—	—	50

Eigenmischung auf die in Tabelle 112 angegebenen Anteile vorgenommen werden.

Feuchtfuttermast und Flüssigfütterung – Die **Feuchtfuttermast** dient der Verwertung wirtschaftseigener Futtermittel, die die Mast verbilligen. Durch Zufütterung eines *Beifutters,* das auf das Feuchtfutter abgestimmt ist, werden die Nährstofflücken geschlossen.

Für den Nebenerwerbsbetrieb sind alle in Abb. 95 aufgeführten Mastmethoden mit Feuchtfutter wegen ihres hohen Arbeitsaufwandes mehr oder weniger ungeeignet.

Die **Flüssigfütterung** kann sowohl mit Trockenfutter als auch mit allen feuchten oder flüssigen Futtermitteln (Molke, CCM, Abfälle) durchgeführt werden. Für größere Mastbetriebe bietet die Flüssigfütterung enorme Vorteile:

- Flexible Rationsgestaltung,
- niedriger Arbeitsaufwand (vollautomatische Anlagen),
- genaue Zuteilung und Rationierung,
- EDV-gestützte Datenerfassung.

Bei gleicher Nährstoffzufuhr gibt es keine Unterschiede zwischen Trocken- und Flüssigfütterung bei Mast- und Schlachtleistungen.

Da eine Kostendegression beim Bau von Flüssigfütterungsanlagen erst bei größeren Anlagen (ab 400 Mastplätzen) eintritt und die Einbaumöglichkeiten in Altbauten begrenzt sind, kommt diese Mastmethode für kleinere, im Nebenerwerb geführte Bestände, in der Regel nicht in Frage.

Für Interessierte sei auf die umfangreiche Spezialliteratur verwiesen.

Tabelle 112 Begrenzung von Einzelkomponenten in hofeigenen Mischungen

Komponente	maximaler Anteil
Weizen Mais	} zusammen 60%
Mais	40%
Roggen	30%
Hafer	20%
Nachmehle	25%
Kleie	10%
Trockenschnitzel	15%
Grünmehl	10%
Malzkeime	10%
Rapsextraktionsschrot	10%
Ackerbohnen	20%
Erbsen	20%
Fette und Öle	3%

2.2.3 Fütterungstechnik und Wasserversorgung

Futterzuteilung – Bei der Futterzuteilung unterscheidet man

- streng rationiert (Trog in ca. 20 Minuten leer),
- rationiert satt (Trog in ca. 45 Minuten leer),
- ad-libitum Fütterung (Sattfütterung am Automaten).

Tabelle 113 Vor- und Nachteile der Mast am Automaten

Vorteile	Nachteile
▸ hohe Futteraufnahme, ▸ hohe Zunahmen, ▸ gute Mastplatzausnutzung ▸ Arbeitszeiteinsparung, keine Bindung an Futterzeiten, ▸ Eignung für jeden Stallgrundriß (Altgebäude), ▸ geringe Investitionskosten, einfache Mechanisierung	▸ Gefahr der Verfettung in der Endmast, ▸ schlechte Tierbeobachtung, ▸ höhere Futterkosten (Futterverluste), ▸ Staubentwicklung

Bei der Entscheidung »Trog oder Automat« spricht vor allem die Möglichkeit der *gezielten Futterzuteilung* gegen Ende der Mast für die Trogfütterung. Nachteilig für den Nebenerwerbslandwirt sind aber der hohe Arbeitsaufwand (eine Mechanisierung ist bei kleineren Beständen zu aufwendig) und die Bindung an Futterzeiten.
Bei Umbauten und bei kleineren Beständen hat sich deshalb trotz der aufgeführten Nachteile die Mast am Automaten durchgesetzt.

Automatenfütterung – Bei der Mast am Automaten ist zu beachten:

- Mindestens 2×/Tag Tierkontrolle (notfalls auftreiben)!
- Ständige Kontrolle und Nachstellung der Dosiervorrichtung!
- Staubentwicklung vermeiden (Abdeckung, 1% Ölzusatz),
- Lysinversorgung nicht zu knapp bemessen,
- rechtzeitig verkaufen (Kastraten und schnellwüchsige Hybridrassen verfetten schneller als weibliche Tiere und Einfachkreuzungen Pi × DL)!

Der **Breiautomat** ist ein Automat mit ein oder zwei Freßstellen und einem neben oder oberhalb der Futterstelle installierten Tränkenippel. *Vorteile* des Breiautomaten gegenüber herkömmlichen Trockenfutterautomaten:

- Höhere Futteraufnahme, bessere Zunahmen,
- bessere Futterverwertung,
- kaum Futterverluste,
- weniger Wasserverbrauch, geringerer Gülleanfall,
- tiergerechte Futterzubereitung,
- keine Staubentwicklung,
- keine höheren Investitionskosten.

Bei schnellwüchsigen Hybridherkünften ist die **Gefahr der Verfettung** ab 60 kg allerdings noch größer als beim normalen Trockenfutterautomat. Der Breiautomat bietet sich deshalb vor allem für die Vor- und Anfangsmast bzw. für Herkünfte mit geringem Futteraufnahmevermögen (Pi × DL) an.

Besonders für die Automatenmast gilt der alte Spruch: »Das Auge des Herrn mästet sein Vieh«!

Bei der **rationierten Fütterung** wird bei 2 Mahlzeiten am Tag nach Zuteilungsplan gefüttert. Tabelle 114 zeigt ein Beispiel für den Futterplan für die Getreidemast unter Praxisbedingungen. Selbstverständlich können solche vorgegebenen Futterpläne nur eine allgemeine Orientierungshilfe sein. Vor allem unerfahrene Mäster sollten versuchen, sich mit Hilfe von Zwischen-

Tabelle 114 Futterplan für die Getreidemast (Futterverwertung 1 : 3,13)

Mastwoche	Ø tägliche Zunahme g	Mastabschnitt kg	tägliche Futteraufnahme [1]) kg	Futterbedarf/Mastschwein	
1.		20,0–23,5	1,15	Alleinfutter I 76,65 kg	Ferkelaufzuchtfutter 37,80 kg
2.		23,5–27,1	1,30		
3.	560	27,1–30,9	1,40		
4.		30,9–35,1	1,55		
5.		35,1–39,6	1,70		
6.		39,6–44,4	1,85		Alleinfutter von etwa 35 kg an 215,60 kg
7.	714	44,4–49,3	2,00	Alleinfutter II 176,75 kg	
8.		49,3–54,4	2,10		
9.		54,4–59,6	2,25		
10.		59,6–64,9	2,35		
11.	771	64,9–70,4	2,50		
12.		70,4–75,9	2,55		
13.		75,9–81,2	2,60		
14.		81,2–86,2	2,65		
15.	707	86,2–91,2	2,70		
16.		91,2–96,1	2,75		
17.		96,1–101,0	2,80		
119 Masttage	Ø 681	20–101	Summe:	253,40	253,40

[1]) 12,6 MJ ME/kg.

wiegungen und genauen Aufschreibungen über den Futterverbrauch ihren eigenen Plan aufzustellen. Die Mitgliedschaft in einem *Mastkontrollring* ist dabei sehr hilfreich.

Wasserversorgung – Die Wasserversorgung des Mastschweines erfolgt außer bei Trogfütterung mit **Selbsttränken.** Bei Mastschweinen werden vorwiegend *Beiß-* und *Nippeltränken* verwendet. Tabelle 115 gibt Hinweise zur Installation.
Bei Zapfentränken entfällt die Reinigung, nicht aber die unerläßliche tägliche Funtionskontrolle! (Wassernachlauf ca. 1,0 l/Minute).

Tabelle 115 Anbringen von Zapfentränken für Mastschweine (Höhenmaße in cm)

Gewichtsbereich kg	Höhe 45° Neigung	Höhe waagrechte Montage
20– 30	35	30
30– 65	55	50
65–100	60	55

Vorlaufbehälter mit Schwimmerventil wirken druckmindernd (200 cm über Selbsttränke = 0,5 bar), ermöglichen den Zusatz von Medikamenten und temperieren das Wasser auf Stalltemperatur (Volumen 1,5–2,0 l/Mastplatz). Diese vorteilhaften Eigenschaften können sich aber schnell ins Gegenteil verkehren, wenn die regelmäßige Reinigung vernachlässigt wird!

3 Wirtschaftlichkeit und Deckungsbeiträge

Für eine rentable Schweinemast gelten folgende Voraussetzungen:

- Gute bis sehr gute Mastleistung,
- hohe Schlachtleistung,
- Ausschöpfung aller Möglichkeiten zur Kostensenkung,
- beste hygienische und gesundheitliche Bestandsüberwachung,
- gute Stallauslastung.

Die wichtigsten Faktoren der Wirtschaftlichkeit wurden bereits angesprochen.
Die Grundlage bei der Wertung des Betriebszweiges Schweinemast im Vergleich zu anderen möglichen Betriebszweigen ist die Deckungs-

Tabelle 116 Deckungsbeitrag Mastschweine bei Getreidemast/Fertigfutter

Verfahren		hofeigene Mischung						Getreide- und Ergänzungsfutter						Fertigfutter					
Marktleistung (ML): 101,5 kg LG × 2,90 DM/kg [1])							294						294						294
Güllewert bei 30% N-Ausnutzung [2])	DM						7						7						7
Marktleistung und Güllewert	DM						301						301						301
Ferkelkosten (27 kg-Ferkel)	DM						116						116						116
Ferkelaufzuchtfutter 65,– DM/dt	DM	0,10 dt					7	0,10 dt					7	0,10 dt					7
Hofeigene Mischung 44,– DM/dt [3])	DM	2,46 dt					108												
Getreide 38,– DM/dt [4])	DM							1,57 dt					60						
Ergänzungsfutter 52,– DM/dt [4])	DM							0,89 dt					46						
Fertigfutter 47,– DM/dt	DM													2,46 dt					116
Schroten und Mischen 1,30 DM/dt	DM						3						3						
Tierarzt, Medikamente	DM						3						3						3
Wasser, Strom	DM						6						6						6
Kontrollring, Versicherung	DM						2						2						2
variable Maschinenkosten	DM						12						12						12
Verlustausgleich ca. 2% der ML	DM						6						6						6
Summe variable Kosten	DM						263						261						268
Deckungsbeitrag/ erzeugtem Mastschwein	DM						38						40						33
Verkaufserlös	DM/kg LG	2,60	2,70	2,80	3,00	3,10	3,20	2,60	2,70	2,80	3,00	3,10	3,20	2,60	2,70	2,80	3,00	3,10	3,20
Marktleistung und Güllewert	DM	271	281	291	312	322	332	271	281	291	312	322	332	271	281	291	312	322	332
Deckungsbeitrag bei Ferkelkosten von ... DM	70	55	65	74	95	105	115	57	67	76	97	107	117	50	60	69	90	100	110
	80	45	55	64	85	95	105	47	57	66	87	97	107	40	50	59	80	90	100
	90	35	45	54	75	85	95	37	47	56	77	87	97	30	40	49	70	80	90
	100	25	35	44	65	75	85	27	37	46	67	77	87	20	30	39	60	70	80
	110	15	25	34	55	65	75	17	27	36	57	67	77	10	20	29	50	60	70
	120	5	15	24	45	55	65	7	17	26	47	57	67	—	10	19	40	50	60
	130	– 5	5	14	35	45	55	– 3	7	16	37	47	57	–10	—	9	30	40	50
	140	–15	– 5	4	25	35	45	–13	– 3	6	27	37	47	–20	– 1	20	20	30	40
	150	–25	–15	– 6	15	25	35	–23	–13	– 4	17	27	37	–30	–20	–11	10	20	30
+/– 0,1 Futterverwertung = DM		3,40						3,30						3,60					

[1]) Mast von 27–104 kg; 2,5 kg Abzug, tägliche Zunahmen 645 g; Mastdauer = ca. 120 Tage.

[2]) Güllewert/erzeugtes Mastschwein: Gülleanfall/erzeugtes Mastschwein = 0,8 m^3, Düngerwert der Gülle bei 30% N-Ausnutzung = 8,19 DM/m^3, Düngerwert der Gülle/erzeugtes Mastschwein = 6,55 DM.

[3]) 38% Weizen, 37% Gerste, 22% Sojaextraktionsschrot (44% Rp), 3% Mineralfutter (24/6/5), Futterverwertung = 1 : 3,2 (Landesdurchschnitt).

[4]) 45% Weizen, 19% Gerste, 36% Ergänzer, 30% Rp.

Tabelle 117 Betriebszweigauswertung Schweinemast

Schwachstelle	wirtschaftlicher Nachteil, Ursachen	Abhilfe-Lösung
▶ schlechtes Ferkelmaterial	**DB 20–25 DM unter ∅** – Handelsferkel verschiedener Herkunft, – »Nachwüchser« (niedriges Geburtsgewicht, Absetzdurchfall), – hoher Kastratenanteil, – ungleichmäßiges Gewicht	– Direktbezug aus einem Ferkelerzeugerbetrieb oder Qualitätsferkel aus Aufzuchtstall, – bei Anlieferung sofort reklamieren, – Ferkelgewicht 22–23 kg mit 9 Wochen
▶ Futterkosten zu hoch, ▶ schlechte Tageszunahme und Futterverwertung	**DB 15–25 DM unter ∅** – Futter zu teuer eingekauft, – zu wenig Lysin in der Mischung, – unausgewogenes Lysin: Energie-Verhältnis, – verdorbenes, verpilztes Futter, – schlechte Qualität bei Fertigfutter (viel »Billigmacher«) – Tagesfuttermenge/Tier zu knapp, – Getreide zu grob geschrotet, – unzureichende Mineralstoffversorgung, – Überbelegung, schlechtes Stallklima, – technischer Fehler (Mischanlage, Automateneinstellung), – Wasserzufuhr unzureichend	– Analyse der Mischung (Inhaltsstoffe, Keimgehalt), – Preiswürdigkeitsberechnung beim Einkauf, – Rationsberechnung per EDV, – Futterwiegungen und gezielte Zuteilung, – Futterhygiene beachten (Lagerung, Reinigung, Säurezusatz), – bei Fertigfutter und Mineralfuttereinkauf renommierte Firmen bevorzugen, – Mahl- und Mischanlage, Automaten kontrollieren, – Lüftung kontrollieren und korrigieren, – Tränkenippel kontrollieren, Wasserleitungen erneuern (Ablagerungen?)
▶ hohe Verluste	**± 1% Verluste entspricht 2–3 DM/Tier** – hoher Infektionsdruck durch kontinuierliche Belegung ohne Reinigung, – streßempfindliches Ferkelmaterial, – schlechte Stall- und Klimaverhältnisse, Überbelegung, – unzureichende Tierbeobachtung und Gesundheitskontrolle,	– Vormaststall mit Rein-Raus, – streßstabile Ferkel kaufen, – genügend Platzangebot (mind. 0,7 m²/Tier), – Stallklima messen lassen, eventuell Umbaumaßnahmen, – Einstallungsprophylaxe, – sorgfältige Tierbeobachtung 2×/Tag
▶ unterdurchschnittlicher Erlös/kg	**± 0,30 DM/kg SG entspricht ± 20–25 DM DB/Tier** – schlechte Klassifizierung (zu fett, zu schwer, zu flach), – zu hohe Vorkosten, – fehlende kaufmännische Fähigkeiten des Betriebsleiters,	– Qualitätsferkel kaufen, – gezielte Fütterung, – Rationierung ab 60 kg, – getrennt-geschlechtliche Mast, – Preisvergleich, Probevermarktung an anderen Abnehmer, – bei Klassifizierung dabei sein, (oder Vertrauensperson)
▶ zu geringe Ausschlachtung	**± 1% Ausschlachtung entspricht ± 2,50–3 DM/Tier** – Schweine zu leicht verkauft, – Gewichtsmanipulation, – zu lange Transportwege	– Wiegen vor dem Verkauf, – optimales Endgewicht ermitteln (Rasse, Geschlecht), – Aufschreibungen und Kontrolle

Tabelle 117 Betriebszweigauswertung Schweinemast (Fortsetzung)

Schwachstelle	wirtschaftlicher Nachteil, Ursachen	Abhilfe-Lösung
▶ sonstige negative Einflüsse	– unzureichende Wasserversorgung, – häufiges Umtreiben verlängert die Mastdauer, – nicht erkannte, unterschwellige Krankheiten, – schlechte Behandlung der Tiere im Stall, beim Transport, bei der Schlachtung	– Tränke soll 0,8–1,0 l/min liefern, – einmal umstallen (Vormast – Hauptmast), – Zusammenarbeit mit gutem Fachtierarzt, – richtiger Umgang mit den Tieren, Ruhe im Stall, Spielzeug, Verladerampe etc.
▶ kein Gewinn trotz guter biologischer Leistungen	**± 30–50 DM DB/Tier zwischen gutem und schlechtem Drittel** – zu teuer gebaut, – zu geringer Eigenkapitalanteil, – zu hohe Zinsbelastung, – schlechter Standort	– genaue Kalkulation und Preisvergleiche bei Investitionen, – billige Umbaulösungen, – je nach Zinsniveau und Vorbelastung mind. 50% Eigenkapitalanteil erforderlich, – Finanzierungsplan, Verhandlung mit verschiedenen Banken, – bei kleinen Bestandsgrößen Möglichkeiten der Nischenproduktion (Markenfleisch, Biofleisch) prüfen

beitragsrechnung. Tabelle 116 zeigt Deckungsbeitragsbeispiele für die Getreidemast.
Ein Beispiel für eine Betriebszweigauswertung in der Schweinemast zeigt Tabelle 117.

Unterdurchschnittliche Ergebnisse sollten immer zu einer individuellen Schwachstellensuche führen. Die Fehlersuche sollte systematisch und mit Hilfe des zuständigen Fachberaters vor sich gehen.

4 Wertung

Die Schweinemast ist, verglichen mit allen anderen Veredelungsproduktionen, für den Nebenerwerbsbetrieb besonders geeignet. Erfolgreiche Schweinemast setzt aber, wie jede Tierhaltung, Neigung zum Tier, fachliches Können und persönliches Engagement voraus. Dieser Grundsatz wird in der Schweinemast oft unterschätzt, weil sie als besonders einfach gilt.
Abgesehen von produktionstechnischen Managementfähigkeiten verlangt die Schweinemast mehr als andere Betriebszweige kaufmännisches Denken, Fingerspitzengefühl in allen finanziellen Angelegenheiten, Risikobereitschaft und Verhandlungsgeschick. Wer Schweine »nur so nebenbei« mästen will, wird bei der heutigen Marktlage schnell scheitern. Auch und gerade in der Schweinemast gilt: Der Betriebsleiter ist das Fundament des Erfolgs.
Für die Schweinemast im Nebenerwerb spricht:

- ▶ Sehr hohe Arbeitsproduktivität,
- ▶ gute Eignung für die Nutzung von bestehenden Gebäuden,
- ▶ sehr gute Eignung für Nischenproduktion (schlechtes Image von Großbeständen, artgerechte Haltung).

Gegen die Schweinemast im Nebenerwerb spricht:

- ▶ Hoher Aufwand an Umlaufkapital,
- ▶ Kostendegression erst bei größeren Beständen,
- ▶ keine Teilhabe am enormen technischen Fortschritt in Großbeständen (Flüssigfütterung, Klimatechnik).

14 Schafhaltung im Nebenerwerb

In der Bundesrepublik Deutschland wurden 1989 in ca. 60 000 Betrieben 1,5 Mio. Schafe (davon ca. 1,05 Mio. Zuchtschafe) gehalten. Knapp 28% davon entfallen auf Wanderherden und 29% auf standortgebundene Herden.

Der Anteil der *Koppelschafhaltungen* hat sich in den letzten Jahrzehnten zu Lasten der Wanderschäferei erhöht und beträgt heute 43%. Während Wanderschafhaltungen und standortgebundene Herden vor allem im Haupterwerb geführt werden, sind Koppelschafhaltungen überwiegend in Nebenerwerbsbetrieben anzutreffen.

In der Schafhaltung sind zwei **Hauptnutzungsrichtungen** zu unterscheiden:

- Die Lammfleischerzeugung,
- die Milcherzeugung.

1 Lammfleischerzeugung

Die traditionellere und weitaus überwiegende Produktionsrichtung ist die Lammfleischerzeugung.

1.1 Forderungen des Marktes

Der Verbrauch an Schaf- und Lammfleisch in der Bundesrepublik Deutschland liegt seit 1980 bei ca. 0,9 kg/Kopf und Jahr. Im Durchschnitt der Europäischen Gemeinschaften werden dagegen ca. 3,8 kg/Einwohner an Schaf- und Ziegenfleisch gegessen. Die **Selbstversorgung** liegt in der Bundesrepublik Deutschland derzeit bei etwa 47%, in der EG bei über 80%.

Der Markt für Lammfleisch fordert überwiegend ein junges, fettarmes Lamm mit gut entwickelten wertvollen Teilstücken (Kotelett, Lende, Keule). Das Mastendgewicht liegt dabei rassen- und geschlechtsabhängig zwischen 35 und 45 kg.

Nur etwa ein Drittel unserer einheimischen Lammfleischerzeugung wird über den Handel oder über Erzeugergemeinschaften abgesetzt. Zwei Drittel werden von den Erzeugern direkt an die Endverbraucher bzw. an den Einzelhandel vermarktet. Dabei können unter Umständen um bis zu 2 DM/kg Schlachtkörpergewicht höhere Preise als bei Abgabe an den Handel erreicht werden.

Bei **Direktvermarktung** von Lammfleisch sind die rechtlichen Bestimmungen zur Tötung und zur Fleischhygiene zu beachten.

Die Nachfrage nach Lammfleisch ist stark saisonal geprägt. In der Folge zeigt der Preis bei Abgabe an den Handel oder an Erzeugergemeinschaften jährlich wiederkehrende Schwankungen, wobei die Preise im Frühjahr durchschnittlich bis zu 5% über bzw. im Herbst und Frühwinter 3–5% unter dem Jahresdurchschnitt liegen. In der Selbstvermarktung an Haushalte sind diese Preisschwankungen in aller Regel nicht zu spüren.

Zur Sicherung der Einkommen unserer Schafhalter wurde 1980 eine **Marktordnung für Schaffleisch** eingeführt. Hauptinstrument dieser Marktordnung ist die EG-Schaffleischprämie. Sie errechnet sich aus der Preisdifferenz zwischen bestimmten Märkten und einem von der EG festgelegten Referenzpreis. Die Prämie wird in der Bundesrepublik Deutschland auf Antrag je Mutterschaf (Mindestbestand 10 Mutterschafe) ausbezahlt.

1.2 Produktionstechnik

1.2.1 Rassenwahl

In der Schafhaltung ist vor allem zwischen sog. saisonalen und asaisonalen Rassen zu unterscheiden. **Saisonale Rassen** lammen nur einmal im Jahr. **Asaisonale Rassen** können dagegen das ganze Jahr über trächtig werden und in der Folge bis zu zweimal pro Jahr ablammen.

Typische Vertreter der saisonalen Rassen sind u. a. Milchschaf, Texelschaf und Heidschnucke. Zu den asaisonalen Rassen zählen u. a. Merinolandschaf, Schwarzköpfiges Fleischschaf und Bergschaf.

Eine saisonale Rasse ist dort angebracht, wo die Flächennutzung und -pflege im Vordergrund steht, also während des Sommers billiges Weidefutter mit geringer Arbeitsbelastung verwertet werden soll. Darüber hinaus ist der Stallraumbedarf geringer, da die Lämmer im Herbst bereits das Mastendgewicht erreicht haben und nicht mehr über den Winter aufgestallt werden müssen.

Zur Erzielung möglichst hoher Gewinne aus der Schafhaltung sind dagegen asaisonale Rassen vorzuziehen.

Über mehrere Ablammtermine und geringere Lämmerverluste kann eine höhere Aufzuchtleistung je Mutterschaf erzielt werden.

Weitere Gründe für die Auswahl bestimmter Rassen können Robustheit, Klimaverträglichkeit und Futteransprüche sein. So eignet sich z. B. für die niederschlagsreichen Berg- und Mittelgebirgsregionen vor allem das unempfindliche Bergschaf.

1.2.2 Fütterung

In der Schaffütterung sind alle in der Wiederkäuerfütterung bekannten Futtermittel verwertbar. Häufigste Futtergrundlage sind im Sommer Weide, im Winter Heu, Grassilage und Kraftfutter, letzteres in Form pelletierten Fertigfutters oder bestehend aus Getreide, Trokkenschnitzel und Sojaschrot. Darüber hinaus sind zahlreiche Nebenerzeugnisse der Zuckerund Stärkeherstellung, der Brennerei und der Ölgewinnung einsetzbar, z. B. Melasseschnitzel, Preßschnitzel, Pülpe, Malzkeime, Schlempe, Trester, Extraktionsschrote.

Anders als bei Rindern, Pferden und Wild muß bei Schafen streng auf den **Kupfergehalt der Futtermittel** geachtet werden. Vergiftungen können sowohl bei kurzfristiger Zufuhr hoher Kupfermengen (kupferreiches Mineral- und Kraftfutter) als auch bei langfristiger Zufuhr kleiner Mengen (z. B. Beweidung von Moorflächen) auftreten. Die Auswahl kupferfreier bzw. -armer Futtermittel ist also besonders wichtig.

Ebenfalls empfindlich reagieren Schafe auf **verdorbene Silagen,** insbesondere Maissilage. Bei Verfütterung nachgärender oder erwärmter Silagen besteht die Gefahr der Listeriose-Erkrankung, die meist zum Verlust der Tiere führt. Daher sind Silagen vorwiegend während der kalten Jahreszeit bzw. nur dann einzusetzen, wenn täglich soviel entnommen werden kann, daß eine Nachgärung ausgeschlossen ist.

Besonders bei Verfütterung von Maissilage ist auf die Zufütterung einer Mineralstoffmischung mit einem Ca : P-Verhältnis von 2 : 1 zu achten, um der Gefahr einer Harnsteinbildung vorzubeugen.

Fütterung der Mutterschafe – *Leere* und *niedertragende Zuchtschafe* erhalten meist nur Wirtschaftsfutter, also Weide, Heu und Silagen, sowie Mineralfutter. Während der Vegetationsperiode kann ein ausgewachsenes Mutterschaf auf guter Weide seinen Nährstoffbedarf allein aus dem Grünfutter decken. Ansonsten ist je nach Weide- bzw. Grundfutterqualität mehr oder weniger Kraftfutter beizufüttern. Im Winter bzw. bei ganzjähriger Stallhaltung ist besonders auf eine ausreichende Versorgung mit Vitaminen und Mineralstoffen, eventuell über eine vitaminierte kupferame Mineralstoffmischung, zu achten.

Säugende Muttertiere stellen die höchsten Anforderungen an das Futter, insbesondere an die Eiweißversorgung. Entsprechend sind Kraftfutterzulagen zu geben. Da der Milchentzug das Muttertier sehr beansprucht und teilweise sogar seine körpereigenen Nährstoffreserven angreift, sollten Sauglämmer ab der 2. Woche getrennt von den Müttern Kraftfutter erhalten.

Dazu wird ein sog. **Lämmerschlupf** eingerichtet, d. h. ein Platz im Stall oder auf der Koppel, der nur den Lämmern, nicht aber den größeren Schafen zugänglich ist. Sind die Lämmer ab der 4. Woche in der Lage, selbst genügend Kraftfutter aufzunehmen, so werden die Kraftfuttergaben für das Mutterschaf reduziert.

Lämmermastverfahren – Eine Reihe möglicher Produktionsverfahren bietet jedem Erzeuger die Möglichkeit, die Lämmermast den spezifischen Verhältnissen seines Betriebes anzupassen.

Die **Kraftfuttermast** von Lämmern stellt das intensivste Mastverfahren dar. Die Lämmer erhalten nach dem Absetzen Kraftfutter zur freien Aufnahme, dazu ca. 100–400 g Heu/Tag. Der gesamte Kraftfutterverbrauch beläuft sich auf 80–90 kg/Lamm. Das Verfahren ist mit relativ hohen Futterkosten belastet. Es bietet sich vor allem an für spät gefallene Herbstlämmer oder bei sehr knapper Weide.

Die **Wirtschaftsmast** im Stall erfolgt dagegen mit möglichst niedrigen Kraftfuttermengen unter Einsatz wirtschaftseigener Grundfuttermittel (Silagen, Heu, Rüben, Weide, Zwischenfrüchte, Rübenblatt) und billiger Zukaufsfuttermittel (z. B. Naß- oder Preßschnitzel, Biertreber). Im Vergleich zur Kraftfuttermast werden geringere Tageszunahmen erzielt. Die Lämmer können dafür aufgrund der später einsetzenden Verfettung etwas schwerer gemästet werden.

Am weitaus häufigsten ist die **Weidemast** anzutreffen. Dabei werden die Lämmer bis ca. 30 oder 35 kg mit der Mutter auf der Weide gehalten und nach dem Absetzen einige Wochen im Stall unter Fütterung von Silagen und/oder Kraftfutter auf das gewünschte Mastendgewicht von 38–48 kg gebracht.
Bei guter Weidefütterung können Lämmer, die im späten Winter oder frühen Frühjahr geboren werden, auch ohne *Stallendmast* die gewünschten Mastendgewichte erreichen. Die täglichen Zunahmen liegen dann bei ca. 200 g, in der Stallendmast dagegen bei 300 g.

1.2.3 Pflege und Hygiene

In der Koppelschafhaltung sind *vor* dem Weideaustrieb und *vor* dem Wiederaufstallen der Schafe im Herbst die **Klauen** zu schneiden. Etwa zur selben Zeit sollten nach vorausgegangener Kotuntersuchung Behandlungen gegen **Innenparasiten** (Magen- und Darmparasiten) und einmal im Jahr gegen **Außenparasiten** (z. B. Milben, Zecken) durchgeführt werden. Hierbei ist zweckmäßigerweise der Schafgesundheitsdienst oder Tierarzt einzuschalten.

Ein besonderes Augenmerk ist auf die Verhinderung der Moderhinke, einer infektiösen Entzündung im Klauenbereich, zu legen. Bewährte Maßnahmen zur Vorbeuge sind eine gute Weideführung (Umtrieb), gut gepflegte Klauen sowie ein regelmäßiges Klauenbad mit 5%iger Formalinlösung.

Bereits erkrankte Tiere sind nach Möglichkeit zu isolieren und die Klauen sofort und gründlich auszuschneiden.
Die **Schur der Schafe** erfolgt meist zwischen Februar und Mai. Vereinzelt ist auch die Winterschur anzutreffen. Häufig wird diese schwere Arbeit an Spezialarbeitskräfte auf Akkordlohnbasis vergeben.

1.2.4 Weideeinzäunung

Zur Weidehaltung von Schafen ist eine durchschlupfsichere **Einzäunung** der Koppeln nötig. Als Außenzaun hat sich dabei das verzinkte Knotengeflecht mit nach unten abnehmender Maschenweite bewährt. Zur Unterteilung von Koppeln (Innenzäune) werden heute neben niedrigerem Knotengeflecht (80–100 cm) auch Elektro-Knotengitter oder mehrlitzige Elektrozäune an Isolierpfählen mit Erfolg verwendet.
Als Anschaffungskosten für einen stationären Zaun mit Knotengeflecht (150 cm hoch), sind heute 4–6 DM/m zu veranschlagen. Ein mobiles Elektro-Knotengitter ist bei der Anschaffung etwas teurer.

1.2.5 Stallraumbedarf

Ein Schafstall soll zugfrei, trocken und nicht zu warm sein. Am besten eignen sich hierzu stützenfreie, mit einer Durchfahrtmöglichkeit versehene Gebäude, die auch eine Mechanisierung der Futtertransporte und der Entmistung zulassen.
Die vorherrschende Aufstallungsart ist der **Tiefstall,** in dem die Tiere in einem laufend nachgestreuten Strohbett stehen. Der Mist wird meist einmal im Jahr entfernt, der Stall desinfiziert und anschließend wieder belegt. Je Mutterschaf und Tag sind 0,5–0,8 kg Einstreu vorzusehen.
Die Bereitstellung von **Wasser** erfolgt am besten über schwimmergesteuerte *Selbsttränken,* damit die Tiere den stark von der Futterart abhängigen Wasserbedarf individuell befriedigen können.
Die für Schafe vorzusehenden **Stallflächen** sind der Tabelle 118 zu entnehmen. Dabei sind Verkehrsflächen wie Treib- und Futtergänge in die Bedarfswerte mit einbezogen.

Tabelle 118 Notwendige Stallflächen und Krippenlängen (nach Burgkart)

Tierart	Flächenbedarf m²/Tier	Krippenlänge m/Tier
Mutterschaf ohne Lamm	0,8–1,0	0,4
Mutterschaf mit Lämmern	1,2–1,6	0,6
Mastlamm	0,5–0,7	0,3
Jährling	0,6–0,8	0,3
Bock in Einzelbucht	3,0–4,0	0,6

Bei Beständen unter 20 Tieren sollte eine um 10–20% größere Stallfläche zur Verfügung stehen.

1.3 Wirtschaftlichkeit

Mit Ausnahme der Milchschafhaltung, die eine Sonderstellung innerhalb der Schafhaltung einnimmt, kommen heute mindestens 80% der Einnahmen in der Schafhaltung aus dem Verkauf von Lammfleisch.

Tabelle 119 Ausgewählte Kennzahlen der Schafhaltung

Merkmal	Weidemast	Weide- mit Stallendmast	Intensivmast
Ablammungen je Mutterschaf und Jahr	1,00	1,00	1,20
Lämmer je Ablammung	1,50	1,50	1,50
aufgezogene Lämmer/Mutter	1,35	1,35	1,66
Lämmerverluste in %	10	10	8
benötigte eigene Nachzucht	0,20	0,20	0,20
tägliche Zunahmen	200	250	350
Mastendgewichte	47	42	38
Preisniveau			
– Lammfleisch (Handel)	3,25	3,50	3,60
(Direktvermarktung)	4,00	4,00	4,00
– Altschaf	2,50	2,50	2,50
– Wolle	3,00	3,00	3,00

Tabelle 120 Deckungsbeiträge und Faktoransprüche in der Fleischschafhaltung

Betriebsform		Weidemast		Koppelschafhaltung			
				Weide- mit Stallendmast		Intensivmast	
		kg	DM	kg	DM	kg	DM
Lammfleisch [1]		54,1	200	48,3	184	55,3	213
Altschaffleisch		14	35	14	35	14	35
Wolle		4,4	13	4,4	13	4,4	13
Marktleistung gesamt			248		232		261
Bestandsergänzung		0,2		0,2		0,2	
Kraftfutter für – Mutterschafe, Böcke, Nachzucht		40	17	68	29	75	32
– Mastlämmer		15	7	43	19	120	54
Mineralstoffe		8	10	10	12	11	13
Tierarzt, Medikamente			6		8		8
Baden, Schur			11		11		11
Wasser, Strom, Geräte			5		3		5
Versicherungen			5		5		5
Bockhaltung			9		6		6
Tierverluste (9/2% von 260 DM)			12		12		12
variable Kosten gesamt			82		105		146
Deckungsbeitrag je Mutter			166		127		115
Mutterschaf-Prämie			46		46		46
Deckungsbeitrag inklusive Prämie			212		173		161
Nährstoffbedarf							
insgesamt	kStE	422		422		395	
davon Grundfutter	kStE	388		353		274	
Arbeitszeitbedarf bei 50 Muttern/Herde in AKh/Mutter mit Nachzucht							
Koppelschafhaltung	AKh	8		8,6		6,5	
Vermarktung	AKh	2		2		2,2	

[1]) Nach Berücksichtigung der notwendigen eigenen Nachzucht.

Deshalb ist die Zahl der pro Mutterschaf jährlich geborenen und aufgezogenen Lämmer entscheidend für den wirtschaftlichen Erfolg.

Starken Einfluß übt auch der erzielte **Verkaufserlös** für das Lammfleisch aus. Dieser hängt wiederum von der Form der Vermarktung (direkt oder über den Handel verkauft), vom Mastendgewicht der Lämmer, von der Fleischqualität und vom Verkaufszeitpunkt ab.
Ein großer Anteil der **veränderlichen Kosten** der Schafhaltung entfällt auf das Futter. Die Futterkosten werden wiederum entscheidend beeinflußt von der Bewirtschaftungsintensität der eigenen Futterflächen und dem Kraftfutteranteil in der Fütterung. Da in der Schaffütterung zahlreiche Abfallprodukte aus der Herstellung von Zucker, Stärke, Bier und Sprit verwertbar sind, kann die eigene Futtergrundlage oft sinnvoll und billig ergänzt werden.
Tabelle 119 enthält einige wesentliche Kennzahlen für ausgewählte Produktionsverfahren der Schafhaltung.
Bei Unterstellung dieser Leistungszahlen und durchschnittlicher Preis : Kosten- Verhältnisse sind für die Schafhaltung die in Tabelle 120 ausgewiesenen **Deckungsbeiträge** zu erzielen. Aufgrund der Vielfalt der in der Schafhaltung anzutreffenden Haltungsformen und Intensitätsstufen können allerdings die Ergebnisse von Betrieb zu Betrieb erheblich schwanken.

Die Koppelschafhaltung steht als Grünlandverwertungsverfahren vor allem im Wettbewerb mit der Weidemast von Jungrindern, der Mutterkuhhaltung und der Haltung von Wildtieren in Gehegen (z. B. Dam- und Rotwild).

Stellt man die drei ausgewählten Verfahren der Schafhaltung den **konkurrierenden Produktionsverfahren** gegenüber, so ist die Koppelschafhaltung bei vorhandenen Stallgebäuden und Futterflächen den anderen extensiven Grünlandverwertungsverfahren (Rindermast, Mutterkuh- und Damwildhaltung) in aller Regel zumindest gleichwertig.

1.4 Wertung des Betriebszweiges Lammfleischerzeugung

Was spricht für die Lammfleischproduktion?

- Relativ gute Verwertung von Grünlandflächen,
- Einsatz kostengünstiger Nebenerzeugnisse der Zucker-, Stärke-, Bier- und Spritherstellung als Futtermittel möglich,
- geringe Ansprüche an die Qualität von Stallgebäuden,
- Vielfalt möglicher Kombinationen von Haltungsformen und Mastverfahren erleichtert Anpassung an alle betrieblichen Gegebenheiten.

Was spricht gegen die Lammfleischproduktion?

- Relativ hohe Anforderungen an das produktionstechnische Können.

2 Schaf- und Ziegenmilcherzeugung

Die Erzeugung von Schaf- und Ziegenmilch unterscheidet sich im Grundsatz kaum. Deshalb wird im kommenden Abschnitt beides zusammen behandelt.

2.1 Forderungen des Marktes

Die Situation auf dem Markt für Schaf- und Ziegenmilch ist gekennzeichnet durch einen sehr geringen **Selbstversorgungsgrad** einerseits und eine sehr *begrenzte Nachfrage* andererseits.
Die Zahl der Molkereien, die auch Schaf- und Ziegenmilch verarbeiten, nimmt zwar aufgrund einer steigenden Verbrauchernachfrage laufend zu. Trotzdem liegen sie selten in erreichbaren Entfernungen vom Erzeuger. Daher ist der Absatz von Schaf- und Ziegenmilch bisher überwiegend nur durch Selbstvermarktung möglich. Auf diesem Absatzweg sind aber nur wenige Kunden zu bedienen, zumal das Milchangebot nur von Frühjahr bis Herbst besteht (saisonale Rassen) und die Produkte eine begrenzte Haltbarkeit aufweisen.
Schaf- und Ziegenmilch unterliegt nicht der Garantiemengen-Verordnung der EG und kann daher ohne Kontingent in beliebigen Mengen erzeugt und verkauft werden.
Der Absatz von **Ziegenkitzen** ist anders als der Lämmerabsatz stark saisonal geprägt. Nachgefragt werden hauptsächlich 16–20 kg schwere Kitze in der Zeit *bis Ostern*. Danach ist kaum noch ein nennenswerter Absatz möglich. Der größte Anteile der Kitze wird direkt zu Preisen von 150–200 DM/Tier vermarktet. Auch der Handel bezahlt vor Ostern ähnlich hohe Preise.

2.2 Produktionstechnik

Milchleistung – Milchschafe und Ziegen sind Tiere mit ausgeprägtem saisonalen Brunstverhalten. In der Folge kommen die Jungtiere ab Januar bis März zur Welt. Beide Tierarten bringen häufig Zwillinge.
Während die Aufzucht und Mast der Milchschaflämmer mit den gleichen Mastverfahren wie in der Fleischschafhaltung erfolgt, werden Ziegenkitze nur bis 16 oder 20 kg ausgemästet (vergleiche Abschnitt Markt).

Das Milchschaf gibt pro Jahr ca. 350–600 kg Milch mit einem Fett- und Eiweißgehalt, der etwa doppelt so hoch liegt wie bei Kuhmilch.

Die Milchleistung kann allerdings von Tier zu Tier sehr stark schwanken. Anders als bei Kühen verbleibt beim Melken ein Milchrest im Euter, den nur ein Lamm durch Säugen entziehen kann.

Eine Ziege gibt etwa doppelt so viel Milch wie ein Milchschaf (600–1200 kg). Fett- und Eiweißgehalt liegen bei bzw. etwas über 3%.

Schafe und Ziegen werden heute überwiegend mit Melkmaschinen in einfachen Melkständen gemolken. Dazu sind sowohl Spezialmaschinen als auch umgebaute Melkanlagen aus Milchkuhbetrieben im Einsatz. Findige Landwirte können hier durch Selbsthilfe nennenswert Kosten sparen. Der maschinelle Milchentzug verhindert, daß die Milch mit der Stalluft in Berührung kommt und dadurch den weniger beliebten scharfen Geruch annimmt.
Fütterung – Bezüglich der Futtermittel für Milchschafe und Ziegen gelten die selben Grundsätze wie für die Fleischschafhaltung.

Die Zusammensetzung der Futterrationen hat sich am Leistungsstand der Tiere zu orientieren. Laktierende Tiere und die Nachzucht sind getrennt zu halten und zu füttern.

2.3 Wirtschaftlichkeit

Die Gewinnung von Schaf- und Ziegenmilch erfordert wesentlich höhere Investitionen, ein höheres produktionstechnisches Geschick und einen unvergleichbar höheren Mehraufwand an Arbeit als die Lammfleischerzeugung. Auch ist der hohe Anteil termingebundener und täglicher Arbeiten sehr hoch. So entsteht eine Bindung an den Betrieb, die jener in der Milchkuhhaltung vergleichbar ist.

Die wirtschaftliche Lage der Milchschafhaltung hängt entscheidend von der Vermarktung der Milch und Milchprodukte ab.

Durch **Direktvermarktung** von Milch bzw. Verarbeitung zu Käse können Erlöse von bis zu 6 DM und mehr je kg Schafmilch erzielt werden, für Ziegenmilch bis ca. 3 DM/kg. Bei Verkauf größerer Mengen an eine Molkerei wäre dagegen nicht mit Preisen über 3 bzw. 1,50 DM/kg zu rechnen.
Die Milchschaf- und Ziegenhaltung ist nur begrenzt mit anderen Verfahren der Grünlandverwertung vergleichbar, da die absetzbare Menge an Milch und Milchprodukten relativ gering ist und daher die an sich konkurrenzlos gute Verwertung der Futterfläche nur bei geringem Flächenumfang möglich ist.
Die **Verwertung der eingesetzten Arbeit** ist in der Milchschaf- und Ziegenhaltung aufgrund der arbeitsaufwendigen Selbstvermarktung und Verarbeitung der Milch mit ca. 10 DM/AKh schlechter als in allen vergleichbaren Produktionsverfahren.
Nur dort, wo eine Molkerei die Milch abnimmt, kann eine z. T. sogar der Milchviehhaltung vergleichbare Verwertung von Fläche und Arbeit erzielt werden.

2.4 Wertung des Betriebszweiges Schaf- und Ziegenmilcherzeugung

Was spricht *für* die Erzeugung von Schaf- und Ziegenmilch?
- Expansionsfähiger Absatz,
- keine Kontingentierung der Erzeugung,
- hohe Deckungsbeiträge je Hektar Futterfläche bei Direktvermarktung,
- zunehmende Zahl von Molkereien mit Verarbeitung von Schaf- und Ziegenmilch.

Was spricht *gegen* die Erzeugung von Schaf- und Ziegenmilch?
- Bisher erst wenige aufnehmende Molkereien,
- durch Direktabsatz nur begrenzte Mengen zu vermarkten,
- hoher Arbeitsaufwand durch Verarbeitung und Vermarktung,
- starke zeitliche Bindung an den Betrieb,
- noch relativ wenig Erfahrung mit größeren Tierbeständen (über 20 Tiere).

Tabelle 121 Deckungsbeiträge und Faktoransprüche in der Milchschaf- und Ziegenhaltung

Betriebsform		Milchschafhaltung		Ziegenhaltung	
		kg	DM	kg	DM
Lammfleisch/Kitze [1])		54,1	200	10	180
Altschaf/-ziege		14	35	10	0
Milch		350	1050	700	980
Wolle		4,4	13	0	0
Marktleistung gesamt			1298		1160
Bestandsergänzung		0,2		0,2	
Kraftfutter für					
– Mutterschafe, Böcke, Nachzucht		283	127	260	117
– Mastlämmer		48	24	5	3
Mineralstoffe		12	14	12	14
Tierarzt, Medikamente			15		8
Baden, Schur			11		14
Wasser, Strom, Geräte			10		10
Versicherungen			5		5
Bockhaltung			17		6
Tierverluste (9/2% von 350 bzw. 265 DM)			16		12
variable Kosten gesamt			239		179
Deckungsbeitrag je Mutter			1059		981
Mutterschaf-Prämie			46		46
Deckungsbeitrag inklusive Prämie			1105		1027
Nährstoffbedarf					
insgesamt	kStE	620		395	
davon Grundfutter	kStE	415		395	
Arbeitszeitbedarf bei 20 Muttern/ Herde in AKh/Mutter mit Nachzucht:					
Tierbetreuung und Melken	AKh	45		6,5	
Verarbeitung und Selbstvermarktung	AKh	40		2,2	

[1]) Nach Berücksichtigung der notwendigen eigenen Nachzucht.

15 Pferdehaltung im Nebenerwerb

In der Pferdehaltung der Bundesrepublik Deutschland hat sich ein grundlegender Strukturwandel vollzogen. Herrschte bis 1950 das Kaltblut als Arbeitspferd vor, beschränkt sich heute die Pferdehaltung – von wenigen Ausnahmen wie Steilflächenbewirtschaftung im Gebirge und Holzrückearbeiten abgesehen – nahezu ausschließlich auf Tiere für den Reit- und Fahrsport, meist das Deutsche Reitpferd (Warmblut).
Mit der Änderung der Nutzungsart vollzog sich auch eine Verschiebung der Besitzstruktur. Im Gegensatz zu früher befindet sich heute die Mehrzahl der Pferde im Eigentum von Privatpersonen ohne landwirtschaftlichen Grundbesitz.

1 Forderungen des Marktes

Der landwirtschaftliche Betrieb kann Pferde züchten, aufziehen oder in Pension halten. Aufgabe der **Pferdezucht** ist es dabei, das Fohlenmaterial und die Jungpferde für die Freizeit- und Sportreiterei heranzuziehen.
Viele Pferdekäufer nehmen sich heute nicht mehr die Zeit bzw. besitzen nicht die Qualifikation, ein Jungpferd selbst auszubilden, oder haben keine dafür geeigneten Stallungen und Futterflächen. Daher ist der Kauf eines fertigen Reitpferdes weit häufiger als der Erwerb eines Fohlens oder eines rohen Jungpferdes. Der Züchter oder Aufzüchter sollte daher die Qualifikation zur Ausbildung junger Pferde haben.
Die Freizeitreiter bevorzugen meist ruhige, geländesichere und vielseitige Pferde zu günstigen Preisen, während die Sportreiter hochtalentierte Spring- oder Dressurpferde mit entsprechender Abstammung nachfragen und der Preis eine geringere Rolle spielt.
In der **Pensionspferdehaltung** bietet ein landwirtschaftlicher Betrieb den Stallraum für die Unterbringung, das Futter und die ständige Betreuung des Pferdes gegen Entgelt an. Der Eigentümer des Pferdes hat in der Regel für die tierärztliche Versorgung, die Hufpflege und die Bewegung des Pferdes sowie die Versicherung des Tieres zu sorgen.

Die Pensionspferdehaltung ist ein dienstleistungsorientiertes Produktionsverfahren. Voraussetzung für die Aufnahme des Betriebszweiges Pensionspferdehaltung ist eine gesicherte Nachfrage nach Einstellmöglichkeiten.

Diese ist vor allem zu erwarten im Einzugsbereich größerer Städte oder z. B. durch enge Zusammenarbeit mit einem Reitsportverein.
In jedem Fall ist zu Beginn der Einstellung eines Pferdes eine *schriftliche Vereinbarung* sinnvoll, in der Rechte und Pflichten jeder Vertragsseite eindeutig geregelt sind. Bezüglich der Haftung für eventuelle Schäden an einem Pferd oder durch das Pferd gilt im allgemeinen der Grundsatz, daß ein Eigentümer grundsätzlich, ein Pensionsbetrieb nur bei schuldhaftem Verhalten seiner Arbeitskräfte haftet. Trotzdem ist unbedingt im Einzelfall zu prüfen, ob die eigene *Betriebshaftpflichtversicherung* dieses Risiko mit abdeckt oder eine zusätzliche Versicherung abgeschlossen werden muß.
Eine Sonderform der Pensionspferdehaltung ist die **Aufzucht von Pensionsfohlen.** Hier kommen Fohlen mit ca. einem halben bis zu einem Jahr in den Pensionsbetrieb und werden dort über 2–3 Jahre aufgezogen. Als Pensionspreis werden in der Regel, mit dem Alter ansteigend, 200–270 DM/Monat gefordert.
Die Aufzucht erfolgt bevorzugt in Gruppen. Die Jungpferde laufen dabei im Sommer ganztägig auf der Weide und sind während des Winters in Gruppenbuchten oder in Offenställen untergebracht.
Diese Pensionsfohlenaufzucht ist sehr arbeitsextensiv. Allerdings ist die Nachfrage nach Aufzuchtplätzen nicht sehr groß.

2 Produktionstechnik

2.1 Zucht und Aufzucht

Mit ca. 18 Monaten werden Pferde geschlechtsreif. Dann ist eine Trennung von Stuten und Hengsten sowie eine Kastration der nicht für Zuchtzwecke vorgesehenen Hengstjährlinge vorzunehmen. Abgesehen von den Spezialras-

sen Vollblut und Traber sollten Pferde frühestens mit 3 Jahren an Arbeit gewöhnt werden. Kaltblutpferde sind erst mit 4 Jahren, Warmblutpferde und Isländer erst mit 5 Jahren voll belastbar.
Die **Zuchtverwendung von Stuten** soll je nach Rasse erst ab einem Alter von 3–5 Jahren erfolgen. Die Trächtigkeit erstreckt sich über 11 Monate. Die Fohlen bleiben bis zum 4. oder 5. Monat bei der Mutter. Nach dem Absetzen brauchen die Fohlen aufgrund eines hohen Energie- und Eiweißbedarfes bei geringem Futteraufnahmevermögen hochkonzentriertes Futter.
Bei der abgefohlten Zuchtstute tritt 7–9 Tage nach der Geburt die erste Rosse (Fohlenrosse) ein, die sich bei Nichtträchtigkeit über einen gewissen Zeitraum hinweg alle 3 Wochen wiederholt. Aufgrund der langen Trächtigkeit und immer wieder auftretender Fruchtbarkeitsstörungen werden bei Pferden anders als bei anderen landwirtschaftlichen Nutztieren nur durchschnittlich 0,5–0,7 Fohlen/Stute und Jahr geboren.

2.2 Fütterung

Als Grundfutter eignen sich in der Pferdehaltung alle im landwirtschaftlichen Betrieb üblicherweise erzeugten Wirtschaftsfuttermittel.

Zu beachten ist allerdings, daß nur Grundfutter einwandfreier Qualität verfüttert werden darf und daß genügend Freßzeit pro Mahlzeit gegeben wird (ca. 1 Stunde). Andernfalls besteht die Gefahr von Verdauungsstörungen und Koliken.

Die ergänzend zu verabreichende **Kraftfuttermenge** hängt stark von der Wahl und der Qualität der Grundfuttermittel sowie der Beanspruchung des Tieres ab.
Tabelle 122 zeigt beispielhaft **Futterrationen** für erwachsene Pferde und Fohlen. Sie sind für Warmblutpferde und Haflinger auf »leichte Arbeit« (ca. 1 Stunde Arbeit/Tag) abgestimmt. Bei stärkerer Beanspruchung sind jeweils ca. 1 bis 2 kg Hafer oder Ergänzungsfutter mehr zu geben.
Entsprechend der unterschiedlichen Nährstoffanteile aus dem Grundfutter schwanken auch die **Futterkosten** in der Pferdehaltung. So ermöglichen z. B. bereits kleinere Anteile nährstoffreicher und qualitativ hochwertiger Maissilage neben gutem Heu eine deutliche Reduzierung des Kraftfutteranteils und damit eine spürbare Kostensenkung gegenüber ausschließlicher Heu-Kraftfutter-Fütterung.

Tabelle 122 Beispielsrationen in der Pferdefütterung (nach KTBL)

Pferdeart	Warmblut	Haflinger	Aufzuchtfohlen einjährig	Aufzuchtfohlen zweijährig
Sommer				
Gras	35	30	20	30
Hafer	1	0,5	3	1,5
Winter				
Heu	6	6	2	2
Grassilage			8	10
Ergänzungsfutter	1	1	1	1
Hafer	4	3	2	2

Einige Grundfuttermittel beeinflussen bei größeren Rationsanteilen das äußere Erscheinungsbild eines Pferdes (Fellglanz, Grasbauch usw.) oder dessen Leistungsbereitschaft, was vor allem für die Pensions- und Reitpferdefütterung zu beachten ist. Hierzu wird auf die einschlägige Fachliteratur verwiesen.

Enthält die Ration kein Ergänzungsfutter für Pferde, so ist eine Mineralstoffmischung (ca. 100 g/Pferd und Tag) einzusetzen. In allen Fällen ist aber für eine ausreichende Natrium-Versorgung über Lecksteine oder Viehsalz zu sorgen.

2.3 Stallraumbedarf

Die artgerechte Haltung des Pferdes ist die *Weidehaltung,* d. h. der freie Auslauf mit viel Bewegungsraum. Daher wäre die Weidehaltung aus tierhalterischer und auch aus arbeitswirtschaftlicher Sicht einer Stallhaltung vorzuziehen. In der Pferdezucht, der Fohlenaufzucht und zum Teil auch der Robustpferdehaltung herrscht deshalb der Laufstall oder gar der Offenstall sowie die sommerliche Weidehaltung vor. Voraussetzung hierzu sind hofnahe und möglichst ohne eine Straßenüberquerung erreichbare, zusammenhängende Weideflächen.
In der Pensionspferdehaltung könnten sich Probleme ergeben, wenn z. B. Verletzungen als Folge von Rangkämpfen der Pferde untereinander auftreten oder die Reiter ihre Tiere vor jedem Ausritt erst auf der Koppel einfangen müssen. Daher herrscht hier die **Stallhaltung** oder der nur gelegentliche Auslauf vor.

In der Stallhaltung sollte der Einzelbox eindeutig der Vorzug gegenüber der Anbindehaltung gegeben werden.

Als günstigste **Boxenabmessungen** werden empfohlen:

Großpferde:
2,50–2,80 × 1,60–1,80 m bei Anbindung
3,50–3,75 × 2,50–3,00 m bei Boxen;
Mutterstuten mit Fohlen:
3,50 × 3,50 m in Boxen;

Kleinpferde:	2,80 × 3,00 m bei Boxen, 8,00–8,50 m² bei Laufställen;
Absetzfohlen:	3,00–4,00 m² bei Laufställen;
Jährlinge:	4,00–6,00 m² bei Laufställen;
Zweijährige:	6,00–8,00 m² bei Laufställen.

Als *Stallhöhe* sollten für Großpferde (Warmblut, Kaltblut usw.) 300–320 cm, für Kleinpferde 250 cm nicht unterschritten werden.
Vom Stallklima her gesehen, sind wenig wärmegedämmte Ställe für Pferde aller Rassen am gesündesten. Dem menschlichen Behaglichkeitsempfinden folgend, herrschen aber die üblichen, meist in Massivbauweise erstellten Warmställe vor. Den Tieren ist dort die körpereigene Wärmeregulation erschwert, die Möglichkeit zur Abhärtung genommen und die Gefahr von Erkältungen erhöht.
Bei Planungen für Neu- oder Umbaumaßnahmen sind bei einreihiger Aufstallung je Großpferd ca. 16 m² Stallgrundfläche und ca. 51 m³ umbauter Raum vorzusehen. Bei zweireihiger Aufstallung werden dagegen nur 12 m² Grundfläche und 38 m³ umbauter Raum benötigt. In diesen Werten sind Ganganteile, aber keine Futterberge- und Nebenräume enthalten.

2.4 Arbeitswirtschaft

Die Pferdehaltung ist sehr arbeitsaufwendig. Wie in früheren Jahren ist die individuelle Tierbetreuung in Handarbeit der Regelfall.
Gerade in der Pferdehaltung, besonders bei der Vermarktung oder der Pensionspferdehaltung spielen der optische Eindruck sowie Emotionen, die der Besitzer seinem Pferd entgegenbringt, eine große Rolle. Für den Landwirt bedeutet dies die Notwendigkeit eines guten Einfühlungsvermögens.
Speziell in der Pensionspferdehaltung haben viele Pferdebesitzer als Nichtlandwirte anfangs kaum Kenntnis der organisatorischen Notwendigkeiten im Betrieb. Daher ist der Arbeitszeitaufwand in der Pensionspferdehaltung nur schwer auf der Basis der zur reinen Arbeitserledigung notwendigen Zeiten zu kalkulieren.
Die ständige Anwesenheit fremder Personen, oftmals auch Kinder, auf dem Betriebsgelände behindert zum Teil den Arbeitsablauf und erhöht das Unfall- und Haftungsrisiko. So ist vor allem bei Hofarbeiten mit Zugmaschien oder Gespannen (z. B. volle Erntewagen) äußerste Vorsicht geboten.

3 Wirtschaftlichkeit

Die Wirtschaftlichkeit der Pferdezucht hängt in erster Linie vom Aufzuchtergebnis, den Verkaufserlösen für die Jungpferde und den Futterkosten ab.

Tabelle 123 zeigt hierzu u. a. einen Deckungsbeitrag der Mutterstutenhaltung mit Fohlenverkauf und der Jungpferdeaufzucht aus zugekauften Fohlen.
Der wirtschaftliche Erfolg der **Pensionspferdehaltung** hängt ganz entscheidend von der Höhe der Pension ab. Diese ist wiederum abhängig von der örtlichen Nachfrage nach Einstellmöglichkeiten, der Ausstattung des Betriebes mit Gebäuden und Reitanlagen sowie der Pferderasse.

Die höchsten Pensionspreise sind derzeit erzielbar im Umland größerer Ballungszentren sowie in Betrieben mit Reithalle und modernen Stallungen. Die geringsten Erlöse werden demgegenüber in Stadtferne und mit Kleinpferden erreicht.

3.1 Bewertungsrechtliche und steuerliche Einordnung

Die Pferdehaltung ist steuerlich in der Regel der Land- und Forstwirtschaft zuzurechnen. Besonders in der **Pensionspferdehaltung** mit ihrem dienstleistungsorientierten Charakter bestehen aber eine Reihe von Ausnahmen.
Soweit sich die Leistungen des Landwirtes auf die reine Unterbringung, Fütterung und Pflege der Pferde beschränken, zählt die Pensionspferdehaltung eindeutig zur Land- und Forstwirtschaft.
Eine **Zuordnung des Betriebszweiges zum Gewerbe** ist dann möglich, wenn

Tabelle 123 Deckungsbeiträge und Faktoransprüche in der Pferdehaltung

Kennwerte		Zucht-Stute mit Fohlen bis 6 Monate		Jungpferde-aufzucht 6–40 Monate		Pensions-pferdehaltung		Pensions-fohlenaufzucht 13–36 Monate	
		Einheit	DM	Einheit	DM	Einheit	DM	Einheit	DM
Fohlen	3100 DM/Stück	0,6	1860						
Jungpferde	10 000 DM/Stück			1	10 000				
Altpferd	2000 DM/Stück	0,1	200						
Pension	500/325 DM/Monat						6000		5640
Marktleistung gesamt			2060		10 000		6000		5640
Bestandsergänzung		0,1	1000	1	3100				
Kraftfutter 50 DM/dt		12	600	24	1200	11	550	19	950
Mineralfutter, Lecksteine			30		50		30		20
Deckgeld, Transporte			400						
Hufpflege			350		150				
Tierarzt, Medikamente			250		390				
Versicherungen			95		135		48		
Strom, Wasser, Geräte			40		90		35		60
Verbandsbeitrag, Vermarktung			93		500				
Leder- und Zaumzeug			20		30				
Stallmist ausbringen			15		25		15		
Tierverluste 3%			180		197				
Stroh für Einstreu		29	174	35	210	29	174	30	180
variable Kosten gesamt			3247		6077		852		1210
Deckungsbeitrag			−1187		3923		5148		4430
Nährstoffbedarf	kStE		1720		3300		1740		2800
davon Grundfutter	kStE		1140		1980		1000		1620
Arbeitszeitbedarf	AKh		124		266		73		45

- keine eigenen Flächen vorhanden sind,
- eine Reithalle oder eine Reitanlage mit fest eingebauten Tribünen, Hindernissen usw. bereitgestellt wird,
- ein Aufenthaltsraum mit der Möglichkeit der Bewirtung vorhanden ist oder gar eine Bewirtung oder Beherbergung von Gästen erfolgt.

4 Wertung des Betriebszweiges Pferdehaltung

Was spricht *dafür?*

Pferdezucht:

- Möglichkeit zur Verwertung von Altgebäuden und freien Flächen,
- steuerliche Einstufung als Land- und Forstwirtschaft.

Pensionspferdehaltung:

- Sehr hohe Verwertung von Arbeit, Futterflächen und vorhandenen Gebäuden,
- relativ geringes Risiko, da sich die Tiere nicht im Eigentum des Landwirtes befinden,
- laufende Einnahmen.

Was spricht *dagegen?*

Pferdezucht:

- Hohe Ansprüche an Arbeitszeit und Gebäudevolumen,
- geringe Wirtschaftlichkeit.

Pensionspferdehaltung:

- Einstufung als Gewerbebetrieb möglich, wenn Leistungen über die bloße Tierbetreuung hinausgehen,
- hohe Neubaukosten für Stall und Reithalle,
- ständige Anwesenheit fremder Personen auf dem Betriebsgelände,
- hohes Einfühlungsvermögen gegenüber Ansprüchen einzelner Pferdebesitzer notwendig.

16 Dam- und Rotwildhaltung in Gehegen

Die Haltung von Wild in landwirtschaftlichen Gehegen mit dem vorrangigen Ziel der Fleischerzeugung ist in der Bundesrepublik Deutschland noch relativ wenig verbreitet. In der überwiegenden Mehrzahl der Gehege wird Damwild gehalten, nur ca. 10–20% sind mit Rot-, Muffel- oder Schwarzwild oder einem Mischbesatz aus mehreren dieser Tierarten besetzt.

Die Errichtung von Gehegen ist grundsätzlich genehmigungspflichtig.

Die **Genehmigungspraxis** ist jedoch von Bundesland zu Bundesland unterschiedlich. Daher ist es empfehlenswert, vor Anlage eines Geheges die zuständige Kreisverwaltungsbehörde nach den einschlägigen Rechtsvorschriften und Genehmigungsvoraussetzungen zu befragen. In Bayern erfolgt die Genehmigung nach Maßgabe der Richtlinie über die Damwildhaltung in der Landwirtschaft vom 15. Dezember 1980 (LMBl. Nr. 1/1981).

1 Forderungen des Marktes

Die Wildhaltung in landwirtschaftlichen Gehegen trifft auf einen noch relativ offenen Absatzmarkt. Der Pro-Kopf-Verbrauch an Wild- und Kaninchenfleisch beträgt in der Bundesrepublik Deutschland seit Jahren nur 1,0 kg. Etwa die Hälfte davon dürfte auf Wildbret entfallen. Der **Selbstversorgungsgrad** für beide Fleischarten zusammen beträgt 64% (vergleiche Tabelle 124).
Importiertes Wildfleisch aus Neuseeland, Großbritannien oder osteuropäischen Staaten liegt im Preis zum Teil deutlich unter der einheimischen Ware.

Höhere Erlöse, die der Wildhaltung eine nennenswerte Wettbewerbskraft gegenüber anderen extensiven Grünlandnutzungsverfahren verleihen, sind nur mit Selbstvermarktung oder mit großen Beständen zu erzielen.

Ein weiterer Grund für die bisher vorherrschende **Selbstvermarktung** liegt in der kleinflächigen Erzeugungsstruktur mit entsprechend geringen Tierbeständen. Die Mehrzahl der Gehegebesitzer konnte keine längerfristigen vertraglichen Liefervereinbarungen mit Fleischhandelsunternehmen eingehen, da eine kontinuierliche Belieferung mit einer ausreichenden Menge an Tieren oder Schlachtkörpern bisher nicht möglich war. Für den Markt mit Gehegewild interessiert sich zwischenzeitlich auch der gewerbliche Handel. In Bayern sind 2 Handelsunternehmen eingestiegen.
Die vom Handel bezahlten Preise für Wildbret aus Gehegen liegen etwa 2–3 DM/kg unter den in der Selbstvermarktung erzielbaren Erlösen.

Tabelle 124 Marktversorgung mit Wildbret in der Bundesrepublik Deutschland

Bezeichnung		Kennwerte
Verbrauch an Wildbret	t/Jahr	30 000–35 000
Erzeugung an Wildbret	t/Jahr	17 000
davon aus Jagdstrecke	t/Jahr	14 100
Importbedarf	t/Jahr	13 000–18 000
Selbstversorgungsgrad [1])	%	43– 51
Pro-Kopf-Verbrauch	kg/Jahr	0,43– 0,57
geschätzter Anteil aus inländischer Gehegehaltung		
– an Inlandserzeugung [1])	%	5– 6
– an Wildbretverzehr [1])	%	3– 4

[1]) Geschätzt.

2 Produktionstechnik

2.1 Produktionsablauf

Fortpflanzung – Bei Dam- und Rotwild ist sie saisonal geprägt. Um hohe Befruchtungsraten zu gewährleisten, sollten sich in der Herde nicht mehr als 20 weibliche Tiere je Hirsch befinden. Auch ist es nicht ratsam, zwei annähernd gleichstarke Hirsche in einem Gehege zu halten, da diese sich während der Brunft durch ständige Rangkämpfe gegenseitig am Deckgeschäft hindern.

Die *Brunst* findet meist von Mitte Oktober bis Anfang November statt. Sie kann sich bei Einzeltieren auch hinausziehen. Die *Trächtigkeit* dauert 7½–8 Monate. Die Hauptsetzzeit liegt dementsprechend im Juni bis Juli des Folgejahres (Abb. 96). Junge Damhirsche sind mit 14–15 Monaten deckfähig. Weibliche Tiere werden mit ca. 16 Monaten geschlechtsreif. Rotwild braucht in der Regel etwas länger.

Aufwuchs – Damwild-Kälber werden mit ca. 5 kg geboren und nehmen bis zum Winter auf 15–25 kg Lebendgewicht zu, Rotwild-Kälber auf bis zu 40 oder 50 kg. Hirschkälber wachsen beträchtlich schneller als weibliche Kälber. Den Winter über erfolgt nur eine geringe oder gar keine Gewichtszunahme.

In der zweiten Vegetationsperiode wachsen männliche Damspießer bis zum Sommer auf etwa 40–50 kg heran, weibliche Tiere erreichen bis zum Herbst zwischen 30 und 45 kg. Rotwildspießer erreichen in gleicher Zeit ca. 80 bis 100 kg.

Gehege – Für Wild ist in der Regel **kein Gebäude** nötig. Lediglich an Standorten mit sehr hohen Niederschlägen und in extrem windexponierter Lage empfiehlt sich ein *offener Unterstand* mit befestigtem Boden. In Gehegen mit Rotwildbesatz ist eine *Suhle* erforderlich.

Fütterung – Zur **Winterfütterung** reichen transportable und überdachte Raufen und Krippen aus. Die Anlage mehrerer Futterstellen ist sinnvoll, damit auch schwächere Tiere ihr Futter in Ruhe aufnehmen können. Grundsätzlich sollten alle Futterplätze befestigt sein.

Den Tieren ist ganzjährig frisches **Trinkwasser** bereitzustellen. Dies kann in Selbsttränken oder Bottichen mit ständigem Zulauf oder Schwimmersteuerung erfolgen. Vom Tier zu betätigende Pumpmechanismen sind nicht geeignet, da Wild diese nicht bedient.

Sofern *Fließgewässer* im Gehege verlaufen, sollten sie befestigte Entnahmestellen aufweisen und ansonsten ausgezäunt werden (Verwurmungsgefahr).

2.2 Betreuung und Behandlung

Gehegewild bedarf keiner individuellen Pflege. Dagegen ist eine laufende Überwachung der Tiere und des Zaunes notwendig. Dies gilt insbesondere während der Setzzeit (Kalbung) im Frühjahr und Frühsommer sowie während der Hauptbrunft ab Mitte

Abb. 96 Produktionsablauf in der Damwildhaltung (Schema).

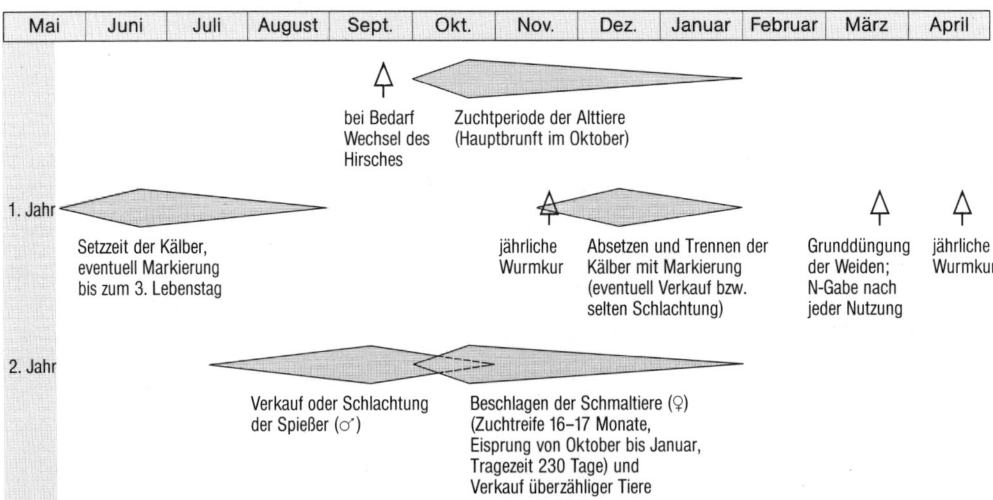

Oktober. Eine ständige Beobachtung des Verhaltens, des Gesundheitszustandes und des Wohlbefindens der Tiere hilft Krankheiten frühzeitig zu erkennen und Verluste zu vermeiden.

Da eine Einzeltierbehandlung nur schwer durchführbar ist, konzentriert sich die Gesundheitsfürsorge auf das Vermeiden von fütterungsbedingten Schäden und die vorbeugende Behandlung des Gesamtbestandes gegen Infektionskrankheiten und parasitäre Krankheiten. So sollte z. B. ein- bis zweimal im Jahr nach Kotproben eine Wurmkur erfolgen.

Damwild kann bei entsprechender Behandlung und Gewöhnung an eine Person handzahm werden, Rotwild nicht. Ein **Einfangen von Damwild** ist nur mit speziellen Fangeinrichtungen oder durch Immobilisation (bewegungsunfähig machen) möglich. Eine Immobilisation erfordert bezüglich Dosierung und Verabreichung des Medikamentes mittels Blasrohr oder Preßluftgewehr fundierte Kenntnisse und Übung. Beides kann in Speziallehrgängen erworben werden.

Das **Töten von Gehegewild** erfolgt in Bayern ausschließlich durch den gezielten Schuß mit der Jagdwaffe. Hierzu ist eine *Sondererlaubnis* der unteren Jagdbehörde erforderlich. Sie gilt nur für das jeweilige Gehege und setzt einen Jagdschein bzw. einen erfolgreich absolvierten Waffensachkundelehrgang und eine Waffenbesitzkarte voraus. Ein Jagdschein allein berechtigt dagegen noch nicht zum Töten von Wild in einem Gehege.

Nach dem **Fleischbeschaugesetz** ist bei Rot- und Damwild vor und nach dem Töten eine Untersuchung erforderlich. Vor der Tötung ist es ausreichend, die Tiere in der Herde in Augenschein zu nehmen. Nach der Tötung muß das Einzeltier untersucht werden.

Grundsätzlich müssen getötete Tiere ausbluten. Ein Ausschlagen aus der Decke und ein Spalten des Rückens ist nur bei begründetem Verdacht auf gesundheitsgefährdende Veränderungen am Schlachtkörper erforderlich.

Die *Verarbeitung des Schlachtkörpers* hat in einem Raum zu erfolgen, der den Bestimmungen der Fleischhygiene-Verordnung genügt. Nach der Tötung und dem Zerteilen ist der Schlachtkörper bzw. das Fleisch so zu lagern, daß eine Fleischtemperatur von +4° C nicht überschritten wird.

2.3 Fütterung

Dam- und Rotwild ist den Wiederkäuern zuzuordnen. Während der **Vegetationszeit** sollte es seinen Nährstoffbedarf aus dem Gehege dekken können. Dazu sind Besatzdichte und Aufwuchsleistung der Futterfläche aufeinander abzustimmen.

In der **Winterfütterung** können alle üblichen wirtschaftseigenen und Zukaufsfuttermittel mit einwandfreier Qualität eingesetzt werden. Heu und Stroh – eventuell mit Natronlauge oder Ammoniak aufgeschlossen – sollten als Rohfaser und Strukturfutter den Hauptanteil ausmachen.

Im Hinblick auf eine gute Konstitution für den Winter kann vor allen den Kälbern im Herbst eine Beifütterung mit höher konzentrierten Futtermitteln angeboten werden. Dazu sind eigene Futterstellen anzulegen und z. B. mit einem Staketenzaun abzutrennen, der durch entsprechende Schlupföffnungen nur den Kälbern den Zugang zur Futterstelle ermöglicht.

Als **Mineralstoffergänzung** sind kupferarme Mischungen für Schafe zu bevorzugen, da sonst insbesondere bei Kälbern Verluste durch Kupfervergiftung hervorgerufen werden können.

Eine zu intensive Fütterung der zum Abschuß vorgesehenen Tiere ist in jedem Fall zu vermeiden, da Gehegewild schnell verfettet. Dies mindert die Fleischqualität und den erwünschten Wildcharakter.

3 Wirtschaftlichkeit

Die Damwildhaltung ist im landwirtschaftlichen Betrieb als Alternative zu anderen Verfahren der extensiven Grünlandnutzung zu sehen. Ihr relativ geringer Arbeitszeitanspruch und die Haltung weitgehend ohne Wirtschaftsgebäude lassen sie insbesondere für Nebenerwerbsbetriebe auf Grünlandstandorten geeignet erscheinen.

In der Beurteilung der Wirtschaftlichkeit ist vorrangig von der reinen Haltung zur Fleischerzeugung auszugehen. Der Verkauf von Zuchttieren kann zwar zu einer Verbesserung der Rentabilität beitragen, sollte jedoch nur mit großer Vorsicht in eine Kalkulation einbezogen werden. Die folgende Tabelle 125 gibt hierzu Auskunft über Deckungsbeiträge und Faktoransprüche beider Verfahren bei Selbstvermarktung in der Decke.

Tabelle 125 Deckungsbeiträge und Faktoransprüche der Dam- und Rotwildhaltung in Gehegen

Verfahren		Damwildhaltung		Rotwildhaltung	
		kg	DM	kg	DM
0,42 Spießer, 46/100 kg LG		13,9	167	29,4	294
0,35 Schmaltiere, 38/80 kg LG		9,8	118	20,7	207
0,07 Alttiere, 50/100 kg LG		2,5	22	4,9	34
Decken, 15/30 DM Stück			14		28
Marktleistung gesamt			321		563
Bestandsergänzung		0,07	24	0,07	41
Hirsch-Haltung			20		30
Kraftfutter, 45 DM/dt		50	23	100	23
Mineralfutter, Lecksteine			12		15
Wurmkur, Desinfektion			9		12
Wasser, Strom, Geräte, Markierung, Vermarktung			25		30
variable Kosten			113		151
bedingt zuteilbare Kosten					
– Zaunkosten [1])			36		64
– Fütterungseinrichtungen [2])			7		12
Deckungsbeitrag			165		336
Nährstoffbedarf			441		797
– davon Grundfutter			410		735
Arbeitszeitbedarf					
– flächengebundene Arbeiten	AKh/ha		19		19
– tiergebundene Arbeiten	AKh/PE		3		3

[1]) 600 m Zaun/ha, 6,50 DM/m, 6,7% AfA + 1,5% Unterhaltung; Gehegegröße 2 ha, 9 Damtiere bzw. 5 Stück Rotwild jeweils mit Nachzucht/ha.
[2]) 1000 DM Anschaffung, 5% AfA, 1% Unterhaltung, Besatz wie bei [1]).

Bei Absatz an den Handel sind ca. 2–3 DM/kg Jagdgewicht (JG) weniger in Ansatz zu bringen. Als Einheit ist in Tabelle 125 die Produktionseinheit (PE) gewählt. Diese setzt sich zusammen aus einem weiblichen Zuchttier plus abhängiger Nachzucht.

Landwirte, die bisher noch keine Erfahrungen mit Wildhaltung in Gehegen sammeln konnten, müssen berücksichtigen, daß anfänglich mit niedrigeren Aufzuchtergebnissen und geringeren Deckungsbeiträgen als in Tabelle 125 dargestellt, zu rechnen ist.

4 Bewertung des Betriebszweiges Wildhaltung

Was spricht *für* die Wildhaltung?

- Verwertung von Grünlandflächen auch minderer Qualität,
- Gewährung der Ausgleichszulage in benachteiligten Gebieten,
- expansionsfähiger Absatzmarkt besonders bei Selbstvermarktung,
- keine Notwendigkeit umfangreicher Gebäude und Maschineninvestitionen,
- relativ große Widerstandskraft der Tiere gegen Krankheiten,
- geringer Arbeitszeitaufwand,
- hohe Deckungsbeiträge je Arbeitsstunde.

Was spricht *dagegen?*

- Genehmigungspflicht der Gehege nach dem Naturschutz- und Jagdrecht, unter Umständen auch nach dem Baurecht,
- um zufriedenstellende Preise zu erzielen, ist Selbstvermarktung notwendig,
- relativ geringe Deckungsbeiträge/ha Gehegefläche,
- keine Marktordnung für Wildfleisch, daher keine Preisabsicherung!

17 Kleintierhaltung im Nebenerwerb

1 Legehennenhaltung

1.1 Wirtschaftliche Bedeutung

Die Geflügelhaltung in der Bundesrepublik Deutschland ist einer der Betriebszweige mit der höchsten Konzentration der Tierbestände. Zwar hält noch knapp jeder zweite landwirtschaftliche Betrieb Hennen, die Versorgung der Bevölkerung der Bundesrepublik Deutschland mit Eiern erfolgt jedoch überwiegend aus Legehennenbeständen über 1000 Stück.

Die Hennenbestände in Nebenerwerbsbetrieben erreichen diese Bestandszahlen kaum. Sie dürften überwiegend im Bereich der Selbstversorger und Kleinhaltungen mit bis zu 50 Hennen zu finden sein, die immerhin 94% aller Legehennenhaltungen mit ca. 10% aller Hennen ausmachen. Dies ist auch die Untergrenze eines Hennenbestandes, mit dem nennenswerte Mengen an Eiern für den Verkauf erzeugt werden können.

Im Durchschnitt aller deutschen Legehennenhaltungen werden zur Zeit pro Henne 257 Eier im Jahr erzeugt. Der Pro-Kopf-Verbrauch in der Bundesrepublik Deutschland liegt derzeit bei 266 Eiern im Jahr.

1.2 Haltungsverfahren

In der Legehennenhaltung sind grundsätzlich mehrere Haltungsverfahren zu unterscheiden.

Auslaufhaltung – Die Hennen können hier innerhalb umzäunter Flächen oder auf dem ganzen Hof frei herumlaufen. Diese für Kleinhaltungen und Selbstversorger typische Haltungsform ist für größere Bestände zu arbeits- und flächenaufwendig. Als Auslauf sind pro Henne 15 m^2 vorzusehen.

Die Legeleistungen sind sehr niedrig und die Verluste bei Eiern und Tieren (Parasiten, Krankheiten, Raubwild) sehr hoch. In allen anderen Kennzahlen ist die Auslaufhaltung der Bodenhaltung vergleichbar.

Bodenhaltung – In der Bodenhaltung werden bis zu 4–6 Hennen/m^2 Stallfläche gehalten. Die Hennen können sich im Stall frei bewegen. 50–75% der Stallbodenfläche nimmt eine Kotgrube ein. Sie ist mit Lattenrosten oder Drahtgitter abgedeckt und soll etwa den Mistanfall eines Jahres fassen. Der andere Teil des Stallbodens wird als Scharraum eingestreut.

Eine neuere Variante der Bodenhaltung ist der **Volierenstall.** Hier werden die Sitzstangen und Legenester auf 2 oder mehr Etagen im Stall verteilt, wodurch bei sonst gleicher Aufstallung eine höhere Belegdichte von bis zu 10 Hennen/m^2 erreicht wird.

Die Legeleistungen liegen in beiden Verfahren deutlich höher als bei Auslaufhaltung. Die Verluste an Eiern und Tieren sind ebenfalls wesentlich geringer.

Käfighaltung – In Betrieben mit größeren Tierbeständen ist die Käfighaltung das wesentlich häufiger anzutreffende Verfahren. Etwa 90% aller bundesdeutschen Hennen werden so gehalten. Die Käfighaltung hat einen geringeren Gebäude- und Arbeitszeitbedarf als alle anderen Verfahren, verursacht geringere Futter- und Energiekosten, weniger Schmutzeier und ermöglicht eine bessere Kontrolle sowie Hygiene mit der Folge gesünderer Tiere und besserer Leistungen.

1.3 Stallgebäude und Einrichtung

Ställe – Hühnerställe sollen im Winter nicht zu kalt werden. Daher ist vielfach eine Heizmöglichkeit notwendig. Erst mit Belegdichten von 15–20 Hennen/m^2 kann darauf verzichtet werden. Auf Stalltemperaturen unter 20° C und über 70% relative Luftfeuchtigkeit reagieren Hennen mit höherem Futterverbrauch und sinkenden Legeleistungen.

Käfigbatterien – In Käfigbatterien sind Stalleinrichtungen wie Futter- und Wasserversorgung sowie Entmistung zu einer technischen Einheit zusammengefaßt. Der einzelnen Henne stehen dabei mindestens 425–450 cm^2 Käfigfläche und 12 cm Futtertrog zur Verfügung.

Zur Verbesserung der Legeleistung werden **Lichtprogramme** verwendet. Diese setzen Dunkelställe voraus. Ohne Lichtprogramme sind Legeleistungen über 200 Eiern im Jahr kaum möglich.

Bodenhaltung – In der Boden-, Volieren- und auch Auslaufhaltung müssen die Tränken und Futtertröge sehr sorgfältig überwacht und gereinigt werden, um Parasiteninfektionen zu vermeiden. In der Boden- und Volierenhaltung sollen Futtertröge und Tränken über der Kotgrube angeordnet sein.

In allen drei Systemen sind Legenester notwendig. Hierzu können Einzel- oder Familiennester verwendet werden. Die Nester sind mit lokkerer Einstreu zu versehen und täglich möglichst mehrmals zu leeren, um Verluste durch Bruch und Verschmutzung der Eier zu vermindern.

Im Bodenhaltungs- und Volierenstall sind **Lichtprogramme** noch notwendiger als im Käfigstall, da Aggressivität und Kannibalismus bei freilaufenden Hühnern zu wesentlich höheren Verlusten führen können als im Käfig. Um die Aggressivität zu vermindern, sollte auch durch die Möglichkeit zum Scharren und Staubbaden Langeweile vermieden werden sowie die Futtervorlage mit Kettenförderern erfolgen, die eine längere Freßzeit erfordern.

1.4 Fütterung

Die Hauptfutteraufnahme erfolgt einige Zeit vor dem Dunkelwerden. Die Futterzeiten sind schwerpunktmäßig darauf einzurichten.

Bei Fütterung mit mechanischen Hilfen verringert die Vorlage von Fertigfutter die Staubbelastung der Stalluft. Mehlförmiges Futter verringert dagegen die Futterverluste durch den Spieltrieb der Tiere und auch die Aggressivität aufgrund der längeren Freßzeiten. Bei Vorlage von mehlförmigem Futter ist darauf zu achten, daß eine gleichmäßige Verteilung und möglichst geringe Entmischung der Komponenten eintritt. Bei Trogkettenförderern soll die Kette sichtbar bleiben, damit die Tiere das Futter zwischen den Gliedern herauspicken können.

In **Batteriehaltungen** erfolgt die Vorlage des Futters mehrmals täglich automatisch über Vorratswagen oder Futterketten. Zwischen Fertigfutter und Mehlfutter bestehen in dieser Haltungsform kaum Unterschiede hinsichtlich des Tierverhaltens und der Futterverwertung.

In der **Boden-** und **Auslaufhaltung** ist die Einhaltung obenstehender Fütterungsregeln wichtiger als in der Käfighaltung. In Betrieben mit eigenem Getreidebau und in Betrieben mit Hand-

Tabelle 126 Deckungsbeitrag in der Legehennenhaltung (Basis: 100 Legehennen)

Leistungskennzahlen		Käfighaltung	Bodenhaltung	
Legeleistung Eier/Henne und Jahr		250	200	200
Tierverluste	%	8	12	12
Futterverbrauch	g/Ei	180	220	220
Eierpreis	DM/Stück	0,20	0,20	0,25
Marktleistung				
Eier	DM/Henne	50,00	40,00	50,00
Suppenhennen (4,50 DM/Stück)	DM/Henne	4,14	3,96	3,96
Summe Marktleistung	DM	54,14	43,96	53,96
Junghenne legereif	DM	10,00	10,00	10,00
Futter, 60 DM/dt	DM	27,00	26,40	26,40
Tierarzt, Medikamente, Hygiene	DM	0,28	0,38	0,38
Tierseuchenkasse	DM	0,05	0,05	0,05
Strom, Wasser, Einstreu	DM	1,20	1,70	1,70
Verpackung für Eier, 0,25 Dpf/Ei	DM	0,63	0,50	0,50
Vermarktung, 0,6 Dpf/Ei	DM	1,50	1,20	1,20
Summe variable Kosten	DM	40,66	40,23	40,23
Deckungsbeitrag	DM	13,48	3,73	13,73
Arbeitszeitbedarf Haltung	AKh/Henne	1,00	1,50	1,50
Arbeitszeitbedarf Vermarktung	AKh/Henne	1,25	1,25	1,25

fütterung kann die kombinierte Fütterung aus Fertigfutter und Getreidekörnern sinnvoll sein. Das Getreide wird dazu in die Einstreu oder auf den Boden gegeben. Durch das intensive Scharren werden die Tiere zum einen beschäftigt, zum anderen auch veranlaßt, die Einstreu ständig zu lockern.
Bei Ganzkörnerfütterung ist allerdings die Bereitstellung von Muschelschalen oder *Grit* zur beliebigen Aufnahme unbedingte Voraussetzung.

1.5 Wirtschaftlichkeit

Die Haupteinflußfaktoren auf die Wirtschaftlichkeit der Legehennenhaltung im Nebenerwerbsbetrieb sind:

- Die Legeleistung, die vom Haltungssystem wesentlich beeinflußt wird,
- der Eierpreis, der hauptsächlich von der Vermarktung abhängig ist.

Ein Großteil der Eier aus Nebenerwerbsbetrieben wird direkt an Haushalte vermarktet. Die erzielten Preise sind meist ganzjährig konstant und liegen mit 20–25 Pfennig/Ei nennenswert über den Eiernotierungen des Handels.
Vielfach werden für Bodenhaltungseier höhere Preise erzielt als für Käfigeier. Wie Tabelle 126 zeigt, sind diese Mehrerlöse auch nötig, um die geringere Legeleistung und die höheren Kosten auszugleichen.

2 Gänsemast

Die Gänsehaltung ist eine in der Bundesrepublik Deutschland heute relativ selten anzutreffende Form der Tierhaltung geworden. Die Erzeugung von Gänsefleisch ging von ca. 12 000 t im Jahr 1960 auf ca. 3000 t im Jahr 1989 zurück. Etwa 18 000 t müssen jährlich in die Bundesrepublik Deutschland eingeführt werden. Der Pro-Kopf-Verbrauch beträgt derzeit 0,4 kg im Jahr.
In der Gänsehaltung sind grundsätzlich zwei Nutzungsrichtungen zu unterscheiden:

- Die Erzeugung von **Konsumeiern, Bruteiern** und **Küken,** die sich hauptsächlich auf große, hauptberuflich bewirtschaftete Spezialbetriebe konzentriert,
- die Erzeugung von **Mastgänsen** und eventuell Federn als Nebenprodukt, die auch vielfach im Nebenerwerbsbetrieb anzutreffen ist.

2.1 Forderungen des Marktes

Der Absatz von frischen **Mastgänsen** konzentriert sich in der Bundesrepublik Deutschland im wesentlichen auf den Herbst und Frühwinter, beginnend in Süddeutschland zu Kirchweih und Martini mit dem Hauptabsatz bundesweit zu Weihnachten bis Neujahr. Gefrostete Schlachtkörper werden das ganze Jahr über angeboten, aber nur in relativ geringem Maße nachgefragt.
Die deutschen Erzeuger haben dabei mit starker Konkurrenz aus Drittländern zu kämpfen, vor allem mit polnischer und ungarischer Ware. Diese Importe werden nahezu ausschließlich als gefrorene Schlachtkörper angeboten und sind im Einzelhandel für ca. 8–10 DM/kg Schlachtgewicht erhältlich.
Ein wesentlicher Teil der inländischen Mastgänse wird von den Erzeugern **direkt vermarktet.** Die Absatzchancen hängen dabei sehr stark von der regionalen Lage zu Ballungszentren ab. Abseits größerer Ballungszentren fehlt meist die Möglichkeit des Direktabsatzes größerer Mengen. In diesem Fall ist eine Abnahmevereinbarung mit einer Schlachterei notwendig. Hierbei können Erlöse von ca. 12–15 DM/kg Schlachtgewicht erreicht werden, andererseits entfällt die arbeitsaufwendige Selbstvermarktung.
Die bisherigen Erfahrungen der Direktvermarkter zeigten, daß die Nachfrage nach frischer Ware durchwegs das Angebot überstieg. Eine Änderung könnte sich ergeben, wenn tatsächlich zunehmende Frischgänse-Importe als Konkurrenz auftreten.
Aber auch hier ist der Erzeuger-Verbraucher-Direktverkehr noch eher geeignet, mit einem festen Kundenstamm und dem entsprechenden Service den vorhandenen Absatz zu sichern, selbst wenn die Importware im Preis deutlich niedriger liegt.

Im Gegensatz zur noch möglichen Produktionsausweitung bei Direktvermarktung nehmen Schlachtereien derzeit kaum noch neue Vertragspartner auf, so daß sich die Chance für einen Einstieg in die Gänsemast vorwiegend nur noch in Stadtnähe ergibt.

2.2 Produktionstechnik

Das Hauptproblem der Gänsemast liegt darin, daß aus genetischen Gründen Küken bisher nur zwischen März und Juni zu erbrüten sind. Eine Ausmast wäre vom Wachstumspotential her in ca. 10 Wochen möglich.

Der Hauptabsatz für Mastgänse liegt aber erst im Herbst bis Winter. Es gilt also, den Sommer mit extensiver Fütterung so zu überbrücken, daß einerseits die Futterkosten möglichst gering bleiben, andererseits das gewünschte Endgewicht termingerecht erreicht und ein unerwünschtes Verfetten vermieden wird.

Weidemast – Das hierzu übliche Verfahren ist die Weidemast von Gänsen, da die Weidehaltung diese Forderungen am besten erfüllt. Der Kükenzukauf erfolgt für die Weidemast möglichst spät. Günstig wäre der Zukauf im Mai/Juni, jedoch ist die Lieferfähigkeit der Brüterei und der höhere Preis der Spätschlupf-Küken zu berücksichtigen.
Die **Eintagsküken** müssen in heizbaren Ställen oder unter Infrarot-Strahlern bis zur Befiederung aufgezogen werden. Dabei sind Raumtemperaturen von 20–22° C, unter den Strahlern über 30° C, anzustreben. Nach 8 Wochen ist in der Regel die Befiederung abgeschlossen und die Tiere können ganztägig auf die Weide gelassen werden.
Während der Weideperiode ab etwa Mitte Juli nehmen die Junggänse überwiegend Grünfutter auf. Zum Ausgleich des Eiweiß : Stärke-Verhältnisses in der Nahrung können bis zu ca. 100 g/Tier und Tag an Getreide oder einem anderen Energieträger beigefüttert werden. Diese **Beifütterung** erfolgt abends, da tagsüber möglichst viel Grünfutter gefressen werden soll.
Grünlandflächen dürfen nur im regelmäßigen Umtrieb beweidet werden, um bei den üblichen Besatzdichten eine zu starke Schädigung der Grasnarbe zu verhindern und einer Parasitenverseuchung vorzubeugen. Zu diesem Zweck sind auch gezielte Kalkgaben notwendig.
Als Weiden bestens geeignet sind auch Stoppelfelder von Getreide und Mais. Insbesondere auf letzteren bilden Kolbenreste und Lieschen mit anhaftendem Maismehl ein hervorragendes, rohfaserreiches Mastfutter.
Als **Einzäunung** der Weideflächen ist ein versetzbares Elektro-Knotengitter bzw. ein stationärer Knotengitterzaun vorzusehen. Besonderes Augenmerk ist auf die Abschreckung von Raubwild zu legen. Füchse sind z. B. durch Eingraben und Verankern des Knotengitters im Boden bzw. durch außen angebrachte Elektro-Litzen weitgehend abzuhalten.

Betriebe, denen ausreichend große Weideflächen im Umgriff des Hofes fehlen, halten ihre Gänse auch erfolgreich in einem Stall mit Auslauf. Das Grünfutter wird in Raufen gefüttert.

Stallhaltung – Diese Lösung kann sich vor allem bei kleinparzellierter Flächenstruktur oder bei überwiegendem Ackerfutterbau anbieten. Der Auslauf ist dann allerdings einzustreuen, da keine Grasnarbe mehr aufkommt.
Schlachtung – Etwa 6 Wochen vor dem Schlachttermin beginnt die Endmast, während der die Gänse im Stall mit konzentrierten Futtermitteln auf das gewünschte Mastendgewicht gebracht werden.
Nach der **Geflügelfleisch-Ausnahme-Verordnung** ist das Schlachten der Gänse durch den Erzeuger möglich, wenn hierfür geeignete, hygienisch einwandfreie Räume vorhanden sind. Andernfalls können die Tiere im Lohn in einer Schlachterei geschlachtet und verkaufsfertig hergerichtet zurückgenommen werden. Hierfür entstehen Kosten von ca. 5–7 DM/Gans. Bei Eigenschlachtung ist etwa 1 Stunde/Gans an Arbeitszeit für das Schlachten und Rupfen zu veranschlagen.
Federn – Neben dem Fleisch der Mastgans ist auch die Gewinnung von Federn möglich. Dazu werden während der Weideperiode in *Trockenraufung* per Hand oder mit Hilfe einer Spezialmaschine jeweils ca. 80–90 g Brust- und Bauchgefieder gewonnen. Diese Raufungen können frühestens ab der 11. Lebenswoche beginnen und müssen in einem Abstand von exakt 44 Tagen erfolgen.
Bei der Schlachtung ist die Gewinnung von Federn nur in arbeitsaufwendiger Trockenrupfung möglich. Die im zeitsparenden *Naßrupf-Verfahren* entfernten Federn sind nur bis zu 1 Tag lagerfähig und müssen in entsprechenden Aufbereitungsanlagen (Wäsche, Trocknung, Sortierung) behandelt werden. Dieser Aufwand ist nur in einer Schlachterei vertretbar.

2.3 Wirtschaftlichkeit

In der überwiegenden Zahl der Gänsehaltungen wird Gänsemast betrieben, wobei im Nebenerwerbsbetrieb praktisch nur die Weidemast von Gänsen vorkommt.

Für den landwirtschaftlichen Betrieb ist nur die Weidemast von Gänsen mit Direktvermarktung interessant.

Tabelle 127 Wesentliche Kennzahlen in der Gänseweidemast

Bezeichnung		Kennwerte
Haltungsdauer	Wochen	28 - 32
Endgewicht	kg	5,5- 7
Tierverluste	%	5 - 8
Futterbedarf		
- Kraftfutter	kg	16 - 17
- Aufzuchtfutter	kg	3,5- 4
Weidefutter		
Flächenbedarf	m^2	100 -125
Besatzdichte	Stück/ha	80 -100

Für **Frischware** zur Hauptnachfragezeit im Herbst werden 11 bis über 15 DM/kg SG erlöst. Bei durchschnittlicher Besatzdichte sind ca. 80 Gänse/ha zu halten, woraus sich selbst bei vorsichtiger Preiskalkulation ein **Deckungsbeitrag** von über 2000 DM/ha ergibt. Diese Flächenverwertung ist mit wenigen Ausnahmen jedem anderen Grünlandverwertungsverfahren überlegen.
Allerdings ist zu bedenken, daß die Mastgänse-Küken während der Hauptvegetationszeit Mai und Juni noch kein Grünfutter aufnehmen und daher ca. 60% des Grünlandaufwuchses nicht über die Gänsemast verwertet werden kann (z. B. Heuverkauf).
Aus der **Eierproduktion** ist nur dann ein positiver Deckungsbeitrag zu erreichen, wenn pro Ei mindestens 1,10 DM an Erlös erzielt wird.

2.4 Wertung

Was spricht *dafür?*

- Hohe Deckungsbeiträge/ha Futterfläche bei Selbstvermarktung,
- gute Verwertung der eingesetzten Arbeit,
- gute Verwertung vorhandener Altgebäude,
- noch ausbaufähiger Markt,
- zwischen Weihnachten und Mai/Juni leere Stallungen.

Was spricht *dagegen?*

- Arbeitsaufwendige Direktvermarktung oder Abnahmeverträge mit Schlachterei sind Voraussetzung für rentable Produktion,
- keine staatliche Förderung bei Investitionen in die Gänsehaltung,

Tabelle 128 Deckungsbeitrag und Faktoransprüche in der Gänseweidemast

Bezeichnung	Einheit	Weidemast mit Direktvermarktung DM/Einheit	DM
Mastendgewicht kg/LG	6,5		
Schlachtkörper kg/SG	4,2	15	63,00
Federn kg	0,25	20	5,00
Marktleistung gesamt			68,00
Küken	1	6	6,00
Kraftfutter			
- Kükenstarter	3,6	0,73	2,63
- Junghennenfutter	2,1	0,68	1,43
- Puten-Endmastfutter	11	0,45	4,95
Medikamente, Hygiene			0,50
Energie, Wasser			0,50
Einstreu (Strom, Hobelspäne)	2,5	0,12	0,30
Maschinen und Geräte			1,40
Tierverluste	7%		4,76
Kalkung und Zäunung der Weide			1,70
Lohnschlachtung und Vermarktung			7,00
variable Kosten gesamt			31,17
Deckungsbeitrag			36,83
Arbeitszeitbedarf	AKh		1–1,5
Weidefläche	m^2		100–125
Grundfutterbedarf	kStE		30– 35

- Verluste durch Raubwild möglich,
- stark saisonal geprägter Absatz,
- Arbeitsspitzen in Mai/Juni und zu den Absatzspitzen Kirchweih/Martini/Weihnachten.

3 Kaninchen zur Fleischerzeugung

In den meisten Fällen dient die Kaninchenhaltung einem Hobby. Diese Haltung hat wenig mit dem landwirtschaftlichen Betriebszweig Kaninchenzucht und -mast zu tun, der heute nur noch mit größeren Beständen in intensiver Käfighaltung gewinnbringend betrieben werden kann.

3.1 Forderung des Marktes

Wie bei anderen seltenen Betriebszweigen ist der Erzeuger beim Absatz von Kaninchenfleisch dem freien Spiel von Angebot und Nachfrage ausgesetzt. Für Kaninchenfleisch existiert keine EG-Marktordnung. Eine *Preisabsicherung* oder *Abnahmegarantie* kann daher nur über eigene vertragliche Vereinbarungen mit einem Abnehmer erreicht werden. Selbsthilfeeinrichtungen wie z. B. eigene Erzeugergemeinschaften bestehen nicht. Nur vereinzelt sind andere Vermarktungsorganisationen im Rahmen ihrer sonstigen Tätigkeit bereit, zur besseren Auslastung ihrer Kapazitäten Kaninchen als Nebenprodukt mit zu vermarkten (z. B. Puten- oder Geflügelschlachtereien).
Die **Selbstvermarktung** umgeht diese Probleme. Dafür ist der Absatz auf kleinere Mengen begrenzt. Der Pro-Kopf-Verbrauch an Kaninchenfleisch beträgt höchstens 500 g/Jahr und stagniert seit Jahren.
Die einheimischen Produzenten von Kaninchenfleisch haben mit billigen Importen hauptsächlich aus Ostblockländern und China zu konkurrieren.

Ihre Chancen zur Wahrung ihrer Marktposition liegen vor allem in der Produktion frischer Ware und der Nähe zum Kunden. Selbstvermarktung direkt an Haushalte kann wesentlich zur Steigerung der Erlöse beitragen, erfordert andererseits aber auch die Erfüllung gewisser lebensmittelrechtlicher Voraussetzungen und einen nicht unerheblichen Mehraufwand an Zeit.

3.2 Produktionstechnik

3.2.1 Haltungsverfahren

Haltungsform – Überall, wo die Kaninchenzucht mehr als nur ein Hobby darstellt, ist die Haltung in Käfigen üblich. Extensive Haltung zur Flächennutzung oder die Zufütterung von Grünfutter wird nur vereinzelt praktiziert.
Die heute übliche Form ist die **Intensivhaltung in Käfigen.** Dazu sind wärmegedämmte Stallungen mit guter Lüftung notwendig. Dies ergibt gewisse Probleme bei einer Nutzung von Altgebäuden im Ortsbereich.
In den allermeisten Betrieben wird sowohl die Zucht als auch die anschließende Mast durchgeführt. Aus Hygienegründen wird hierzu eine räumliche Trennung von Zucht und Mast empfohlen.
Aufzucht – Die Zuchttiere sind in der Regel in 1-etagig angeordneten Käfigen (Flat-decks) untergebracht. Zur Wurfzeit werden diesen Käfigen eingestreute **Nestkisten** z. B. aus Sperrholz vorgesetzt, in denen die Häsinnen ihre Jungen zur Welt bringen.
Die Geburt der Jungtiere verläuft in der Regel ohne menschliche Hilfe. Die Häsin rupft sich vor dem Werfen Wolle aus und baut daraus in der Nestkiste ein kugelförmiges Wollnest. Dort hinein bringt sie nach der Geburt ihre Jungen. Diese Junghasen sind bei der Geburt nackt und blind und daher auf die Wärmespeicherung in diesem Wollnest angewiesen. Die notwendige Kontrolle des Wurfes soll daher sehr behutsam vorgenommen werden.
Die Häsin kommt ein- bis mehrmals täglich in die Nestkiste zum Säugen der Jungen. Dieser Vorgang dauert jeweils nur wenige Minuten. Damit Jungtiere, die sich fester an die Zitzen der Häsin hängen, nicht aus der Nestkiste getragen werden können, sollte diese gegenüber dem Käfig eine ca. 7 cm hohe Stufe aufweisen. An dieser Stufe werden die Jungen abgestreift und können wieder in ihr Nest zurückkriechen. Andernfalls geraten sie auf das Gitter des Käfigs und sind der Gefahr der Unterkühlung ausgesetzt. Erst mit 3–4 Wochen verlassen die Junghasen selbständig die Nestkiste.
Die Häsinnen werden in sehr intensiv geführten Betrieben schon 1 Tag nach dem Wurf wieder gedeckt. In der sog. halbintensiven Haltung erfolgt die **Wiederbelegung** innerhalb von 20 Tagen (vergleiche hierzu Kennwerte in Tabelle 129).
In Abhängigkeit von der Wiederbelegung der

Tabelle 129 Kenndaten der Kaninchenproduktion

Tierart	Haltungsform [1])	Leistungs-Kenndaten	Fütterung
Zuchttiere	Käfige, zeitweise mit Nestkiste 70 × 90 × 40 cm (T × B × H), kunststoffummantelter Draht, Licktränke, Vorrats-Futtertrog	Zuchtreife: 4–5 Monate, Tragezeit: 30–32 Tage, bis 7 Würfe/Jahr, 6–8 Junge/Wurf, Absetzalter der Jungen: 24–48 Tage, Wiederbelegung: 1–20 Tage nach dem Wurf, Zuchtnutzung: ca. 2 Jahre, 1 Rammler auf 10 Häsinnen	Häsin: Fertigfutter zur freien Aufnahme, Rauhfutter, Rammler: Fertigfutter begrenzt oder 2 Fasttage/ Woche
Masttiere	Gruppenkäfige 2–4 Tiere/Käfig	Geburtsgewicht: ca. 50 g, Mastbeginn: 500 g, 24. Tag, Futter: 50–150 g/Tag, Vorlage zur freien Aufnahme, Mastende: ca. 2,3–3 kg, in 12–14 Wochen, Futterverwertung: 2,8–3,4, Schlachtausbeute: 55–65%	Fertigfutter vitaminiert

[1]) Stallfläche: 1,95 m^2/Häsin und Nachzucht bei 1-etagiger Aufstallung, Stallvolumen: 4,5–5,5 m^3/Häsin und Nachzucht, Warmstall, bei Direktvermarktung, geschlachtet: Schlachtraum, Einrichtung, Kühlung.

Häsin erfolgt das **Absetzen** der Jungtiere mit 24–48 Tagen. Die zur Mast vorgesehenen Jungkaninchen werden nach dem Absetzen in Gruppenkäfigen gehalten. Diese Käfige können mehr-etagig (bis zu 4 Etagen) aufgestellt sein. Dann ist eine entsprechende Technisierung der Kotentfernung notwendig.

Die **Wasserversorgung** erfolgt am besten über Nippel- oder Licktränken, ähnlich wie in der Hühnerhaltung.

3.2.2 Rassen

Die zahlreichen Fleischkaninchenrassen lassen sich in drei Gruppen einteilen, nämlich in große, mittelgroße und kleine Rassen.

Die Zuchttiere der großen Rassen erreichen ein Gewicht von 6 kg und mehr. Jene der mittleren Rassen, der zahlenmäßig größten Gruppe, erreichen 3,5–5,5 kg und jene der kleineren Rassen 1,5–4 kg. In entsprechendem Verhältnis zueinander stehen auch die Mastendgewichte der Mastkaninchen dieser Rassen.

Für die Kaninchenfleischproduktion werden heute sowohl Reinzucht- als auch Kreuzungstiere verwendet, Hybridzuchttiere sind im Vormarsch.

Von **Hybridkaninchen** wird eine höhere Zucht- und Mastleistung erwartet. Der Nachteil dieser Rassen ist der Zwang zum Zukauf des Elterntiermaterials aus Vermehrungsbetrieben. Selbst die Nachzucht besonders guter Häsinnen darf nicht weitergezüchtet werden, da die nächste Generation von den genetischen Anlagen her wieder in die Ausgangslinien aufspaltet.

In Betrieben mit **Reinzucht** ist die Aufzucht eigener Nachzucht möglich und üblich. Hier erfolgt nur der Wechsel der Rammler und gelegentlich ein Zukauf von Häsinnen zur Blutauffrischung.

3.2.3 Fütterung

Die Fütterung erfolgt heute überwiegend mit pelletiertem **Fertigfutter** in Vorratsbehältern. Gefüttert wird in der Regel von Hand, um eine bessere Kontrolle über die Tiere zu behalten.

Die Zuchttiere erhalten während der Trächtigkeit und nach dem Werfen *Zuchtfutter* zur freien Aufnahme, oftmals ergänzt mit Rauhfutter. Bei Wurfgrößen über 5 Jungtieren wird auch das eiweißreichere *Mastfutter* empfohlen. Als Futterverbrauch pro Häsin werden in Abhängigkeit von der Zahl der Würfe pro Jahr ca. 95–115 kg (bei 6 bzw. 8 Würfen) angegeben.

In kleineren Beständen kann durch Einsatz von Grünfutter (Klee, Luzerne, junges Gras und Kräuter) sowie durch Ersatz eines Teiles des Fertigfutters durch Getreide die Futterration etwas verbilligt werden. Als Folge davon sinken

gemeinhin die Wachstumsleistungen ab, dafür tritt die Schlachtkörperverfettung erst bei höheren Endgewichten ein.
Diese **kombinierte Fütterung** erfordert aber einen wesentlich höheren Arbeitszeitaufwand als der Einsatz von Fertigfutter-Pellets. Das verabreichte Grünfutter muß stets frisch und sauber sein. Futterumstellungen sind behutsam vorzunehmen. Sollten Futterreste im Käfig verbleiben, sind sie täglich zu entfernen, um einen Verderb auszuschließen.

3.2.4 Hygiene

Die intensive Haltung von Kaninchen erfordert auch ein relativ strenges Hygieneprogramm.

Dazu gehören u. a. regelmäßige Reinigung und Desinfektion des Stalles und der Stalleinrichtungen einschließlich der Käfige sowie die regelmäßige Bekämpfung von Außenparasiten und bei Bedarf auch Innenparasiten (Kotproben). Zugekaufte Tiere sollten nicht sofort im Zuchtstall, sondern erst in einem Quarantänestall untergebracht werden, um die Einschleppung von Krankheiten zu vermeiden.

3.2.5 Rechtliche Bestimmungen zur Schlachtung

Für die Selbstvermarktung sind auch rechtliche Bestimmungen zu beachten. So ist auf eine tierschutzrechtlich bedenkenlose **Schlachtung** (Betäubung vor Beginn des Blutentzuges) zu achten. Das Schlachten darf nur von sachkundigen Personen in geschlossenen Räumen durchgeführt werden.
Eine Vermarktung von **Schlachtkörpern** an Einzelhandelsgeschäfte usw. setzt u. a. veterinärpolizeilich überwachte Schlacht- und Verarbeitungsräume sowie Kühleinrichtungen und eine umfangreiche Kennzeichnungspflicht voraus.

3.3 Wirtschaftlichkeit

3.3.1 Preis- und Leistungsniveau

Die Wirtschaftlichkeit hängt in erster Linie von der Zahl der aufgezogenen Jungtiere/Häsin und dem Verkaufserlös für das Fleisch sowie in zweiter Linie von den Futterkosten ab.

Die **Verkaufserlöse** belaufen sich beim Absatz an den Handel auf ca. 4,00–4,20 DM/kg Lebendgewicht (LG) inklusive Mehrwertsteuer. Selbstvermarktung kann dazu beitragen, die Erlöse nennenswert zu steigern. Allerdings sind auf diesem Weg nur geringe Mengen an Fleisch absetzbar.
Die Verkaufserlöse je kg Schlachtgewicht (SG) betragen bei dieser Vermarktungsart etwa 8,50–10 DM/kg. Bei Zugrundelegung einer mittleren Schlachtausbeute (inklusive Kopf und verwertbarer Innereien) von 55–60% entspricht dies 4,60–6 DM/kg LG. Die Verwertung der **Felle** deckt allenfalls die Kosten für Versand und Gerben. Gewinne sind kaum erzielbar.

Als Standard der Aufzuchtleistung sind heute in der Kaninchenzucht 45–50 Jungkaninchen/Zuchthäsin und Jahr anzusehen. Diese hohe Leistung erfordert eine entsprechend intensive Tierbetreuung, ein hohes produktionstechnisches Können und ein gutes Management.

Der wesentlichste Kostenfaktor in der Kaninchenmast ist der **Aufwand für Futtermittel.** Insbesondere in größeren Beständen wird heute nahezu ausschließlich Fertigfutter und etwas Rauhfutter zur beliebigen Aufnahme gefüttert. In diesen Betrieben ist ein großes Augenmerk auf die möglichst gute Futterverwertung zu legen. Eine Verbesserung der Futterverwertung für Fertigfutter von 3,3 kg auf 3,0 kg Futter/kg Zuwachs bringt eine Kosteneinsparung von ca. 20 Dpf/kg LG. Das sind bei 45 aufgezogenen Junghasen zu je 2,8 kg LG immerhin gut 20 DM/Häsin und Jahr und damit immerhin ca. 6–10% des je Häsin erzielbaren Deckungsbeitrages.

3.3.2 Deckungsbeiträge und Faktoransprüche

Die Tabelle 130 zeigt den unter guten Produktionsbedingungen möglichen **Deckungsbeitrag** in der Kaninchenhaltung. Der höchste Dekkungsbeitrag/Häsin ist bei Direktvermarktung erzielbar. Die Vermarktung an den Handel erreicht dieses Niveau selbst bei bester Aufzuchtleistung von 50 Junghasen/Häsin und Jahr nicht.
Die **Verwertung der Arbeitsstunde** ist allerdings aufgrund des erhöhten Arbeitsaufwandes für Schlachtung und Verkauf in der Direktvermarktung niedriger als beim Absatz über den Handel. Selbstvermarktung bietet sich also vorwiegend für kleinere Bestände an.

Tabelle 130 Deckungsbeitrag in der Kaninchenmast/Häsin und Jahr

Kennwerte		Direktvermarktung			Absatz über den Handel		
Würfe/Jahr	Stück			6			7
Junge/Wurf	Stück			8			8
eigene Nachzucht	Stück			0,4			0,4
Verluste	%			7			10
Futterverwertung Mast	1 :			3,3			3,3
Schlachtausbeute	%			60			
		Stück	kg	DM	Stück	kg	DM
Schlachtkaninchen		45	76,5	689	50	140	588
Alttiere		0,4	1	7	0,4	2	4
Marktleistung gesamt				696			592
Bestandsergänzung							
Zuchthäsinnen		0,4		20	0,04		20
Rammler		0,05		3	0,05		3
Fertigfutter							
Elterntiere			101	66		106	69
Masttiere			342	222		380	247
Hygiene, Medikamente				13			15
Wasser, Strom, Heizung				6			6
Verpackung, Vermarktung				45			
variable Kosten gesamt				375			360
Deckungsbeitrag				321			232
Arbeitszeitbedarf							
Zucht und Haltung	AKh		8–10			9–11	
Schlachten	AKh		4–12				
Vermarktung	AKh		4– 8				
gesamt	AKh		16–30			9–11	
Stallflächenbedarf Zucht	m^2			0,7			
Mast	m^2			0,3–0,4			
Käfige	Stück			3,1			

Der Deckungsbeitrag/Häsin erscheint dabei – für sich allein gesehen – sehr hoch. Man muß sich aber bewußt sein, daß pro Häsin und Jahr 45–50 Junghasen erzeugt und verkauft werden. Die erzielbaren Gewinne hängen neben dem produktionstechnischen Leistungsniveau auch stark von der Faktorausstattung der Betriebe ab. Eine Produktion in vorhandenen – den technischen Anforderungen genügenden – Altgebäuden und ohne zusätzliche Vermarktungseinrichtungen wäre nur mit den jährlichen Kosten für die Aufstallung belastet. Bei Deckungsbeiträgen von 232–321 DM/Häsin und Käfigkosten von 46,50 DM kann somit der Betriebszweig Kaninchenhaltung einen Einkommensbeitrag von 186–275 DM/Häsin leisten.

3.4 Wertung des Betriebszweiges Kaninchenmast

Die Kaninchenmast ist wie viele andere Verfahren der nicht üblichen Tierhaltungsformen eine Produktion für eine Marktnische. Der wirtschaftliche Erfolg hängt im wesentlichen von der Fähigkeit des Betriebsleiters ab, einen Absatz für seine Produkte zu finden. Wo die Möglichkeit zum Direktabsatz an Haushalte gegeben ist, kann für einzelne Betriebe die Mast von Kaninchen einen nennenswerten Beitrag zum Familieneinkommen leisten.

Was spricht *dafür?*

- Hohe Fleischproduktion/Zuchttier,
- geringer Kapitalbedarf,

- hohe Deckungsbeiträge bei Selbstvermarktung,
- gute Arbeitsstundenverwertung,
- geringer Futterflächenbedarf, kann auch flächenunabhängig betrieben werden.

Was spricht *dagegen?*

- Geruchsemissionen möglich,
- keine Preisabsicherung,
- eigene Markterschließung notwendig,
- hoher Arbeitsaufwand und Einhaltung lebensmittelrechtlicher Bestimmungen bei Direktvermarktung,
- Abnahmeverträge notwendig bei Absatz an den Handel.

4 Imkerei

Die Imkerei hat in der Bundesrepublik Deutschland bis 1980/81 laufend an Umfang verloren. Seither ist wieder eine geringfügige Zunahme der Zahl der Bienenvölker zu verzeichnen. Die Produktion und besonders der Verbrauch von Honig zeigen dagegen seit Mitte der 60er Jahre steigende Tendenz.

Die Bedeutung der Imkerei geht jedoch weit über die reine Erzeugung von Honig hinaus. Viele Pflanzen, nicht nur in Obstbau, Gartenbau und Landwirtschaft, sind auf die Bestäubung durch Insekten angewiesen. Ein Großteil dieser Bestäubungsarbeit wird von den Bienen erbracht.

Aus der Imkerei werden neben dem Honig weitere Produkte erzeugt (siehe Tabelle 131). Allerdings fallen überwiegend nur sehr geringe Mengen davon an. Auch die medizinische Wirkung dieser Produkte ist umstritten. Sie dürfen nicht als Medikament verkauft werden.

4.1 Aufbau und Lebenszyklus

Die Honigbiene ist ein soziales Wesen und als solches nur im Sozialverband eines Volkes lebensfähig. Ein Volk umfaßt in der Zeit seiner stärksten Entwicklung während des Sommers 50 000–80 000 Bienen. Während der Zeit der Winterruhe sinkt die Zahl der Tiere auf ca. 10 000–15 000 ab.

Jedes Volk hat eine **Königin.** Hierbei handelt es sich um ein voll entwickeltes Weibchen. Königinnen entstehen aus befruchteten Eiern in speziellen napfartigen Weiselzellen. Sie werden im Larvenstadium mit einem speziellen Futtersaft (Gelee Royal) ernährt und schlüpfen nach 16 Tagen. Ihre Lebenserwartung beträgt 3 bis 4 Jahre. Die Hauptaufgabe der Königin besteht in der Ablage von Eiern (bis zu 1500 Eier/Tag, entspricht dem 1,5-fachen des Lebendgewichtes) sowie im Zusammenhalten des Bienenvolkes durch Absonderung spezieller Geruchs- und Geschmacksstoffe (Hormone).

Im Frühjahr und Sommer verfügt das Bienenvolk auch über 500–1500 **Drohnen.** Dabei handelt es sich um voll entwickelte Männchen. Sie entstehen aus unbefruchteten Eiern in speziellen Drohnenzellen, die etwas geräumiger sind als normale Wabenzellen. Drohnen sind größer als Honigbienen und leben ca. 2–3 Monate. Ihre einzige Aufgabe liegt in der Begattung der Königin.

Den weitaus größten Teil des Bienenvolkes

Tabelle 131 Produkte aus der Imkerei und ihre Verwendung

Produkt	Verwendung durch die Bienen	Verwendung durch den Menschen
Honig	Nahrungsvorrat, Brutfutter	Nahrungsmittel
Wachs	Wabenbaustoff, Dichtungsmittel	Kerzen, Kunsthandwerk, kosmetische Industrie, Nahrungsmittelindustrie
Pollen	Nahrung	Honigzusatz, medizinische Verwendung
Gelee Royal	Königinnenfuttersaft	medizinische Verwendung (allgemein aufbauend)
Kittharz (Propolis)	Abdichten von Ritzen, Haftmittel	medizinische Verwendung (antibiotische Wirkung)
Schwärme, Ableger, Königinnen	Volkvermehrung	Zuchtwesen, Volkvermehrung, Volkerneuerung

stellen **Arbeiterinnen.** Sie entwickeln sich aus befruchteten Eiern in 21 Tagen und stellen unfruchtbare Weibchen dar. Die Lebenserwartung liegt im Sommer bei nur 4–6 Wochen, im Winter bei reduziertem Stoffwechsel zwischen 4 und 6 Monaten.

Arbeiterinnen erledigen alle über die reine Fortpflanzung hinausgehenden Arbeiten im Bienenvolk. Dabei herrscht eine vom Alter und der Ausbildung der Futtersaft- und Wachsdrüsen abhängige Arbeitsteilung unter den Arbeiterbienen vor. In den ersten 3 Wochen sind sie *Stockbienen,* die für die Reinigung der Zellen und des Stockes, die Lüftung und Heizung, Brutpflege und Wabenbau sowie gegebenenfalls für den Wächterdienst zuständig sind. Im zweiten Lebensabschnitt werden sie zu *Sammlerinnen* (Nektar, Pollen, Honigtau, Kittharz und Wasser).

4.2 Pflegearbeiten im Jahresablauf

Der Bienenstock, Beute genannt, sollte erst nach **Vegetationsbeginn,** in der Regel nicht vor Ende März oder Anfang April geöffnet werden. Vorher ist der Beutenboden von toten Bienen und dem sog. Gemüll (stockeigener Abfall, z. B. Wabendeckel) zu reinigen. Dabei sind erste Rückschlüsse auf das Überwintern und den Futterzustand des Volkes möglich.

Proben des Gemülls können zur Untersuchung auf **Varoa-Befall** (Schadmilbe) eingesandt werden. Varoa-Befall ist meldepflichtig, die Untersuchung erfolgt kostenlos. Auskünfte kann jeder örtliche Imkereiverein geben.

Nach dem Öffnen der Beute zu Vegetationsbeginn ist der noch vorhandene Futtervorrat und der Brutzustand zu prüfen. Notfalls muß zugefüttert werden. Die **Frühjahrsfütterung** kann auch als *Reizfütterung* verstanden werden, um die Bruttätigkeit des Volkes anzuregen. Mit der Brutentwicklung ist später auch der Wabenraum in der Beute zu erweitern.

Mit dem Beginn der Blüte (Hasel, Weide) tragen Bienen den ersten Pollen und Nektar ein. Nach der Obstbaum- und Wiesenblumenblüte, in jedem Fall nach der Rapsblüte, kann eine **Frühjahrshonigernte** erfolgen.

Während der **Hauptbrutzeit** werden von einem starken Volk auch einige junge Königinnen erzeugt. Die alte Königin zieht dann mit einem Teil ihres Volkes und einem gewissen Honigvorrat aus (das Volk schwärmt). Nur eine vom Volk auserkorene Königin bleibt im Stock. Die übrigen Jungköniginnen werden von den Arbeiterinnen oder der neuen Königin getötet. Dem *Schwärmen* kann manchmal durch rechtzeitige Ablegerbildung vorgebeugt werden.

Im Juli erfolgt die **Honigernte,** d. h., dem Bienenvolk wird der für den Winter angelegte Futtervorrat entzogen. Deshalb muß diese Futtermenge in anderer Form wieder zugeführt werden. Ist keine Spättracht (z. B. Tanne) zu erwarten, beginnen bereits dann die Vorbereitungen für die Einwinterung. Dazu ist in erster Linie zu überprüfen, ob jedes Volk eine gesunde Königin hat. Gegebenenfalls muß eine neue Königin zugesetzt oder müssen zwei Völker vereinigt werden.

Für den Aufbau starker **Wintervölker** kann zusätzlich eine *Herbstreizfütterung* erfolgen (4 bis 8 l Zuckerwasser oder Futterteig). Bereits im August und September wird zur Überwinterung eingefüttert (8–15 kg Zucker gelöst in Wasser im Verhältnis 1 : 1 bis 1,5 : 1). Das Flugloch kann verengt und eine Bodeneinlage in die Beute eingesetzt werden, um im kommenden Frühjahr das Gemüll kontrollieren zu können.

Während des Winters sollten die Völker in Ruhe gelassen werden. Der Imker hat dann Zeit, Beutenzubehör und Gerätschaft zu überprüfen, zu reinigen und zu desinfizieren.

4.3 Wirtschaftlichkeit

Die Wirtschaftlichkeit der Imkerei hängt stark ab von der Honigernte und dem dafür erzielbaren Preis.

Der Ertrag an **Honig** kann dabei zwischen 0 und 50 kg/Volk und Jahr schwanken. Die Preise richten sich stark nach der Vermarktungsart und der Herkunft des Honigs. Während bei Verkauf an den Handel durchschnittlich ca. 6 DM/kg zu erzielen sind, können bei Selbstvermarktung 12 DM/kg und mehr erlöst werden. Bei den Honigarten ist der Tannenhonig mit am teuersten, während der Rapshonig mit am billigsten abgegeben wird.

Die Verwertung der **Nebenprodukte** der Imkerei (z. B. Pollen, Kittharz, Gelee Royal oder auch die Zucht junger Königinnen) kann nennenswerte Zusatzeinkünfte bringen. Die anfallenden geringen Mengen und der hohe Aufwand für ihre Gewinnung lassen eine Verwertung nur in größeren Beständen wirtschaftlich erscheinen. Auch sind erhebliche Spezialkenntnisse für die Produktion erforderlich.

Tabelle 132 Deckungsbeitrag aus der Honigproduktion

Kennwerte		kg	DM/kg	DM
Honig (Blüten-, Löwenzahn-, Raps- und Waldhonig)		12	6–12	72–144
Bestandsergänzung (Zukauf einer Königin)		0,5	5	2,50
Zucker		16	1,7	27,20
Futterteig		1,2	4,6	5,52
Eiweißersatzstoffe		0,2	4,1	0,82
Medikamente, Desinfektion				0,60
Versicherungen				2,00
Energie, Wasser, Strom				3,40
Kunstwaben, Mittelwände				7,90
Verkaufsgebinde (Gläser, Kannen)		12	1,9	22,80
Werbung, Vermarktung, Beiträge				2,00
variable Kosten gesamt				74,74
Deckungsbeitrag/Volk	DM			–2,74 bis 69,26
Arbeitszeitbedarf	AKh			9
Investitionsbedarf/Volk	DM			250–300

5 Karpfenteichwirtschaft

Die Karpfenteichwirtschaft ist kein grundsätzlich neuer Weg in der Landwirtschaft. Sie ist vielmehr eine sehr alte Form der Flächennutzung, wenngleich sich hier die Produktionstechnik und die Intensität gegenüber früher deutlich verändert haben. Die Produktion von Karpfen erfolgt in unserem Klimabereich in der Regel in einem dreijährigen Umtrieb. Abb. 97 zeigt hierzu schematisch die zeitliche Abfolge der Hauptarbeiten.

Innerhalb der Karpfenteichwirtschaft hat sich eine relativ starke **Arbeitsteilung** entwickelt. Größere, meist hauptberuflich bewirtschaftete Betriebe haben sich mehr der produktionstechnisch recht anspruchsvollen Erzeugung von Brut und Setzlingen zugewandt, während sich Betriebe mit wenigen Teichen oder nebenberufliche Teichwirte mehr auf die Erzeugung zwei- und dreisömmeriger Karpfen spezialisierten.

Abb. 97 Produktionsablauf in der Karpfenteichwirtschaft (Schema).

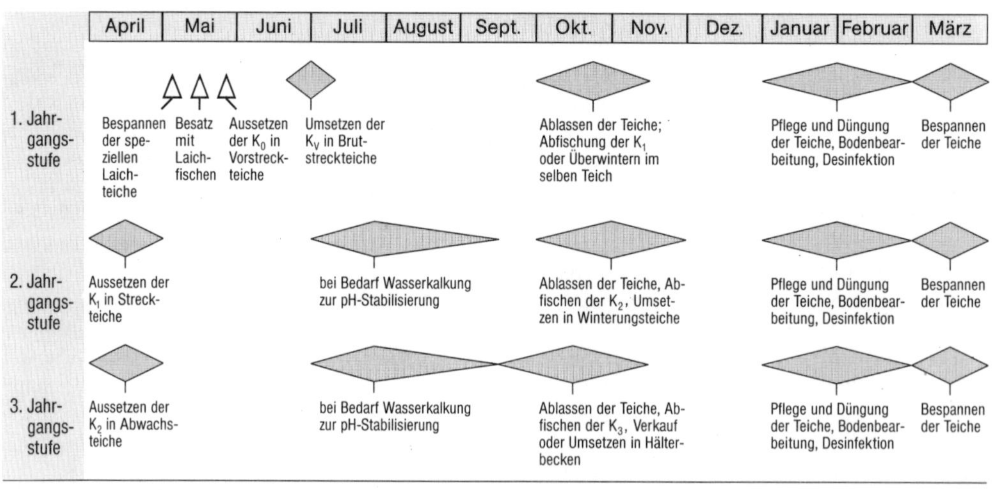

5.1 Forderungen des Marktes

Der Absatz von Karpfen erfolgt vorwiegend zu Weihnachten, Silvester sowie während der Fasten- und Osterzeit, obwohl der Karpfen – gut zubereitet – zu jeder Jahreszeit ein hervorragendes und bekömmliches Gericht ist. Hier spielen traditionelle Verzehrsgewohnheiten noch eine große Rolle.
Der bundesdeutsche Karpfenverbrauch liegt derzeit bei ca. 9000 t/Jahr. Dies entspricht ca. 150 g/Kopf der Bevölkerung oder 30% des Forellenverzehrs. Nur ca. 60% werden im Inland erzeugt, der übrige Bedarf durch Importe überwiegend aus Ostblockstaaten und Frankreich gedeckt.
Verkauf – Er erfolgt hauptsächlich als *Frischfisch.* Da für die Frischfischhälterung aber nur begrenzte Kapazitäten verfügbar sind, tritt jährlich zur Hauptabfischzeit im Herbst ein Überangebot an Karpfen auf, das die Preise stark drückt.
Zur Sicherung eines Mindesteinkommens für die Teichwirte besteht eine **Marktordnung** für Speisekarpfen. Diese soll sicherstellen, daß Karpfen aus Drittländern nur zu einem Mindestpreis in die EG eingeführt werden dürfen. Diese Marktordnung hat nur begrenzte Wirkung.
Der Absatz von Karpfen an den Großhandel ist rückläufig. Ungefähre Schätzungen gehen davon aus, daß 70–80% direkt an Gastronomie, Einzelhandel und an Haushalte abgegeben werden. Dadurch können vielerorts zufriedenstellende Preise erreicht werden. Andererseits ist der Arbeits- und Kapitaleinsatz in der **Direktvermarktung** wesentlich höher. Saubere und pflegeleichte Verkaufsräume können neben zuvorkommender Bedienung zur Kundenwerbung beitragen.
Darüber hinaus sind Bemühungen notwendig, durch

- Informationsmaterial über das Herrichten und Zubereiten bis hin zum richtigen Essen des Karpfens,
- küchenfertiges Be- und Verarbeiten (z. B. Filets, Teilstücke),
- Veredeln (z. B. Räucherkarpfen, Frikadellen, Suppe)

den Absatz zu vergrößern.
Gesetzliche Bestimmungen zur Vermarktung – Bei der Direktvermarktung von Karpfen ist u. a. die *Verordnung über das Schlachten und Aufbewahren von Fischen* zu beachten. Diese besagt u. a., daß vor der Abgabe an Kunden in der Regel ein Fisch zu schlachten sei. Vor dem Schlachten ist der Fisch durch genügend starke Schläge auf den Kopf oberhalb der Augen zu betäuben.
Die Abgabe und der **Transport** von lebenden Fischen ist nur in geeigneten Behältern mit genügend Wasser gestattet. Karpfen können ausnahmsweise auch über kurze Zeit ohne Wasser transportiert werden, wenn sichergestellt ist, daß die Kiemen nicht austrocknen können.

5.2 Produktionstechnik

5.2.1 Teichbearbeitung

Grundvoraussetzung für eine erfolgreiche Karpfenproduktion sind Teiche, die ablaßbar, mit ausreichendem Wasser versorgt und leicht erwärmbar sind.

Der **Mindestwasserbedarf** liegt je nach Durchlässigkeit des Untergrundes bei 1–2 Liter je Sekunde und ha (l/s und ha). Ein höherer Wasserdurchfluß kühlt den Teich zwar ab, andererseits werden Stoffwechsel- und Zersetzungsprodukte schneller ausgespült und das Wasser dadurch weniger belastet.
Der **trockengelegte Teichboden** wird im Winter gekalkt und eventuell gefräst. Dadurch wird der Teichschlamm belüftet und der Abbau zu Nährhumus für Kleinstlebewesen (pflanzliches und tierisches Plankton) begünstigt. Dieses wiederum ist der Beginn der Naturnahrungskette für den Karpfen (tierisches Plankton, Insektenlarven und Würmer).

5.2.2 Fütterung

Die Fütterung der Karpfen ist stark von der Besatzdichte abhängig. Bei *niedrigem Besatz* kann sich der Bestand der im Teichwasser lebenden Nährtiere ständig wieder aufbauen, die **Zufütterung** der Karpfen beschränkt sich auf energiereiche, billige Futtermittel wie Getreide, da das notwendige Eiweiß aus der Naturnahrung ausreichend zur Verfügung steht.
Bei *dichtem bis sehr dichtem Besatz* wird die Naturnahrung in kurzer Zeit so stark verringert, daß kein ausreichendes Nachwachsen mehr möglich ist. Die Karpfen müssen dann überwiegend mit vollwertigen und teureren **Fertigfuttermitteln** ernährt werden, daß auch die Eiweißkomponente enthält.

5.2.3 Düngung

Die Düngung erfolgt hauptsächlich während zwei Perioden:

- Einmal im Winter zur Teichbodenkalkung mit dem Ziel der Förderung der Naturnahrungsproduktion und der Teichdesinfektion,
- einmal zur Regulation des Wasserchemismus im Sommer.

Dazu wird mit Hilfe von schwimmenden Spezialkalkstreuern oder mittels weit streuender Geräte vom Ufer aus **Kalk** direkt in das Teichwasser ausgebracht. Diese Maßnahme soll das Säurebindungsvermögen des Wassers (SBV) verbessern und so Fischverluste durch Ammoniakvergiftung verhindern.
Auf eine Düngung mit Phosphat kann meist aufgrund der Nährstoffeinträge mit dem Oberflächenwasser (Eutrophierung) verzichtet werden. Wasserproben können hierüber Auskunft geben.

5.2.4 Abfischung

Im normalen Teich erfolgt die Abfischung im Herbst. Dazu wird das Wasser langsam abgelassen. Die Fische sammeln sich an tieferen Stellen im verbleibenden Wasser und können dort gesammelt werden. Sind diese Stellen als *Abfischgrube* angelegt, kann das Abfischen ohne große Belastung der Fische (verschlammtes Wasser, mehrmaliges Anfassen) erfolgen.
Durch Einsatz moderner technischer Hilfsmittel kann die *Streßbelastung* für den Fisch und der Arbeitsaufwand nochmals stark reduziert werden. Unter Umständen ist die Beschaffung der Förderschnecken, Sortiertische usw. sowie die Arbeitserledigung während der Abfischung überbetrieblich möglich.
Während der Abfischung und dem folgenden Transport ist ein schonender Umgang mit den Tieren geboten, damit sie in der Hälterung bis zum Verkauf oder der Winterung nicht an erlittenen Verletzungen oder durch Verpilzung eingehen.

Tabelle 133 Deckungsbeiträge in der Karpfenteichwirtschaft (Einheit: 1 ha teichwirtschaftliche Nutzfläche, Bezugsjahr 1989)

Produktionsverfahren		K_{0-V}		K_{V-1}		K_{1-2}		K_{2-3}	
Produktionsdauer	Tage	30–40		120–150		180–210		150–200	
Besatz	Stück/ha; DM/Stück	350 000; 0,006		20 000; 0,04		3000; 0,3		750; 1,75	
Verluste	%	50		25		20		5	
Abfischung	Stück/ha; DM/Stück	175 000; 0,04		15 000; 0,3		2400		713	
	kg/ha; DM/kg			375		600; 7,00		891; 4,50	
Zuwachs	kg/ha	100		355		525		703	
davon Naturzuwachs	kg	70		300		500		500	
Marktleistung gesamt	DM	7000		4500		4200		4010	
		dt	DM	dt	DM	dt	DM	dt	DM
Besatz			2100		800		900		1312
Getreide (45 DM/dt)								8,1	366
Fertigfutter		0,75	90	1,2	71	0,5	33		
Düngung									
Kalk		5	100	10	200	10	200	10	200
Thomasphosphat		0	0	0	0	0	0	0	0
Bodenbearbeitung			90		120		260		260
Teichpflege, Entlandung			155		155		155		155
Desinfektion, Medizin			150		200		100		50
Maschinen und Geräte			80		80		80		80
Sonstiges			30		50		50		50
variable Kosten gesamt	DM	2795		1676		1778		2473	
Risikoansatz	%; DM	20; 1400		14; 630		14; 588		10; 401	
Deckungsbeitrag	DM/ha	2805		2194		1834		1136	
Arbeitszeit	AKh/ha	80		135		115		90	
Verwertung der Arbeitsstunde	DM/AKh	35		16		16		13	

5.2.5 Krankheiten und Hygiene

Grundvoraussetzung für einen gesunden Fischbestand ist **gesundes Besatzmaterial.** Beim Bezug von Satzfischen ist daher auf qualitativ einwandfreie Satzfische und Setzlinge zu achten.
Erkrankungen der Karpfen werden vorwiegend durch Krankheitserreger wie Viren, Bakterien, Pilze und Parasiten hervorgerufen. Diese Krankheitserreger können aus keiner Teichwirtschaft ganz ferngehalten werden. Es kommt also darauf an, günstige Umweltbedingungen und gut konditionierte Fische zu haben, um im Teich ein seuchenbiologisches Gleichgewicht aufrecht zu erhalten. Umweltbedingte Schädigungen oder Schwächung der Fische durch Streß fördern die Krankheitsanfälligkeit. So sollte u. a. Streß beim Einsetzen der Satzfische vermieden werden durch z. B. langsames Gewöhnen an die Wassertemperatur im Teich.
Gefahren liegen auch im Besatz mit Fischen fremdländischer Herkunft. Insbesondere der Bandwurm und die Kokzidiose wurden so verbreitet.
Zur **Vorbeugung** empfiehlt sich eine

- laufende Kontrolle des Wassers,
- laufende Überwachung des Fischbestandes hinsichtlich Freß- und Schwimmverhalten und seiner Aufenthaltsorte.

Nach Ausbruch einer Krankheit sollte sofort eine genaue Feststellung der Ursache durch Tierarzt, Fischgesundheitsdienst oder Untersuchungsanstalt erfolgen, damit die Gegenmaßnahmen gezielt, z. B. durch medikamentöse Behandlung, durch Kalkung mit Chlorkalk oder entsprechende andere Maßnahmen erfolgen kann.

5.3 Wirtschaftlichkeit der Karpfenteichwirtschaft

Aus der Karpfenteichwirtschaft sind bei vorhandenen Teichen Deckungsbeiträge zu erwirtschaften, die einer extensiven landwirtschaftlichen Nutzung vergleichbar bis deutlich überlegen sind (vergleiche Tabelle 133).

Ausschlaggebend für den Erfolg sind die Erlöse für die erzeugten Fische, die Qualität der Besatzfische, der Witterungsverlauf und das Naturnahrungsangebot des Teiches.

Ertragreiche Jahre sind gekennzeichnet durch warme Sommer, da sich der Karpfen nur im warmen Wasser richtig wohlfühlt und sein Wachstumspotential voll auszuschöpfen vermag.
Der Besatz von Karpfenteichen mit **Beifischen** (Hecht-, Zander- oder Welsbrut sowie Schleien) kann die Wirtschaftlichkeit bei nur geringfügiger Erhöhung des Arbeitsaufwandes verbessern.
Die Schwankungsbreite in den **Deckungsbeiträgen** kann zwischen einzelnen Betrieben, Jahren und selbst Teichen sehr groß sein.
Eine **Neuanlage von Teichen** ist nur unter sehr günstigen Voraussetzungen rentabel. Sie kostet inklusive Vorfluterausbau je nach Standortgegebenheiten 30 000–80 000 DM/ha. Die Höhe ist stark abhängig von der Durchlässigkeit des Untergrundes, der Geländeausformung und den umweltbedingten Auflagen zur Gestaltung und Bauausführung.
Wird die Unterhaltung der Dämme und Wasserführung nur mit 1% der gesamten und die Verzinsung des Investitionskapitals nur mit 6% der halben Baukosten angesetzt, ist ein Teich vorab mit 1200–3200 DM/ha belastet. Der Vergleich mit den erzielbaren Deckungsbeiträgen zeigt, daß bei Neubau in nur seltenen Fällen eine Wirtschaftlichkeit gegeben sein wird. Mögliche Zuschüsse über Teichbauprogramme bzw. Zinsverbilligungen aus staatlichen Förderungsprogrammen können die Wettbewerbsposition etwas verbessern. Ein hohes Wirtschaftlichkeitsrisiko bleibt in jedem Fall bestehen.

5.4 Wertung

Was spricht *dafür?*

- Nutzung landwirtschaftlich minderwertiger Flächen (vernäßte und versauerte Wiesen),
- bei guter Produktionstechnik gute bis hohe Flächenverwertung,
- in Zuschußgebieten gute Absatzchancen,
- Möglichkeit der Selbstvermarktung, um höhere Preise zu erzielen,
- Verwertung eigenen Getreides,
- geringer Kapitaleinsatz für laufende Produktion.

Was spricht *dagegen?*

- Hohe Investitionskosten für die Neuanlage eines Teiches,
- relativ hoher Arbeitsaufwand,
- Arbeitsspitzen im Frühjahr, im Sommer und vor allem im Herbst,
- in Überschußgebieten schlechte Absatzchancen bei niedrigen Preisen,
- relativ hohes Produktionsrisiko.

18 Direktvermarktung im Nebenerwerbsbetrieb

Die nebenberufliche Landbewirtschaftung kann durchaus mit der Vermarktung unmittelbar an den Verbraucher vereinbart werden. Hier gilt es jedoch insbesondere, die Anforderungen der Direktvermarktung in Einklang zu bringen mit

- den Bedürfnissen der Familie,
- dem landwirtschaftlichen Betrieb und dessen Standort,
- dem Hauptberuf.

1 Persönliche Voraussetzungen für den Direktvermarkter

Der Direktvermarkter muß das Denken um den Verbraucher, den Kunden, in den Mittelpunkt stellen, er muß den Markt beobachten und analysieren, er muß sich profilieren, er muß nicht reagieren, sondern agieren.
Die wichtigsten Voraussetzungen sind Kontaktfähigkeit und Freude am Umgang mit dem Menschen und dem Verkauf. Ständig müssen neue Kunden gewonnen werden, die Stammkundschaft will gepflegt sein und Reklamationen sollen zur Zufriedenheit der Kunden erledigt werden.

Nicht nur der Betriebsleiter oder die Betriebsleiterin sind von der Direktvermarktung betroffen, sie berührt vielmehr alle Personen im Haushalt.

Telefongespräche sind anzunehmen, die Kunden am Hof suchen Ansprechpartner, bei Engpässen muß immer wieder ausgeholfen werden. Der Einstieg in die Direktvermarktung sollte mit der ganzen Familie abgeklärt werden. Neben vielen positiven Auswirkungen (Selbstverwirklichung, zusätzliches Einkommen, Kontakt zu anderen Menschen usw.) treten auch familiäre Probleme auf (ständig fremde Menschen am Hof, der Lebensrhythmus der Familie verändert sich, es muß viel Zeit investiert werden, die für die Familie nicht mehr zur Verfügung steht).

Ein erfolgreicher Direktvermarkter zeichnet sich durch Organisationstalent, Ideenreichtum, kaufmännisches Geschick und geistige Beweglichkeit aus.

2 Betriebliche Voraussetzungen

Die Direktvermarktung muß als Familienaufgabe gesehen werden. Wenn die familiären Wünsche und Ziele mit dem Hauptberuf in Einklang gebracht sind, dann muß der Betrieb untersucht und angepaßt werden. Meist ist eine Umstrukturierung notwendig. Im Vordergrund steht dabei die Analyse des bestehenden Betriebes.

2.1 Die Arbeit, ein knapper Faktor

Es ist sinnvoll, einen Arbeitsaufriß zu fertigen, der die Arbeitsintensität, verteilt über das ganze Jahr, aufzeigt. Aus dem Arbeitsaufriß sollte hervorgehen:

- Welche Arbeiten müssen im Betrieb wann verrichtet werden?
- Hat der Betrieb freie Arbeitskapazitäten?
- Sind Produktionsverfahren vorhanden, die aufgegeben bzw. vereinfacht werden könnten? (Die Arbeitsverwertung beachten, Gewinn bzw. Deckungsbeitrag je Arbeitsstunde).
- Können Arbeiten an Saisonarbeitskräfte oder Betriebshilfringe vergeben werden?

Die Arbeitszeit ist im Nebenerwerbsbetrieb besonders knapp. Bei den Untersuchungen sollte immer die Wirtschaftlichkeit der eingesetzten Arbeitsstunde beachtet werden. Im allgemeinen eignen sich **extensive Produktionsverfahren** für den Nebenerwerbsbetrieb besonders.
In der **Bodenproduktion** sind dies z. B.:

- Anbau von Mähdruschfrüchten, (Getreide, Raps, Körnerleguminosen), auch im kontrollierten Anbau,
- Sonderkulturen, wenn Hilfskräfte zu finden

sind, um besondere Arbeitsspitzen abzubauen,

- Selbstpflückanlagen für z. B. Kirschen, Himbeeren, Erdbeeren.

In der **tierischen Produktion** z. B.:

- Haltung von Fleischrindern, Mutterkuhhaltung,
- Schweinemast,
- Schafhaltung, Damtiere.

2.2 Die Lage des Betriebes

Die Betriebslage beeinfluß die Direktvermarktung unmittelbar. Sie hat Auswirkungen auf die Auswahl der Produkte, die Vermarktungsform, die Art der Werbung, das Preisniveau und auf die Verkaufszeiten.

Bevor ein Betrieb auf Direktvermarktung um- bzw. eingestellt wird, ist daher sorgfältig und ohne »Schönfärberei« zu klären:

Wo liegt der Betrieb? In Stadtnähe, am Ortsrand, wie weit ist das nächstgrößere Verbraucherpotential entfernt, sind Großabnehmer erreichbar (Hotels, Kantinen), ist ein Schlachthof in der Nähe.

2.3 Freie Gebäudekapazitäten

Bevor im größeren Rahmen investiert wird, sollen vorhandene Möglichkeiten ausgeschöpft werden. Fast alle Betriebe verfügen über geeignete Gebäude, wo notwendige Räume (z. B. Lagerraum, Kühlraum, Verkaufsraum, Verarbeitungsraum) untergebracht werden können.

Vor jeder Investition sollte ein Fachmann zu Rate gezogen werden, denn:

- Die neuen Räumlichkeiten sollen arbeitswirtschaftlich sinnvoll zugeordnet sein,
- überhöhte technische Ausstattung ist zu vermeiden (diese Versuchung ist im Bereich der Lebensmittelverarbeitung besonders groß!),
- bei jedem Anfang muß auch an eine Weiterentwicklung gedacht werden.

3 Die Vermarktungswege

Hier muß sich jede Familie vor dem Einstieg klar sein, welchen Vermarktungsweg sie für ihre Produkte einschlagen will (Anpassung von Standort und Vermarktungsform). Denn nicht jeder Weg taugt für jedes Produkt und nicht jeder Betriebsleiter hat die Neigung, jeden der möglichen Wege zu beschreiten:

- **Verkauf ab Hof:** Den Standort des Betriebes betrachten, Werbung ist unbedingt notwendig, Verkaufszeiten bei eigenem Laden beachten, es muß ständig jemand anwesend sein.
- **Verkauf an der Straße** bzw. **an der Haustüre:** Das Verkaufsfahrzeug erfordert hohe Investitionen, ist sehr zeitaufwendig und deshalb für Nebenerwerbsbetriebe weniger geeignet; es ist mehr eine Möglichkeit für marktferne Betriebe; eine Arbeitskraft ist jedoch an den jeweiligen Vermarktungstagen ständig abwesend vom Betrieb. Ein einmal gewonnener Kundenstamm muß zuverlässig und pünktlich gepflegt werden.
- **Verkauf am Wochenmarkt:** In größeren Städten ist eine hohe Kundenfrequenz vorhanden, für den Marktstand sind relativ wenig Investitionen notwendig. Die Verkaufsperson ist abwesend vom Betrieb und gute Wochenmarktstände sind nur schwierig zu bekommen.
- **Verkauf an gewerbliche Abnehmer** (Großküchen, Gastronomie, Kantinen): Eine rationelle Vermarktung, die geringe Investitionen erfordert und ideal für Spezialitäten ist. Der Preisdruck ist aber hoch, Lieferdisziplin und Qualität müssen hervorragend sein.

4 Rechtliche Schranken

4.1 Hygienevorschriften

Direktvermarkter unterliegen den gleichen Hygienevorschriften wie alle anderen Unternehmen im Lebensmittelbereich.

Bei der Vermarktung von Geflügel und Milch gelten Sonderregeln für Landwirte:

- Für Landwirte mit kleineren Geflügelhaltungen (max. 2500 Großgeflügel oder 10 000 Stück Geflügel insgesamt im Jahr) gilt die Geflügelfleisch-Ausnahmeverordnung vom 19. Juli 1976. Hiernach darf ein Landwirt ausnahmsweise frisches Geflügelfleisch in geringen Mengen (bis zu 6000 kg im Jahr) auf den nächstgelegenen Wochenmärkten unmittelbar an den Verbraucher abgeben, oder an ein Einzelhandelsgeschäft in der eigenen Gemeinde bzw. in der Nachbargemeinde liefern.

- Der Milchverkauf (Rohmilch) ist nur ab Hof erlaubt und in der Milchverordnung vom 23. Juni 1989 geregelt. Kühe, von denen Milch als Lebensmittel gewonnen wird, müssen in einem tubercullosefreien Bestand gehalten werden, dürfen keine Anzeichen von ansteckenden Krankheiten oder von Störungen des Allgemeinzustandes aufweisen, dürfen keine Euterwunden haben, die die Milch verunreinigen könnten und müssen mindestens 2 l Milch/Tag geben.
  Räume, in denen Milch gewonnen oder behandelt wird, müssen leicht zu reinigen und zu desinfizieren sein.
  Die Melkpersonen benötigen saubere Kleidung. Personen, die über Milch Krankheiten übertragen können, dürfen nicht mit Milch umgehen. An der Milchabgabestelle muß gut sichtbar und gut lesbar der Hinweis: »Rohmilch, vor dem Verzehr abkochen« angebracht sein.

Allgemein bleibt festzuhalten: Sauberkeit muß das oberste Gebot für jeden Direktvermarkter sein. Es sind viele Vorschriften, insbesondere bei der Fleischverarbeitung, zu beachten.
Die zuständigen Lebensmittelaufsichtsbeamten und die staatlichen Veterinäre beraten gerne. Daher gilt: Erst fragen – dann investieren.

4.2 Gewerbeordnung, Einkommensteuergesetz, Handwerksordnung

Grundsätzlich ist jeder Verkauf von Lebensmitteln als gewerblich (im Sinne der Hygienevorschriften) anzusehen. Die **Gewerbeordnung** und das Einkommensteuergesetz unterscheiden zwischen dem Gewerbe- und der Urproduktion (Gewinnung roher Naturerzeugnisse). Das **Steuerrecht** stellt die Urproduktion und die sog. erste Verarbeitungsstufe dem Gewerbe gegenüber. So ist z. B. die Erzeugung von Schweinehälften noch »Landwirtschaft«. Die daran anschließende Verarbeitung z. B. zu Wurstwaren und Schinken dagegen ist bereits eine Tätigkeit des Gewerbes. Diese Abgrenzung sollte jedoch keine Hemmschwelle für die Direktvermarktung sein.
Man kann durchaus gewerbliche Nebenbetriebe in Verbindung mit dem landwirtschaftlichen Betrieb führen. Im Dorfgaststättenbereich ist dies z. B. seit jeher der Fall.
Bestimmte Handwerksberufe (z. B. Metzger, Bäcker) schützen ihre Zunft durch **Handwerksordnungen.** Diese verlangen in der Regel eine eigene Handwerksausbildung, die Zugehörigkeit zu diesem Beruf und eine Meisterprüfung. Ausnahmen sind jedoch bis zu bestimmten Umsätzen oder für bestimmte Produkte möglich.

4.3 Sonstige Rechtsvorschriften

Wird aus dem eigenen Laden verkauft, so sind die gesetzlichen Ladenschlußzeiten zu beachten. Wiegeeinrichtungen müssen geeicht sein. Abgepackte Lebensmittel sind mit bestimmten Angaben zu versehen (Hersteller, Inhalt, Inhaltsstoffe, Haltbarkeit). Den Verkauf an Straßen und öffentlichen Plätzen muß man sich von der zuständigen Kommune genehmigen lassen. Es gilt insgesamt, noch viele andere Rechtsvorschriften zu beachten; dennoch sollte man nicht den Mut verlieren, denn der Gewerbebetrieb schafft es und der Landwirt kann es auch. Optimismus ist gefragt, wenn man sich auf diesem Vermarktungsbereich erfolgreich behaupten will.

5 Wirtschaftlichkeit

Im folgenden werden einige Beispiele zur Wirtschaftlichkeit von typischen Produkten der Direktvermarktung gezeigt.
Berechnet wurde der Deckungsbeitrag je Einheit und der Deckungsbeitrag je Arbeitsstunde. Es ist zu beachten, daß hierbei nur die variablen Kosten des jeweiligen Produktionsverfahrens berücksichtigt werden können.
Für einen exakten Vergleich müßte der Gewinn ermittelt werden. Die Zuordnung der Festkosten (Abschreibung, Unterhalt, Zinsanspruch) zu den verschiedenen Produktionsverfahren ist jedoch schwierig und die Höhe der getätigten Investitionen ist von Betrieb zu Betrieb sehr unterschiedlich; sie müssen daher je nach Einzelfall ermittelt werden.

6 Preisgestaltung und Werbung

Preisgestaltung – Qualität hat ihren Preis. Es sollte mindestens das Qualitäts- und Preisniveau des Lebensmitteleinzelhandels erreicht

Tabelle 134 Vermarktung von Schweinen

Marktleistung	kg	DM/kg	DM insgesamt
Schinken	20,0	18,00	360,00
wertvollere Fleischstücke	25,0	10,00	250,00
geringerwertige Fleischstücke	15,0	4,50	67,50
Rohwurst	17,5	10,00	175,00
Kochwurst im Darm	10,0	8,00	80,00
Kochwurst in Gläsern	17,5	12,00	210,00
Marktleistung insgesamt	105		1142,50
Produktionskosten für 1 Mastschwein (130 kg LG/105 kg SG) [1])			345,00
Versicherung, Schlachtung im Schlachthof			24,00
Transport			15,00
Metzger			80,00
Gewürze, Därme			35,00
Gläser (50 Stück, à 350 g, à 0,78 DM, 2mal gefüllt)			19,50
Strom, Wasser, Telefon etc.			30,00
Verlustausgleich 5% von der Marktleistung (großzügige Wiegung, nicht vermarktete Ware etc.)			57,00
variable Kosten insgesamt			605,50
Deckungsbeitrag/Mastschwein			537,00
Arbeitszeitbedarf 5 AKh für die Produktion/Mastschwein (10)–15 AKh für Verarbeitung und Vermarktung			
Deckungsbeitrag/AKh			35,80–26,85

[1]) Lebendgewicht, Schlachtgewicht.

Tabelle 135 Vermarktung von Brot

Marktleistung	DM
100 kg Brot, 3,00 DM/kg	300,00
55 kg Mischmehl, 90% Roggen, 10% Weizen	
20 kg Roggenmehl, 0,84 DM/kg	63,00
2⅓ Päckchen Hefe	0,50
1,26 kg Salz	1,00
Gärmittel	2,80
Wasser, 46 l	
Strom (Knetmaschine, Licht) 3,5 kW × 0,19 DM	0,65
Holz, 0,12 Ster à 100,00 DM	12,00
Telefon	1,15
Verpackungsmaterial	2,50
Reinigungsmittel	0,20
Warmwasser zum Reinigen, 30 l	0,60
Verlustausgleich 5% der Marktleistung	15,00
variable Kosten insgesamt	106,00
Deckungsbeitrag	194,00
Arbeitszeitbedarf ca. 6 Stunden	
Deckungsbeitrag/AKh	32,33

werden. Bei vergleichbaren Preisen liefert der Direktvermarkter die frischere Ware, u. U. noch dazu ins Haus. *Preisdisziplin* wird vom Kunden erwartet. Sonderangebote bzw. zusätzliche Stücke sind einem Preisrückgang vorzuziehen. Wird das Preisniveau zu niedrig angesetzt, bereitet eine spätere Anpassung Schwierigkeiten.

Werbung – Ein gutes Absatzkonzept verlangt eine *geplante Werbung*. Zur erfolgreichen Direktvermarktung gehört ein Firmenzeichen, das auf möglichst allen Werbeträgern (z. B. Hofzeichen, Hinweisschild, Autoaufkleber, Flugblätter, Papiertüten) erscheinen soll.

Einige kostengünstige **Werbemittel** sind:

- *Kleinanzeigen* in regionalen Blättern: Eine günstige Erinnerungswerbung, die in der Masse der täglichen Anzeigen jedoch oft untergeht.
- *Anzeigen in der Tagespresse:* Eine optische und textliche Gestaltung ist notwendig, sie muß sich von der Konkurrenz absetzen, ein stets wiederkehrendes, leicht erkennbares Hofzeichen ist hierbei hilfreich.
- *Handzettel, Zeitungsbeilagen:* Eignen sich besonders für eine gezielte räumliche Werbung.

Tabelle 136 Vermarktung von Perlhühnern (Haltungsdauer 12 Wochen)

Marktleistung	DM
1 Perlhuhn, 1,7 kg LG = 1,3 kg SG × 12,50 DM	16,25
variable Kosten Küken	2,50
Putenstarterfutter (1.–4. Woche) 1,1 kg à 0,76 DM	0,85
Putenmastfutter (5.–8. Woche) 2,7 kg à 0,69 DM	1,85
Putenendmastfutter (9.–12. Woche) 3,0 kg à 0,67 DM	2,00
Energie, Wasser	0,35
Einstreu	0,20
variable Maschinenkosten	0,20
Hygiene	0,15
Verluste [1])	0,25
Schlachtung und Vermarktung	2,00
variable Kosten insgesamt	10,35
Deckungsbeitrag	5,90
Arbeitszeitbedarf	
0,2 AKh für regelmäßige Arbeiten	
0,2 AKh für Schlachtung und Vermarktung	
Deckungsbeitrag/AKh	14,75

[1]) 5% vom Anfangsbestand + 50% der variablen Kosten ohne Schlachten und Vermarktung.

Tabelle 137 Vermarktung von Flugenten (Haltungsdauer ca. 60 Tage)

Marktleistung	DM
Erpel 3,86 kg LG, Enten 2,18 kg LG, ∅ 3,02 kg LG × 0,68% Ausschlachtung = 2,05 kg à 11,– DM	22,55
variable Kosten	
Bestandsergänzung inklusive Fracht	3,50
Kükenstarter 1,8 kg à 0,64 DM	1,15
Entenmastfutter 5,3 kg à 0,54 DM	2,90
Einstreu, 20 kg Stroh	0,80
Energie, Wasser	0,60
Versicherung	0,10
Maschinen und Geräte	0,90
Verlustausgleich [1])	0,30
Schlachten, Vermarktung	5,00
variable Kosten insgesamt	15,25
Deckungsbeitrag	7,30
Arbeitszeitbedarf	
0,2 AKh für regelmäßige Arbeiten	
0,2 AKh für Schlachtung und Vermarktung	
Deckungsbeitrag/AKh	**18,25**

[1]) 5% vom Anfangsbestand + 50% der variablen Kosten ohne Schlachten und Vermarktung.

- *Hofschilder, Hinweisschilder:* Am besten mit betrieblichem Hofzeichen, auf Fahrzeugen, am Hofschild, am Wegweiser zur schnellen Identifizierung des Betriebes.
- *Besondere Veranstaltungen am Hof:* Sie haben eine hohe Werbewirksamkeit. Ein Tag der offenen Tür, ein Hoffest, die Veranstaltung von Ponyreiten für Kinder oder ein Streichelzoo locken viele Besucher aus den städtischen Regionen zum landwirtschaftlichen

Abb. 98 Beispiele für die Werbung eines Direktvermarkters (Hinweisschild an der Straße, Handzettel).

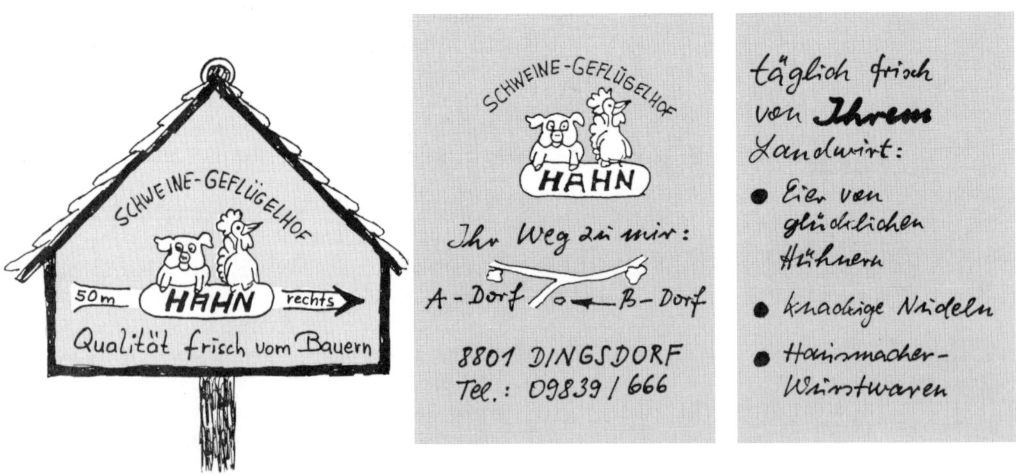

Betrieb. Darüber hinaus ist die Berichterstattung der Lokalpresse eine Werbung zum Nulltarif.

Werbung kann nicht für sich alleine stehen. Sie kann nur ein Teilbereich des Marketings sein.

Marketing beschäftigt sich bereits vor der Produktion mit dem Produkt, indem die Absatzchancen ausgelotet werden. Marketing heißt: Das Denken über den Verbraucher in den Mittelpunkt stellen, Erwartungen, Einstellungen und Verhaltensweisen der Kunden durchschauen, sich positiv von der Konkurrenz abheben.

Der deutsche Verbraucher ißt, was ihm schmeckt, nicht was er sich leisten kann. Je mehr jemand verdient, desto weniger gibt er prozentual für Nahrungsmittel aus, denn sattessen kann man sich nur einmal. Die berufstätige Hausfrau sucht bequeme Nahrungsmittel. Unterschiedliche Zielgruppen haben unterschiedliche Bedürfnisse (2-Personen-Rentnerhaushalt, 2-Personen-Berufstätigenhaushalt, Familie mit 3 Kindern, Doppelverdiener etc.). Marketing heißt daher auch, die Kunden zu überzeugen und deren Probleme zu lösen.

Eigeninitiative ist gefragt, nicht erst handeln und reagieren, wenn die Konkurrenz bereits gehandelt hat.

19 Einkommensalternative »Ländlicher Fremdenverkehr«

1 Fremdenverkehr als Einkommensalternative

Urlaub auf dem Lande (auf dem Bauernhof) erlebt derzeit ein steigendes Interesse. Viele Faktoren sind dafür verantwortlich. Algen im Mittelmeer, Streiks in Spanien und vieles mehr auf der einen Seite, das Vertrauen in einheimische Betriebe, die Qualität und der gesicherte Service in unseren Gastronomie- und Fremdenverkehrsbetrieben auf der anderen Seite sowie das geänderte Nachfrageverhalten sprechen dafür. Man fährt einmal im Jahr »rund um die Welt«, der Zweiturlaub wird im Inland verbracht.
Immer mehr dieser Urlauber gehen auch wieder auf den Bauernhof, weil das Angebot ihren Wünschen entspricht. Komfortable Ferienwohnungen sowie Gästezimmer mit Dusche und WC sowie gemütliche Einrichtung sind die Grundvoraussetzung. Dazu ermöglicht der Bauernhof Naturverbundenheit und Ruhe.

1.1 Möglichkeiten

Landwirte können in vielen Bereichen am Tourismus teilhaben, z. B. durch

- Vermietung von Ferienwohnungen/Gästezimmern,
- Bau/Ausbau von Gastronomiebetrieben, Besenwirtschaften und dergleichen,
- Direktvermarktung,
- Flächenbereitstellung z. B. für Golf, Tennis,
- Kleincampingplätze,
- Unterstellplätze für z. B. Caravans, Boote,
- Pensionstierhaltung,
- Führungen durch die Landschaft,
- Bau von z. B. Tiergehegen.

Dem einzelnen Betrieb bieten sich meist gleichzeitig mehrere **Vorteile**:

- Zusätzliches Einkommen,
- Nutzung vorhandener Gebäude,
- bessere Verwertung von Grund und Boden,
- Verwertung eigener Produkte (siehe Beitrag »Direktvermarktung«),
- Verwertung freier Arbeitskapazitäten.

1.2 Was ist vor dem Einstieg zu beachten?

Hier gilt es, nicht nur die eigene Person, die eigene Familie und den Betrieb in die Überlegungen mit einzubeziehen, sondern auch den weiteren Umkreis sowie auch die Folgen einer solchen Nebenerwerbstätigkeit.

1.2.1 Eignung des Betriebes

- Eignet sich meine *Familie?* Der Erfolg beruht zum großen Teil auf dem richtigen »Umgang mit den Gästen«. Neue Ideen, Freundlichkeit, Fähigkeit zur ständigen Eigenkontrolle sind eine Grundvoraussetzung. Gäste erwarten ein »Für-mich-Gefühl«.
- Eignet sich die *Region?* Fremdenverkehrsgebiete mit einer entsprechenden Infrastruktur bringen bessere Voraussetzungen auch für den Einzelbetrieb. Grundsätzlich gehören Gastronomiebetriebe und Gästezimmer mehr ins Zentrum dieser Gebiete, während in den Außenbereichen die Ferienwohnungen und typische Landgaststätten in der Tendenz mehr zum Zuge kommen.
- Wie ist die *arbeitswirtschaftliche Situation?* Kann »Urlaub auf dem Bauernhof« zusätzlich bewältigt, oder muß die Arbeitssituation geändert werden?
- Eignen sich *bestehende Gebäude?* Hier ist zu prüfen, ob für bestehende Gebäude eine Umwidmung möglich ist und insbesondere ob diese Anlagen dann erweiterungsfähig sind.
- Wie organisiere ich die *Werbung?* Gibt es zentrale Werbestellen, z. B. Verkehrsämter, und in welchen Katalogen kann der Betrieb werben? Selbstverständlich muß darüber hinaus einzelbetrieblich geworben werden, z. B. mit Hausprospekten, Bildkarten.
- Gibt es *steuerliche Konsequenzen?* Jeder Fremdenverkehrsbetrieb muß bei der Gemeinde nach § 14 der Gewerbeordnung gemeldet werden. Von dort werden die verschiedensten Stellen informiert. Durch den Um-/Neubau ändert sich in der Regel der Einheitswert. Häufig wird der Betrieb gewerblich,

was Auswirkungen auf Einkommensteuer, Mehrwertsteuer/Vorsteuer und eventuell Gewerbesteuer haben kann. Steuerliche Berührungspunkte kann es auch bei der Entnahme landwirtschaftlicher Gebäude/Grundstücke und in anderen Bereichen geben.
Es gibt aber den Grundsatz: »Betriebswirtschaft geht vor Steuern«, d. h. es ist besser, aus einer rentablen Investition heraus Steuern zu zahlen, als eine Fehlinvestition zu tätigen, um Steuern zu sparen.

1.2.2 Förderung

Es gibt eine Reihe von Förderungsprogrammen, die den Einstieg bzw. Investitionen zur Qualitätsverbesserung erleichtern. Zinsgünstige Darlehen, in manchen Fällen auch Zuschüsse, können die jährliche Kostenbelastung und die Planungssicherheit erheblich verbessern.
Informationen über entsprechende Förderungsprogramme gibt es insbesondere
- bei den Ämtern für Landwirtschaft sowie bei den Landwirtschaftskammern,
- bei den Wirtschaftsabteilungen der jeweiligen Bezirksregierung,
- bei Banken, Gemeinden/Landratsämtern.

2 Wirtschaftlichkeit

2.1 Ertrag

Eine gute Auslastung ist der Grundpfeiler des Erfolges.

Stammgäste sind Zeichen für zufriedene Gäste, aber auch ein relativ gut berechenbarer Teil der Auslastung und damit des Betriebserfolges. Das Gewinnen und Erhalten von Stammgästen setzt viel Einfühlungsvermögen und Anteilnahme voraus.
Die Auslastung läßt sich verbessern durch
- ein nachfragegerechtes Angebot,
- eine solide, ansprechende Ausstattung, z. B. einen Blumenstrauß auf dem Tisch zur Begrüßung, eine Praline als »Betthupferl« nicht nur für die Kinder,
- ein flankierendes Angebot für die Gäste (z. B. Grillabende, gemeinsames Basteln, Ehrungen für 10-maligen Besuch, Information und Angebote in der Umgebung).

Direktverkauf eigener Produkte verbessert häufig die Auslastung. Die Rentabilität hierfür ist eigens zu berechnen.

2.2 Aufwand

Beabsichtigte Investitionen müssen vor Beginn der Maßnahme möglichst genau analysiert werden. Die Ämter für Landwirtschaft bzw. die Landwirtschaftskammern geben Auskunft und Hilfestellung dabei.
So gewonnene Daten können für das Ermitteln der jährlichen Kosten herangezogen werden:
- Die **Abschreibung** (AfA) für das Gebäude (2–5%) hängt von Bauart und -zustand ab. Bei Einrichtungsgegenständen liegt die AfA bei 8–12%.
- Der **Zinsanspruch** ergibt sich aus der Höhe der Investitionen unter entsprechender Einbeziehung von Förderungsmitteln (3–6% vom halben Neuwert).
- **Unterhalt/Versicherung** können mit 1,5–3% vom Neuwert angesetzt werden.
- Weitere **Festkosten** sind in der Regel der Aufwand für Werbung (untere Grenze ca. 200,– DM) oder Stromgebühren.
- Die **variablen Kosten** umfassen z. B. Strom, Wasser, Bettwäsche, Reinigungsmittel, im Gästezimmer zusätzlich den Aufwand für das Frühstück und gegebenenfalls das Abendessen.

Die variablen Kosten liegen derzeit bei ca. 2,50 DM/Person in der Ferienwohnung bzw. 6,50–7,00 DM bei Übernachtung mit Frühstück. Es ist zu beachten, daß Ferienwohnungen in der Vor- und Nachsaison häufig nur mit 2 Personen belegt sind. Daraus ergibt sich eine Durchschnittsbelegung von 3–3,2 Personen/Wohnung. Dies muß bei der Berechnung beachtet werden.

Tabelle 138 Beispiele für erforderliche Investitionen

Ferienwohnung	Gästezimmer
40–70 m², Wohnzimmer mit Kochgelegenheit, DU/WC getrennt, 2 Schlafzimmer, eventuell anteiliger Aufenthaltsraum (für 4 Personen)	18–25 m², Gästezimmer mit DU/WC, anteiliger Aufenthaltsraum (für 2 Personen)
Um-/Aus-/Neubau: 5000–100 000 DM	Um-/Aus-/Neubau: 3000–25 000 DM
Einrichtung: 5000–25 000 DM	Einrichtung: 3000–8000 DM

Tabelle 139 Wirtschaftlichkeitsberechnung (Beispiele mit Durchschnittswerten)

		Ferienwohnung	Gästezimmer
1. Ertrag 125 Belegtage		à 55,– DM = 6875,– DM	à 50,– DM = 6250,– DM
2. Aufwand variable Kosten 125 Tage		à 7,20 DM = 900,– DM	à 14,– DM = 1750,– DM
Deckungsbeitrag		5975,– DM	4500,– DM
AfA Gebäude	3% von	40 000,– = 1200,– DM	22 000,– = 660,– DM
AfA Einrichtung	10% von	15 000,– = 1500,– DM	6000,– = 600,– DM
Unterhalt, Versicherungen	2% von	Neuwert = 1100,– DM	Neuwert = 560,– DM
Werbung pauschal		300,– DM	300,– DM
Zins 4% [1])		1100,– DM	850,– DM
= Arbeitsertrag		775,– DM	1530,– DM
= DM/AKh		bei 50 AKh = 15,50 DM	bei 125 AKh = 12,24 DM
bei 150 Belegungen		60 AKh = 32,80 DM	145 AKh = 16,85 DM
bei 200 Belegungen		70 AKh = 62,30 DM	185 AKh = 22,95 DM

[1]) Unter Berücksichtigung der Fördermittel – von ½ Neuwert.

Diese »Vollkostenrechnung« ist als alleiniger Maßstab nicht geeignet. Es können sich weitere Vor- und Nachteile ergeben, z. B.:

- Der Wert von Gebäuden im Fremdenverkehrsgebiet nimmt häufig stark zu (Einfluß auf AfA).
- Gästebeherbergung kann überhaupt erst eine lukrative Direktvermarktung ermöglichen bzw. den Bestand eines Gastronomiebetriebes sichern.
- Es ist ein Vergleich mit der Dauervermietung anzustellen, bzw. ein Vergleich, zu welchen Konditionen Gebäude anderweitig verwertet werden können.
- Steuerliche Vorschriften können zu weiteren Vor- und Nachteilen führen.

Diese wenigen Gesichtspunkte zeigen, daß viele Vorüberlegungen angestellt werden müssen.

3 Wertung

Urlaub auf dem Bauernhof und ländlicher Fremdenverkehr sind eine Chance für viele landwirtschaftliche Betriebe. Wenn sich die Familie, der Betrieb, die Region eignen, können bei entsprechendem Angebot erhebliche Zusatzeinkünfte erzielt werden. Auch lassen sich – im Gegensatz zur Landwirtschaft – Preissteigerungen durchsetzen. Die rechtlichen und steuerlichen Gegebenheiten sind kein Hinderungsgrund und keine überzogene Erschwernis.

Urlaub auf dem Bauernhof ist häufig der Einstieg für Direktvermarktung und weitere »gewerbliche« Tätigkeiten, z. B. Brotzeitstuben, Gastronomie, also für weiteres Wachstum. Viele landwirtschaftliche Betriebe arbeiten seit langer Zeit erfolgreich im Bereich Fremdenverkehr und Tourismus.

20 Familie und Haushalt im Nebenerwerbsbetrieb

Die Umstellung vom landwirtschaftlichen Haupt- zum Nebenerwerbsbetrieb hat tiefgreifende Auswirkungen auf die Lebens- und Arbeitssituation der Familie.

Man muß diese Auswirkungen kennen, sie gründlich diskutieren und bewerten, um eine Betriebs- und Haushaltsorganisation finden zu können, die von allen Familienmitgliedern akzeptiert und mitgetragen wird.

1 Hausfrau – Hausmann?

Bisher ist es in der Regel der Betriebsleiter und/oder Hofnachfolger, der einer außerlandwirtschaftlichen Erwerbstätigkeit nachgeht. Für die Frau hat dies die Konsequenz, daß sie neben der Hausarbeit einen großen Teil der betrieblichen Arbeiten übernehmen muß, daß sie verstärkt unternehmerische Entscheidungen zu treffen und Behördengänge zu erledigen hat. Dadurch kann für sie eine zusätzliche körperliche und seelische Belastung entstehen, sofern nicht der Ehemann, Altenteiler oder der Maschinenring sie bei der Arbeit entlasten.
Der Anteil der Bäuerinnen mit einer qualifizierten Berufsausbildung nimmt ständig zu. Es wird sich in Zukunft also vermehrt die Frage stellen, ob nicht die Bäuerin erwerbstätig sein soll. Derzeit sind es – regional und altersmäßig unterschiedlich – bereits an die 15–20% der jüngeren Bäuerinnen, die durch eine außerbetriebliche Erwerbstätigkeit für den Betrieb ein zusätzliches Einkommen erarbeiten.
In der Phase, in der kleine Kinder in der Familie zu versorgen sind, wird es zwar nicht ganz einfach sein, für sie eine umfassende Betreuung sicherzustellen. Genügend Beispiele beweisen jedoch, daß es möglich ist. Sind noch rüstige Altenteiler auf dem Betrieb, die bereit sind, sich an den Hausarbeiten bzw. der Kinderbetreuung zu beteiligen, kann die Erwerbstätigkeit der Bäuerin in bestimmten Fällen die beste der in Frage kommenden Lösungen sein. Zudem kann die Bäuerin durch Inanspruchnahme des *Erziehungsurlaubs* und *Erziehungsgeldes* die ersten Monate ihr Kind selbst versorgen. Für die Erwerbstätigkeit der Bäuerinnen ist aber auch ein flächendeckendes Angebot an Kindergartenplätzen mit flexiblen Öffnungszeiten notwendig.
Eine außerhäusliche Erwerbstätigkeit der Bäuerin setzt allerdings auch voraus, daß der Landwirt mehr als bisher in Haushalt und Familie entsprechende Verantwortung übernimmt. Es laufen derzeit Bildungsprogramme an, die es Männern ermöglichen, das entsprechende »Know-how« für den Haushalt zu erlernen. Die Aktion steht unter dem Motto »Aktive Partnerschaft im Haushalt«.

Gleichgültig, ob nun der Landwirt oder seine Frau außerbetrieblich erwerbstätig sind, es fehlt eine Arbeitskraft auf dem Betrieb und darauf muß sich die gesamte Familie einstellen.

2 Arbeitszeitbedarf für Familie und Haushalt

Oberste Richtschnur bei der Organisation eines Nebenerwerbsbetriebes muß sein, nur die tatsächlich frei verfügbare Arbeitskapazität der Familie für den landwirtschaftlichen Sektor zu verplanen.
Dies ist insofern wichtig, um

- einer dauernden *Arbeitsüberlastung* der Familie, insbesondere der Frau vorzubeugen, die sich langfristig auf die seelische und körperliche Gesundheit negativ auswirken kann. Nach einer repräsentativen bayerischen Untersuchung fühlen sich vor allem die Bäuerinnen in Betrieben bis 10 ha LF überdurchschnittlich belastet.
- genügend Zeit für die *Betreuung der Familie,* die *Versorgung des Haushalts,* aber auch für *Erholung, Freizeit und Urlaub* zu haben. Nur so können auf Dauer Gesundheit und Leistungsfähigkeit erhalten werden. Immerhin

sind es nur 43% der Bäuerinnen, die ihren Gesundheitszustand als gut und sehr gut einschätzen.

- der Familie die *Freude an der Landwirtschaft* zu erhalten. Dadurch ist am ehesten zu erreichen, daß ein Kind später bereit ist, den Betrieb in der nächsten Generation weiterzuführen.

Bei der Frage nach der freien Arbeitskapazität steht zunächst die Frage im Mittelpunkt: »Wieviel Zeit ist notwendig, um den Familienhaushalt zu versorgen, einschließlich der Betreuung von Kindern, Alten und Kranken?« Dabei darf nicht allein von der momentanen Situation ausgegangen werden, denn die Familie wandelt sich. Freie Arbeitskapazität ist deshalb keine feste Größe, sondern je nach Familiensituation und -phase sehr unterschiedlich.

Bei einer Betriebsumstellung ist somit von vornherein eine gewisse Flexibilität einzukalkulieren, die diesen Veränderungen gerecht wird. Letztlich geht es in der Familie in diesem Punkt um eine »Wertfrage«. Ist es oberstes Ziel, möglichst viel Zeit in den Betrieb zu stecken, um möglichst viel herauszuholen? Auch auf die Gefahr hin, daß das Familienleben zu kurz kommt und die Gesundheit darunter leidet? Oder ist es den Betroffenen wichtig, neben der Arbeit im Betrieb auch noch Zeit für sich selbst, für den Ehepartner, für Kinder und Hobby zu haben.

Frühere Generationen stellten häufig den Betrieb in den Mittelpunkt; der Haushalt und die Bedürfnisse der Familie wurden dem betrieblichen Fortkommen untergeordnet. Die jüngere Generation mißt dem Privatleben einen höheren Stellenwert zu und ist vielfach nicht mehr dazu bereit, dem Betrieb alles zu opfern.

3 Familienzyklus

Der Wandel einer Familie kann anhand des sog. Familienzyklus aufgezeigt werden. Während der einzelnen Familienphasen ist der notwendige Zeitaufwand zur Versorgung des Familienhaushalts ganz unterschiedlich; das bedeutet, daß die frei verfügbare Arbeitskraft für den Betrieb ganz erheblich schwankt. Anhand einer Modellfamilie soll dies aufgezeigt werden.

Gründungsphase (Abb. 99): Mit der Heirat des Hofnachfolgers kommt durch die Ehefrau eine zusätzliche Arbeitskraft – eventuell mit abgeschlossener Berufsausbildung – auf den Betrieb.

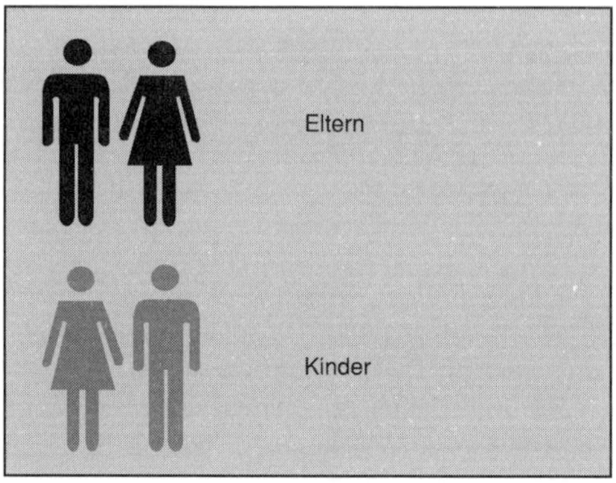

Abb. 99 Aufbau einer Familie in der Gründungsphase.

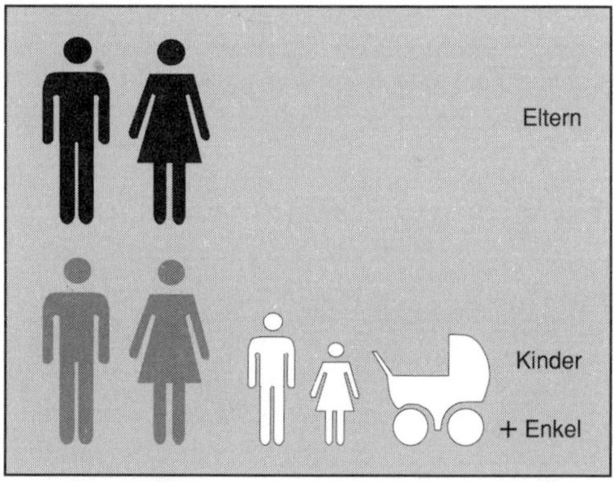

Abb. 100 Aufbau einer Familie in der Aufbauphase.

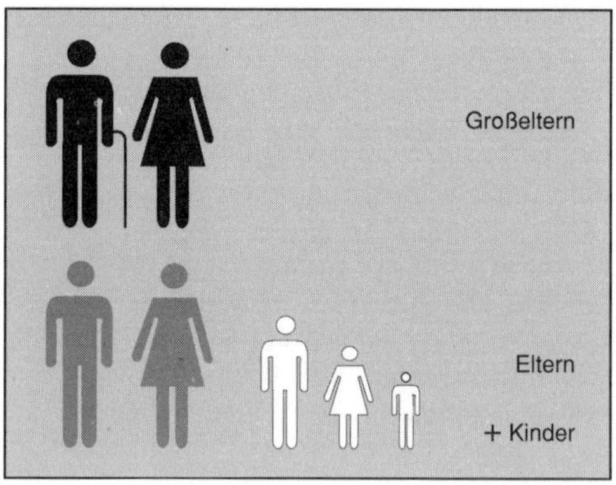

Abb. 101 Aufbau einer Familie in der Stabilisierungsphase.

Die Ausstattung mit Arbeitskräften zur Bewältigung des Arbeitsanfalles im Familienhaushalt und Betrieb ist in der Regel sehr großzügig. Je nach Organisation des Haushalts und Ansprüchen der Familie an Ernährung, Sauberkeit usw. sind zur Versorgung eines gemeinsamen 4-Personenhaushaltes zwischen 4 (bei normalen

Ansprüchen) und 7 AKh/Tag (bei gehobenen Ansprüchen) notwendig. Leben die Generationen getrennt, so wären für einen 2-Personenhaushalt etwa 3–4,5 AKh/Tag aufzuwenden.
Bei guter gesundheitlicher Verfassung der beiden Generationen ist eine außerbetriebliche Erwerbstätigkeit des jungen Ehepaares oder des Betriebsleiters und des Hofnachfolgers von der Arbeitskapazität her durchaus möglich.
In der **Aufbauphase** (Abb. 100) übernimmt das junge Paar die Betriebsleitung, das frühere Betriebsleiterehepaar geht ins Altenteil . Die Geburt von Kindern fällt in diese Zeit. Dadurch ist die junge Frau einer hohen Arbeitsbelastung ausgesetzt.
Angenommen, die Betriebsleiterfamilie hat drei kleine Kinder und lebt in einem eigenen Haushalt, dann werden zur Versorgung dieses 5-Personenhaushalts je nach Anspruchsniveau zwischen 8,5 und 10,5 AKh/Tag benötigt. Allein von der Familie her betrachtet wäre die Bäuerin durch den Familienhaushalt arbeitsmäßig in dieser Phase bereits voll ausgelastet.
Das heißt, daß aufgrund der veränderten Familiensituation während dieser Periode in einem Nebenerwerbsbetrieb auf dem landwirtschaftlichen Sektor Arbeitskräftemangel gegeben sein kann. Eine arbeitsmäßige Entlastung in Haushalt und Betrieb kann allerdings durch rüstige Altenteiler erfolgen. Eine flexible Betriebsorganisation sollte sich in jedem Fall den familiären Gegebenheiten anpassen.
In der **Stabilisierungsphase** (Abb. 101) entspannt sich die Arbeitssituation etwas, da die heranwachsenden Kinder selbständiger werden und in Haushalt und Betrieb mithelfen können. Allerdings darf diese Entlastung nicht überschätzt werden, da eine gute Schulausbildung der Kinder, das Anliegen der meisten Eltern, die Mitarbeit zeitlich sehr einschränkt. Die Mithilfe der Altenteiler in Haushalt und Betrieb kann in dieser Phase bereits durch gesundheitliche Beeinträchtigung reduziert werden.
Es ist in der einen oder anderen Familie auch mit pflegebedürftigen Altenteilern zu rechnen, die eine zusätzliche Arbeitsanforderung sein können. Für einen 5-Personenhaushalt der Betriebsleiterfamilie müssen jetzt etwa 6–8 AKh/Tag gerechnet werden. Zeiten der Pflege für kranke Altenteiler sind hierin nicht enthalten. Auch in dieser Phase wird die Bäuerin noch in großem Umfang von Familie und Haushalt beansprucht.
In der **nachelterlichen Phase** (Abb. 102) tritt im Haushalt arbeitswirtschaftlich eine Entlastung

Abb. 102 Aufbau einer Familie in der nachelterlichen Phase.

Abb. 103 Aufbau einer Familie der Auslaufphase.

ein. Die heranwachsenden Kinder werden selbständig und verlassen das Haus. Noch lebende Altenteiler sind eventuell pflegebedürftig und werden unter Umständen wieder in den Betriebsleiterhaushalt eingegliedert.
Für den Beispielshaushalt mit dem Betriebsleiterehepaar, zwei erwachsenen Kindern und einem pflegebedürftigen Altenteil werden etwa 4,5–6 AKh/Tag für die Bewältigung der Hausarbeit und Pflege notwendig. Je nach dem Grad der Pflegebedürftigkeit ist der Zeit- und Kraftaufwand für die Pflege sehr unterschiedlich.
In der **Auslaufphase** (Abb. 103) sind die Altenteiler in der Regel verstorben. Der Hof wird vom Betriebsleiterehepaar und dem/der Hofnachfolger/in bewirtschaftet. Die Leistungsfähigkeit des Betriebsleiterehepaares nimmt langsam ab, dem Hofnachfolger wird mehr Verantwortung übertragen. Für den 3-Personenhaushalt sind etwa 3,5–5,7 AKh/Tag notwendig. Somit sind während dieser Phase bei 3 leistungsfähigen Erwachsenen wieder genügend Arbeitskräfte für Haushalt, Betrieb und außerlandwirtschaftliche Erwerbstätigkeit vorhanden.
Die aufgezeigten Phasen können natürlich in den einzelnen Familien sehr unterschiedlich verlaufen. Es ist jedoch im allgemeinen davon auszugehen, daß vor allem während der Aufbau- und Stabilisierungsphase der Familienhaushalt einen großen Teil der weiblichen Arbeitskraft bindet. Dies muß von vorneherein bei der Umstellung zum Nebenerwerb bedacht werden.

4 Planung und Organisation im Haushalt

So wie der landwirtschaftliche Nebenerwerbsbetrieb rationell durchorganisiert werden muß, ist Planung und Organisation auch für den Haushalt dringend erforderlich.
Denn in der Regel ist in Nebenerwerbsbetrieben die Arbeitszeit der begrenzende Produktionsfaktor. Der Haushalt läßt sich aber nur dann vernünftig rationalisieren, wenn die Faktoren bekannt sind, die die Arbeitszeit beeinflussen.

4.1 Faktoren, die die Arbeitszeit beeinflussen

Aus der Sicht des Arbeitsablaufes gibt es in vielen Bereichen eines Haushalts und einer Familie beeinflussende Faktoren. Dazu gehören:

- **Familien-** und **Haushaltsstruktur:** Familienphase, Zahl und Alter der Familienmitglieder, Größe des Gartens, Umfang der Vorratshaltung usw.
- **Wohnhaus:** Zuordnung der Räume und Arbeitsplätze sowie Ausstattung,
- hauswirtschaftliche **Fachkenntnisse:** Ausbildung,
- **Technisierung** des Haushalts: Ausstattung mit arbeitssparenden und -erleichternden Maschinen und Geräten (z. B. Spülmaschine, Mikrowelle, Wäschetrockner),
- **Ansprüche** der Familie: die Schwankungen bei den Angaben des Arbeitszeitbedarfes zur Versorgung des Haushaltes beim vorgenannten Beispiel hängen mit den unterschiedlichen Ansprüchen der Familie zusammen (z. B. umfangreicher oder einfacher Speiseplan, Wechsel der Bettwäsche im 2- oder 4-wöchigen Turnus),
- **Betriebsstruktur.**

Ganz erheblich wird die Arbeitszeit beeinflußt vom Umfang der *Kinderbetreuung* und der *Pflege kranker oder alter Menschen.* Diese Aufgaben erfordern neben Zeit ein hohes Maß an Verantwortung für die zu versorgenden Menschen, aber auch körperliche Kraft und emotionale Stabilität. Hier sind häufig die Grenzen des Rationalisierens erreicht, es geht um Entscheidungen im Wertebereich, um »mehr Zeit für den Betrieb oder für den Menschen«? Wichtig ist es, der Familie die Freude am Betrieb zu erhalten.

4.2 Arbeitsorganisation

Richtige Arbeitsorganisation spart Zeit! Kontrollieren Sie anhand der folgenden Fragen Ihre bisherige Arbeitsorganisation. Beobachten Sie die täglich und wöchentlich wiederkehrenden Arbeiten und fragen Sie sich:

- **Warum?**
  - Muß diese Arbeit *überhaupt* gemacht werden? (Überprüfen Sie alte Gewohnheiten!)
  - Muß sie *so häufig* wie bisher getan werden? Muß man
    z. B. Unterwäsche, Handtücher, Spültücher bügeln?
    leicht verschmutzte Böden naß wischen?
    Großputz am Samstag machen?
    so häufig Einkaufen?
    ausgiebiges Mittagessen am Sonntag bereiten?
    einen so großen Garten haben?
    Erbsen selbst anbauen?
    Ziergarten so pflegeaufwendig gestalten?
- Welches **Anspruchsniveau** haben die Familienmitglieder? Muß diese Arbeit *so genau, so häufig, so umfangreich* gemacht werden (z. B. häufiges Fenster putzen, tägliches Staub wischen, umfangreiches Mittagessen zubereiten)?
- Liegt **mangelhafte Technisierung** vor?
  - Welche arbeitserleichternden und -sparenden Maschinen und Geräte sind in Ihrem Haushalt vorhanden?
  - Welche Maschinen und Geräte möchten Sie sich noch anschaffen, um Arbeitszeit einzusparen? Dabei ist zu berücksichtigen, daß die höchste Technisierungsstufe nicht unbedingt die größte Zeitersparnis bringt. Arbeitszeiteinsparung durch Maschinen kann durch höhere Ansprüche wieder zunichte gemacht werden.
  - Stehen Maschinen und Geräte am richtigen Ort, d. h. sind sie ohne großen Aufwand jederzeit einsatzfähig? (Steht z. B. das Mikrowellengerät, die Küchenmaschine in der Speisekammer oder sofort einsatzbereit in der Küche?)
  - Arbeitsgeräte sollen stabil, handlich, griffbereit, leicht zu bedienen und zu reinigen sein.
- Ist **Selbstversorgung, Zukauf** oder **Vergabe** günstiger?
  - Gemüse anbauen oder zukaufen?
  - Brot backen, Wurst machen oder zukaufen?

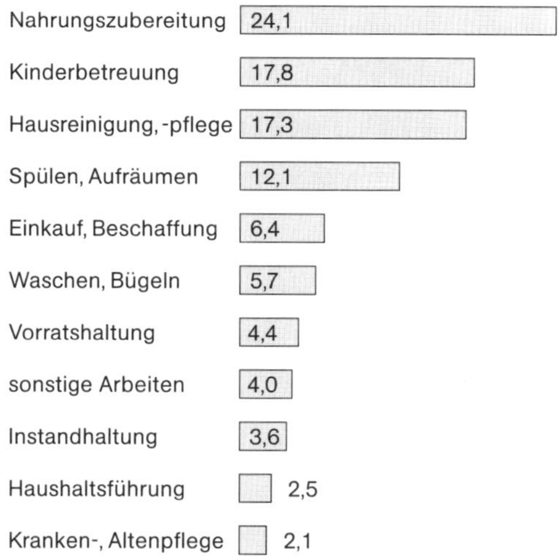

Abb. 104 Anteile von verschiedenen Arbeiten an der gesamten Hausarbeitszeit in landwirtschaftlichen Haushalten (in %).

- Geflügel halten oder Eier und Hähnchen zukaufen?
- Bett- und Tischwäsche selbst bügeln oder vergeben?

▶ **Wann** muß Was getan werden? Planen Sie Arbeiten zur richtigen Zeit ein, stellen Sie einen Tages-, Wochen- und Jahresarbeitsplan auf. Berücksichtigen Sie Ihre Tagesleistungskurve, planen Sie regelmäßige Erholungszeiten ein. Vermeiden Sie Arbeitsspitzen oder entzerren Sie diese durch langfristige Planung zumindest etwas. Gerade dann, wenn Zeit knapp ist, kommt es auf exakte Planung an!

Die Verteilung der Arbeitszeit (Abb. 104) im landwirtschaftlichen Haushalt zeigt, daß allein die Bereiche Nahrungszubereitung, Hausreinigung und -pflege, Spülen und Aufräumen mehr als die Hälfte der Arbeitszeit beanspruchen. Es lohnt sich, vor allem diese Bereiche einmal genauer zu überprüfen, ob hier nicht Arbeitszeit eingespart werden kann.

Beispielhaft sollen hier **Möglichkeiten der Zeitersparnis** im Bereich der Nahrungszubereitung aufgezeigt werden:

▶ Verwenden von Lebensmitteln, die wenig oder keine Vorbereitungsarbeiten erfordern (z. B. Reis, Teigwaren; Tomaten, Blumenkohl; Obst und Quark statt aufwendiger Cremes).

▶ Einsatz von vorgefertigten Lebensmitteln oder Fertiggerichten (Kartoffelbrei, -knödel, Gefriergemüse, Fischstäbchen, Gulaschsuppe). Das Angebot an vorgefertigten Lebensmitteln reicht von küchenfertigen bis verzehrsfertigen Produkten. Die von der Industrie geleistete Vorarbeit muß natürlich mit einem höheren Preis bezahlt werden.

▶ Zubereiten größerer Mengen, die dann z. T. als Fertiggerichte eingefroren werden (1 × kochen – 4 × essen). Durch das Vorkochen (und Einfrieren) in arbeitsarmen Zeiten kann für Arbeitsspitzen vorgesorgt werden.

▶ Der richtige Einsatz eines Mikrowellengerätes, des Schnellkochtopfes oder anderer zeitsparender Garmethoden kann ebenfalls eine erhebliche Arbeitszeitersparnis bringen.

Durch die außerlandwirtschaftliche Erwerbstätigkeit fehlen in Nebenerwerbsbetrieben eine oder mehrere Arbeitskräfte. Da der Ausfall dieser Arbeitskraft ausgeglichen werden muß, wurden im Rahmen dieses Ratgebers schwerpunktmäßig die Themen Arbeitszeit, Arbeitsorganisation und Rationalisierungsmöglichkeiten behandelt.

Diese Informationen ersetzen keine Aus- oder Weiterbildung im hauswirtschaftlichen Bereich. Sie sollen dazu anregen, sich die notwendigen Kenntnisse und Fertigkeiten zur Versorgung eines Familienhaushaltes im Rahmen von Seminaren anzueignen.

Gerade wer wenig Zeit hat, braucht um so dringender eine qualifizierte Ausbildung, um Familie und Haushalt in der zur Verfügung stehenden Zeit optimal versorgen zu können.

21 Buchführung im Nebenerwerbsbetrieb

1 Buchführungspflicht

Der Nebenerwerbslandwirt ist in den meisten Fällen nicht zur Buchführung verpflichtet, weder aufgrund einer öffentlichen Förderung – die entsprechenden Förderungsprogramme verlangen den landwirtschaftlichen Haupterwerb – noch aus steuerlichen Gründen.

Die **steuerliche Buchführungspflicht** setzt voraus, daß der Betrieb eine der folgenden Grenzen überschreitet:

- 500 000 DM Umsatz aus Land- und Forstwirtschaft im Kalenderjahr,
- 40 000 DM Wirtschaftswert der selbstbewirtschafteten Fläche,
- 36 000 DM Gewinn aus Land- und Forstwirtschaft im Kalenderjahr.

Damit die Buchführungspflicht wirksam wird, muß die Überschreitung einer dieser Grenzen und die daraus folgende Buchführungspflicht vom Finanzamt festgestellt und dem Landwirt spätestens 1 Monat vor Buchführungsbeginn (Bilanzstichtag) mitgeteilt werden.

Das **Finanzamt** kann zu diesem Zweck den Umsatz eines nichtbuchführenden Betriebes schätzen. Das geschieht aber nur selten. Den *Wirtschaftswert* kann es auf der Grundlage des *Einheitswertbescheides* und der abgegebenen Einkommensteuererklärung ermitteln. Der Gewinn wird mit Hilfe von Durchschnittssätzen gemäß § 13a des Einkommensteuergesetzes (EStG) berechnet (siehe Kapitel 22 »Steuertips«, Seite 249). Außerordentliche Gewinne aus Grundstücksveräußerungen bleiben bei der Prüfung der Buchführungspflicht unberücksichtigt.

Eine vereinfachte steuerliche Aufzeichnungspflicht, die sog. **»Überschußrechnung«,** tritt aber bereits ein, wenn der Ausgangswert (Wirtschaftswert ohne Forst und ohne größere Sonderkultur-, Gartenbau- und Weinbauflächen) mehr als 32 000 DM beträgt oder wenn mehr als 3 Vieheinheiten (VE) pro ha und insgesamt mehr als 30 VE gehalten werden (Veredelungsbetriebe können auf den ersten 15 ha bis 4 VE halten).

Führt ein Landwirt trotz Buchführungs- oder Aufzeichnungspflicht keine Bücher, so wird sein Gewinn vom Finanzamt geschätzt (**»Schätzungslandwirt«**). Der buchführungspflichtige Landwirt verstößt bei Nichterfüllung der Buchführungspflicht allerdings gegen die Abgabenordnung. Er kann deshalb von der Finanzverwaltung, u. U. auch durch ein Gerichtsurteil, zur Buchführung gezwungen werden.

Bei Betrieben, die weder zur Buchführung noch zur Überschußrechnung verpflichtet sind – und das trifft für die meisten Nebenerwerbsbetriebe zu, wird der steuerliche Gewinn nachdem obengenannten § 13 a EStG ermittelt. Die dabei verwendeten Durchschnittssätze werden vom Einheitswert abgeleitet.

Gewinne aus Sondernutzungen (Forst, Sonderkulturen u. a.) müssen aber auch hier anhand einer Einnahmen-Ausgabenrechnung ermittelt werden.

Auf Antrag kann allerdings der »13 a-Landwirt« auch Bücher führen bzw. Aufzeichnung machen und sich danach besteuern lassen. Er muß sich zu diesen Aufzeichnungen dann jedoch für 4 Jahre verpflichten.

2 Buchführung als Kontrollinstrument für die Betriebsführung

Auch wenn der Nebenerwerbslandwirt in der Regel keine der genannten Buchführungsgrenzen überschreitet, sollte er sich doch fragen, ob es nicht auch für ihn zweckmäßig wäre, Bücher zu führen.

Betreibt er seine Landwirtschaft nicht nur als Liebhaberei, sondern auch zur Einkommenserzielung, so sollte ihn schon die Frage interessieren, ob und wie sich seine Arbeit und seine Investitionen im Betrieb überhaupt lohnen.

Eine sichere Antwort kann ihm darauf nur die Buchführung liefern. Sie dokumentiert alle betrieblichen Vorgänge und zeigt,

- wieviel Gewinn oder Verlust im abgelaufenen Jahr erzielt wurde,
- wieviel an Mitteln in den Betrieb hineingesteckt und wieviel entnommen wurden,
- wie sich das betriebliche Vermögen, Fremdkapital und Eigenkapital verändert hat.

Da im Rahmen der Buchführung in der Regel auch alle privaten Einnahmen und Ausgaben erfaßt werden, liefert sie auch Aufschluß über den *Privatverbrauch* und die *nichtlandwirtschaftlichen Einnahmen* bzw. Einkünfte der Familie. Sofern über die Finanzbuchführung hinaus entsprechende Aufzeichnungen hinsichtlich Kosten und Naturalveränderungen gemacht werden, lassen sich auch die Leistungen und Kosten der einzelnen Betriebszweige ermitteln. Über diese unmittelbare *Kontrollfunktion* hinaus dient die Buchführung dem Betrieb durch die Lieferung der Ausgangsdaten für

- Betriebsanalysen,
- Investitions- und Finanzierungsplanungen,
- Bewertungen, Entschädigungen, Abfindungen, Sozialleistungen,
- den Nachweis der Kreditfähigkeit.

Der Landwirtschaft insgesamt nutzt sie außerdem als Datenlieferant für die Agrarstatistik. Diese ist notwendig für die Agrar- und Wirtschaftspolitik, für die Forschung und Beratung.

3 Inhalt und Ablauf der steuerlichen und betriebswirtschaftlichen Buchführung und der steuerlichen Einnahmen-Ausgaben-Überschußrechnung

3.1 Das landwirtschaftliche Wirtschaftsjahr

Für die steuerliche Gewinnermittlung in der Landwirtschaft sind folgende (2. Spalte oben) **Wirtschaftsjahre** gesetzlich vorgeschrieben: Der Grund für die vom Kalenderjahr abweichenden Stichtage ist, daß zu dieser Zeit die Erntevorräte weitgehend aufgebraucht sind und damit die Vermögenserfassung und -bewertung für die Bilanz erleichtert wird.

land- und forstwirtschaftlicher Betrieb	01. 07.–30. 06.
Weidebetrieb (Futterbau mehr als 80% der LN)	01. 05.–30. 04.
Forstbetrieb	01. 10.–30. 09.
Gartenbau	Kalenderjahr *oder* 01. 07.–30. 06.
Baumschulen	Kalenderjahr *oder* 01. 07.–30. 06.
Weinbau	Kalenderjahr *oder* 01. 07.–30. 06.
Fischzucht	Kalenderjahr
Imkerei	Kalenderjahr
Wanderschäferei	Kalenderjahr

3.2 Inhalt und Ablauf der steuerlichen und betriebswirtschaftlichen Buchführung

3.2.1 Unterschiede zwischen steuerlicher und betriebswirtschaftlicher Buchführung

Die steuerliche Buchführung unterscheidet sich von der betriebswirtschaftlichen Buchführung hauptsächlich nur dadurch, daß bei der steuerlichen Buchführung

- der Boden höher, das Vieh niedriger und das stehende Holz und das Feldinventar in der Regel gar nicht bewertet wird und bei Bedarf
- Sonderabschreibungen (erhöhte Abschreibungen) bei Gebäuden und Maschinen vorgenommen werden können.

3.2.2 Inhalt und Ablauf der Buchführung

Am Anfang der Buchführung steht die **Bilanz.** Das heißt, es wird zunächst das *gesamte Betriebsvermögen* (Sach- und Finanzvermögen) und *Fremdkapital* erfaßt und in einer Übersicht zusammengestellt.

Dabei ergibt sich als Differenz zwischen Betriebsvermögen und Fremdkapital das Eigenkapital (Eigentumsanteil am Betrieb).

Während des Jahres werden fortlaufend alle Geschäftsvorfälle des Betriebes und auch die Privatausgaben und -einnahmen, soweit sie über die Bankkonten und die Kasse des Betriebes laufen, aufgezeichnet. Dieses Aufzeichnen oder Buchen geschieht entweder von Hand in einem *Kassenbuch* oder mit Hilfe eines *Computers* oder man gibt die Kontoauszüge und Rechnungsbelege an eine *Buchstelle,* um sie dort –

gegen eine entsprechende Gebühr – buchen und auswerten zu lassen.
Am Ende des Wirtschaftsjahres wird wieder Bilanz gezogen. Die Bilanz steht also nicht nur *am Anfang,* sondern auch *am Ende* der Buchführung. Sie wird jährlich zum **Bilanzstichtag** erstellt und ist notwendig, um erstens einen Überblick über die Vermögens- und Kapitalentwicklung zu bekommen und zweitens um den Gewinn oder Verlust richtig berechnen zu können.

Der Gewinn oder Verlust besteht nämlich nicht nur in der Differenz zwischen den Betriebseinnahmen und -ausgaben, sondern auch noch im Zuwachs bzw. Verbrauch an Sachvermögen.

Und um diesen ermitteln zu können, müssen jährlich einmal die Bestände festgestellt (Inventur und Bilanz) und miteinander verglichen werden.
Die Bilanz sowie die Gewinn- und Verlustrechnung bilden zusammen den **Jahresabschluß.** Er enthält das komplette Betriebsergebnis und gibt Auskunft darüber, wie sich das Vermögen, die Schulden und das Eigenkapital verändert haben, welcher Gewinn bzw. Verlust erwirtschaftet wurde und wieviel für private Zwecke entnommen bzw. aus dem Privatbereich in den Betrieb eingelegt wurde.

3.3 Steuerliche Einnahmen-Ausgaben-Überschußrechnung

Die **steuerliche Überschußrechnung** unterscheidet sich von der Buchführung dadurch, daß
- keine Bilanz erstellt wird,
- nur die erhaltenen und geleisteten Zahlungen als Betriebseinnahmen und -ausgaben gebucht werden (keine Buchung von Forderungen und Verbindlichkeiten),
- die Buchung der Privateinlagen und -entnahmen entfallen kann,
- für Mastvieh und Vorräte kein Bestandsvergleich gemacht wird,
- keine besonderen Formvorschriften bestehen.

Der Arbeitsaufwand ist für den Landwirt trotz dieser Erleichterungen nur unwesentlich niedriger als bei der Buchführung. Die Bilanz wird in der Buchführungspraxis nämlich in der Regel ohnehin entweder durch die Buchstelle oder mit Hilfe des eigenen Computers erstellt. Und was die übrigen wegfallenden Teile betrifft, so hält sich der entsprechende Buchungsaufwand meistens in Grenzen.
Aus betriebswirtschaftlicher Sicht wiegt jedenfalls der mit der Überschußrechnung verbundene Verzicht auf Informationen über den Betrieb (keine Kontrolle der Vermögens- und Kapitalentwicklung, der Einlagen und Entnahmen) schwerer als die erreichte Arbeits- und Gebühreneinsparung.

4 Beispiel eines Jahresabschlusses

Die folgenden Seiten der Tabelle 140 enthalten den steuerlichen Jahresabschluß eines landwirtschaftlichen Nebenerwerbsbetriebes, bestehend aus der *Jahresbilanz* und der *Gewinn-* und *Verlustrechnung.* Der Abschnitt 2 der Tabelle *(»Veränderung des Eigenkapitals«)* dient als zusätzliche Information über die Zusammensetzung der Entnahmen und Einlagen und ist für eine steuerliche Buchführung nicht vorgeschrieben. Das Abschlußschema entspricht der vom Bundesministerium für Ernährung, Landwirtschaft und Forsten (BML) für Test- und Auflagenbuchführungen vorgegebenen Form.
Die wichtigsten zusammengefaßten **Ergebnisse** sind auf der Passivseite zu finden.
Sie zeigt, daß
- die *Privatentnahmen* 49 620 DM und
- die *Privateinlagen* 34 960 DM betrugen,
- ein *Gewinn* von 18 940 DM erzielt wurde,
- das *betriebliche Eigenkapital* um 4280 DM zugenommen hat,
- die *Betriebsschulden* um 11 940 DM abnahmen,
- das *Betriebskapital* (Betriebsvermögen) um 7660 DM geschrumpft ist.

Aus dem Abschnitt 2 der Tabelle 140 kann dazu noch entnommen werden, daß die *private Vermögensbildung* 5100 DM betrug. Zusammen mit dem betrieblichen Eigenkapitalzuwachs bedeutet das, daß die Familie insgesamt um 9380 DM »reicher« wurde.
Die Vermögensseite (Aktiva) gibt über die Vermögensentwicklungen im einzelnen Auskunft und die Gewinn- und Verlustrechnung liefert eine detaillierte Übersicht über die Aufwendungen und Erträge des Betriebes, d. h. über die Gewinn- oder Verlustentstehung.

Neben diesem Finanzbuchführungsabschluß enthält ein betriebswirtschaftlicher Abschluß noch Abschnitte über die Bodennutzung, Viehhaltung, Arbeitskräfte und Haushaltspersonen. Insbesondere die darin enthaltenen Natural- und Preisdaten ermöglichen Auswertungen, die bis zur Ermittlung von Gewinnreserven im produktionstechnischen und kaufmännischen Bereich gehen.

Tabelle 140 Beispiel für einen Jahresabschluß

1 Jahresbilanz

1.1 Aktiva

	Anfangs-bilanz DM	Zugang DM	Abgang DM	AfA DM	Schluß-bilanz DM
Boden	865 300				865 300
Wohngebäude	92 400			3 200	89 200
Wirtschaftsgebäude	110 500			3 500	107 000
bauliche Anlagen	—				—
Anlagen im Bau	—				—
Bodenverbesserungen	—				—
Dauerkulturen	—				—
stehendes Holz	—				—
Maschinen und Geräte	68 720	8 100	1 140	15 960	59 720
immaterielle Anlagewerte	—				—
Beteiligungen, Wertpapiere	1 900				1 900
Anlagevermögen	1 138 820	8 100	1 140	22 660	1 123 120
Rindvieh	—				—
Schweine	40 200	2 200			42 400
Schafe	—				—
Geflügel	—				—
sonstiges Vieh	—				—
Viehvermögen	40 200	2 200	—	—	42 400
Feldinventar	—				—
Vorräte	3 380	1 420			4 800
Forderungen	—				—
Banken	—	4 550			4 550
Kasse	510		130		380
Umlaufvermögen	3 890	5 970	130	—	9 730
Rechnungsabgrenzung	—			—	—
Unterbilanz	—			—	—
Aktiva insgesamt	1 182 910	16 270	1 270	22 660	1 175 250

Tabelle 140 Beispiel für einen Jahresabschluß (Fortsetzung)

1.2 Passiva

	Anfangs-bilanz DM	Zugang DM	Abgang DM	AfA DM	Schluß-bilanz DM
Eigenkapital am Anfang	1 091 570	—	—	—	—
Einlagen/Entnahmen	—	34 960	49 620		—
Gewinn/Verlust	—	18 940			—
Eigenkapital	1 091 570	53 900	49 620	—	1 095 850
Rücklagen	—			—	—
Wertberichtigungen	—			—	—
Rückstellungen	—			—	—
langfristige Verbindlichkeiten	84 500		6 500	—	78 000
mittelfristige Verbindlichkeiten	—			—	—
Verbindlichkeiten aus Lieferungen und Leistungen	960	440		—	1 400
Banken	5 880		5 880	—	—
kurzfristige Verbindlichkeiten	6 840	440	5 880	—	1 400
Fremdkapital	91 340	440	12 380	—	79 400
Rechnungsabgrenzung	—			—	—
Passiva insgesamt	1 182 910	54 340	62 000	—	1 175 250

2 Veränderung des Eigenkapitals

	Anfangs-bilanz DM	Zugang DM	Abgang DM	AfA DM	Schluß-bilanz DM
Entnahmen für Lebenshaltung	—	—	35 390	—	—
außergewöhnliche Entnahmen	—	—	1 200	—	—
Entnahmen für Altenteil	—	—	2 440	—	—
private Versicherungen	—	—	4 680	—	—
private Steuern	—	—	810	—	—
Entnahmen zur Bildung von Privatvermögen	—	—	5 100	—	—
Entnahmen für nichtlandwirtschaftliche Einkünfte	—	—	—	—	—
Entnahmen	—	—	49 620	—	—
Einlagen aus nichtlandwirtschaftlichen Einkünften	—	32 520	—	—	—
Einlagen aus Privatvermögen	—	—	—	—	—
Einlagen aus Einkommenübertragungen	—	2 040	—	—	—
sonstige Einlagen	—	400	—	—	—
Einlagen	—	34 960	—	—	—
Gewinn	—	18 960	—	—	—
Verlust	—	—		—	—

Tabelle 140 Beispiel für einen Jahresabschluß (Fortsetzung)

2.1 Gewinn- und Verlustrechnung
2.1.1 Aufwand

	Ausgaben DM	Minderung AfA DM	Mehrung DM	Privat-anteil DM	Aufwand DM
Saat- und Pflanzgut	2 410				2 410
Düngemittel	6 670	500			7 170
Pflanzenschutz	4 740				4 740
sonstiger Spezialaufwand Bodenproduktion	1 490				1 490
Viehzukauf	56 620				56 620
Futtermittel	34 290		2 170		32 820
sonstiger Spezialaufwand Viehhaltung	2 390				2 390
Spezialaufwand Eigenproduktion	109 310	500	2 170		107 640
Löhne und Sozialabgaben	—				—
Berufsgenossenschaft	1 010				1 010
Lohnarbeit, Maschinenmiete	4 710				4 710
Treib- und Schmierstoffe	2 260		450		1 810
Unterhaltung/AfA Maschinen	3 640	12 860			16 500
Aufwand Pkw	3 220	3 100		1 900	4 420
Unterhaltung/AfA Wohngebäude	—	3 200			3 200
Unterhaltung/AfA Wirtschaftsgebäude	2 130	3 500			5 630
Unterhaltung/AfA bauliche Anlagen	—	—			—
allgemeine Betriebsversicherungen	1 340				1 340
Betriebssteuern und Abgaben	950				950
Strom, Heizstoffe, Wasser	5 320			2 500	2 820
sonstiger allgemeiner Betriebsaufwand	3 040			500	2 540
Forst, Jagd, Fischerei	—				—
Pachten	—				—
Zinsen	4 860				4 860
Zweckaufwand des Unternehmens	141 790	22 660	2 620	4 900	157 430
zeitraumfremder Aufwand	—	1 140			1 140
Vorsteuer auf Investitionen	1 130				1 130
neutraler Aufwand des Unternehmens	1 130	1 140			2 270
Unternehmensaufwand	142 920	23 800	2 620	4 900	159 700
Gewinn	—	—	—	—	18 940
Summe	—	—	—	—	178 640

Tabelle 140 Beispiel für einen Jahresabschluß (Fortsetzung)

2.1.2 Ertrag

	Einnahmen DM	Minderung DM	Mehrung DM	Natural-entnahme DM	Ertrag DM
Getreide, Körnermais	30 340	700			29 640
Hülsenfrüchte, Ölfrüchte, Faserpflanzen					
Kartoffeln					
Zuckerrüben					
Feldgemüse					
sonstige Marktfrüchte					
Feldinventar					
Dauerkulturen					
gärtnerische Erzeugnisse					
Futterbau					
landwirtschaftliche Bodenerzeugnisse	30 340	700			29 640
Rindvieh	—				—
Milch	—				—
Schweine	136 150		2 200	550	138 900
Schafe	—				—
Geflügel, Eier	—				—
sonstige tierische Erzeugnisse	—				—
tierische Erzeugnisse insgesamt	136 150		2 200	550	138 900
Lohnarbeit, Maschinenmiete	—				—
Mietwert der Wohnung				3 600	3 600
sonstiger landwirtschaftlicher Ertrag					
Fischerei					
Forst, Jagd	1 500				1 500
sonstige Nebenbetriebe					
Pachten					
Zinsen					
Zweckertrag des Unternehmens	166 190	700	2 200	4 150	173 640
neutraler (zeitraumfremder) Ertrag	5 000				5 000
Unternehmensertrag	171 190	700	2 200	4 150	178 640
Verlust	—	—	—	—	—
Summe	—	—	—	—	178 640

22 Steuertips für den Nebenerwerbslandwirt

Die nachfolgenden Steuerhinweise und -informationen behandeln die *wichtigsten einkommensteuerlichen Fragen,* die sich dem Nebenerwerbslandwirt im Zusammenhang mit seinen landwirtschaftlichen Einkünften stellen. Es werden dabei sowohl die für den landwirtschaftlichen Nebenerwerbsbetrieb geltenden Sonderregelungen als auch eine Reihe für den landwirtschaftlichen Betrieb allgemein wichtigen Fragen angesprochen.
Im einzelnen werden behandelt:

- Steuerliche Sonderregelungen für den Nebenerwerbsbetrieb,
- steuerliche Auswirkungen von Extensivierungsmaßnahmen bis hin zur Betriebsaufgabe,
- die Hofübergabe und deren steuerliche Folgen,
- die Bodengewinnbesteuerung,
- die Besteuerung landwirtschaftlicher Nebenbetriebe im Freizeitbereich.

1 Steuerrechtliche Sonderregelungen für den landwirtschaftlichen Nebenerwerbsbetrieb

Im Steuerrecht spielt es grundsätzlich keine Rolle, ob ein landwirtschaftlicher Betrieb im Haupterwerb oder im Nebenerwerb bewirtschaftet wird. Gesetzliche Sonderregelungen für den Nebenerwerbsbetrieb gibt es – von einer Ausnahme im Bewertungsgesetz abgesehen – also nicht. Entscheidend für die **Besteuerung** ist vielmehr, ob es sich überhaupt um eine landwirtschaftliche Erwerbstätigkeit im steuerlichen Sinn handelt.
Werden nämlich in einem landwirtschaftlichen Betrieb bestimmte Grenzen des Umsatzes, des Viehbestandes oder der Verarbeitungsstufe überschritten oder werden nichtlandwirtschaftliche Dienstleistungen angeboten, so wird der entsprechende Betriebszweig oder der ganze Betrieb gewerblich. Bestimmte Dienstleistungen gelten auch als freiberufliche Tätigkeit. In allen diesen Fällen ergeben sich in der Regel steuerliche Nachteile.

Wirft ein Nebenerwerbsbetrieb über einen längeren Zeitraum nur Verluste ab, so wird er nach einer gewissen Zeit von der Finanzverwaltung als Liebhabereibetrieb eingestuft.

Die Folge ist, daß die landwirtschaftlichen Verluste dann nicht mehr vom Einkommen aus der hauptberuflichen Tätigkeit abgezogen werden können.

1.1 Ermittlung des steuerlichen Gewinns im Nebenerwerbsbetrieb

Der Nebenerwerbsbetrieb unterliegt den gleichen Vorschriften hinsichtlich der steuerlichen Gewinnermittlung wie der Haupterwerbsbetrieb. Die Steuergesetze (Einkommensteuergesetz und Abgabenordnung) sehen für gewerbliche und landwirtschaftliche Betriebe ab bestimmten Grenzen die Buchführung bzw. die Einnahmen-Ausgaben-Überschußrechnung als Gewinnermittlungsart vor. Für kleinere landwirtschaftliche Betriebe wird auf eine Aufzeichnungspflicht verzichtet und stattdessen der Gewinn mit Hilfe festgelegter Durchschnittssätze ermittelt.
Der folgende Abschnitt zeigt, welche **Gewinnermittlungsarten** in der Land- und Forstwirtschaft zur Anwendung kommen und nach welchen Kriterien sie abgegrenzt werden. Die jeweiligen Abgrenzungen sind im Einkommensteuergesetz (EStG) und in der Abgabenordnung (AO) enthalten (Tabelle 141).

1.1.1 Gewinnermittlung nach Durchschnittssätzen (§ 13 a EStG)

Eine Art **Sonderregelung** gibt es für Nebenerwerbsbetriebe im Rahmen der Gewinnermittlung nach § 13 a EStG. Wie aus der Tabelle 142 ersichtlich ist, regelt dieser Paragraph die Berechnung des steuerlichen Gewinns in kleinen, nichtaufzeichnungspflichtigen Betrieben, wozu

Tabelle 141 Abgrenzungskriterien für die steuerliche Gewinnermittlung in der Land- und Forstwirtschaft

die Gewinnermittlung erfolgt	wenn
1) nach **Durchschnittssätzen** (§ 13 a EStG)	1. keine Buchführungspflicht besteht, 2. der Ausgangswert (Wirtschaftswert ohne Wald und größere Sonderkulturen) mehr als 0 DM, jedoch nicht mehr als 32 000 DM beträgt, 3. 3 VE/ha LF (bei Schweine- und Geflügelhaltung 4 VE/ha auf den ersten 15 ha) nicht überschritten werden (Grenze wird erst bei mehr als 30 VE wirksam), 4. kein Antrag auf Buchführung bzw. Einnahmen-Überschußrechnung gestellt ist
2) durch **Vermögensvergleich,** d. h. mittels Buchführung (§ 4 Absatz 1 EStG und § 141 AO)	1. mehr als 500 000 DM Umsatz aus Land- und Forstwirtschaft im Kalenderjahr anfallen *oder* 2. mehr als 40 000 DM Wirtschaftswert (Einheitswert ohne Wohnhaus) der selbstbewirtschafteten Fläche vorliegen *oder* 3. mehr als 36 000 DM Gewinn aus Land- und Forstwirtschaft im Kalenderjahr erzielt werden
3) durch **Überschußrechnung** (§ 4 Abs. 3 EStG)	1) und 2) nicht zutrifft und tatsächlich keine Bücher geführt werden
4) durch **Schätzung** (§ 162 AO)	2) und 3) zutrifft, aber keine Aufzeichnungen gemacht werden

auch die meisten Nebenerwerbsbetriebe zählen.

Bei dieser auch als **»Durchschnittssatzgewinnermittlung«** bezeichneten Methode wird der Gewinn im wesentlichen vom Einheitswert des Betriebes sowie von der Zahl der Familienarbeitskräfte bestimmt. Verständlich wird diese Berechnungsart erst, wenn man sich erinnert, daß der Einheitswert auf dem *Reinertrag* (Verzinsung des Betriebskapitals) beruht. Der Reinertrag ist das Rest-Roheinkommen, das nach Abzug des Lohnsatzes für die nichtentlohnten Familienarbeitskräfte noch verbleibt.

Entsprechend dem Rechengang bei der Einheitsbewertung wird bei der Ableitung des steuerlichen Gewinns wieder vom Einheitswert auf eine reinertragsähnliche Einkommensgröße zurückgerechnet und diese schließlich um den Lohnansatz (»Wert der Arbeitsleistung«) erhöht.

Die Besonderheit bei Nebenerwerbsbetrieben besteht darin, daß im Gegensatz zu den Haupterwerbsbetrieben der Wert der Arbeitsleistung nicht nach den tatsächlich vorhandenen Familienarbeitskräften angesetzt wird, sondern daß im Normalfall nur 0,2 Vollarbeitskräfte pro Betrieb unterstellt werden.

Die Folge ist ein vergleichsweise niedrigerer Durchschnittsgewinn. Bei Saisonarbeit, Teilzeitbeschäftigung, gewerblicher oder selbständiger Haupttätigkeit wird der Wert der Arbeitsleistung jedoch nach den Verhältnissen des Einzelfalls, d. h. höher angesetzt.

Das Rechenschema der Gewinnermittlung nach § 13 a EStG zeigt die Tabelle 142.

Im Rahmen dieser Durchschnittssatzgewinnermittlung stellt die Möglichkeit des **Gewinnabzugs** nach § 78 EStDV (eine Art Sonderabschreibung) eine echte Steuervergünstigung dar. Nach dieser Regelung können im Herstellungs- oder Anschaffungsjahr bei Gebäuden 15% der Herstellungskosten und bei Betriebsvorrichtungen, Maschinen und Geräten 25% der Anschaffungskosten (jeweils ohne MwSt.) vom Gewinn abgesetzt werden, höchstens jedoch 4000 DM. Da dieser Gewinnabzug im Gegensatz zur Sonderabschreibung des Buchführungsbetriebes eine endgültige Steuerersparnis darstellt und nicht nur den Effekt einer Steuerstundung hat (beim Buchführungsbetrieb verteilt sich der nach dem 3. Abschreibungsjahr noch vorhandene Restwert auf die Restnutzungsjahre, wodurch sich die Jahresabschreibung verringert und der Gewinn wieder erhöht), sollte sie im Rahmen ohnehin notwendiger Investitionen auch genutzt werden.

Tabelle 142 Durchschnittssatzgewinnermittlung nach § 13 a Abs. 3–8 EStG

1. **Grundbetrag:** 1/6 des Ausgangswertes, falls unter 25 000 DM,
   1/5 des Ausgangswertes, falls über 25 000 DM
2. Wert der **Arbeitsleistung:**

= nichtentlohnte Familienarbeitskräfte (höchstens 0,07 AK × ha landwirtschaftliche Nutzfläche abzüglich Lohn-AK) × Wert der Arbeitsleistung

der Wert der Arbeitsleistung

beträgt bei einem Ausgangswert			
	von weniger als	8 000 DM	8 000 DM/AK
	von	8–12 000 DM	10 000 DM/AK
	von	12–25 000 DM	12 000 DM/AK
	von mehr als	25 000 DM	14 000 DM/AK

\+ Betriebsleiterzuschlag (5% des Ausgangswertes)
\+ Pachteinnahmen
\+ Nutzungswert der Wohnung: 1/18 des Wohnungswertes (sofern das Wohnhaus noch zum Betriebsvermögen zählt)
\+ Gewinne aus Zuchtviehverkäufen,
Holzverkäufen,
Sonderkulturen, Wein- und Gartenbau (wenn nicht im Ausgangswert enthalten),
Beherbergung von Feriengästen,
Verkauf oder Entnahme von Betriebsgrundstücken,
Auflösung von Rücklagen,
soweit sie insgesamt 3 000 DM (Freibetrag) übersteigen
– Pachtausgaben (bis 1/6 bzw. 1/5 des Ausgangswertes der Pachtfläche)
– Schuldzinsen
– Bildung einer Rücklage (§ 6 c EStG)
– Steuervergünstigung nach § 78 EStDV (Sonder-AfA bis 4 000 DM)

= **Durchschnittssatzgewinn**

1.1.2 Steuerersparnis durch Gewinnermittlung mittels Überschußrechnung oder Buchführung

Während bei den Haupterwerbsbetrieben der nach § 13 a EStG ermittelte Gewinn in der Regel deutlich unter dem tatsächlichen Gewinn liegt und nach Abzug des Grundfreibetrags (steuerfreies Einkommen), der Sonderausgaben und des landwirtschaftlichen Freibetrages meistens zu keiner Steuer mehr führt, verhält es sich bei den Nebenerwerbsbetrieben manchmal auch umgekehrt.

Die Gewinne der im allgemeinen extensiver und mit weniger Fachwissen und Zeitaufwand bewirtschafteten Nebenerwerbsbetriebe liegen nicht selten unter dem nach § 13 a EStG berechneten steuerlichen Gewinn.

Dazu kommt, daß der Nebenerwerbslandwirt seinen Grundfreibetrag und seine Sonderausgaben bereits bei seiner Lohnsteuer absetzt, so daß sich sein zu versteuerndes landwirtschaftliches Einkommen nur noch um den landwirtschaftlichen Freibetrag reduziert. Beides trägt dazu bei, daß in manchen Fällen tatsächlich mehr Einkommen versteuert, als verdient wird. Die – wenigstens vorübergehende – Einrichtung der Buchführung oder Einnahmen-Ausgabenrechnung zur Feststellung des tatsächlichen Gewinns im Vergleich zum steuerlichen Durchschnittssatzgewinn empfiehlt sich aus diesem Grund vor allem für diejenigen Nebenerwerbsbetriebe,

- die möglicherweise mit Verlust oder wenig Gewinn wirtschaften,
- die viel Fläche bzw. einen hohen Ausgangswert aufweisen und als Folge davon einen hohen Gewinn-Grundbetrag angesetzt bekommen,
- bei denen das Finanzamt mehr als 0,2 Familienarbeitskräfte unterstellt und damit einen entsprechend hohen Wert der Arbeitsleistung ansetzt,
- die hohe Pachteinnahmen erzielen,
- die in den nächsten Jahren mit überdurchschnittlichen Ausgaben (z. B. Reparaturen) rechnen müssen.

1.2 Gemeinschaftliche Tierhaltung

Die einzige in Steuergesetzen formulierte Unterscheidung zwischen haupt- und nebenberuflicher Landwirtschaft findet sich im § 51a des **Bewertungsgesetzes.** Dieser Paragraph regelt die gemeinschaftliche Tierhaltung (z. B. Gemeinschaftsmaststall mehrerer Landwirte) und bestimmt, daß diese nur dann zur Landwirtschaft zählt, wenn alle Beteiligten hauptberufliche Land- und Forstwirte sind. Wandelt eines seiner Mitglieder den eigenen Betrieb in einen Nebenerwerbsbetrieb um, so scheidet die Tierhaltungsgemeinschaft insgesamt aus der Landwirtschaft aus und wird gewerblich.

2 Extensivierungsmaßnahmen und ihre steuerlichen Auswirkungen

Mit dem Übergang zum Nebenerwerbsbetrieb ist häufig auch eine Extensivierung des Betriebes verbunden. Sie besteht oft darin, daß die Milchviehhaltung abgeschafft oder die Viehhaltung überhaupt aufgegeben wird oder daß Flächen verpachtet oder stillgelegt werden.

2.1 Aufgabe der Viehhaltung

2.1.1 Milchrente

Bei der Gewinnermittlung nach § 13 a EStG ist die Rente bereits mit dem vom Einheitswert abgeleiteten Grundbetrag abgegolten. Beim buchführenden Landwirt ist sie als Betriebseinnahme zu buchen und zu versteuern. Bei Einmalauszahlung kann sie über eine passive Rechnungsabgrenzung auf 10 Jahre verteilt werden.

2.1.2 Verkauf des Milchkontingents

Der Verkauf eines Milchkontingents stellt eine Betriebseinnahme dar und ist sowohl bei der Gewinnermittlung nach § 13 a EStG (als Gewinnzuschlag) wie auch bei der Buchführung, Überschußrechnung oder Schätzung als solche zu versteuern.

2.1.3 Verpachtung des Milchkontingents

Die Pachteinnahmen sind Betriebseinnahmen und sowohl bei der Gewinnermittlung nach § 13 a EStG (als Gewinnzuschlag) wie auch bei der Buchführung, Überschußrechnung oder Gewinnschätzung als solche zu versteuern.

2.1.4 Auflösung des Viehbestandes

Bei Gewinnermittlung nach § 13 a EStG wird der Teil des **Veräußerungsgewinns** (Differenz zwischen Buchwert und Erlös), der über den normalen jährlichen Verkauf hinausgeht, als Gewinnzuschlag angesetzt. Bei der Gewinnermittlung durch Buchführung oder Überschußrechnung ist eine steuerfreie Reinvestition von 50% des Veräußerungsgewinns aus der Viehbestandsauflösung möglich (§ 6 b EStG).

2.1.5 Viehlose Bewirtschaftung

Sofern in einem viehstarken Betrieb ein Einheitswertzuschlag wegen überdurchschnittlicher Viehhaltung erfolgt ist, fällt dieser mit der Viehbestandsauflösung wieder weg. Als Folge davon kann u. U. eine bestehende Buchführungspflicht entfallen.

2.2 Verpachtung von Teilflächen

Die Pachteinnahmen bleiben landwirtschaftliche Einkünfte, sofern nicht gleichzeitig gegenüber dem Finanzamt die Entnahme der verpachteten Grundstücke (Überführung der Grundstücke ins Privatvermögen) erklärt wird. Mit der Betriebsverkleinerung entfällt unter Umständen eine bisher bestehende Buchführungspflicht.

Wird der größte Teil der Flächen verpachtet oder stehen größere Betriebsausgaben (z. B. Gebäudereparaturen) an, so ist es unter Umständen steuerlich vorteilhafter, von der Durchschnittssatzgewinnermittlung zur Überschußrechnung zu wechseln (Antragsstellung notwendig). Letztere führt in diesen Fällen zu niedrigeren Gewinnen, da sie den vollen Abzug aller Betriebsausgaben einschließlich der Abschreibungen ermöglicht.

Außerdem erhalten die Betriebe, deren Gewinn nicht nach § 13 a EStG ermittelt wird und nicht über 50 000 DM liegt, einen Steuerabzug von 2000 DM (zwischen 50–60 000 DM Gewinn wird der Abzug proportional auf 0 DM abgebaut).

2.3 Verpachtung des ganzen Betriebes

Bei einer Betriebsverpachtung im ganzen an einen Pächter gilt der Betrieb weiterhin als steuerlich fortbestehend.
Um auch bei parzellierter Verpachtung an mehrere Pächter zu vermeiden, daß das Finanzamt die Betriebsaufgabe unterstellt, empfiehlt es sich,

- gleiche Pachtlaufzeiten zu vereinbaren,
- die Hofstelle so zu erhalten, daß sie auch künftig noch landwirtschaftlich nutzbar ist,
- die Pachteinnahmen als landwirtschaftliche Einkünfte zu erklären.

Wird der Betrieb einschließlich Hofstelle verpachtet, entfällt die Gewinnermittlung nach § 13 a EStG und es ist stattdessen eine Einnahmen-Ausgaben-Überschußrechnung vorzulegen. Sie ist aus den unter Abschnitt 2.2 genannten Gründen in diesem Fall ohnehin vorteilhafter.

2.4 Verpachtung des ganzen Betriebs mit gleichzeitiger Erklärung der Betriebsaufgabe

Voraussetzung dafür sind die Verpachtung auf mindestens 6 Jahre und eine Aufgabeerklärung gegenüber dem Finanzamt. Die **Aufgabeerklärung** hat zur Folge, daß der gesamte Betrieb Privatvermögen wird und daß spätere Vermögensveräußerungen oder Eigentumsübertragungen (z. B. Bauplatz an Kinder) steuerfrei sind.
Die **Betriebsaufgabe** selbst wird steuerlich einer Betriebsveräußerung gleichgestellt, nur mit dem Unterschied, daß die steuerneutrale Übertragung von Veräußerungsgewinnen auf Ersatzwirtschaftsgüter nicht möglich ist. Unter bestimmten Voraussetzungen wird jedoch ein Aufgabefreibetrag gewährt.
Der **Aufgabegewinn** errechnet sich, indem vom Verkehrswert des Betriebes der Buchwert abgezogen wird. Die Unternehmer- und Altenteilerwohnung und deren Zubehörflächen werden in diese Gewinnberechnung nicht einbezogen. Sie scheiden steuerneutral aus dem Betriebsvermögen aus.
Die **Erklärung der Betriebsaufgabe** im Zusammenhang mit der Betriebsverpachtung **ist sinnvoll,** wenn

- größere Grundverkäufe anstehen und die daraus entstehenden Steuern annähernd so hoch sind wie jene die aus der Betriebsaufgabe zu erwarten sind,
- der Betrieb in absehbarer Zeit ohnehin aufgegeben wird (da z. B. eine Weiterbewirtschaftung nicht möglich oder beabsichtigt ist oder die Aufteilung auf mehrere Erben geplant ist),
- mit einem Wertzuwachs (z. B. Bauerwartung) zu rechnen ist.

Die **Erklärung der Betriebsaufgabe ist nicht sinnvoll,**

- solange die oben genannten Gründe nicht vorliegen,
- solange vor allem die Grundstückspreise sinken,
- wenn noch weichende Erben abgefunden werden müssen und dabei die Inanspruchnahme des Abfindungsfreibetrags geplant ist (Voraussetzung dafür ist, daß der Hof an einen Erben vererbt und nicht aufgegeben wird).

2.5 Verpachtung an Nichtlandwirte

Werden landwirtschaftliche Nutzflächen für außerlandwirtschaftliche Zwecke, z. B. für Freizeitzwecke, an Kommunen, Sportvereine, gewerbliche Unternehmer verpachtet, so sieht die steuerliche Behandlung wie folgt aus:
Flächen bleiben land- und forstwirtschaftliches **Betriebsvermögen,** wenn

- sie »in einem gewissen objektiven Zusammenhang mit dem Betrieb stehen und ihn zu fördern bestimmt und geeignet sind«, d. h. wenn sich durch die Verpachtung das »Gesamtbild der land- und forstwirtschaftlichen Tätigkeit nicht wesentlich ändert«,
- die Pachteinnahmen dem landwirtschaftlichen Betrieb zur Verfügung stehen,
- eine spätere landwirtschaftliche Nutzung der verpachteten Flächen ohne besondere Schwierigkeiten wieder möglich ist,
- sie dem landwirtschaftlichen Betrieb auch dadurch dienen, daß z. B. Feriengäste das Freizeitangebot verbilligt nutzen können,
- die verbleibende Land- und Forstwirtschaft hinsichtlich
  - des Flächenumfangs,
  - des Betriebsgewinns (ohne Pachteinnahmen),
  - des Verkehrswerts

  überwiegt.

Ein weiterer Grund für die Zuordnung von verpachteten Freizeitflächen zur Landwirtschaft liegt vor, wenn neben der Freizeitnutzung auch noch eine landwirtschaftliche Nutzung möglich ist (z. B. bei Golfplätzen, Liegewiesen).

Werden alle Flächen zur außerlandwirtschaftlichen Nutzung verpachtet, gilt der Betrieb als aufgegeben.

Die *Versteuerung des Aufgabegewinns* kann vermieden werden, wenn die Flächen einer Personengesellschaft, an der sich der Landwirt beteiligt, zur Weiterverpachtung zur Verfügung gestellt werden und diese **Personengesellschaft**

- entweder die Rechtsform einer GmbH & Co. KG hat, bei der ausschließlich die GmbH persönlich haftende Gesellschafterin und Geschäftsführerin ist *oder*
- neben der Grundstücksverpachtung eine echte gewerbliche Tätigkeit, wenn auch nur in geringem Umfang, entfaltet (z. B. Betrieb eines Kiosks oder Sportgeräteverleihs auf dem Platz).

Bewertungsrechtliche Folgen einer außerlandwirtschaftlichen Nutzung: Nicht mehr landwirtschaftlich genutzte Grundstücke zählen zum **Grundvermögen.** Sie werden als unbebaute Grundstücke mit dem höheren »gemeinen Wert« (Verkehrswert am 1. Januar 1964) bewertet. Folge: höhere Grund-, Vermögens- und Erbschaftsteuer.

2.6 Flächenstillegung

Stillgelegte landwirtschaftliche Nutzflächen werden aus steuerlicher Sicht wie selbstbewirtschaftete Flächen behandelt.

Die Pflegekosten sind als Betriebsausgaben absetzbar, solange der Betrieb im steuerlichen Sinn fortbesteht.
Die steuerliche Auswirkung einer Stillegung besteht also – wie bei der Verpachtung – lediglich darin, daß im Wirtschaftsjahr der Stillegung zwar noch die Einnahmen aus der Ernte, aber keine entsprechenden Produktionskosten mehr anfallen. Die Folge ist ein überdurchschnittlicher Gewinn und eine entsprechend höhere Einkommensteuer.

3 Steuerliche Aspekte im Zusammenhang mit dem Generationswechsel

3.1 Hofübergabe

Folgende Fälle haben steuerliche Auswirkungen:
Hofübergabe,

- unter **Zurückbehaltung** von Betriebsteilen (z. B. Grundstücke),
- mit **Nießbrauchsbestellung** an Grundstücken oder Gebäuden,
- an mehrere **Erben.**

Zurückbehaltung bedeutet (mit Ausnahme des Waldes) zu versteuernde Entnahme. Bei Zurückbehaltung größerer Betriebsanteile wird u. U. sogar Betriebsaufgabe unterstellt.
Die Bestellung eines **Nießbrauchs** wird steuerlich wie eine Verpachtung behandelt. Bei Bestellung vor dem 1. Juli 1979 ist das belastete Grundstück steuerneutral aus dem Betriebsvermögen ausgeschieden, sofern der Betrieb keine Bücher geführt hat. Spätere Nießbrauchsbestellungen führten bzw. führen nicht mehr zum automatischen Ausscheiden aus dem Betriebsvermögen.
Bei **Aufteilung an mehrere Erben** erbt der Hoferbe (Erbe des Restbetriebs) Betriebsvermögen, die übrigen Erben Privatvermögen. Das heißt, der Übergeber muß die Entnahme versteuern. Unter Umständen wird sogar Betriebsaufgabe unterstellt.
Bei Übergabe an eine *Erbengemeinschaft* werden dagegen die Buchwerte fortgeführt (die Erbengemeinschaft erbt Betriebsvermögen). Entnahme- oder Veräußerungsgewinne entstehen hier erst bei der Auflösung der Erbengemeinschaft.

3.2 Verpachtung an den späteren Hoferben

Voraussetzung für die steuerliche Anerkennung ist, daß der Pachtvertrag wie unter Fremden schriftlich vereinbart und tatsächlich durchgeführt wird.

Für die Ernsthaftigkeit spricht, wenn z. B. die Eltern nicht mehr voll arbeitsfähig sind oder aus anderen Gründen den Betrieb nicht mehr bewirtschaften können. Der Pächter muß den Betrieb tatsächlich selbständig bewirtschaften.

Durch die **Gewinnverteilung** mittels Pachtzahlung auf Eltern und Hoferben (Pächter) wird die Steuerprogression abgebaut, außerdem verdoppelt sich der landwirtschaftliche Freibetrag und gegebenenfalls auch der Steuerabzugsbetrag.

3.3 Gesellschaftsgründung (Eltern und Hoferbe) nach bürgerlichem Recht

Es müssen neben steuerlichen auch wirtschaftlich vernünftige Gründe vorliegen. Der **einkommensteuerliche Vorteil** besteht in der Gewinnverteilung und in der mehrfachen Gewährung des landwirtschaftlichen Freibetrags.
Ein **umsatzsteuerlicher Vorteil** kann u. U. in Form einer Vorsteuererstattung erzielt werden, wenn die Gesellschaft nach ihrer Gründung 5 Jahre optiert, d. h. auf die Umsatzsteuerpauschalierung verzichtet.

Voraussetzung für die steuerliche Anerkennung ist, daß der Vertrag wie unter Fremden vereinbart, bürgerlich-rechtlich wirksam ist und tatsächlich durchgeführt wird.

4 Bodengewinnbesteuerung

Die bei der Veräußerung oder Entnahme von Betriebsgrundstücken oder bei der Veräußerung oder Aufgabe von Betrieben entstehenden Gewinne unterliegen, unabhängig von der Gewinnermittlungsart, der Einkommensteuer.

4.1 Veräußerung einzelner Grundstücke

Die bei Grundstücksverkäufen anfallenden **Veräußerungsgewinne** zählen zum laufenden Gewinn des Wirtschaftsjahres und müssen wie normale Betriebseinnahmen versteuert werden. Die Versteuerung kann nur durch Übertragung des Veräußerungsgewinns (nicht des Entnahme- oder Aufgabegewinns) auf ein Ersatzwirtschaftsgut, z. B. durch Kauf eines Ersatzgrundstücks, vermieden werden.
Wird der Erlös zur Tilgung von Betriebsschulden, die bereits vor dem 1. Juli 1985 entstanden sind, verwendet, so kann ein Freibetrag bis zu 90 000 DM beansprucht werden. Werden aus dem Erlös weichende Erben abgefunden, so kann der dafür vorgesehene Freibetrag (bis zu 120 000 DM je weichender Erbe) in Anspruch genommen werden.

4.2 Teilbetriebsveräußerung

Der **Verkauf von Wald** (mit Boden) gilt unter bestimmten Voraussetzungen als Teilbetriebsveräußerung. Wie bei der Betriebsveräußerung oder -aufgabe kommt auch bei der Teilbetriebsveräußerung der ermäßigte Steuersatz zur Anwendung.
Veräußerungsgewinne aus Betriebs- oder Teilbetriebsveräußerungen zählen nicht zum laufenden Gewinn des Wirtschaftsjahres, sondern zu den Einkünften des Kalenderjahres. Eine steuermindernde Verteilung über das Wirtschaftsjahr auf zwei Veranlagungszeiträume (Kalenderjahre) erfolgt hier also nicht.

4.3 Gesamtbetriebsveräußerung bzw. Betriebsaufgabe

Bei einer Gesamtbetriebsveräußerung bzw. bei Teilflächenveräußerungen und gleichzeitiger Betriebsaufgabe kann neben dem ermäßigten Steuersatz unter bestimmten Voraussetzungen ein Veräußerungs- oder Aufgabefreibetrag bis zu 120 000 DM in Anspruch genommen werden. Außerdem bleibt der auf das Wohngebäude samt Zubehörflächen (Zuwege, Haus- und Ziergarten) entfallende Gewinn außer Ansatz.

4.4 Betriebsaufgabe als zwangsläufige Folge betrieblicher Maßnahmen (Zwangsaufgabe)

Die **Betriebsaufgabe** wird vom Finanzamt unterstellt, wenn z. B.
- bei parzellierter Verpachtung die unter Abschnitt 2.3 genannten Voraussetzungen für die Betriebsfortführung nicht gegeben sind;
- die gesamte LN für außerlandwirtschaftliche Zwecke verpachtet wird (z. B. Golfplatz);
- die »wesentlichen Betriebsgrundlagen« (z. B. mehr als 90% der LN, die Hofstelle eines Grünlandbetriebes) veräußert wurden;
- der nach Grundstücksverkäufen verbleibende Restbetrieb weniger als 0,30 ha LN umfaßt;
- der Restbetrieb keine selbständige Wirtschaftseinheit mehr darstellt.

4.5 Verlustabzug aus Vorjahren

In Betrieben, die z. B. aufgrund jahrelanger Verluste hoch verschuldet sind und zur Tilgung dieser Schulden Grund verkaufen, wirkt sich außer den unter Abschnitt 4.1–4.3 genannten Vergünstigungen vor allem der gesetzlich vorgesehene Abzug von Verlusten aus den vorangegangenen oder folgenden Jahren vom Gewinn einkommensteuermindernd aus.
Nach den Bestimmungen des Einkommensteuergesetzes muß das Finanzamt einen bei der Ermittlung des Gesamtbetrags der Einkünfte verbleibenden Verlust auf das vorletzte bzw. letzte Veranlagungsjahr zurücktragen (**Verlustrücktrag**). Die nach diesem Rücktrag noch verbleibenden Verluste sind in den nachfolgenden Jahren wie Sonderausgaben vom Gesamtbetrag der Einkünfte abzuziehen (**Verlustvortrag**).
Die bisherige zeitliche Begrenzung des Verlustvortrags auf 5 Jahre ist mit dem Steueränderungsgesetz 1988 weggefallen. Die neue Regelung gilt erstmals für nicht ausgeglichene Verluste des Veranlagungsjahres 1985.

4.6 Übertragung von Veräußerungsgewinnen auf Ersatzwirtschaftsgüter

Die in Tabelle 143 genannten **Veräußerungsgewinne** müssen nicht oder nur teilweise versteuert werden, wenn der Gewinn auf ein Ersatzwirtschaftsgut in der Land- und Forstwirtschaft oder im Gewerbe übertragen wird. Die Übertragung *(Reinvestition)* muß im Wirtschaftsjahr der Veräußerung oder im vorangegangenen Wirtschaftsjahr oder in den nachfolgenden 4 bzw. 6 Wirtschaftsjahren erfolgen.
Ein **ermäßigter Steuersatz** für einen nicht übertragenen Restgewinn aus Betriebs- oder Teilbetriebsveräußerungen ist daneben nicht möglich.
Betriebe, die zur Buchführung oder Überschußrechnung verpflichtet sind, ihren Gewinn jedoch schätzen lassen (»Schätzungslandwirte«), können keine Veräußerungsgewinne übertragen.
Kann die **Ersatzinvestition** erst in einem der folgenden Wirtschaftsjahre durchgeführt werden, so ist am Ende des Wirtschaftsjahres, in dem die Veräußerung erfolgt ist, eine Rücklage in Höhe des Veräußerungsgewinns zu bilden. Im Zuge der Ersatzinvestition wird dann die Rücklage gewinn- und steuerneutral wieder aufgelöst.
Eine *Steuerminderung* kann auch dadurch erzielt werden, daß unabhängig von einer Reinvestitionsmöglichkeit zunächst eine Rücklage in Höhe des Veräußerungsgewinns gebildet wird und diese in den folgenden 4 bzw. 6 Wirtschaftsjahren in Raten wieder aufgelöst wird. (In diesem Fall erhöht sich jedoch die Rücklage um 6% pro Jahr ihres Bestehens.) Der nach § 13 a

Tabelle 143 Möglichkeiten der Übertragung von Veräußerungsgewinnen (§ 6 b und c EStG)

Gewinne aus der Veräußerung von	können abgezogen werden bei den Anschaffungs- und/oder Herstellungskosten von			
	Grund und Boden	Aufwuchs auf oder Anlagen im Grund und Boden	Gebäuden	abnutzbaren, beweglichen Wirtschaftsgütern
Grund und Boden	zu 100%	zu 100%	zu 100%	zu 100%
Aufwuchs auf oder Anlagen im Grund und Boden	zu 0%	zu 100%	zu 100%	zu 100%
Gebäuden	zu 0%	zu 0%	zu 100%	zu 100%
abnutzbaren, beweglichen Wirtschaftsgütern mit mehr als 25 Jahren Nutzungsdauer [1])	zu 0%	zu 0%	zu 0%	zu 50%
lebendem Inventar (bei Betriebsumstellungen in der LuF) [1])	zu 0%	zu 0%	zu 0%	zu 50%

[1]) Nicht bei Gewinnermittlung nach § 13 a EStG.

EStG veranlagte Betrieb kann dabei zusätzlich den für Sondergewinne und Veräußerungsgewinne, geltenden Freibetrag von 3000 DM pro Jahr ausnutzen.

5 Steuerliche Behandlung landwirtschaftlicher Nebenbetriebe im Freizeitbereich

In Fremdenverkehrsgebieten bieten viele Nebenerwerbsbetriebe »Urlaub auf dem Bauernhof« an. Je nach Art und Größe der Dienstleistung zählt dieser Nebenbetrieb entweder noch zur Land- und Forstwirtschaft, oder schon zum Gewerbe.
Wird die Fremdenbeherbergung gewerblich betrieben, so werden die vermieteten Wohnteile zum gewerblichen Betriebsvermögen (Folge: Gewerbekapitalsteuer) und der Gewinn aus dieser Dienstleistung zum Gewerbeertrag (Folge: Gewerbeertragssteuer).
Die **Gewerbekapitalsteuer** greift jedoch erst bei größeren Gewerbebetrieben, da hier der Einheitswert zugrundegelegt wird und für diesen wiederum ein Freibetrag von 120 000 DM gilt. Auch eine **Gewerbeertragssteuer** fällt erst an, wenn der Gewerbeertrag den Freibetrag von 36 000 DM übersteigt.

5.1 Beherbergung von Feriengästen

5.1.1 Zimmervermietung

Die Zimmervermietung ist **gewerblich,** wenn
- ständig mehr als 3 Zimmer oder mehr als 5 Betten vermietet werden
- weniger als 4 Zimmer oder 6 Betten vermietet werden, aber mindestens eine Hauptmahlzeit (neben dem Frühstück) angeboten wird.

Wohnteile rechnen in diesem Fall zum gewerblichen Betriebsvermögen.
Das Einkommen aus der Zimmervermietung zählt zu den **Einkünften aus Vermietung und Verpachtung,** wenn das Wohnhaus Privatvermögen ist.

5.1.2 Vermietung von Ferienwohnungen

Es liegt ein **Gewerbe** vor,
- wenn die Räume nur kurz (weniger als 1 Woche) und damit hotelmäßig vermietet werden,
- wenn Zusatzleistungen bei einer Fremdenpension erbracht werden (z. B. Frühstück, Getränkebereitstellung, Brötchenservice, laufende Raumpflege, Bereithalten und Pflege eines Gartens mit Liegestühlen, Sportgeräten, allgemeine und touristische Betreuung der Gäste).

Die Einkünfte aus der Beherbergung von Feriengästen führen bei der Gewinnermittlung nach § 13 a EStG zu einem Gewinnzuschlag (in Bayern: je nach Vermietungsdauer 40–60% der Vermietungseinnahmen).

5.1.3 Sonstige Freizeitangebote

- **Verkauf eigener Erzeugnisse** an die eigenen Feriengäste: In der Regel nicht gewerblich, da es sich gewöhnlich um Umsätze von völlig untergeordneter Bedeutung handelt.
- Ponyreiten, Kutschenfahrten u. ä. als **Unterhaltungsangebot** an die eigenen Feriengäste: Zählt im Rahmen des »Urlaubs auf dem Bauernhof« ebenfalls noch zur Landwirtschaft.
- **Pensions- und Reitpferdebetrieb:** Auf die Pferdehaltung als Hauptbetriebszweig wird hier nicht näher eingegangen, da ein Pferdezucht- oder Reitbetrieb nur in Ausnahmefällen im Nebenerwerb betrieben werden kann.
- **Golfplatz:** Beteiligt sich der Landwirt an der Betreibergesellschaft, an die er auch die Flächen verpachtet hat, so wird der Boden einkommensteuerrechtlich gewerbliches Betriebsvermögen und bewertungsrechtlich Grundvermögen. Dies führt zwar zu keiner Aufdeckung stiller Reserven, aber zur Gewerbekapital- und Gewerbeertragssteuerpflicht sowie zu einer höheren Grund- und Vermögensteuer.
- **Campingplatz, Strandbad, Liegewiesen:** Hier gilt sinngemäß das gleiche wie beim Golfplatz. Der eigene See und die Liegewiesen bleiben landwirtschaftliches Vermögen.
- **Parkplatz:** Eigenbetriebliche Nutzung: Gewerbebetrieb, wenn er fest angelegt ist. Bei saisonaler Nutzung landwirtschaftlicher Nebenbetrieb.
- **Fischweiher:** Er zählt zur Landwirtschaft (außer er befindet sich im Privatvermögen), unabhängig davon, ob er eigenbetrieblich genutzt oder an einen Fischereiverein verpachtet ist.

23 Soziale Absicherung und Versicherungen im Nebenerwerbsbetrieb

1 Allgemeines

Mit durchschnittlichen Ausgaben von mehr als 16 000,– DM/Betrieb und Jahr stellen die Versicherungen auch im Nebenerwerbsbetrieb einen der größten Ausgabeposten dar. Bei einer Überprüfung des Versicherungsschutzes lassen sich zum Teil erhebliche Einsparungsmöglichkeiten ausfindig machen. Wichtig ist hierbei, daß der Nebenerwerbsbetrieb einige Grundinformationen über die ihn betreffenden wesentlichen Versicherungen besitzt und bereit ist, sich mit der Materie auseinanderzusetzen.

2 Einteilung der Versicherungen

Die unterschiedlichen Versicherungsarten lassen sich in zwei Gruppen, nämlich die *Sachversicherungen* und die *Personenversicherungen* einteilen. Eine weitere Unterteilung ist möglich in gesetzliche und freiwillige Versicherungen. In Tabelle 144 sind die wichtigsten Sach- und Personenversicherungen zusammengestellt.

In Tabelle 145 sind beispielhaft die Ausgaben eines typischen Nebenerwerbsbetriebes für die verschiedenen Versicherungen dargestellt. Es zeigt sich, daß die Ausgabenschwerpunkte mit 82% bei den Personenversicherungen liegen. Nur 18% der Versicherungsprämien entfallen auf die Sachversicherungen.

3 Sachversicherungen

3.1 Gesetzliche Sachversicherungen

3.1.1 Kraftfahrthaftpflichtversicherung

Die Kraftfahrthaftpflichtversicherung schützt Versicherungsnehmer, Halter und Fahrer bei Schadenersatzansprüchen aus Personen-, Sach- und Vermögensschäden, die durch den Gebrauch eines Kraftfahrzeuges verursacht werden.

Die Kosten der Traktorhaftpflicht sind abhängig von der Leistung. Die Höhe der Haftungssumme hat auf den Beitrag keinen nennenswer-

Tabelle 144 Einteilung der Versicherungen

1 Sachversicherungen		2 Personenversicherungen	
1.1 gesetzliche	1.2 freiwillige	2.1 gesetzliche	2.2 freiwillige
z. B. Kfz-Haftpflicht Tierseuchenkasse Schlachtviehversicherung (ab 1. 1. 91 in allen Bundesländern freiwillig)	Gebäudebrandversicherung Inventarversicherung Betriebshaftpflichtversicherung Hagelversicherung Hausratversicherung Kaskoversicherung Transportversicherung Rechtsschutzversicherung Tierlebensversicherung	landwirtschaftliche Alterskasse landwirtschaftliche Berufsgenossenschaft Rentenversicherung Krankenversicherung Arbeitslosenversicherung	Kapitallebensversicherung Risikolebensversicherung Unfallversicherung Berufsunfähigkeitsversicherung private Krankenversicherung private Pflegeversicherung

Tabelle 145 Beispiel für Versicherungsausgaben im Nebenerwerbsbetrieb

LF 15 ha	Betriebsleiter 35 Jahre
Zuchtsauen 20 Stück	Ehefrau 30 Jahre
Wirtschaftswert 22 500,– DM	Kinder 5 und 2 Jahre
Bruttoeinkommen außerlandwirtschaftlich 38 000,– DM	

1 Sachversicherungen		2 Personenversicherungen	
1.1 gesetzliche	1.2 freiwillige	2.1 gesetzliche	2.2 freiwillige
Kfz-Haftpflicht 772,– Tierseuchenkasse 56,– Schlachtvieh-versicherung 8,–	Gebäudebrand-versicherung 309,– Inventar-versicherung 165,– Betriebshaftpflicht-versicherung 245,– Hagel-versicherung 564,– Hausrat-versicherung 135,– Kasko-versicherung 63,– Transport-versicherung 340,– Rechtsschutz-versicherung 346,–	landwirtschaftliche Alterskasse 2832,– landwirtschaftliche Berufsgenossen-schaft 563,– Renten-versicherung 3420,– Kranken-versicherung 2280,– Arbeitslosen-versicherung 570,–	Kapitallebens-versicherung 2835,– Aussteuer-versicherung 910,–
Ausgaben zusammen 836,–	2167,–	9665,–	3745,–
Anteil an gesamten Versicherungs-ausgaben 5%	13%	59%	23%
gesamte Versicherungsausgaben 16 413,–DM			

ten Einfluß. Anhänger zu landwirtschaftlichen Zugmaschinen (mit amtlichem grünen Kennzeichen) sind eigens in der Haftpflicht versichert. Wegen der Beitragsunterschiede zwischen den einzelnen Versicherungsgesellschaften lohnt sich ein Beitragsvergleich. Die Kündigung eines Vertrages ist 3 Monate vor Ablauf der vereinbarten Versicherungsdauer möglich. Verträge können einjährig oder mehrjährig abgeschlossen werden.

Bei der Auto-Haftpflicht richten sich die Versicherungsbeiträge nach der Schadensfreiheitsklasse und Regionalklassen. Hier kann es günstiger sein, durch Selbstzahlung des Schadens eine Beitragserhöhung zu vermeiden. Bei landwirtschaftlichen Zugmaschinen gibt es eine derartige Regelung nicht. Trotz Schaden bleibt der Beitrag immer bei 100%.

3.1.2 Tierseuchenkasse

Die Beiträge zur Tierseuchenkasse werden von den Gemeinden nach den Ergebnissen der Viehzählung eingehoben. Für die einzelnen Tiergattungen werden jedes Jahr je nach Bestandsklasse entsprechende Beiträge festgesetzt.

Für ein Rind mußte z. B. 1990 bei einem Bestand von über 30 Tieren 7,20 DM entrichtet werden. Leistungen kann ein Landwirt von der Tierseuchenkasse in Form von Entschädigungen und Beihilfen erwarten, wenn bestimmte Seuchen auftreten. Bei Verstößen gegen seuchenpolizeiliche Vorschriften und bei Beitragsschuld gibt es keine Zahlungen. Darüber hinaus nimmt die Tierseuchenkasse noch eine Reihe weiterer Aufgaben im Rahmen der Seuchenbekämpfungen und -prophylaxe wahr.

3.1.3 Schlachtviehversicherung

Diese Versicherung hat bei Mastbetrieben eine größere Bedeutung, da die Beiträge durchaus einen gewichtigen Kostenfaktor darstellen können. In Bayern gab es bis 1990 bei Schlachtvieh eine Pflicht- und Monopolversicherung, mit Beginn des Jahres 1991 ist der Schlachtviehversicherungsschutz auch hier wie bereits in anderen Bundesländern freiwillig. Neben dem Transport können der Aufenthalt am Schlachtort bzw. auf dem Lebendviehmarkt, die Gewährleistung und fleischbeschaurechtliche Beanstandungen versichert werden. Im Einzelfall sind sogar individuelle, auf die betrieblichen Verhältnisse abgestimmte Regelungen möglich. Bei einer Vollversicherung ist in etwa mit folgenden Gebühren zu rechnen:

Kühe	30,— DM/Tier
Großtiere	13,50 DM/Tier
Schweine	5,50 DM/Tier

3.2 Freiwillige Sachversicherungen

3.2.1 Gebäudebrandversicherung

Das Feuerrisiko an Gebäuden kann bei verschiedenen Gesellschaften abgesichert werden. In einigen Bundesländern (z. B. Bayern) gibt es Monopolanstalten.

Die Gebäudebrandversicherung umfaßt alle wesentlichen Gebäudebestandteile und die mit dem Gebäude fest verbundenen Betriebseinrichtungen. Schäden werden nur dann ersetzt, wenn sie durch Brand, Blitzschlag, Explosion oder Absturz eines bemannten Flugkörpers verursacht wurden. Eine Versicherung gegen Sturm- und Hagelschäden muß gesondert vereinbart werden. Die *verbundene Gebäudeversicherung* deckt Schäden, die durch Sturm, Hagel oder Leitungswasser am Gebäude entstehen.

Die Laufzeit der Gebäudebrandversicherung beträgt normalerweise mehrere Jahre. Ein Vertrag läuft über das Ablaufdatum hinaus jährlich weiter, wenn von keiner Seite 3 Monate vor Ablauf der Versicherungsperiode gekündigt wurde. Vorzeitige Vertragskündigung ist im Schadensfall und bei Hofübernahme möglich. Umstellungen in einem laufenden Vertrag sind jederzeit möglich.

Die Kosten der Gebäudebrandversicherung richten sich nach der Versicherungsform (Vollwert- oder Zeitwertversicherung), nach der Bauartklasse (I: Gebäude mit feuerbeständiger Umfassung und hartem Dach, bis V: Gebäude mit brennbaren Umfassungen und weichem Dach) und dem Hebesatz (Klasse I, II, III) der Gemeinde. Bei einer gemischten Bauweise wird die ungünstigere Bauartklasse angenommen, sofern hierauf ein Anteil von mehr als 25% entfällt. Günstigere Konditionen können bei Gebäuden, bei denen die ungünstigere Bauartklasse zwar mehr als 25%, aber weniger als 50% ausmacht, u. U. im Rahmen einer Mischkalkulation ausgehandelt werden.

Beispiel:
Berechnung des Jahresbeitrages einer Gebäudebrandversicherung bei 250 000,– DM Versicherungswert und gleitender Neuwertversicherung
250 000,– DM : 18,6 (Neubauindex 1989) = 13 440 (Stammversicherungssumme 1914) × 4,95‰ (Bauartklasse II für 7000 m³) × 2,40 (Gemeindehebesatz) = 159,66 prinzipieller Jahresbeitrag, zuzüglich 7% Versicherungssteuer = 170,83; abzüglich Rabatt (z. B. 10%) = 153,75 DM zu zahlender Jahresbeitrag.

Bei Zeitwertversicherung und Festsetzung des Gebäudewertes auf 125 000,– DM würde der Beitrag bei 76,88 DM liegen.

Um Unterversicherungen zu vermeiden, müssen werterhöhende Veränderungen an Gebäuden umgehend der Versicherungsgesellschaft gemeldet werden.

Verbesserungen beim Versicherungsschutz und eventuelle Kosteneinsparungen können sich bei Überprüfung folgender Punkte ergeben:

- Herausnahme des Wohnhauses aus dem landwirtschaftlichen Tarif durch bauliche Trennung (eventuell Brandmauer).
- Umstellung von Neuwert- auf Zeitwertversicherung bei Gebäuden, die künftig zu betrieblichen oder Wohnzwecken nicht mehr genutzt werden; eventuell gänzlicher Verzicht auf Versicherungsschutz.
- Verzicht auf die Versicherung von Bauteilen oder baulichen Anlagen (z. B. Güllelager, Fahrsilo), die wenig brandgefährdet sind.

3.2.2 Inventarversicherung

Der Versicherungsschutz in der Inventarversicherung entspricht in etwa dem bei der Gebäudebrandversicherung; zusätzlich besteht generell eine Versicherung des Viehbestandes gegen

Schäden durch elektrischen Strom. Schäden an Betriebseinrichtungen (z. B. Fütterungscomputern, Lüftungsanlagen), durch Überspannung (z. B. Blitzschlag in die Hochspannungsleitung) decken nicht alle Gesellschaften.
Bei der Absicherung beweglicher landwirtschaftlicher Einrichtungen gibt es als Versicherungsform die Zeitwert- und Neuwertversicherung.
Die **Neuwertversicherung** mit Anpassung der Versicherungssummen für Maschinen und Geräte führt zur ständigen Anpassung, d. h. Steigerung (Dynamisierung) der Beiträge. Neben der Versicherungsform hängt der Beitrag auch noch von der Bauartklasse der Gebäude ab in denen das Inventar untergebracht ist. Bei Unterbringung von Maschinen in betriebsfremden Gebäuden ist eine Vereinbarung über eine Außenversicherung mit weiteren Versicherungsstandorten notwendig.
Bei der **Versicherungssumme** unterscheidet man zwischen dem Pauschal- und dem Positionssystem.
In der *Pauschalversicherung* werden alle Einzelpositionen (Vieh, Maschinen, Ernteerzeugnisse usw.) in einer Summe zusammengefaßt. Vorteil: Im Schadensfall automatischer Ausgleich zwischen unter- und überversicherten Positionen. Nachteil: Keine individuelle Vertragsgestaltung möglich.
In der *Positionsversicherung* wird der Ersatzwert des Inventares für die unterschiedlichen Positionen gesondert ausgewiesen.

Beispiel:
Berechnung des Jahresbeitrages einer Inventarversicherung bei 118 000 DM Versicherungssumme
118 000 DM × 1,4%. (Bauartklasse II siehe Brandversicherung) = 165 DM Jahresbeitrag.

Da sich der Wert des Inventars kaum zeitnah erfassen läßt, ist die Vereinbarung einer *Vorsorgesumme* in Höhe von 15–20% der Versicherungssumme als eigene Versicherungsposition empfehlenswert. Die Vorsorgesumme wird im Schadensfall eingesetzt, sofern eine Unterversicherung festgestellt wird. Wenn *Summenausgleich* (meist beitragsfrei) vereinbart ist, dürfen überhängende, d. h. nicht beanspruchte Versicherungssummen in einer Position auf eine andere Position übertragen werden, bei der eine Unterversicherung festgestellt wurde.
Darauf sollte bei der Inventarversicherung besonders geachtet werden:

- Bei Maschinen entweder Teilkasko- oder Inventarversicherung wählen,
- Inventar, das nicht versichert werden soll, muß im Vertrag schriftlich festgehalten werden,
- Gefahr einer Unterversicherung durch Vorsorgesumme oder Summenausgleichsklausel vermeiden.

3.2.3 Hagelversicherung

In der Hagelversicherung können alle feldmäßig angebauten Bodenerzeugnisse versichert werden. Der Versicherungsvertrag wird normalerweise auf die Dauer von 1 oder bis zu 10 Jahre abgeschlossen. Die Versicherungsperiode beginnt am 1. Januar bzw. bei Aufgehen der versicherten Frucht und dauert bis zur Aberntung, längstens bis 15. November. Bei Winterölfrüchten (Winterraps) fällt der Beginn des Versicherungsschutzes immer mit dem Feldaufgang zusammen.
Da sich die Versicherungssumme aus der versicherten Fläche und einem unterstellten Ertragswert berechnet, kann der Versicherungsnehmer die Versicherungssumme selbst bestimmen. Der Gesamtbeitragssatz wird aus dem Grundbeitrag (wird individuell für jeden Ort (Ortstarif) und Hof (Hoftarif) ermittelt), den fruchtspezifischen Zuschlägen (z. B. Weizen 25%, Raps 300%) und eventuellen Rabatten (z. B. Schadensfreiheits- Mehrjährigkeitsrabatt) berechnet.

Beispiel:
Berechnung des Beitrages zur Hagelversicherung für 1 ha Winterweizen

Versicherungssumme (VS)	3000 DM/ha
Grundbeitragssatz (GBS)	1,10 DM/100 DM VS
Schadensfreiheitsrabatt (SFR)	20%
Versicherungssteuer (VST)	5%
fruchtspezifischer Zuschlag (FSZ)	25%

	GBS	1,10
+	25% FSZ	0,28
=	Zwischensumme	1,38
–	20% SFR	0,28
=	Zwischensumme	1,10
–	Mehrjährigkeitsrabatt (bei 6-Jahresverträgen 0,05, bei 10-Jahresverträgen 0,08 DM)	0,08
=	Zwischensumme	1,02
+	5% VST	0,05
=	Beitrag/100 DM VS	1,07

Der Gesamtbeitrag/ha Winterweizen beträgt somit 32,– DM (30 × 1,07 = 32,– DM).

Nach Entschädigungszahlungen werden die Grundbeiträge erhöht und die bislang gewährten Rabatte vermindert.

3.2.4 Hausratversicherung

Durch die Hausratversicherung ist der Verlust oder ein Schaden am ganzen Hausrat bis zur Höhe der Versicherungssumme abgedeckt. Als Ursachen werden Brand, Blitzschlag, Diebstahl, Rohrbruch usw. anerkannt.
Durch Vereinbarung einer *automatischen Wertanpassung* kann eine Unterversicherung vermieden werden.

3.2.5 Betriebshaftpflichtversicherung

Die Betriebshaftpflichtversicherung tritt für Personen-, Sach- und Vermögensschäden ein, die *einem Dritten* durch den Betrieb einer Land- und Forstwirtschaft entstanden sind, zugleich werden unbegründete Ansprüche durch Übernahme der Prozeßkosten abgewehrt.
Bestimmte Wagnisse (z. B. Haltung von Hunden, Reitpferden, Betrieb und Verwendung von Mähdreschern, Betrieb von Fremdenbetten) müssen jedoch gesondert versichert werden.

3.2.6 Kaskoversicherungen

Die Teil- oder Vollkaskoversicherung sind Zusatzversicherungen zur Kraftfahrthaftpflichtversicherung.
Die **Teilkaskoversicherung** (mit 300 DM oder ohne Selbstbeteiligung) zahlt bei Brand, Diebstahl, Glasbruch und Wildschäden. Die **Vollkaskoversicherung** deckt darüber hinaus auch Unfallschäden sowie mut- oder böswillige Fahrzeugbeschädigungen.
Für Traktoren werden neuerdings häufig wegen der mitversicherten Kabinenschäden Teilkaskoversicherungen abgeschlossen.

3.2.7 Rechtsschutzversicherung

Die Landwirtschafts- und Verkehrsrechtsschutzversicherung bietet u. a. Schutz durch Übernahme der Anwalts- und Gerichtskosten sowie der Kosten für technische Gutachten in den verschiedensten Streitfällen. In den Versicherungsschutz sind auch die mithelfenden Familienangehörigen eingeschlossen.
Vor der Verursachung von Ausgaben muß bei der Versicherungsgesellschaft eine Deckungszusage eingeholt werden. Die Laufzeit der Verträge liegt normalerweise bei 5 Jahren. Für Planfeststellungs, Flurbereinigungs-, Umlegungs- und Enteignungsangelegenheiten sowie für Grundstücke, die nicht zum landwirtschaftlichen Betrieb gehören, besteht kein Rechtsschutz. In familien- und erbrechtlichen Angelegenheiten besteht nur ein Anspruch auf rechtliche Beratung.

3.3 Bedeutung und Besonderheiten der Sachversicherungen im Nebenerwerbsbetrieb

Auch wenn die Ausgaben für Sachversicherungen im Nebenerwerbsbetrieb nicht die entscheidende Rolle spielen, ist in jedem Fall eine Überprüfung wichtig, ob der Versicherungsschutz mit den betrieblichen Erfordernissen im Einklang steht. Insbesondere beim Übergang vom Haupterwerb zum Nebenerwerb können sich hierbei erhebliche Kosteneinsparungen ergeben.

Eine Optimierung auf dem Versicherungssektor bedeutet Schaffung eines angemessenen Versicherungsschutzes bei einem vergleichsweise günstigen Kostenaufwand.

Diese **Optimierung des Versicherungsschutzes** ist durch *Prämienvergleich* und eventuell *Wechsel* zu einem günstigeren Versicherer, durch *Änderung der Konditionen* (z. B. Versicherungssumme, Neuwert-, Zeitwertversicherung) und durch *Kündigung* nicht unbedingt erforderlicher Versicherungen möglich (siehe Tabelle 146). Mit dem Übergang vom Haupterwerb zum Nebenerwerb ist oftmals eine Extensivierung der Produktion verbunden, die in verschiedenen Versicherungssparten eine Anpassung der Versicherungssumme oder der Versicherungsform erforderlich macht.
Insbesondere bei der Gebäudebrandversicherung ist eine Umstellung von der Neuwert- auf Zeitwertversicherung oder eine Kündigung für künftig nicht mehr benötigte Gebäude zu überlegen. Da eine Reihe von Versicherungen die Beiträge nach der Betriebsgröße einheben, wird bei einer Betriebsverkleinerung eine Anpassung erforderlich. Wenn nur noch ein kleiner Teil des Lebensunterhaltes der Familie aus der Landwirtschaft kommt, ist zu überlegen, ob alle Risiken in gleicher Weise wie in einem Haupterwerbsbetrieb abgesichert sein müssen. Durch Kündigung bedingt erforderlicher und nicht erforderlicher Versicherungen lassen sich die Ausgaben weiter an die jeweiligen Bedürfnisse anpassen.

Tabelle 146 Bedeutung freiwilliger Sachversicherungen im Nebenerwerbsbetrieb

Versicherungsart	Bedeutung [1]	Änderungen beim Übergang zum Nebenerwerb
Gebäudeversicherung	×××	Umstellung auf Zeitwertversicherung oder Kündigung für nicht mehr notwendige Gebäude
Inventarversicherung	×××	Anpassung (Senkung) der Versicherungssumme oder der Einzelpositionen
Hagelversicherung	×××	eventuell Senkung der Versicherungssumme
Betriebshaftpflichtversicherung	×××	Beitragshöhe und Nebenwagnisse anpassen
Kaskoversicherung	×	für Traktor Vollkaskoversicherung kündigen
Rechtsschutzversicherung	×	Beitragshöhe bei Verringerung der LF anpassen
Tierlebensversicherung	×	kündigen oder anpassen
Betriebsunterbrechungsversicherung	O	kündigen

[1]) ×××: unbedingt erforderlich, ×: bedingt erforderlich, O: nicht erforderlich.

4 Personenversicherungen im Nebenerwerbsbetrieb

4.1 Gesetzliche Personenversicherungen

4.1.1 Landwirtschaftliche Berufsgenossenschaft (LBG)

Als Inhaber von landwirtschaftlichen Betrieben sind Nebenerwerbslandwirte in der landwirtschaftlichen Berufsgenossenschaft pflichtversichert. Eine Befreiungsmöglichkeit besteht nicht.

Bei einem Arbeitsunfall im landwirtschaftlichen Betrieb haben der Unternehmer selbst, der Ehegatte und mitarbeitende Personen (z. B. Kinder) Anspruch auf die verschiedensten Leistungen. Da sich eine eventuelle Rente aus dem durchschnittlichen Jahresarbeitsverdienst errechnet (Stand 1. Juli 1989; 15984,– DM), sind die zu erwartenden Leistungen nicht hoch. Die Beiträge zur Landwirtschaftlichen Berufsgenossenschaft orientieren sich am Flächenwert der landwirtschaftlichen Nutzfläche und des Forstes, sowie an der Betriebsgröße.

4.1.2 Landwirtschaftliche Krankenkasse (LKK)

In der landwirtschaftlichen Krankenkasse sind alle Inhaber von sog. GAL-Betrieben (**G**esetz über die **A**ltershilfe für **L**andwirte) versichert. Versicherungspflicht besteht auch dann, wenn die Flächengrenze nach dem GAL um nicht mehr als 50% unterschritten wird und das außerlandwirtschaftliche Einkommen unter 19740,– DM (Stand: 1990) liegt. Zu den Pflichtversicherten gehören auch die Zuerwerbslandwirte. Pflichtversicherte und Erwerbstätige, die die maßgeblichen Einkommensgrenzen (Stand 1990: 4725,– DM/Mo.) erreichen, können sich *befreien lassen*. Bei Beamten ist dies nur möglich, wenn der Wirtschaftswert des Betriebes über 60000,– DM liegt.
Die Leistungen der LKK reichen von der Früherkennung bei Krankheiten bis zur Gewährung einer Haushaltshilfe und bieten einen ausreichenden Versicherungsschutz. Die Beiträge sind vom Wirtschaftswert des Betriebes abhängig.

4.1.3 Landwirtschaftliche Alterskasse (LAK)

In der Landwirtschaftlichen Alterskasse sind alle Inhaber von GAL-Betrieben sowie mitarbeitende Familienangehörige ab dem 25. Lebensjahr pflichtversichert.

Tabelle 147 Soziale Absicherung im Nebenerwerbsbetrieb

	Landwirtschaftliche Berufsgenossenschaft (LBG)	Landwirtschaftliche Krankenkasse (LKK)	Landwirtschaftliche Alterskasse (LAK)
Mitgliedschaft wann?	Inhaber von landwirtschaftlichen Betrieben	• Inhaber von sog. GAL-Betrieben *oder* • Unterschreiten der Flächengrenze um weniger als 50% und außerlandwirtschaftliches Einkommen unter 19 740,– DM *oder* • Zuerwerbslandwirte	*oder* • mitarbeitende Familienangehörige ab 25 Jahre *oder* • bei freiwilliger Beitragsweiterentrichtung (Inhaber ehemaliger GAL-Betriebe)
Befreiungsmöglichkeiten	keine	• Beamte, wenn Wirtschaftswert des Betriebes über 60 000,– DM *sonst* • wenn Einkommen über 4725,– DM/Monat • Pflichtversicherte und versicherungspflichtige Tätigkeit	• selbständiger Handwerker • 60 Monate pflichtversichert und versicherungspflichtige Tätigkeit
versicherte Personen	Unternehmer, Ehegatte mitarbeitende Personen	Unternehmer, Ehegatte Kinder, wenn deren Gesamteinkommen unter 470 DM/Monat liegt	Unternehmer
Leistungen	Heilbehandlung, Verletztengeld Betriebs- und Haushaltshilfe, Unfallrente, Hinterbliebenenrente, Waisenrente, Sterbegeld, Elternrente	Früherkennung, Kranken- und Krankenhauspflege, Kurmaßnahmen, Krankengeld, Mutterschaftshilfe, Mutterschaftsgeld, Betriebs- und Haushaltshilfe, Sterbegeld	Altersrente normal Altersrente vorzeitig, Witwen-/Witweraltersgeld, Hinterbliebenengeld, Übergangshilfe, Waisengeld, Maßnahmen zur Wiederherstellung der Gesundheit, Betriebs- und Haushaltshilfe
Beiträge	abhängig vom Wirtschaftswert	abhängig vom Wirtschaftswert	236,–/Monat
Zuschüsse	nach SVBE und ASEG möglich [1])	nach SVBE und ASEG möglich [1])	(Ausnahme freiwillige Beitragszahler)

[1]) 3. Agrarsoziales Ergänzungsgesetz (3. ASEG), Sozialversicherung-Beitragsentlastungsgesetz (SVBEG).

Eine *freiwillige* Beitragsweiterentrichtung können Inhaber ehemaliger GAL-Betriebe beantragen. *Befreiungsmöglichkeiten* bestehen für selbständige Handwerker und Personen, die bereits 60 Monate pflichtversichert sind und momentan eine versicherungspflichtige Tätigkeit ausüben.

Die Leistungen der LAK reichen von der normalen Altersrente bis zum Waisengeld. Die Höhe des Altersgeldes richtet sich danach, ob der Anspruchsberechtigte verheiratet ist und wie lange Alterskassenbeiträge bezahlt werden. Der Beitrag zur LAK beträgt (Stand: 1990) 236,– DM/Betrieb und Monat.

Beitragszuschüsse zu den Kosten der gesetzlichen Versicherungen – Ebenso wie Haupterwerbs- können auch Nebenerwerbsbetriebe Zuschüsse zu den Kosten der gesetzlichen Sozialversicherungen nach dem 3. Agrarsozialem Ergänzungsgesetz (3. ASEG) und dem Sozialversicherung-Beitragsentlastungsgesetz (SVBEG) erhalten. Die möglichen Zuschüsse nach dem SVBEG werden jedoch bei einem Nebenerwerbsbetrieb halbiert, da keine Beiträge zu einer landwirtschaftlichen Krankenkasse anfallen. Wegen der maßgeblichen Grenzen (Wirtschaftswert, außerlandwirtschaftliches Erwerbs- und Erwerbsersatzeinkommen) blieben bisher Nebenerwerbsbetrieben Zuschüsse meist versagt. Mit Inkrafttreten des 4. Agrarsozialergänzungsgesetzes zum 1. Januar 1991 ist eine deutliche Besserstellung der Nebenerwerbslandwirte zu erwarten.

Beispiel für eine Berechnung der Beitragszuschüsse nach dem
- 3. Agrarsozialen Ergänzungsgesetz (3. ASEG),
- Sozialversicherungsbeitragsentlastungsgesetz (SVBEG).

Wirtschaftswert: 9000,– DM;
Erwerbseinkommen 30 000,– DM (Bruttoeinkommen aus Arbeitnehmertätigkeit); Erwerbsersatzeinkommen (z. B. Renten) sind nicht vorhanden; Einkünfte aus Vermietung und Verpachtung oder Kapitalvermögen werden nicht berücksichtigt:

Grenzwertberechnung:

9 000 : 300 [1])	= 30,00[1]) %
30 000 : 473,76 [2])	= 63,32 %
Grenzwert insgesamt	= 93 32 %

[1]) 1% des Höchstbeitrages von 30 000,– DM.
[2]) 1% des Höchstbeitrages von 47 376,– DM.

Der Nebenerwerbslandwirt schöpft mit dem Wirtschaftswert des Betriebes und dem Erwerbseinkommen den Grenzwert zu 93,32% aus. Er fällt damit in Zuschußklasse I (66,67–100% des Grenzwertes) und erhält 64,– DM Zuschuß/Monat.
Nach dem SVBEG fällt der Betrieb mit einem Grenzwert von 93,32% in die Entlastungsklasse 3 und erhält damit einen Zuschuß von 650,– DM jährlich.
Die Zuständigkeit und Durchführung der Beitragsentlastung liegt bei den landwirtschaftlichen Alterskassen.

4.1.4 Rentenversicherung

Durch Beitragszahlungen in die gesetzliche Rentenversicherung hat ein Nebenerwerbslandwirt Anspruch auf eine Rente.
Die **Höhe der Rente** ist von 4 Faktoren abhängig:
- Durchschnittlicher persönlicher Prozentsatz,
- allgemeine Bemessungsgrundlage,
- Anzahl der Versicherungsjahre,
- Steigerungssatz.

Der durchschnittliche **persönliche Prozentsatz** errechnet sich aus dem Bruttoarbeitsentgelt (Lebenseinkommen), das der Versicherte gemessen am Durchschnitt aller Versicherten erzielt hat. Die allgemeine Bemessungsgrundlage wird vom Gesetzgeber jedes Jahr neu festgelegt. Bei allgemein steigenden Einkommen erhöht sich auch die Bemessungsgrundlage.
Die **Zahl der Versicherungsjahre** setzt sich aus den Beitragszeiten, Ersatzzeiten, Ausfallzeiten und Zurechnungszeiten zusammen. Der maßgebliche **Steigerungssatz** ist von vorneherein festgelegt. Bei Renten wegen Berufsunfähigkeit beträgt er 1,0%, bei Renten wegen Erwerbsunfähigkeit und Altersruhegeldern 1,5%.
Am folgenden **Beispiel** soll der Berechnungsvorgang verdeutlicht werden (siehe unten).
Bei einem niedrigen Arbeitsentgelt und wenig Versicherungsjahren fällt die zu erwartende Rente gering aus. Durch die gesetzliche Rentenversicherung ist der Nebenerwerbslandwirt gegen Berufsunfähigkeit abgesichert. Die Rentenansprüche betragen zwei Drittel der Erwerbsunfähigkeitsrente. Bei Eintritt der Berufsunfähigkeit vor dem 55. Lebensjahr werden die fehlenden Jahre angerechnet.

durchschnittlicher persönlicher Prozentsatz	×	allgemeine Bemessungsgrundlage	×	Versicherungsjahre	×	Steigerungssatz	=	Jahresrente
z. B. 110	×	31 661	×	35	×	1,5%	=	18 284,23 DM

Tabelle 148 Verzicht auf Altersgeld bei Nebenerwerb?

Vorteile	Nachteile
▸ Beitragszahlungen: entfallen ▸ Beitragsrückerstattung: – ab Vorliegen der Voraussetzung, – max. 4 Jahre rückwirkend, – Leistungen unterbrechen Rückerstattungszeitraum ▸ Beitragsnachentrichtung zur Rentenversicherung: – bis 70% Zuschuß (entfällt bei Landabgaberente), – volle Rückerstattung der einbezahlten Beträge, wenn keine Leistungen benötigt wurden, – Nachentrichtung mit Hebelwirkung ab 1. 1. 1956 möglich, – Sonderregelungen für Beamte und Beschäftigte im Öffentlichen Dienst	keine Ansprüche auf: ▸ Geldleistungen (Altersrente), ▸ Rehabilitationsmaßnahmen (Übernahme durch Rentenversicherung möglich), ▸ Betriebs- und Haushaltshilfe (Haushaltshilfe durch AOK nur, wenn Kinder unter 8 Jahren im Haushalt), ▸ eventuell Verlust von Vorteilen aus den ersten 5 Versicherungsjahren (z. B. Verlust von Ausfallzeiten)

4.1.5 Krankenversicherung, Arbeitslosenversicherung

Die gesetzliche **Krankenversicherung** bietet für den Arbeitnehmer im Krankheitsfall einen umfassenden Versicherungsschutz. Im Unterschied zur landwirtschaftlichen Krankenversicherung erhalten Arbeitnehmer während der Dauer der Krankheit Lohnfortzahlung oder Krankengeld.
Durch die **Arbeitslosenversicherung** besteht ein Schutz bei Verlust des Arbeitsplatzes durch die Gewährung von Arbeitslosengeld bzw. Arbeitslosenhilfe.

4.1.6 Probleme bei der Absicherung des Nebenerwerbsbetriebes

Da Nebenerwerbsbetriebe meist keine Zuschüsse zu den Sozialkosten erwarten können, schlagen die Ausgaben für die landwirtschaftliche Alterskasse voll zu Buche. Eine Senkung der finanziellen Belastung ist meist nur durch eine Kündigung möglich.
Vor einer solchen Entscheidung, die **unwiderruflich** ist, sollten jedoch die Vor- und Nachteile sorgfältig gegeneinander abgewogen werden! Als *Vorteile* wären der Wegfall von Beitragszahlungen, eine eventuelle Beitragsrückerstattung und die Möglichkeit der Beitragsnachentrichtung zur Rentenversicherung zu nennen. Durch das Fehlen von Leistungen aus der landwirtschaftlichen Alterskasse können jedoch im Alter *Versorgungslücken* auftreten.

Trotz der relativ hohen Ausgaben für die gesetzlichen Personenversicherungen sind im Nebenerwerbsbetrieb nicht alle Risiken zufriedenstellend abgedeckt.

Probleme können sich insbesondere bei folgenden Situationen ergeben:
- ▸ Tod des Betriebsleiters und hohe Schulden,
- ▸ Privatunfall des Betriebsleiters oder eines Familienangehörigen,
- ▸ Berufsunfähigkeit und geringe Rentenansprüche.

4.2 Private Personenversicherungen

Um die Lücken bei der Risikoabsicherung zu schließen, werden eine Reihe von Versicherungsarten angeboten. Bei den Versicherten nehmen dabei die Lebensversicherungen eine Spitzenstellung ein.

4.2.1 Lebensversicherungen

Die Lebensversicherungen insgesamt werden in die sog. Kapital- und die Risikoversicherungen eingeteilt.
Kapitalversicherungen dienen zur Vermögensbildung und zur Absicherung der Angehörigen für den vorzeitigen Todesfall. **Risikolebensversicherungen** führen normalerweise zu keiner Vermögensbildung, sie gewähren den Hinterbliebenen lediglich Schutz bei vorzeitigem Tod des Versicherten. Die unterschiedlichen Tarife der

einzelnen Versicherungsgesellschaften sind heute kaum noch überschaubar.
Im Bereich der Landwirtschaft sind folgende Formen von Kapital- und Risikolebensversicherungen am stärksten verbreitet:

Kapitallebensversicherungen – Hier gibt es mehrere Versicherungsmöglichkeiten:

- *Kapitalversicherungen auf den Todes- und Erlebensfall:* Bei Tod, spätestens bei Ablauf der Versicherungsdauer (Erlebensfall), wird die Versicherungssumme einschließlich der Überschußanteile ausbezahlt.
- *Kapitalversicherung mit festem Auszahlungszeitpunkt* (Ausbildungsversicherung): Bei Ablauf der Versicherungsdauer wird die Ablaufleistung ausbezahlt. Bei Tod des Versicherten wird die Versicherung in voller Höhe beitragsfrei.
- *Kapitallebensversicherung auf den Heiratsfall* (Aussteuerversicherung): Die Versicherungssumme wird bei Heirat des zu versorgenden Kindes, spätestens mit dem 25. Lebensjahr ausbezahlt. Bei Tod des Versorgers wird die Versicherung in voller Höhe beitragsfrei. Bei Tod des Kindes vor Heirat oder Ablauf erfolgt Beitragsrückerstattung.

Risikolebensversicherungen – Die Unterschiede liegen hier in der Höhe der Versicherungssummen:

- *Risikolebensversicherung mit gleichbleibender Versicherungssumme:* Die vereinbarte Versicherungssumme wird beim Tod des Versicherten innerhalb der Versicherungsdauer fällig. Die Versicherungsleistung kann sodann zur Versorgung der Hinterbliebenen sowie zur Rückzahlung von Darlehen verwendet werden.
- *Risikolebensversicherung mit fallender Versicherungssumme:* Die jeweils versicherte Summe wird beim Tod des Versicherten innerhalb der Versicherungsdauer fällig. Die Versicherungssumme und die jährlichen Beiträge sinken mit dem versicherten Darlehen.

Die Risikolebensversicherung ist speziell zur Absicherung von Abzahlungs- und Annuitätendarlehen entwickelt worden.

Fachausdrücke – Beim Umgang mit Lebensversicherungen muß man bestimmte Fachausdrücke kennen.

- **Versicherungssumme:** Bei Abschluß einer Lebensversicherung wird eine Summe, die sog. Versicherungssumme vereinbart. Im Versicherungsfall hat der Versicherte Anspruch auf diesen Betrag.
- **Überschußanteile:** Die einbezahlten Beiträge werden von den Versicherern nach Abzug der Verwaltungskosten und Begleichung von Schadensfällen gewinnbringend angelegt. Die erwirtschafteten Überschüsse werden meist angehäuft und erst im Versicherungsfall mit der Versicherungssumme ausbezahlt. Die Höhe der Überschußanteile kann bei den einzelnen Gesellschaften beträchtlich schwanken. Ein Anspruch auf Auszahlung von Überschußanteilen in einer bestimmten Höhe wird nicht garantiert.
- **Ablaufleistung:** Der Betrag aus Versicherungssumme und Überschußanteilen wird als Ablaufleistung bezeichnet.
- **Rückkaufwert:** Dies ist der Betrag, den eine Lebensversicherungsgesellschaft bei Aufhebung der Versicherung zurückzahlen muß, wenn sie bereits ein Deckungskapital gebildet hat.
- **Beitragsfreie Versicherungssumme:** Sie gibt die Höhe des Versicherungsschutzes an, die nach Einstellung der Beitragszahlung fortbesteht. Nach Ablauf der Versicherungsdauer wird die beitragsfreie Versicherungssumme einschließlich Überschußanteile an den Versicherten ausbezahlt.

Die Kosten für eine Lebensversicherung sind von verschiedenen Faktoren abhängig. Besondere Bedeutung kommt der Versicherungssumme, dem Eintrittsalter sowie dem Geschlecht des Versicherungsnehmers zu.

Tabelle 149 Kostenbeispiele (in DM/Jahr) für Kapital- und Risikolebensversicherungen männlicher Versicherter

Bedingungen bei Versicherungssumme DM 100 000,–	Kapitallebensversicherung	Risikolebensversicherung
Laufzeit 35 Jahre Eintrittsalter 35 Jahre	3100–3500	290–390

Der Beitragsvergleich in Tabelle 149 zeigt, daß die reine Risikoabsicherung für einen relativ geringen Betrag erfolgen kann. Trotz gleicher Versicherungsbedingungen unterscheiden sich die Tarife der Versicherungsgesellschaften deutlich. Bei einem höheren Eintrittsalter steigen die Beiträge für beide Versicherungsarten kräftig an.

Versicherungsabschluß – Vor Abschluß einer **Kapitallebensversicherung** sollten vier Punkte überprüft werden:

- Kann der Beitrag steuerlich geltend gemacht werden?
- Ist der Versicherungsbeitrag finanziell tragbar?
- Wurde der günstigste Versicherer ausgewählt?
- Wie steht es um die Rendite (Verzinsung der einbezahlten Beiträge)?

Steuerlicher Abzug: Eine Kapitallebensversicherung dient in erster Linie der *Vermögensbildung*. Die Frage nach der Rendite der einbezahlten Beiträge ist deshalb von entscheidender Bedeutung. Zahlungen, die bei der Einkommensteuerberechnung als Sonderausgaben abgesetzt werden können, sind besonders interessant, weil sie die Einkommensteuer mindern. Je höher der Steuersatz, desto höher sind die Einsparungen. Wer keine Einkommensteuer bezahlt, kann auch die steuerlichen Vorteile einer Kapitallebensversicherung vergessen.

Finanzierbarkeit: Wer feststellt, daß er noch Sonderausgaben »frei« hat, muß prüfen, ob das Geld auch tatsächlich auf dem Konto zur Verfügung steht, wenn die Versicherung abbucht. Eine Kapitallebensversicherung hat nur dann einen Sinn, wenn sie längerfristig echt aus den laufenden Ersparnissen finanziert werden kann.

Vergleich der Versicherer: Auswertungen ergeben, daß zwischen den einzelnen Versicherungsgesellschaften erhebliche Leistungsunterschiede bestehen. Es ist deshalb nicht gleichgültig, wo der Vertrag abgeschlossen wird. Mit Hilfe des Jahresbeitrages und der geschätzten Ablaufleistung kann eine grobe Einstufung der Leistungsfähigkeit der einzelnen Versicherungsgesellschaften vorgenommen werden. Ein Vergleich ist nur bei Verträgen mit gleichbleibenden Beitragszahlungen sinnvoll, nicht jedoch bei dynamischen Lebensversicherungen.

Tabelle 150 Beispiel eines Vergleiches der Versicherer für Kapitallebensversicherungen (Laufzeit: 25 Jahre, Eintrittsalter: 35 Jahre, Versicherungsnehmer: männlich)

Gesellschaft	Jahresbeitrag DM	Ablaufleistung [1] nach 25 Jahren im Erlebensfall	Vergleichsfaktor
A:	3093	191 154	2,47
B:	3129	215 470	2,75
C:	3272	173 728	2,12

[1]) Wird von den Versicherungen nur bei gleichbleibender Ertragslage garantiert.

Der **Vergleichsfaktor** berechnet sich nach folgender Formel:

$$\text{Vergleichsfaktor} = \frac{\text{zu erwartender Auszahlungsbetrag}}{\text{Jahresbeitrag} \times \text{Laufzeit}}$$

Bei Versicherungsgesellschaft B errechnet sich so folgender Vergleichsfaktor (Tabelle 150):

$$\frac{215\,470}{3129 \times 25} = 2{,}75$$

Dieser Vergleichsfaktor drückt aus, das Wievielfache des gesamten Beitragsaufwandes als Ablaufleistung erwartet werden kann. Je höher der Vergleichsfaktor, desto günstiger ist die Relation zwischen Beitragsaufwand und Auszahlungsbetrag. Unser Beispiel zeigt, daß nicht die Gesellschaft mit dem niedrigsten Beitrag am günstigsten abschneidet. Bei den Beispielrechnungen wird unterstellt, daß die momentane Ertragslage der Gesellschaft auch in Zukunft fortbesteht.

Beachten der Rendite: Ist die günstigste Versicherungsgesellschaft gefunden, so bleibt immer noch die Frage, ob nicht andere Formen der Geldanlage eine bessere Verzinsung erbringen. Eine Beantwortung dieser Frage ist nur möglich, wenn man die Verzinsung der einbezahlten Beiträge berechnet und den Risikoschutz als Sonderleistung zunächst unberücksichtigt läßt. Im Falle der Gesellschaft B aus Tabelle 150 würde beispielsweise bei einer Ablaufleistung von DM 215 470,– nach der Rentenendwerttabelle ohne Berücksichtigung von Steuerersparnissen die Verzinsung bei 7,1% liegen. Bei einem Spitzensteuersatz von 22% würde die Verzinsung auf 9,1% ansteigen. Der Versicherungsschutz müßte hierbei noch als Sonderleistung in Ansatz gebracht werden. Bei höherem Eintrittsalter sinkt die Rendite deutlich.

Änderung von Kapitallebensversicherungen – Können aus irgendwelchen Gründen die Beiträge nicht mehr aus den laufenden Ersparnissen erbracht werden, so gibt es eine Reihe von Möglichkeiten, *bereits laufende* Verträge den neuen Gegebenheiten anzupassen.

Im einzelnen lassen sich folgende **Maßnahmen** unterscheiden:

- *Laufzeitverkürzung:* Kapitallebensversicherungen werden häufig mit langen Laufzeiten abgeschlossen. Um früher an das Geld zu kommen, gibt es die Möglichkeit einer Laufzeitverkürzung. Um die Beiträge steuerlich

Tabelle 151 Vor- bzw. Nachteile bei Änderungen an Verträgen bei Kapitallebensversicherungen

Maßnahme	Vorteile	Nachteile
Laufzeitverkürzung	Vorverlegen des Auszahlungszeitpunktes	Senkung der Ablaufleistung, steuerliche Probleme, wenn Laufzeit unter 12 Jahre oder Beitragserhöhung
Kündigung und Rückkauf	Rückkaufswert (inclusive Überschußanteile) steht sofort zur Verfügung	eventuell hohe Beitragseinbußen zu Beginn der Laufzeit bei Kündigung im 12-Jahreszeitraum, 25% Kapitalertragssteuer
Beitragsfreistellung	Beiträge entfallen, Versicherungsschutz besteht in Höhe des Rückkaufswertes weiter, nach Ablauf der Versicherungsdauer Auszahlung der Ablaufleistung	Ablaufleistung u. U. wesentlich geringer als ursprünglich vereinbart, hohe Beitragsverluste zu Beginn des Versicherungszeitraumes
Wegfall der Dynamik	Beiträge bleiben stabil, Rendite steigt	Versicherungsschutz erhöht sich nicht mit Inflation
Beitragsstundung	kurzfristige Aussetzung der Beitragszahlung (max. 2 Jahre)	Nachzahlungen mit Zinsen
Verlängerung der Versicherungsdauer	Beiträge sinken	Ablaufleistung zu späterem Zeitpunkt
Herabsetzen der Versicherungssumme		Versicherungssumme geringer, Ablaufleistung geringer
Umstellung auf Risikoversicherung	Beitrag sinkt auf 10–20%	Entlastung kurzfristig für 1–2 Jahre, Ablaufleistung sinkt

nutzen zu können, ist eine Verkürzung auf unter 12 Jahre Laufzeit meist nicht sinnvoll.

- *Kündigung* und *Rückkauf:* Sollte der Betrieb längerfristig nicht in der Lage sein, die Versicherungsprämien zu erwirtschaften, bietet sich die Möglichkeit der Kündigung. Die Versicherungsgesellschaft zahlt in diesem Falle den Rückkaufswert inclusive Überschußanteile. In diesem Falle muß jedoch mit größeren Beitragsverlusten gerechnet werden. Bei Vertragskündigung in den ersten 12 Jahren muß auf die Überschußanteile 25% Kapitalertragssteuer entrichtet werden.
- *Beitragsfreistellung:* Wer auf den Rückkaufwert nicht unbedingt angewiesen ist, jedoch den Versicherungsschutz behalten möchte, kann seine Versicherung auch beitragsfrei stellen lassen.
- *Wegfall der Dynamik:* Wurde bei Vertragsabschluß ein dynamischer Beitrag vereinbart, so erhöhen sich Versicherungssumme und Beitrag laufend entsprechend den Beitragsbemessungsgrundlagen zur Sozialversicherung. Übersteigt in diesem Falle z. B. der Beitrag das persönliche Leistungsvermögen, kann die Dynamik auf Antrag des Versicherungsnehmers ausgeschlossen werden.
- *Beitragsstundung:* Bei kurzfristigen Zahlungsschwierigkeiten kann die Versicherung die Beiträge 1–2 Jahre stunden. Der Versicherungsschutz bleibt in dieser Zeit bestehen. Die gestundeten Beiträge müssen später nebst Zinsen nachbezahlt werden.
- *Verlängerung der Vertragsdauer:* Dies kann u. U. zu einer deutlichen Beitragssenkung führen. Sinnvoll ist dies jedoch nur bei Verträgen mit bisher kurzen Laufzeiten. Eine erneute Gesundheitsprüfung kann zudem notwendig sein.
- *Herabsetzen der Versicherungssumme:* Dadurch kann der Beitrag ebenfalls gesenkt werden.
- *Umstellung* auf einen reinen Risikobetrag für 1–2 Jahre: Für die Dauer von maximal 2 Jahren wird der im Beitrag enthaltene Sparanteil ausgesetzt. Zur Absicherung der Hinterbliebenen wird nur der Risikobeitrag bezahlt.

Tabelle 151 zeigt, mit welchen Vor- bzw. Nachteilen die angesprochenen Vertragsänderungen bei laufenden Lebensversicherungsverträgen verbunden sind.

Die Änderung eines Vertrages sollte insgesamt gut überlegt sein. Für eine fundierte Entscheidung müssen bei der Versicherung weitere Informationen, nämlich der Rückkaufswert, die beitragsfreie Versicherungssumme, die Ablaufleistung der beitragsfreien Versicherungssumme und die geschätzte Ablaufleistung eingeholt werden.

Eine Gegenüberstellung des verzinslich angelegten Rückkaufwertes und der eingesparten Jahresbeiträge mit der zu erwartenden Ablaufleistung zeigt, ob eine Vertragskündigung sinnvoll ist.

4.2.2 Private Unfallversicherung

Die private Unfallversicherung schützt bei Unfällen mit nachfolgender Invalidität oder im Todesfall. Im Versicherungsfall sind auch dann Leistungen zu erwarten, wenn der Versicherungsnehmer gleichzeitig eine Rente aus der Berufsgenossenschaft oder aus der Rentenversicherung erhält.
Als Hauptleistungen bieten die Unfallversicherer die Invaliditäts- und die Todesfallentschädigung an. Die Höhe der **Invaliditätsentschädigung** richtet sich nach der vereinbarten Versicherungssumme und dem Grad der Invalidität. Durch eine Progressions- oder Mehrleistungsvereinbarung steigt die Versicherungssumme bei 100%iger Invalidität auf 225 bzw. 200%. Eine **Todesfallentschädigung** wird dann bezahlt, wenn ein Unfall innerhalb eines Jahres vom Unfalltage an gerechnet zum Tode führt.
Neben den Hauptleistungen können noch zusätzliche Leistungen, z. B. Unfalltagegeld, Genesungsgeld und Heilkosten, vereinbart werden. Die Kosten sind abhängig von der Versicherungssumme, der Gefahrengruppe (A: z. B. Hausfrauen; B: z. B. Landwirte; C: Kinder) und der Versicherungsgesellschaft.
Aufgrund der großen Unterschiede zwischen den einzelnen Versicherungsgesellschaften ist ein Beitragsvergleich bei der privaten Unfallversicherung besonders wichtig. Um eine Überversorgung zu vermeiden, kann bei Vorhandensein einer Berufsunfähigkeitsversicherung auf eine Progressions- oder Mehrleistungsvereinbarung verzichtet werden.

Tabelle 152 Kostenbeispiel (in DM/Jahr) einer Unfallversicherung bei einer Versicherungssumme von 100 000,– DM

Leistung bei	Gefahrengruppe A	B	C
Unfalltod	70–142	110–273	52– 79
Invalidität	80–150	120–280	52– 79
Invalidität mit Mehrleistung	110–198	140–353	66–105
Invalidität mit Progression	100–147	149–294	57– 84

4.2.3 Private Berufsunfähigkeitsversicherung

Die private Berufsunfähigkeitsversicherung zahlt je nach Vereinbarung eine Rente, wenn der Versicherungsnehmer aufgrund einer Krankheit oder wegen Körperverletzung seinen angestammten Beruf nicht mehr ausüben kann.
Wurde das **Pauschalsystem** vereinbart, wird die volle Rente bereits bei einer Berufsunfähigkeit von 50% gezahlt. Bei einer **Staffelregelung** wird eine am Grad der Erwerbsminderung orientierte Rente und Beitragsbefreiung gewährt.
Neben der reinen Berufsunfähigkeitsversicherung gibt es noch Kombinationen mit einer Risiko- beziehungsweise mit einer Kapitallebensversicherung. Die Höhe der jährlichen Rentenleistungen ist in diesen Fällen auf 24% der Versicherungssumme begrenzt. Zahlungen erfolgen grundsätzlich nur, wenn während der vereinbarten Versicherungsdauer die Berufsunfähigkeit eintritt. Leistungen aus der Risiko- bzw. Kapitallebensversicherung werden zusätzlich nach den jeweiligen Bedingungen gewährt.
Die Kosten einer Berufsunfähigkeitsversicherung sind abhängig von der Höhe der vereinbarten Rente, dem Eintrittsalter, der Versicherungsdauer und davon, wie die Überschüsse verrechnet werden. Die günstigsten Beiträge ergeben sich dann, wenn die Überschüsse jährlich auf die Beiträge angerechnet werden.
Wurde die Berufsunfähigkeitsrente noch mit einer Risikolebensversicherung kombiniert, so wird bei Tod die vereinbarte Versicherungssumme ausbezahlt, bei Berufsunfähigkeit entfallen die Beiträge. In Verbindung mit einer Kapitallebensversicherung kommt am Ende der Laufzeit die Ablaufleistung zur Auszahlung. Einige Versicherer verlangen bei Landwirten Zuschläge zu den normalen Beiträgen.

Tabelle 153 Kostenbeispiel (in DM/Jahr) für die verschiedenen Formen von Berufsunfähigkeitsversicherungen bei gleichzeitiger Verrechnung der Überschüsse mit den Beiträgen (Laufzeit 20 Jahre, Versicherungssumme DM 50 000,–)

Bedingungen	Form		
	BUV¹)	BUV+RLV²)	BUV+KLV³)
Eintrittsalter 25 Jahre	450–600	400–550	2200–2400
Eintrittsalter 35 Jahre	600–850	600–950	2400–2700

¹) Berufsunfähigkeitsversicherung.
²) Risikolebensversicherung.
³) Kapitallebensversicherung.

4.2.4 Private Krankenzusatzversicherungen

Bei den privaten Krankenzusatzversicherungen lassen sich drei Formen unterscheiden:

- Die Krankenhaus-Tagegeldversicherung,
- die Kranken-Tagegeldversicherung,
- die Krankenhauskosten-Zusatzversicherung.

Die *Krankenhaustagegeldversicherung* zahlt nur bei Krankenhausaufenthalt, die *Krankentagegeldversicherung* bereits bei Krankheit und Ablauf der vereinbarten Wartezeit. Die *Krankenhauskostenzusatzversicherung* erstattet die Mehrkosten bei Unterbringung in einer gehobenen Klasse. Wahlweise kann die Gewährung von Tagegeld vereinbart werden.

Den privaten Krankenzusatzversicherungen kommt die Aufgabe zu, einen eventuellen Einkommensausfall oder Kosten, die von der gesetzlichen Krankenversicherung nicht übernommen werden, abzudecken. Die Kosten für die verschiedenen Formen von Krankenzusatzversicherungen richten sich nach der Höhe des vereinbarten Tagegeldes, der Wartezeit (Zeitdauer, bis Zahlungen erfolgen) und dem Eintrittsalter des Versicherungsnehmers.

Die Beitragsunterschiede zwischen den einzelnen Versicherungsgesellschaften sind sehr groß, so daß sich ein Beitragsvergleich auf alle Fälle lohnt.

4.2.5 Private Pflegeversicherungen

Den privaten Pflegeversicherungen kommt die Aufgabe zu, Versorgungslücken im Alter bei Pflegebedürftigkeit zu schließen.

Zu den privaten Pflegeversicherungen zählen die *Pflegetagegeld-*, die *Pflegekosten-* und die *Pflegerentenversicherung.*

Das volle Pflegetagegeld oder die volle Pflegerente gibt es nur, wenn ein bestimmter Grad von Pflegebedürftigkeit vorliegt. Bei der Pfle-

Tabelle 154 Kostenbeispiel (in DM/Jahr) von privaten Krankenzusatzversicherungen

Merkmale	Versicherungsform			
	Krankenhaus-tagegeldversicherung	Kranken-tagegeldversicherung		Krankenhauskosten-zusatzversicherung
Versicherungsnehmer männlich	Wartezeit in Tagen			
		42	91	
Eintrittsalter 36 Jahre	267	262	150	502
Eintrittsalter 46 Jahre	345	421	240	720

Tabelle 155 Kostenbeispiel (in DM/Jahr) von privaten Pflegeversicherungen bei Vereinbarung von 50,– DM Tagegeld bzw. Pflegerente oder Kostenerstattung bei Pflegeaufwendungen (max. 80%)

Merkmale	Versicherungsform		
	Pflegetagegeld	Pflegerenten-versicherung	Pflegekosten
Versicherungsnehmer männlich			
Eintrittsalter 43 Jahre	612	1708	685
Eintrittsalter 53 Jahre	774	2400	1070

Tabelle 156 Private Personenversicherungen auf einen Blick

Merkmal	Versicherungsart					
	Kapital-	Risiko-	Unfall-	Berufsunfall-	Krankenzusatz-	Pflege-
	lebensversicherung		versicherung			
Bedeutung	Geldanlage	Darlehens-absicherung	Einkommenssicherung		Kostenentlastung	
	Hinterbliebenenversorgung			—	—	
Vertrags-formen	Versicherungen auf den Todes- und Erlebensfall Aussteuer-versicherung Ausbildungs-versicherung	Versicherungen mit gleich-bleibender, mit fallender Ver-sicherungs-summe	Invaliditäts-versicherung, Todesfall-versicherung, Zusatz-versicherungen	eventuell Kombinationen mit Risiko- oder Kapitallebens-versicherung	Krankenhaus-geld, Kranken-tagegeld, Krankenhaus-kostenzusatz-versicherung	Pflegetagegeld-versicherung, Pflegerenten-versicherung, Pflegekosten-versicherung
Leistung bei	Ablauf, Tod	Tod	Unfall	Berufs-unfähigkeit	Krankheit	Pflege-bedürftigkeit

gekostenversicherung werden die Pflegeaufwendungen bis zu einem bestimmten Höchstsatz erstattet. Wahlweise kann bei den meisten Versicherern Pflegegeld in Anspruch genommen werden. Die Kosten der privaten Pflegeversicherungen sind abhängig von der Höhe des vereinbarten Tagegeldes bzw. der Pflegerente und dem Eintrittsalter.
Vergleichsweise hohe Beiträge für die Pflegerentenversicherung ergeben sich dadurch, daß beim Todesfall die Hinterbliebenen eine bestimmte Versicherungssumme erhalten.
Die Bedeutung, die wichtigsten Vertragsformen und wann Leistungen von einer bestimmten Versicherung erwartet werden können, geht aus Tabelle 156 hervor.

4.3 Wichtige private Personenversicherungen für Nebenerwerbsbetriebe

Wenn Investitionen eine größere Darlehensaufnahme erforderlich machen, empfiehlt sich als Absicherung für die Familie des Darlehensnehmers der Abschluß einer **Risikolebensversicherung.** Eine **Kapitallebensversicherung** ist nur dann sinnvoll, wenn die entsprechenden Beiträge aus Ersparnissen finanziert werden können und ein Vergleich mit anderen Geldanlagemöglichkeiten durchgeführt wurde. Wegen der guten gesetzlichen Absicherung ist eine **Unfallversicherung** für den Nebenerwerbslandwirt selbst nicht unbedingt erforderlich. Für die üb-

Tabelle 157 Welche privaten Personenversicherungen sind im Nebenerwerbsbetrieb erforderlich?

Versicherungsart	Begünstigter				
	Betriebs-leiter	Ehefrau	Kinder		
			schulpflichtig	in Ausbildung	berufstätig
Kapitalversicherung	×	○	○	○	×
Risikolebensversicherung	×	○	○	○	×
Unfallversicherung	×	×××	×××	×××	×
Berufsunfähigkeitsversicherung	×	○	○	○	×
Krankenkosten-Zusatzversicherung	○	○	○	○	○
Pflegekostenversicherung	○	○	○	○	○

×××: unbedingt erforderlich, ○: nicht erforderlich,
×: bedingt erforderlich, –: entfällt.

rigen Familienmitglieder können hierdurch jedoch Versorgungslücken geschlossen werden. Auf die **Berufsunfähigkeitsversicherung** sollte zu Beginn der Erwerbstätigkeit nicht verzichtet werden. Nach 60 Monaten außerlandwirtschaftlicher Tätigkeit besteht jedoch ein guter Versicherungsschutz durch die gesetzliche Rentenversicherung. **Krankenzusatzversicherungen** und **Pflegeversicherungen** sind nicht nötig.

4.4 Notwendige Änderungen beim Übergang vom Haupterwerb zum Nebenerwerb

Bei Umstellung vom Haupterwerb zum Nebenerwerb müssen unter Umständen für optimalen Versicherungsschutz Anpassungen an die neue Situation vorgenommen werden.

An die Stelle der landwirtschaftlichen **Krankenkasse** tritt automatisch die gesetzliche Krankenversicherung. Bei der **Alterskasse** ist eine Befreiung zu überlegen. Wenn Flächen verpachtet werden, führt dies zu einer Beitragsreduzierung bei der **Landwirtschaftlichen Berufsgenossenschaft.** Durch die neue Einkommenssituation ist jedoch die Zuschußberechtigung nach dem SVBEG und dem 3. ASEG zu überprüfen. Zur Verbesserung der Altersversorgung aus der **gesetzlichen Rentenversicherung** ist ein Nachentrichten von Beiträgen in Erwägung zu ziehen. Die Finanzierung der Beitragsnachentrichtung kann eventuell durch Zuschüsse und Beitragsrückgewähr bei Befreiung von der Landwirtschaftlichen Alterskasse erfolgen.

Änderungen bei den **Kapitallebensversicherungen** können aus zweierlei Gründen notwendig sein. Wenn das verfügbare Einkommen bei Übergang zum Nebenerwerb sinkt, so müssen die Beiträge durch Änderungen der Vertragsbedingungen angepaßt werden. Soll statt der Alterskasse eine Kapitallebensversicherung zusätzlichen Versicherungsschutz aufbauen, muß ein entsprechender Vertrag abgeschlossen werden. Wurde im Zuge der Betriebsumstellung das Fremdkapital reduziert, so ist eine Verringerung der Versicherungssumme der **Risikolebensversicherung** zu überlegen.

Als Arbeitnehmer besitzt der Nebenerwerbslandwirt eine relativ gute Absicherung gegen Berufsunfähigkeit, wenn er u. a. mindestens 60 Monate versicherungspflichtig beschäftigt war und 36 Monate Beiträge entrichtet hat. Eine Kündigung oder Reduzierung der **Berufsunfähigkeitsrente** kann daher nötig werden. Ein Landwirt wird bei der **Unfallversicherung** in Gefahrenklasse B eingestuft. Durch einen Berufswechsel kann sich eine Einstufung in die beitragsgünstigere Gefahrenklasse A ergeben. Wegen der guten Absicherung im Krankheitsfall durch die gesetzliche Krankenversicherung kann eine **Krankenkostenzusatzversicherung** auf jeden Fall gekündigt werden.

Tabelle 158 Änderungen bei den Personenversicherungen beim Übergang zum Nebenerwerb

Versicherungsart	Änderungen beim Übergang zum Nebenerwerb
Landwirtschaftliche Krankenkasse	Wechsel zur AOK
Landwirtschaftliche Alterskasse	Befreiung und Beitragsrückgewähr, eventuell als Zuschuß für Beitragsnachentrichtung zur gesetzlichen Rentenversicherung
Landwirtschaftliche Berufsgenossenschaft	bei Flächenreduzierung Beitrag anpassen
Zuschüsse	Zuschußberechtigung nach dem SVBEG und dem 3. ASEG überprüfen
Rentenversicherung	eventuell durch Nachentrichtung Altersversorgung verbessern
Kapitallebensversicherung	Verträge an Einkommens- und Versorgungssituation anpassen
Risikolebensversicherung	bei Schuldenabbau Versicherungssumme senken
Berufsunfähigkeitsversicherung	nach Erreichen des vollen Versicherungsschutzes Berufsunfähigkeitsrente kürzen oder Versicherung kündigen
Unfallversicherung	Gefahrenklasse an neue Tätigkeit anpassen
Krankenkostenzusatzversicherung	kündigen

5 Wenn ein Nebenerwerbslandwirt arbeitslos wird

5.1 Kriterien für die Gewährung von Arbeitslosengeld bzw. -hilfe

Grundsätzlich haben auch arbeitslos gewordene Nebenerwerbslandwirte Anspruch auf Arbeitslosengeld bzw. Arbeitslosenhilfe, sofern die **gesetzlichen Voraussetzungen** erfüllt sind:

- Erfüllung der Anwartschaft,
- der Antrag muß termingerecht abgegeben worden sein,
- es muß Arbeitslosigkeit vorliegen,
- der Arbeitslose muß für den Arbeitsmarkt verfügbar sein.

Die **Anwartschaft** ist erfüllt, wenn in den letzten 3 Jahren vor Arbeitslosmeldung und Antragstellung wenigstens 360 Kalendertage beitragspflichtige Beschäftigungstage nachgewiesen werden. Für Saisonarbeiter genügen unter bestimmten Voraussetzungen 180 Kalendertage.

Die Anspruchsdauer ist nach Beschäftigungsdauer und Lebensalter abgestuft und kann der Tabelle 159 entnommen werden.

Die Leistungen werden frühestens vom **Tage der Arbeitslosenmeldung** und Antragstellung an gewährt. Es ist deshalb wichtig, spätestens bei Eintritt der Arbeitslosigkeit sofort zum Arbeitsamt zu gehen; nur so besteht Anspruch auf Leistungen.

Als **arbeitslos** gilt ein Arbeitnehmer, wenn er vorübergehend in keinem Beschäftigungsverhältnis steht, oder wenn er nur eine Beschäftigung oder Tätigkeit von weniger als 18 Stunden wöchentlich ausübt.

Verfügbar heißt insbesondere, bereit und in der Lage zu sein, wieder eine beitragspflichtige Tätigkeit auszuüben. Es muß jede zumutbare Beschäftigung angenommen werden.

Bei der Frage der **Zumutbarkeit** ist zu bedenken,

- daß die neue Beschäftigung nicht unbedingt der Ausbildung oder der bisherigen beruflichen Tätigkeit entsprechen muß,
- daß die neue Arbeitsstelle weiter als die bisherige von der Wohnung entfernt sein kann,
- daß die Arbeitsbedingungen ungünstiger sein können als die bisherigen,
- daß die Dauer, Lage und Verteilung der Arbeitszeit anders als bei der bisherigen Beschäftigung sein kann.

Wenn der Arbeitslose das 58. Lebensjahr vollendet hat, kann die Leistung auch dann gewährt werden, wenn dieser nicht bereit ist, jede zumutbare Beschäftigung anzunehmen.

Tabelle 159 Anspruchsdauer für die Gewährung von Arbeitslosenunterstützung

Dauer der Beschäftigung	in Jahren (vor der Arbeitslosmeldung und Antragstellung) [1]	Anspruchsdauer Wochentage (ohne Sonntage)				
		Lebensalter				
Kalendertage		unter 42 Jahren	ab 42 Jahren	ab 44 Jahren	ab 49 Jahren	ab 54 Jahren
180 [2]	3	78	78	78	78	78
240 [2]	3	104	104	104	104	104
360	3	156	156	156	156	156
480	7	208	208	208	208	208
600	7	260	160	160	260	260
720	7	312	312	312	312	312
840	7		364	364	364	364
960	7		416	416	416	416
1080	7		468	468	468	468
1200	7			520	520	520
1320	7			572	572	572
1440	7				624	624
1560	7				676	676
1680	7					728
1800	7					780
1920	7					832

[1]) Es wird aber nicht weiter zurückgerechnet, als bis zur Entstehung eines früheren Alg-Anspruchs.
[2]) Gilt nur für Saisonarbeiter unter den für diese geltenden besonderen Voraussetzungen.

5.2 Höhe der Leistung

Maßgeblich für die Berechnung der Leistungen ist das **Bruttoarbeitsentgelt** der letzten 60 Arbeitstage. Beim Bruttoarbeitsentgelt bleiben Mehrarbeitszuschläge und Sonderleistungen (z. B. 13. und 14. Monatsgehalt, Urlaubsgeld, Treueprämien) unberücksichtigt. Von diesem Bruttoentgelt wird ein Nettoarbeitsentgelt ermittelt, das die Grundlage für die Leistungsabrechnung bildet.

Tabelle 160 Höhe der Leistungen (in %) des errechneten Nettoarbeitsentgeltes

Empfänger	Arbeitslosen-	
	geld	hilfe
Arbeitslose mit Kind	68	58
Arbeitslose ohne Kind	63	56

Arbeitslosenhilfe kann nur bei *Bedürftigkeit* gewährt werden. Einkommen und Vermögen, auch vom Ehegatten, kann zur Kürzung führen.

Arbeitet der Leistungsempfänger 18 Stunden und mehr pro Woche auf seinem Betrieb, hat er keinen Anspruch mehr auf Arbeitslosengeld. Liegt die wöchentliche Arbeitszeit unter dieser Grenze, muß er keine Konsequenz fürchten – allenfalls finanzielle Abstriche.

Einem Empfänger von Arbeitslosenhilfe wird das Einkommen, das er auf dem Hof erzielt, auf das Arbeitslosengeld zur Hälfte angerechnet, soweit es nach Abzug der Steuern, Beiträge und Werbungskosten den Betrag von 30,– DM wöchentlich übersteigt und das Gesamteinkommen 80% des errechneten Nettoarbeitsentgeltes nicht überschreitet (bei mehr als 80% würde das Einkommen voll angerechnet).
Bei Nebenerwerbsbetrieben bis zu 3 ha Nutzfläche wird kein Einkommen angerechnet, weil hier das Einkommen weniger als 30,– DM wöchentlich beträgt. Bei Betrieben über 3 ha Nutzfläche wird das Einkommen nach einem Runderlaß der Bundesanstalt für Arbeit (BfA) berücksichtigt. Nach diesem Runderlaß wird als Einkommen/ha selbstbewirtschaftete Nutzfläche ein Betrag von 520,– DM jährlich bzw. 10,– DM wöchentlich angesetzt. Bei Betrieben mit Viehhaltung wird je Vieheinheit ein wöchentliches Einkommen von 6,– DM zugrunde gelegt. Sind Sonderkulturen vorhanden, so wird ein höheres Einkommen angesetzt.

Hierzu ein **Berechnungsbeispiel:**
Ein Nebenerwerbslandwirt ist verheiratet und hat 2 Kinder. Er arbeitet als Maurer, verdient wöchentlich 500,– DM netto, und hat damit bei Arbeitslosigkeit Anspruch auf 340,– DM Arbeitslosengeld. Jetzt arbeitet er 15 Stunden/Woche auf seinem Hof, wobei er nach eigenen Angaben 150,– DM verdient. Von dieser Summe gehen nun die Steuern, Beiträge und Werbungskosten von 100,– DM ab. Der verbleibende Restbetrag von 50,– DM wird nun um den Freibetrag von 30,– DM gekürzt. Das anrechenbare Einkommen beträgt also 20,– DM und der Kürzungsbetrag demzufolge 10,– DM.
Fazit: Statt 340,– DM erhält er nur 330,– DM Arbeitslosengeld/Woche vom Arbeitsamt.

Bei **Arbeitslosenhilfe** prüft das Arbeitsamt die Bedürftigkeit des Antragstellers. Einkommen wird bereits ab 0,25 ha LF angerechnet.

5.3 Sozialversicherung, Gesetzliche Krankenversicherung, Rentenversicherung bei Arbeitslosigkeit

Wer Arbeitslosengeld oder Arbeitslosenhilfe bezieht, wird durch das Arbeitsamt in der gesetzlichen Krankenversicherung versichert.

Die Beiträge für die **Krankenversicherung** zahlt das Arbeitsamt. Die Versicherung erfolgt im Regelfall bei der bisherigen Krankenkasse.
Die Zeiten des Bezuges von Arbeitslosengeld oder Arbeitslosenhilfe meldet das Arbeitsamt der **Rentenversicherung**, die diese Zeiten in der Regel als *Ausfallzeit* bewertet.

6 Hofnachfolge

6.1 Allgemeines

Das landwirtschaftliche Erbrecht ist in den einzelnen Bundesländern unterschiedlich geregelt. Im Freistaat Bayern gilt nicht die Höfeordnung wie in einigen nördlichen Bundesländern.
Gesetzliche Hofnachfolge – Die erbrechtlichen Bestimmungen richten sich nach den Vorschriften des Bürgerlichen Gesetzbuches (BGB). Bei der Vererbung eines landwirtschaftlichen Betriebes wird dem Erblasser oder Hofübergeber die Möglichkeit vom Gesetz her eingeräumt, durch eigene Anordnung (sei es im *Übergabe-*

vertrag oder durch *Testament*), die Ansprüche der weichenden Erben auf der Grundlage des **Ertragswertes,** nicht des Verkehrswertes, des Betriebes festzulegen (§ 2312 BGB). Die Höhe des Ertragswertes entspricht den jeweiligen landesgesetzlichen Vorschriften. Dies ist der 17–25-fache Betrag des jährlichen Reinertrags.

Landgut ist ein landwirtschaftlicher Betrieb, der mit einer zur Bewirtschaftung geeigneten Hofstelle versehen ist und dessen Erträge ohne Rücksicht auf die privatrechtlichen Belastungen im wesentlichen zum Unterhalt einer bäuerlichen Familie ausreichen.

Erträge aus zugepachtetem Land sind insoweit als Erträge des Betriebes anzusehen, als gesichert erscheint, daß das zugepachtete Land oder anderes gleichwertiges Pachtland zur Bewirtschaftung zur Verfügung stehen wird (§ 14 GrdstVG). Dies gilt auch im gerichtlichen Zuweisungsverfahren eines Betriebes.

Bei Nebenerwerbsbetrieben wird sowohl eine Hofzuweisung als auch eine Hofübergabe auf der Grundlage des Ertragswertes problematisch sein. Es kommt auf die Beurteilung des Einzelfalles an.

Schwierig ist es bei auslaufenden Betrieben, deren zukünftige Bewirtschaftung zum Zeitpunkt der Hofübergabe oder des Erbfalles fraglich ist. Der gesetzliche Schutzzweck, der für die Zulässigkeit der Ertragswertanordnung besteht, nämlich der Erhalt leistungsfähiger landwirtschaftlicher Betriebe, ist nicht mehr zutreffend. An die Stelle des Ertragswertes tritt der **Verkehrswert.** Die Privilegierung des Hofnachfolgers gegenüber den weichenden Erben ist nicht mehr gerechtfertigt.

Höfe-Ordnung – In den Bundesländern Hamburg, Niedersachsen, Nordrhein-Westfalen und Schleswig-Holstein gilt die Höfe-Ordnung. Unterliegt der Betrieb der Höfe-Ordnung, so fällt er als Teil der Erbschaft kraft Gesetz nur dem Hoferben zu. Es kann also keine Erbengemeinschaft aus mehreren Personen entstehen.

Die Höfe-Ordnung verfolgt den Hauptzweck, die Zerschlagung des Hofes im Erbfall zu verhindern.

Ihr unterliegen Höfe, die einen **Wirtschaftswert** von mindestens 10 000 DM haben. Liegt der Wirtschaftswert zwischen 10 000 und 20 000 DM, so gilt die Höfe-Ordnung nur, wenn der Eigentümer im Grundbuch den *»Hofvermerk«* eintragen läßt. Bei Betrieben mit einem Wirtschaftswert über 20 000 DM ist dieser »Hofvermerk« in der Regel eingetragen. Er kann aber auf Antrag gelöscht werden.

Unter Wirtschaftswert ist im Sinne des Bewertungs-Gesetzes das 18-fache des Reinertrages zu verstehen, den der Betrieb ohne die Wohngebäude und die für Wohnzwecke genutzten Gebäudeteile nach seiner wirtschaftlichen Bestimmung im Durchschnitt der Jahre nachhaltig erbringen kann.

Die Höfe-Ordnung kennt keinen Unterschied zwischern Haupt- und Nebenerwerb. Jeder Betrieb mit einem Wirtschaftswert von mindestens 10 000 DM kann Hof im Sinne der Höfe-Ordnung sein.

Daraus folgt: Der Hof vererbt sich trotz Bewirtschaftung im Nebenerwerb geschlossen auf nur einen Hoferben.

Der Hoferbe muß zur Bewirtschaftung fähig und geeignet sein. Die weichenden Erben werden nach dem Hofeswert, und das ist das eineinhalbfache des Ertragswertes, abgefunden. Gemessen am Verkehrswert des Betriebes ist dies ein niedriger Abfindungsanspruch.

Allerdings sind bei Landverkäufen oder Verkauf des gesamten Hofes innerhalb von 20 Jahren die Miterben am Verkaufserlös zu beteiligen, sofern kein Ersatzland oder -hof gekauft wird. Auch die gewerbliche Vermietung von Gebäuden kann zu Ausgleichsansprüchen führen.

6.2 Möglichkeiten zur Regelung der Hofnachfolge

6.2.1 Das Testament

Der Erblasser legt seinen letzten Willen in einem Testament nieder. Es kann errichtet werden vor einem Notar (öffentliches Testament) oder durch eine »eigenhändig geschriebene und unterschriebene Erklärung« (eigenhändiges Testament). Ein Testament kann jederzeit widerrufen, neugefaßt und abgeändert werden.

6.2.2 Erbvertrag

Der Erbvertrag ist keine einseitige Festlegung des Willens des Erblassers, sondern eine zweiseitige Vereinbarung. Der Erbvertrag kann – von Ausnahmen abgesehen – nicht einseitig von einem Vertragspartner rückgängig gemacht werden. Insofern unterscheidet er sich wesentlich von der letztwilligen Verfügung durch das Testament. Der Erbvertrag kann nur von einem Notar bei gleichzeitiger Anwesenheit der Vertragspartner geschlossen werden. Zu Lebzeiten der Vertragsschließenden kann er u. a. durch Vertrag wieder aufgehoben werden. Nach dem Tode eines Vertragsteiles ist die Aufhebung des Erbvertrages nicht mehr möglich. Es sei denn, dem Überlebenden wurde im Erbvertrag ausdrücklich eine Änderungsbefugnis vorbehalten.

6.2.3 Hofübergabe-Vertrag

Unter einem Übergabevertrag ist ein Vertrag zu verstehen, durch den der Übergeber in der Regel seinen Erben einen Vermögensgegenstand, meistens den Grundbesitz, überträgt. Der Übergabevertrag wird mit Rücksicht auf den Tod geschlossen und nimmt praktisch die gesetzliche Erbfolge vorweg.
In jedem Fall bedarf ein Hofübergabevertrag der notariellen Beurkundung. In einem Hofübergabevertrag können auch einseitige, letztwillige Verfügungen des Übergebers enthalten sein, so z. B. über die Abfindung der weichenden Erben oder die Festlegung für den eigenen ausreichenden Lebensunterhalt (Altenteil).

Hofübergabeverträge haben wichtige wirtschaftliche und rechtliche Konsequenzen.

Um die Besonderheit des Einzelfalles entsprechend berücksichtigen zu können, bedürfen sie daher stets einer sorgfältigen Vorbereitung. Auf die Beratung durch eine rechtskundige Person sollte in keinem Fall verzichtet werden.

6.2.4 Hofvererbung kraft gesetzlicher Erbfolge

Die Regelung der Hofnachfolge »der gesetzlichen Erbregelung« zu überlassen, ist die *ungünstigste* Form der Hofnachfolge. Sind mehr als ein möglicher gesetzlicher Erbe vorhanden, so entsteht nach dem BGB eine **Erbengemeinschaft,** nach der Höfe-Ordnung nur *ein* Hoferbe.
Eine Erbengemeinschaft kann sich auf verschiedene Weise auseinandersetzen:

- Gütliche Einigung,
- Auseinandersetzung durch Versteigerung: Der dabei erzielte Erlös wird unter die Miterben entsprechend ihrer gesetzlichen Erbquote verteilt.
- Hofzuweisungsverfahren: Dieses Verfahren erfolgt nur auf Antrag nach dem Grundstückverkehrsgesetz. Bei der Zuweisung durch das Gericht erhält der Zuweisungsempfänger den Hof zum Alleineigentum; die Erbengemeinschaft ist aufgelöst. Die übrigen Miterben erhalten eine Abfindung aus dem Ertragswert entsprechend ihrer Erbquoten. Gerade für Nebenerwerbsbetriebe ist die Durchsetzung einer Zuweisung äußerst fraglich.

In allen Fällen bedarf jede geplante Hofnachfolge einer rechtzeitigen, umfangreichen Information, Vorbereitung und umfassenden Beratung.

6.3 Abfindung der weichenden Erben

Ein Kernproblem der Hofnachfolge ist die gerechte Bemessung der Abfindung der weichenden Erben. Hier treten die widerstreitenden Interessen deutlich vor. Das landwirtschaftliche Sondererbrecht soll sicherstellen, daß die Höfe geschlossen und ungeschmälert auf den Nachfolger übergehen.
Die Miterben haben anstelle eines Anteiles an dem Hof einen Anspruch auf Zahlung einer Abfindung in Geld.
Die gesetzliche Besonderheit bei der Vererbung von landwirtschaftlichen Betrieben liegt darin, daß dem Erblasser oder Hofübergeber vom Gesetz die Möglichkeit gegeben wird, die Ansprüche der entsprechenden Erben mit Hilfe der sog. **Ertragswertanordnung** auf ein Minimum zu begrenzen. Die Abfindung bemißt sich nach dem Ertragswert, in der Regel dem 25-fachen Reinertrag (in Bayern den 18-fachen Reinertrag). Erfahrungsgemäß liegt der Ertragswert zwischen dem 3- und 6-fachen steuerlichen Einheitswert, also wesentlich unter dem Verkehrswert (Verkaufswert).
Es muß allerdings die **»Landguteigenschaft«** des zu übergebenden Betriebes vorliegen (siehe Abschnitt 1).
In den Bundesländern mit Höfe-Ordnung ist nach den entsprechenden Bestimmungen zu verfahren.

Es ist zu empfehlen, daß »weichende Erben« mit Erhalt der Abfindung auf spätere Pflichtteils- oder Pflichtteilsergänzungsansprüche bezüglich des Hofes notariell verzichten.

24 Ausbildung, Fortbildung und Förderung der Nebenerwerbslandwirte

1 Bedeutung

Die berufliche Qualifikation des Betriebsleiters, auch im Nebenerwerb, wird mehr und mehr zur entscheidenden Frage für den Betriebserfolg.

Jegliche Ausbildung und Fortbildung muß sich an den Bedürfnissen orientieren. Sie darf nicht Selbstzweck sein. Der **stabile Nebenerwerbsbetrieb,** der auch in der nächsten Generation noch existiert, wird ein Betrieb sein, der *vereinfacht organisiert* ist: Je stärker ein Nebenerwerbsbetrieb spezialisiert ist, desto leichter läßt sich das

Tabelle 161 Beispiel für das Angebot der staatlichen Beratung für Nebenerwerbslandwirte (Bayern)

Maßnahmen	Zielgruppe	Ziele
Orientierungslehrgang	junge Menschen mit außerlandwirtschaftlicher Tätigkeit, die später einen landwirtschaftlichen Betrieb übernehmen können	der Teilnehmer soll befähigt werden, sich bewußt für (oder gegen) die Übernahme zu entscheiden; er soll wissen, was auf ihn zukommt
Grundlehrgang	Bäuerinnen und Bauern, die hauptberuflich einer außerlandwirtschaftlichen Tätigkeit nachgehen und die keine landwirtschaftliche Berufsausbildung abgeschlossen haben	Vermittlung von landwirtschaftlichem Grundwissen, Fähigkeit, die Betriebsorganisation mit Hilfe der Beratung den familiären, natürlichen und betrieblichen Voraussetzungen anzupassen
Ergänzungslehrgang zum Grundlehrgang	besonders engagierte Grundlehrgangsteilnehmer	Berechnung des eigenen Betriebes, Planung der Betriebsorganisation
Aufbaulehrgänge	Grundlehrgangsteilnehmer, Nebenerwerbslandwirte mit landwirtschaftlicher Berufsausbildung, mit gleichem Produktionsschwerpunkt	Freude an der Bewirtschaftung des eigenen Betriebes, Berücksichtigung familiärer, ökonomischer und ökologischer Ansprüche, Beherrschung der Produktionstechnik und der Betriebswirtschaft des eigenen Produktionsschwerpunktes
fachpraktische Fortbildungslehrgänge	Teilnehmer von Aufbaulehrgängen mit gleichem Produktionsschwerpunkt	Anwendung der erlernten theoretischen Inhalte in der Praxis, z. B. – Fähigkeit, wichtige Pflanzen- und Tierkrankheiten zu erkennen, – eine Feldspritze auszulitern, – eine Melkanlage zu reinigen
Arbeit in Gruppen	Teilnehmer von Grund- bzw. Aufbaulehrgängen	Erfahrungsaustausch, Heranwachsen von »selbstlaufenden Gruppen«
Lehrfahrten	alle Nebenerwerbslandwirte	Beispiele der Landwirtschaft im Nebenerwerb
Felderbegehungen	alle Nebenerwerbslandwirte	Demonstrationen »vor Ort«
Info-Tagungen	alle Nebenerwerbslandwirte	aktuelle Informationen vermitteln, unter Beteiligung der Berufsvertretung

für erfolgreiches Wirtschaften erforderliche Fachwissen erwerben bzw. ständig auffrischen.
Der Nebenerwerbslandwirt kommt nicht umhin

- ein ausreichendes Wissen und Können in der Produktionstechnik (z. B. richtige Sortenwahl, Düngung, Fütterung) zu erlernen,
- ein gewisses Maß an betriebswirtschaftlichen Grundkenntnissen zu beherrschen,
- unter Beachtung der ökologischen Erfordernisse zu wirtschaften und
- den Betrieb sozioökonomisch den individuellen Verhältnissen anzupassen.

Stimmt dies alles, dann ist auch das notwendige positive Selbstverständnis als Nebenerwerbslandwirt gegeben.

2 Möglichkeiten zur Aus- und Fortbildung

Welche Aus- und Fortbildungsmöglichkeiten bestehen nun für einen Nebenerwerbslandwirt? Natürlich grundsätzlich die gleichen wie für einen Haupterwerbslandwirt. Dazu gehört z. B. die dreijährige Lehre (bei vorhandenem Berufsabschluß nur zwei Jahre) mit dem Besuch der Berufsschule und anschließendem Fachschulbesuch.
Viele Angebote sind aus Zeitgründen nicht oder nur selten nutzbar. Deshalb bieten die Beratung und die Berufsvertretungen eigene Kurse und Veranstaltungen an, die von den Berufstätigen besucht werden können.
Im wesentlichen werden für drei verschiedene Zielgruppen Maßnahmen angeboten, nämlich für:

- Eventuelle Einsteiger, also in der Regel jüngere Menschen, die außerlandwirtschaftlich tätig sind und in absehbarer Zeit einen landwirtschaftlichen Betrieb nebenberuflich übernehmen können,
- bereits aktiv wirtschaftende Nebenerwerbslandwirte, die aber keine landwirtschaftliche Berufsausbildung abgeschlossen haben,
- Nebenerwerbslandwirte mit landwirtschaftlicher Berufsausbildung.

Wer sollte an den Schulungen teilnehmen? Natürlich der landwirtschaftliche Unternehmer. Das dürfte meist der Mann sein. Aber auch die Person mit Betriebsleiteraufgaben und das ist oft die, die die Hauptlast des landwirtschaftlichen Betriebes trägt: die Frau. Am besten ist es, wenn beide, eventuell sogar am gleichen Kurs, teilnehmen.
Nebenerwerbsberatung – Zum Zwecke der Beratung steht die staatl. Landwirtschaftsberatung, die Landwirtschaftskammer und die Berufsvertretung allen Ratsuchenden offen, unabhängig, ob Voll-, Zu- oder Nebenerwerbsbetriebe.

3 Förderung der Nebenerwerbslandwirtschaft

Nebenerwerbsbetriebe »verschenken« häufig Zinsverbilligungen und Zuschüsse vom Staat, weil sie annehmen, daß nur Haupterwerbsbetriebe gefördert werden.

3.1 Unterscheidung Haupt- und Nebenerwerbslandwirt

Entscheidend für das Abgrenzen im Sinne von Förderungsrichtlinien zwischen Haupt- und Nebenerwerbslandwirtschaft ist bei den meisten Richtlinien

- der Gesamteinkommens-Anteil aus der Landwirtschaft (wenn unter 50%, dann liegt ein Nebenerwerbsbetrieb vor) *und*
- der Arbeitszeitanteil für die Landwirtschaft (wenn 50% und weniger, dann liegt ein Nebenerwerbsbetrieb vor).

3.2 Förderungsvoraussetzungen

In verschiedenen Programmen ist es auch erforderlich, *landwirtschaftlicher Unternehmer* im Sinne des § 1 des Gesetzes für eine Altershilfe für Landwirte (GAL) zu sein. Diese Bedingung erfüllen Betriebe je nach Standort und Betriebsform in unterschiedlicher Weise. An einem günstigen Standort kann z. B. bereits mit 4 ha LF Mindestgröße die unternehmerische Eigenschaft erkannt werden. Selbst wenn ein Landwirt sich von der Alterskasse befreien ließ, z. B. weil er schon in der gesetzlichen Rentenversicherung versichert ist, können die Förderungsmittel bewilligt werden.
Voraussetzung für eine Förderung ist oft auch, daß eine *landwirtschaftliche Produktion* in steuerrechtlicher Hinsicht vorliegt. Gewerbliche Betriebe (zu hohe Viehintensität u. a.) oder aber nicht auf Gewinnerzielung ausgerichtete Unternehmen (z. B. Liebhaberei-Landwirt-

schaft) können dann keine Fördermittel bekommen.

3.3 Antragsfristen

Bei Förderungsmaßnahmen ist immer die rechtzeitige Information und Antragstellung wichtig. Denn bei allen Programmen müssen Fristen eingehalten werden. So schließt z. B. der *Baubeginn* einer Güllegrube *vor* der Antragstellung (und vorzeitiger Genehmigung bzw. Bewilligung) eine Förderung aus.

Es gilt folgender Grundsatz: »Erst informieren, dann investieren!«

3.4 Förderungsmaßnahmen

Ausgeschlossen von einer Förderung ist die Nebenerwerbslandwirtschaft bei:

- den Zuwendungen für Investitionen nach dem einzelbetrieblichen Förderungsprogramm,
- den Zuschüssen für Investitionen zur Energieeinsparung (Ausnahme: Wärmerückgewinnungsanlagen),
- der Startbeihilfe für die erstmalige Niederlassung für Junglandwirte.

Spezielle Förderungsprogramme, die *nur* Nebenerwerbsbetriebe beanspruchen können, sind nicht vorhanden.

Mit der nachfolgenden Darstellung soll eine erste Wegweisung durch den Dschungel der Förderungsmaßnahmen erfolgen.

3.4.1 Investitionen im landwirtschaftlichen Betrieb

Für alle Nebenerwerbsbetriebe wird der Kauf von *Wärmerückgewinnungsanlagen* bezuschußt. In einigen Bundesländern kann man für den Bau von Wirtschaftsgebäuden Agrarkredite und/oder Zuschüsse aus dem *Dorferneuerungsprogramm* erhalten. *Maschinenkäufe* werden nur in wenigen Bundesländern (und dort mit Einschränkungen) gefördert. Für *Kooperationen* (Bau von Gemeinschaftsanlagen) und beispielhafte Betriebsumstellungen werden teilweise Zuschüsse gewährt.

3.4.2 Förderung im Wohnbereich

Das 2. Wohnungsbaugesetz (Sozialer Wohnungsbau) ist für jeden Nebenerwerbsbetrieb offen. Zinslose und zinsverbilligte Darlehen und Aufwendungshilfen werden gewährt. Über das Modernisierungs- und Energieeinsparungsgesetz können Zuschüsse oder Steuervergünstigungen gewährt werden. Das Wohnungsbausonderprogramm (z. Z. bis 1992 befristet) der Bundesregierung lockt mit zinsverbilligten Krediten bzw. mit Sonderabschreibungen für den Umbau von bisher landwirtschaftlich genutzten Räumen zu Mietwohnungen oder deren Einbau in ein bestehendes Wohnhaus durch Ausbau von Dachgeschossen, durch Anbau oder Aufstokkung.

Nebenerwerbs-Landwirte können auch Dorferneuerungsmittel, Gelder des Denkmalschutzes, Modernisierungsdarlehen oder Darlehen für »junge Familien« erhalten.

Auch kann der einkommensschwache Nebenerwerbsbetrieb Wohngeld beanspruchen, wenn die Leistungsvoraussetzungen gegeben sind.

3.4.3 Maßnahmen der Landschaftspflege bzw. des Umweltschutzes

Für die Bewirtschaftung landwirtschaftlicher Flächen wird in »benachteiligten Gebieten« unter bestimmten Voraussetzungen eine Ausgleichszulage gewährt.

In einzelnen Bundesländern werden unterschiedlich gefördert:

- Die umweltgerechte Lagerung von Wirtschaftsdüngern durch den Bau von Güllegruben,
- Investitionen zur Verminderung von Emissionen,
- die Erhaltung der Kulturlandschaft,
- die Anschaffung von Maschinen zur Landschaftspflege und die Durchführung landschaftspflegerischer Maßnahmen,
- die Anlage von Feldhecken,
- der Schutz von Wiesenbrütern durch Bewirtschaftungseinschränkungen,
- der ökologische Landbau.

3.4.4 Maßnahmen zur Marktentlastung

Für die Verringerung der Anbauflächen von Marktordnungsfrüchten werden jährliche Zuschüsse gewährt, wenn ein bestimmter Prozentsatz der entsprechenden Flächen stillgelegt wird. Für die *Stillegung* ganzer Betriebe kann eine Produktionsaufgaberente ab dem 58. Lebensjahr des Betriebsleiters in Anspruch genommen werden.

Wer für die Dauer von 5 Jahren die Produktion von Überschußerzeugnissen (z. B. Getreide, Wein, Rindfleisch) *um mindestens 20% verringert* oder den ganzen Betrieb auf alternativen Landbau *umstellt,* erhält eine jährliche Prämie. Unter Umständen werden Produktionsinnovationen und Vermarktungsalternativen gefördert. In diesem Bereich ist künftig mit einer Erweiterung der Fördermöglichkeiten zu rechnen.

3.4.5 Förderung der Agrar- und Marktstruktur

Bäuerliche Familienbetriebe erhalten (vorerst bis 1992) als Ausgleich für die Verminderung ihrer Einkommen, infolge der Aufwertung der Deutschen Mark, einen soziostrukturellen Einkommensausgleich.
Zur Stärkung der Marktposition können Erzeugergemeinschaften und die »erstaufnehmende Hand« Zuschüsse für Investitionen nach dem Marktstrukturgesetz erhalten.
Die Durchführung von Flurbereinigungsverfahren zur Verbesserung der Agrarstruktur wird bezuschußt.
Einzelne Bundesländer bieten darüber hinaus noch Einkommenshilfe an:
- zur Förderung von Kooperationen,
- für Gemeinschaftsanlagen,
- zur überbetrieblichen Maschinenhaltung.

3.4.6 Förderung der Tierhaltung

Schaffleischerzeuger erhalten eine Haltungsprämie, Rindfleischerzeuger eine Sonderprämie. In einzelnen Bundesländern werden für Haltung oder Zucht von landwirtschaftlichen Nutztieren Prämien gewährt, besonders, wenn es sich um vom Aussterben bedrohte Rassen handelt.

3.4.7 Maßnahmen der Forstwirtschaft

Im Rahmen der Gemeinschaftsaufgabe werden u. a. Zuschüsse für Erstaufforstung, Wertastung und Düngung mit Schwefelsaurem Kali bei neuartigen Waldschäden gewährt.

3.5 Wer berät und nimmt die Anträge entgegen?

Der Antrag ist in der Regel zu stellen bei den Beratungsstellen, also den Landwirtschaftsämtern bzw. den Landwirtschaftskammern.
Die Förderungsmöglichkeiten ändern sich oft bereits nach einem Jahr, und dies nicht nur bezüglich der Höhe der Zuschüsse und Darlehen, sondern auch hinsichtlich der Antragsvoraussetzungen. Deshalb geht es bei der aktuellen Beratung zu den Fördermitteln oft um Bargeld.

3.6 Rückforderung der Fördermittel

Fördermittel können auch wieder zurückgefordert werden. Wann? Diese Frage stellt sich beim Übergang vom Haupt- zum Nebenerwerb und bei der Betriebsaufgabe, da die Förderungsvoraussetzungen häufig nicht mehr eingehalten werden.
Wenn vom Haupt- zum Nebenerwerb gewechselt wird und vorher entsprechend für einen Haupterwerbsbetrieb Mittel beansprucht wurden, so ist in aller Regel keine Rückforderung veranlaßt, vor allem dann nicht, wenn die ordnungsgemäße Bewirtschaftung weiter gegeben ist. Nicht so einfach ist es bei der Betriebsaufgabe. In jedem Fall ist es aber ratsam, die Bewilligungsstelle von der Umstellung zu unterrichten und eine Vorentscheidung treffen zu lassen. Dann können unliebsame Überraschungen vermieden werden.
Verschiedene Förderprogramme enthalten auch Bedingungen über entsprechende Fristen bezüglich der Tilgungs- und Nutzungsdauer und Fristen bezüglich der Mindestnutzung, die – für eine förderungsschädliche Belassung der Mittel – einzuhalten sind.

Stichwortverzeichnis

Literatur

ABELEIN: Praktische Hühnerhaltung, BLV Verlag, München
Agrarwirtschaft, Grundstufe 1, BLV Verlag, München
AHLSWEDE: Pferde füttern – stärken – gesund erhalten, LVH, Münster-Hiltrup
AID-Broschüren (verschiedene), Bonn
Arbeitsblätter landw. Bauwesen, ALB-Bayern, Grub
»Aufzucht und Mast von Bullen«, Bay. Landesanstalt f. Tierzucht, Grub
BARISICH u. a.: Öl- und Eiweißpflanzen, ÖAV, Wien
BESSEL: Bäuerliche Hühnerhaltung, Ulmer-Verlag, Stuttgart
BIERSCHENK: Enten, Gänse, Spezialgeflügel, LVH, Münster-Hiltrup
BIERSCHENK: Hühner und Puten, LVH, Münster-Hiltrup
BOGNER: Marktgerechte Schweineproduktion, Parey-Verlag, Hamburg
BOGNER: Wirtschaftliche Milchviehhaltung und Rindermast, DLG Verlag, Frankfurt/M.
BURGKART: Praktische Schafhaltung, BLV Verlag, München
BURGSTALLER: Praktische Schweinefütterung, Ulmer-Verlag, Stuttgart
DABBERT: Zur optimalen Organisation alternativer landw. Betriebe, Strothe-Verlag
Das Qualitätsschwein, BLV Spezial, BLV Verlag, München
Datensammlung Spezielle Betriebszweige, LVH, Münster-Hiltrup
DEBRUCK, FISCHBECK u. a.: Getreide aktuell, DLG Verlag, Frankfurt/M.
»Die Hauswirtschaft«, Lehrbuch in 11 Bänden, BLV Verlag, München
»Die Landwirtschaft«, Lehrbuch in 6 Bänden, BLV Verlag, München
DIERCKS: Alternativen im Landbau, Ulmer-Verlag, Stuttgart
DIERCKS, HEITEFUSS u. a.: Integrierter Landbau, BLV Verlag, München
DLG-Katalog – Marktnischen, DLG Verlag, Frankfurt/M.

EICH: Handbuch Schweinekrankheiten, LVH, Münster-Hiltrup
Energie- und Nährstoffbedarf landwirtschaftlicher Nutztiere, Nr. 4 Schweine, DLG Verlag, Frankfurt/M.
FINK: Pflanzenernährung in Stichworten, Hirt-Verlag
FRIESECKE: Handbuch der praktischen Fütterung, BLV Verlag, München
Fruchtbarkeit im Kuhstall, top agrar, LVH, Münster-Hiltrup
Gesundheitsprobleme im Schweinestall, top agrar-Extra, LVH, Münster-Hiltrup
Getreideanbau für Profis, Landw. Verlag
GOTTSCHALK u. a.: Rinderzucht und Rinderhaltung, BLV Verlag, München
GRUNERT, BERCHTOLD: Fertilitätsstörungen beim weiblichen Rind, Parey-Verlag, Hamburg
HAIDER: Nutzfische halten, Ulmer-Verlag, Stuttgart
HAIGER: Naturgemäße Viehwirtschaft, Ulmer-Verlag, Stuttgart
Handbuch Pferd, BLV Verlag, München
HEITEFUSS, OBST u. a.: Pflanzenkrankheiten und Schädlinge im Ackerbau, DLG Verlag, Frankfurt/M.
HELLER u. a.: Erfolgreiche Milchviehfütterung, DLG Verlag, Frankfurt/M.
IMHOF: Haltung von Milchziegen und Milchschafen, KTBL-Schrift
KÄMPF u. a.: Feldfutterbau, DLG Verlag, Frankfurt/M.
KÄMPF: Fruchtfolge aktuell, DLG Verlag, Frankfurt/M.
KARGERER, WAGNER: Mein Haushalt gut geführt, BLV Verlag, München
KÖNIG u. a.: Sachkundig im Pflanzenschutz, BLV Verlag, München
Konservierung und Lagerung, LVH, Münster-Hiltrup
KÜHNEMANN: Wir halten Nutztiere, Ulmer-Verlag, Stuttgart
LAMMERS: Koppelschafhaltung, DLG Verlag, Frankfurt/M.
LAMPEITL: Bienen halten, Ulmer-Verlag, Stuttgart
LAMPEITL: Ertragreich imkern, Ulmer-Verlag, Stuttgart
LEIBER: Landwirtschaftliche Betriebswirtschaftslehre, Parey-Verlag, Hamburg
LÖWE: Pferdezucht, Ulmer-Verlag, Stuttgart
LUTTITZ V.: Enten und Gänse halten, Ulmer-Verlag, Stuttgart
Marktnischen, top agrar-Extra, LVH, Münster-Hiltrup
»Mutterkuhhaltung«, Landwirtschaftliche Bildberatungsstelle, München
OSSWALD: Arbeitsteilige Ferkelproduktion, Schwarting
PAHMEYER: Landwirt im Nebenerwerb, Parey-Verlag, Hamburg
PEITZ: Hühner halten, Ulmer-Verlag, Stuttgart
POTTEBAUM: Handbuch Direktvermarktung, LVH, Münster-Hiltrup
PÜTZ: Kartoffeln
REINER: Sommergerste aktuell, DLG Verlag, Frankfurt/M.
REINER: Weizen aktuell, DLG Verlag, Frankfurt/M.
REINER: Wintergerste aktuell, DLG Verlag, Frankfurt/M.
REINER: Winterroggen aktuell, DLG Verlag, Frankfurt/M.
REINKERN: Damtierhaltung, Ulmer-Verlag, Stuttgart
Richtig versichern, top agrar-Extra, LVH, Münster-Hiltrup
RIEDER: Dauergrünland, BLV Verlag, München
RIEDER: Schafe halten, Ulmer-Verlag, Stuttgart
Sauenhaltung und Ferkelaufzucht, Baubriefe Landwirtschaft, Heft 28, LVH, Münster-Hiltrup
SCHLEY: Kaninchen, Ulmer-Verlag, Stuttgart
SCHMITTEN u. a.: Handbuch Schweineproduktion, DLG Verlag, Frankfurt/M.
SCHRAG: Gesunde Kälber – gesunde Rinder, Verlag L. Schober, Hengersberg
SCHUMM: Fütterung der Zuchtsauen, Kamlage-Verlag, Osnabrück
WALLNER: Imker-Praxis, ÖAV, Wien
WINNER: Zuckerrübenbau, DLG Verlag, Frankfurt/M.
ZEISCHLER u. a.: Handbuch Mais, DLG Verlag, Frankfurt/M.